CAD/CAM 专业技能视频教程

CAXA 电子图板 2015 设计技能课训

云杰漫步科技 CAX 教研室

张云杰 尚 蕾 编著

電子工業出版社

Publishing House of Electronics Industry

北京 • BEIJING

内 容 简 介

CAXA 电子图板是北航海尔软件有限公司开发的二维绘图通用软件，功能强大，与 AutoCAD 兼容，是国内普及率最高的 CAD 软件之一。本书针对 CAXA 电子图板机械设计功能，详细介绍其基本操作、图形绘制及编辑、工程标注、图纸幅面、图块与图库、系统工具与绘图输出等内容，给读者实用的 CAXA 电子图板的设计方法和设计职业知识。另外，本书还配备了交互式多媒体教学光盘，便于读者学习。

本书结构严谨、内容翔实，知识全面，可读性强，设计实例专业性强，步骤明确，是广大读者快速掌握 CAXA 电子图板的自学实用指导书，同时更适合作为职业培训学校和大专院校计算机辅助设计课程的指导教材。

图书在版编目（CIP）数据

CAXA电子图板2015设计技能课训 / 张云杰，尚蕾编著. —北京：电子工业出版社，2016.8

CAD/CAM专业技能视频教程

ISBN 978-7-121-29060-2

Ⅰ. ①C… Ⅱ. ①张… ②尚… Ⅲ. ①自动绘图－软件包－教材 Ⅳ. ①TP391.72

中国版本图书馆CIP数据核字（2016）第131915号

策划编辑：许存权
责任编辑：许存权　　特约编辑：谢忠玉 等
印　　刷：北京京科印刷有限公司
装　　订：北京京科印刷有限公司
出版发行：电子工业出版社
　　　　　北京市海淀区万寿路 173 信箱　邮编 100036
开　　本：787×1 092　1/16　印张：27.5　字数：704 千字
版　　次：2016年 8 月第 1 版
印　　次：2016年 8 月第 1 次印刷
定　　价：59.00 元（含光盘 1 张）

凡所购买电子工业出版社图书有缺损问题，请向购买书店调换。若书店售缺，请与本社发行部联系，联系及邮购电话：（010）88254888，88258888。

质量投诉请发邮件至 zlts@phei.com.cn，盗版侵权举报请发邮件至 dbqq@phei.com.cn。
本书咨询联系方式：（010）88254484，xucq@phei.com.cn。

Preface/前 言

本书是“CAD/CAM 专业技能视频教程”丛书中的一本，本套丛书是建立在云杰漫步科技 CAX 教研室和众多 CAD 软件公司长期密切合作的基础上，通过继承和发展各公司内部培训方法，并吸收和细化了其在培训过程中客户需求的经典案例，从而推出的一套专业课训教材。丛书本着服务读者的理念，通过大量的内训经典实用案例，对功能模块进行讲解，提高读者的应用水平。使读者全面掌握所学知识，投入到相应的工作中。丛书拥有完善的知识体系和教学套路，采用阶梯式学习方法，对设计专业知识、软件的构架、应用方向以及命令操作都进行了详尽地讲解，循序渐进地提高读者的使用能力。

本书主要介绍 CAXA 电子图板，该软件是北航海尔软件有限公司开发的二维绘图通用软件，功能强大，与 AutoCAD 兼容，是国内普及率最高的 CAD 软件之一。目前 CAXA 电子图板的最新版本是 CAXA 电子图板 2015 版，其各方面的功能得到进一步提升，更加适合用户的绘图习惯。为了使读者能更好地学习软件，同时尽快熟悉 CAXA 电子图板 2015 的设计功能，笔者根据多年在该领域的设计经验，精心编写了本书。本书拥有完善的知识体系和教学套路，按照合理的 CAXA 电子图板软件教学培训分类，采用阶梯式学习方法，对 CAXA 电子图板软件的构架、应用方向以及命令操作都做了详尽地讲解，循序渐进地提高读者的使用能力。全书分为 11 章，主要讲解基本操作和绘图设置、绘制图形、绘制曲线、文字操作、图形编辑和排版工具、工程标注与编辑、界面定制与界面操作、显示控制等内容，详细介绍了 CAXA 电子图板的设计方法和职业知识。

作者的 CAX 教研室，长期从事 CAXA 电子图板的专业设计和教学，数年来承接了大量项目，参与 CAXA 电子图板的教学和培训工作，积累了丰富的实践经验。本书就像一位专业设计师，将设计项目时的思路、流程、方法和技巧、操作步骤，面对面地与读者交流，是广大读者快速掌握 CAXA 电子图板的自学实用指导书，同时更适合作为职业培训学校和大专院校计算机辅助设计课程的指导教材。

本书配备了交互式多媒体教学演示光盘，将案例制作过程制作成多媒体视频，进行操作讲解，有从教多年的专业讲师全程多媒体语音视频跟踪教学，以面对面的形式讲解，便于读者学习。同时，光盘中还提供了所有实例的源文件，以便读者练习使用。关于多媒体教学光盘的使用方法，读者可以参看光盘根目录下的光盘说明。另外，本书还提供了网络的免费技术支持，欢迎大家登录云杰漫步多媒体科技的网上技术论坛进行交流：http://www.yunjiework.com/bbs。论坛分为多个专业的设计版块，可以为读者提供实时的软件技术支持，解答读者的问题。

本书由云杰漫步科技 CAX 教研室编著，参加编写工作的有张云杰、靳翔、尚蕾、张云静、郝利剑、金宏平、李红运、刘斌、贺安、董闯、宋志刚、郑晔、彭勇、刁晓永、乔建军、马军、周益斌、马永健等。书中的设计范例、多媒体文件和光盘效果均由北京云杰漫步多媒体科技公司设计制作，同时感谢电子工业出版社的编辑和老师们的大力协助。

由于本书编写时间紧张，编写人员的水平有限，因此，对书中不足之处，编写人员向广大读者表示歉意，望广大读者不吝赐教，对书中的不足之处给予指正。

编　者

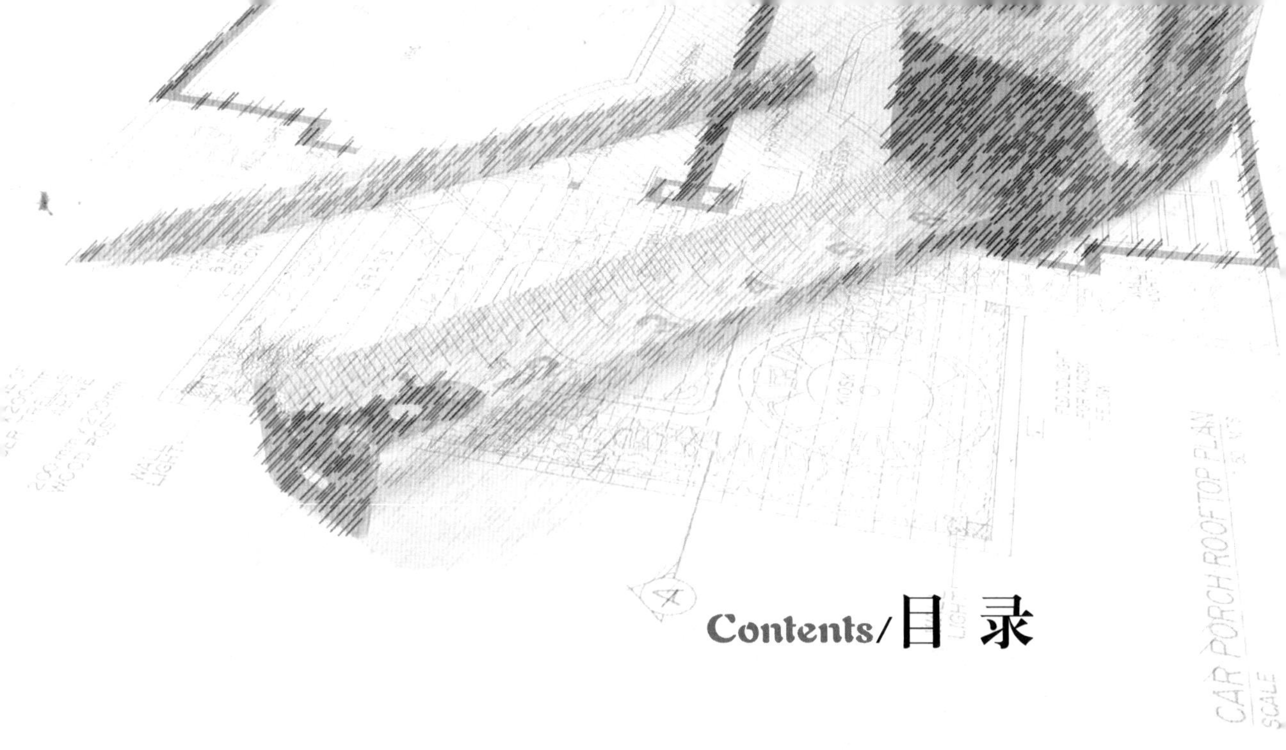

Contents/目录

第 1 章　CAXA 电子图板 2015 基础

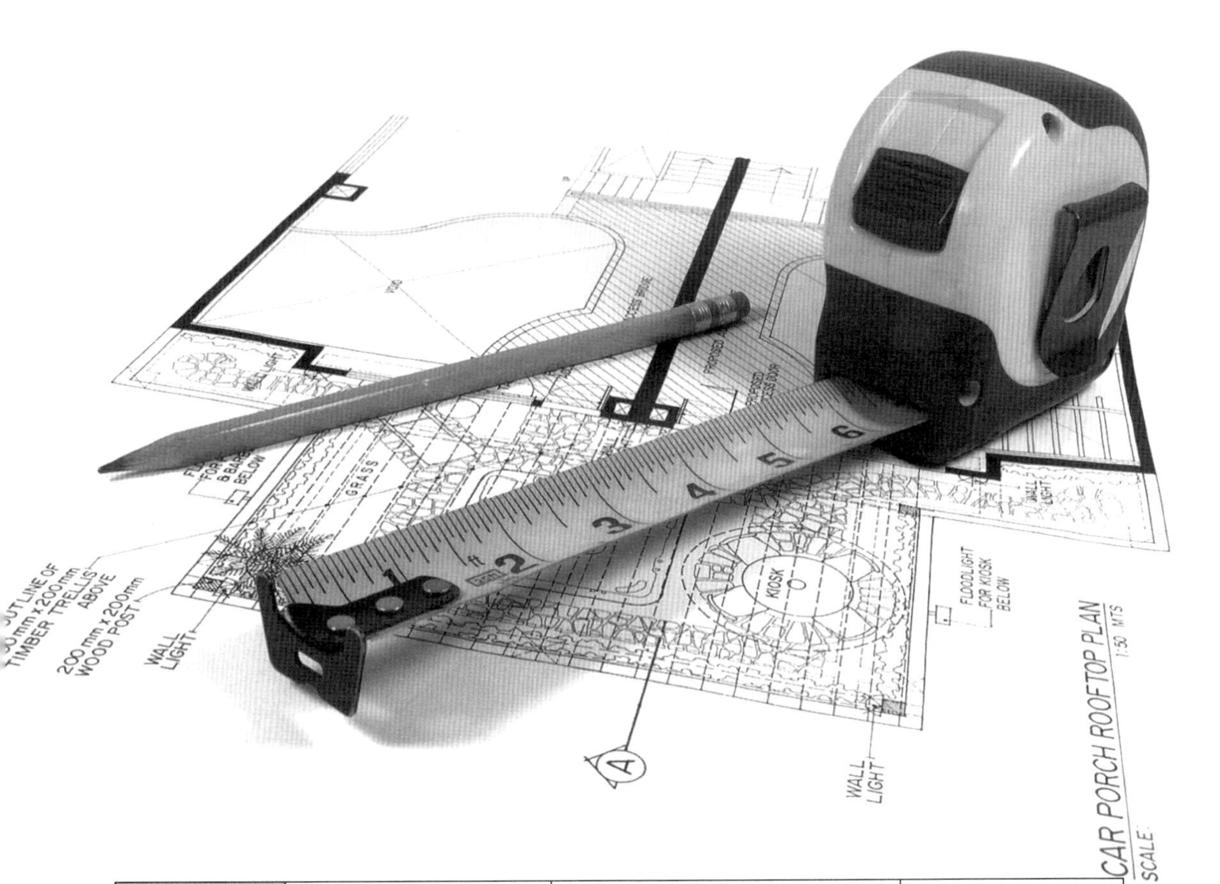

课训目标	内　容	掌握程度	课　时
	界面和基本操作	熟练运用	2
	文件管理	熟练运用	2
	系统设置	了解	1

课程学习建议

CAXA 电子图板是被中国工程师广泛采用的二维绘图软件，作为绘图和设计的平台，它具有易学易用、符合工程师设计习惯、功能强大、兼容 CAXA 的特点，是国内普及率最高的 CAD 软件之一。本章首先介绍 CAXA 电子图板的系统特点以及 2015 版的新增功能、系统的运行环境，然后对 CAXA 电子图板 2015 版的用户界面、基本操作和文件管理做了详细的介绍。

在绘图之前，首先要设置绘制图形的环境，绘图环境包括参数选项、鼠标、线型和线宽、图形单位、图形界限等。在绘制图形的过程中，经常需要对视图进行操作，如放大、缩小、平移，或者将视图调整为某一特定模式下显示等。这些是绘制图形的基础，本章将详尽地讲解。

本课程主要基于软件界面和文件操作的使用，其培训课程表如下。

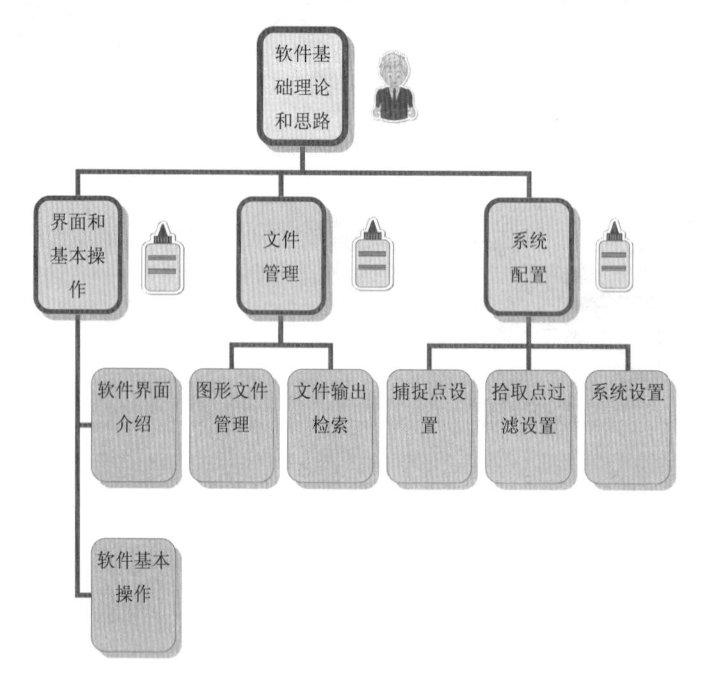

1.1 界面和基本操作

基本概念

CAXA 电子图板 2015 打造了全新软件开发平台，在多文档、多标准以及交互方式上带来全新体验，而且在系统综合性能方面进行了充分改进和优化，对于文件特别是大图的打开、存储、显示、拾取等操作的运行速度均提升 100%以上，Undo/Redo 性能提升了十倍以上，动态导航、智能捕捉、编辑修改等处理速度的提升，给用户的设计绘图工作带来流畅、自如的感受。CAXA 电子图板提供强大的图形绘制和编辑工具，除提供基本图元绘制功能外，还提供孔/轴、齿轮、公式曲线以及样条曲线等复杂曲线的生成功能；同时提供智能化标注方式，具体标注的所有细节均由系统自动完成；提供诸如尺寸驱动、局部放大图等工具，系统自动捕捉用户的设计意图，轻松实现设计过程“所见即所得”。

课堂讲解课时：2 课时

1.1.1 设计理论

1. CAXA 电子图板的系统特点

CAXA 电子图板作为目前国内最有影响力的本土 CAD 软件，经过多年的完善和发展，具有如下特点。

（1）全程中文在线帮助。图标按钮和中文菜单结合，系统状态、提示及帮助信息均为中文，用户在需要时，只需按下热键，即可获得详细的帮助信息。

（2）全面采用国标设计。按照最新国家标准提供图框、标题栏、明细表、文字标注、尺寸标注以及工程标注，已通过国家机械 CAD 标准化审查。

（3）与比例无关的图形生成。图框、标题栏、明细表、文字、尺寸及其他标注的大小不随绘图比例的变化而改变，设计时不必考虑比例换算。

（4）方便快捷的交互方式。菜单与键盘输入相结合，所有命令既可用鼠标操作，也可用键盘操作。用户可以按照自己的习惯定义热键。

（5）直观灵活的拖画设计。图形绘制功能支持直观的拖画方式。

（6）强大的动态导航功能。按照工程制图高平齐、长对正、宽相等的原则，可实现三视图动态导航。

（7）灵活自如的撤销操作 / 恢复操作。绘图过程中设计人员可多次取消和重复操作，消除操作失误。

（8）智能化的工程标注。系统智能判断尺寸类型，自动完成所有标注。尺寸公差数值可以按国家标准规定的偏差代号和公差等级自动查询标出。提供坐标标注、倒角标注、引出说明、粗糙度、基准代号、形位公差、焊接符号和剖切位置符号等工程标注。

（9）轻松的剖面线绘制。对任意复杂的封闭区域，只需在其中任意单击一点，系统自动完成剖面线填充，有多种剖面图案可供选择。

（10）方便的明细表与零件序号联动。进行零件序号标注时，可自动生成明细表，并可将标准件的数据自动填写到明细表中，如在中间插入序号，则其后面的零件序号和明细表会自动进行排序。

（11）种类齐全的参量国标图库。国标图库中的图符可以设置成 6 个视图，且 6 个视图之间保持联动。

（12）全开放的用户建库手段。无需懂得编程，只要把图形绘制出来，标注上尺寸，即可建立用户自己的参量图库。

（13）先进的局部参数化设计。可对任意复杂的零件图或装配图进行编辑修改，在欠约束或过约束的情况下都能给出合理的结果。

2．CAXA 电子图板 2015 新增功能简介

2014 年 11 月 18 日，北京数码大方科技股份有限公司正式发布 CAXA 2015 系列新产品，其中包括 CAXA CAD 电子图板 2015 等产品。

CAXA 最为经典和传统的 CAD 电子图板 2015 突出精品化路线，持续完善产品细节，改善应用体验。纵观此次发布的 CAXA CAD 电子图板 2015，可以发现如下主要功能和特点。

（1）兼容性增强

全面兼容 CAXA 的数据结构，包括文字、剖面线、多义线、块、多线、表格等数据；支持 CAXA 的图层、线型、标注风格、文本风格、图片、OLE 和代理对象的直接编辑；全面支持 CAXA 的应用模式，支持多窗口、多格式、多标准、多语言和多图纸空间。

（2）界面和交互

基于全新平台开发的用户界面，可自由定制、扩展快速启动栏和面板，轻松完成 CAD 命令操作；支持新老界面切换，全面提高使用效率。

（3）编辑与绘图工具强大

基本的曲线绘图及模块化绘图工具，可迅速生成复杂工程曲线；块关联、在位编辑、表格、格式刷、属性窗口、文字编辑器等智能化功能，支持设计人员快速、高效完成复杂绘图任务。

（4）工程标注

提供智能尺寸标注功能，自动识别标注对象特征，一个命令就可完成多种类型的标注。

（5）开放幅面管理

开放的图纸幅面设置系统，可以快速设置图纸尺寸、调入图框、标题栏、参数栏、技术要求库等信息；还可以快速生成可智能关联的零件序号和明细表。

（6）国标图库和构件库

针对机械专业设计的要求，提供了符合最新国标的参量化图库和构件库。并提供完全开放式的图库管理和定制手段。

（7）打印输出

支持市场上主流的 Windows 驱动打印机和绘图仪，并提供了打印机校正、指定打印比例、预览缩放、幅面检查等功能；提供打印工具，支持单张、排版和批量等多种出图方式，提高出图效率。

（8）转图工具

支持将其他软件绘制的 CAD 图纸的各种明细表和标题栏转换为 CAXA CAD 电子图板的专业化明细表和标题栏。

（9）专业工具

提供对话框计算、EXB 浏览器、文件检索、DWG 转换器等工具，并支持二次开发和扩展，满足专业应用的需求。

1.1.2　课堂讲解

1．启动 CAXA 电子图板 2015

本书以 Windows XP 系统中安装的 CAXA 电子图板 2015 为例，进行知识讲解。当用户安装好软件后，可以通过以下两种方法来启动 CAXA 电子图板 2015 应用程序。

（1）通过快捷方式启动（如图 1-1 所示）

在电脑中安装好 CAXA 电子图板 2015 应用程序后，桌面上将显示其快捷方式菜单图标。双击该快捷方式按钮，可快速启动CAXA 电子图板 2015 应用程序。

图 1-1　快捷方式启动

（2）通过开始菜单启动（如图 1-2 所示）

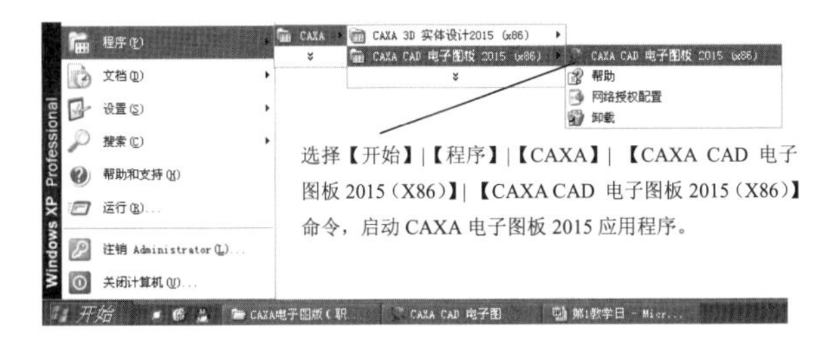

图 1-2　启动 CAXA 电子图板 2015

2．CAXA 电子图板 2015 的工作界面

工作界面（简称界面）是交互式绘图软件与用户进行信息交流的中介。系统通过界面反映当前信息状态或将要执行的操作，只需按照界面提供的信息做出判断，经输入设备进行下一步的操作即可。

CAXA 电子图板 2015 系统采用了两种用户显示模式，提供给用户进行选择。一种是时尚风格，借鉴了 Office 2007 软件的设计风格，将界面按照各个“功能”分成几个区域；另一种为传统界面模式，对于习惯使用以前版本的用户，这种模式还是很方便的。界面切换的操作方法如图 1-3 所示。

如图 1-3 所示为 CAXA 电子图板 2015——机械版的时尚风格用户界面，其传统的用户界面如图 1-4 所示。

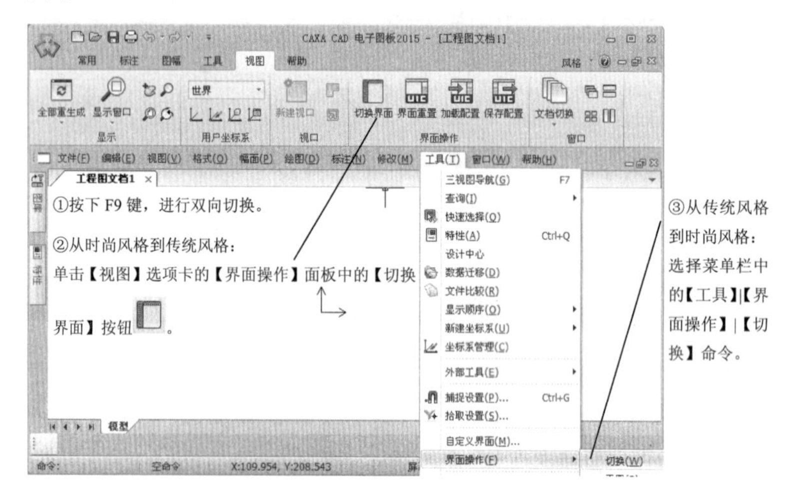

图 1-3　CAXA 电子图板 2015——机械版的时尚风格用户界面

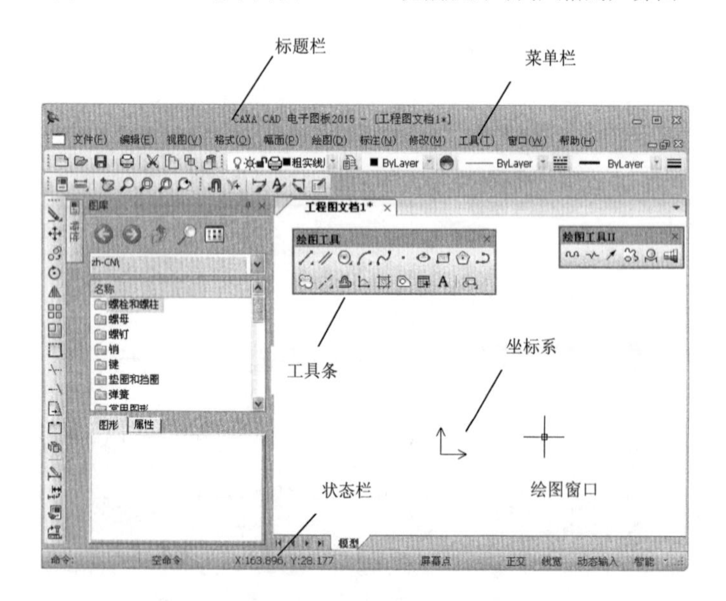

图 1-4　CAXA 电子图板 2015——机械版的传统用户界面

（1）标题栏（如图 1-5 所示）

（2）菜单栏（如图 1-5 所示）

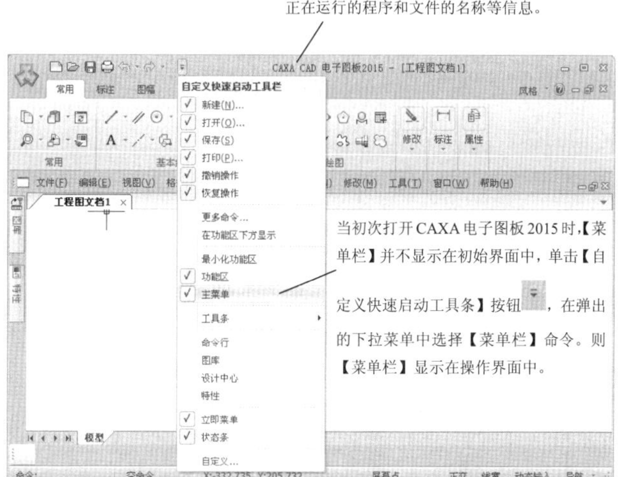

图 1-5　显示【菜单栏】的操作界面

CAXA 电子图板 2015 使用的大多数命令均可在【菜单栏】中找到，它包含了文件管理菜单、文件编辑菜单、绘图菜单以及信息帮助菜单等。菜单的配置可通过典型的 Windows 方式实现。

名师点拨

（3）工具条

菜单栏中的大部分命令在工具条中都有对应的按钮，在工具条中，用户可以通过单击相应的图标按钮执行操作。使用工具条中的按钮进行操作有助于提高绘图设计的效率。默认显示在界面中的工具条有【标准】工具条、【常用工具】工具条、【标注】工具条、【绘图工具】工具条、【设置工具】工具条、【图幅】工具条、【颜色图层】工具条、【编辑工具】工具条等，如图 1-6 所示，用户界面中的工具条可以用鼠标拖动，任意调整其位置。

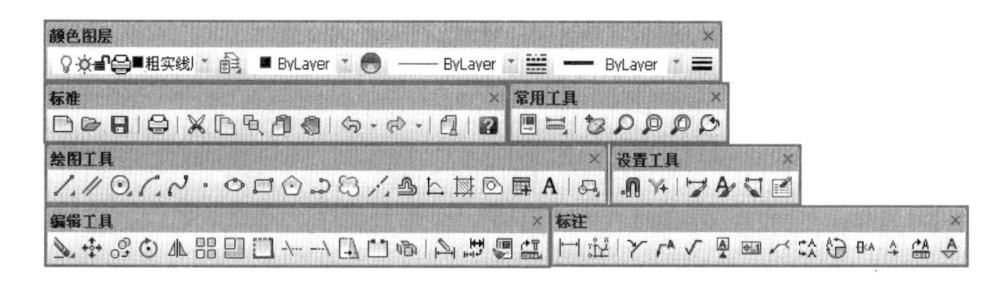

图 1-6　默认显示菜单工具条

（4）绘图区

绘图区如图 1-7 所示。

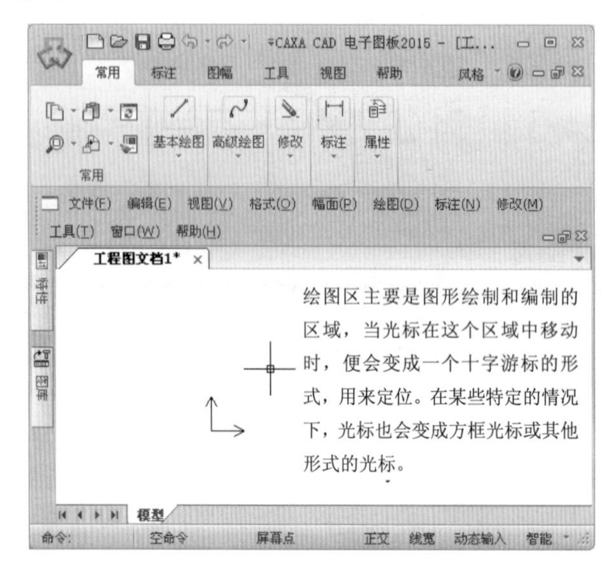

图 1-7　绘图区

（5）命令行

命令行如图 1-8 所示。

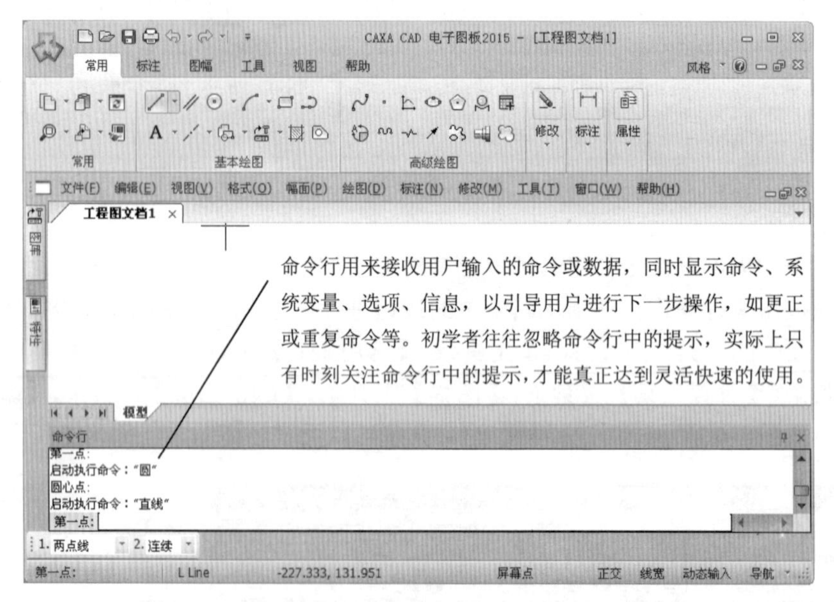

图 1-8　【命令行】窗口

（6）状态栏

状态栏如图 1-9 所示。

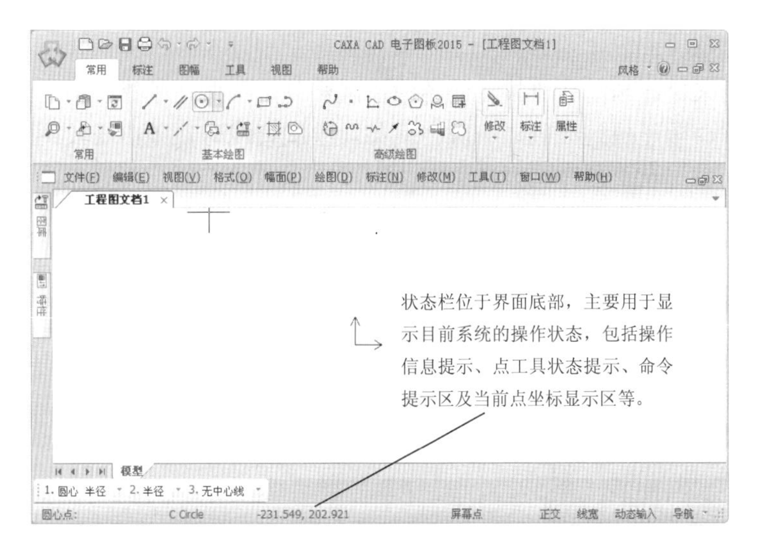

图 1-9　状态栏

- **操作信息提示**。位于状态栏最左侧，用于提示当前命令执行情况或提醒用户输入。
- **点工具状态提示**。当前工具点设置及拾取状态，自动提示当前点的性质以及拾取方式。如点可能为屏幕点、切点、端点等，拾取方式有添加状态、移出状态等。
- **命令与数据输入区**。提示由键盘输入命令或数据。
- **命令提示区**。显示目前执行的功能、键盘输入命令的提示，便于用户快速掌握电子图板的键盘命令。
- **当前点坐标显示区**。显示当前点的坐标值，该值随光标的移动而动态变化。
- **正交状态切换**。单击该按钮可以打开或关闭系统为“正交模式”或“非正交模式”，也可以通过按下 F8 键进行切换。
- **线宽状态切换**。单击该按钮可以在“按线宽显示”和“细线显示”状态间切换。
- **动态输入工具开关**。单击该按钮可以打开或关闭“动态输入”工具。
- **点捕捉状态设置区**。位于状态栏最右侧，在此区域内设置点的捕捉状态，有自由、智能、栅格和导航 4 种，如图 1-10 所示。设置方法为：单击当前显示的按钮，然后点取所需的捕捉方式。

自由
智能
栅格
导航

图 1-10　点的捕捉方式

（7）立即菜单

立即菜单用来描述当前命令执行的各种情况和使用条件。根据当前的绘图要求，正确地选择某一选项，即可得到准确的响应。例如，绘制直线时，单击【绘图工具】工具条中的直线按钮，窗口左下角弹出如图 1-11 所示的立即菜单。用户可根据当前的绘图要求选择立即菜单中适当的选项。

图 1-11　绘制直线的立即菜单

（8）工具菜单

下面以鼠标右键的工具快捷菜单为例进行介绍，如图 1-12 所示。

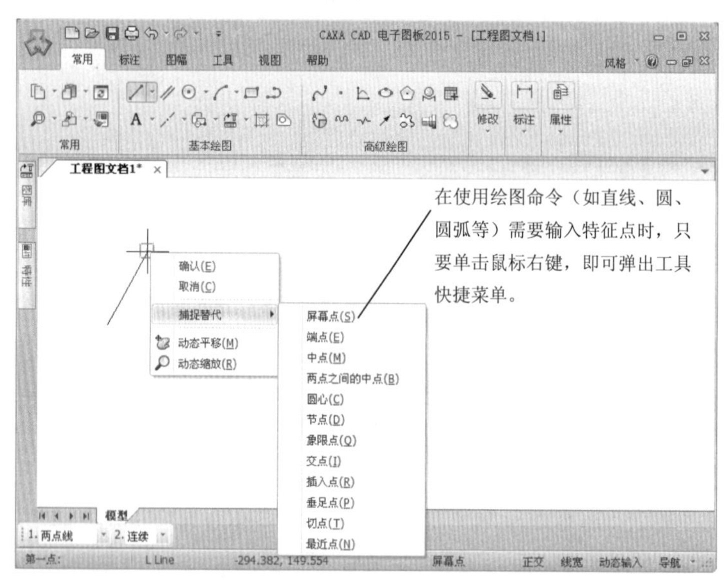

图 1-12　工具快捷菜单

切换至“三维建模”工作界面，还可以方便用户在三维空间中绘制图形。在功能区上有【常用】、【网格建模】、【渲染】等选项卡，为绘制三维对象操作提供了非常便利的环境。

名师点拨

3．CAXA 电子图板 2015 基本操作

CAXA 电子图板 2015 基本操作包括命令的执行、点的输入、立即菜单的操作，公式的输入操作等，下面将具体介绍。

（1）命令的执行

CAXA 电子图板 2015 命令的执行有以下两种方法。

- 鼠标选择：即根据窗口显示的状态或提示信息，用选择菜单命令或单击工具条按钮的方法来执行相应的操作。
- 键盘输入：即通过键盘输入所需的命令和数据完成操作的方式。

（2）点的输入

CAXA 电子图板 2015 提供了以下 3 种点的输入方式，如图 1-13 所示。

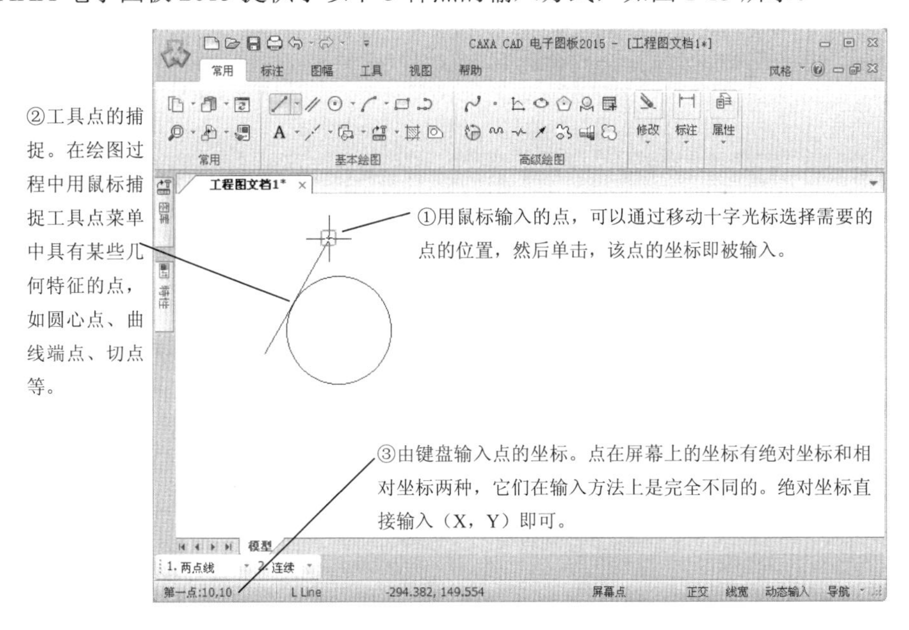

图 1-13　3 种点的输入方式

相对坐标是指相对系统当前点的距离坐标，与坐标系原点无关。在输入时，为了区分不同性质的坐标，在 CAXA 电子图板对相对坐标的输入做了如下规定：输入相对坐标时，必须在第一个数值前面加“@”，以表示相对，如“@30，40”表示输入点相对于系统当前点的坐标为“30，40”。另外，相对坐标也可用极坐标的方式来表示，如“@60<80”表示输入了一个相对当前点的极坐标，其极坐标半径是 60，半径与 X 轴的逆时针夹角为 80 度。

名师点拨

（3）拾取实体

在绘图区所绘制的图形（如直线、圆、图框等）均称为实体。在 CAXA 电子图板中拾取实体的方式有以下几种，如图 1-14 至图 1-16 所示。

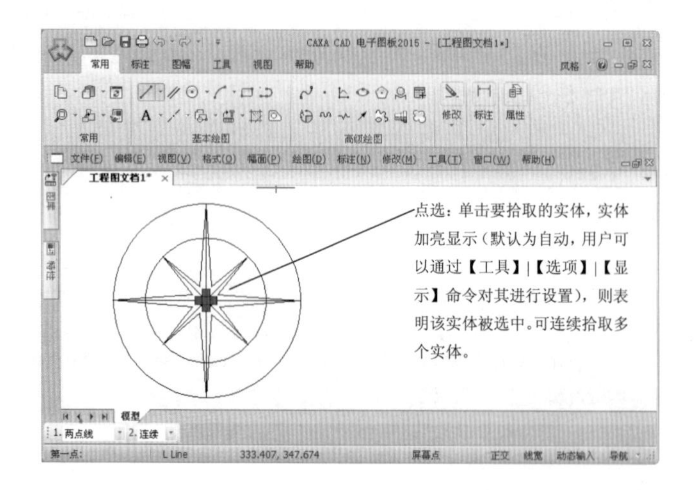

图 1-14 点选

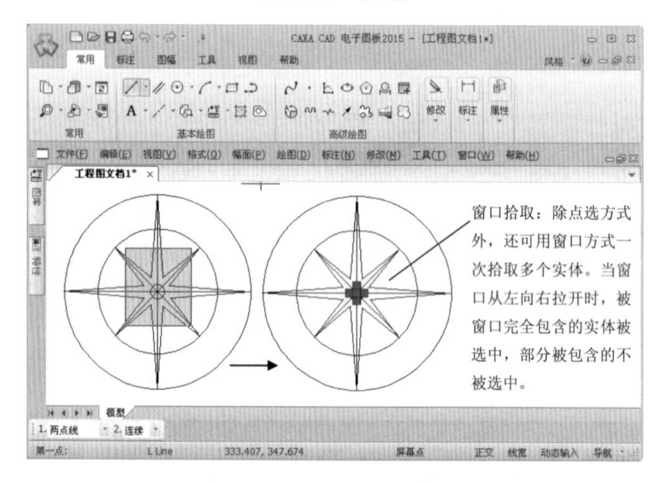

图 1-15 从左到右拾取图形

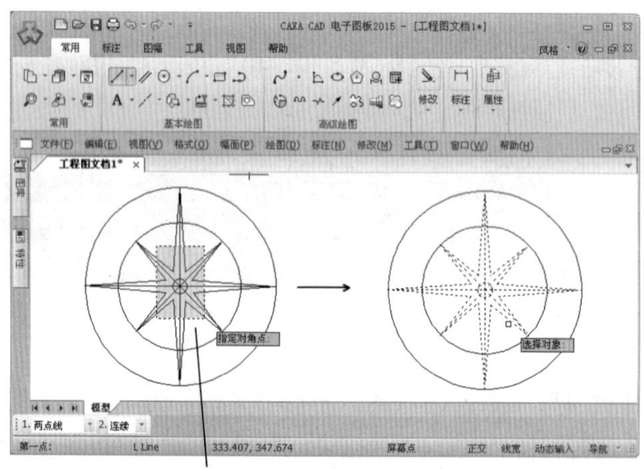

当窗口从右向左拉开时，被窗口完全包含和部分包含的实体都将被选中。

图 1-16 从右到左拾取图形

（4）右键直接操作功能（如图 1-17 所示）

图 1-17　右键快捷菜单

在拾取的实体或实体组不同，弹出的快捷菜单也会有所不同。

名师点拨

（5）立即菜单的操作

对立即菜单的操作主要是适当地选择或填入各项的内容（如图 1-18 所示）。

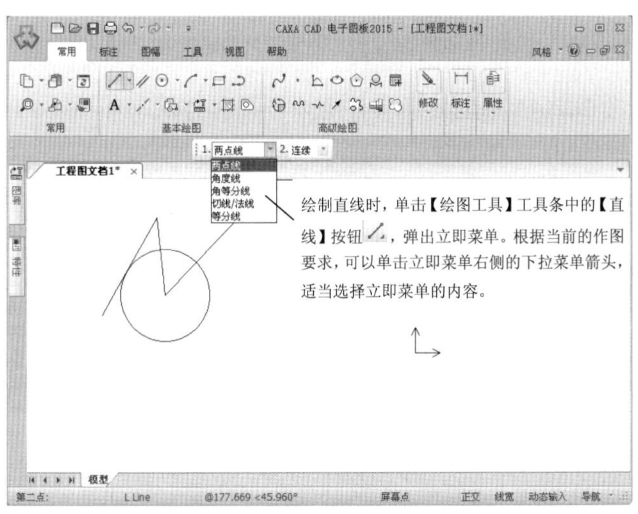

图 1-18　绘制直线的立即菜单

（6）公式的输入操作

CAXA 系统提供了计算功能，在图形绘制过程中，在操作提示区，系统提示输入数据时，既可以直接输入数据，也可以输入一些公式表达式，系统会自动完成公式的计算。

1.2 文件管理

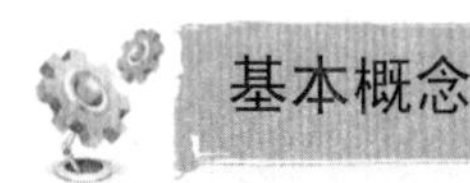

基本概念

CAXA 电子图板支持 Unicode 编码打造全新软件开发平台，采用全新的界面风格、提升操作系统性能，支持多文档、多国语言，以及多种设计标准；进一步增强了对 AutoCAD R12-2011 数据的兼容性。完全兼容企业历史数据，同时兼容 AutoCAD 的界面风格和使用习惯，实现企业设计平台的转换。

课堂讲解课时：2 课时

1.2.1 设计理论

在 CAXA 电子图板 2015 中，对图形文件的管理一般包括创建新文件、打开已有的图形文件、保存文件、关闭图形文件等操作。

1.2.2 课堂讲解

1．图形文件管理

（1）创建新文件

在 CAXA 电子图板 2015 中创建新文件有以下几种方法（如图 1-19 所示）。

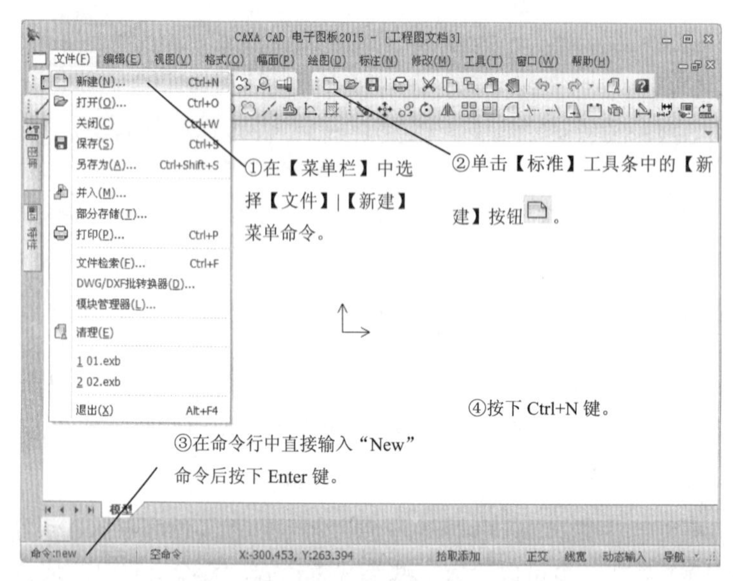

图 1-19 创建新文件

通过使用以上的任意一种方式，系统会打开如图 1-20 所示的【新建】对话框，从其列表中选择一个样板后单击【打开】按钮或直接双击选中的样板，即可建立一个新文件，如图 1-21 所示为新建立的文件“GB-A4”样板文件。

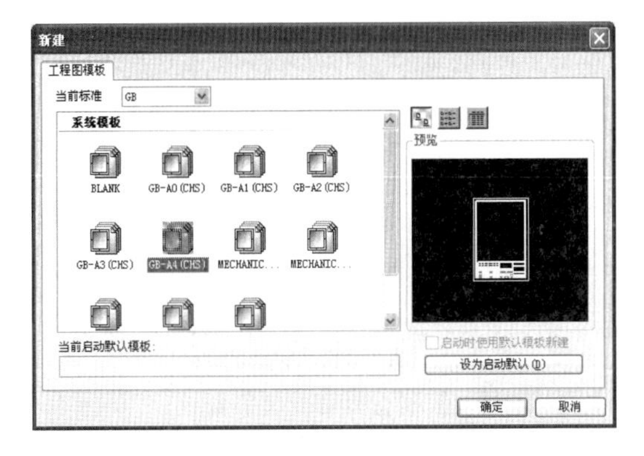

图 1-20　【新建】对话框

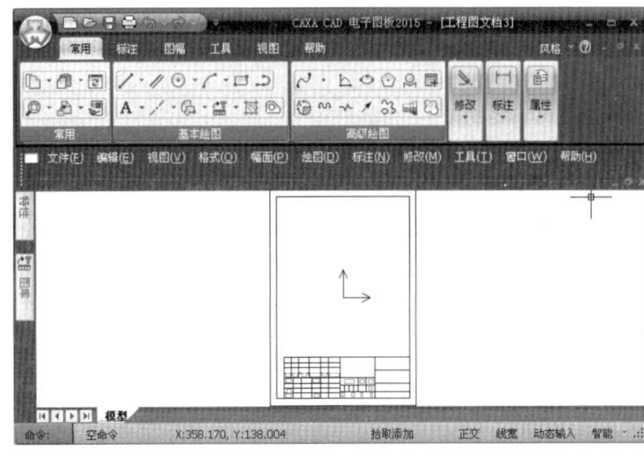

图 1-21　新建文件

（2）打开文件

在 CAXA 电子图板 2015 中打开现有文件，有以下几种方法（如图 1-22 所示）。

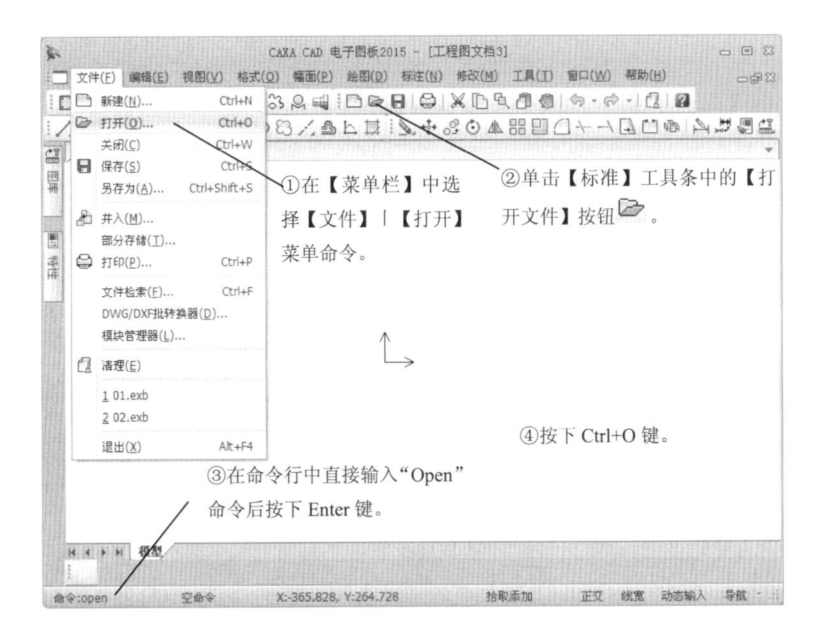

图 1-22　打开文件

通过使用以上的任意一种方式进行操作后，系统会打开如图 1-23 所示的【打开】对话框，从其列表中选择一个用户想要打开的现有文件后单击【打开】按钮或直接双击想要打开的文件。

如果用户希望打开其他格式的数据文件，可以在“文件类型”下拉列表中选择所需文件格式，电子图板支持的文件格式有 DWG / DXF、HPGL、IGES、DAT 和 WMF 文件等。

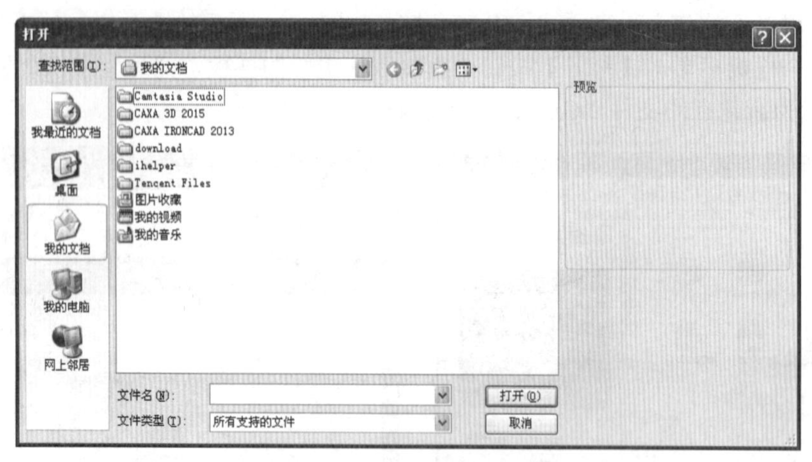

图 1-23 【打开】对话框

（1）DWG / DXF 文件读入。CAXA 电子图板提供了 DWG / DXF 文件的读入功能，可以将绘制的 CAXA 图形以及其他 CAD 软件所能识别的 DWG 或 DXF 格式的图形读入到 CAXA 电子图板中进行编辑。CAXA 电子图板可以读入以下几种格式的DWG / DXF 文件：CAXA 2004 dwg、CAXA 2000 dwg、CAXA R14 dwg、CAXA R14 dxf、CAXA R13 dxf 和 CAXA R12 dxf。

（2）HPGL 文件读入。如果用户选择 HPGL 语言将图形输出到指定的文件中（文件名后缀一般为“. pit”），则可用此功能将文件再读入到 CAXA 电子图板中。

（3）IGES 文件读入。此功能用于读入其他 CAD 软件输出的文本形式的 IGES 文件。IGES 文件描述的是三维模型信息。由于电子图板是二维软件，本质上是三维的实体（如曲面等）在转化时只能舍弃，其余实体（如曲线等）如果是空间曲线或其所在的平面不与 XY 平面平行的平面，则转化后由于 Z 轴不起作用，实体将产生变形。因此，要达到理想的转化效果，用户应在输出 IGES 文件的 CAD 系统中将三维模型投影到各个坐标平面上，得到二维视图，并将各二维视图变换到 XY 平面，再输出为 IGES 文件。

目前，许多国外 CAD 软件的 IGES 接口不支持中文，这些软件的图形文件如果包含中文，用 IGES 输出功能输出的 IGES 文件里，中文基本上就都变成了问号。CAXA 电子图板读入这样的 IGES 文件后，中文自然还是问号，即使用这些软件本身读这种文件，也必然出现同样的问题。

（4）DAT 文件读入。如果用户选择此类型，可打开以文本形式生成的数据文件，获取 ME 软件几何数据。

（5）WMF 文件打开。如果用户选择此类型，可打开 windows 系统常用的 WMF 图形文件。

（3）保存文件

在 CAXA 电子图板 2015 中保存现有文件，有以下几种方法（如图 1-24 所示）。

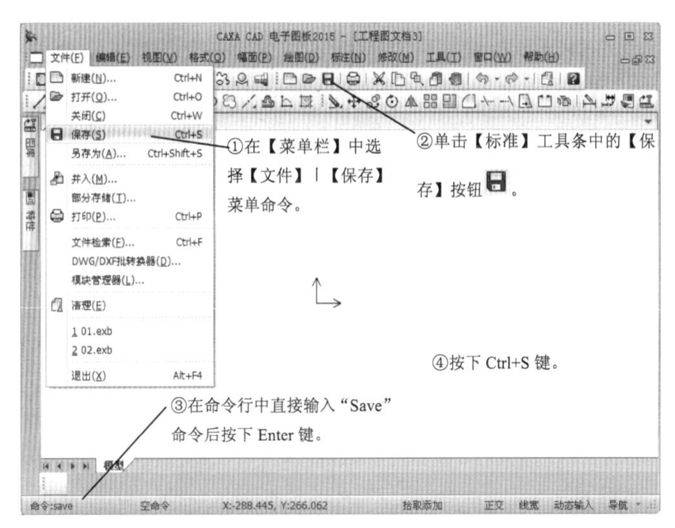

图 1-24　保存文件

通过使用以上的任意一种方式进行操作后，系统会打开如图 1-25 所示的【另存文件】对话框，从其【保存在】下拉列表中选择保存位置后单击【保存】按钮，即可完成保存文件的操作。

图 1-25　【另存文件】对话框

将当前绘制的图形以文件形式存储到磁盘上时，可以将文件存储为电子图板 97 / V2 / XP 版本文件，或存储为其他格式的文件，以方便电子图板与其他软件间的数据转换。

名师点拨

（4）并入文件

并入文件功能用于将其他的电子图板文件并入到当前文件中。

在 CAXA 电子图板 2015 中并入文件，有以下几种方法（如图 1-26 所示）。

通过使用以上的任意一种方式进行操作后，系统会打开如图 1-27 所示的【并入文件】对话框 1。

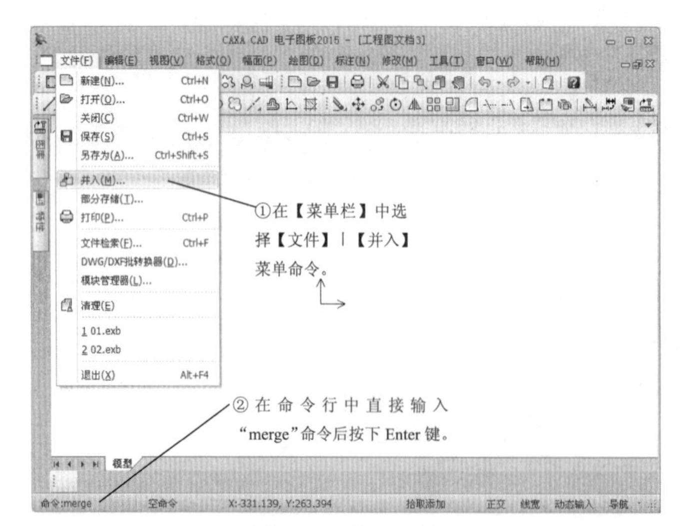

图 1-26 并入文件

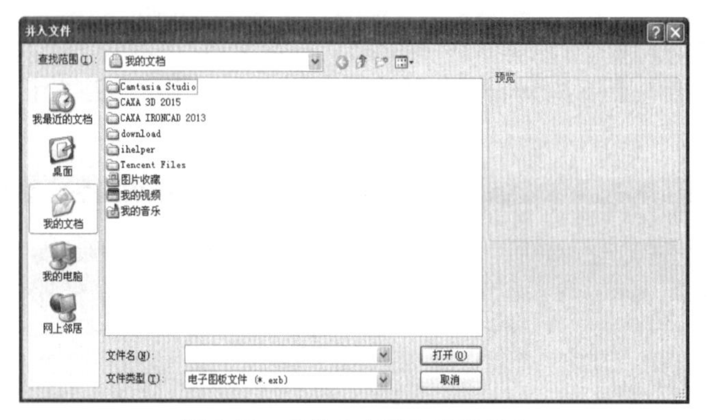

图 1-27 【并入文件】对话框 1

选择要并入的电子图板文件，单击【打开】按钮，弹出【并入文件】对话框 2，如图 1-28 所示。

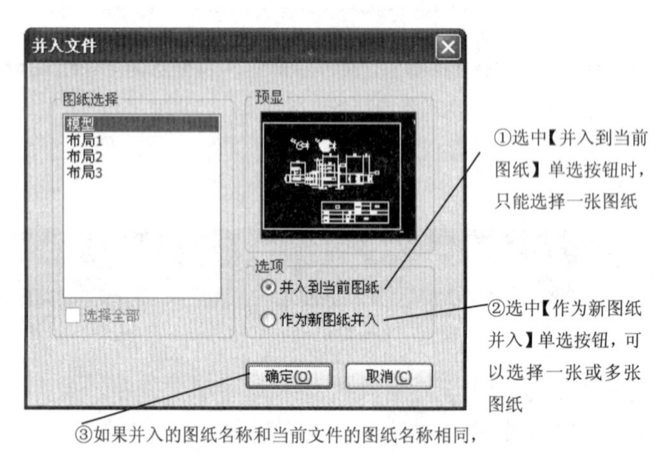

图 1-28 【并入文件】对话框 2

屏幕左下角弹出【并入文件】立即菜单，如图 1-29 所示，在立即菜单 1 中选择【定点】或【定区域】命令，在立即菜单 2 中选择【保持原态】或【粘贴为块】命令，在立即菜单 3 中输入并入文件的比例系数，再根据系统提示，输入图形的定位点即可。

1. 定点　▾ 2. 保持原态　▾ 3.比例　1

图 1-29　【并入文件】立即菜单

如果一张图纸要由多个设计人员完成，可以要求每一名设计人员使用相同的模板进行设计，最后将每名设计人员设计的图纸并入到一张图纸上即可。还应该注意的是，在开始设计之前，定义好一个模板，模板中定义好这张图纸的参数设置、系统配置以及图层、线型、颜色的定义和设置，以保证最后并入时，每张图纸的参数设置及图层、线型、颜色的定义都是一致的。

名师点拨

2．文件输出和检索

（1）部分存储

部分存储功能用于将当前绘制的图形中的一部分图形以文件的形式存储到磁盘上。

在 CAXA 电子图板 2015 中部分存储文件，有以下几种方法（如图 1-30 所示）。

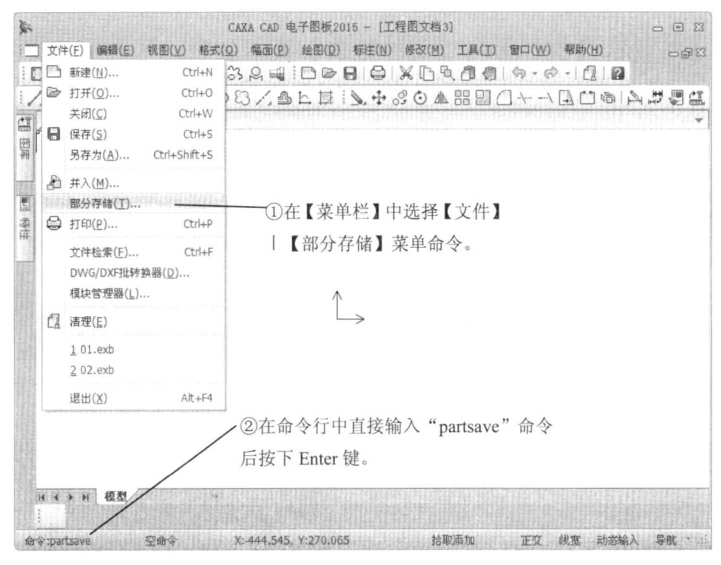

图 1-30　存储文件

通过使用以上的任意一种方式进行操作后，根据系统提示拾取要存储的图形，用鼠标右键单击确认，根据命令行提示给定图形基点，系统会打开如图 1-31 所示的【部分存储文件】对话框，在【文件名】文本框中输入文件的名称并单击【保存】按钮即可。

图 1-31 【部分存储文件】对话框

部分存储命令只存储图形的实体数据，不存储图形的属性数据（系统设置、系统配置及图层、线型、颜色的定义和设置），而保存命令可将图形的实体数据和属性数据都存储到文件中。

名师点拨

（2）文件检索

文件检索的主要功能是从本地计算机或网络计算机上查找符合条件的文件。

在【菜单栏】中选择【文件】|【文件检索】菜单命令，系统弹出【文件检索】对话框，如图 1-32 所示。

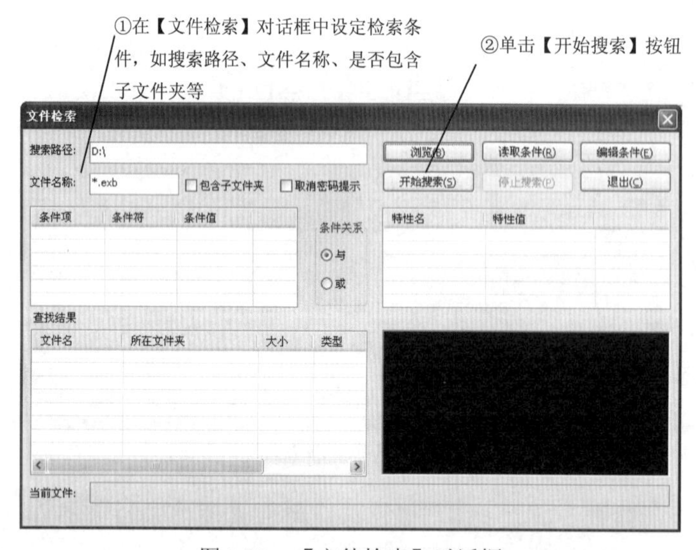

图 1-32 【文件检索】对话框

搜索完毕后将在【查找结果】列表框中显示文件检索结果，如图 1-33 所示。

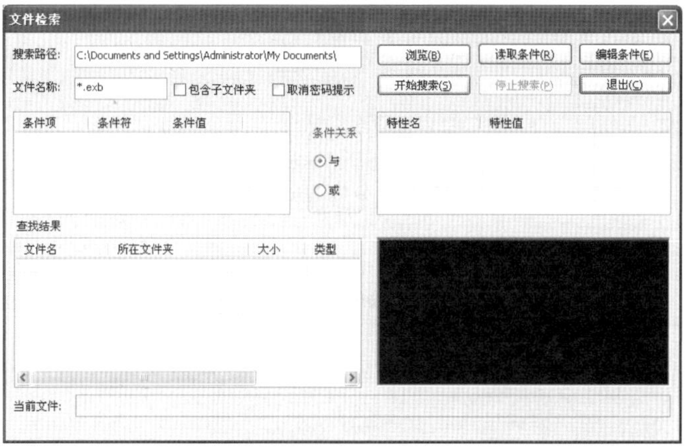

图 1-33　文件检索结果

在设定检索条件时，可以指定路径、文件名称、电子图板文件标题栏中的属性等条件。

(1)【搜索路径】：指定查找的范围，可以直接输入路径，也可以单击【浏览】按钮通过【路径浏览】对话框选择，通过【包含子文件夹】复选框决定只在当前目录下检索还是包括其下的子文件夹中的检索。

(2)【文件名称】：指定查找文件的名称和扩展名条件，支持通配符“*”。

(3)【条件关系】：显示标题栏中的信息条件，指定条件之间的逻辑关系（“与”或“或”）。

(4)【查找结果】：实时显示查找到的文件信息和文件总数。选择一个结果可以在右侧的属性区查看标题栏内容和预显图形，通过双击可以用电子图板打开该文件。

(5)【当前文件】：在查找过程中显示正在分析的文件路径和名称。

(6)【编辑条件】：单击【编辑条件】按钮，弹出【编辑条件】对话框，可以对检索条件进行编辑，如图 1-34 所示。要添加条件必须先单击【添加条件】按钮，使条件显示区出现灰色条。条件分为【条件项】、【条件符】和【条件值】3 部分。

(3) 图形输出

图形输出功能用于打印当前绘图区的图形。

在 CAXA 电子图板 2015 中打印文件，有以下几种方法（如图 1-35 所示）。

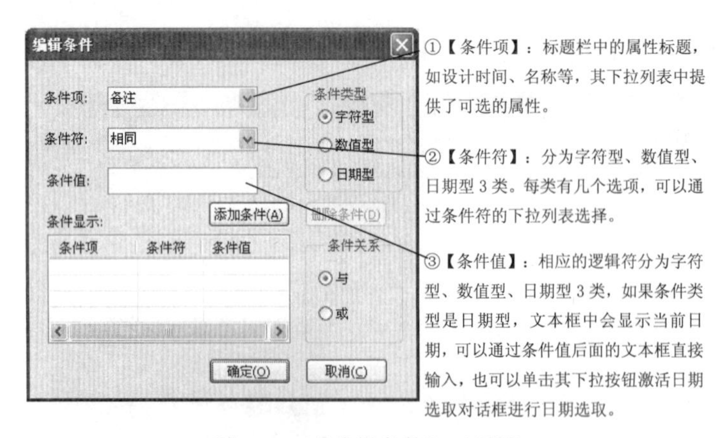

图 1-34 【编辑条件】对话框

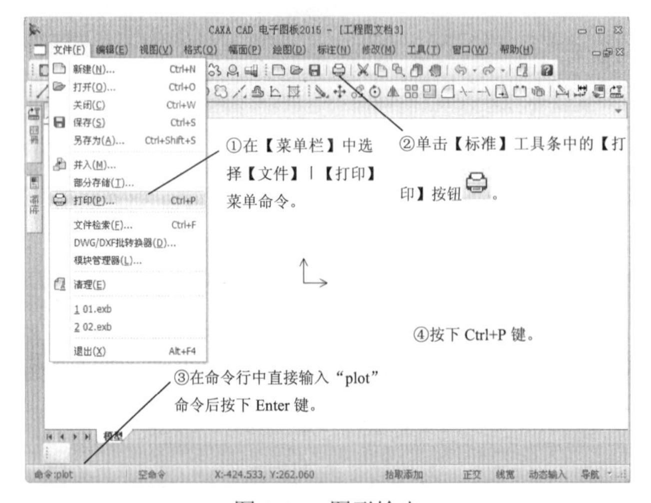

图 1-35 图形输出

通过使用以上的任意一种方式进行操作后，系统会打开如图 1-36 所示的【打印对话框】。

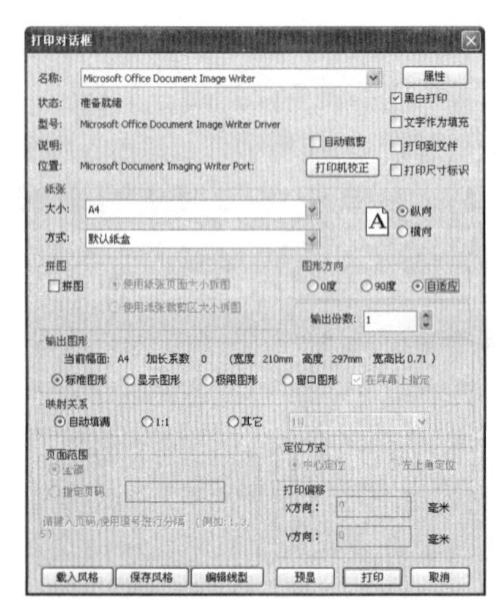

图 1-36 打印对话框

设置完成后单击【打印】按钮，即可打印图纸。

如果希望更改打印线型，单击对话框底部的【编辑线型】按钮，系统弹出如图 1-37 所示的【线型设置】对话框。

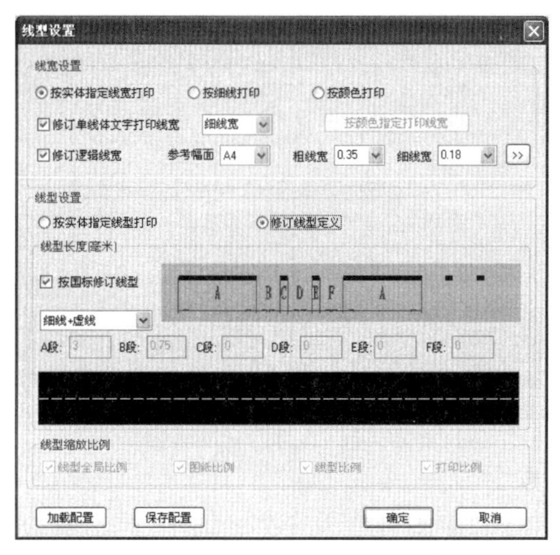

图 1-37　【线型设置】对话框

（4）关闭文件和退出程序

本节介绍文件的关闭以及 CAXA 电子图板 2015 程序的退出。

在 CAXA 电子图板 2015 中关闭图形文件，有以下几种方法（如图 1-38 所示）。

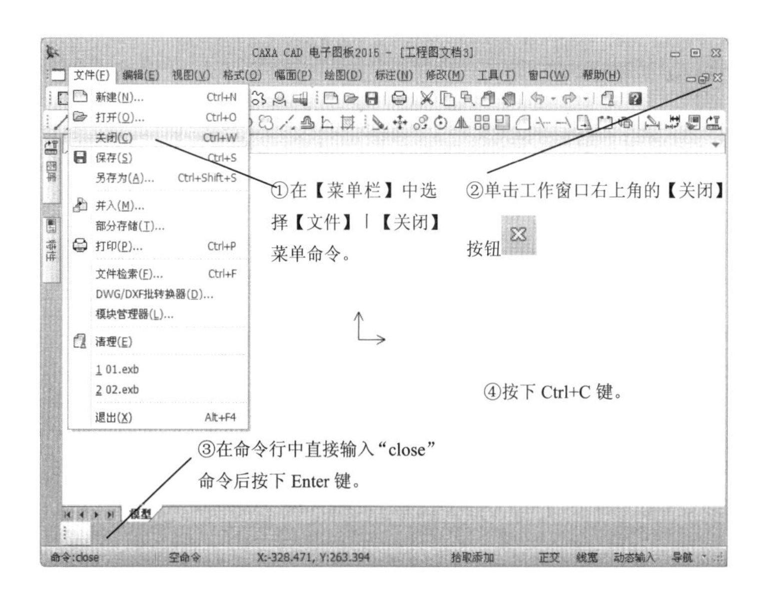

图 1-38　关闭文件

退出 CAXA 电子图板 2015 有以下几种方法：要退出 CAXA 电子图板 2015 系统，直接单击 CAXA 电子图板 2015 系统窗口标题栏上的【关闭】按钮 ☒ 即可。如果图形文件没有被保存，系统退出时将提示用户进行保存。如果此时还有命令未执行完毕，系统会要求用户先结束命令，如图 1-39 所示。

图 1-39　退出系统

执行以上任意一种操作后，会退出 CAXA 电子图板 2015，若当前文件未保存，则系统会自动弹出如图 1-40 所示的提示对话框。

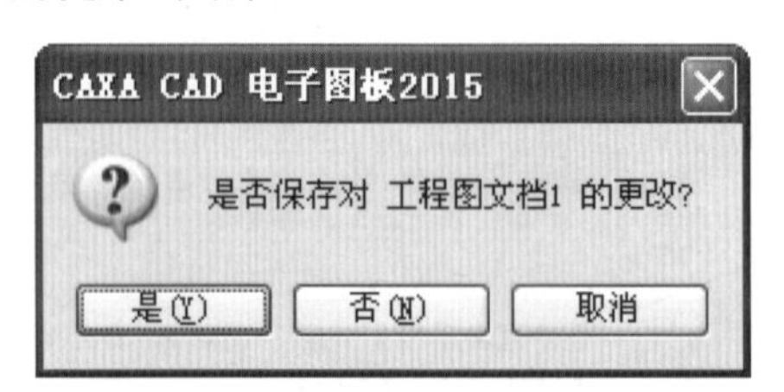

图 1-40　CAXA 的提示对话框

1.2.3　课堂练习——绘制法兰盘

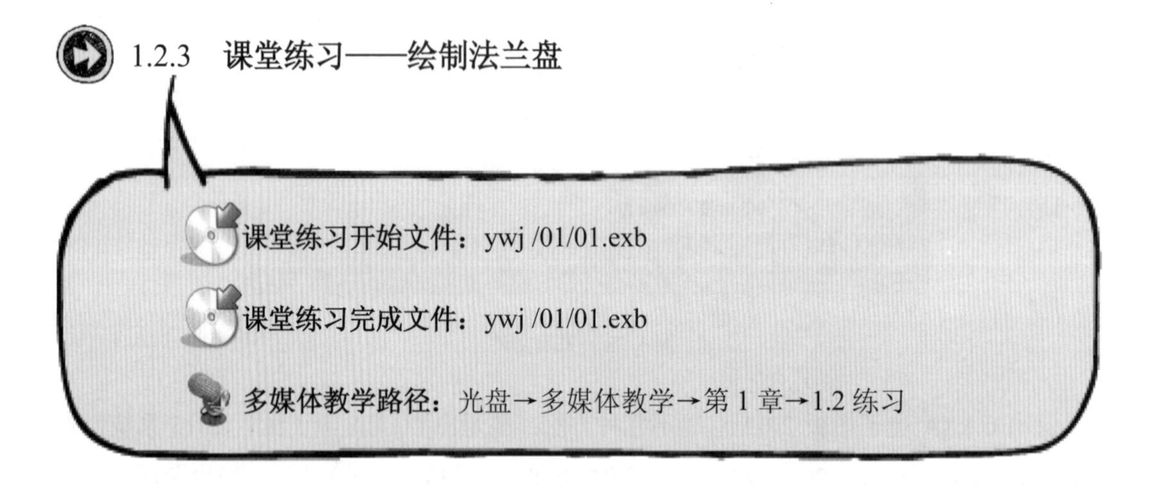

Step1 选择【开始】|【程序】|【CAXA】|【CAXA CAD 电子图板 2015（X86）】|【CAXA CAD 电子图板 2015（X86）】命令，启动 CAXA 电子图板软件，如图 1-41 所示。

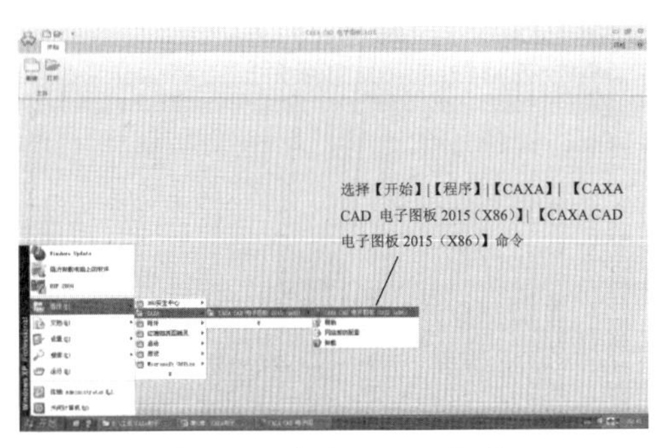

图 1-41　启动 CAXA 软件

Step2 新建文件，选择工程图模板，如图 1-42 所示。

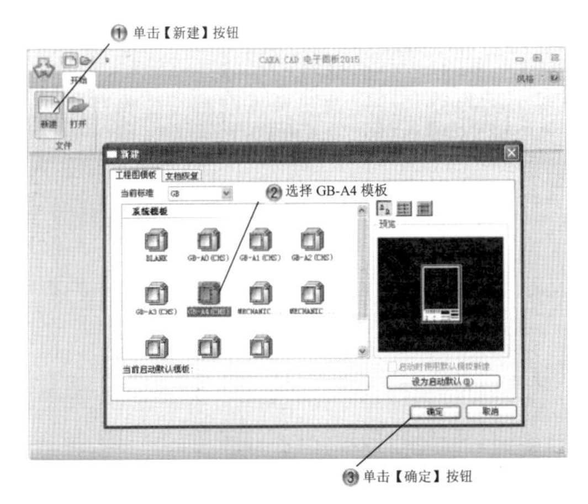

图 1-42　选择工程图模版

Step3 创建的工程图模板，如图 1-43 所示。

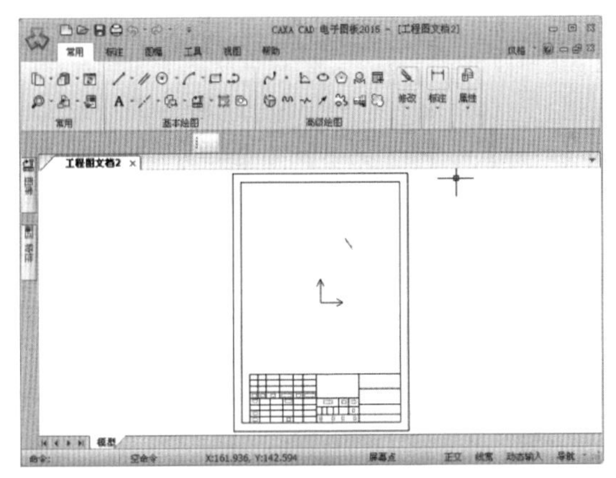

图 1-43　创建的工程图

Step4 绘制半径为 50 的圆形，如图 1-44 所示。

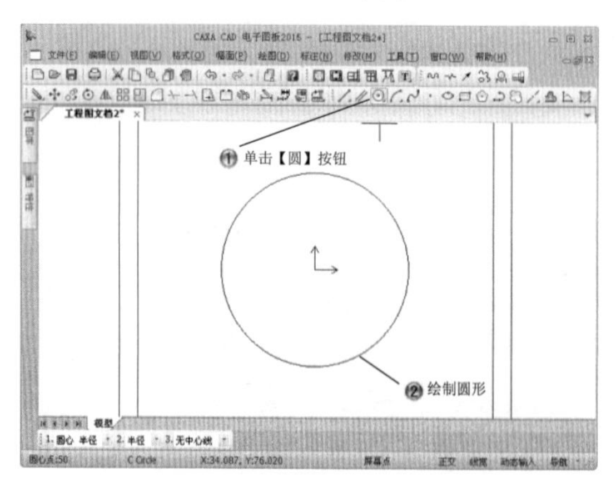

图 1-44　绘制半径 50 的圆形

Step5 绘制中心线，如图 1-45 所示。

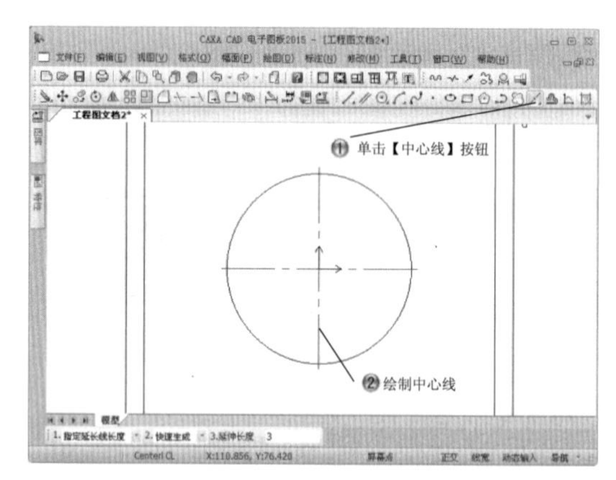

图 1-45　绘制中心线

Step6 绘制半径为 14 的圆形和尺寸为 6×14 的矩形，如图 1-46 所示。

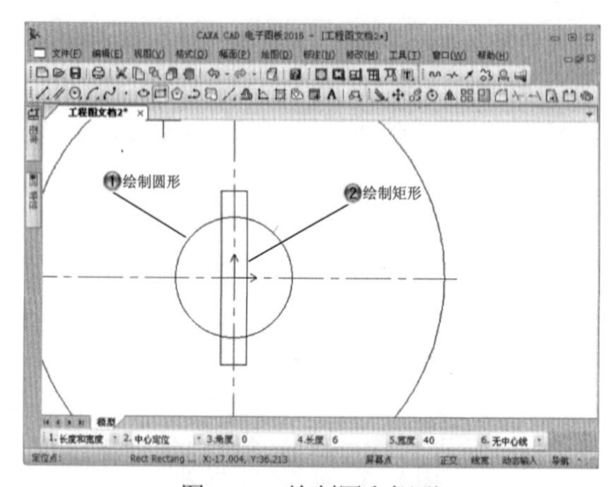

图 1-46　绘制圆和矩形

Step7 裁剪图形，如图 1-47 所示。

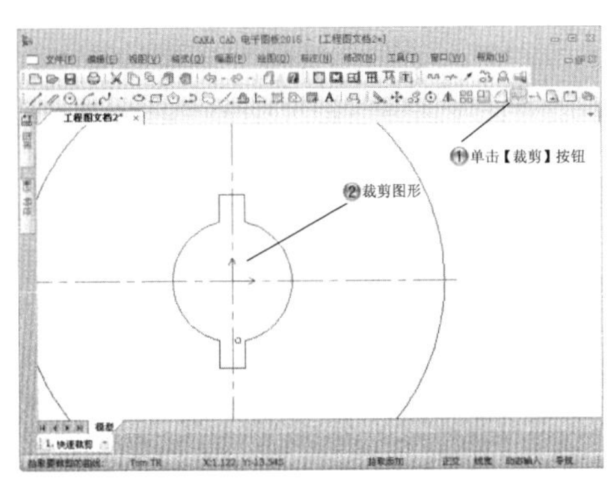

图 1-47　裁剪图形

Step8 选择【格式】|【图层】菜单命令，打开【层设置】对话框，设置当前图层为中心线层，如图 1-48 所示。

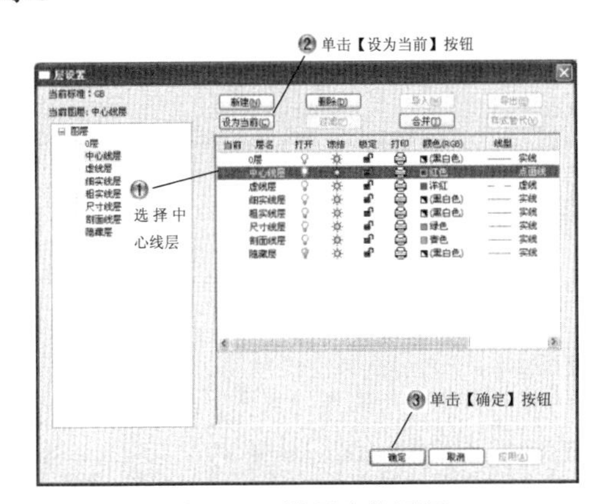

图 1-48　设置当前图层

Step9 绘制半径为 40 的中心线圆形和角度为 60 度的斜线，然后以中心线圆和斜线的交叉点为圆心绘制半径为 6 和 16 的同心圆，如图 1-49 所示。

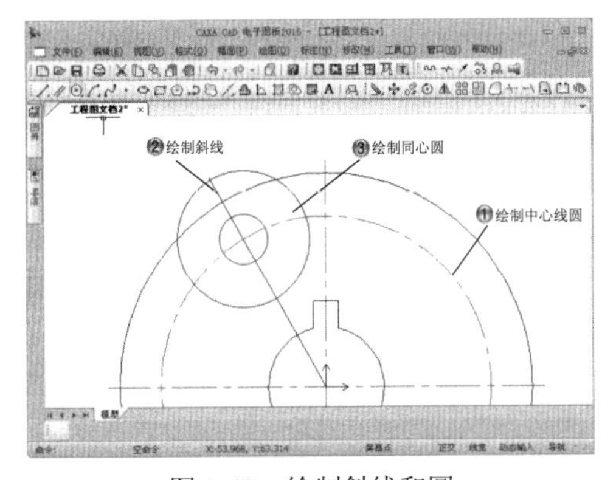

图 1-49　绘制斜线和圆

Step10 裁剪图形，如图 1-50 所示。

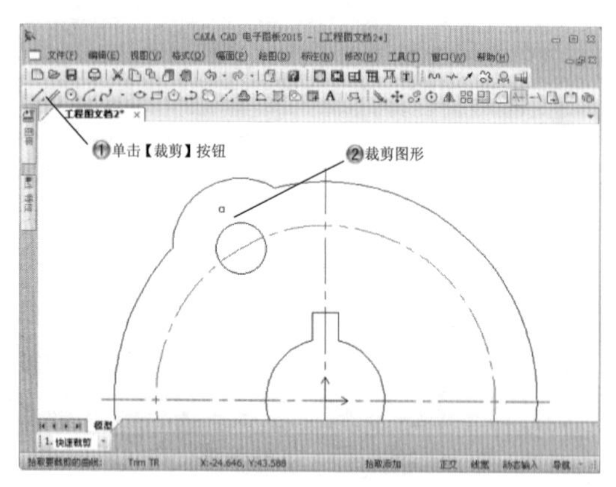

图 1-50　裁剪圆形

Step11 阵列圆和圆弧图形，如图 1-51 所示。

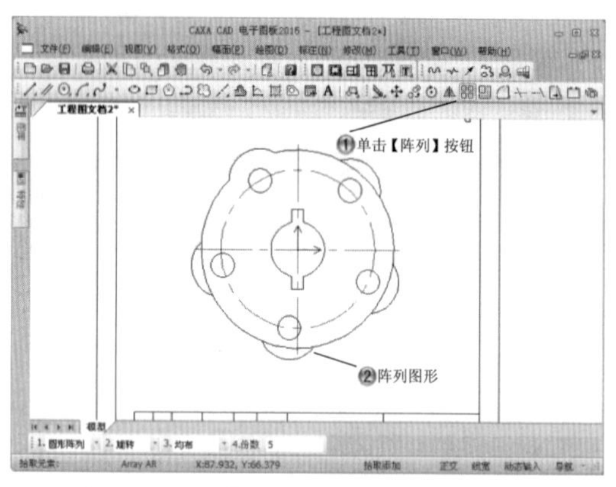

图 1-51　阵列图形

Step12 裁剪图形，如图 1-52 所示。

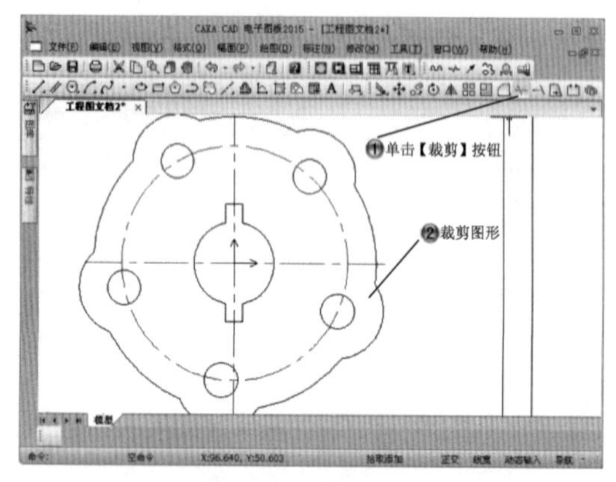

图 1-52　裁剪图形

Step13 选择中间的图形，将其旋转图形 90 度，如图 1-53 所示。

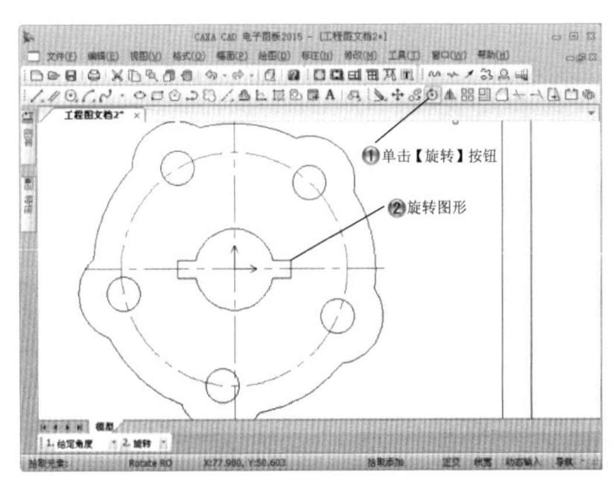

图 1-53　旋转图形

Step14 单击选择圆形，右键进行删除，如图 1-54 所示。

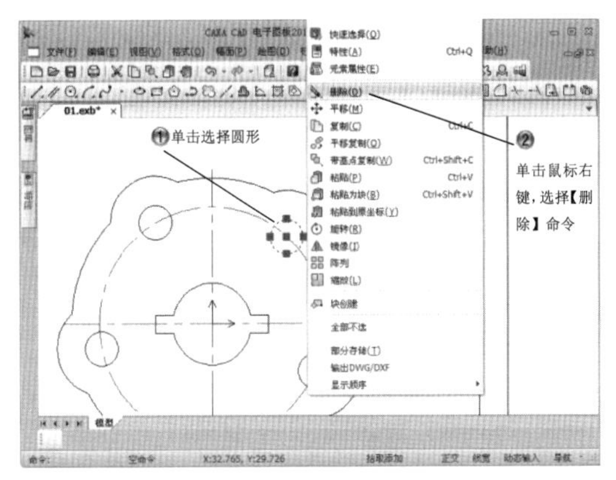

图 1-54　删除图形

Step15 完成的法兰盘图纸，如图 1-55 所示。

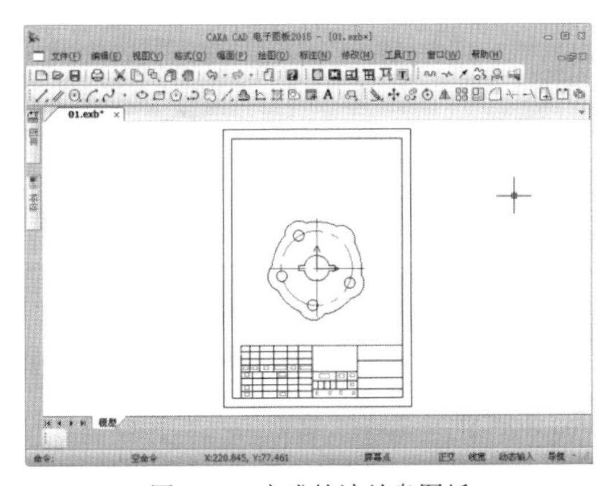

图 1-55　完成的法兰盘图纸

1.3 系统配置

本节对 CAXA 的系统进行配置，主要介绍包括捕捉点设置、拾取点过滤设置和系统设置，以及属性查看这些内容，正确的系统配置有利于快速绘图和软件的使用。

1.3.1 设计理论

系统配置功能是对系统常用参数和颜色进行设置，该设置是每次进入系统的默认配置。系统配置命令集中在【工具】菜单命令中。

1.3.2 课堂讲解

1．捕捉点设置

利用以下两种方法中的任一种方法都可以打开【智能点工具设置】对话框（如图 1-56 所示）。

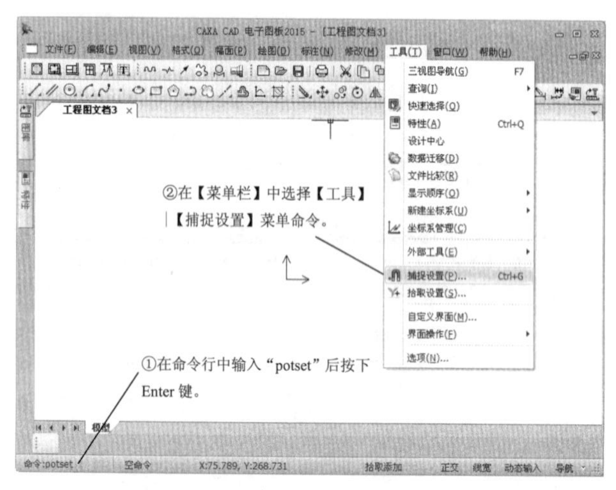

图 1-56 捕捉点设置

执行上述操作之一后，系统弹出【智能点工具设置】对话框，如图 1-57 所示，通过该对话框可以设置光标在屏幕上的捕捉方式。

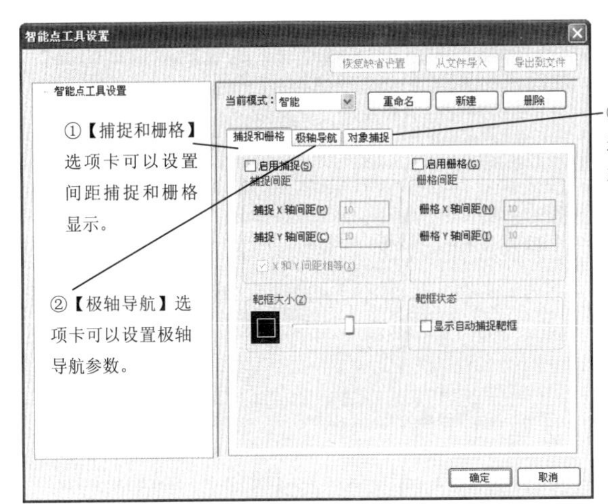

图 1-57　【智能点工具设置】对话框

点的捕捉方式有如下几种，如图 1-58 所示。

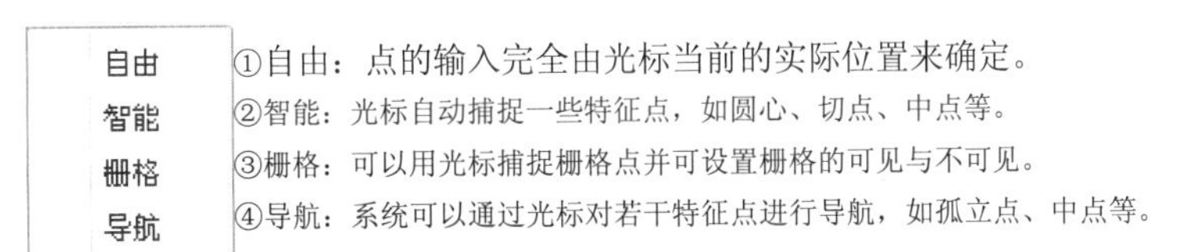

图 1-58　点捕捉方式

导航点捕捉与智能点捕捉有相似之处但也有明显的区别。相似之处就是捕捉的特征点相似，包括孤立点、端点、中点、圆心点、象限点等，当选择导航点捕捉时，这些特征点统称为导航点；区别在于采用智能点捕捉时，十字光标线的 X 坐标线和 Y 坐标线都必须距离智能点最近时才可以吸附上，而采用导航点捕捉时，只需将十字光标线的 x 坐标线或 y 坐标线距离导航点最近时就可以吸附上。

用户既可以通过【智能点工具设置】对话框来设置智能点的捕捉方式，也可以通过单击状态栏中的点捕捉状态按钮来转换捕捉方式。

2．拾取点过滤设置

利用以下两种方法中的任一种方法都可以打开【拾取过滤设置】对话框（如图 1-59 所示）。

执行上述操作之一后，系统弹出【拾取过滤设置】对话框，如图 1-60 所示。通过该对话框可以设置拾取图形元素的过滤条件和拾取盒大小，设置完成后单击【确定】按钮。

在【拾取过滤设置】对话框中，拾取过滤条件包括实体过滤、尺寸过滤、线型过滤、图层过滤和颜色过滤。这 5 种过滤条件的交集就是有效拾取，利用过滤条件组合进行拾取，可以快速、准确地从图中拾取到想要的图形元素。

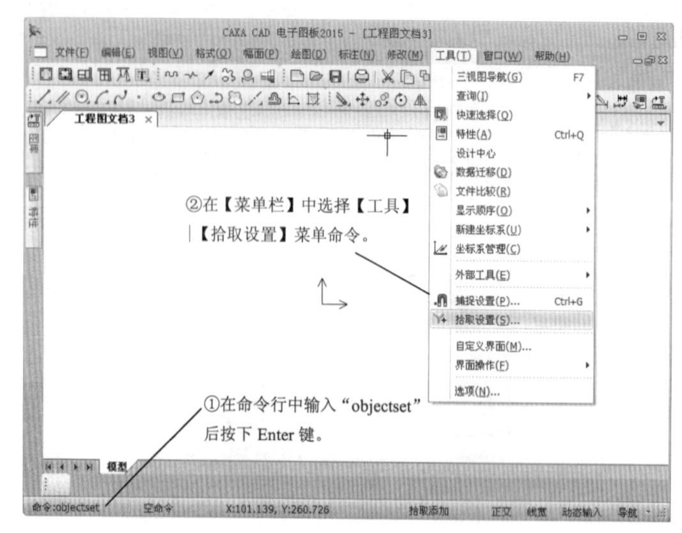

图 1-59 拾取设置

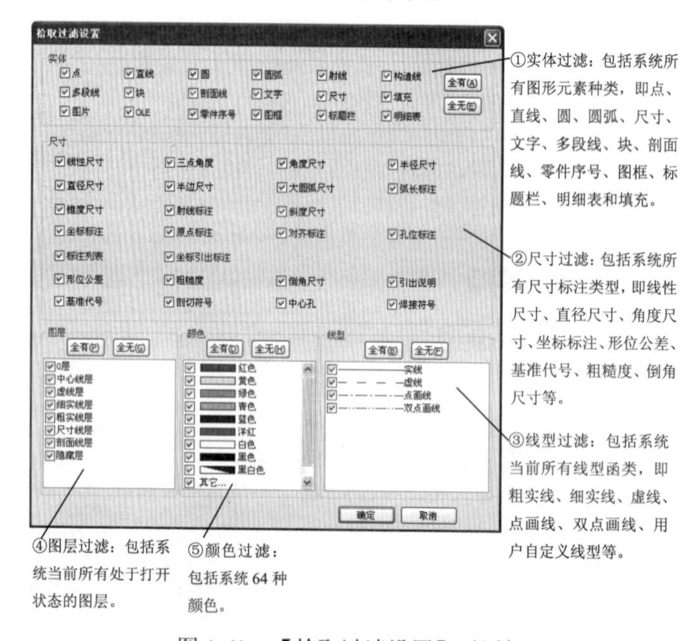

图 1-60 【拾取过滤设置】对话框

3．系统设置

要想提高绘图的速度和质量，必须有一个合理的并适合自己绘图习惯的参数配置。

在【菜单栏】中选择【工具】|【选项】菜单命令，打开【选项】对话框。单击打开【路径】选项卡，如图 1-61 所示，在该选项卡中可以对文件路径进行设置。

单击打开【显示】选项卡，如图 1-62 所示，在该选项卡中可以对系统颜色和光标进行设置。

单击打开【系统】选项卡，如图 1-63 所示，在该选项卡中可以对系统参数进行设置。

单击打开【交互】选项卡，如图 1-64 所示，在该选项卡中可以设置拾取框和夹点的大小。

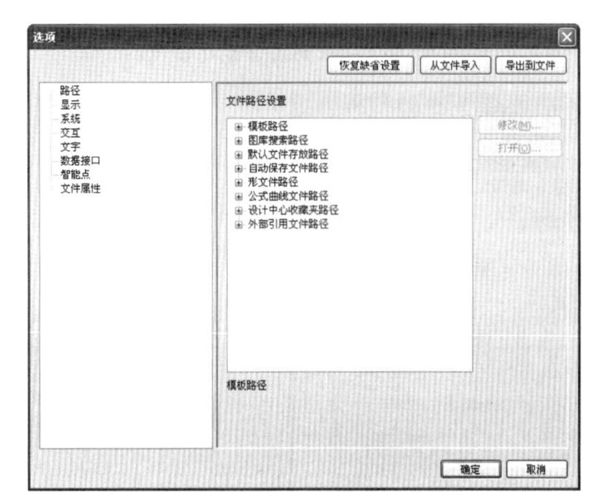

图 1-61　【路径】选项卡

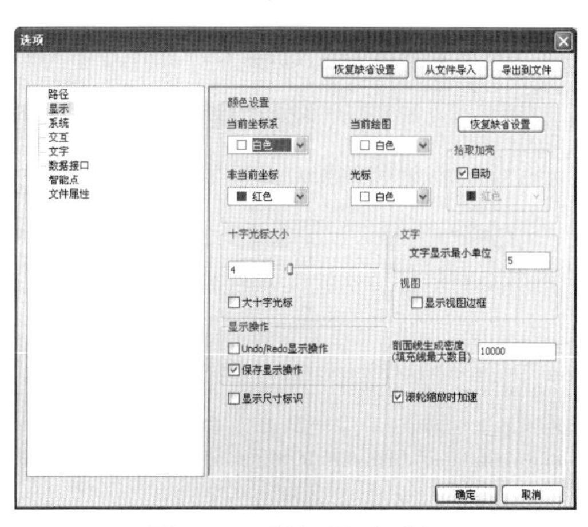

图 1-62　【显示】选项卡

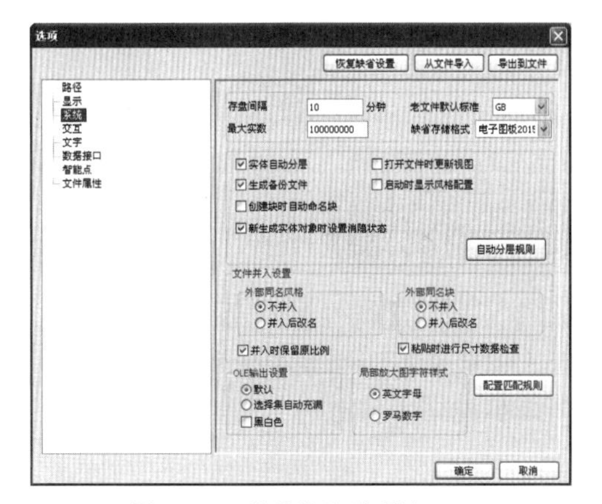

图 1-63　【系统】选项卡

图 1-64　【交互】选项卡

单击打开【文字】选项卡，如图 1-65 所示，在该选项卡中可以设置系统的文字参数。

单击打开【数据接口】选项卡，如图 1-66 所示，在该选项卡中可以设置系统的接口参数。

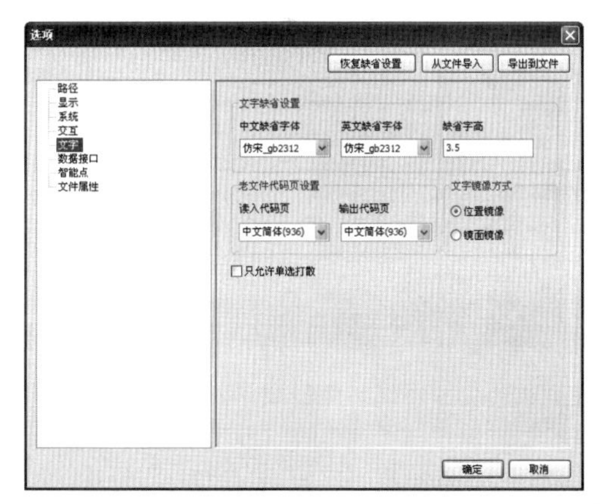

图 1-65　【文字】选项卡

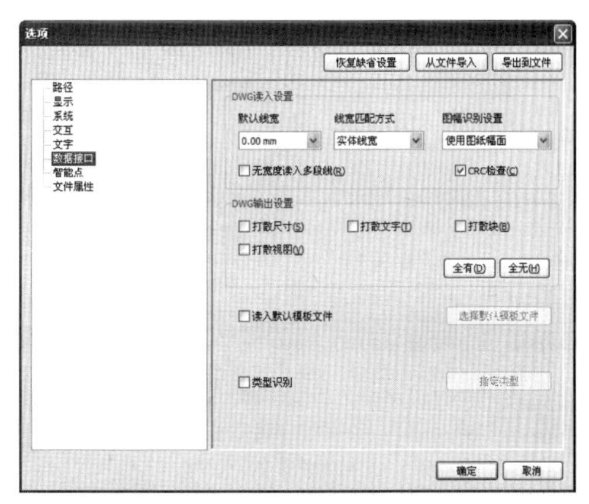

图 1-66　【数据接口】选项卡

单击【智能点】选项卡，如图 1-67 所示，在该选项卡中可以设置点捕捉参数。

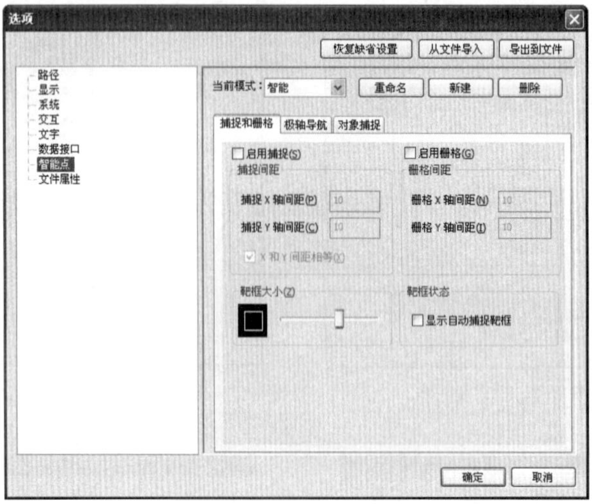

图 1-67 【智能点】选项卡

单击【文件属性】选项卡，如图 1-68 所示，在该选项卡中可以设置文件的图形单位。

4. 属性查看

在【菜单栏】中选择【工具】|【特性】菜单命令，打开【特性】对话框，当没有选择图素时，系统显示的是全局信息，选择不同的图素，则显示不同的系统信息。如图 1-69 所示为选择直线时的属性信息，信息中的内容除灰色项外都可进行修改。

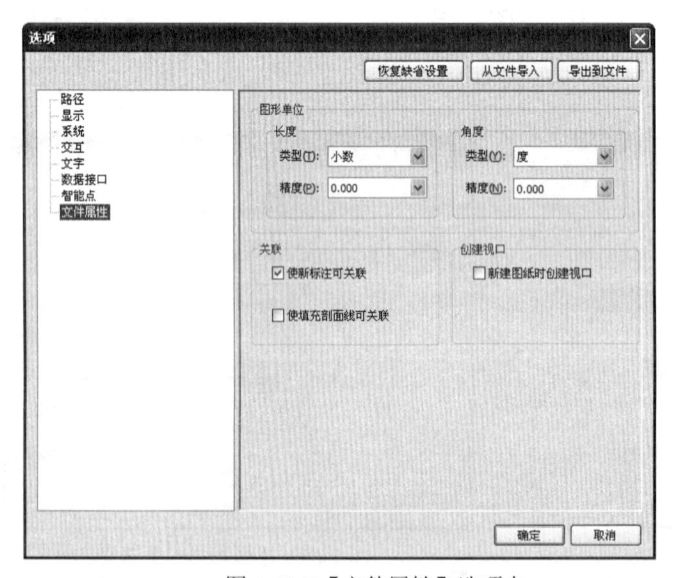

图 1-68 【文件属性】选项卡

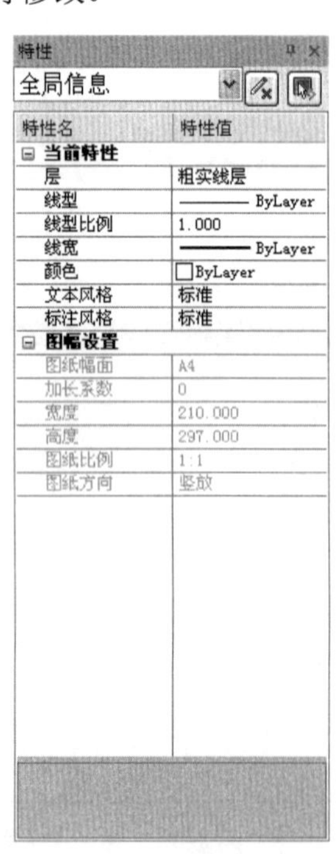

图 1-69 直线属性信息

1.4　专家总结

本章主要介绍了 CAXA 2015 的基础知识、基本操作、工作界面的组成、图形文件管理以及绘图的系统设置等知识。通过本章案例的学习，读者应该可以熟练掌握 CAXA 中相关知识的使用方法。

1.5　课后习题

1.5.1　填空题

（1）CAXA 电子图板的启动方法有________种。

（2）切换 CAXA 电子图板工作界面的方法________。

（3）选取实体的方法________、________、________。

（4）通常的文件管理方法或命令________、________、________、________。

1.5.2　问答题

（1）如何设置点的捕捉？

（2）讲述如何调用工具条？

1.5.3　上机操作题

如图 1-70 所示，使用本教学日学过的各种命令来创建手轮图纸。

一般创建步骤和方法：

（1）绘制中心线。

（2）绘制主视图及对应右视图。

（3）绘制填充部分。

（4）标注尺寸。

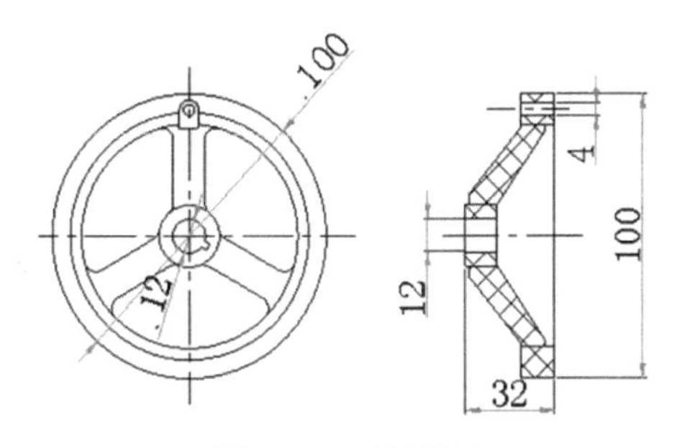

图 1-70　手轮图纸

第 2 章　绘图基本设置

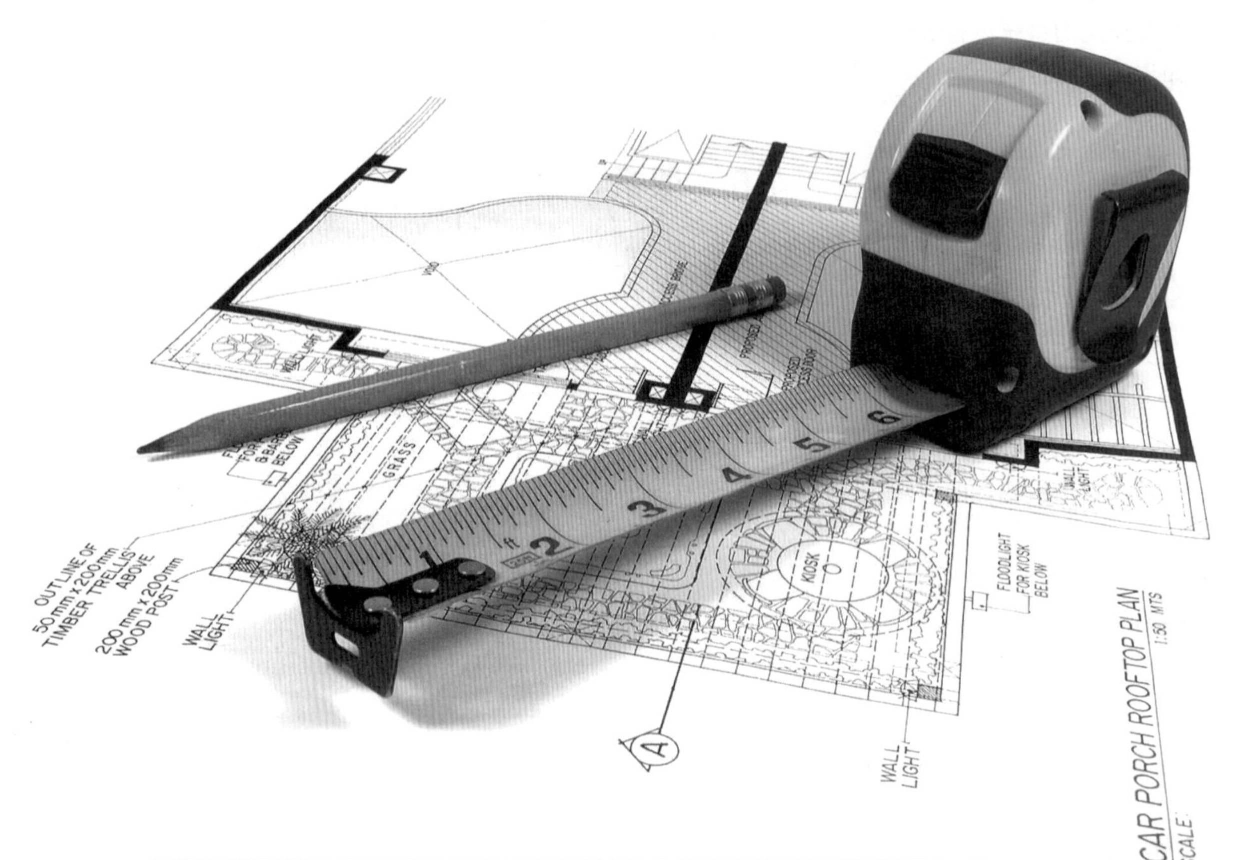

课训目标	内　容	掌握程度	课　时
	图层设置	熟练运用	1
	线型设置	熟练运用	1
	颜色设置	熟练运用	1
	基本图形对象设置	熟练运用	1
	用户坐标系	了解	1

课程学习建议

CAXA 的图层集成了颜色、线型、线宽、打印样式及状态。通过不同的图层名称，设置不同的样式，以方便制图过程中对不同样式的引用。它就如 Words 中的样式一样集成了字型、段落格式等。图层设置包括图层的创建、图层过滤器的命名、图层的保存、恢复等，线型和颜色设置和图层设置类似。

要在 CAXA 中准确、高效地绘制图形，必须充分利用坐标系并掌握各坐标系的概念以及输入方法。它是确定对象位置的最基本的手段。

本课程主要基于绘图的基本设置进行讲解，其培训课程表如下。

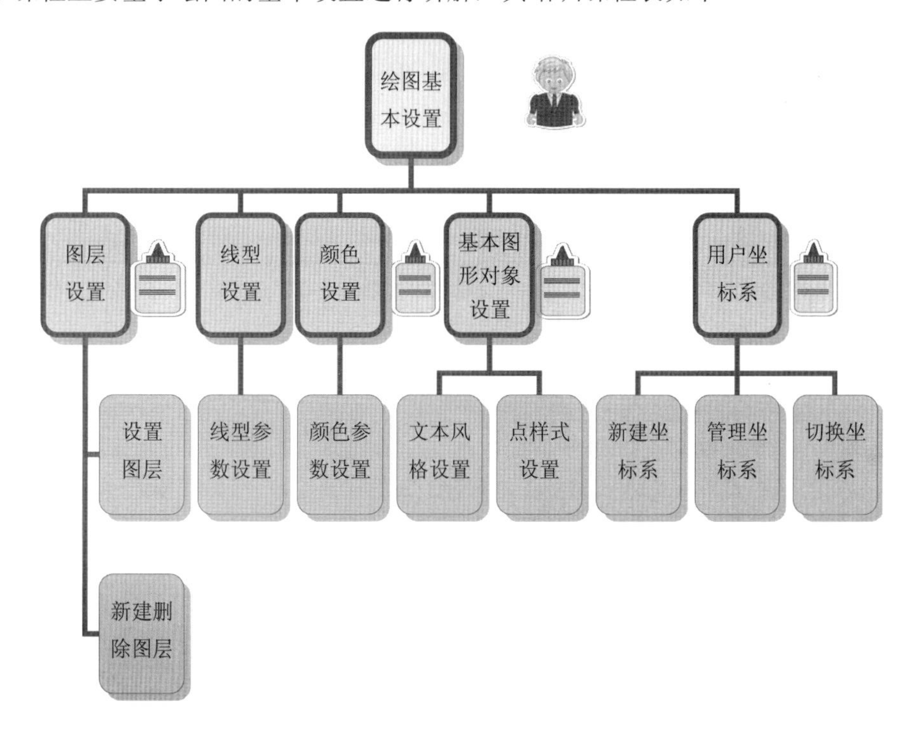

2.1 图层设置

图层就象是含有文字或图形等元素的胶片，一张张按顺序叠放在一起，组合起来形成页面的最终效果。图层可以将页面上的元素精确定位。在对图形的图层进行操作时，需先打开【层设置】对话框，然后再进行设置。

课堂讲解课时：1 课时

2.1.1 设计理论

【层设置】对话框用来显示图形中的图层列表及其特性。在 CAXA 电子图板 2015 中，使用【层设置】对话框不仅可以创建图层，设置图层的颜色、线型和线宽，还可以对图层进行更多的设置与管理，如图层的切换、重命名、删除及图层的显示控制、修改图层特性或添加说明。

2.1.2 课堂讲解

利用以下 3 种方法中的任一种方法都可以打开【层设置】对话框，如图 2-1 所示。

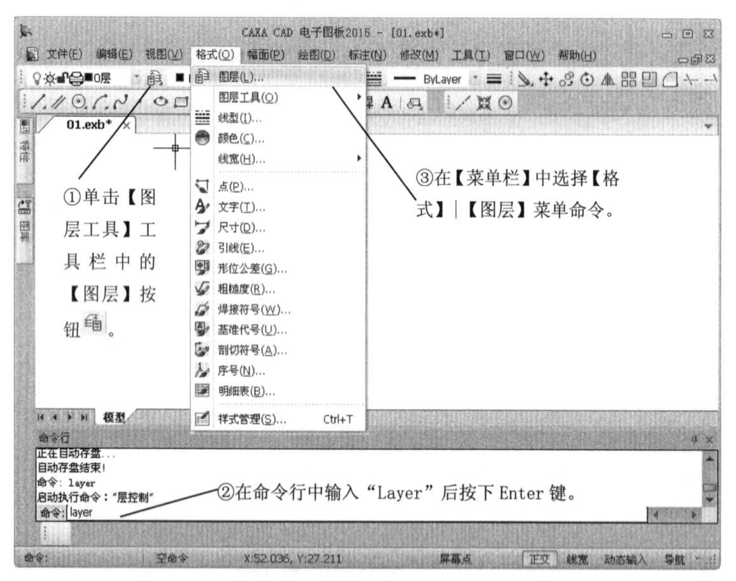

图 2-1　3 种打开【层设置】对话框的方法

打开的【层设置】对话框如图 2-2 所示。

1．设置当前图层

要想提高绘图的速度和质量，必须有一个合理的、适合自己绘图习惯的参数配置。

当前图层是指当前绘图正在使用的图层，要想在某图层上绘图，首先要将该图层设置为当前层，其设置方法有以下两种，如图 2-3 和图 2-4 所示。

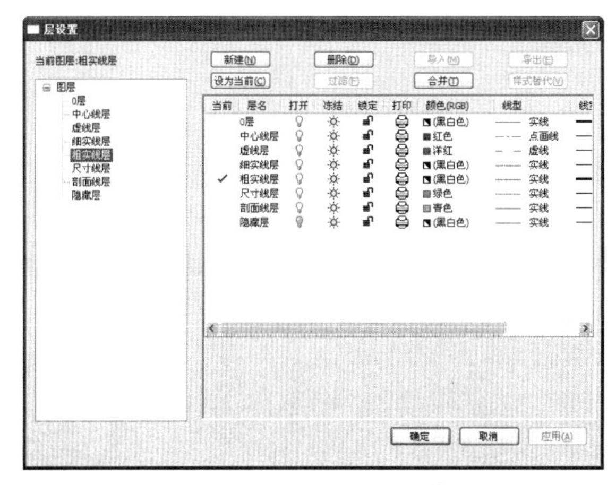

图 2-2 【层设置】对话框

方法一：

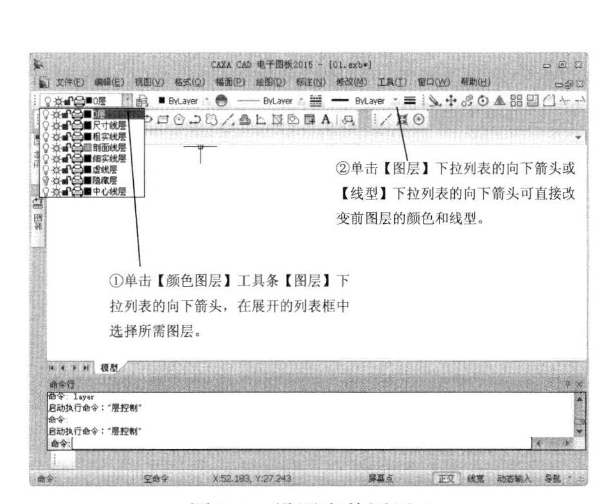

图 2-3 设置当前图层 1

方法二：

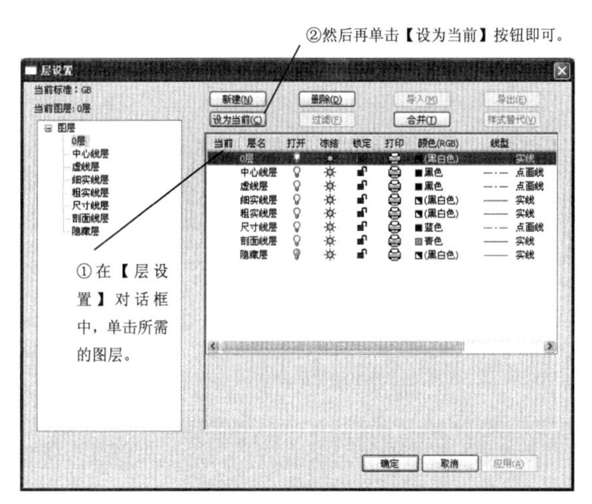

图 2-4 设置当前图层 2

2. 新建图层和删除图层

（1）新建图层

新建风格如图 2-5 所示，建好的图层如图 2-6 所示。

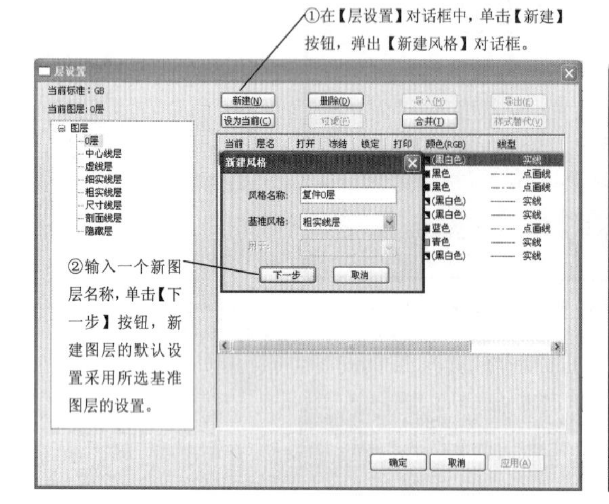

图 2-5 【新建风格】对话框

图 2-6 新建图层

（2）删除图层

删除图层，如图 2-7 所示。

图 2-7 删除图层

系统的当前图层和初始图层不能被删除。

名师点拨

在图 2-7 中可以看出，0 层为打开状态，颜色为黑白色，线型为实线，层锁定为打开状态，层打印为打印状态。用户可以对其中任何一项根据实际需要进行修改。

（3）修改层名

如图 2-8 所示。选择命令后，图层名称变为可编辑状态，如输入文字“7”，然后在对话框空白处单击即可完成图层名的修改。

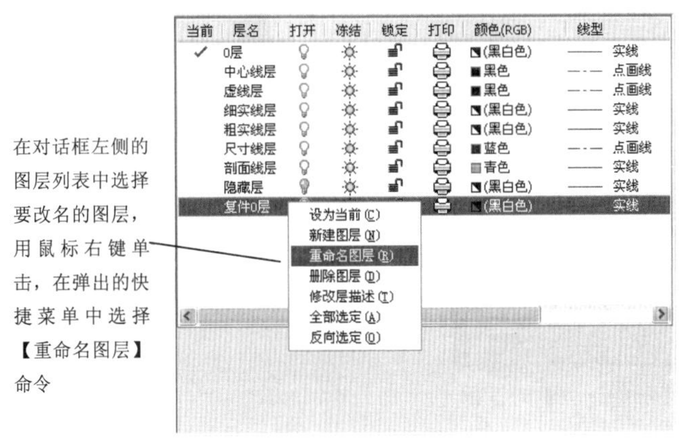

图 2-8　重命名图层

（4）改变层属性

改变层属性，如图 2-9 所示。

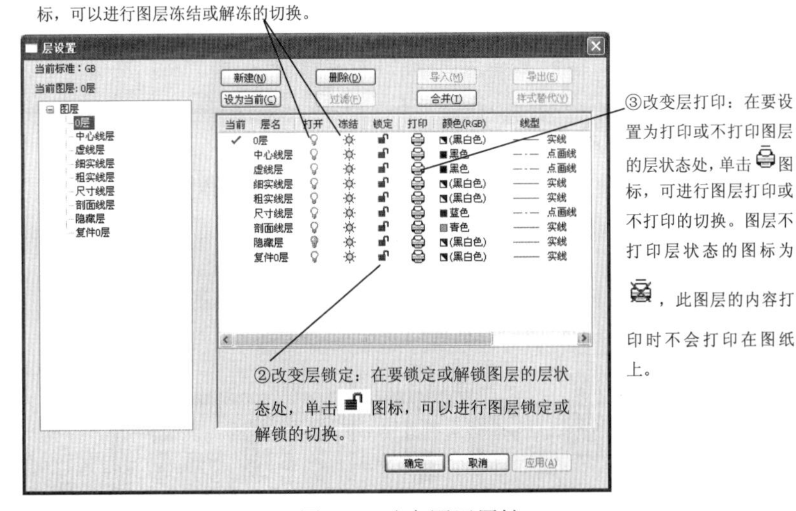

图 2-9　改变图层属性

（5）改变颜色

在【颜色】列单击要修改颜色的图层，弹出【颜色选取】对话框，如图 2-10 所示。

（6）改变线型

在【线型】列单击要修改线型的图层，弹出【线型】对话框，如图 2-11 所示。

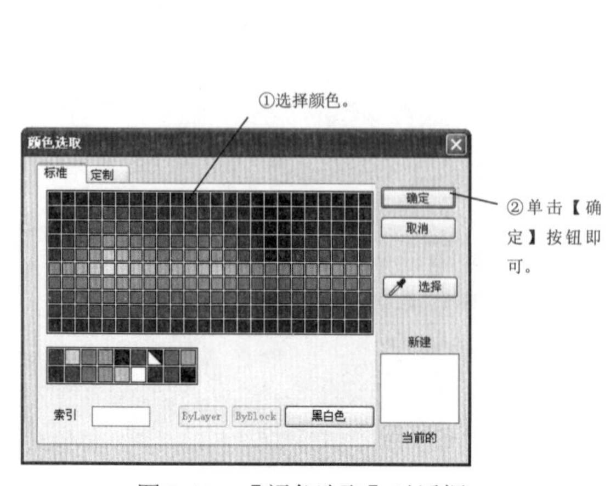

图 2-10 【颜色选取】对话框

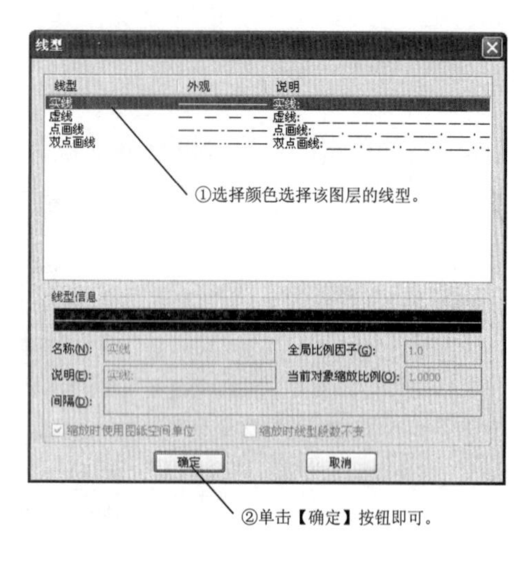

图 2-11 【线型】对话框

2.1.3 课堂练习——绘制吊钩

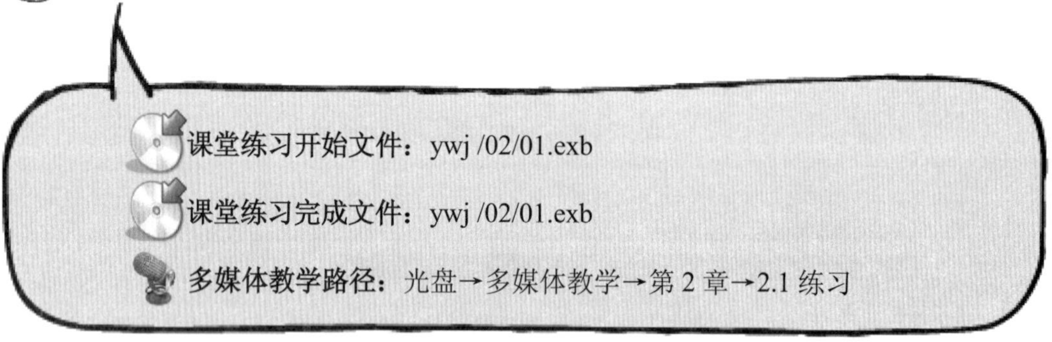

课堂练习开始文件：ywj /02/01.exb

课堂练习完成文件：ywj /02/01.exb

多媒体教学路径：光盘→多媒体教学→第 2 章→2.1 练习

Step 1 新建一个文件，选择中心线图层，如图 2-12 所示。

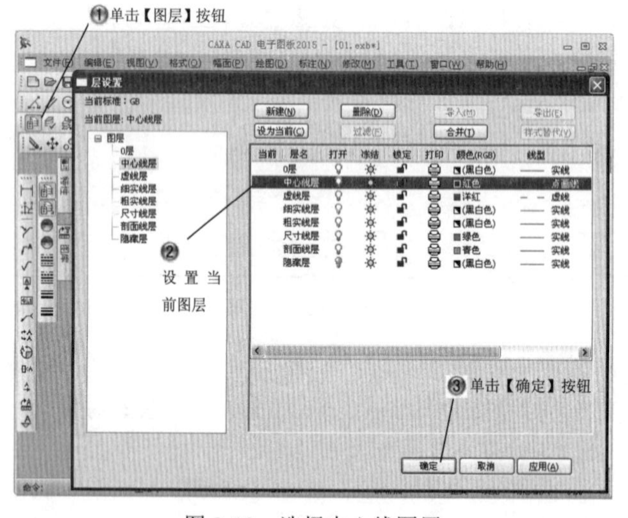

图 2-12 选择中心线图层

Step2 绘制中心线，如图 2-13 所示。

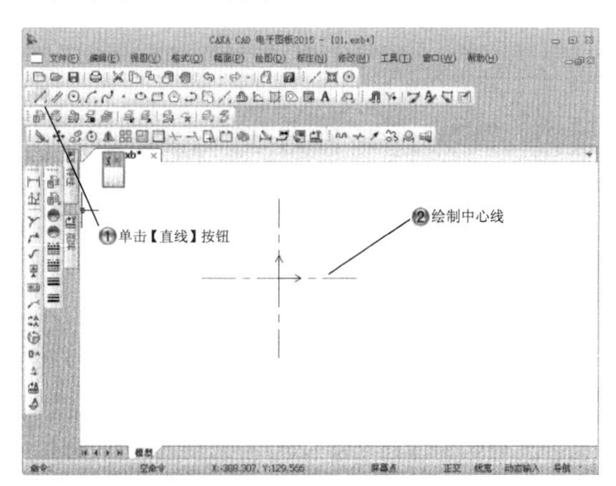

图 2-13　绘制中心线

Step3 选择“0”图层，如图 2-14 所示。

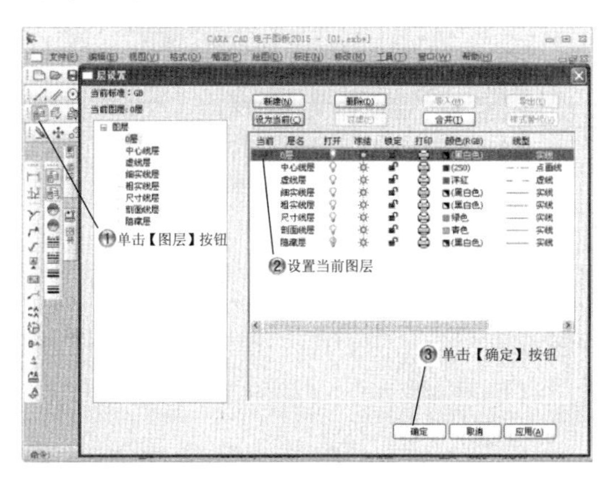

图 2-14　选择“0”图层

Step4 绘制半径 42.5 的圆和长为 20 的 45 度角度线，如图 2-15 所示。

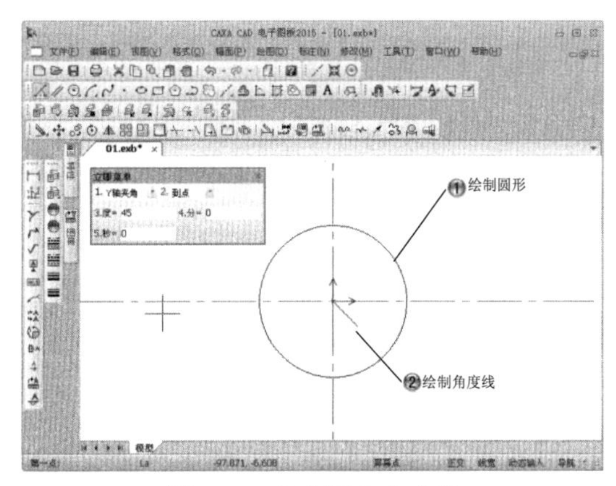

图 2-15　绘制圆和角度线

Step5 绘制半径 110 的圆形，如图 2-16 所示。

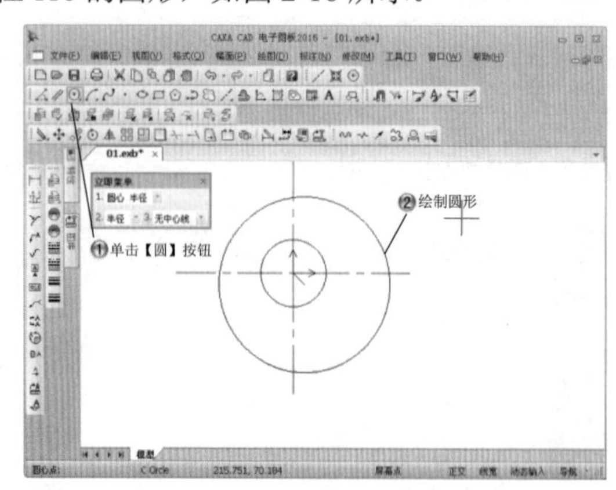

图 2-16　绘制半径 110 的圆形

Step6 裁剪图形，如图 2-17 所示。

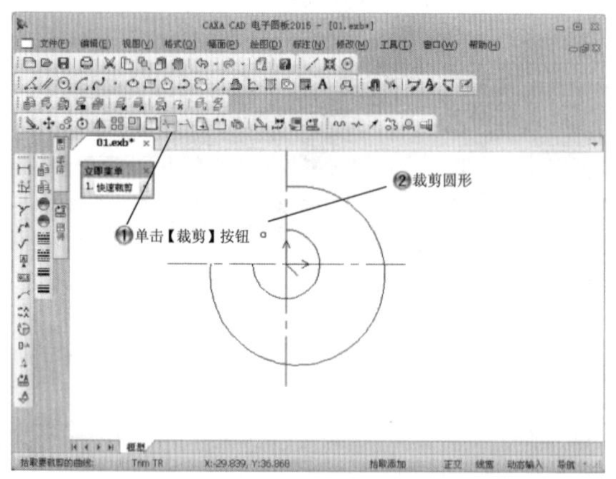

图 2-17　裁剪图形

Step7 绘制半径 30 的切线圆并以此裁剪圆形，如图 2-18 所示。

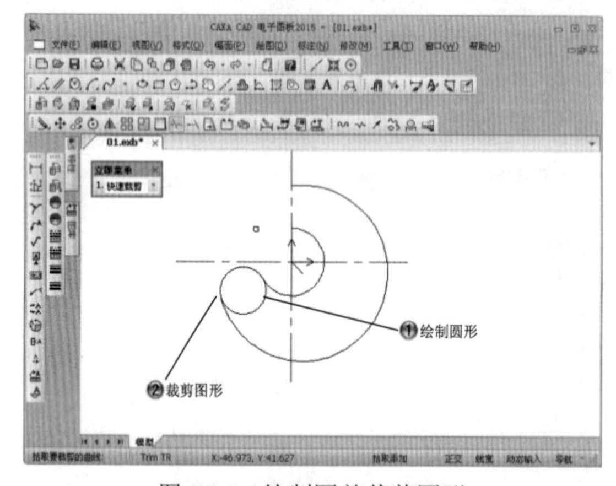

图 2-18　绘制圆并裁剪圆形

Step8 绘制两点圆，半径为 35，然后裁剪两点圆，如图 2-19 所示。

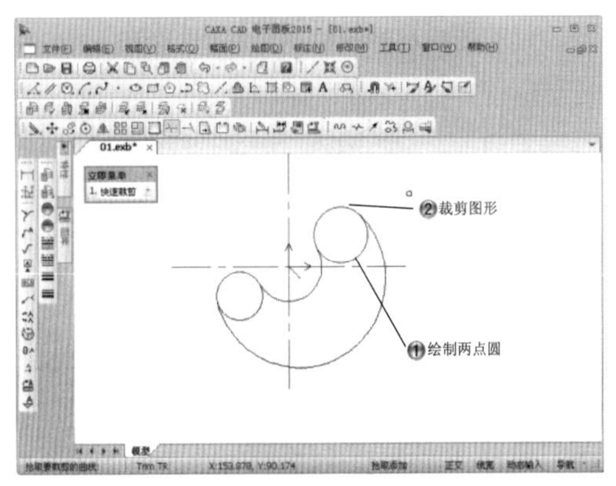

图 2-19　绘制并裁剪两点圆

Step9 绘制长 190 的角度线以及相切圆，再绘制第 2 个相切圆形，最后绘制半径 25 的两点圆，如图 2-20 所示。

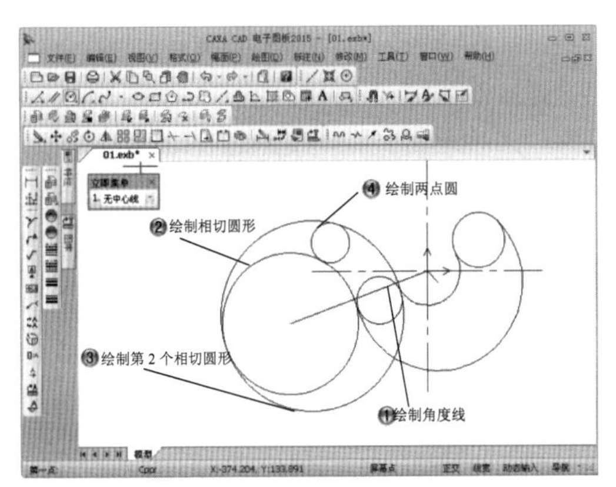

图 2-20　绘制角度线及圆

Step10 裁剪图形，如图 2-21 所示。

图 2-21　裁剪图形

Step11 绘制长为 80 的角度线，然后绘制长 100 的直线，如图 2-22 所示。

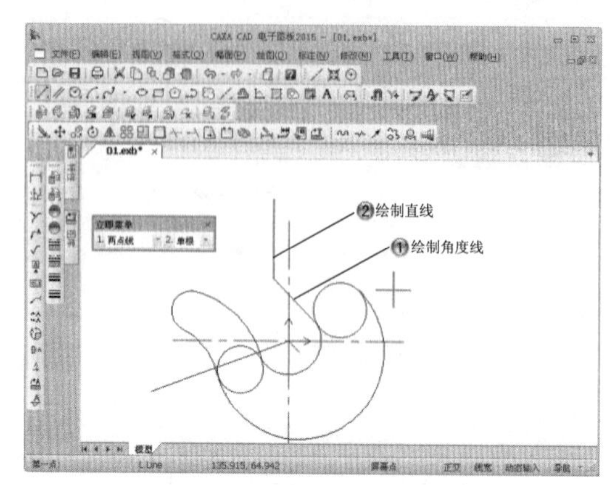

图 2-22　绘制角度线和直线

Step12 绘制半径 85 的圆角，如图 2-23 所示。

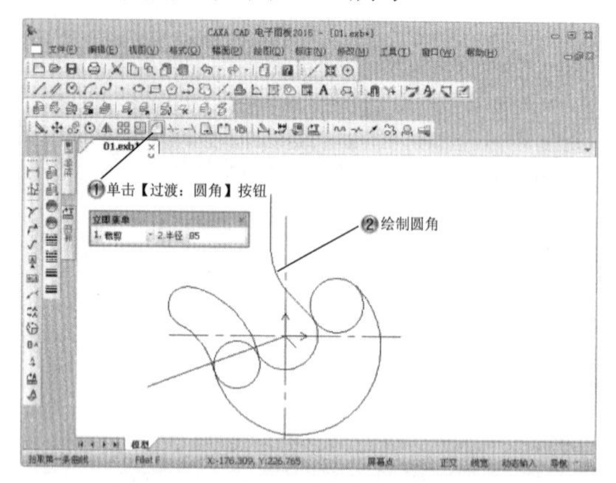

图 2-23　绘制半径 85 的圆角

Step13 绘制长 60 的角度线，然后绘制直线，如图 2-24 所示。

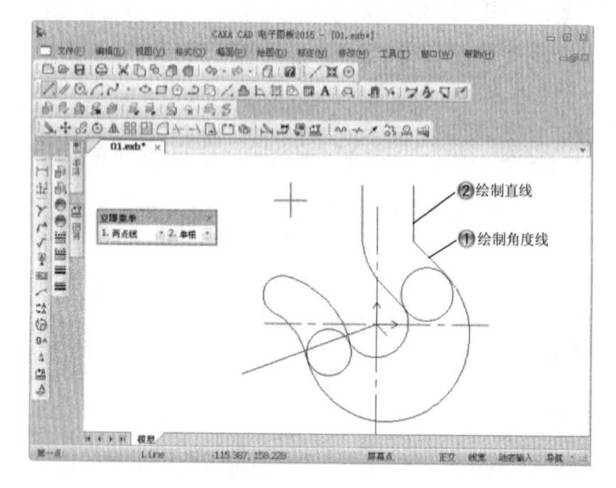

图 2-24　绘制角度线和直线

Step14 绘制半径 60 的圆角，如图 2-25 所示。

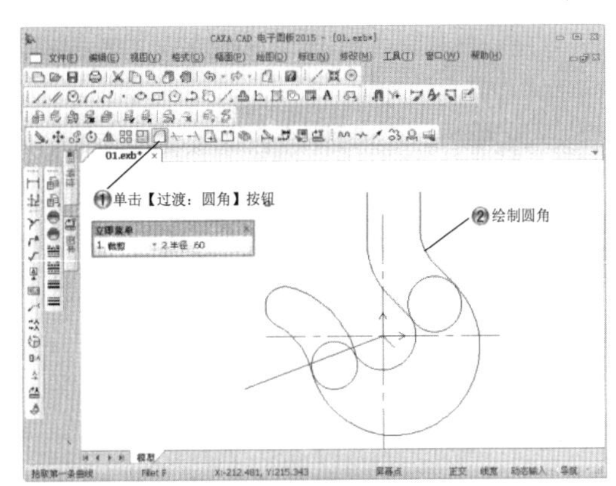

图 2-25　绘制半径 60 的圆角

Step15 绘制水平直线，如图 2-26 所示。

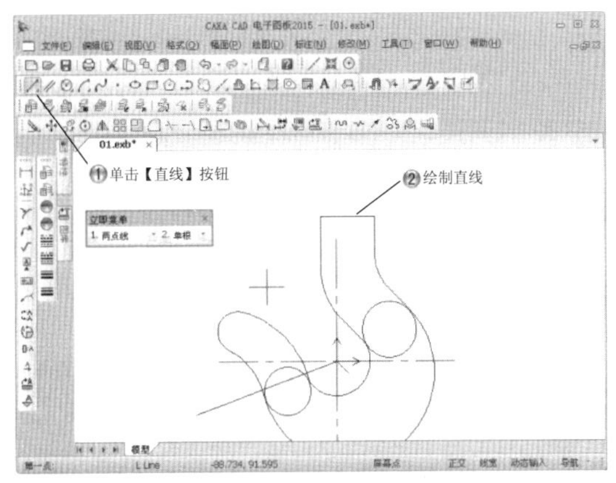

图 2-26　绘制水平直线

Step16 绘制垂直直线 1 和垂直直线 2，长均为 50，然后绘制水平直线，如图 2-27 所示。

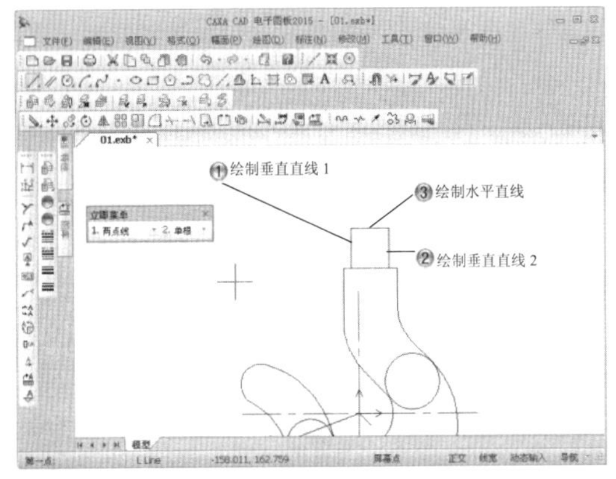

图 2-27　绘制 3 条直线

Step17 绘制半径 43 的圆形和长 80 的直线，如图 2-28 所示。

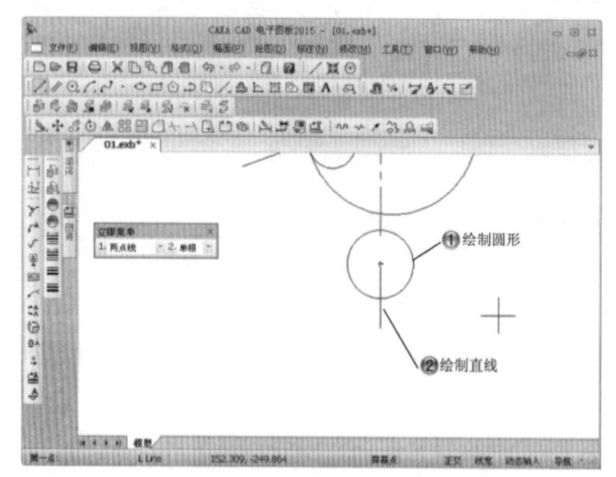

图 2-28　绘制圆和直线

Step18 以直线端头为圆心绘制半径为 18 的圆形，然后绘制切线，如图 2-29 所示。

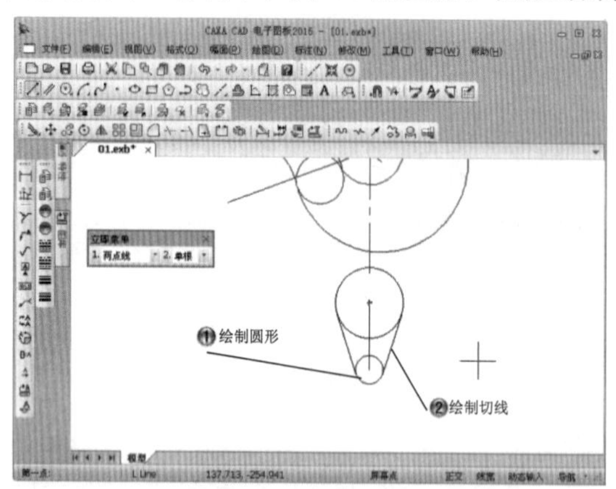

图 2-29　绘制小圆和切线

Step19 裁剪图形，如图 2-30 所示。

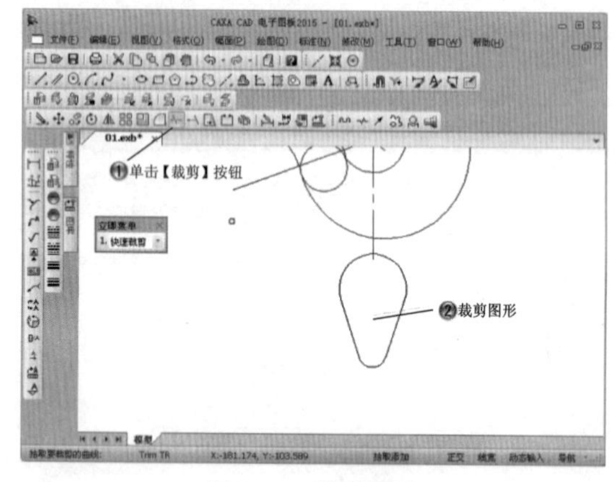

图 2-30　裁剪图形

Step20 绘制 45° 的角度线，然后以此为轴线旋转复制图形，如图 2-31 所示。

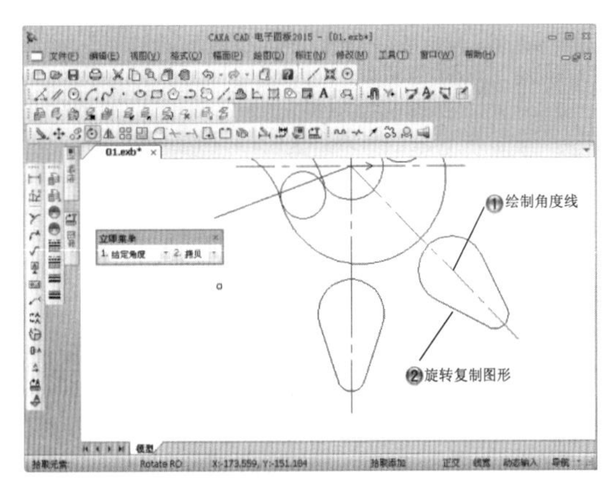

图 2-31　绘制角度线并旋转复制图形

Step21 添加剖面线，如图 2-32 所示。

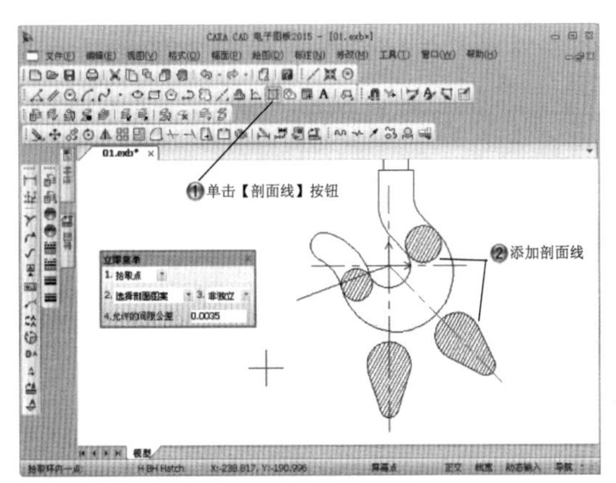

图 2-32　添加剖面线

Step22 添加半径标注，如图 2-33 所示。

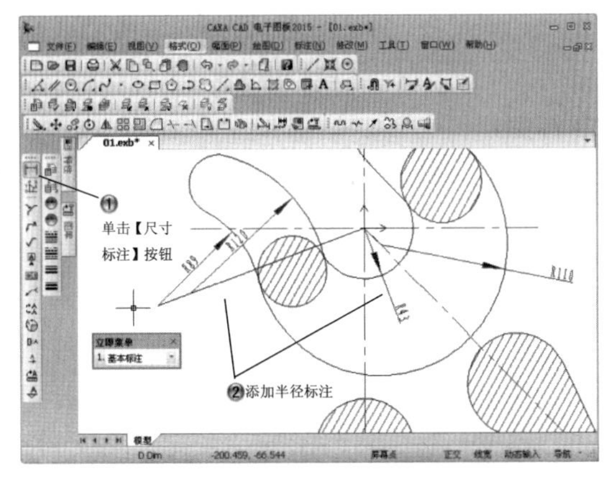

图 2-33　添加半径标注

Step23 添加直线标注，如图 2-34 所示。

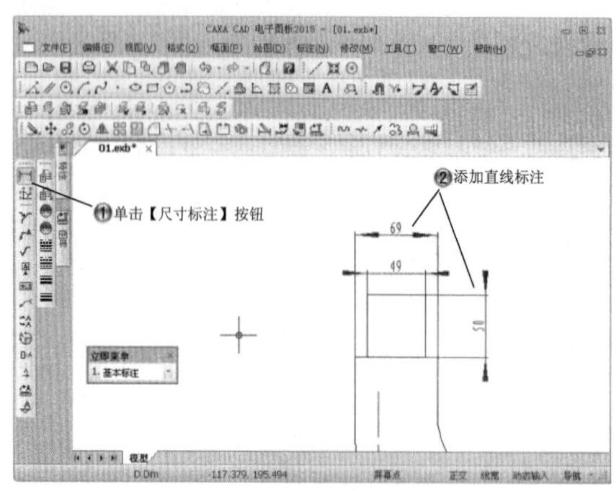

图 2-34　添加直线标注

Step24 这样完成吊钩图纸绘制，如图 2-35 所示。

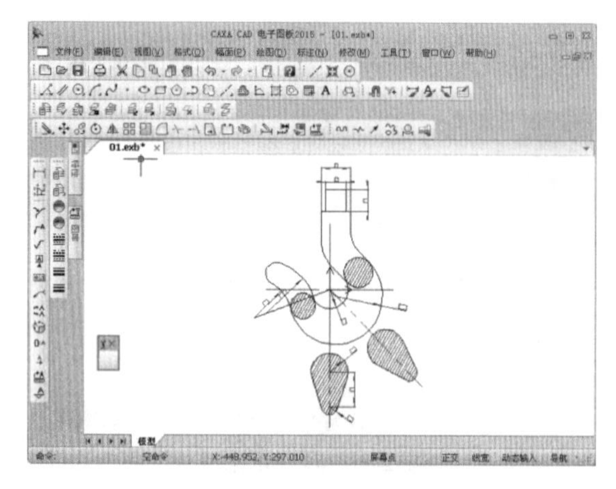

图 2-35　完成吊钩图纸

2.2　线型设置

基本概念

CAXA 线型定义由标题行和模式行两部分组成。标题行由线型名称和线型描述组成，标题行以“*”为开始标记，线型名称和描述由逗号分开；模式行由对齐码和线型规格说明组成，中间由逗号分开。

课堂讲解课时：1 课时

2.2.1 设计理论

CAXA 中的线型是以线型文件（也称为线型库）的形式保存的，其类型是以“.lin”为扩展名的 ASCII 文件。可以在 CAXA 中加载已有的线型文件，并从中选择所需的线型；也可以修改线型文件或创建一个新的线型文件。

2.2.2 课堂讲解

利用以下两种方法中的任一种方法都可以打开【线型设置】对话框，如图 2-36 所示。

系统弹出【线型设置】对话框，在对话框中列出了系统中的所有线型，如图 2-37 所示，在此对话框中，用户可以对线型进行设置。单击【文件】按钮弹出的【打开线型文件】对话框，如图 2-38 所示。

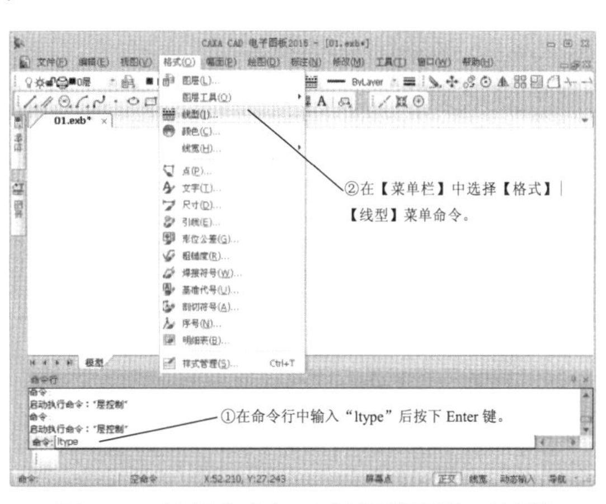

图 2-36 选择命令打开【线型设置】对话框

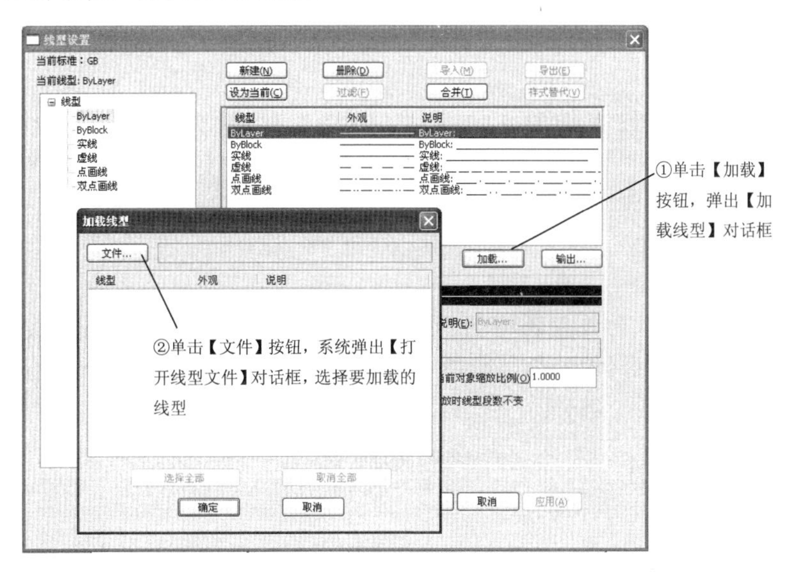

图 2-37 【线型设置】对话框

图 2-38 【打开线型文件】对话框

2.3 颜色设置

CAXA 图层颜色也就是为选定图层指定颜色或修改颜色。颜色在图形中具有非常重要的作用，可用来表示不同的组件、功能和区域。

2.3.1 设计理论

CAXA 图层的颜色实际上是图层中图形对象的颜色，每个图层都拥有自己的颜色，对不同的图层既可以设置相同的颜色，也可以设置不同的颜色，所以对于绘制复杂图形时就可以很容易区分图形的各个部分。

2.3.2 课堂讲解

利用以下两种方法中的任一种方法都可以打开【颜色选取】对话框，如图 2-39 所示。

执行上述操作之一后，系统弹出【颜色选取】对话框，如图 2-40 所示。

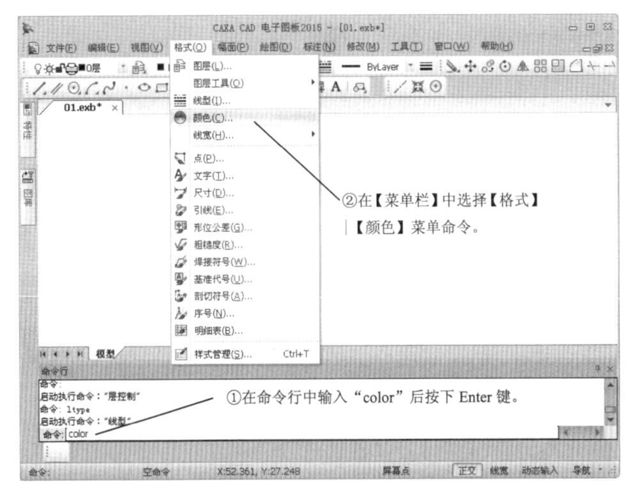

图 2-39　选择命令打开【颜色选取】对话框

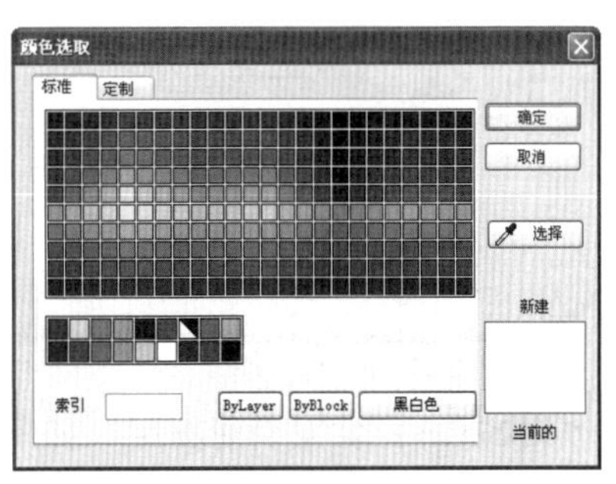

图 2-40　【颜色选取】对话框

索引颜色也叫做映射颜色。在这种模式下，只能存储一个 8bit 色彩深度的文件，即最多 256 种颜色，而且颜色都是预先定义好的。一幅图像所有的颜色都在它的图像文件里定义，也就是将所有色彩映射到一个色彩盘里，这就叫色彩对照表。因此，当打开图像文件时，色彩对照表也一同被读入了 Photoshop 中，Photoshop 由色彩对照表找到最终的色彩值。若要转换为索引颜色，必须从每通道 8 位的图像以及灰度或 RGB 图像开始。通常索引色彩模式用于保存 GIF 格式等网络图像。

索引颜色是 CAXA 电子图板 2015 中使用的标准颜色。每一种颜色用一个 CAXA 颜色索引编号（1~255 之间的整数）标识。标准颜色名称仅适用于 1~7 号颜色。颜色指定如下：1 红、2 黄、3 绿、4 青、5 蓝、6 洋红、7 白/黑。

在【颜色选取】对话框中，用户可以直接通过单击的方式选取某种基本颜色，也可以添加定制颜色。其颜色选取【定制】选项卡如图 2-41 所示，添加定制颜色的方法有三种。

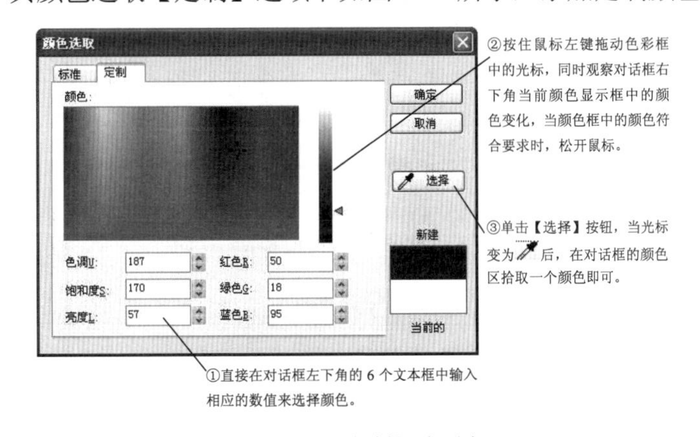

图 2-41　【定制】选项卡

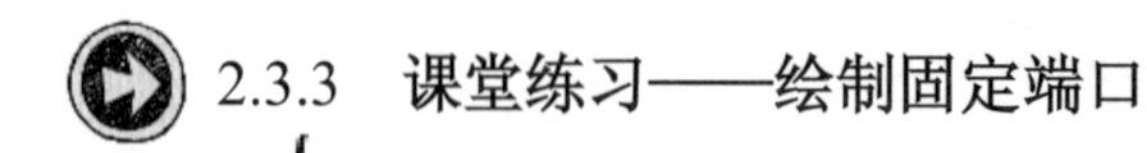

2.3.3 课堂练习——绘制固定端口

课堂练习开始文件： ywj /02/02.exb

课堂练习完成文件： ywj /02/02.exb

多媒体教学路径： 光盘→多媒体教学→第 2 章→2.3 练习

Step1 设置当前图层，如图 2-42 所示。

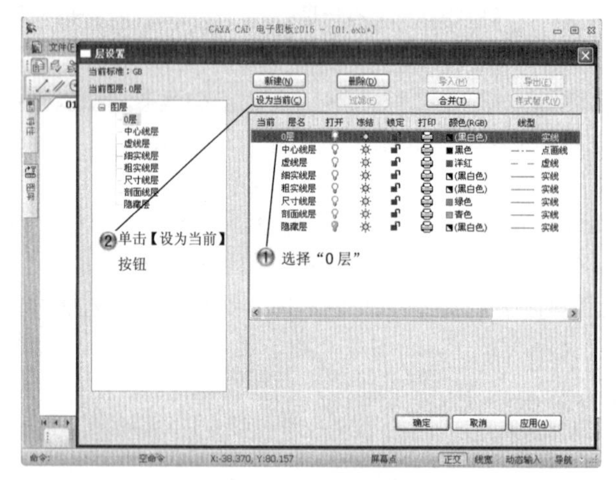

图 2-42 设置当前图层

Step2 关闭隐藏层，如图 2-43 所示。

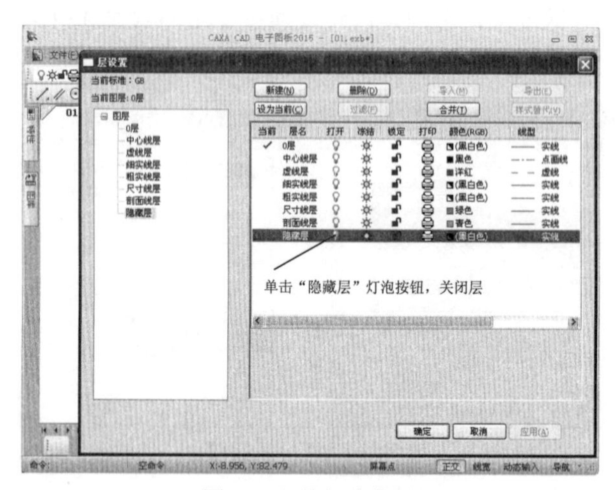

图 2-43 关闭隐藏层

Step3 设置虚线层颜色，如图 2-44 所示。

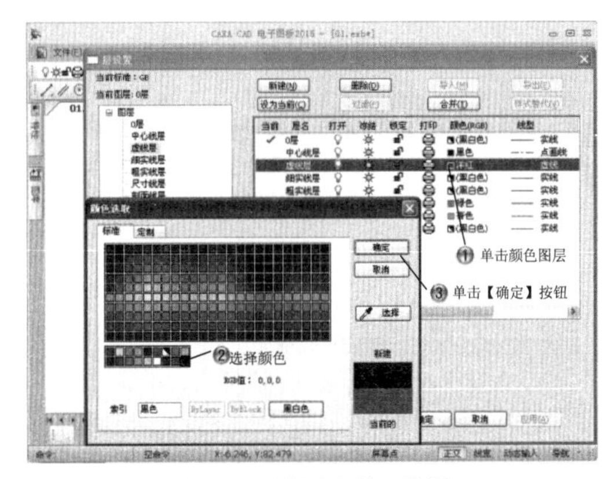

图 2-44　设置虚线层颜色

Step4 设置虚线层线型，如图 2-45 所示。

图 2-45　设置虚线层线型

Step5 设置尺寸线颜色，如图 2-46 所示。

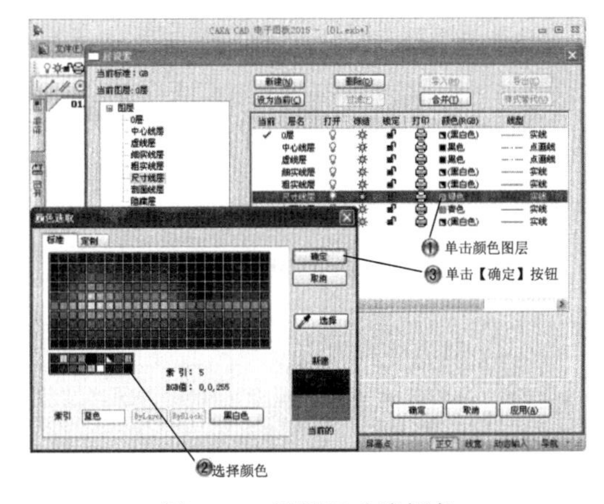

图 2-46　设置尺寸线颜色

Step6 设置尺寸线线型，如图 2-47 所示。

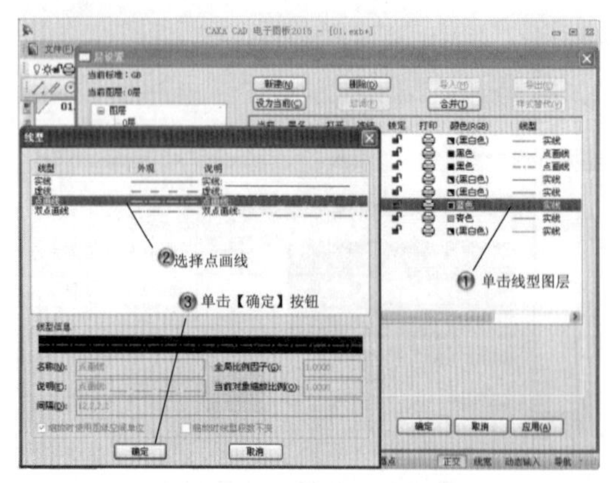

图 2-47　设置尺寸线线型

Step7 选择线型命令，如图 2-48 所示。

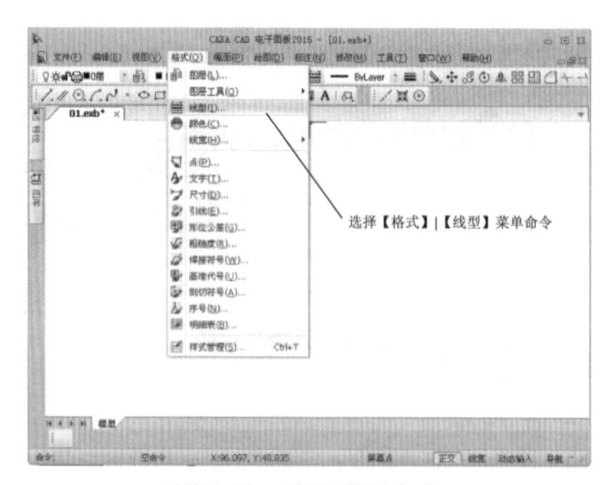

图 2-48　选择线型命令

Step8 选择当前线型，如图 2-49 所示。

图 2-49　选择当前线型

Step9 选择点命令，如图 2-50 所示。

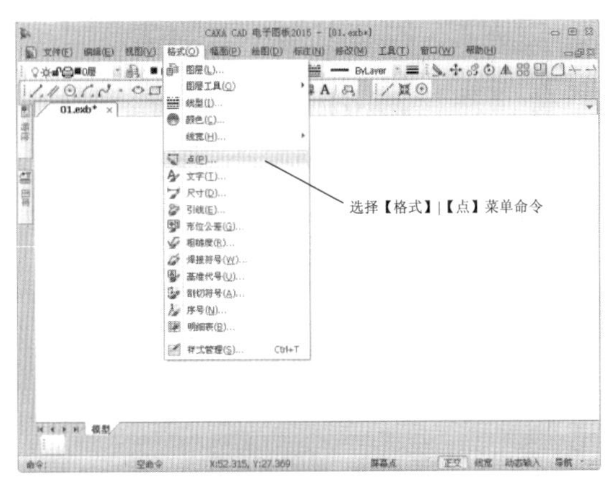

图 2-50　选择点命令

Step10 选择点样式，如图 2-51 所示。

图 2-51　选择点样式

Step11 选择文字命令，如图 2-52 所示。

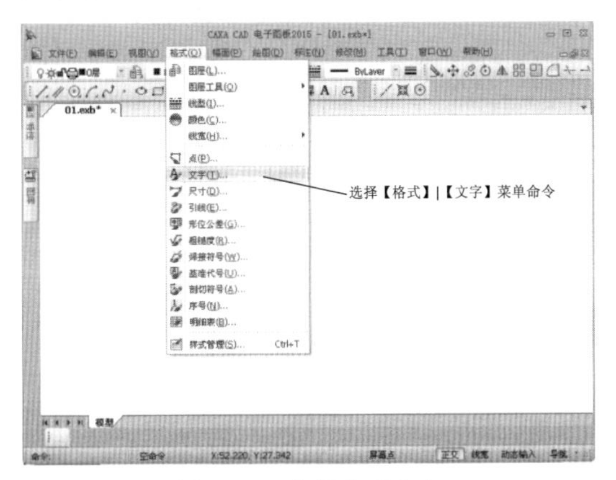

图 2-52　选择文字命令

Step12 设置文字参数，如图 2-53 所示。

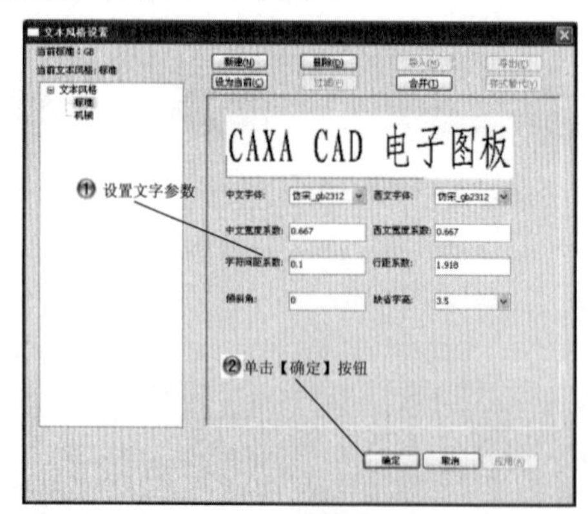

图 2-53　设置文字参数

Step13 绘制长为 60 的中心线，然后绘制长为 40 和 17 的直线，如图 2-54 所示。

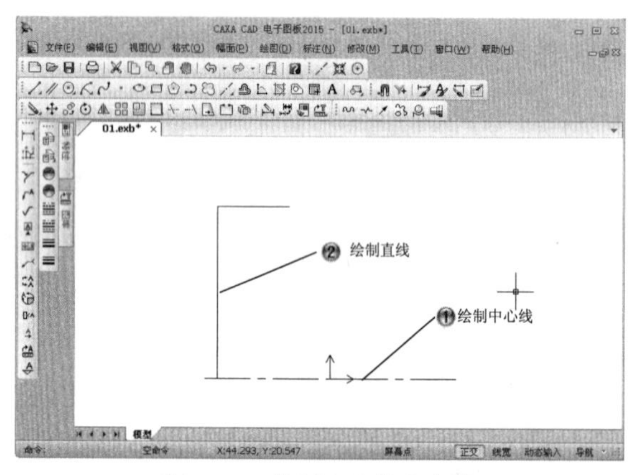

图 2-54　绘制中心线和直线

Step14 绘制长为 5，角度为 45° 的角度线，如图 2-55 所示。

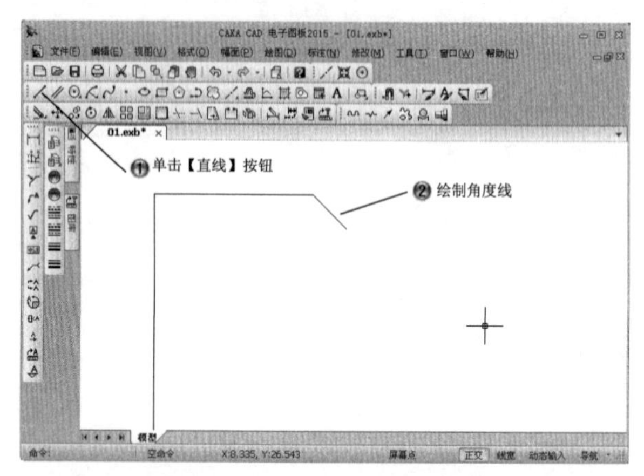

图 2-55　绘制长为 5 的角度线

Step15 绘制长为 9.5、12 和 46 的直线，然后绘制样条线，如图 2-56 所示。

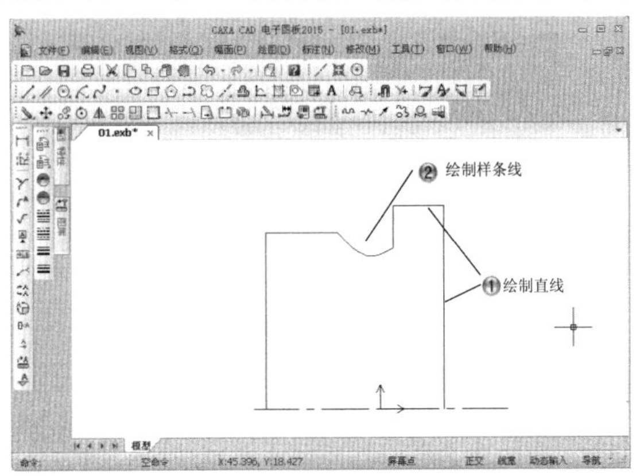

图 2-56　绘制直线和样条线

Step16 绘制长宽为 3 的倒角，如图 2-57 所示。

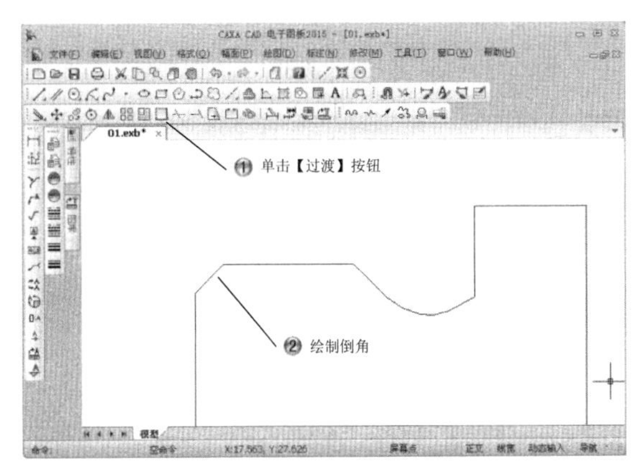

图 2-57　绘制长宽为 3 的倒角

Step17 绘制 5 组直线，分别为长为 20 和 25 的直线，长为 5.5 和 27 的直线，长为 5.5 和 21 的直线，长为 7 和 27 的直线，长为 14 和 4 的直线，如图 2-58 所示。

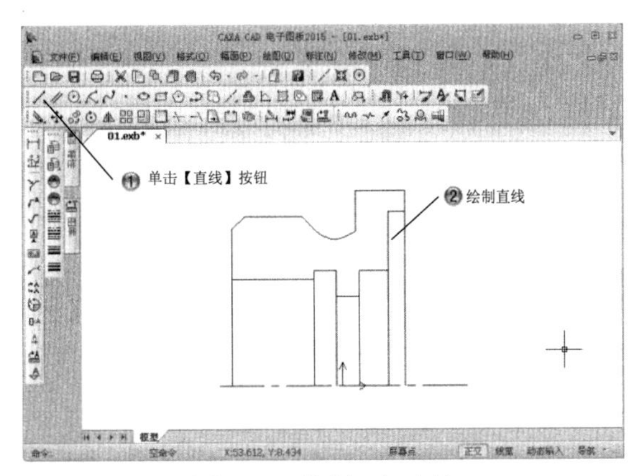

图 2-58　绘制 5 组直线

Step18 镜像图形，如图 2-59 所示。

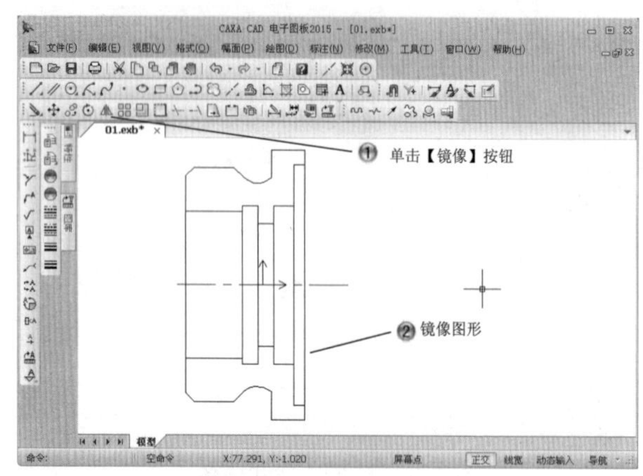

图 2-59　镜像图形

Step19 填充图案，如图 2-60 所示。

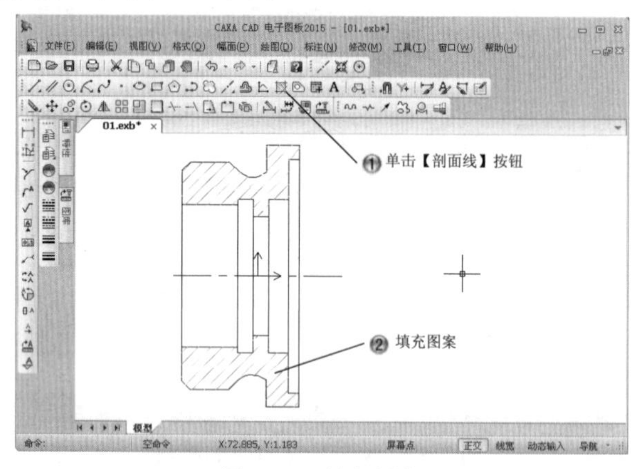

图 2-60　填充图案

Step20 绘制样条线，如图 2-61 所示。

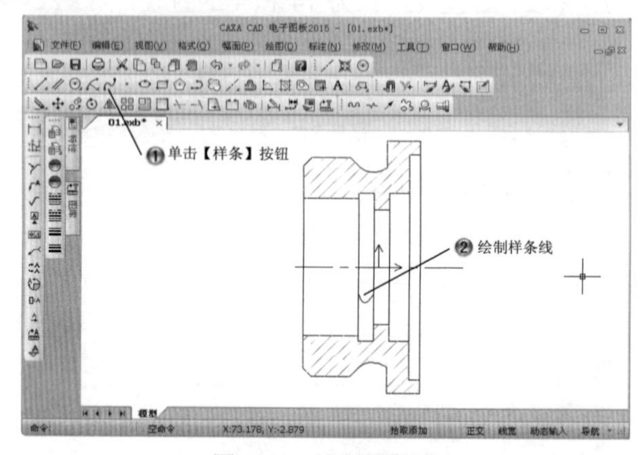

图 2-61　绘制样条线

Step21 绘制长 120 的中心线，如图 2-62 所示。

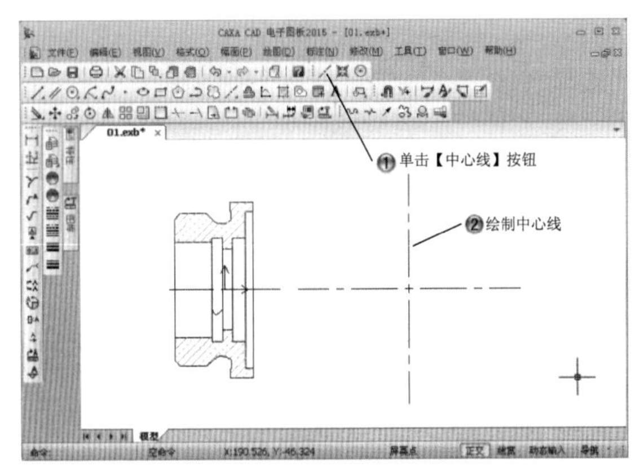

图 2-62　绘制长 120 的中心线

Step22 绘制半径为 15、20 和 32.5 的同心圆，如图 2-63 所示。

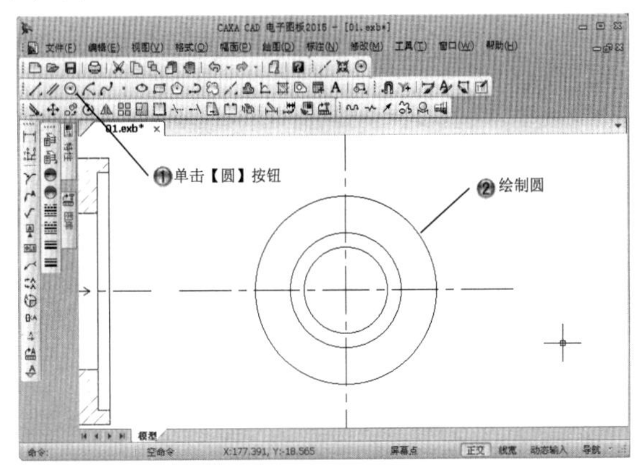

图 2-63　绘制同心圆

Step23 绘制外切于 32.5 圆的正多边形，然后绘制半径为 47 的圆，如图 2-64 所示。

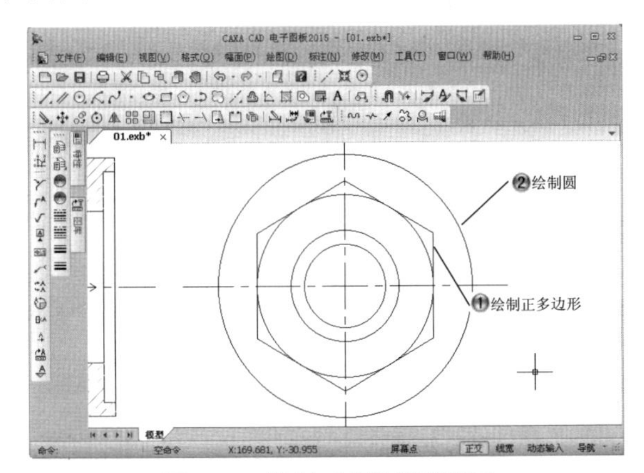

图 2-64　绘制正多边形形和圆

Step24 绘制半径为 4 和 12 的同心圆，如图 2-65 所示。

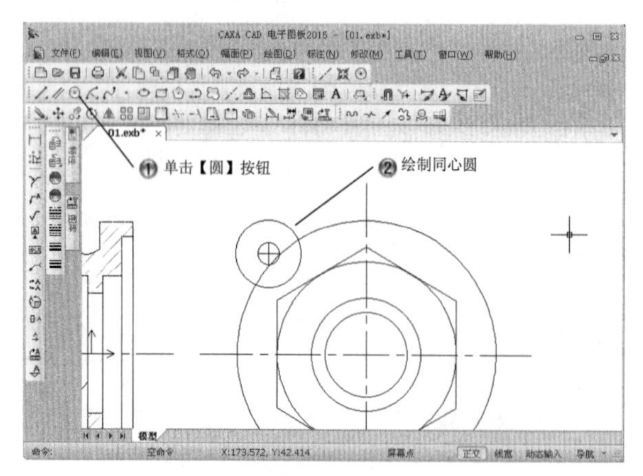

图 2-65　绘制半径为 4 和 12 的同心圆

Step25 阵列同心圆，然后绘制切线，如图 2-66 所示。

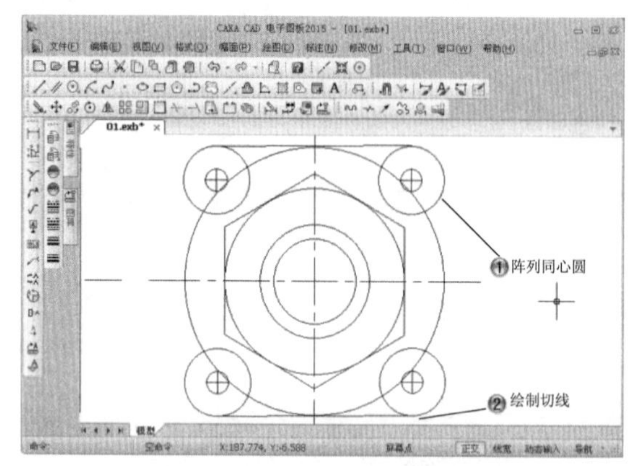

图 2-66　阵列同心圆并绘制切线

Step26 裁剪图形，如图 2-67 所示。

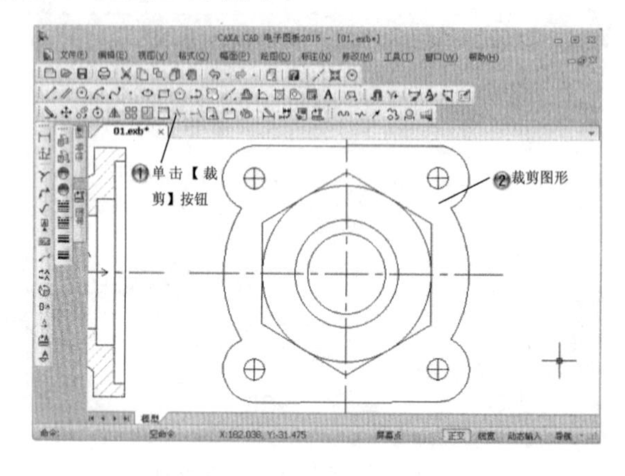

图 2-67　裁剪图形

Step27 完成固定端口的绘制，如图 2-68 所示。

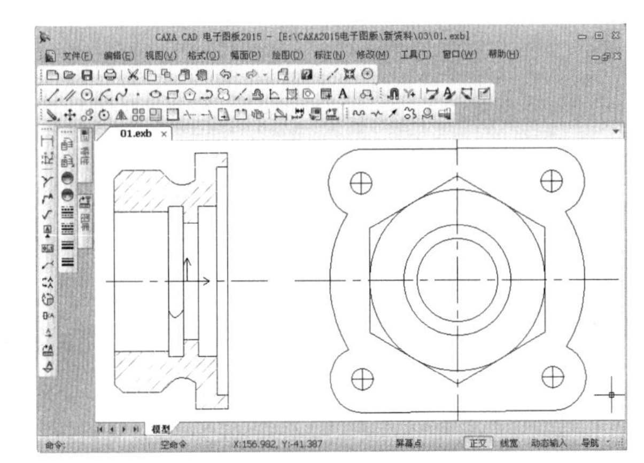

图 2-68　完成的固定端口

2.4　基本图形对象设置

基本图形对象设置包括点样式、文字样式、尺寸、形位公差等的设置，这里简单介绍经常用到的文本和点样式的设置。

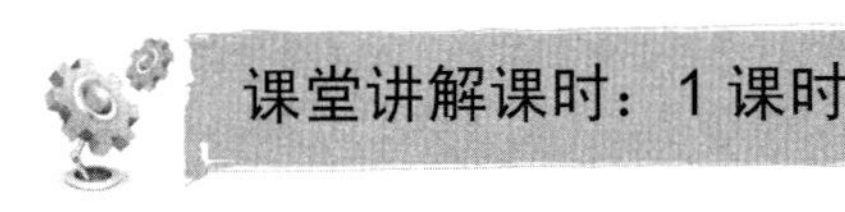

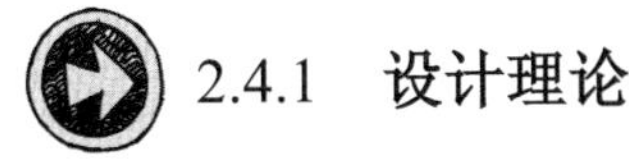

2.4.1　设计理论

在绘图过程中，用户仍然可以根据需要对图形基本图形对象内容进行重新设置，以免因设置不合理而影响绘图效率。

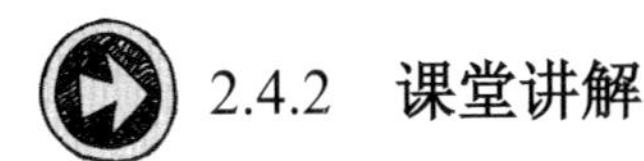

2.4.2　课堂讲解

1. 文本风格设置

利用以下两种方法中的任一种方法都可以打开【文本风格设置】对话框，如图 2-69 所示。执行上述操作之一后，系统弹出【文本风格设置】对话框，如图 2-70 所示。

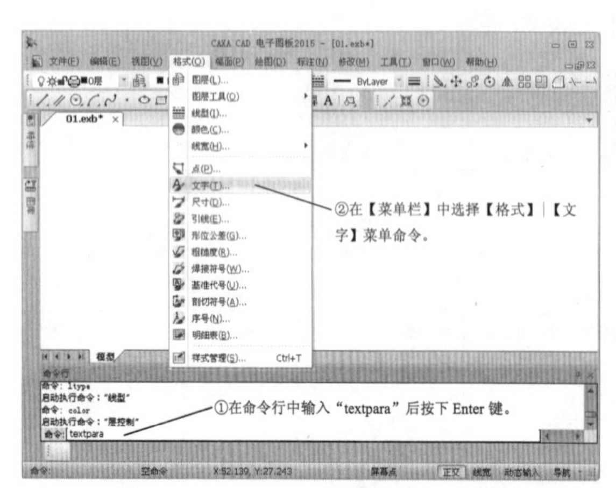

图 2-69 选择命令打开【文本风格设置】对话框

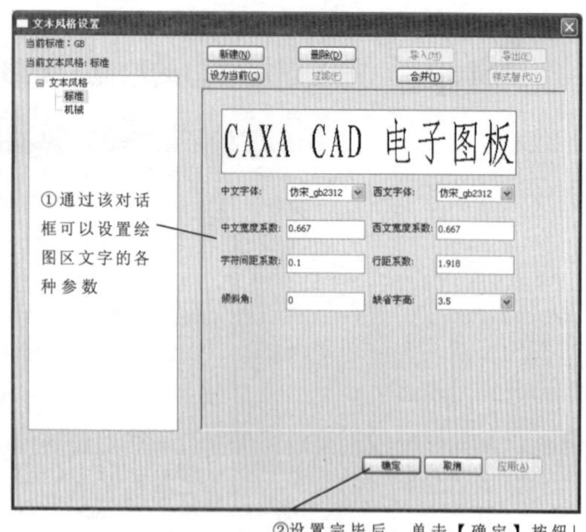

图 2-70 【文本风格设置】对话框

在【文本风格设置】对话框中，列出了当前文件中所有已定义的字型。如果尚未定义字型，系统预定义了一个“标准”的默认样式，该样式不可删除但可以编辑。在对话框中可以设置字体、宽度系数、字符间距、倾斜角、字高等参数。通过在文本框或下拉列表中选择不同项，可以切换当前字型，随着当前字型的变化，预显框中的显示样式也随之变化。

2. 点样式设置

利用以下两种方法中的任一种方法都可以打开【点样式】对话框，如图 2-71 所示。

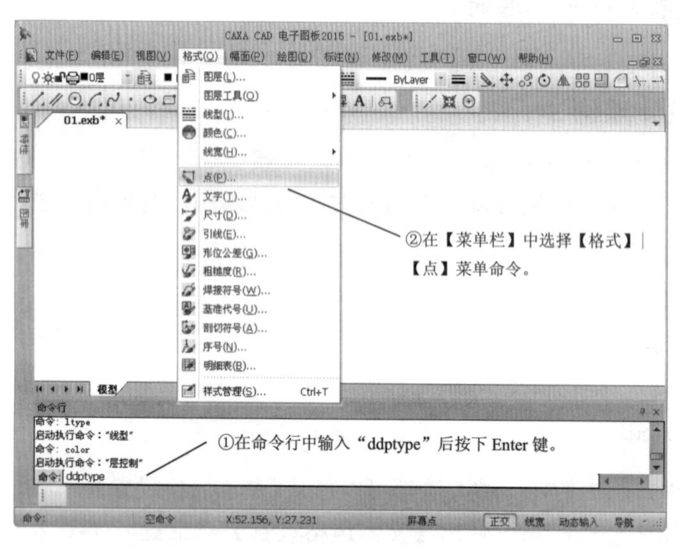

图 2-71 选择命令打开【点样式】对话框

执行上述操作之一后，系统弹出【点样式】对话框，如图 2-72 所示。在该对话框中，用户可选择 20 种不同样式的点，还可设置点的大小。

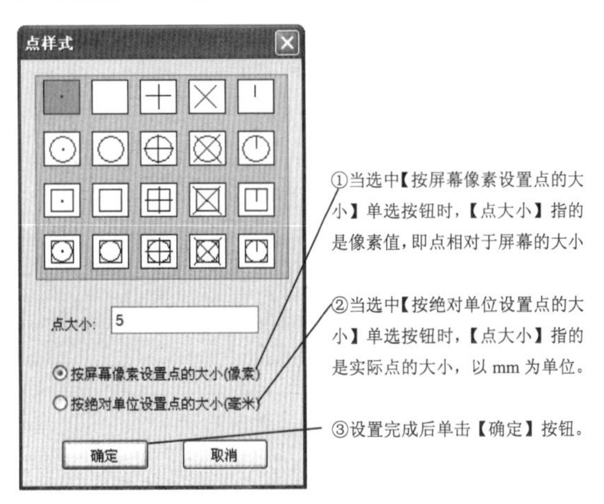

图 2-72 【点样式】对话框

2.4.3 课堂练习——绘制成型机

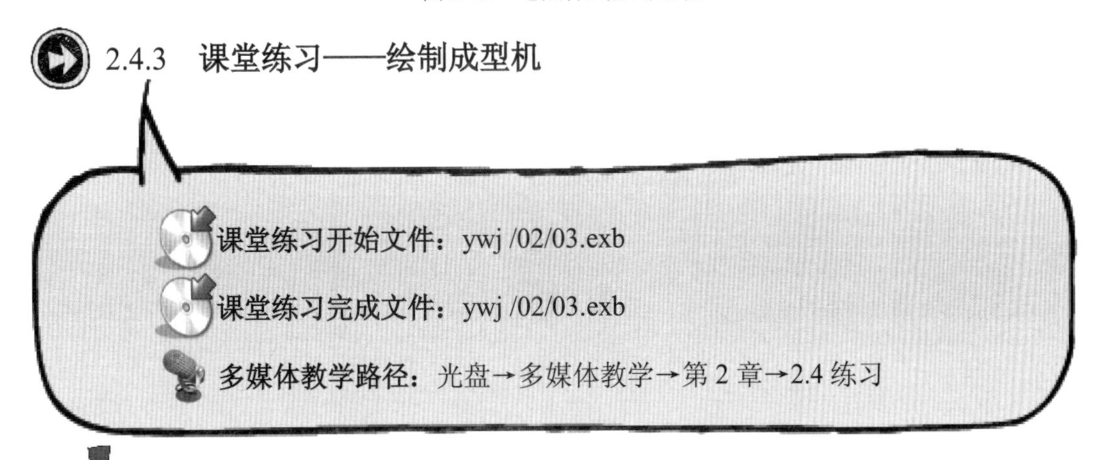

Step1 新建一个文件，选择【格式】|【图层】菜单命令，打开【层设置】对话框，设置当前图层，如图 2-73 所示。

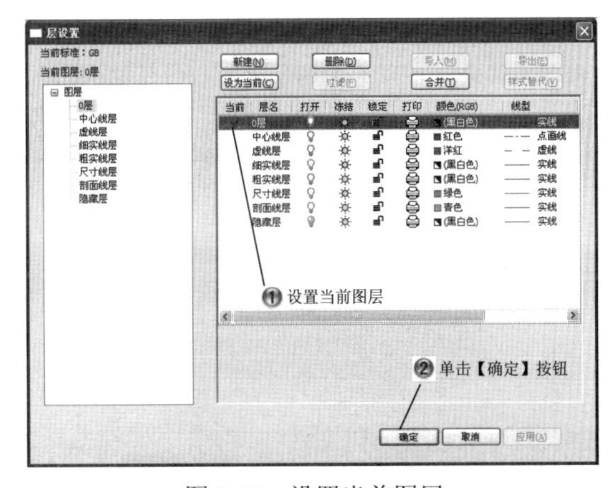

图 2-73 设置当前图层

Step2 选择【格式】|【文字】菜单命令，打开【文本风格设置】对话框，设置文字格式，如图 2-74 所示。

图 2-74　设置文字格式

Step3 选择【工具】|【捕捉设置】菜单命令，打开【智能点工具设置】对话框，设置捕捉和栅格，如图 2-75 所示。

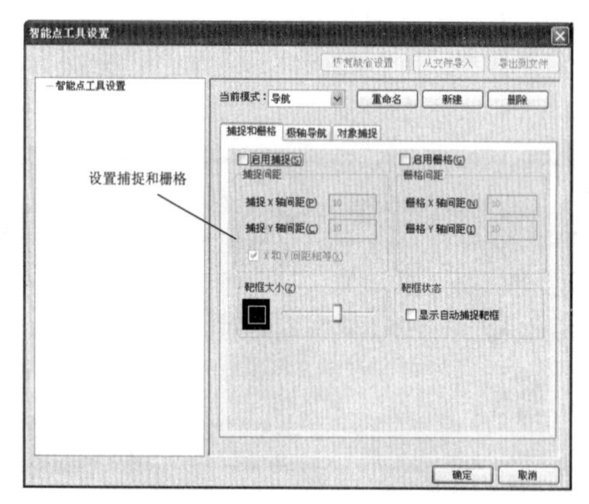

图 2-75　设置捕捉和栅格

Step4 然后设置对象捕捉，如图 2-76 所示。

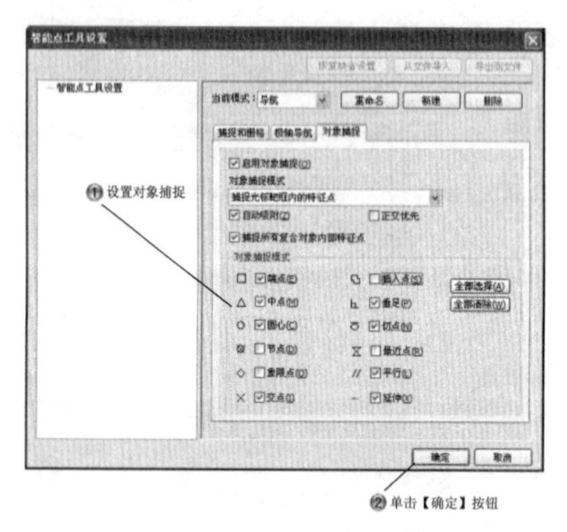

图 2-76　设置对象捕捉

Step5 绘制尺寸为 60×100 的矩形，如图 2-77 所示。

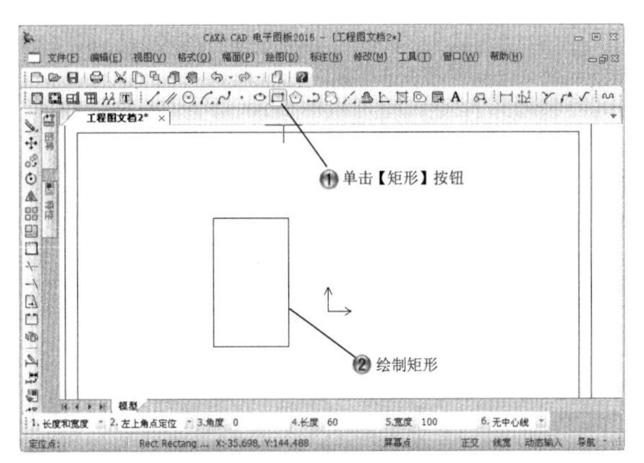

图 2-77　绘制尺寸为 60×100 的矩形

Step6 绘制尺寸为 140×20 的矩形，然后绘制半径为 15 和 10 的圆形，如图 2-78 所示。

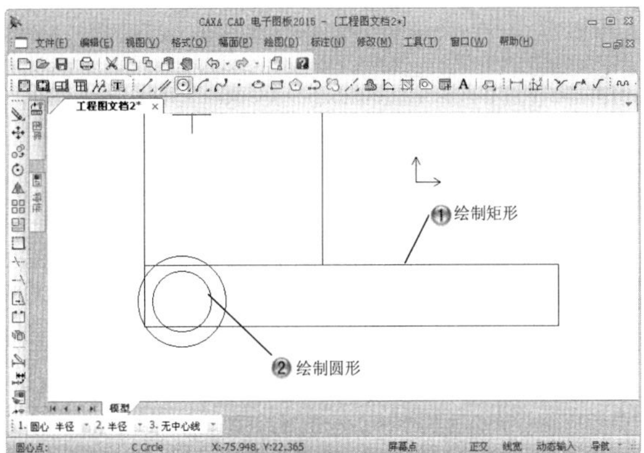

图 2-78　绘制矩形和圆形

Step7 复制同心圆，如图 2-79 所示。

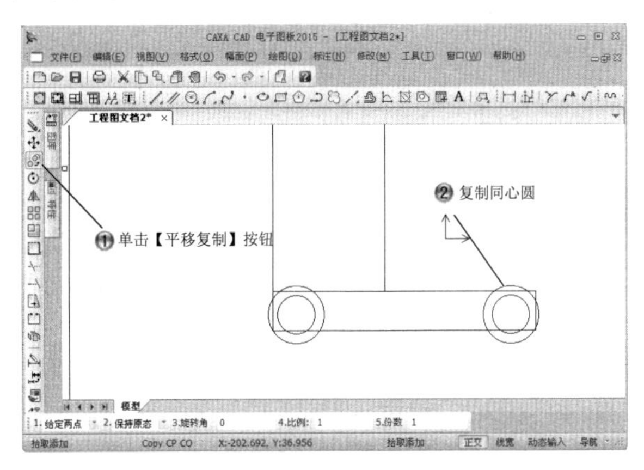

图 2-79　复制同心圆

Step8 裁剪图形，如图 2-80 所示。

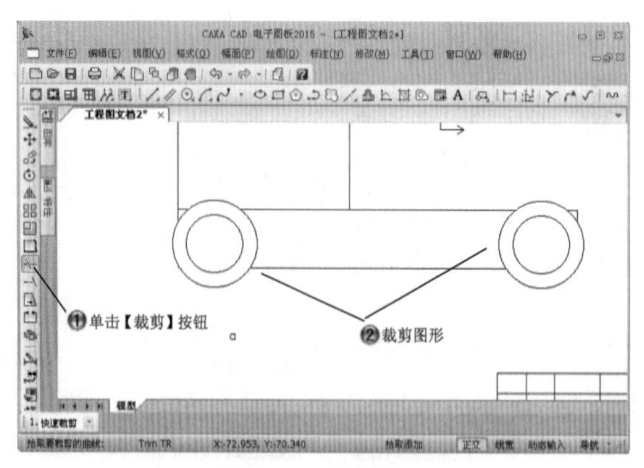

图 2-80 裁剪图形

Step9 绘制半径为 20 和 12 的圆形，然后绘制倾斜 30° 的角度线，如图 2-81 所示。

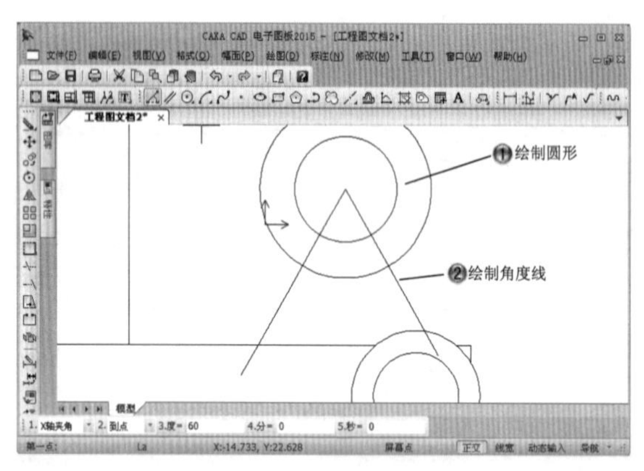

图 2-81 绘制圆形和角度线

Step10 裁剪图形，如图 2-82 所示。

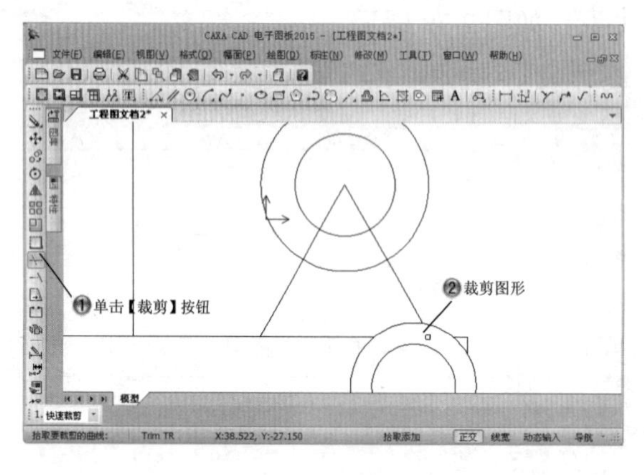

图 2-82 裁剪图形

Step11 绘制半径为 30 和 20 的圆形，如图 2-83 所示。

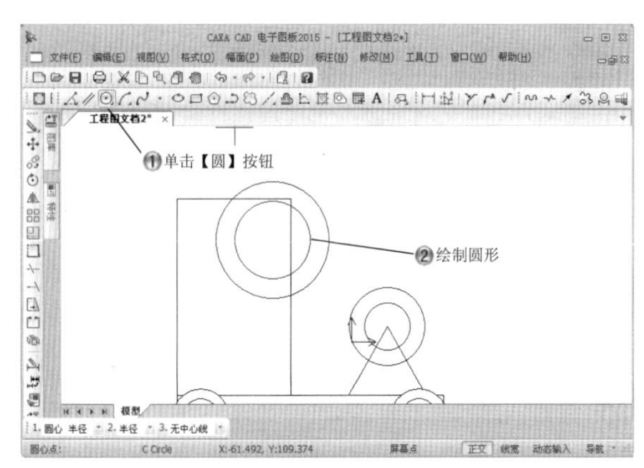

图 2-83　绘制圆形

Step12 裁剪图形，如图 2-84 所示。

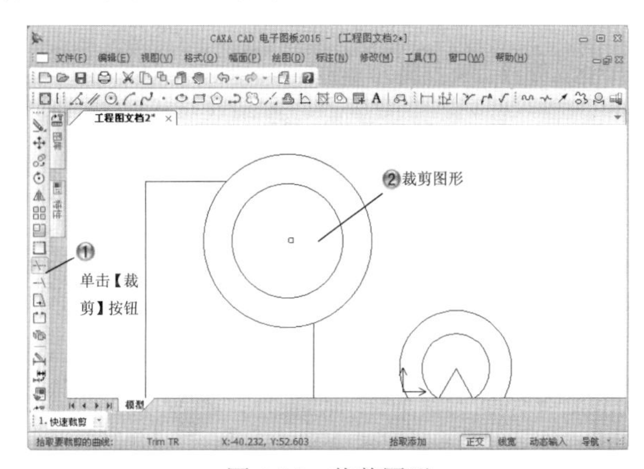

图 2-84　裁剪图形

Step13 绘制两条切线，如图 2-85 所示。

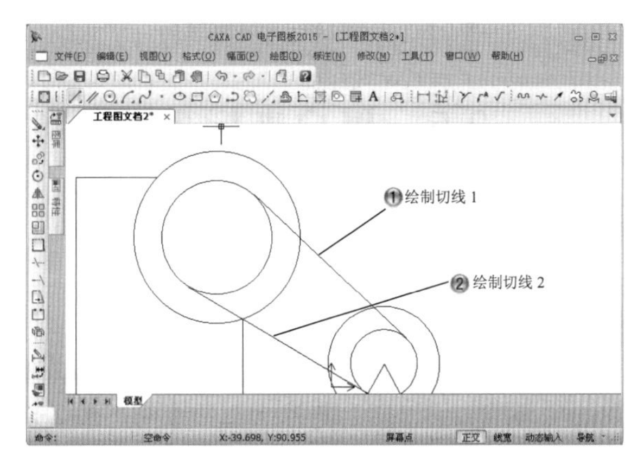

图 2-85　绘制两条切线

Step14 填写图纸名称，如图 2-86 所示。

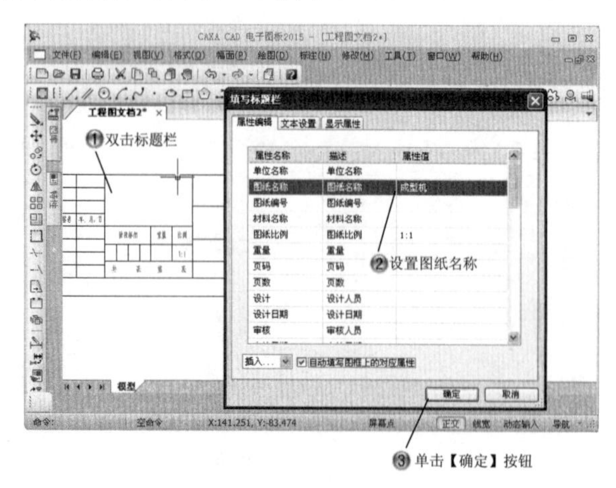

图 2-86　填写图纸名称

Step15 添加序号，如图 2-87 所示。

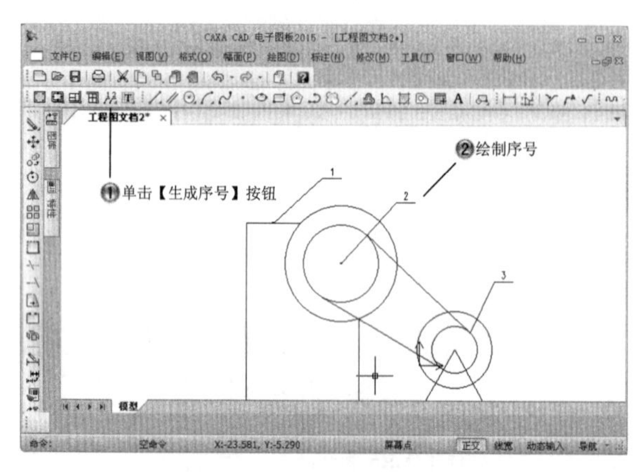

图 2-87　添加序号完成成型机

2.5　用户坐标系

基本概念

根据笛卡尔坐标系的习惯，世界坐标系指沿 X 轴正方向向右为水平距离增加的方向，沿 Y 轴正方向向上为竖直距离增加的方向，垂直于 XY 平面，沿 Z 轴正方向从所视方向向外为距离增加的方向。相对于世界坐标系 WCS，可以创建无限多的坐标系，这些坐标系通常称为用户坐标系。

课堂讲解课时：1 课时

2.5.1 设计理论

CAXA 在绘制图形时，合理使用用户坐标系可以使坐标点的输入更方便，从而提高绘图效率。要在 CAXA 中准确、高效地绘制图形，必须充分利用坐标系并掌握各坐标系的概念以及输入方法。它是确定对象位置的最基本的手段。

2.5.2 课堂讲解

1. 新建用户坐标系

利用以下两种方法中的任一种方法都可以新建 UCS，如图 2-88 所示。

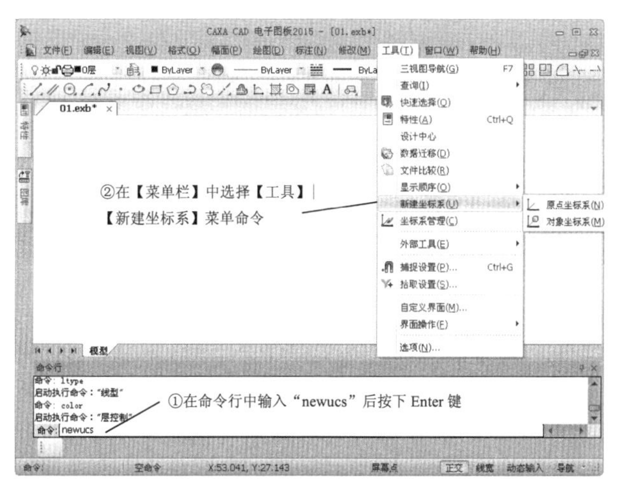

图 2-88　选择新建 UCS 命令

执行上述操作后，根据系统提示输入用户坐标系的基点，然后根据提示输入坐标系的旋转角，新坐标系设置完成。

CAXA 电子图板中只允许设置 16 个坐标系。

名师点拨

2. 管理用户坐标系

利用以下两种方法中的任一种方法都可以打开【坐标系】对话框，如图 2-89 所示。

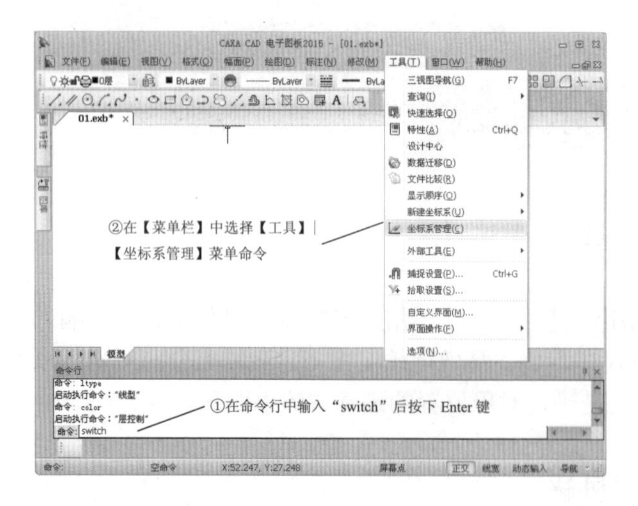

图 2-89　选择坐标系管理命令

执行上述操作之一后，系统弹出如图 2-90 所示的【坐标系】对话框，在对话框中可以对坐标系进行重命名和删除。

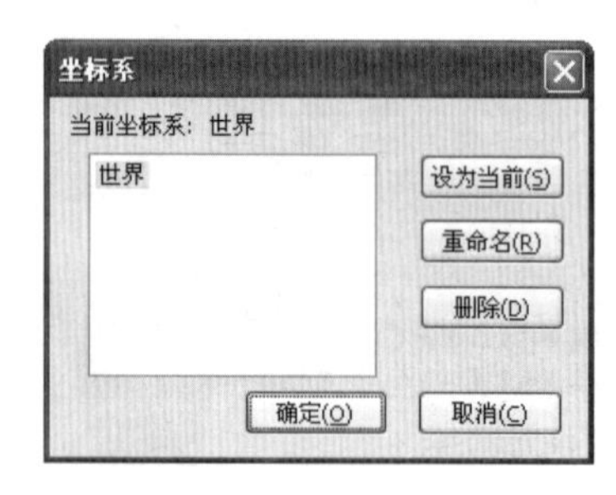

图 2-90　【坐标系】对话框

3. 切换当前用户坐标系

利用以下两种方法中的任一种方法都可以切换当前坐标系，如图 2-91 所示。

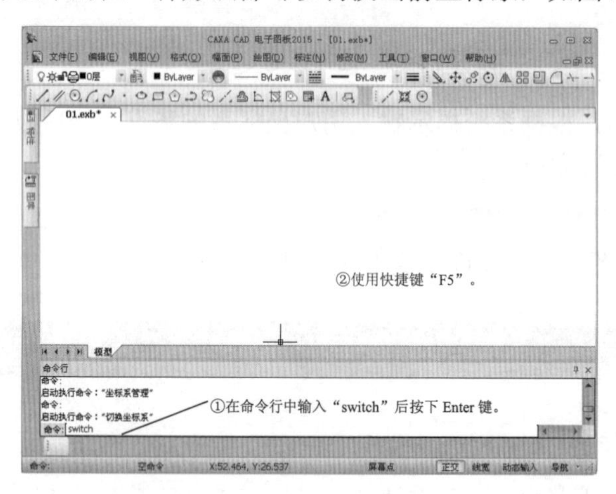

图 2-91　切换坐标系命令

执行上述操作之一后，原当前坐标系失效，颜色变为非当前坐标系颜色；新的坐标系生效，坐标系颜色变为当前坐标系颜色。

2.6 专家总结

本章主要介绍了 CAXA 2015 的绘图基本设置，基本设置包括图层、线型、颜色、坐标系和图像对象设置，在绘制图形之前进行设置可以方便绘制。通过本章案例的学习，读者应该可以熟练掌握 CAXA 中相关绘图的基本设置方法。

2.7 课后习题

2.7.1 填空题

（1）CAXA 的默认图层有________种。

（2）CAXA 的细实线线型有________、________、________。

（3）颜色设置的方法________、________。

（4）基本图形对象设置有________、________、________、________。

2.7.2 问答题

（1）如何新增用户坐标系？

（2）如何删除坐标系？

（3）如何移动坐标系？

2.7.3 上机操作题

使用本教学日学过的各种命令练习绘图基本设置。

一般创建步骤和方法：

（1）新建图纸。

（2）图层、线型和颜色设置。

（3）点和文字样式设置。

（4）裁剪新坐标系。

第3章 绘制基本图形

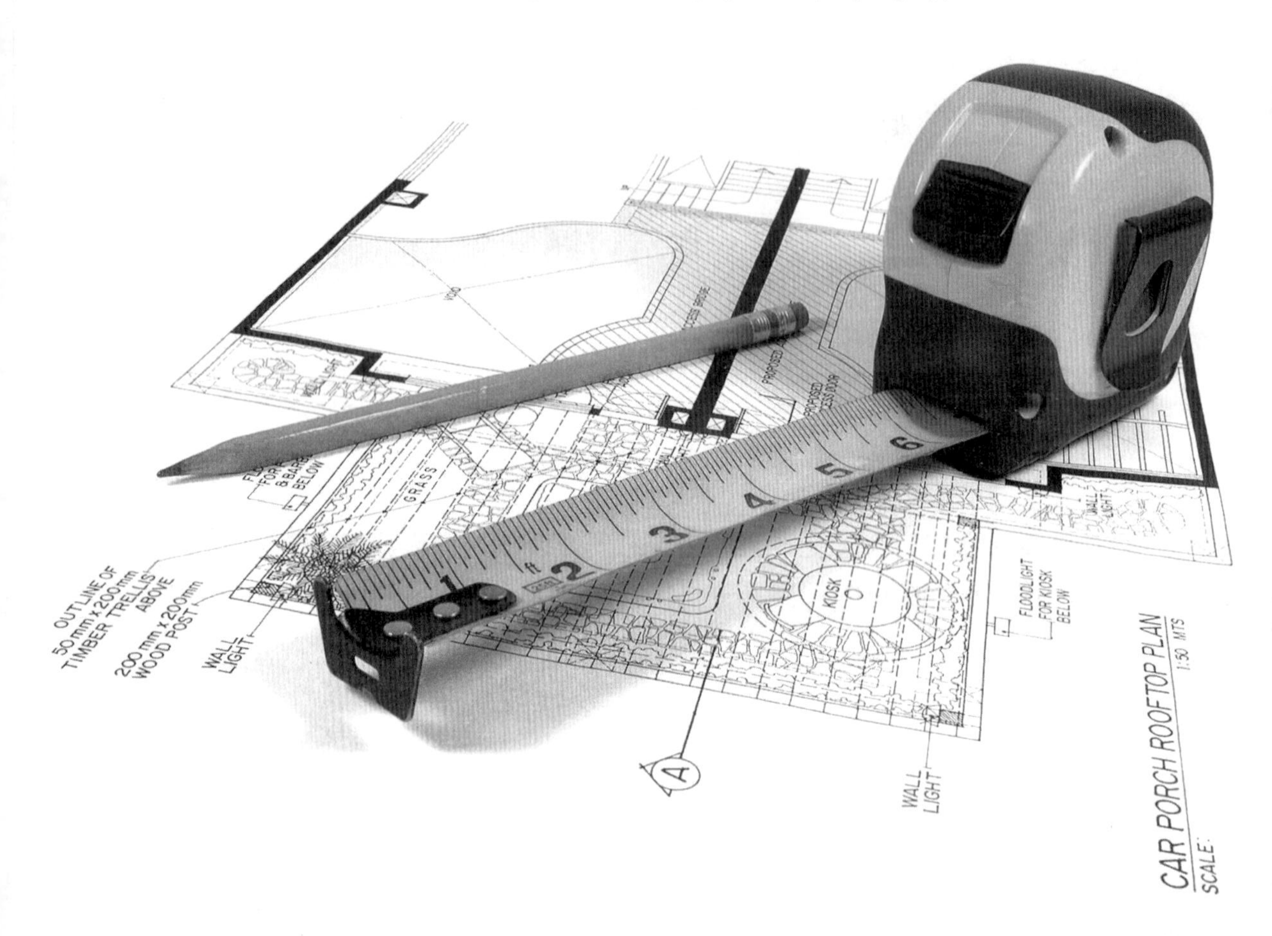

课训目标	内　容	掌握程度	课　时
	绘制直线和平行线	熟练运用	2
	绘制圆、圆弧和椭圆	熟练运用	3
	绘制矩形和正多边形	熟练运用	2

课程学习建议

图形是由一些基本的元素组成，如圆、直线和多边形等，而绘制这些图形是绘制复杂图形的基础。比例是指图纸中图形与其实物相应要素的线性尺寸之比。国家标准（GB/T17450-1998）中的图线规定了工程图样中各种图线的名称、型式及其画法。

本章的目标就是使读者学会如何绘制一些基本图形，比如直线、平行线、圆、圆弧、椭圆、矩形和多边形，并且掌握一些基本的绘图技巧，为以后进一步的绘图打下坚实的基础。

本课程主要对基本的绘图命令进行讲解，其培训课程表如下。

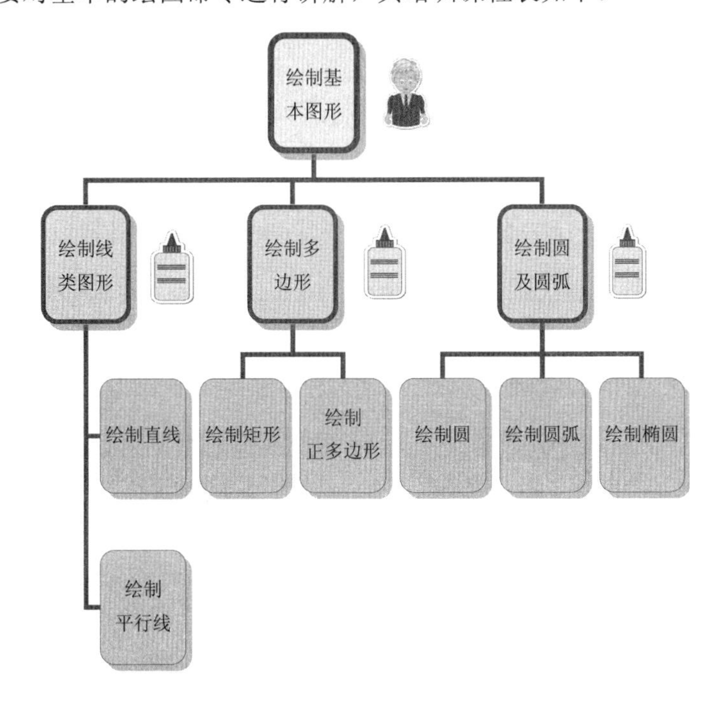

3.1 绘制直线和平行线

基本概念

直线是图纸图形的基本组成要素，在绘制几乎所有图形中都要用到，平行线线是工程中常用的一种对象，平行线对象由多条平行的直线组成，这些直线称为元素。绘制平行线的命令可以同时绘制若干条平行线，大大减轻了用直线命令绘制平行线的工作量。

课堂讲解课时：2 课时

3.1.1　设计理论

在对图形的图层进行设置之前需先打开【层设置】对话框，然后再进行设置。绘制多线时，可以使用包含两个元素的 STANDARD 样式，也可以指定一个以前创建的样式。开始绘制之前，可以修改多线的对正和比例。要修改多线及其元素，可以使用通用编辑命令、多线编辑命令和多线样式。

选择直线命令后，系统进入绘制直线状态，在屏幕左下角的操作提示区出现绘制直线的立即菜单，单击立即菜单 1 可选择绘制直线的不同方式，如图 3-1 所示，有【两点线】、【角度线】、【角等分线】、【切线】/【法线】、【等分线】几种可供选择；单击立即菜单 2，该项内容由【连续】，变为【单根】。【连续】选项表示每段直线段相互连接，前一段直线段的终点将作为下一直线段的起点；【单根】选项表示每次绘制的直线段相互独立，互不相连。

单击【绘图工具】工具条中的【平行线】按钮，在屏幕左下角弹出如图 3-2 所示平行线立即菜单，在立即菜单 1 中选择绘制平行线的两种方式，即【偏移方式】和【两点方式】，单击立即菜单 2，该选项由【单向】变为【双向】。

1. 两点线　2. 连续

图 3-1　绘制直线的立即菜单

1. 偏移方式　2. 单向

图 3-2　绘制平行线的立即菜单

3.1.2　课堂讲解

1. 绘制直线

直线命令调用方法有以下几种，如图 3-3 所示。

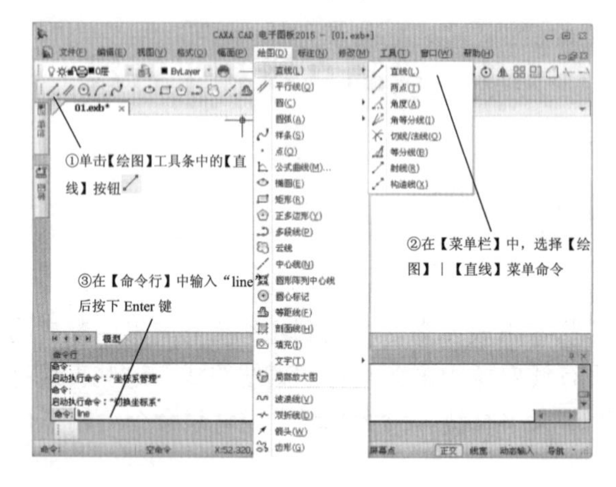

图 3-3　直线命令

(1) 绘制两点线

在非正交方式下绘制两点线，如图 3-4 所示。

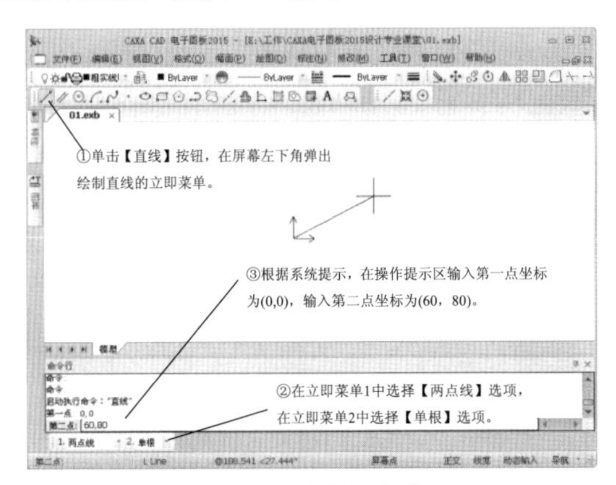

图 3-4　绘制两点线

在正交方式下绘制两点线，如图 3-5 所示。

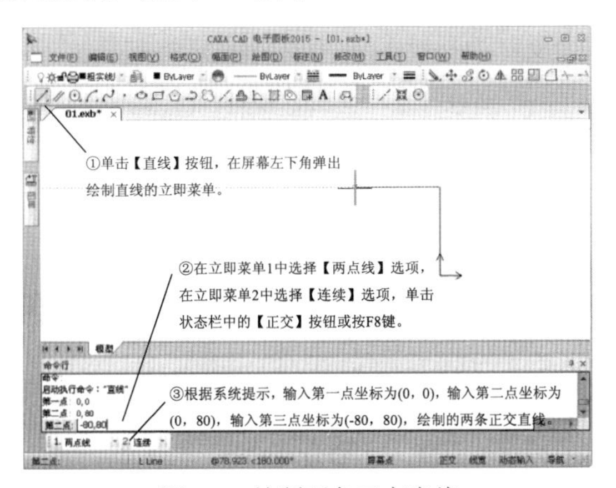

图 3-5　绘制两条正交直线

(2) 绘制角度线

绘制角度线，如图 3-6 所示。

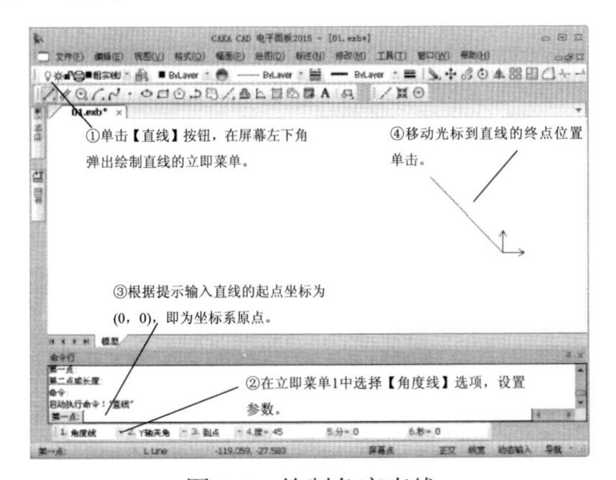

图 3-6　绘制角度直线

（3）绘制角等分线

绘制角等分线，如图 3-7 所示。

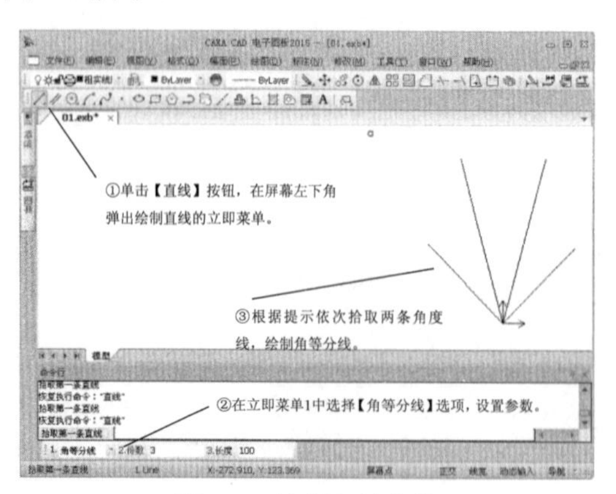

图 3-7　绘制角等分线

（4）绘制切线/法线

绘制切线/法线，如图 3-8 和图 3-9 所示。

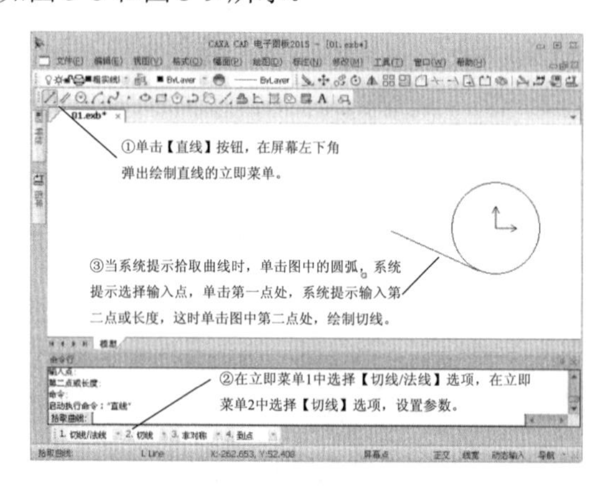

图 3-8　绘制切线

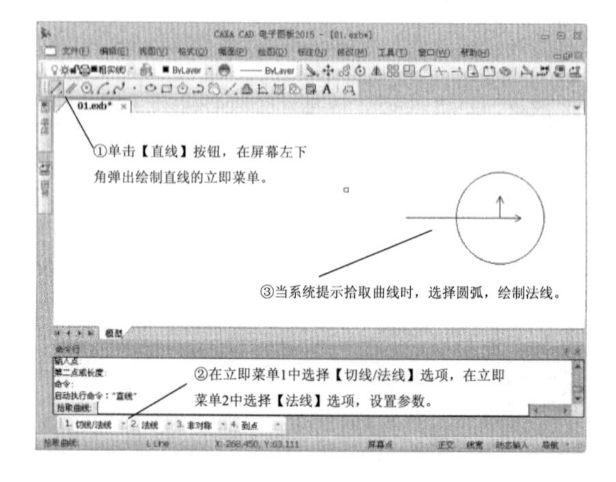

图 3-9　绘制法线

在 CAXA 电子图板中拾取点时，可充分利用工具点、智能点、导航点、栅格点等功能。

（5）绘制等分线

绘制等分线，如图 3-10 所示。

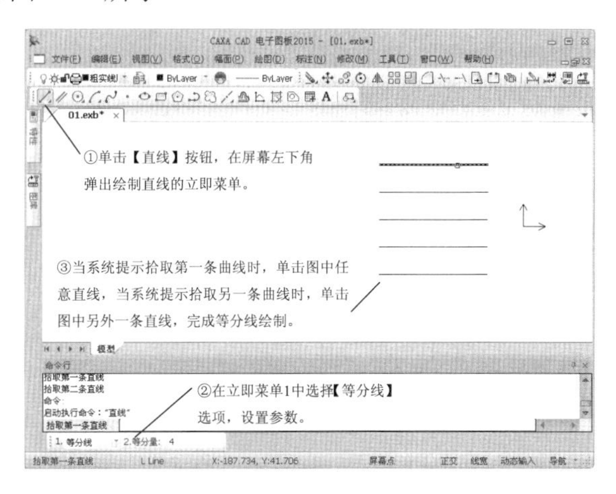

图 3-10　绘制等分线

2. 绘制平行线

平行线命令调用方法有以下几种，如图 3-11 所示。

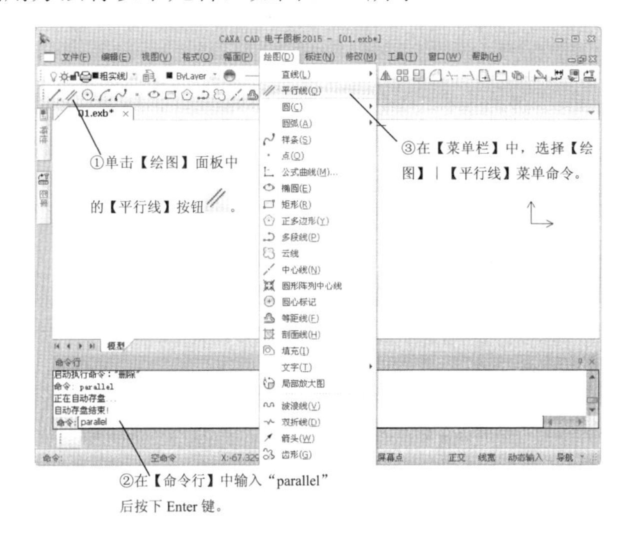

图 3-11　平行线命令

（1）以偏移方式绘制平行线

绘制偏移平行线，如图 3-12 所示。

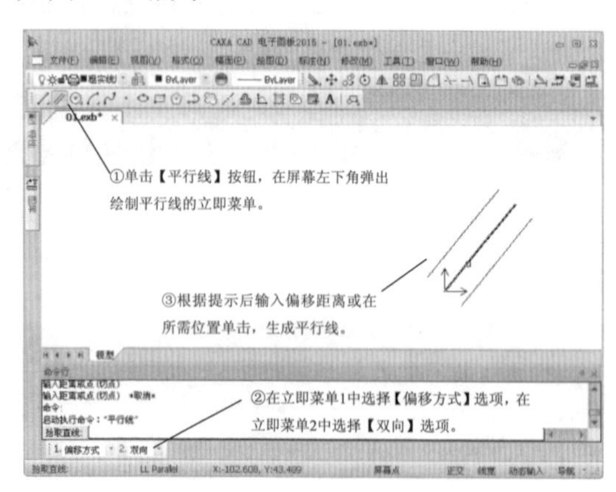

图 3-12　偏移方式绘制平行线

（2）以两点方式绘制平行线

两点方式绘制平行线，如图 3-13 所示。

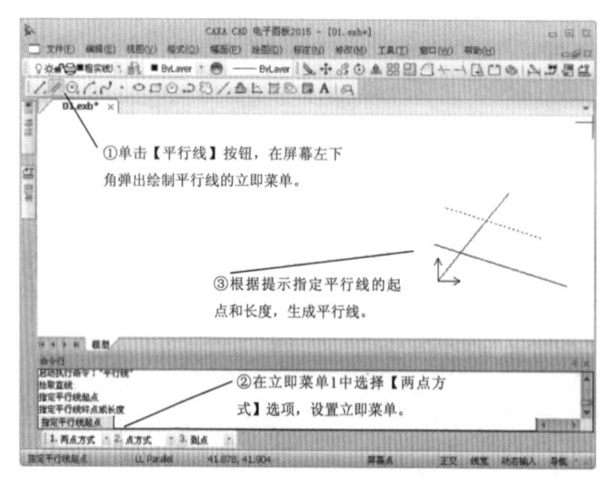

图 3-13　两点方式绘制平行线

3.1.3　课堂练习——绘制端盖草图

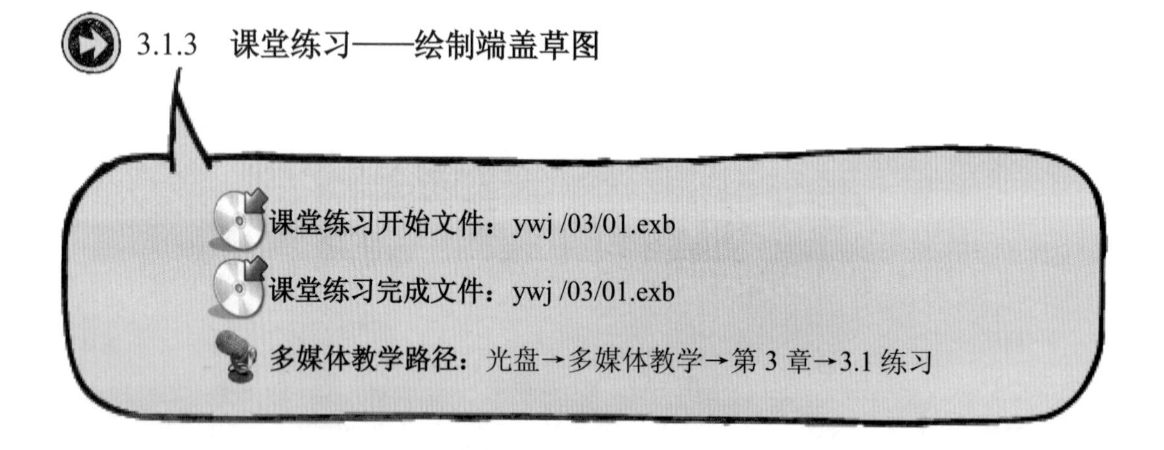

Step1 首先绘制长 50 的中心线，如图 3-14 所示。

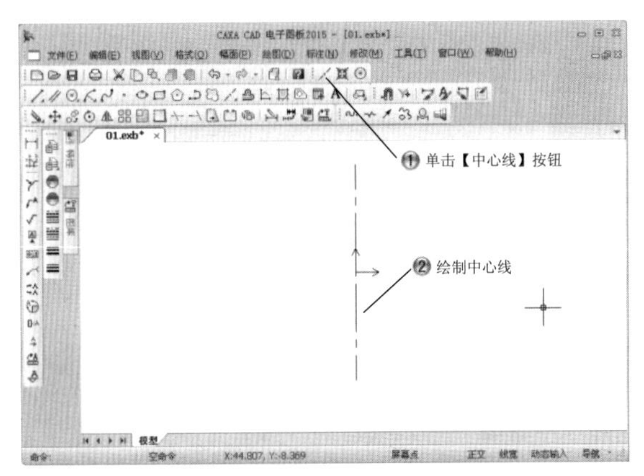

图 3-14　绘制中心线

Step2 绘制长分别为 52、5 和 11.5 的直线，如图 3-15 所示。

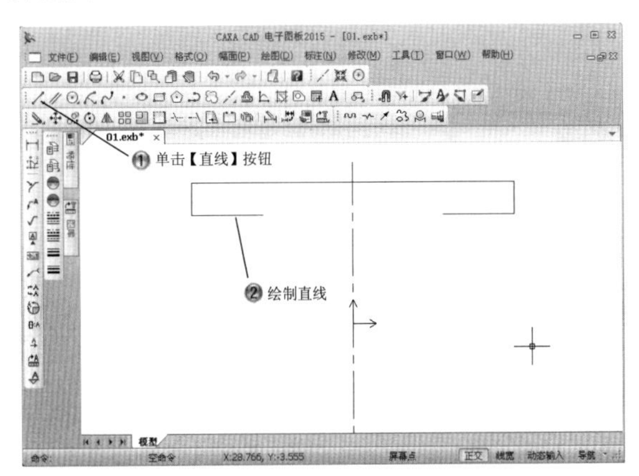

图 3-15　绘制长为 52、5 和 11.5 的直线

Step3 绘制长分别为 3、13 和 7 的直线，如图 3-16 所示。

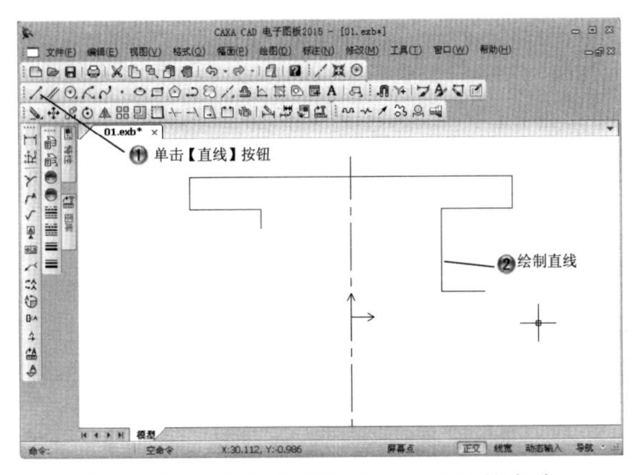

图 3-16　绘制长分别为 3、13 和 7 的直线

Step4 绘制长为 12 的角度线，然后绘制长为 25 的直线，如图 3-17 所示。

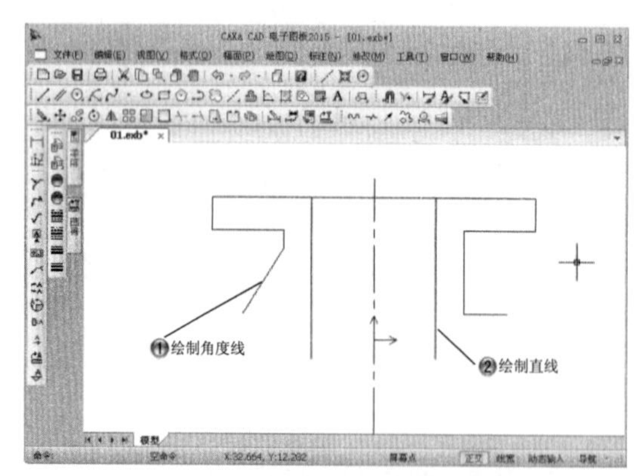

图 3-17　绘制角度线和直线

Step5 绘制长分别为 11.5、4、29 和 7 的直线，如图 3-18 所示。

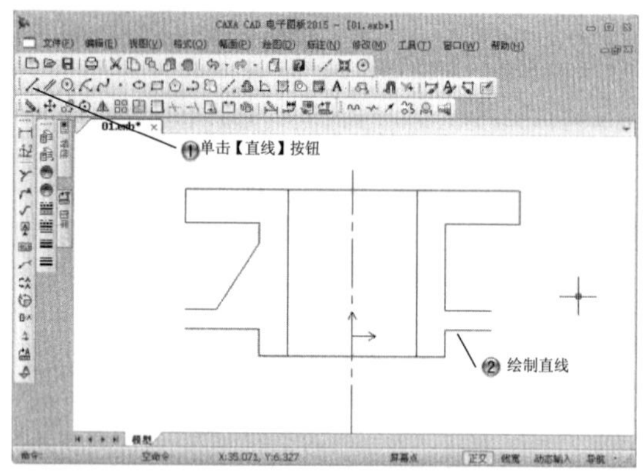

图 3-18　绘制长分别为 11.5、4、29 和 7 的直线

Step6 在下面绘制长为 79 的水平直线，再绘制长分别为 9 和 13 的竖直直线，如图 3-19 所示。

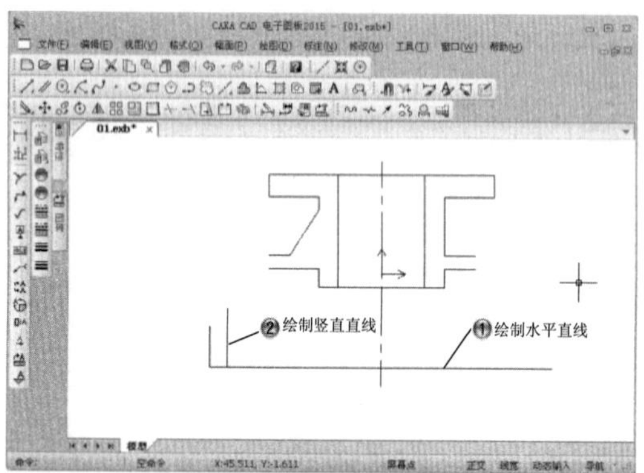

图 3-19　绘制直线

Step7 绘制长为 4 的角度线，然后绘制圆弧连接，如图 3-20 所示。

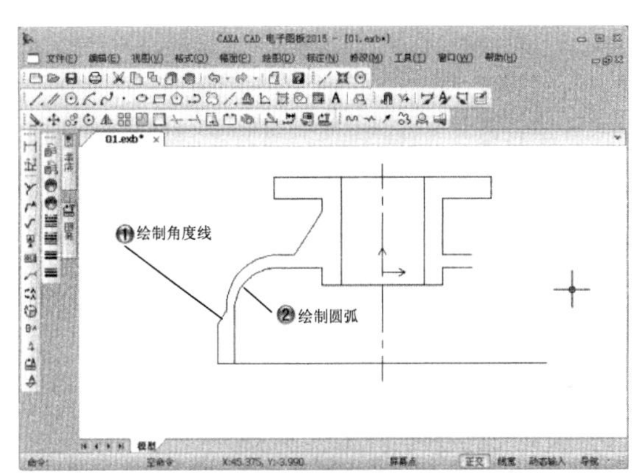

图 3-20　绘制角度线和圆弧

Step8 绘制长分别为 18、10、1 和 7 的直线，如图 3-21 所示。

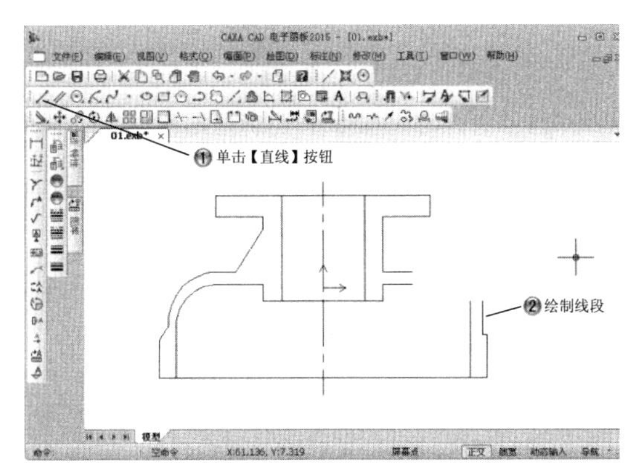

图 3-21　绘制长分别为 18、10、1 和 7 的直线

Step9 绘制半径为 1 的圆角，如图 3-22 所示。

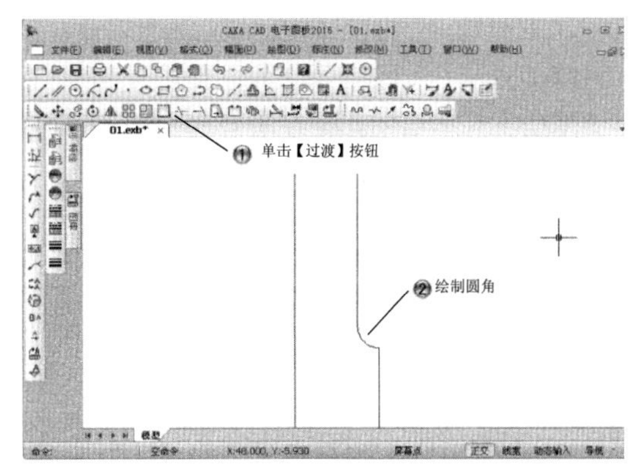

图 3-22　绘制半径为 1 的圆角

Step10 绘制圆弧，再绘制尺寸为 7×1 的矩形，如图 3-23 所示。

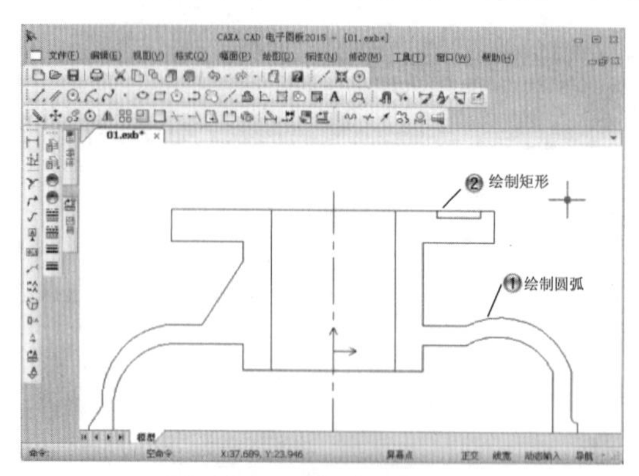

图 3-23　绘制圆弧和矩形

Step11 最后进行完善，使用直线和圆绘制图形，完成端盖图纸，如图 3-24 所示。

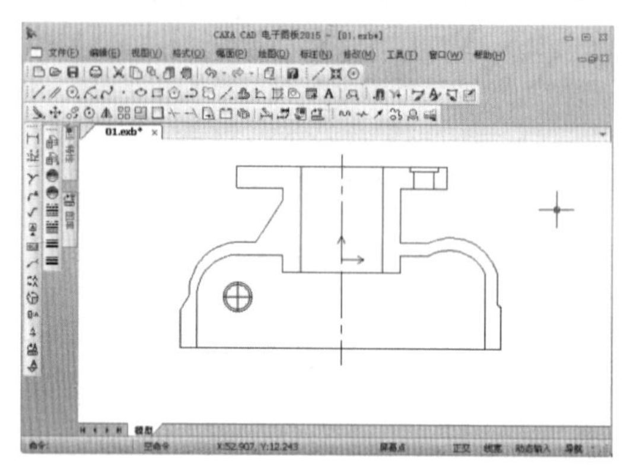

图 3-24　端盖图纸

3.2　绘制圆、圆弧和椭圆

基本概念

圆是构成图形的基本元素之一，它的绘制方法有多种；圆弧命令可以快速创建不同的未封闭圆弧；CAXA 能以多种方式创建椭圆，椭圆是具有不同大小半径的圆形。

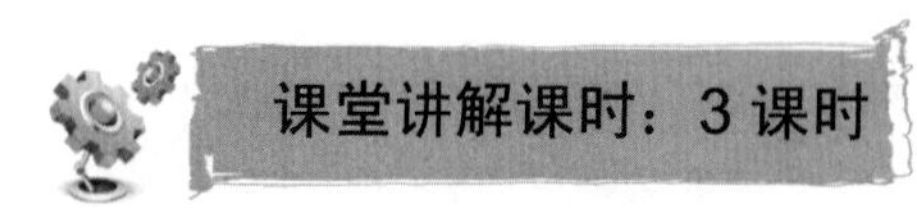

课堂讲解课时：3 课时

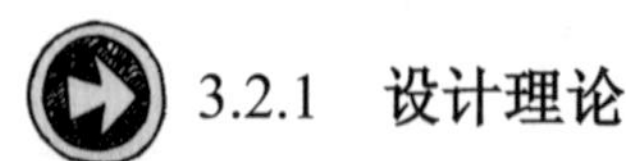

3.2.1　设计理论

单击【绘图】工具中的【圆】按钮，在屏幕左下角弹出绘制圆的立即菜单，单击即菜单 1，可选择绘制圆的不同方式，如图 3-25 所示。单击立即菜单 2，该项内容由【直径】变为【半径】，【直径】表示输入的值为圆的直径值。单击立即菜单 3，该项内容由【无中心线】变为【有中心线】，并且在立即菜单 4 中可以输入中心线的延伸长度。CAXA 电子图板提供了 4 种绘制圆的方式，即：圆心半径、两点、三点、两点半径。

1. 圆心 半径　2. 直径　3. 有中心线　4.中心线延伸长度　3

图 3-25　绘制圆的立即菜单

单击【绘图工具】工具条中的【圆弧】按钮，在屏幕左下角弹出绘制圆弧的立即菜单，单击立即菜单 1，可选择绘制圆弧的不同方式，如图 3-26 所示。

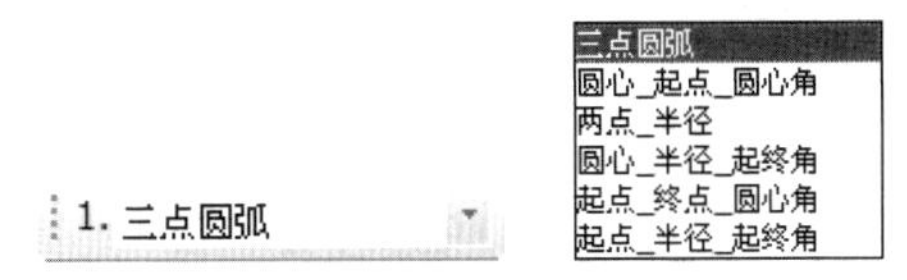

图 3-26　绘制圆弧立即菜单

CAXA 电子图板提供了 6 种绘制圆弧的方式：三点圆弧、圆心-起点-圆心角、两点-半径、圆心-半径-起终角、起点-终点-圆心角、起点-半径-起终角。

执行【椭圆】命令操作后，在屏幕左下角弹出绘制椭圆的立即菜单，如图 3-27 所示。单击立即菜单 1，可选择绘制椭圆的不同方式，下面分别予以介绍。

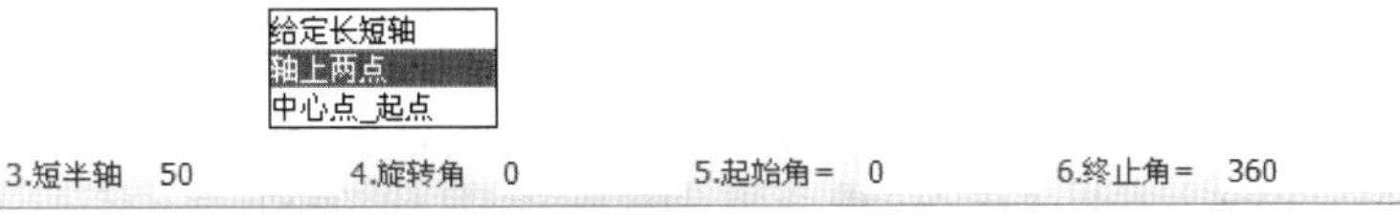

图 3-27　绘制椭圆的立即菜单

 3.2.2　课堂讲解

1. 绘制圆

调用绘制圆命令的方法，如图 3-28 所示。

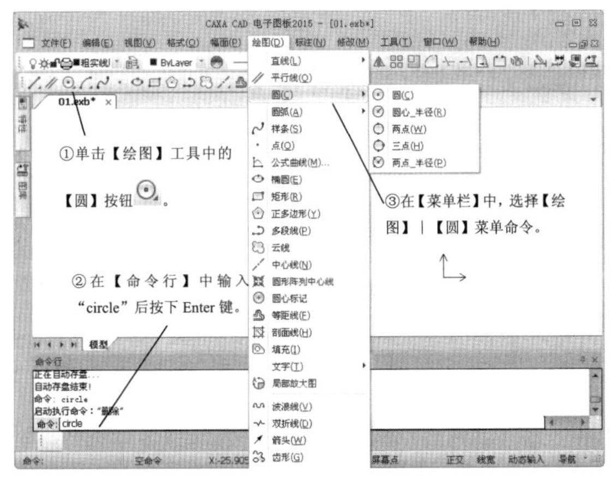

图 3-28　绘制圆命令

（1）已知圆心、半径绘制圆

绘制圆心形、半径圆，如图 3-29 所示。

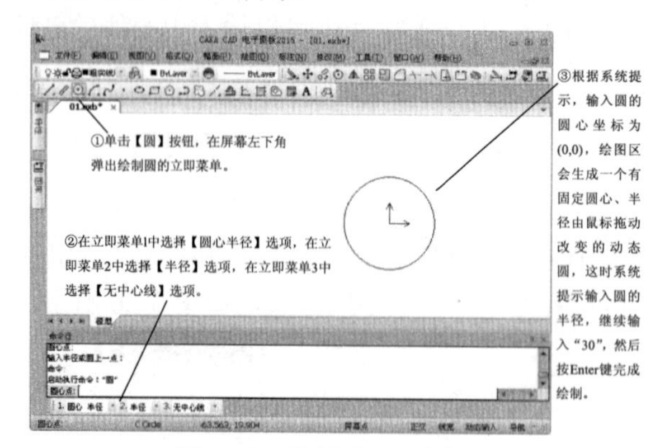

图 3-29　绘制圆形、半径圆

（2）绘制两点圆

绘制两点圆，如图3-30所示。

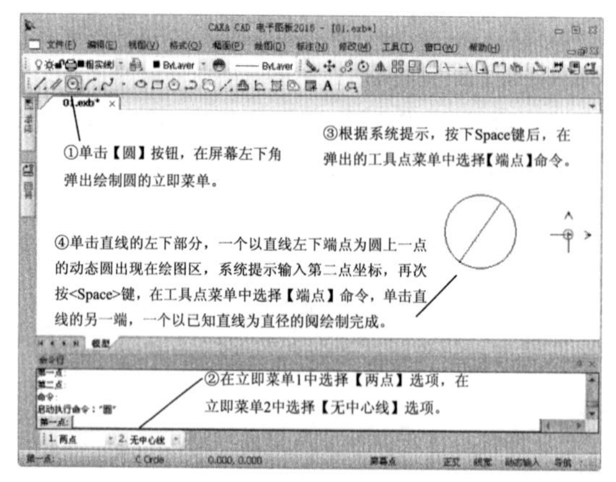

图 3-30　绘制两点圆

（3）绘制三点圆

绘制内切圆，如图 3-31 所示。

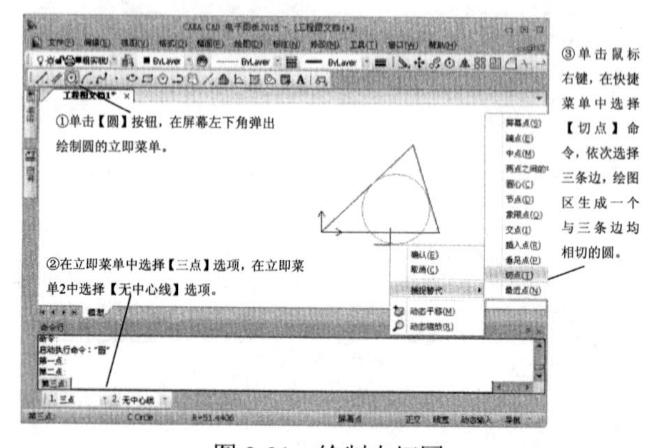

图 3-31　绘制内切圆

绘制外接圆，如图 3-32 所示。

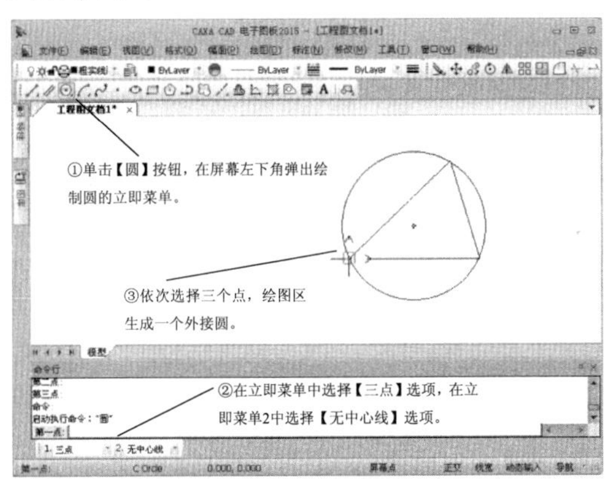

图 3-32　绘制外接圆

（4）已知两点、半径绘制圆

绘制两点、半径圆，如图 3-33 所示。

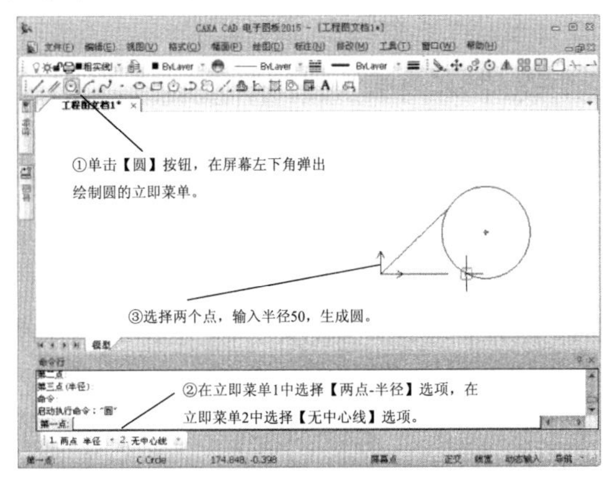

图 3-33　绘制两点、半径圆

2. 绘制圆弧

圆弧命令调用方法，如图 3-34 所示。

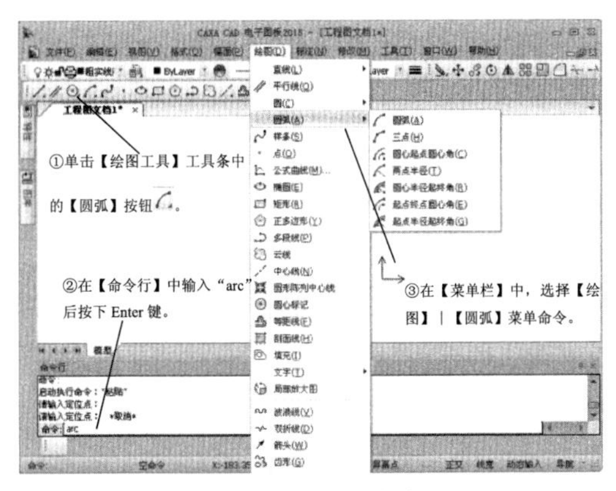

图 3-34　圆弧命令

（1）已知三点绘制圆弧

绘制三点圆弧，如图 3-35 所示。

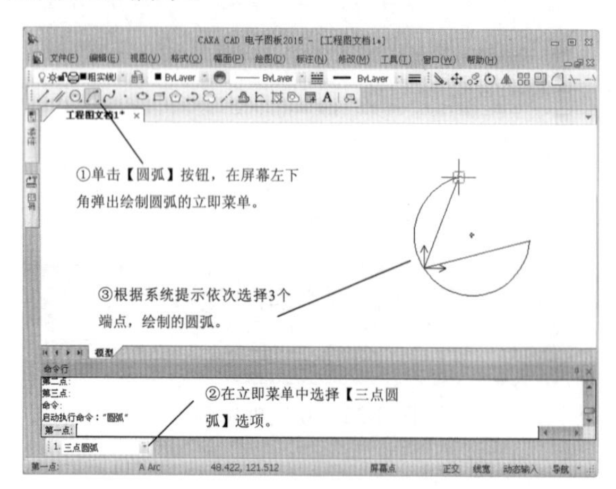

图 3-35　绘制三点圆弧

三点选取的顺序不同，绘制的圆弧也不同。

名师点拨

（2）绘制圆心、起点圆、圆心角绘制圆弧

绘制圆心、起点圆和圆心角圆弧，如图 3-36 所示。

CAXA 电子图板中的圆弧以逆时针方向为正，如果在输入的圆弧角度为“-300”，则绘制反向圆弧。

名师点拨

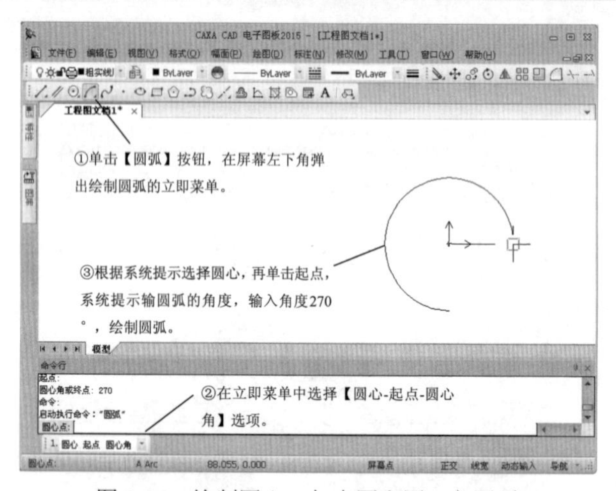

图 3-36　绘制圆心、起点圆和圆心角圆弧

（3）已知两点和半径绘制圆弧

绘制两点和半径圆弧，如图 3-37 所示。

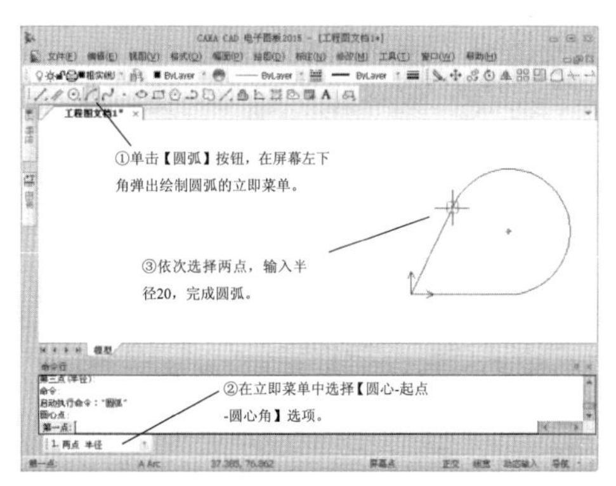

图 3-37　绘制两点和半径圆弧

（4）已知圆心、半径、起终角绘制圆弧

绘制圆心、半径、起始角圆弧，如图 3-38 所示。

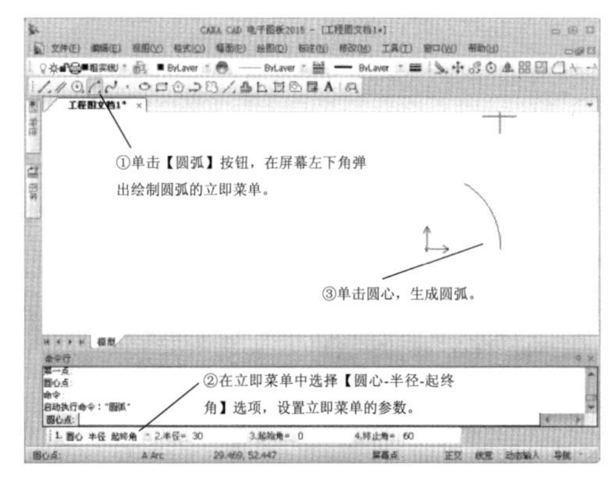

图 3-38　绘制圆心、半径、起始角圆弧

（5）　已知起点、终点、圆心角绘制圆弧

绘制起点、终点、圆心角圆弧，如图 3-39 所示。

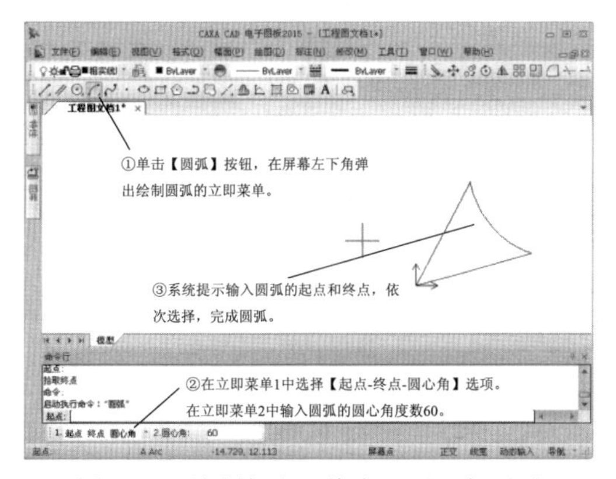

图 3-39　绘制起点、终点、圆心角圆弧

（6）已知起点、半径、起终角绘制圆弧

绘制起点、半径、起终角圆弧，如图 3-40 所示。

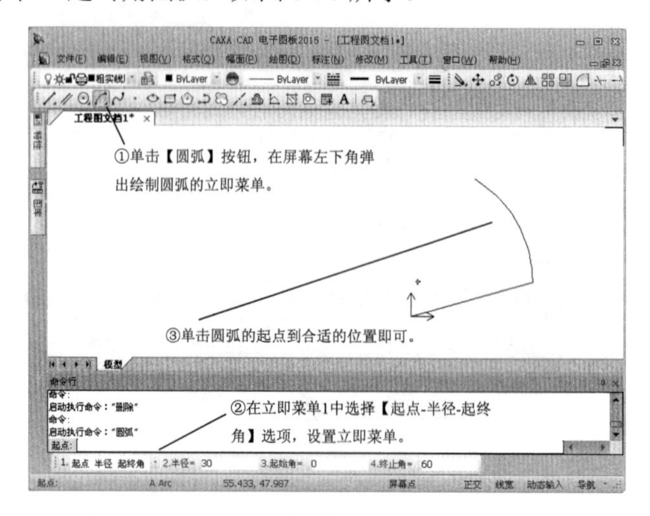

图 3-40　绘制起点、半径、起终角圆弧

3. 绘制椭圆

椭圆命令调用方法，如图 3-41 所示。

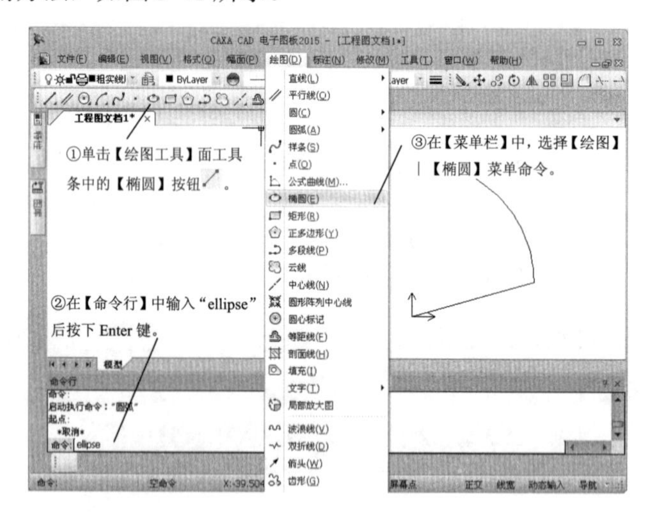

图 3-41　椭圆命令

（1）给定长短轴绘制椭圆

给定长短轴绘制椭圆，如图3-42所示。

（2）通过轴上两点绘制椭圆

绘制轴上两点椭圆，如图 3-43 所示。

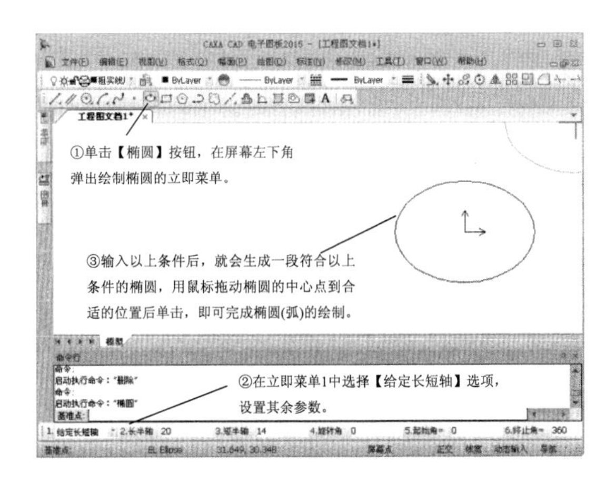

图 3-42 绘制给定长短轴椭圆

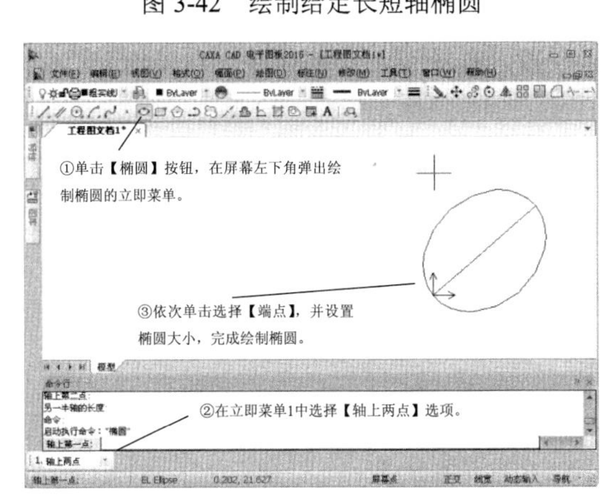

图 3-43 绘制轴上两点椭圆

（3）通过中心点和起点绘制椭圆

绘制中心点和起点椭圆，如图 3-44 所示。

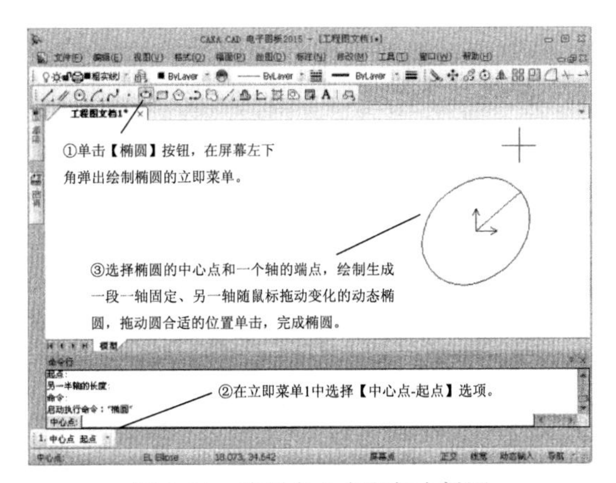

图 3-44 绘制中心点和起点椭圆

3.2.3 课堂练习——绘制支撑臂草图

Step1 绘制长为 300 的中心线，如图 3-45 所示。

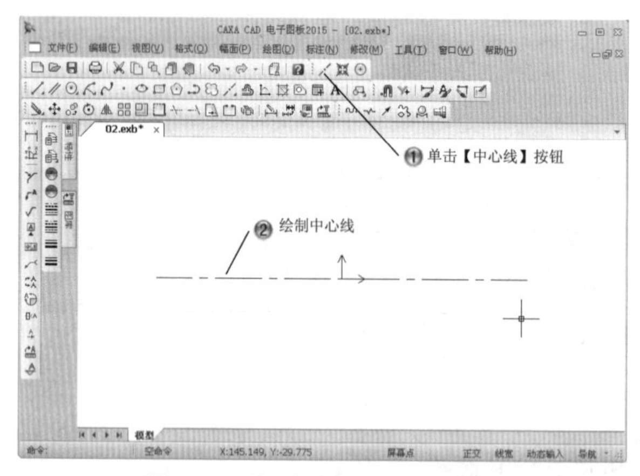

图 3-45 绘制长为 300 的中心线

Step2 绘制半径为 9.5 和 7.5 的圆，然后绘制两圆切线，如图 3-46 所示。

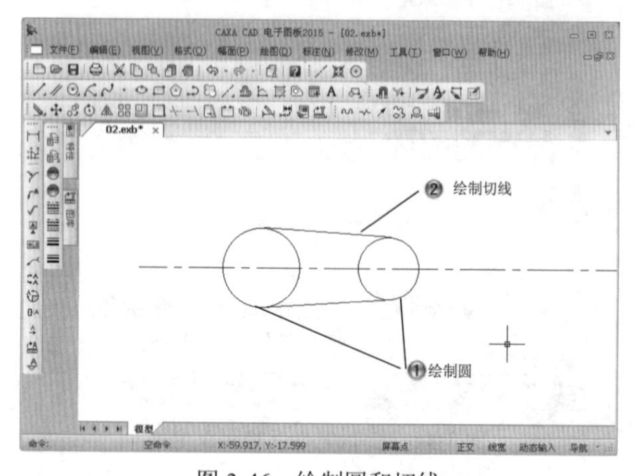

图 3-46 绘制圆和切线

Step3 裁剪图形，如图 3-47 所示。

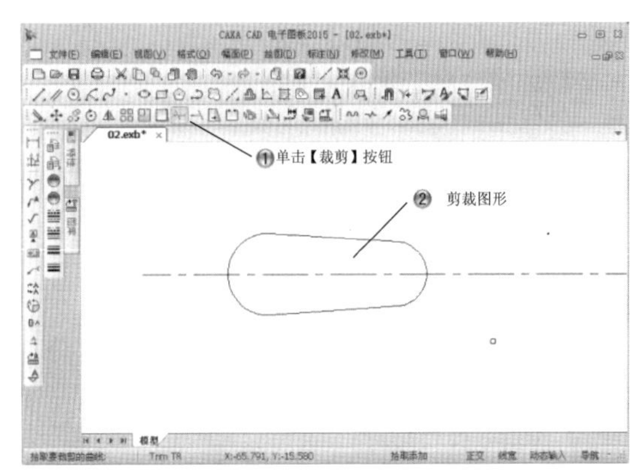

图 3-47　裁剪图形

Step4 绘制半径为 15.5 的圆，然后绘制切线，如图 3-48 所示。

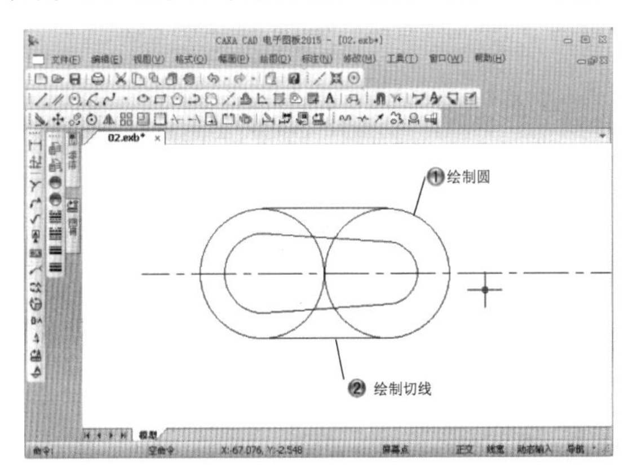

图 3-48　绘制圆和切线

Step5 裁剪图形，如图 3-49 所示。

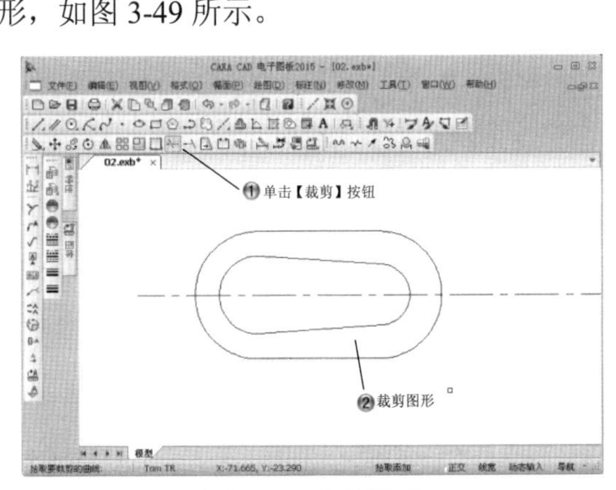

图 3-49　裁剪图形

Step6 绘制半径为 6.81 和 12.81 的同心圆，然后绘制半径为 12 的圆，如图 3-50 所示。

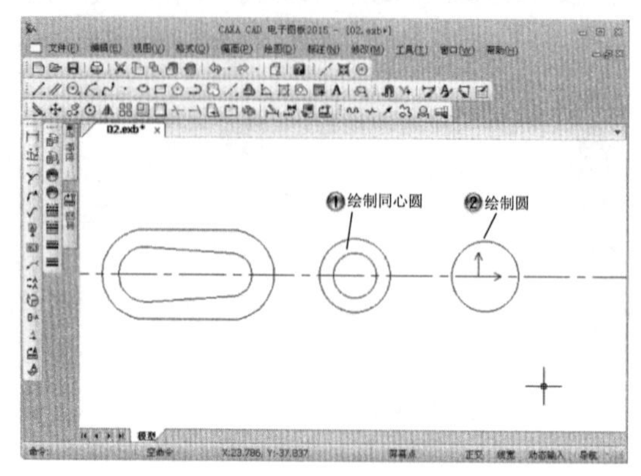

图 3-50　绘制圆

Step7 绘制长分别为 3 和 6 的直线，如图 3-51 所示。

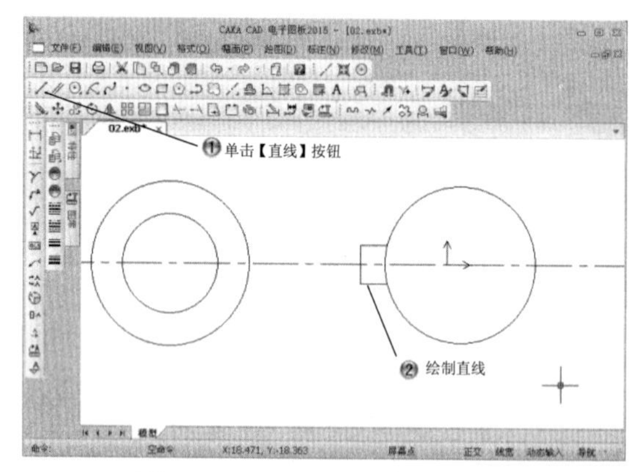

图 3-51　绘制长为 3 和 6 的直线

Step8 裁剪图形，如图 3-52 所示。

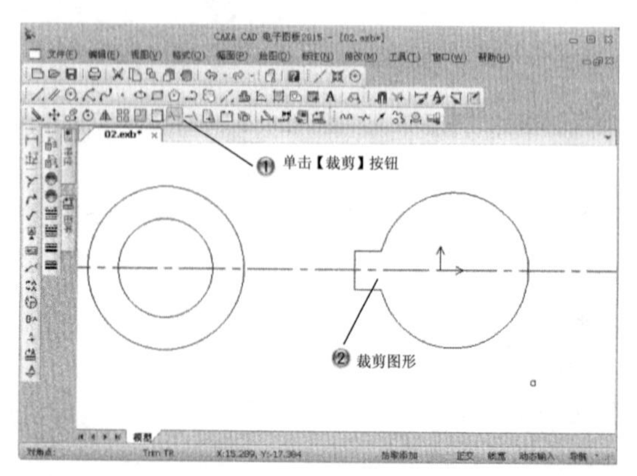

图 3-52　裁剪图形

Step9 绘制半径为24.5，39.5和60的圆，然后绘制角度为45°的角度线，如图3-53所示。

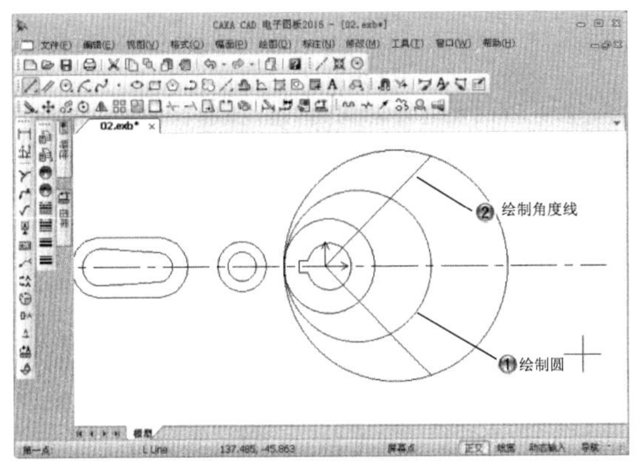

图3-53　绘制圆和角度线

Step10 绘制半径为8的圆角，如图3-54所示。

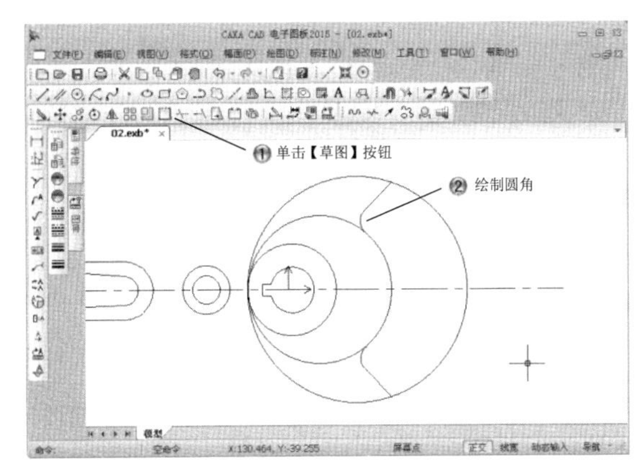

图3-54　绘制半径为8的圆角

Step11 裁剪图形，如图3-55所示。

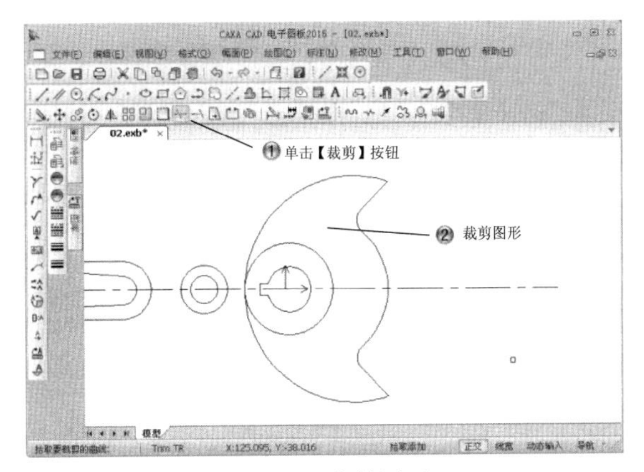

图3-55　裁剪图形

Step 12 绘制半径为 6 的圆，然后绘制直线，如图 3-56 所示。

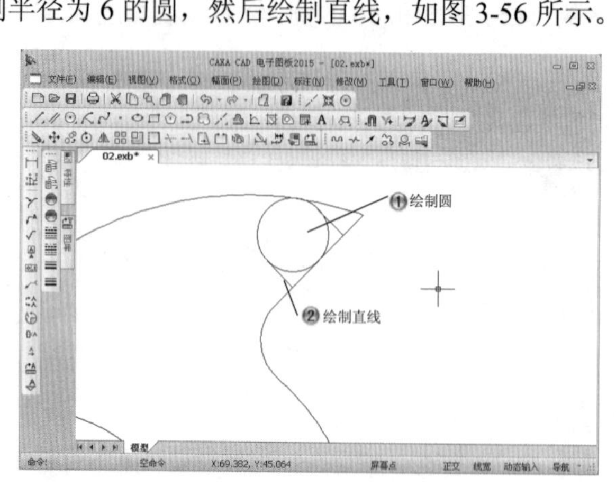

图 3-56　绘制圆和直线

Step 13 裁剪图形，如图 3-57 所示。

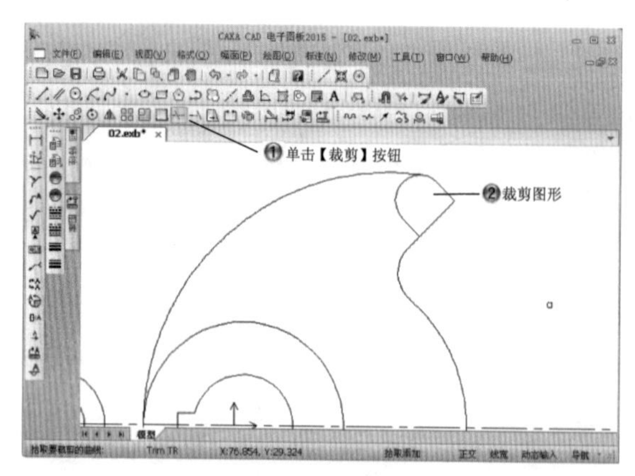

图 3-57　裁剪图形

Step 14 绘制半径为 6 的圆，然后绘制直线，如图 3-58 所示。

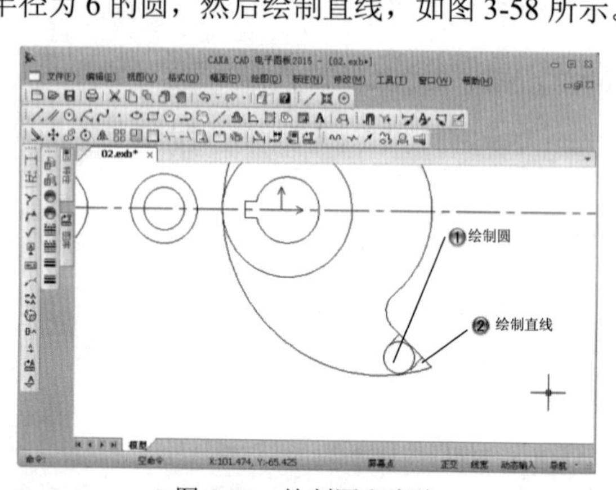

图 3-58　绘制圆和直线

Step15 裁剪图形，如图 3-59 所示。

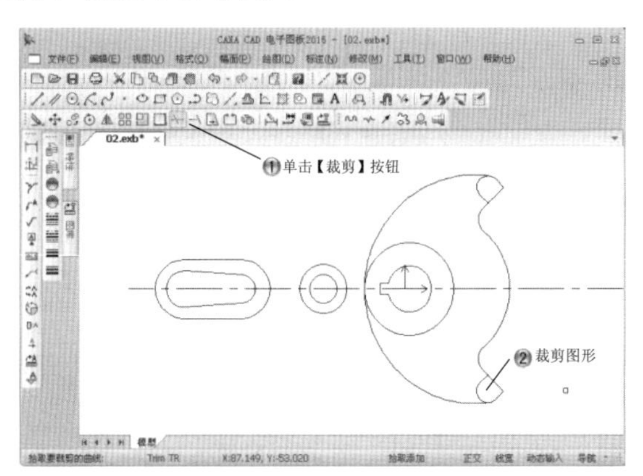

图 3-59　裁剪图形

Step16 绘制半径为 31.2 和 45 的圆，然后绘制切线，如图 3-60 所示。

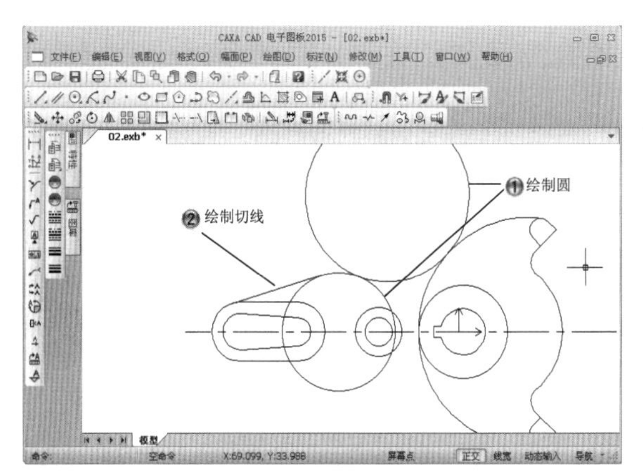

图 3-60　绘制圆和切线

Step17 裁剪图形，如图 3-61 所示。

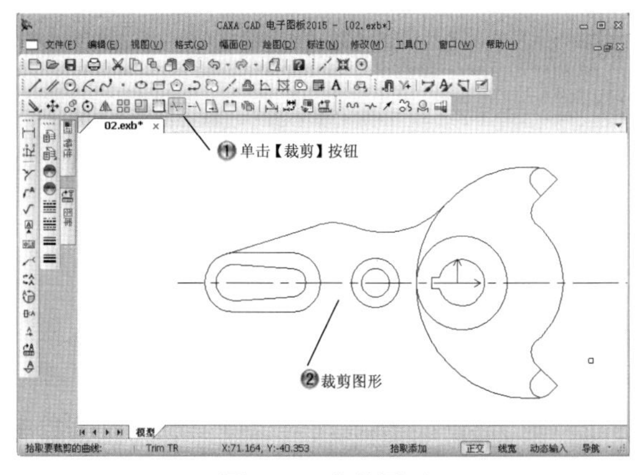

图 3-61　裁剪图形

Step18 镜像图形，如图 3-62 所示。

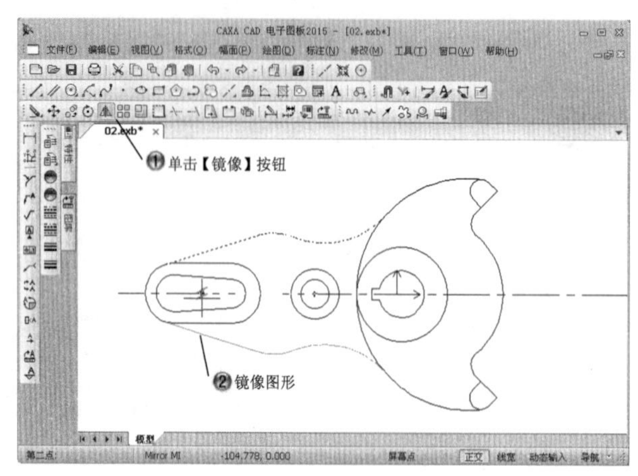

图 3-62　镜像图形

Step19 完成支撑臂图纸绘制，如图 3-63 所示。

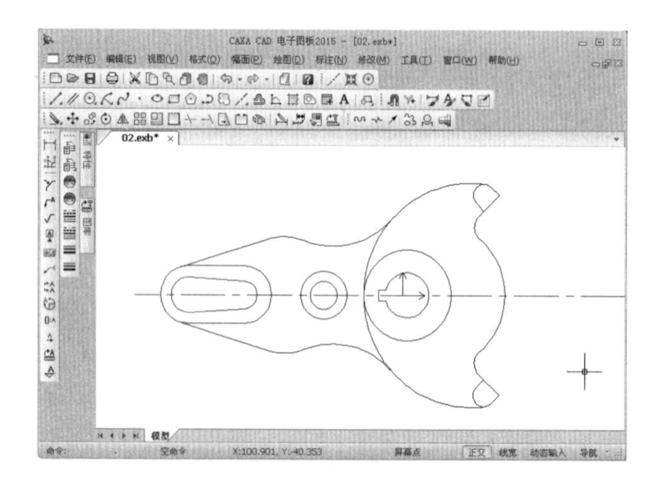

图 3-63　完成支撑臂图纸

3.3　绘制矩形和正多边形

基本概念

CAXA 矩形命令的功能是绘制四边形，同时也可以绘制有倒角或者圆角的四边形，甚至可以设置厚度和宽度，多边形命令可以创建边长相等的多边形。

课堂讲解课时：2 课时

3.3.1　设计理论

执行【矩形】命令操作后，在屏幕左下角弹出绘制矩形的立即菜单，如图 3-64 所示。单击立即菜单 1，可选择绘制椭圆的不同方式，下面分别予以介绍。

1. 两角点　2. 无中心线

图 3-64　绘制矩形的立即菜单

执行【正多边形】命令操作后，在屏幕左下角弹出绘制正多边形的立即菜单，如图 3-65 所示。单击立即菜单 1，可选择绘制正多边形的不同方式，下面分别予以介绍。

1. 中心定位　2. 给定边长　3.边数　6　4.旋转角　0　5. 无中心线

图 3-65　绘制正多边形的立即菜单

3.3.2　课堂讲解

1. 绘制矩形

矩形命令调用方法有以下几种（如图 3-66 所示）。

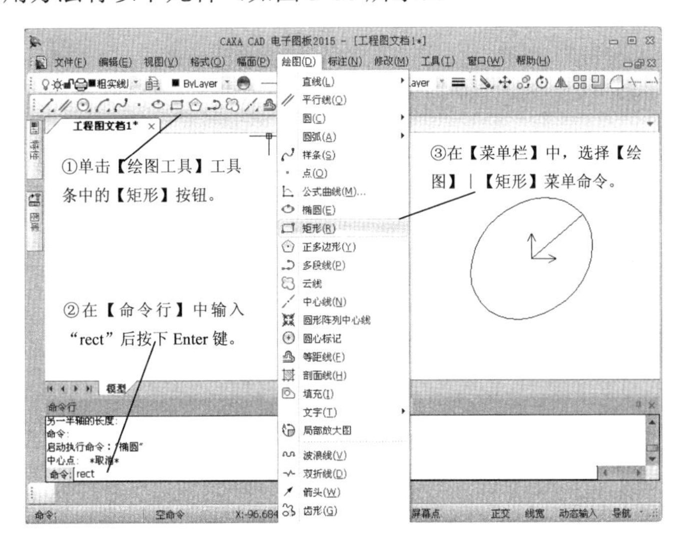

图 3-66　矩形命令

（1）通过两角点绘制矩形

绘制两点矩形，如图 3-67 所示。

（2）已知长度和宽度绘制矩形

绘制长宽确定的矩形，如图 3-68 所示。

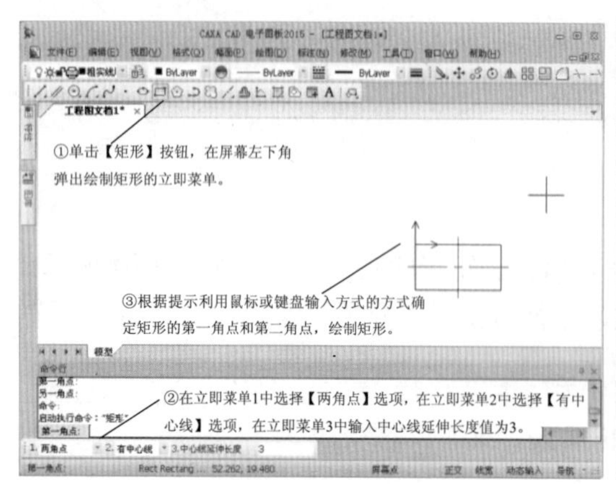

图 3-67　绘制两点矩形

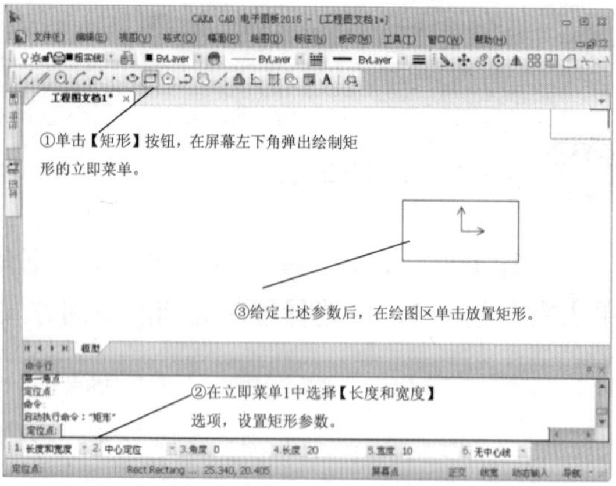

图 3-68　绘制长宽确定的矩形

2. 绘制正多边形

正多边形命令调用方法，如图 3-69 所示。

（1）以中心定位方式绘制正多边形

绘制中心定位多边形，如图 3-70 所示。

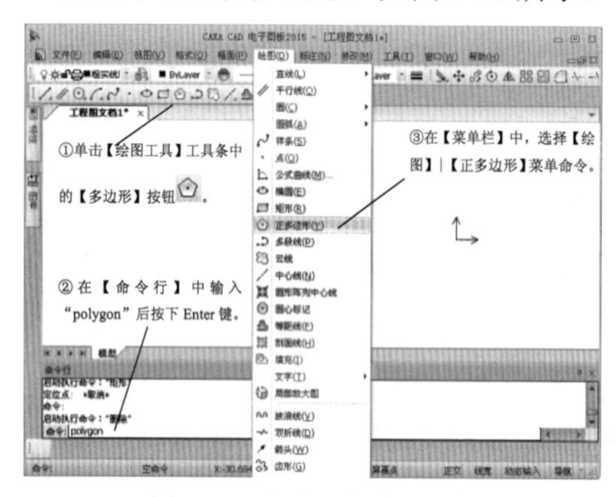

图 3-69　多边形命令

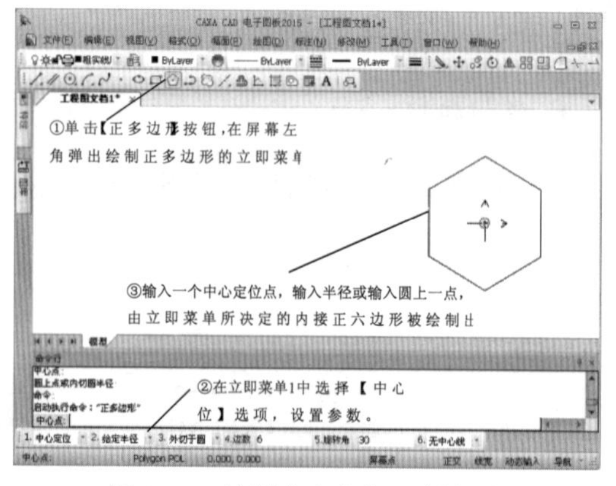

图 3-70　绘制中心定位正六边形

（2）以底边定位方式绘制正多边形

绘制底边定位正多边形，如图 3-71 所示。

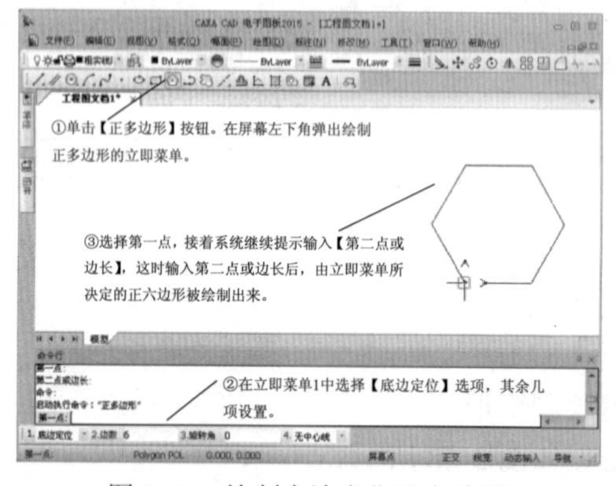

图 3-71　绘制底边定位正六边形

3.3.3 课堂练习——绘制齿轮草图

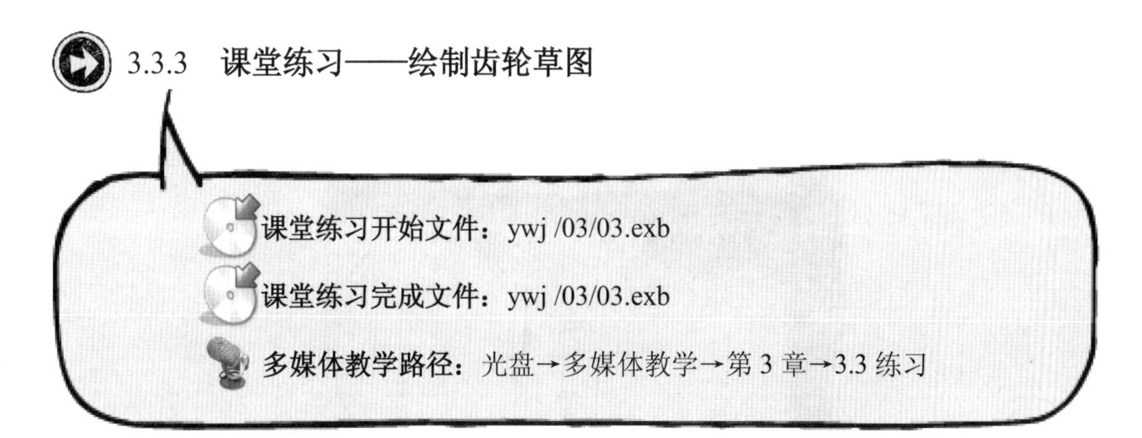

Step1 绘制长 200 的中心线，如图 3-72 所示。

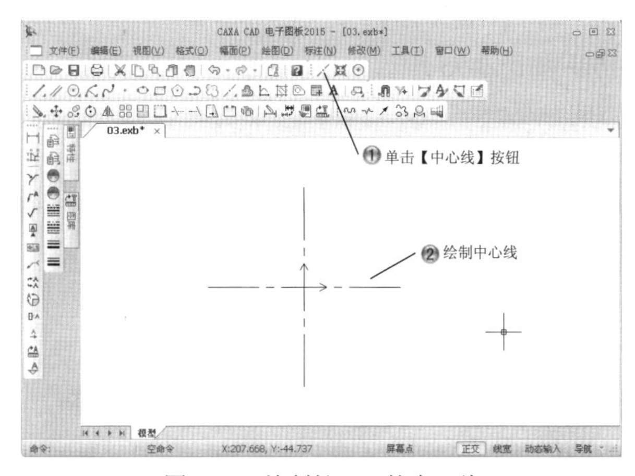

图 3-72 绘制长 200 的中心线

Step2 绘制半径为 28 和 31 的同心圆，然后绘制半径为 43 和 46 的同心圆，如图 3-73 所示。

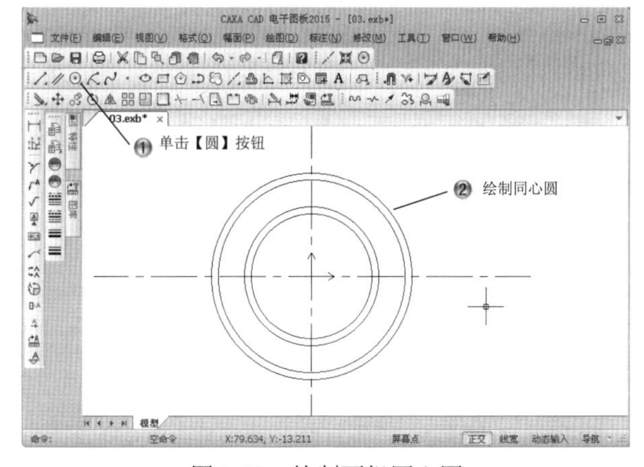

图 3-73 绘制两组同心圆

Step3 绘制长为 7 和 16 的直线，如图 3-74 所示。

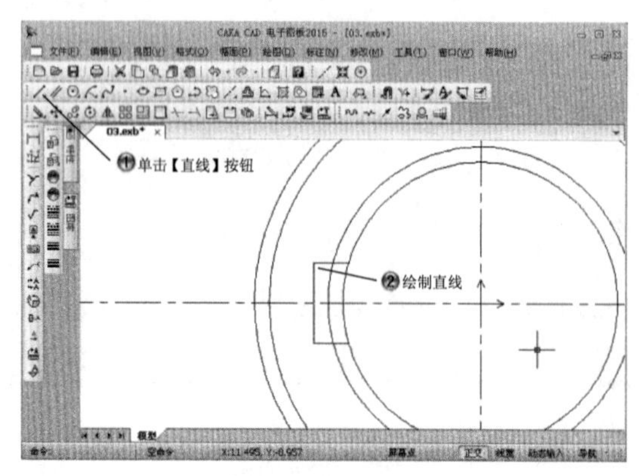

图 3-74　绘制直线

Step4 裁剪图形，如图 3-75 所示。

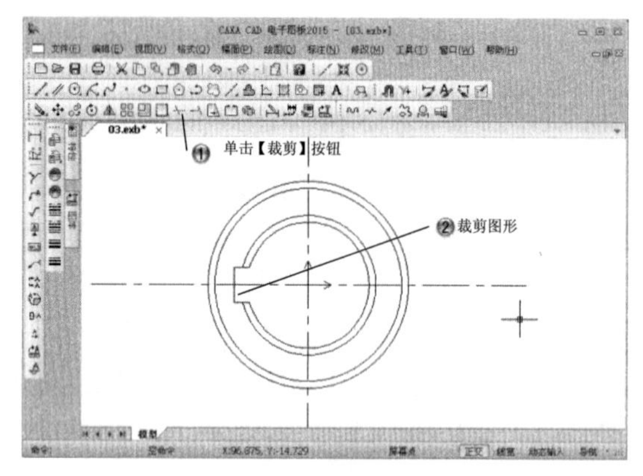

图 3-75　裁剪图形

Step5 绘制半径为 74 的圆，如图 3-76 所示。

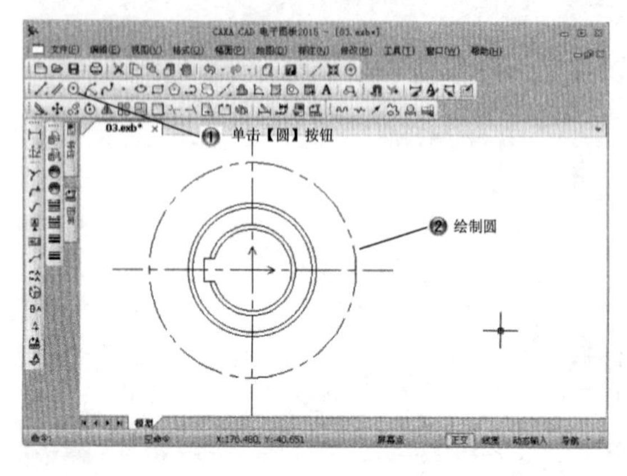

图 3-76　绘制半径为 74 的圆

Step6 绘制齿形，并修改参数，如图 3-77 所示。

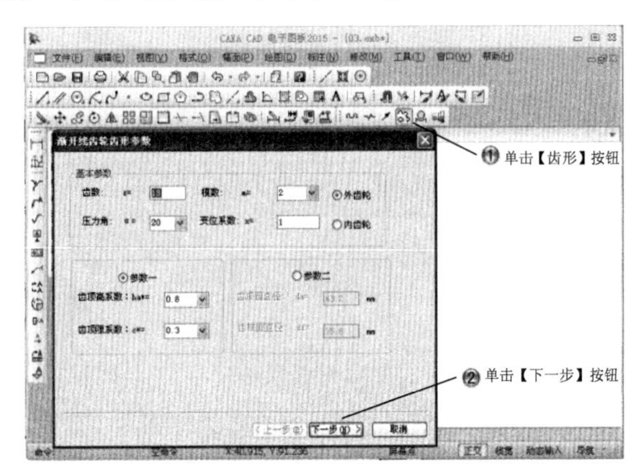

图 3-77 绘制齿形

Step7 完成齿形设置，如图 3-78 所示。

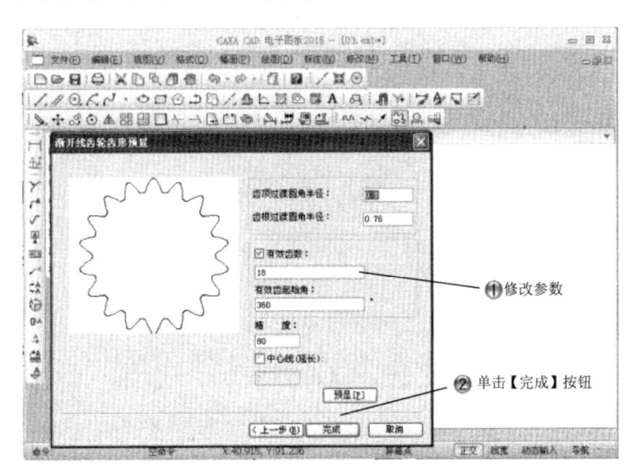

图 3-78 完成齿形

Step8 完成的俯视图，如图 3-79 所示。

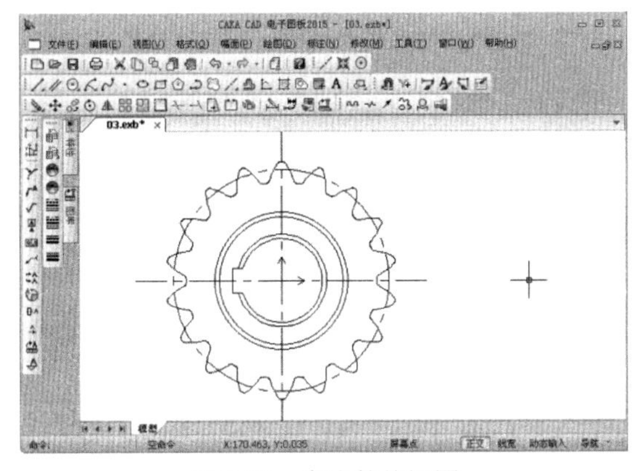

图 3-79 完成的俯视图

Step9 绘制长 200 的中心线，如图 3-80 所示。

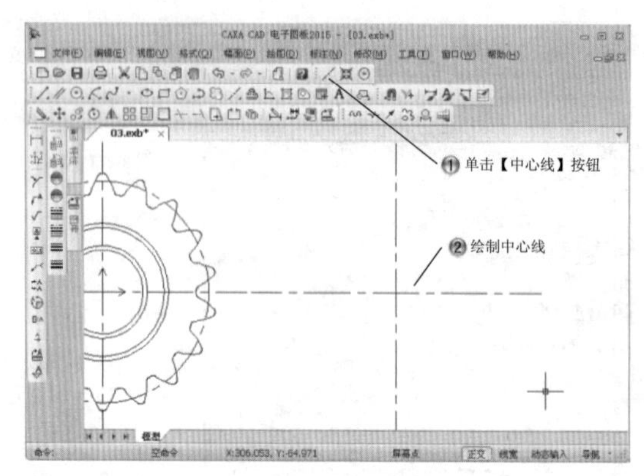

图 3-80　绘制长 200 的中心线

Step10 绘制尺寸为 94×92 的矩形，然后绘制尺寸为 16×20 的矩形，如图 3-81 所示。

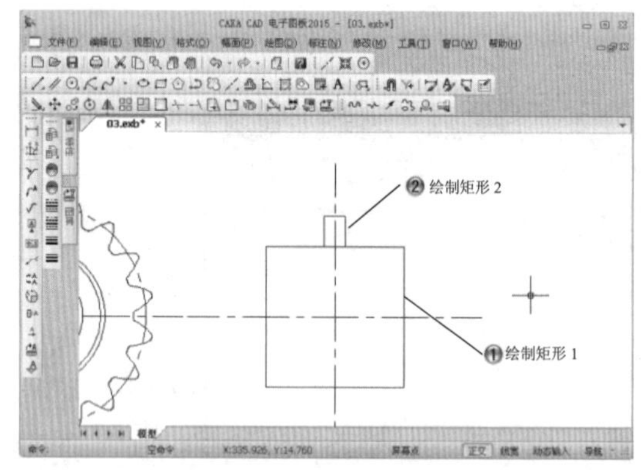

图 3-81　绘制矩形

Step11 绘制圆弧，然后镜像图形，如图 3-82 所示。

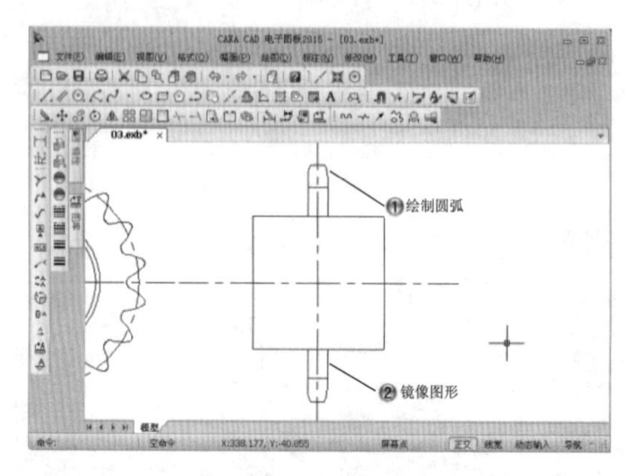

图 3-82　绘制圆弧并镜像图形

Step12 绘制长宽为 5 的倒角，然后绘制半径为 3 的圆角，如图 3-83 所示。

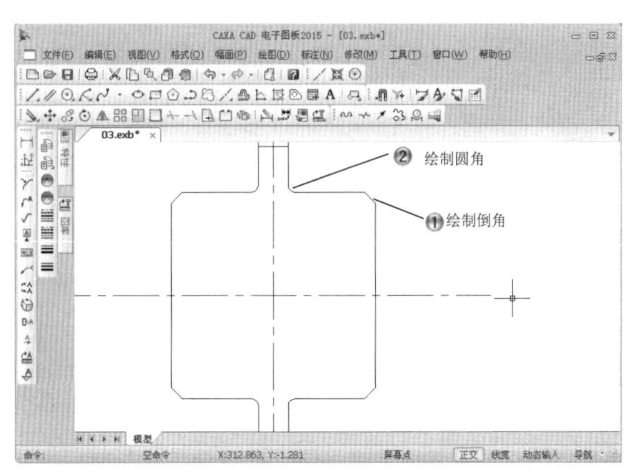

图 3-83　绘制倒角和圆角

Step13 绘制尺寸为 20×60 的矩形，然后绘制长为 3、60 和 37 的直线，如图 3-84 所示。

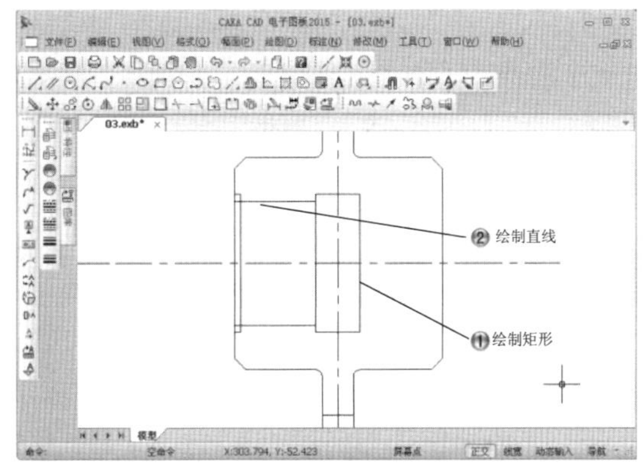

图 3-84　绘制矩形和直线

Step14 绘制长宽为 3 的倒角，如图 3-85 所示。

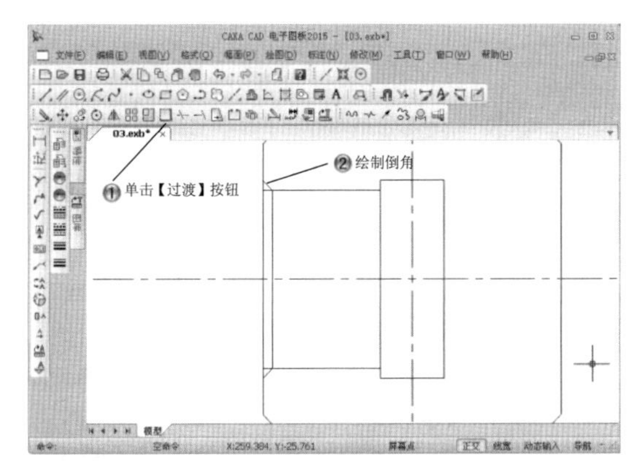

图 3-85　绘制长宽为 3 的倒角

Step15 裁剪图形，如图 3-86 所示。

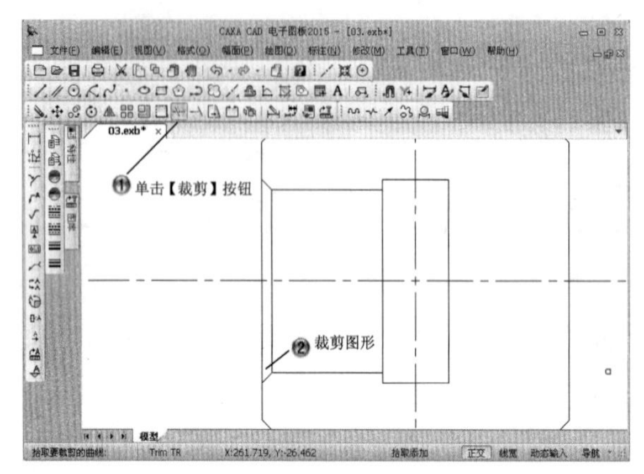

图 3-86　裁剪图形

Step16 镜像图形，如图 3-87 所示。

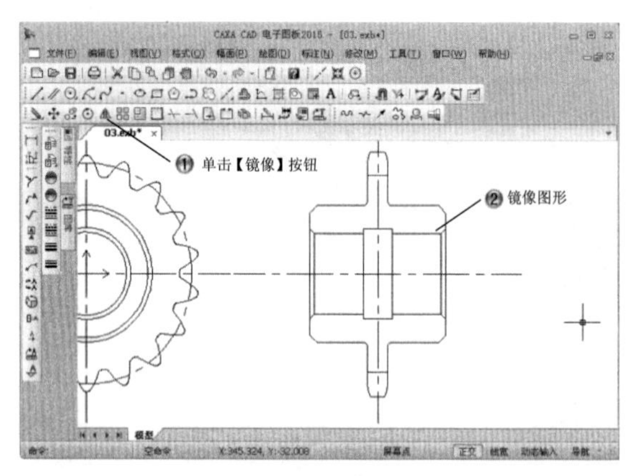

图 3-87　镜像图形

Step17 绘制半径为 15 的圆，如图 3-88 所示。

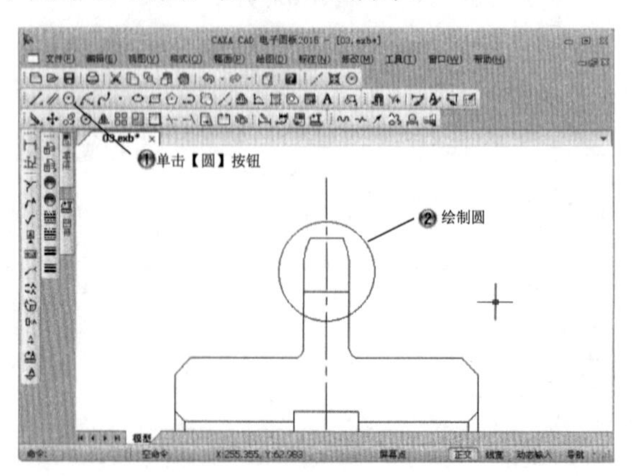

图 3-88　绘制半径为 15 的圆

Step18 填充图案，如图 3-89 所示。

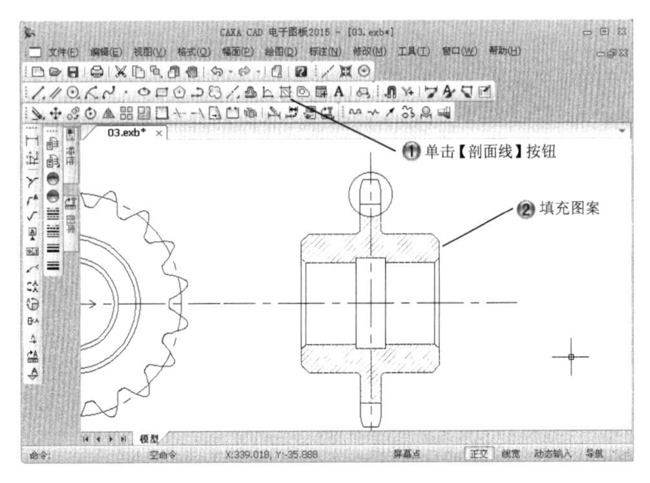

图 3-89　填充图案

Step19 完成绘制的齿轮图纸，如图 3-90 所示。

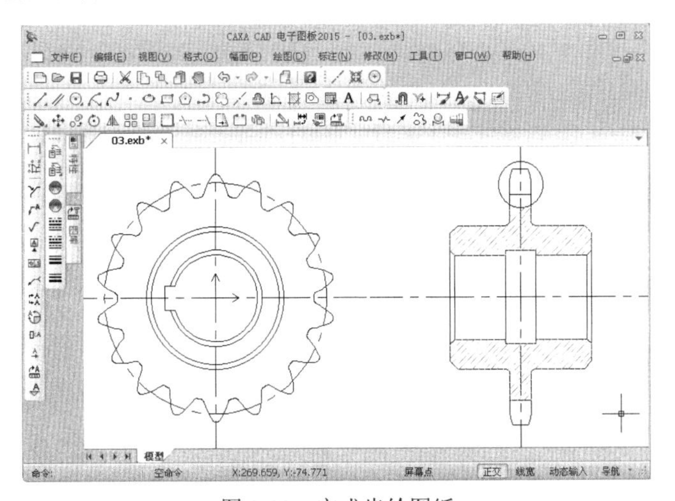

图 3-90　完成齿轮图纸

3.4　专家总结

本章主要介绍了 CAXA 2015 中二维平面绘图命令，如直线类、圆和圆弧类、四边形类命令，并对 CAXA 绘制平面图形的技巧进行了详细的讲解。通过本章的学习，读者可以熟练掌握 CAXA 中绘制基本二维图形的方法。

3.5 课后习题

3.5.1 填空题

（1）直线绘制命令有________种。

（2）平行线和直线的区别是________。

（3）绘制圆类图形的命令________、________、________。

3.5.2 问答题

（1）如何设置中心点矩形的参数？

（2）正多边形的不同绘制方法有哪些？

（3）矩形的绘制和多边形的绘制有何不同？

3.5.3 上机操作题

如图 3-91 所示，使用本章学过的各种命令来绘制轴承草图。

一般创建步骤和方法：

（1）绘制中心线。

（2）绘制直线图形。

（3）绘制圆形并裁剪。

（4）标注尺寸。

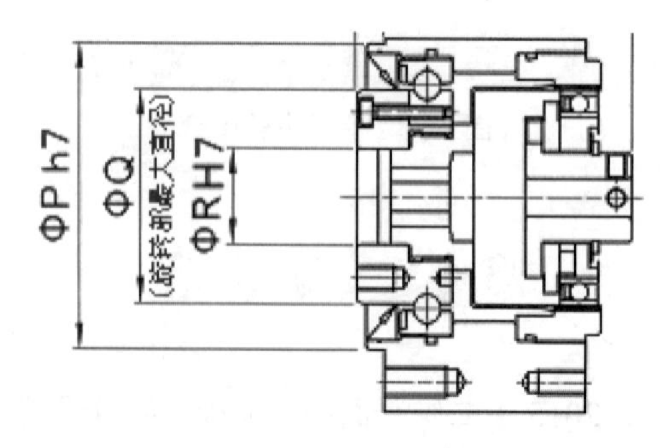

图 3-91　绘制轴承草图

第 4 章　绘制复杂图形

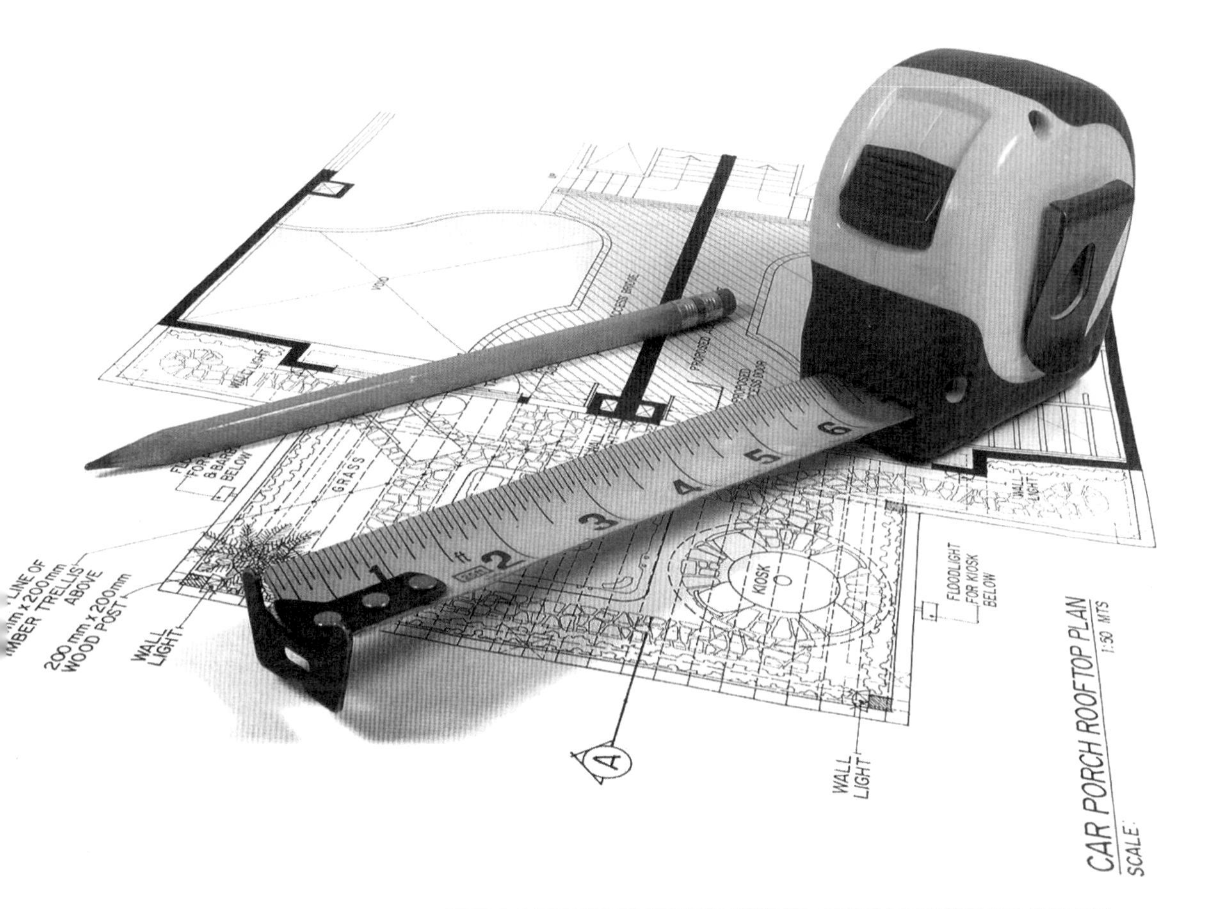

课训目标	内　容	掌握程度	课　时
	绘制等距线、剖面线	熟练运用	2
	绘制特殊曲线、样条曲线、公式曲线	熟练运用	3
	绘制孔和轴	熟练运用	2
	标注文字和填充	熟练运用	2

课程学习建议

CAXA 电子图板为用户提供了功能齐全的作图方式，利用它可以绘制各种复杂的工程图纸。本章主要介绍各种曲线的绘制方法，包括等距线、剖面线、中心线、多段线、波浪线、双折线、箭头、齿轮轮廓、样条曲线、公式曲线等，以及图案填充知识，文字和孔轴命令的使用。本章介绍的复杂图形，是在基本图形的基础上的延伸，很多命令是 CAXA 特有的命令，因此，学习的时候要注意和 AutoCAD 软件命令的区别，在很大程度上 CAXA 的复杂命令比 AuotoCAD 命令更加方便快捷。

本课程主要基于 CAXA 特有的复杂绘图命令进行讲解，其培训课程表如下。

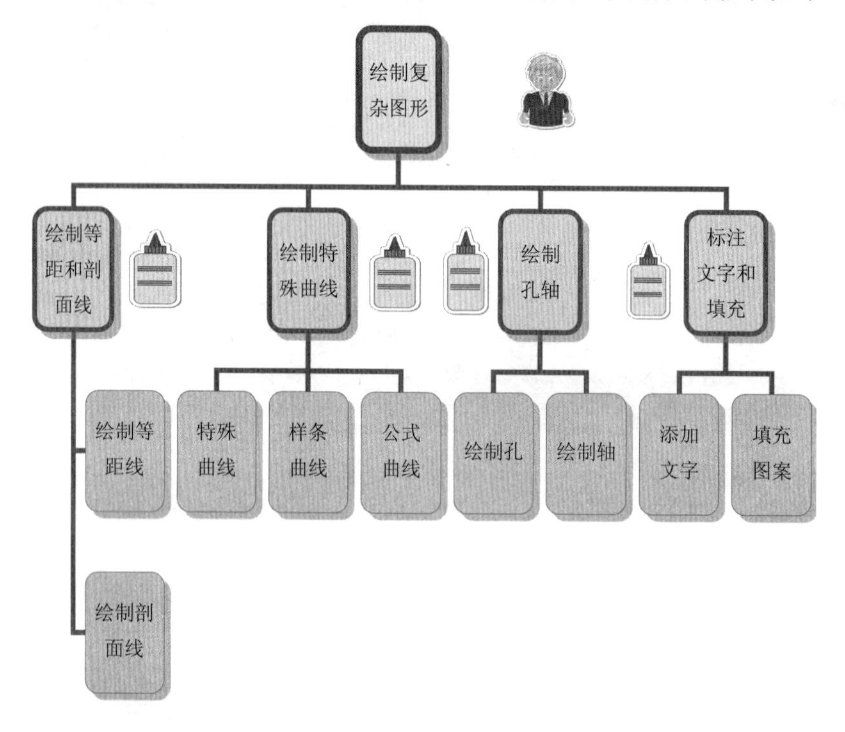

4.1 绘制等距线、剖面线

CAXA 可以按等距方式生成一条或同时生成数条给定曲线的等距线。剖面图又称剖切图，是通过对有关的图形按照一定剖切方向所展示的内部构造图例，剖面图是假想用一个剖切平面将物体剖开，移去介于观察者和剖切平面之间的部分，对于剩余的部分向投影面所做的正投影图。剖面图一般用于工程的施工图和机械零部件的设计中，补充和完善设计文件，是工程施工图和机械零部件设计中的详细设计，用于指导工程施工作业和机械加工。

课堂讲解课时：2 课时

4.1.1 设计理论

曲线是微分几何学研究的主要对象之一。直观上，曲线可看成空间质点运动的轨迹。微分几何就是利用微积分来研究几何的学科。为了能够应用微积分的知识，我们不能考虑一切曲线，甚至不能考虑连续曲线，因为连续不一定可微。这就要我们考虑可微曲线。但是可微曲线也是不太好的，因为可能存在某些曲线，在某点切线的方向不是确定的，这就使得我们无法从切线开始入手，这就需要我们来研究导数处处不为零的这一类曲线，我们称它们为正则曲线。CAXA 的曲线类型就是正则曲线。

4.1.2 课堂讲解

1. 绘制等距线

等距线命令调用方法有以下几种，如图 4-1 所示。

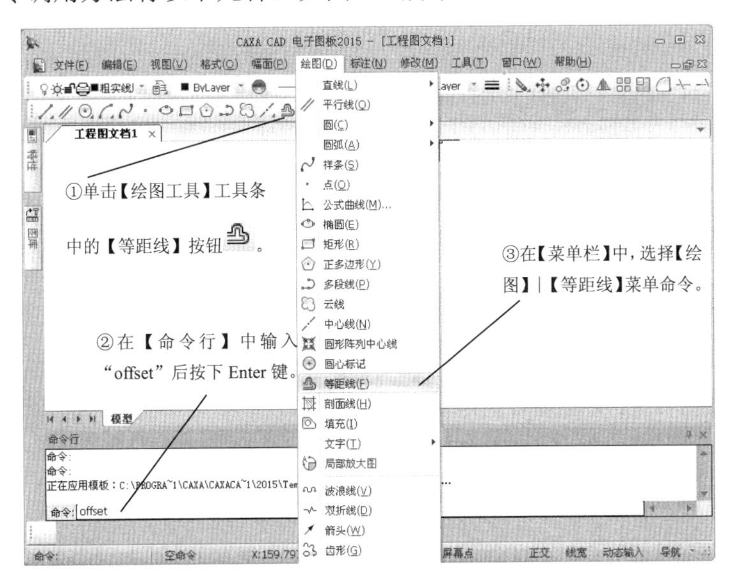

图 4-1 等距线命令

(1) 单个拾取绘制等距线

单个拾取绘制等距线，如图 4-2 所示。

绘制单向实心等距线，只要将立即菜单 4 中的选项由【空心】改为【实心】，如图 4-3 所示。

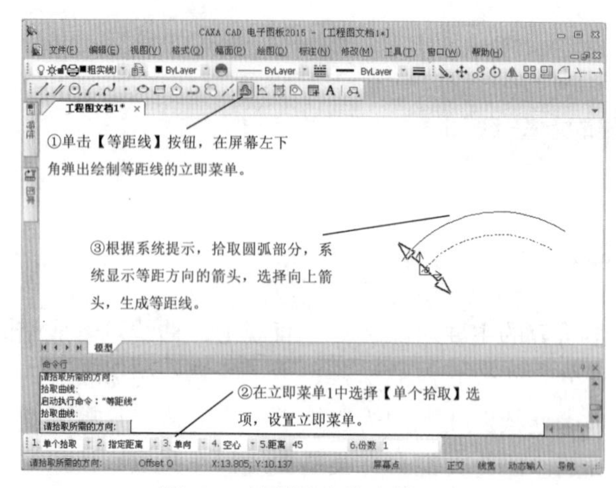

图 4-2　绘制单个拾取等距线

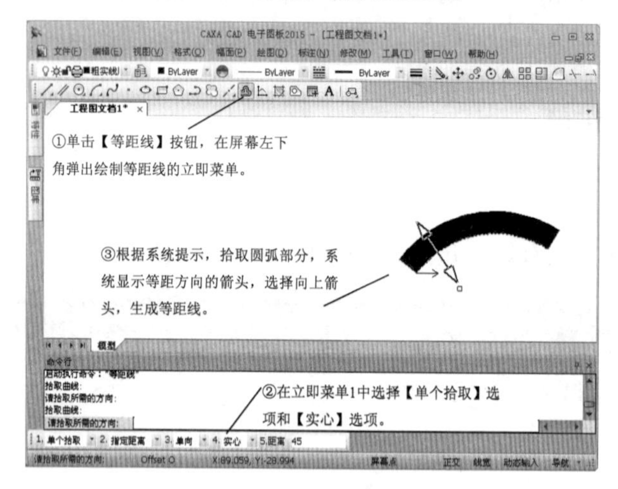

图 4-3　绘制实心等距线

（2）链拾取绘制等距线

绘制链拾取等距线，如图 4-4 所示。

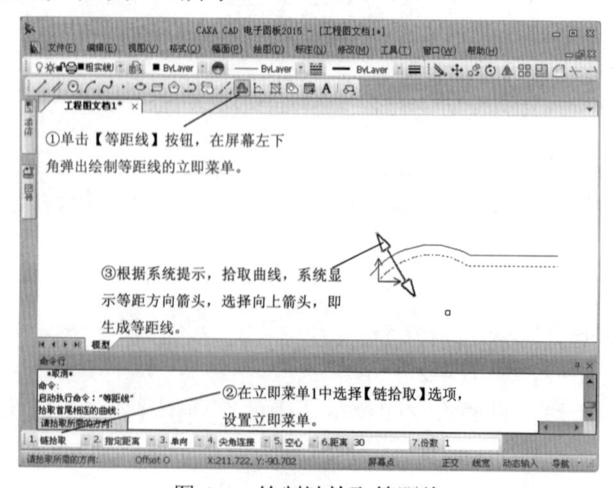

图 4-4　绘制链拾取等距线

2. 绘制剖面线

剖面线命令调用方法有以下几种，如图 4-5 所示。

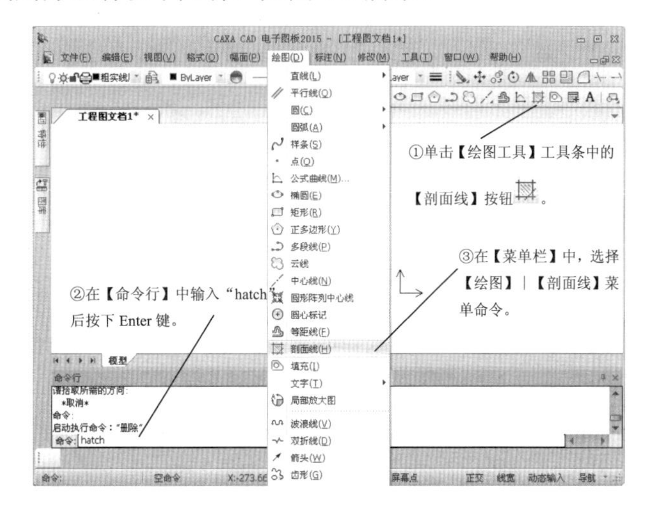

图 4-5　剖面线命令

根据拾取点搜索最小封闭环，根据环生成剖面线。搜索方向为从拾取点向左的方向，如果拾取点在环外，则操作无效。单击封闭环内任意一点，可以同时拾取多个封闭环，如果所拾取的环相互包容，则在两环之间生成剖面线。

（1）通过拾取环内点绘制剖面线

绘制拾取环内点剖面线，如图 4-6 所示。

在系统提示拾取环内点时，单击矩形内且在圆外侧的任意一点，再单击圆内任意一点，使得矩形和圆均成为绘制剖面线区域的边界线，绘制的剖面线如图 4-7 所示。

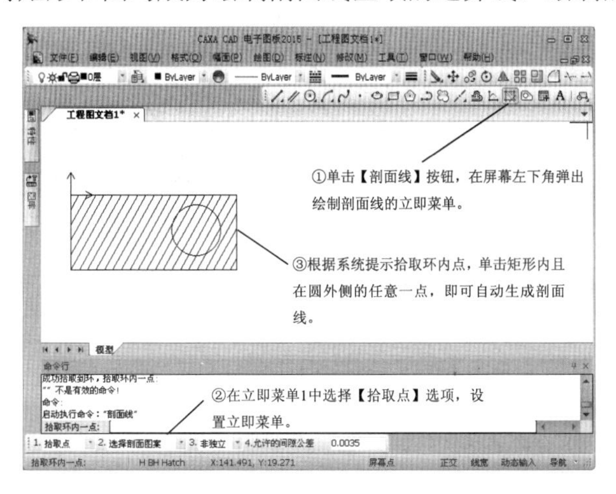

图 4-6　绘制拾取环内点剖面线

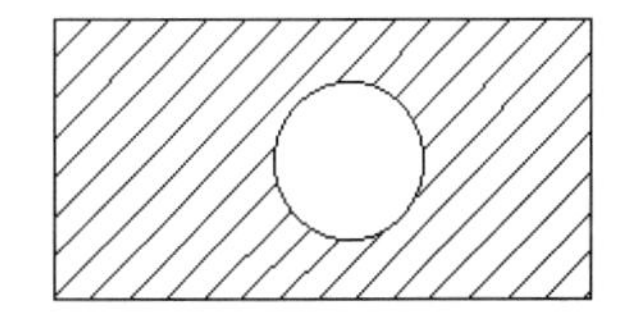

图 4-7　绘制中空的剖面线

（2）通过拾取封闭环的边界绘制剖面线

以“拾取边界”方式生成剖面线，需要根据拾取到的曲线搜索封闭环，再根据封闭环生成剖面线。如果拾取的曲线不能生成互不相交的封闭环，则操作无效。

绘制拾取封闭环边界的剖面线，如图 4-8 所示。

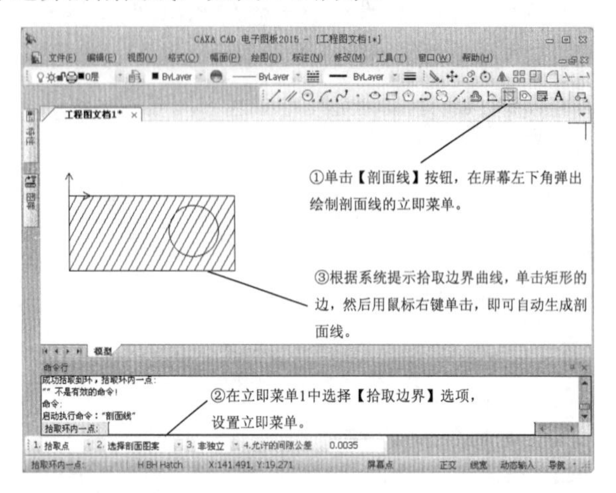

图 4-8　绘制拾取封闭环边界的剖面线

若在系统提示拾取边界曲线时，用窗口方式拾取矩形和圆为绘制剖面线的边界线如图 4-9 所示，则生成如图 4-10 所示的剖面线。

图 4-9　拾取边界

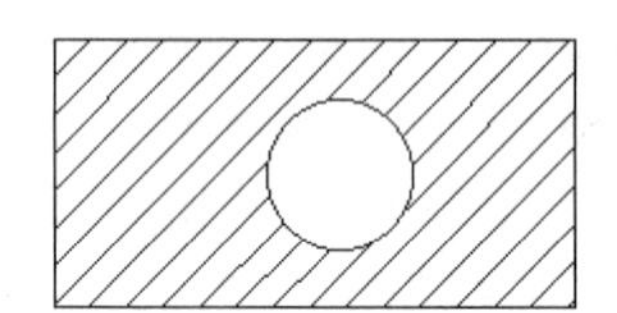

图 4-10　绘制的剖面线

系统总是在拾取的所有线条（也就是边界）内部绘制剖面线，所以在拾取环内点或拾取边界以后，一定要仔细观察哪些线条被选中了。通过调整被选中的边界线，就可以调整剖面线的形成区域。

名师点拨

4.2　绘制特殊曲线

基本概念

样条曲线是指过给定点的平滑曲线。CAXA 可以绘制数学表达式的曲线图形，也就是根据数学公式或参数表达式绘制出相应的数学曲线，公式的给出既可以是直角坐标形式的，也可以是极坐标形式的。中心线又叫中线，常用间隔的点和短线段连成一线表示。多段线是由几段线段或圆弧构成的连续线条。

课堂讲解课时：3 课时

4.2.1 设计理论

样条曲线通过给定一系列顶点，由计算机根据这些给定点按插值方式生成一条平滑曲线。在工业制图中，常常在物体的中点用一种线形绘出，用以表述与之相关信息。

中心线是用以标识中心的线条，表示中点的一组线段。这样的线形叫做点画线，是中心线的特定标志。中心线在机械、建筑、水利、市政等各大专业制图中，有其特定的用途，它能给物体以准确的定位。CAXA 可以绘制孔、轴或圆的中心线。

多段线是一个单独的图形对象，CAXA 可以生成由直线和圆弧构成的首尾相接或不相接的一条多段线。

CAXA 电子图板可以给定方式生成波浪曲线。此功能常用于绘制剖面线的边界线，线型一般选用细实线。基于图幅大小的限制，有些图形元素无法按比例在图纸上画出，可以用双折线表示。用户可通过两点画出双折线，也可以直接拾取一条现有直线将其改变为双折线。

4.2.2 课堂讲解

1. 样条曲线

样条命令调用方法有以下几种，如图 4-11 所示。

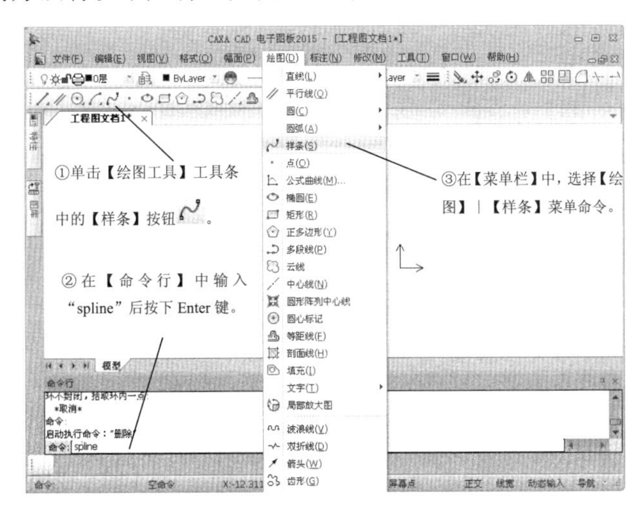

图 4-11 样条命令

（1）通过屏幕点直接作图

通过屏幕点直接作图，绘制样条曲线，如图 4-12 所示。

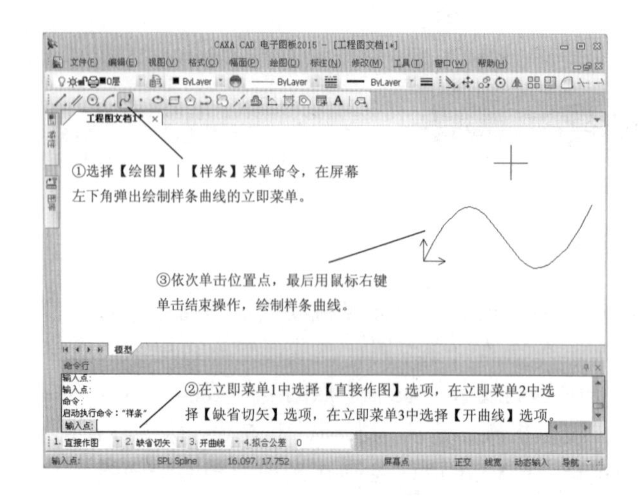

图 4-12　绘制样条曲线

在图 4-12 所示的立即菜单 2 中，可以选择【缺省切矢】或【给定切矢】选项；在立即菜单 3 中可以选择【开曲线】或【闭曲线】选项。如果选择【缺省切矢】选项，那么系统将根据数据点的性质，自动确定端点切矢（一般采用从端点起 3 个插值点构成的抛物线端点的切线方向）；如果选择【给定切矢】选项，那么右击结束输入插值点后，由用户利用鼠标或键盘输入一点，该点与端点形成的矢量作为给定的端点切矢。在【给定切矢】方式下，用户也可以直接右击忽略。

（2）通过从文件读入数据绘制样条曲线

从文件绘制样条曲线，如图 4-13 所示。

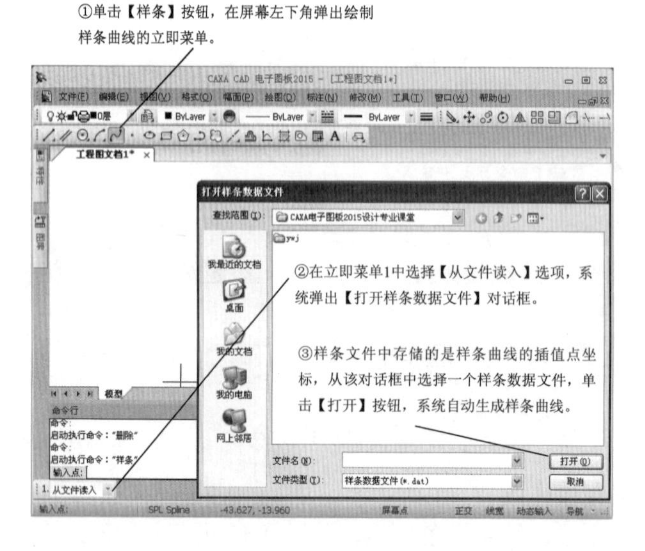

图 4-13　从文件绘制样条曲线

2. 圆弧拟和样条

圆弧拟合样条曲线命令调用方法有以下几种，如图 4-14 所示。
绘制圆弧拟合样条曲线，如图 4-15 所示。

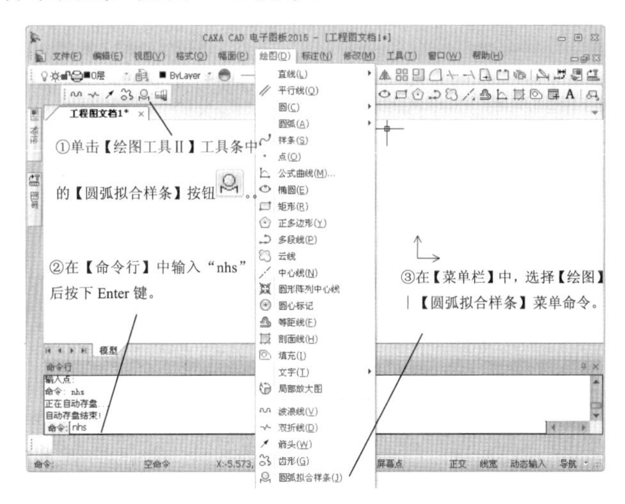

图 4-14　圆弧拟合样条曲线命令

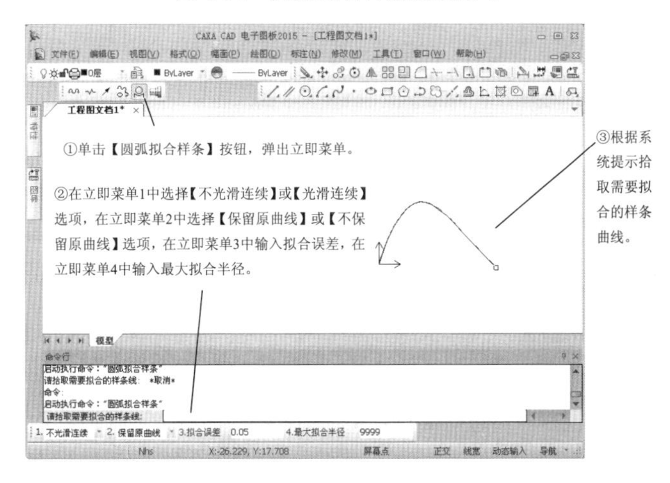

图 4-15　绘制圆弧拟合样条曲线

圆弧拟合样条功能主要用来处理线切割加工图形，经上述处理后的样条曲线，可以使图形加工结果更光滑，生成的加工代码更简单。

名师点拨

3. 公式曲线

公式曲线命令调用方法有以下几种，如图 4-16 所示。

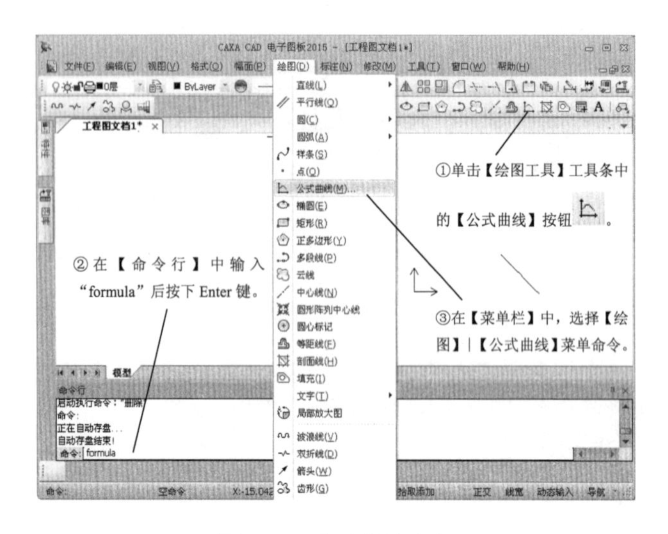

图 4-16　公式曲线命令

设置公式曲线，如图 4-17 所示。

在绘图区单击设置公式曲线，绘制的公式曲线如图 4-18 所示。

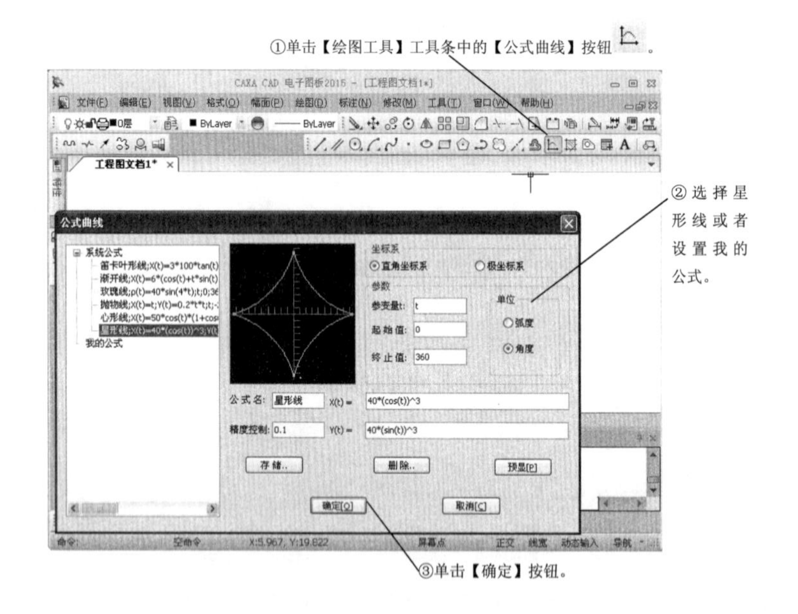

图 4-17　设置公式曲线

图 4-18　绘制的公式曲线

4. 中心线

中心线命令调用方法有以下几种，如图 4-19 所示。

绘制中心线，如图 4-20 所示。

5. 多段线

多段线命令调用方法有以下几种，如图 4-21 所示。

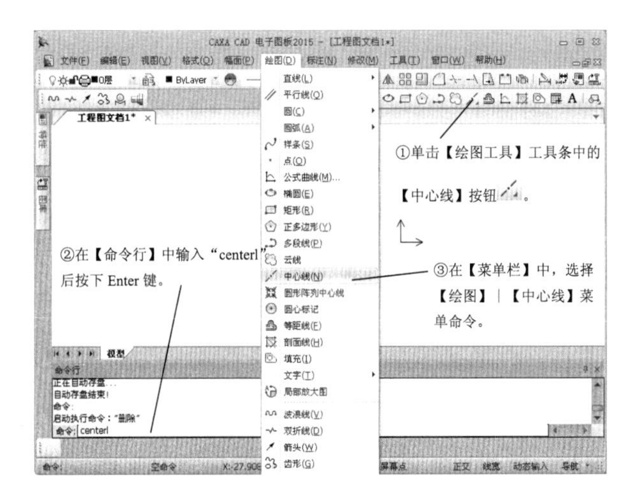

图 4-19　中心线命令

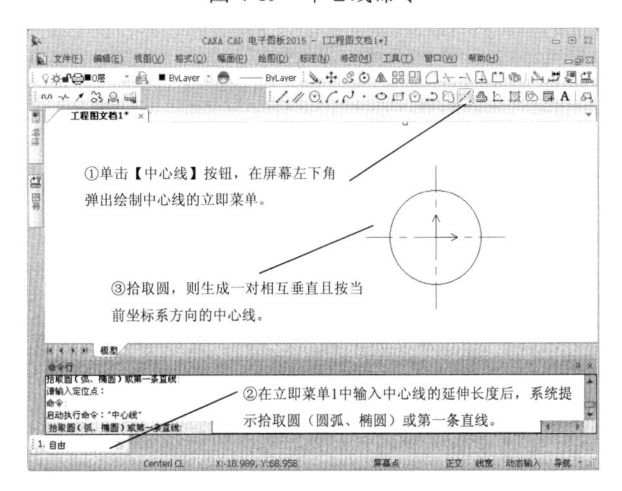

图 4-20　绘制中心线

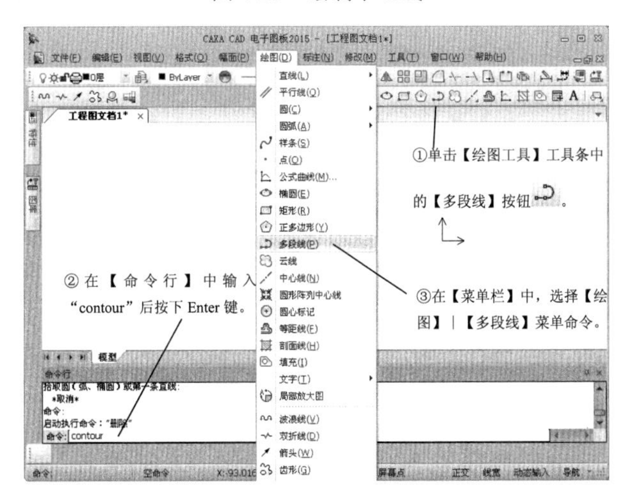

图 4-21　多段线命令

绘制多段线，如图 4-22 所示。

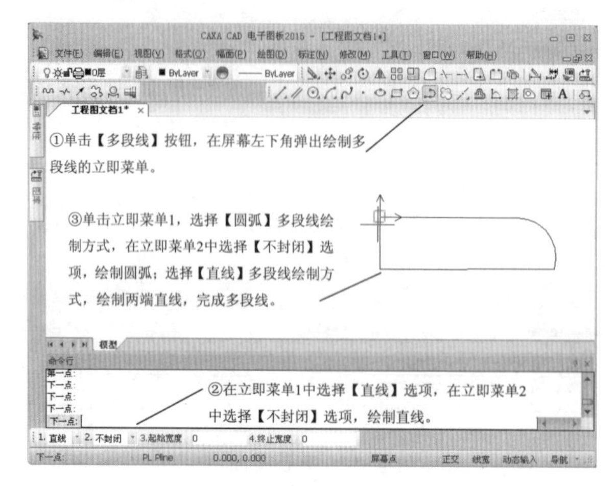

图 4-22　绘制多段线

轮廓为直线时，在立即菜单 2 中可选择轮廓的封闭与否，如选择封闭，则多段线的最后一点可省略（不输入），直接右击结束操作，系统将自行使最后一点回到第一点，使轮廓图形封闭（但对正交封闭轮廓的最后一段直线不保证正交）。

轮廓为圆弧时，相邻两圆弧为相切的关系，在立即菜单 2 中可以选择轮廓的封闭与否，如选择封闭，则多段线的最后一点可省略（不输入），直接右击结束操作，系统将自行使最后一点回到第一点，使轮廓图形封闭（封闭轮廓的最后一段圆弧与第一段圆弧不保证相切关系）。

6. 波浪线

波浪线命令调用方法有以下几种，如图 4-23 所示。

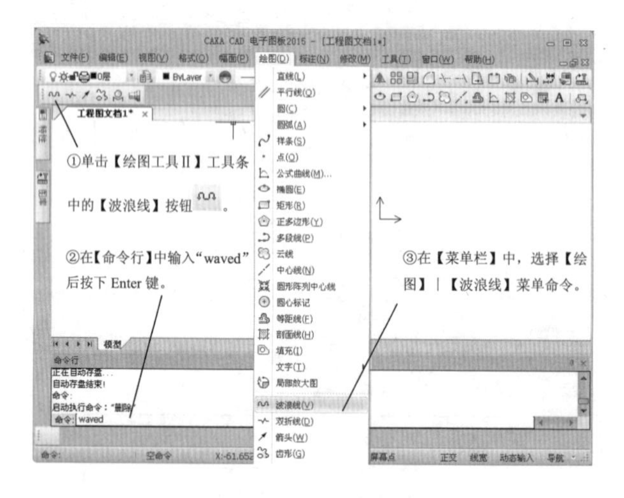

图 4-23　波浪线命令

绘制波浪线，如图 4-24 所示。

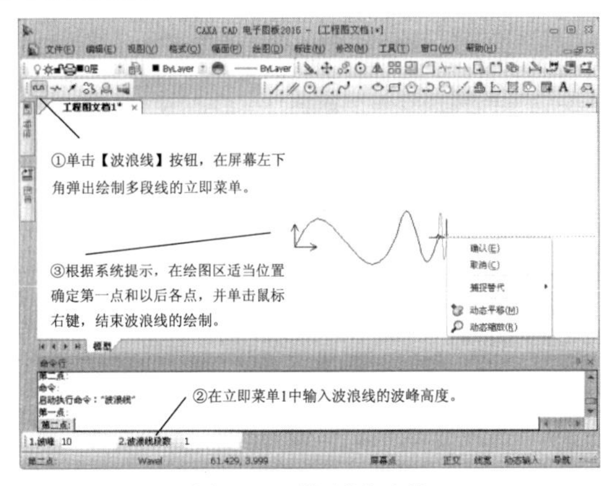

图 4-24　绘制波浪线

7. 双折线

双折线命令调用方法有以下几种，如图 4-25 所示。

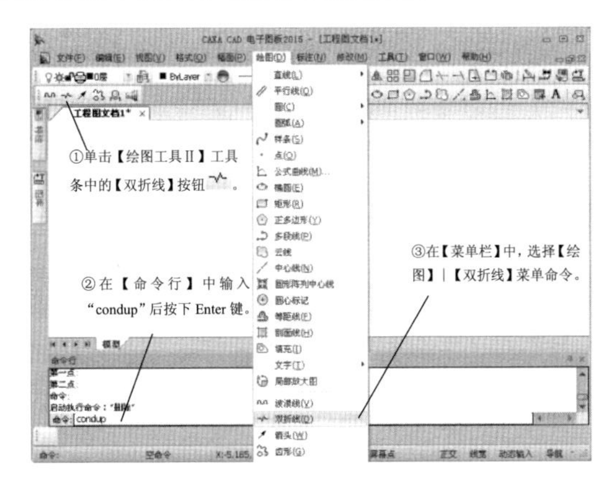

图 4-25　双折线命令

绘制双折线，如图 4-26 所示。

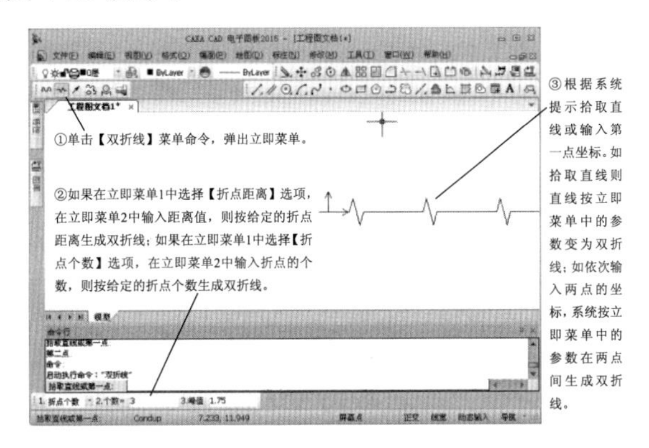

图 4-26　绘制双折线

双折线根据图纸幅面将有不同的延伸长度，A0、A1 的延伸长度为 1.75，其余图纸幅面的延伸长度为 1.25。

名师点拨

8. 箭头

箭头命令调用方法有以下几种，如图 4-27 所示。

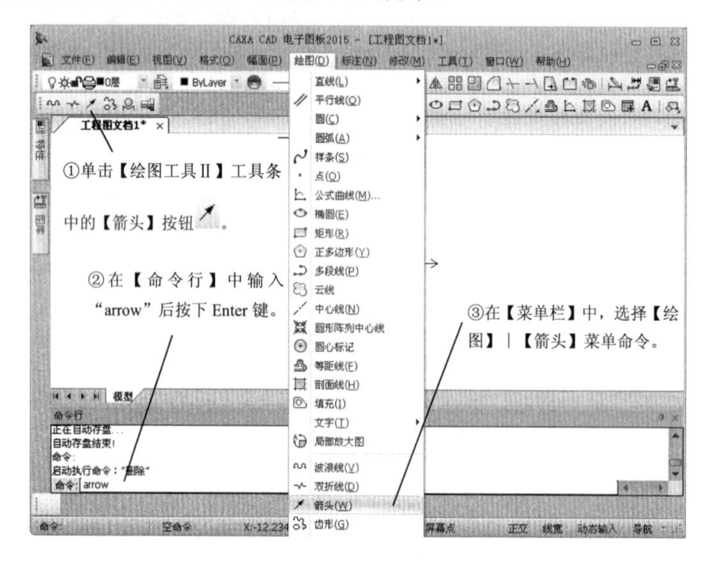

图 4-27　箭头命令

绘制箭头，如图 4-28 所示。

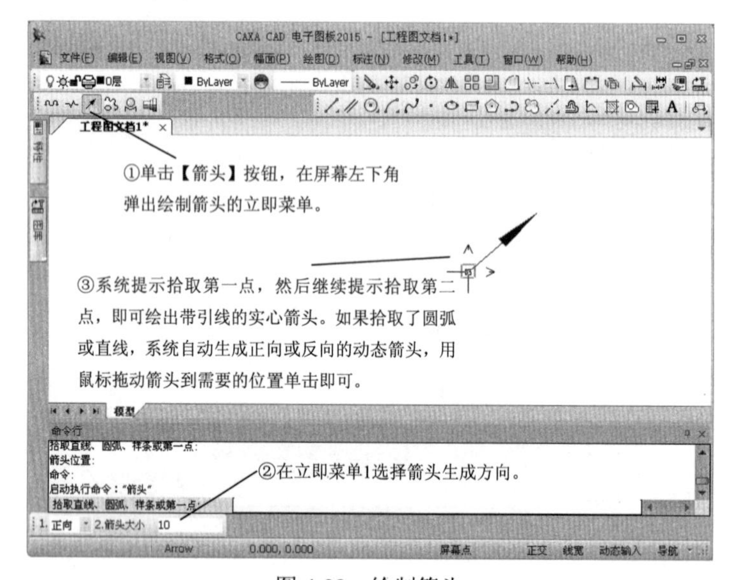

图 4-28　绘制箭头

为圆弧或直线添加箭头时，箭头方向定义如下：若是直线则以坐标系x、y轴的正方向作为箭头的正方向，x、y轴的负方向作为箭头的反方向；若是圆弧则以逆时针方向作为箭头的正方向，顺时针方向作为箭头的反方向。

名师点拨

9. 齿轮轮廓

齿形命令调用方法有以下几种，如图4-29所示。

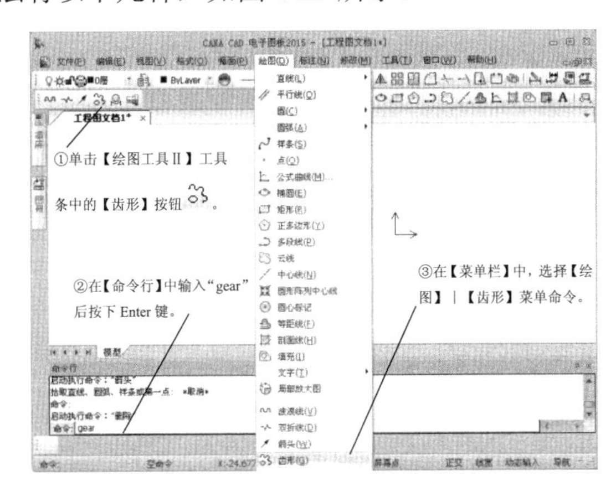

图4-29 齿形命令

绘制齿轮轮廓，如图4-30、图4-31所示。

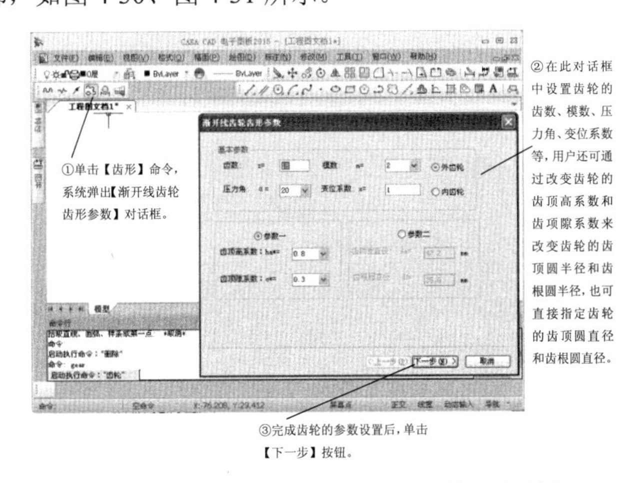

图4-30 设置【渐开线齿轮齿形参数】对话框

在绘图区单击放置齿形，圆周阵列后，绘制的齿轮轮廓如图4-32所示。

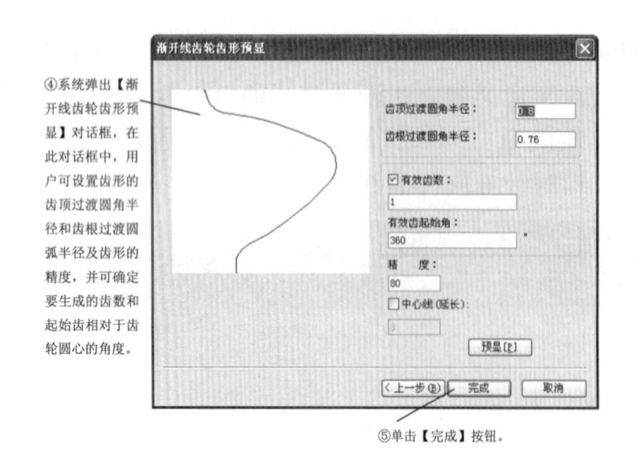

图 4-31　设置【渐开线齿轮齿形预显】对话框

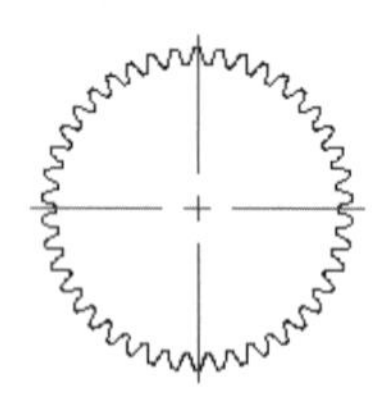

图 4-32　绘制齿轮轮廓

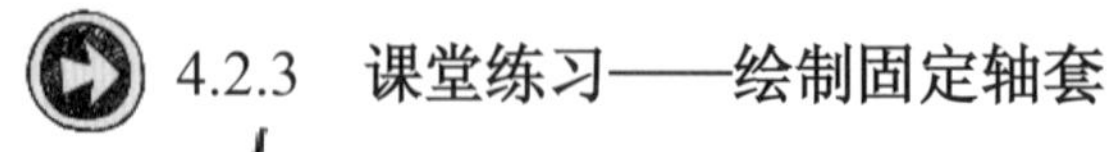

4.2.3　课堂练习——绘制固定轴套

课堂练习开始文件： ywj /04/01.exb

课堂练习完成文件： ywj /04/01.exb

多媒体教学路径： 光盘→多媒体教学→第 4 章→4.2 练习

Step 1 绘制长为 100 的中心线，如图 4-33 所示。

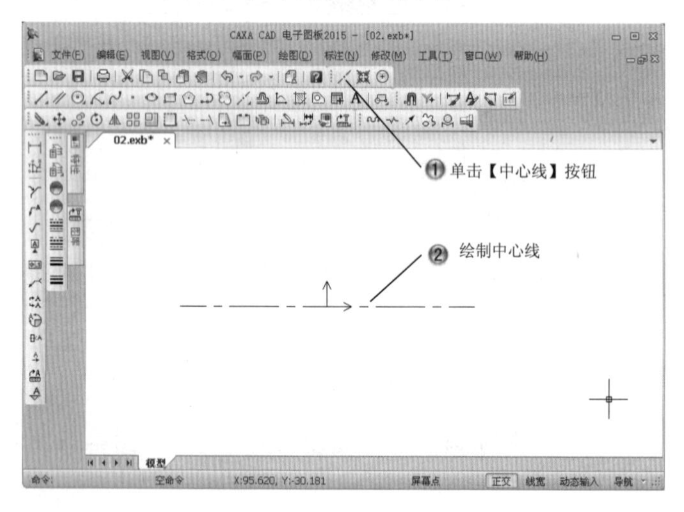

图 4-33　绘制长为 100 的中心线

Step2 绘制尺寸为 40×25 的矩形，长为 10 和 5 的直线，以及尺寸为 15×10 的矩形和 15×5 的矩形，如图 4-34 所示。

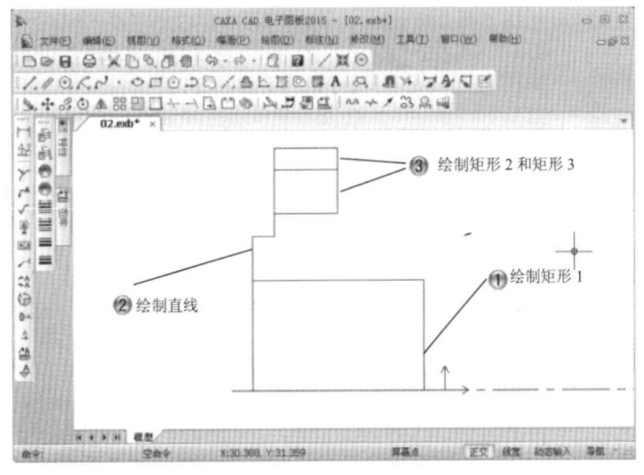

图 4-34　绘制直线和矩形

Step3 绘制长为 20、40 和 10 的直线，再绘制长为 15，角度为 30° 的角度线，然后绘制长为 75 的直线，如图 4-35 所示。

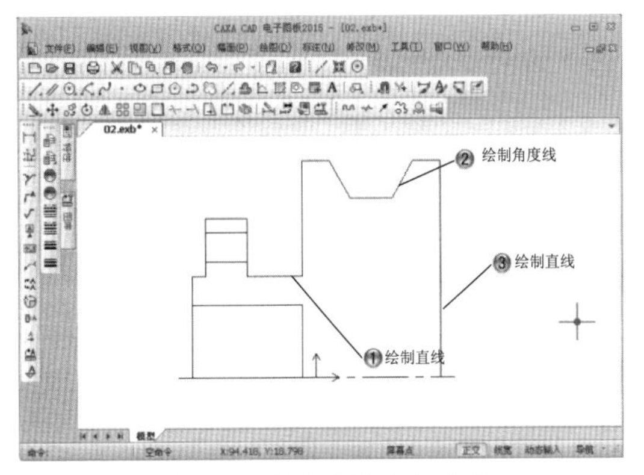

图 4-35　绘制直线和角度线

Step4 绘制长为 15，角度为-30° 的角度线，然后绘制尺寸为 20×5 的矩形，如图 4-36 所示。

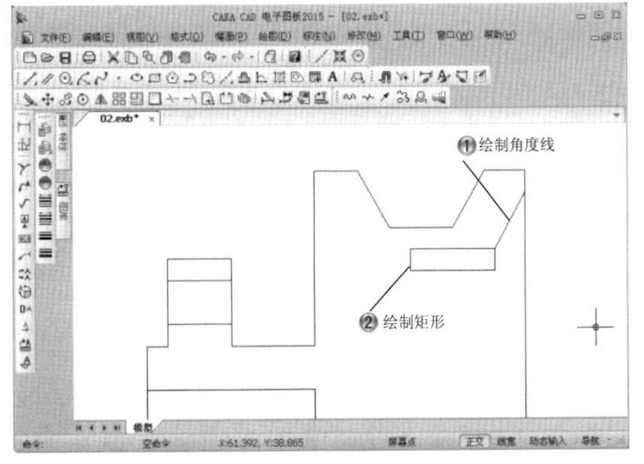

图 4-36　绘制角度线和矩形

Step5 绘制长为 5 和 20 的直线，再绘制长为 10 和 45 的直线，如图 4-37 所示。

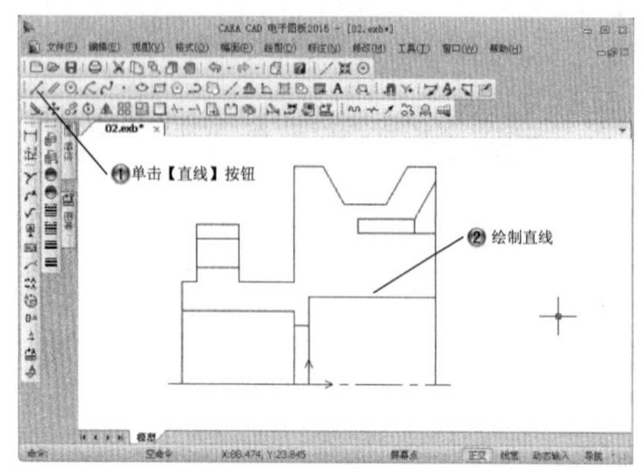

图 4-37　绘制直线

Step6 镜像图形，如图 4-38 所示。

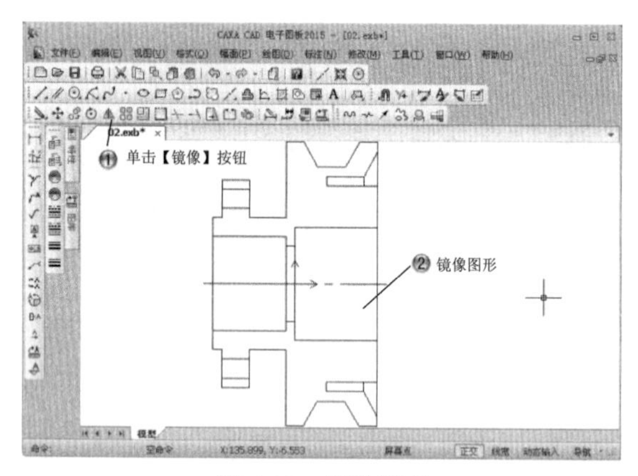

图 4-38　镜像图形

Step7 填充图形上部分图案，如图 4-39 所示。

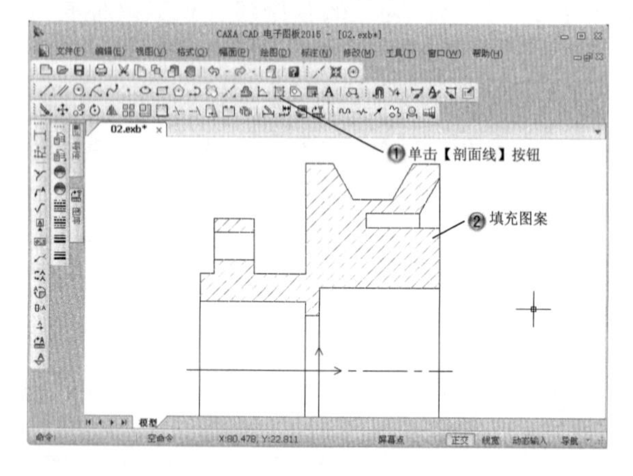

图 4-39　填充图形上部分图案

Step8 填充图形下部分图案，如图 4-40 所示。

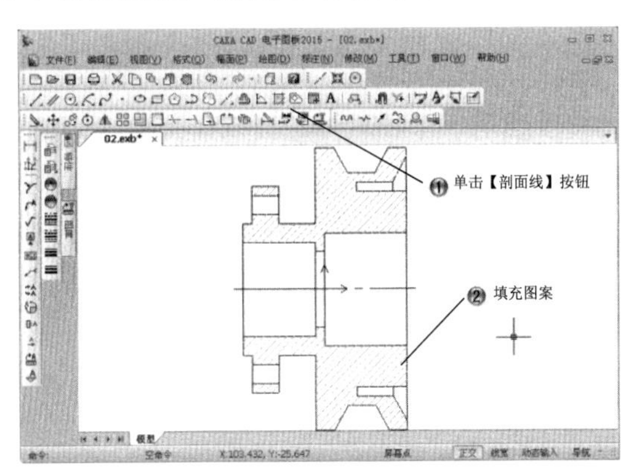

图 4-40　填充图形下部分图案

Step9 绘制长为 160 的中心线，如图 4-41 所示。

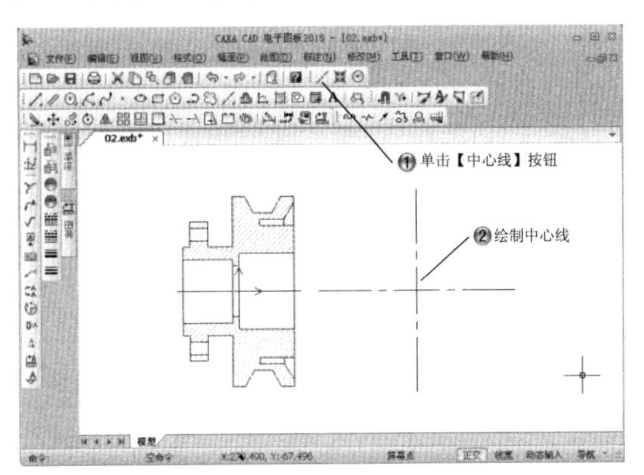

图 4-41　绘制长为 160 的中心线

Step10 绘制半径为 30 和 35 的同心圆，然后绘制半径为 52 的虚线圆形，如图 4-42 所示。

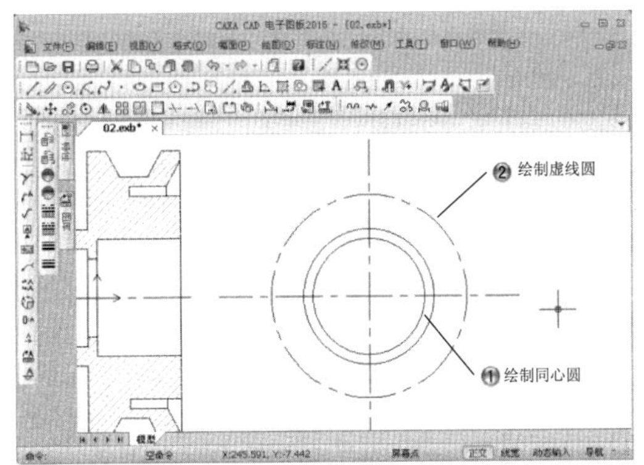

图 4-42　绘制同心圆和虚线圆

Step11 绘制半径为 10 和 15 的同心圆，如图 4-43 所示。

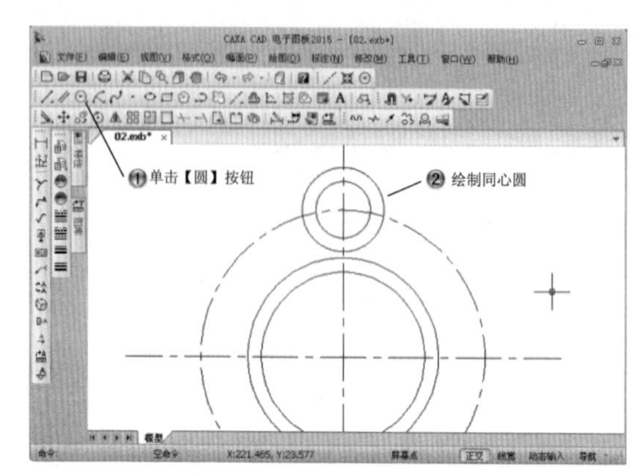

图 4-43　绘制半径为 10 和 15 的同心圆

Step12 阵列同心圆，然后绘制切线，如图 4-44 所示。

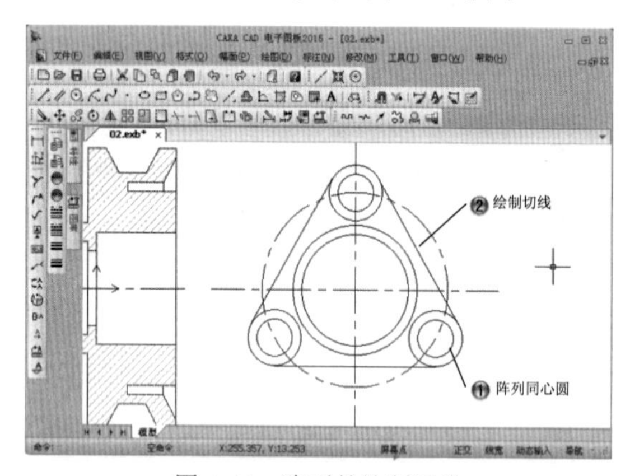

图 4-44　阵列并绘制切线

Step13 裁剪图形，如图 4-45 所示。

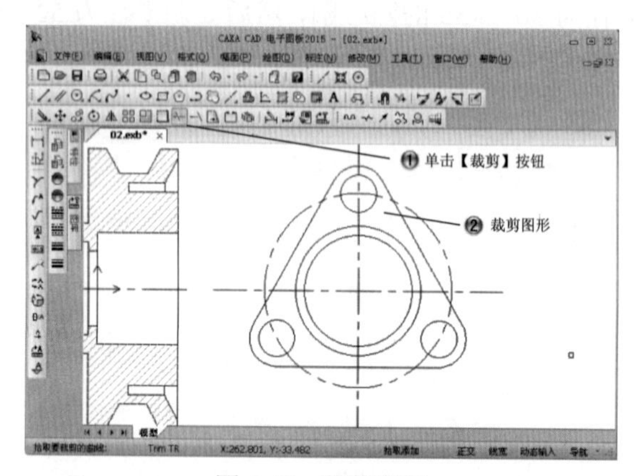

图 4-45　裁剪图形

Step14 绘制半径为 75 的圆，如图 4-46 所示。

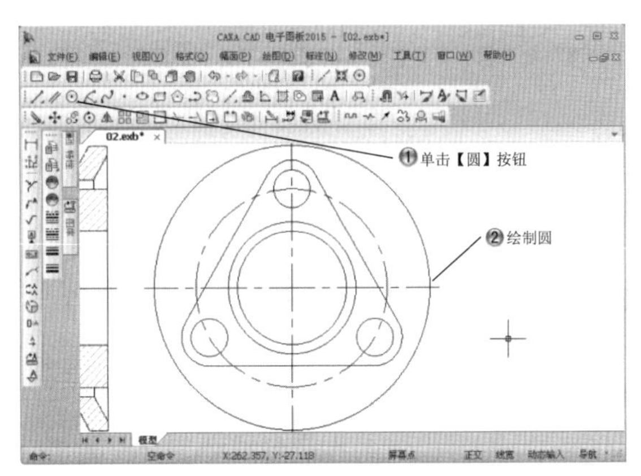

图 4-46　绘制半径为 75 的圆

Step15 完成固定轴套的绘制，如图 4-47 所示。

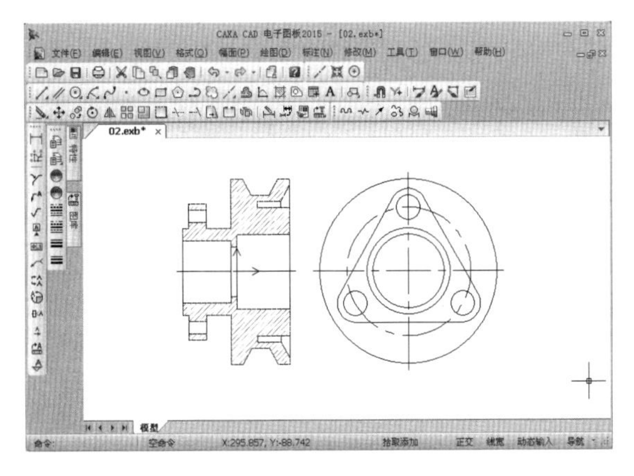

图 4-47　完成固定轴套的绘制

4.3　绘制孔和轴

基本概念

轴命令可以绘制圆柱轴、圆锥轴和阶梯轴，轴的中心线可以水平、竖直或倾斜；孔命令可以绘制圆柱孔、圆锥孔和阶梯孔，孔的中心线可以水平、竖直或倾斜。

课堂讲解课时：2 课时

4.3.1　设计理论

使用孔/轴命令，可以连续快速地绘制轴类和孔类图形；放大图是将机件的部分结构，用大于原图形所采用的比例画出的图形。CAXA 可以在给定位置画出带有中心线的孔和轴或带有中心线的圆锥孔或圆锥轴。

单击【绘图工具 II】工具条中的【孔/轴】按钮，在屏幕左下角弹出绘制【孔/轴】的立即菜单，如图 4-48 所示。单击立即菜单 1 可选择绘制【孔】或【轴】，单击立即菜单 2 可以选择【直接给出角度】或【两点确定角度】方式。

1. 轴　2. 两点确定角度　　1. 轴　2. 直接给出角度　3. 中心线角度　0

图 4-48　绘制孔/轴的立即菜单

4.3.2　课堂讲解

孔/轴命令调用方法有以下几种，如图 4-49 所示。

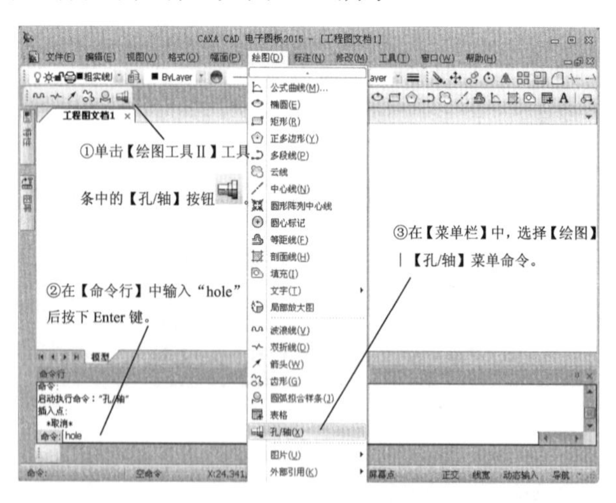

图 4-49　孔/轴命令

1. 绘制轴

绘制轴的方法，如图 4-50 所示。

2. 绘制孔

绘制孔的方法，如图 4-51 和图 4-52 所示。

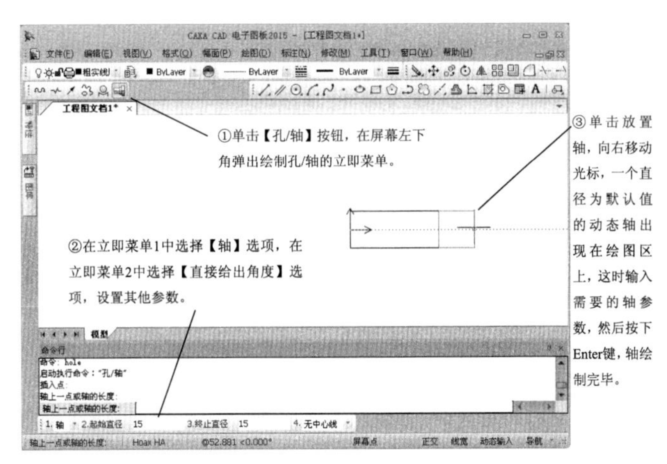

图 4-50　绘制轴

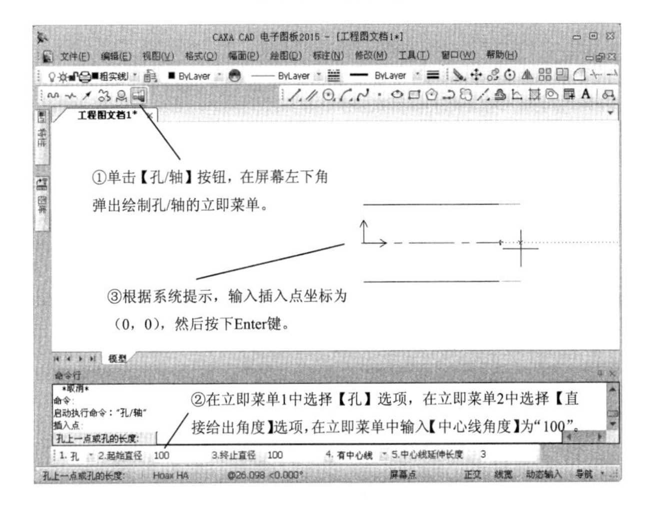

图 4-51　绘制第一段孔

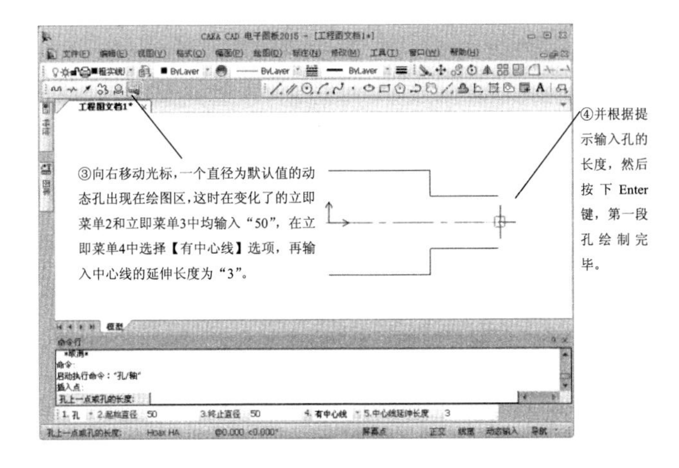

图 4-52　绘制阶梯轴孔

单击绘制孔/轴的立即菜单 2 输入起始直径时，同时可修改立即菜单 3 中的终止直径；也可以单击立即菜单 3 单独修改终止直径。

名师点拨

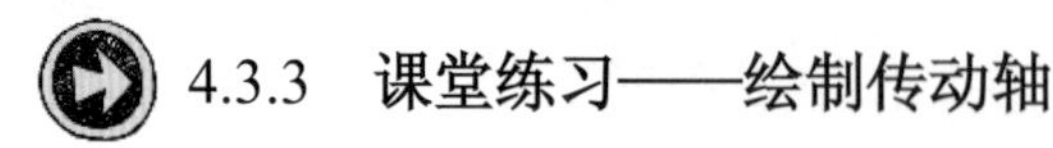

4.3.3 课堂练习——绘制传动轴

Step1 绘制长为 200 的中心线，如图 4-53 所示。

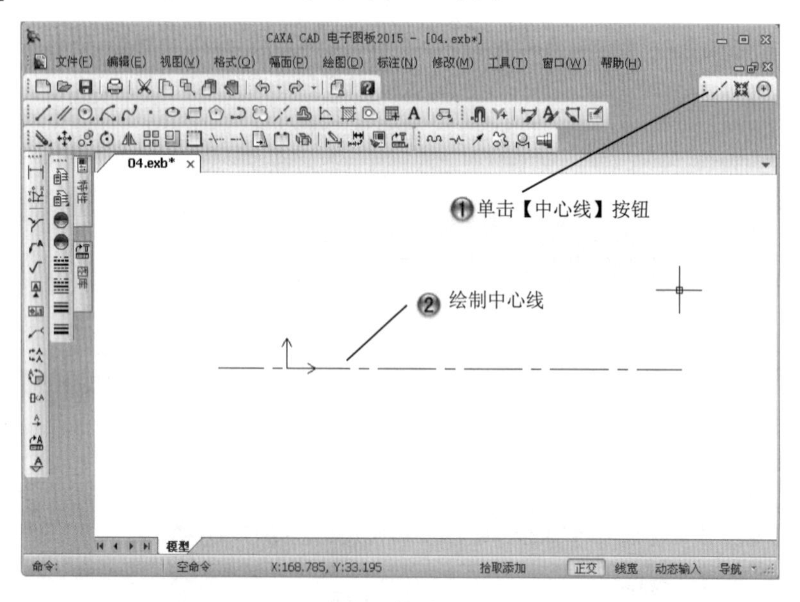

图 4-53　绘制长为 200 的中心线

Step2 绘制尺寸为 15×28 和 17×21 的矩形组，如图 4-54 所示。

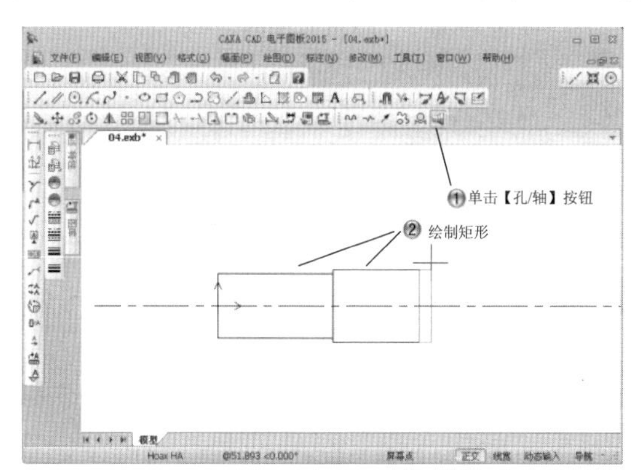

图 4-54　绘制矩形组 1

Step3 绘制尺寸为 15×2 和 22×5 的矩形组，如图 4-55 所示。

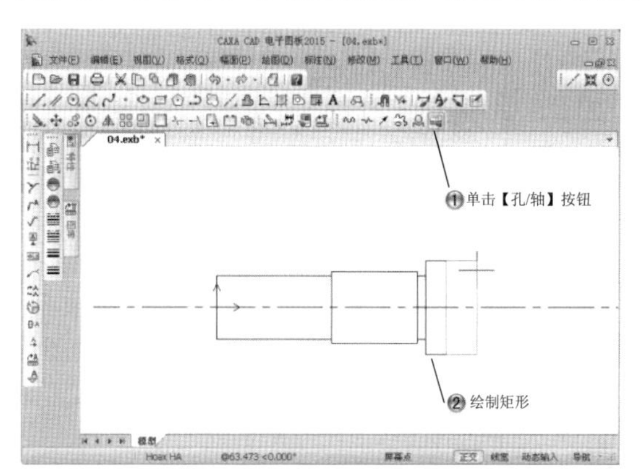

图 4-55　绘制矩形组 2

Step4 绘制尺寸为 30×5 和 20×2 的矩形组，如图 4-56 所示。

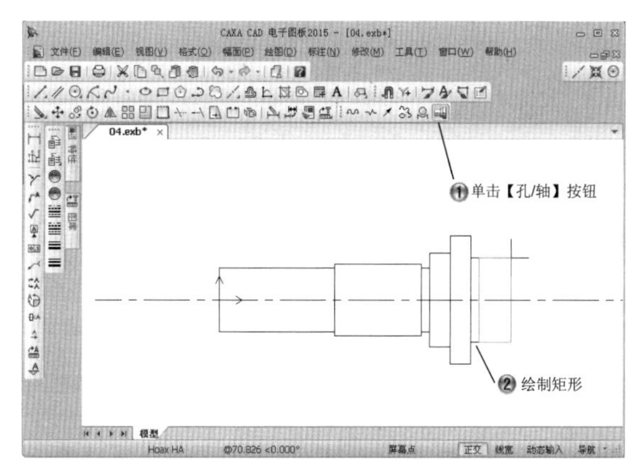

图 4-56　绘制矩形组 3

Step5 绘制尺寸为 22×31 和 18×2 的矩形组，如图 4-57 所示。

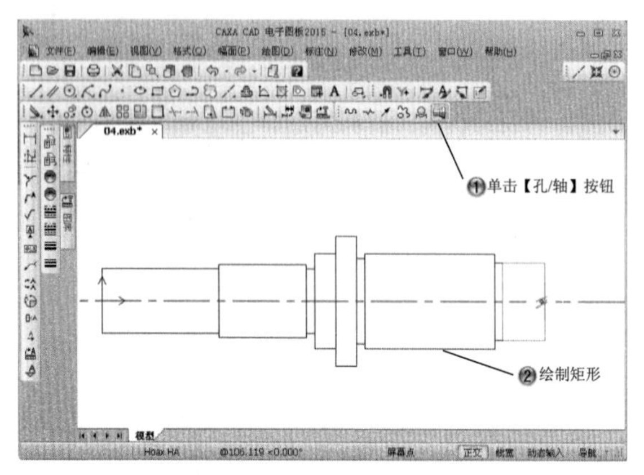

图 4-57　绘制矩形组 4

Step6 绘制尺寸为 20×16 和 18×35 的矩形组，如图 4-58 所示。

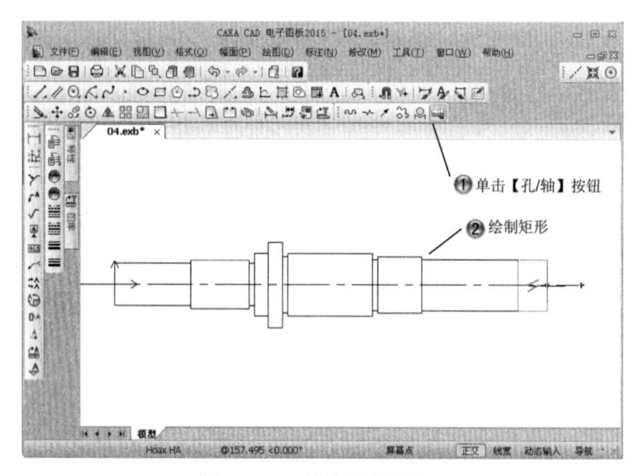

图 4-58　绘制矩形组 5

Step7 绘制尺寸为 14×2 和 15×10 的矩形组，如图 4-59 所示。

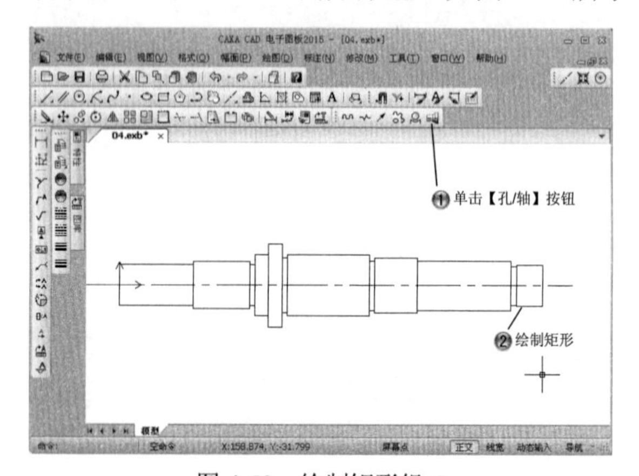

图 4-59　绘制矩形组 6

Step8 绘制左边的长宽为 1 的倒角，如图 4-60 所示。

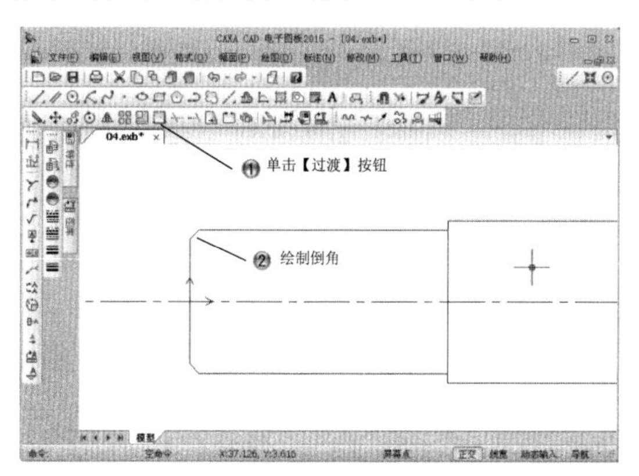

图 4-60　绘制左边的长宽为 1 的倒角

Step9 绘制中间的长宽为 1 的倒角，如图 4-61 所示。

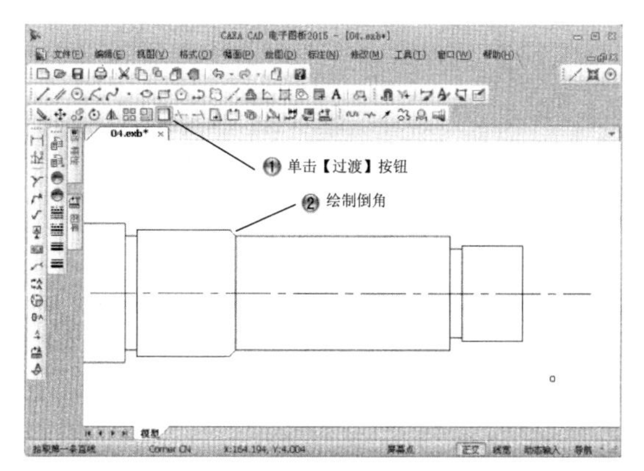

图 4-61　绘制中间的长宽为 1 的倒角

Step10 绘制右边的长宽为 1 的倒角，如图 4-62 所示。

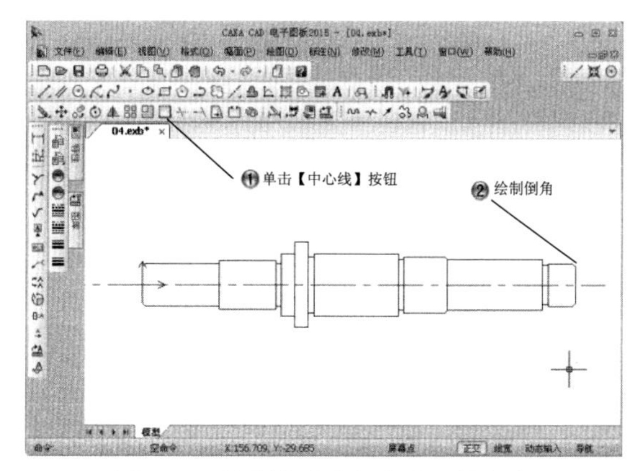

图 4-62　绘制右边的长宽为 1 的倒角

Step11 绘制直线，如图 4-63 所示。

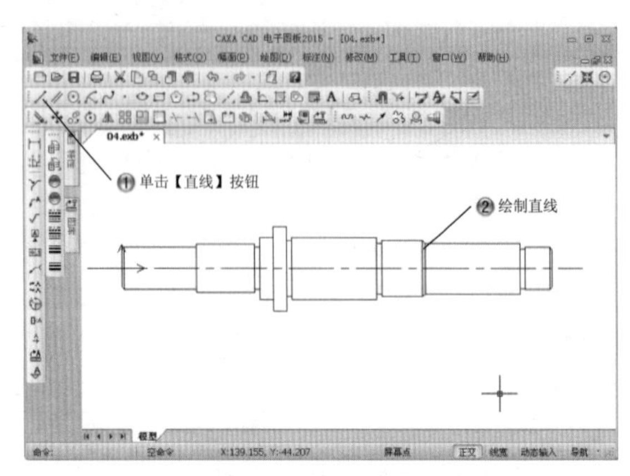

图 4-63　绘制直线

Step12 填充颜色，如图 4-64 所示。

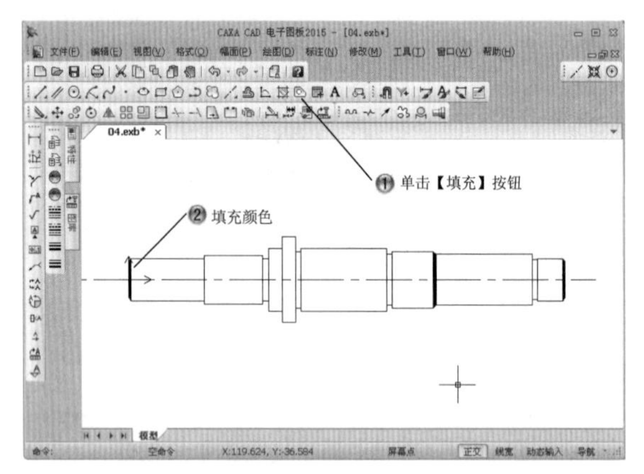

图 4-64　填充颜色

Step13 绘制尺寸为 5×14 的矩形和半径为 2.5 的圆，如图 4-65 所示。

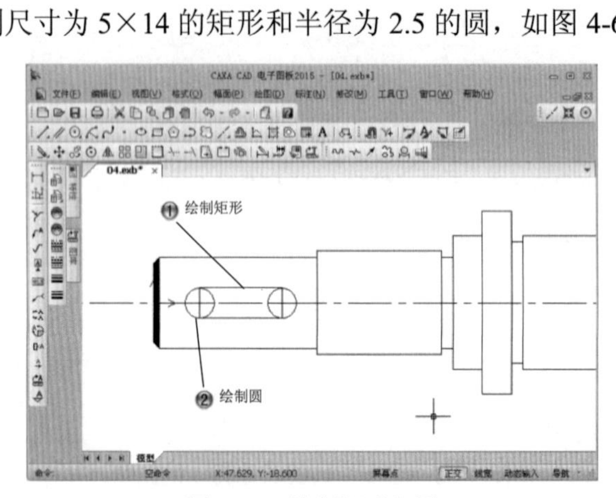

图 4-65　绘制矩形和圆

Step14 裁剪图形，如图 4-66 所示。

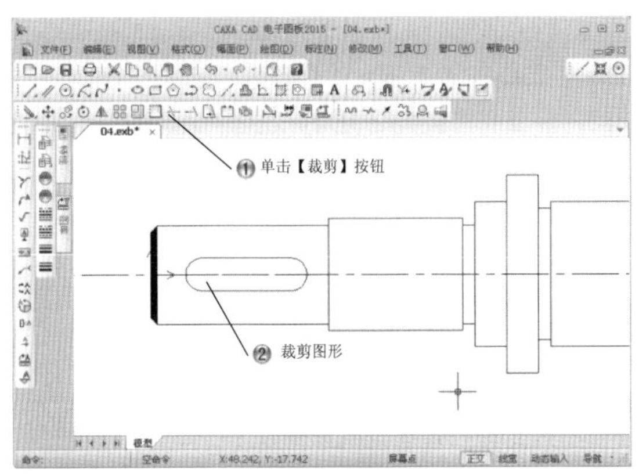

图 4-66 裁剪图形

Step15 绘制尺寸为 5×20 的矩形和半径为 2.5 的圆，如图 4-67 所示。

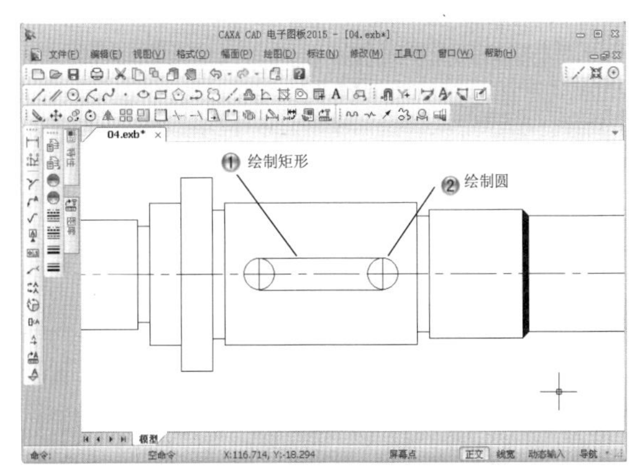

图 4-67 绘制矩形和圆

Step16 裁剪图形，如图 4-68 所示。

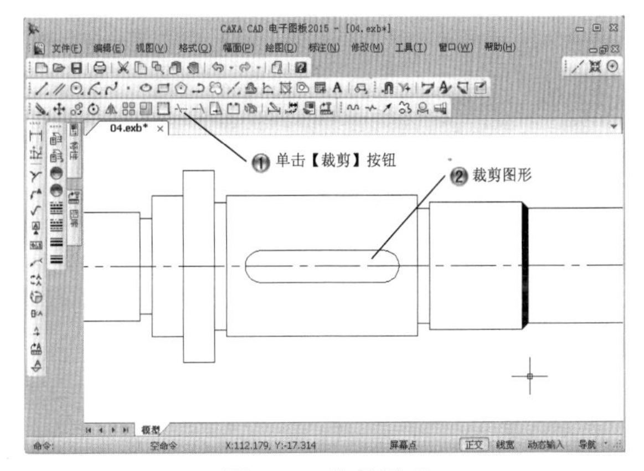

图 4-68 裁剪图形

Step17 绘制左边的长为 15 的箭头，再绘制右边的长为 15 的箭头，如图 4-69 所示。

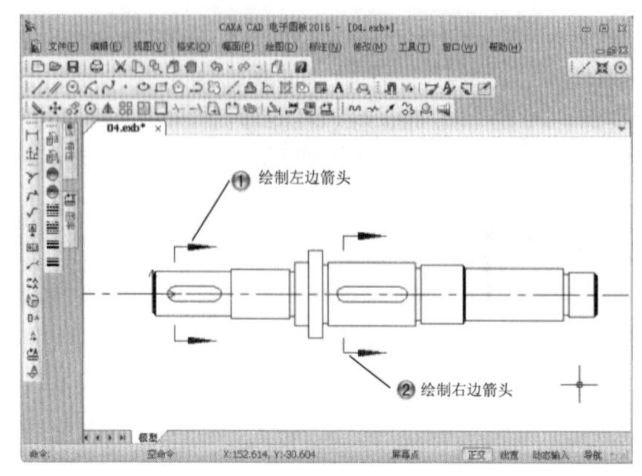

图 4-69　绘制左边和右边箭头

Step18 绘制半径为 7.5 的圆，如图 4-70 所示。

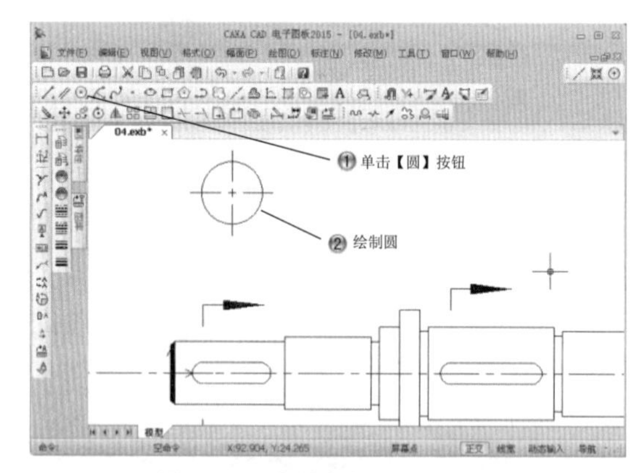

图 4-70　绘制半径为 7.5 的圆

Step19 绘制长为 3 和 6 的直线，如图 4-71 所示。

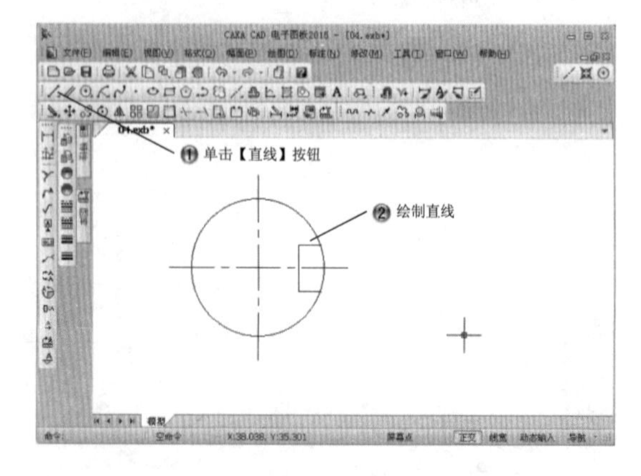

图 4-71　绘制长为 3 和 6 的直线

Step20 裁剪图形，如图 4-72 所示。

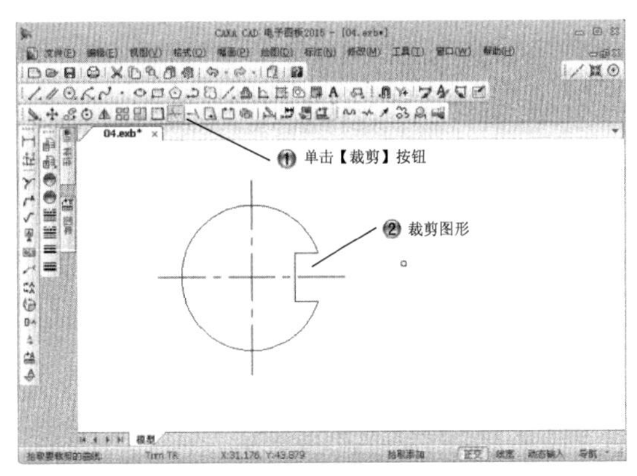

图 4-72　裁剪图形

Step21 填充图案，如图 4-73 所示。

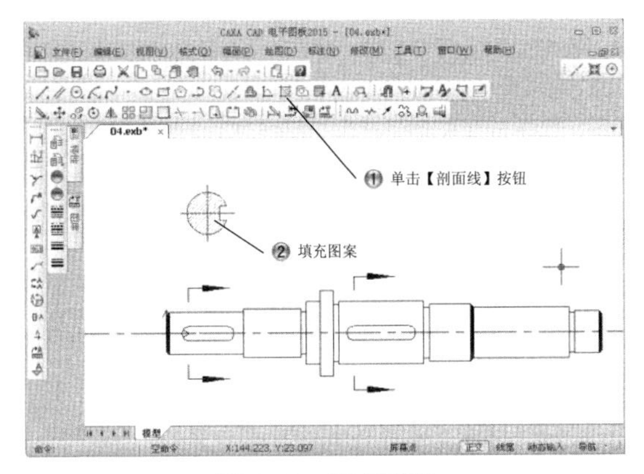

图 4-73　填充图案

Step22 绘制半径为 11 的圆，如图 4-74 所示。

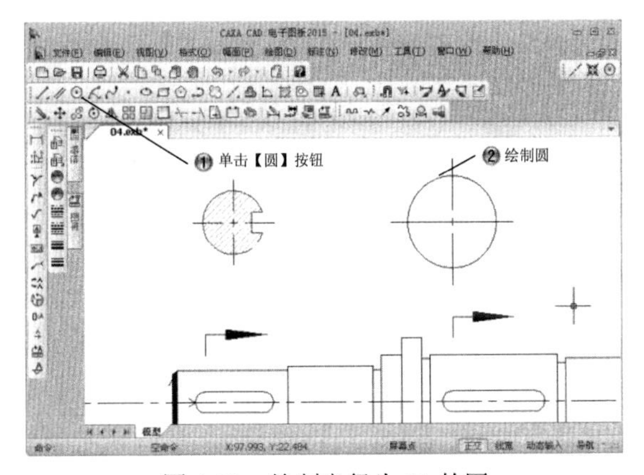

图 4-74　绘制半径为 11 的圆

Step23 绘制长为 3 和 6 的直线，如图 4-75 所示。

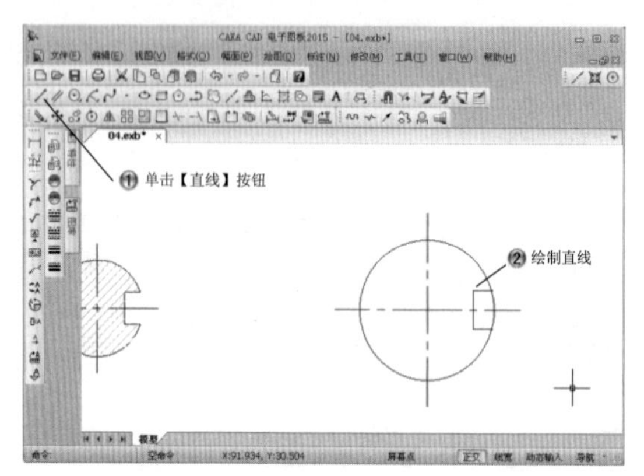

图 4-75　绘制长为 3 和 6 的直线

Step24 裁剪图形，如图 4-76 所示。

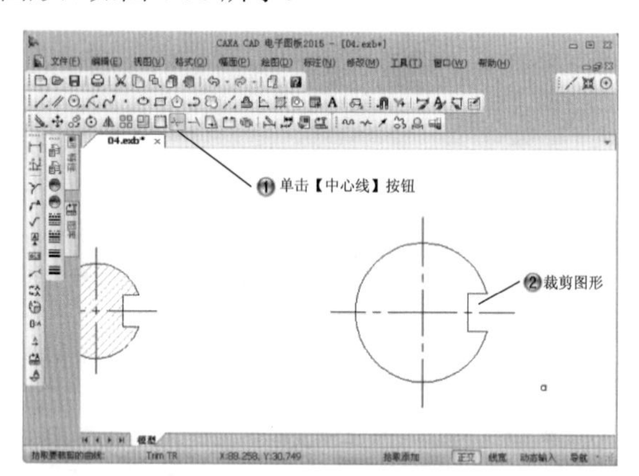

图 4-76　裁剪图形

Step25 填充图案，如图 4-77 所示。

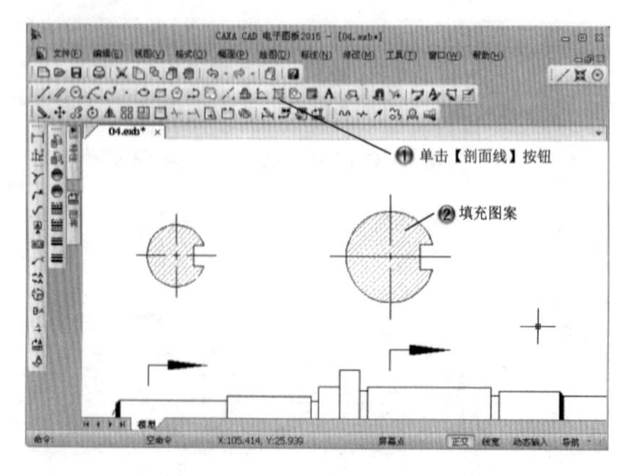

图 4-77　填充图案

Step26 完成传动轴的绘制，如图 4-78 所示。

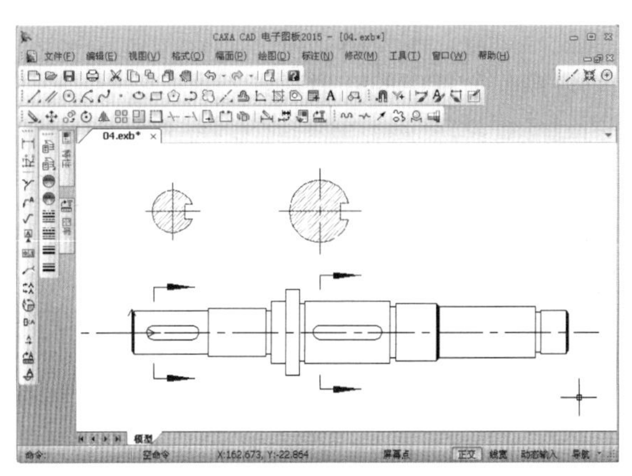

图 4-78　完成传动轴

4.4　标注文字和填充

基本概念

文字标注用于在图形中标注说明文字。文字可以是多行，可以横排或竖排，并可以根据指定的宽度进行自动换行。

填充是指将封闭区域用一种颜色填满。根据系统提示用鼠标拾取封闭区域内的一点，系统即以当前颜色填充整个区域。填充实际是一种图形类型，其填充方式类似于剖面线的填充，对于某些零件剖面需要涂黑时可用此功能。

课堂讲解课时：2 课时

4.4.1　设计理论

创建文字是图形绘制的一个重要组成部分，它是图形的文字表达。CAXA 提供了多种创建文字的方法，可以满足建筑、机械、电子等大多数应用领域的要求。在绘图时使用位置标注，能够对图形的各个部分添加提示和解释等辅助信息，既方便用户绘制，又方便使用者阅读。

CAXA 通过一个称为图案填充的过程使用图案填充区域。图案用来区分工程的部件或用来表现组成对象的材质。可以使用预定义的填充图案、使用当前的线型定义简单的直线图案，或者创建更加复杂的填充图案。也可以创建渐变填充。渐变填充在一种颜色的不同灰度之间或两种颜色之间使用过渡。渐变填充可用于增强演示图形的效果，使其呈现光在对象上的反射效果，也可以用作徽标中的有趣背景。为了缩小文件的大小，填充图案在图形数据库中定义为单一的图形对象。

4.4.2 课堂讲解

1. 多行文字

多行文字命令调用方法有以下几种，如图 4-79 所示。

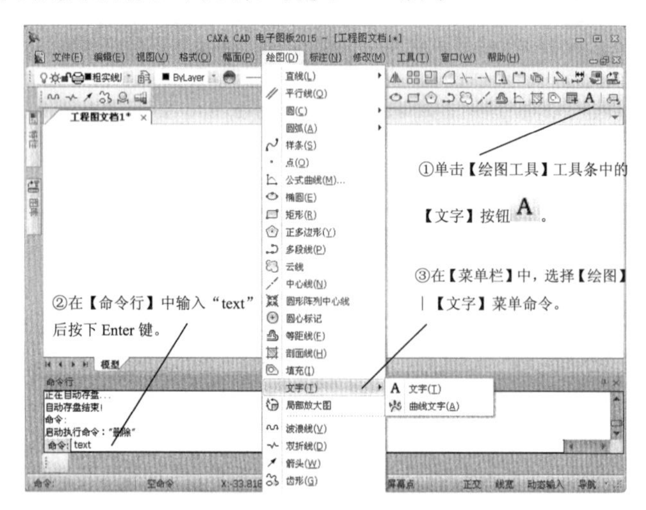

图 4-79　调用多行文字命令

（1）绘制文字

绘制文字的操作，如图 4-80 所示。

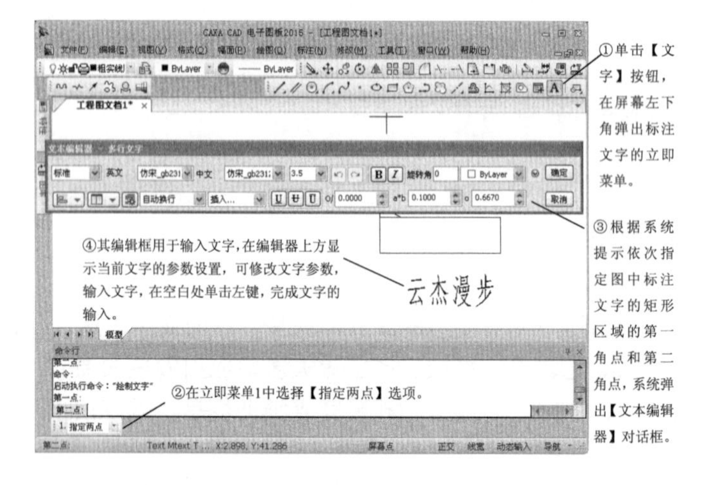

图 4-80　输入文字

【文字编辑器】中各项参数的含义和用法如下。

（1）文字样式：在【文字样式】下拉列表框中可以选择文本的文字样式，文字样式的切换对整段文字有效。如果将新样式应用到当前编辑的文字对象中，用于字体、高度和粗体或斜体属性的字符格式将被替代。下画线和颜色属性将保留在应用新样式的字符中。

（2）字体：单击【英文】和【中文】下拉列表框，可以为新输入的文字指定字体或改变选定文字的字体。

（3）旋转角：在【旋转角】文本框中可以为新输入的文字设置旋转角度或改变已选定文字的旋转角度。文本横排时为一行文字的延伸方向与坐标系 X 轴正方向按逆时针测量的夹角；文本竖排时为一列文字的延伸方向与坐标系 Y 轴负方向按逆时针测量的夹角。旋转角的单位为“度”。

（4）颜色：指定新文字的颜色或更改选定文字的颜色。可以为文字指定与被打开图层相关联的颜色（ByLayer）或所在块的颜色（ByBlock），也可以从颜色列表中选择一种颜色，或选择下拉列表中的【其他】选项，在弹出的【颜色选取】对话框中选择颜色。

（5）文字高度：设置新文字的高度或修改选定文字的高度。

（6）粗体：单击 **B** 按钮，打开或关闭新文字或选定文字的粗体格式。此选项仅适用于使用 TrueType 字体的字符。

（7）倾斜：单击 *I* 按钮，打开或关闭新文字或选定文字的斜体格式。此选项仅适用于使用 TrueType 字体的字符。

（8）下画线：单击 U 按钮，为新文字或选定文字打开或关闭下画线。

（9）中画线：单击 U 按钮，为新文字或选定文字打开或关闭中画线。

（10）上划线：单击 U 按钮，为新文字或选定文字打开或关闭上画线。

（11）书写方向：设置文字的书写方向是横排或竖排。

（12）插入符号：在【插入】下拉列表框中可以选择插入各种特殊符号，包括直径符号、角度符号、正负号、偏差、上下标、分数、粗糙度、尺寸特殊符号等。

（13）换行：可以设置文字自动换行、压缩文字或手动换行。自动换行是指文字到达指定区域的右边界（横排时）或下边界（竖排时）时，自动以汉字、单词、数字或标点符号为单位换行，并可以避头尾字符，使文字不会超过边界（例外情况是当指定的区域很窄而输入的单词、数字或分数等很长时，为保证不将一个完整的单词、数字或分数等结构拆分到两行，生成的文字会超出边界）；压缩文字是指当指定的字型参数会导致文字超出指定区域时，系统自动修改文字的高度、中英文宽度系数和字符间距系数，以保证文字完全在指定的区域内；手动换行是指在输入标注文字时只要按<Enter>键，就能完成文字换行。

（14）垂直对齐：单击要按钮，可以设置文字的垂直对齐方式，包括上对齐、中对齐和下对齐

（15）水平对齐：单击按钮，可以设置文字的水平对齐方式，包括左对齐、中对齐和右对齐。

如果框填充方式是自动换行，同时相对于指定区域大小来说文字比较多，那么实际生成的文字可能超出指定区域，如对齐方式为左上对齐时，文字可能超出指定区域下边界。

名师点拨

（2）区域内文字

绘制区域内文字，如图 4-81 所示。

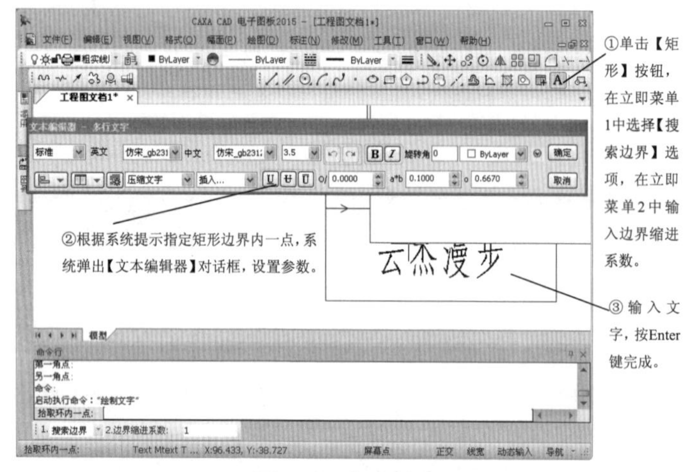

图 4-81　标注文字

在已知封闭矩形内部标注文字时，绘图区应已有待填入文字的矩形，这种方式一般用于填写文字表格。

名师点拨

（3）曲线文字

绘制曲线文字，如图 4-82 和图 4-83 所示。

2. 填充

填充命令调用方法有以下几种，如图 4-84 所示。

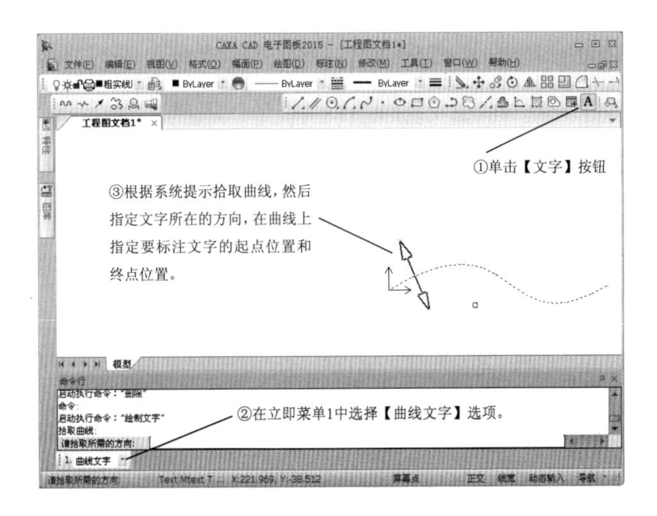

图 4-82　选择曲线

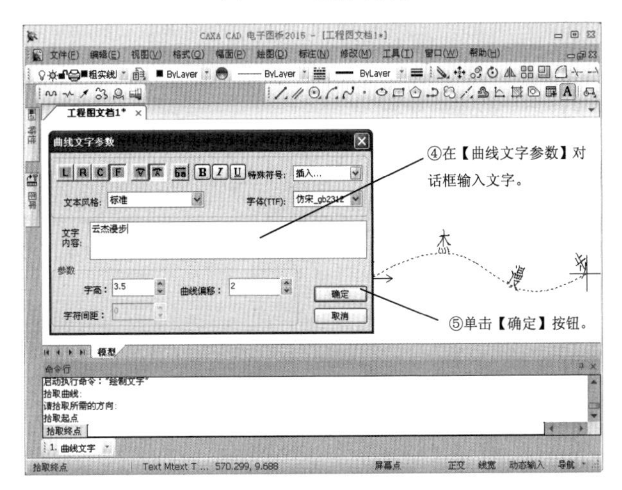

图 4-83　曲线文字

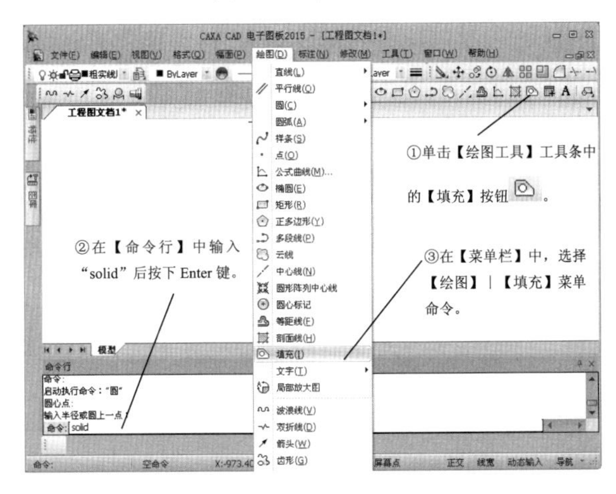

图 4-84　填充命令

使用填充命令的方法，如图 4-85 所示。

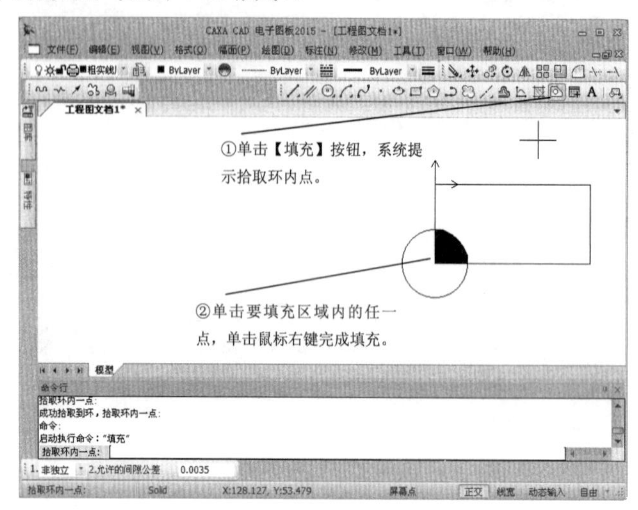

图 4-85　填充图形区域

4.4.3　课堂练习——绘制齿轮

课堂练习开始文件：ywj /04/03.exb

课堂练习完成文件：ywj /04/03.exb

多媒体教学路径：光盘→多媒体教学→第 4 章→4.4 练习

Step1 绘制长为 80 的中心线，如图 4-86 所示。

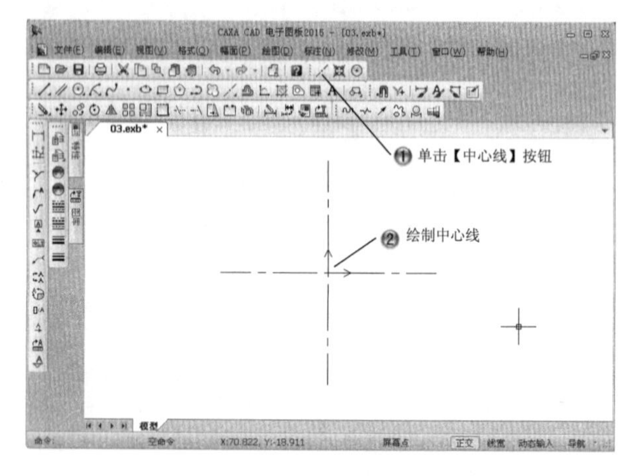

图 4-86　绘制长为 80 的中心线

Step2 绘制半径为 22 的圆，然后绘制长为 4.13 和 12 的直线，如图 4-87 所示。

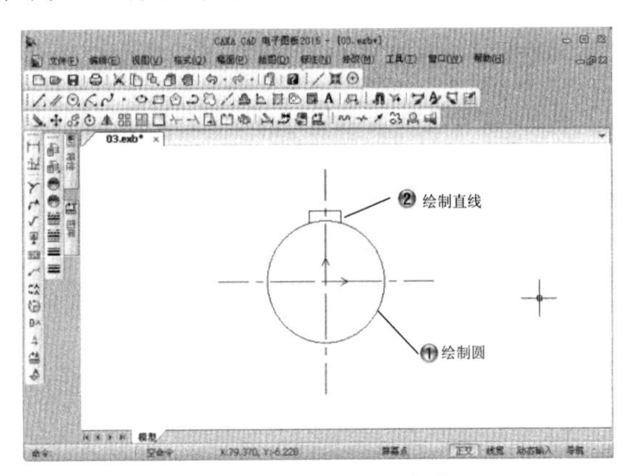

图 4-87　绘制圆和直线

Step3 裁剪图形，如图 4-88 所示。

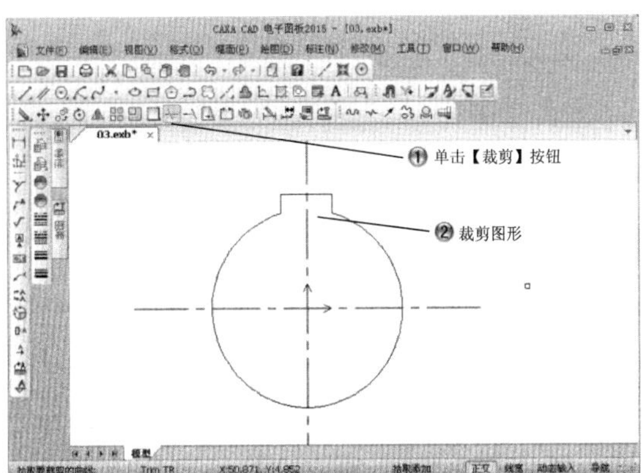

图 4-88　裁剪图形

Step4 绘制长为 36 和 11 的直线，再绘制尺寸为 33×36.5 的矩形，然后绘制长为 11 和 36 的直线，如图 4-89 所示。

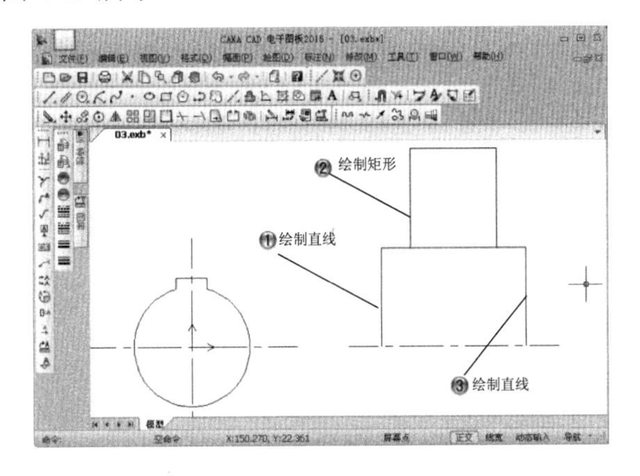

图 4-89　绘制矩形和直线

Step5 绘制半径为 18、22 和 23 的同心圆，如图 4-90 所示。

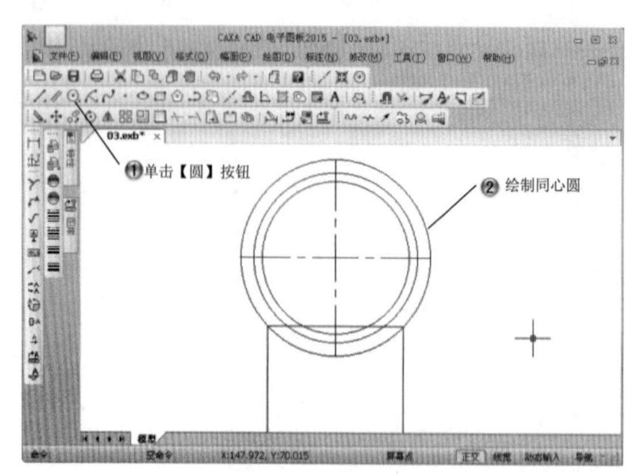

图 4-90 绘制同心圆

Step6 裁剪图形，如图 4-91 所示。

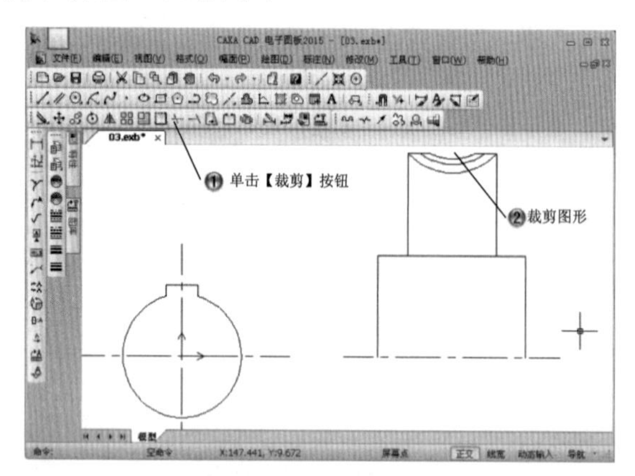

图 4-91 裁剪图形

Step7 绘制长宽为 3 的两组倒角，如图 4-92 所示。

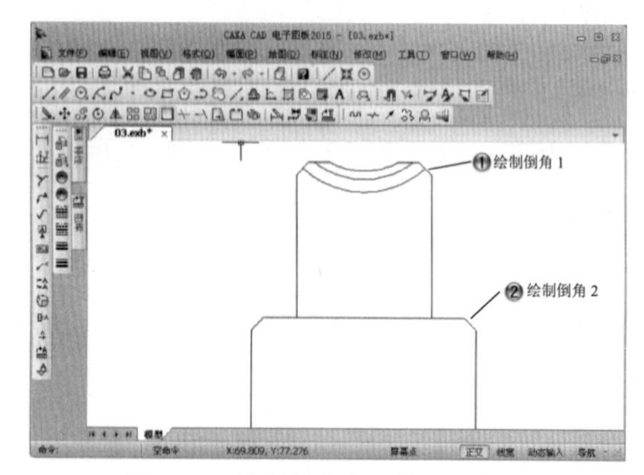

图 4-92 绘制长宽为 3 的两组倒角

Step8 绘制长为 22 和 51 的直线，再绘制长为 55 的直线，如图 4-93 所示。

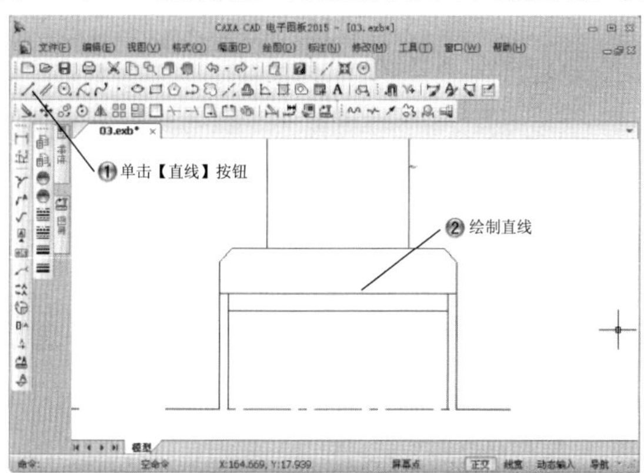

图 4-93　绘制直线

Step9 绘制倒角，如图 4-94 所示。

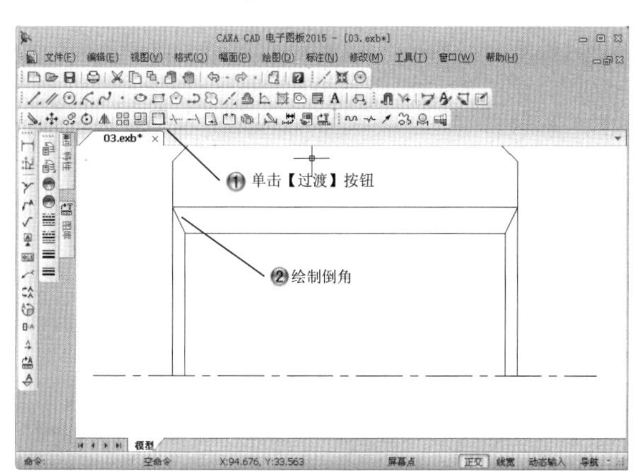

图 4-94　绘制倒角

Step10 镜像图形，如图 4-95 所示。

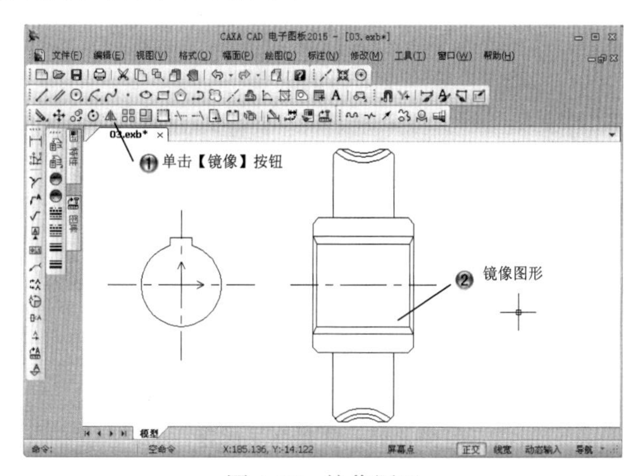

图 4-95　镜像图形

Step11 裁剪图形，如图 4-96 所示。

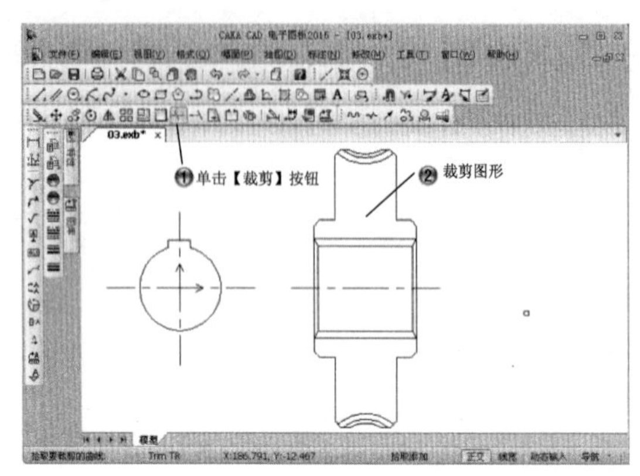

图 4-96　裁剪图形

Step12 填充图案，如图 4-97 所示。

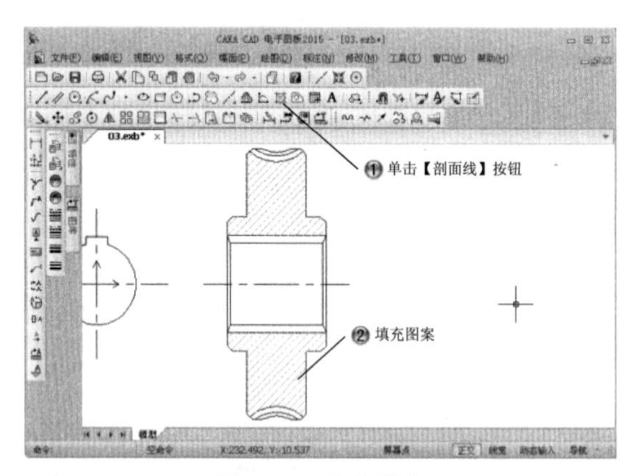

图 4-97　填充图案

Step13 添加文字标题，如图 4-98 所示。

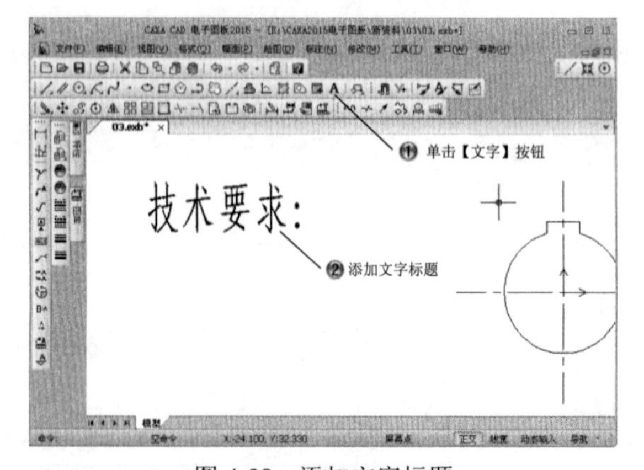

图 4-98　添加文字标题

Step14 添加文字，如图 4-99 所示。

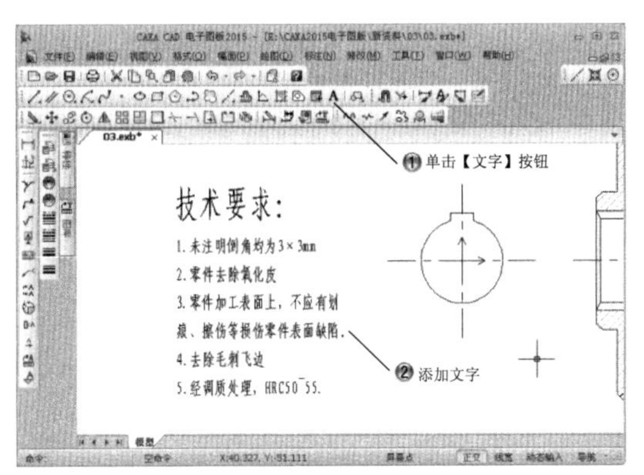

图 4-99　添加文字

Step15 完成齿轮的绘制，如图 4-100 所示。

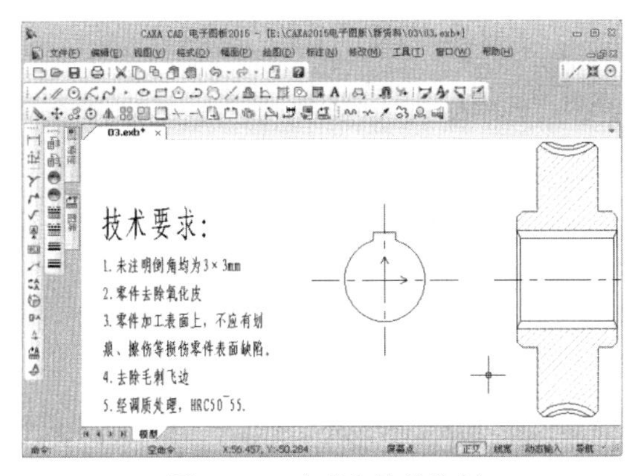

图 4-100　完成齿轮的绘制

4.5　专家总结

本章主要介绍 CAXA 曲线命令的应用，包括等距线、剖面线、特殊曲线等，以及图案填充的方法，创建文字的方法和创建孔/轴的方法，CAXA 电子图板绘制复杂图形的技巧及注意事项，可以通过练习中零件图的绘制过程来加深了解和巩固，对于一些难点图例，读者需要仔细揣摩，并在绘制中详细体会。

4.6　课后习题

4.6.1　填空题

（1）特殊曲线命令有________种。

（2）剖面线和填充的区别是________。

（3）孔和轴的区别是________。

4.6.2 问答题

（1）如何设置孔/轴的参数？

（2）列举不同的标注文字命令？

（3）公式曲线命令还可以绘制什么类型的曲线？

4.6.3 上机操作题

如图 4-101 所示，使用本章学过的各种命令来绘制盖板草图。

一般创建步骤和方法：

（1）绘制中心线。

（2）绘制圆弧和直线。

（3）标注尺寸。

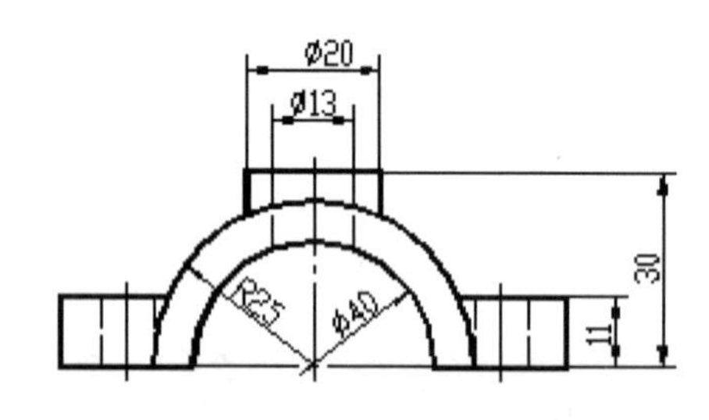

图 4-101 绘制盖板草图

第 5 章　编辑曲线

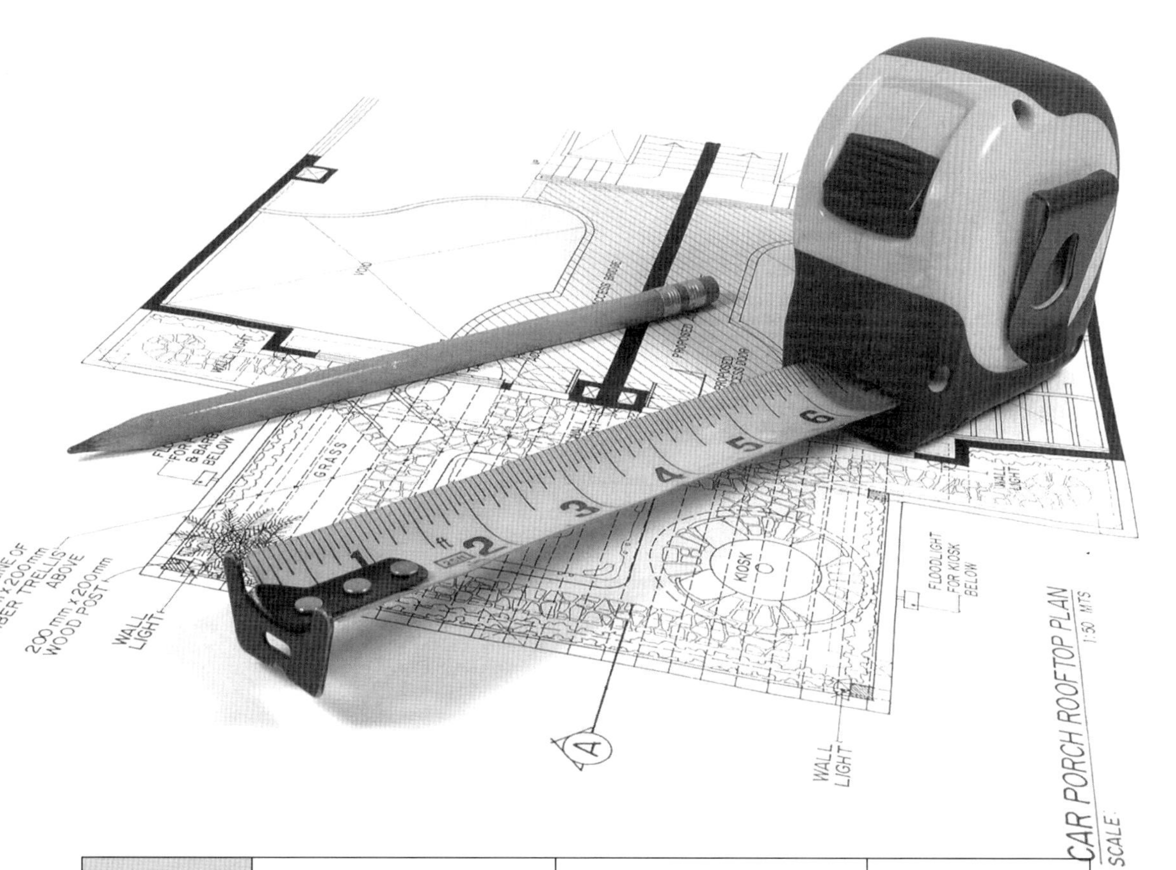

<table>
<tr><td rowspan="6">课
训
目
标</td><td>内　容</td><td>掌握程度</td><td>课　时</td></tr>
<tr><td>裁剪和过渡</td><td>熟练运用</td><td>2</td></tr>
<tr><td>延伸和打断</td><td>熟练运用</td><td>2</td></tr>
<tr><td>复制、平移和旋转</td><td>熟练运用</td><td>3</td></tr>
<tr><td>镜像和阵列</td><td>熟练运用</td><td>2</td></tr>
<tr><td>拉伸和缩放</td><td>熟练运用</td><td>2</td></tr>
</table>

课程学习建议

对当前的图形进行编辑修改，是交互式绘图软件不可缺少的功能，它对提高绘图速度和质量都具有至关重要的作用。CAXA 电子图板充分考虑了用户的需求，提供了功能齐全、操作灵活的编辑修改功能。对曲线进行编辑的主要目的是提高绘图效率，以及删除在绘图过程中产生的多余线条。

曲线的编辑包括曲线的裁剪、过渡、延伸、打断、平移、复制、旋转、镜像、缩放、阵列等，灵活地运用这些编辑命令，是完成 CAXA 绘图的基础，因此要注意结合绘图命令进行学习。

本课程主要基于图形曲线的编辑命令进行讲解，其培训课程表如下。

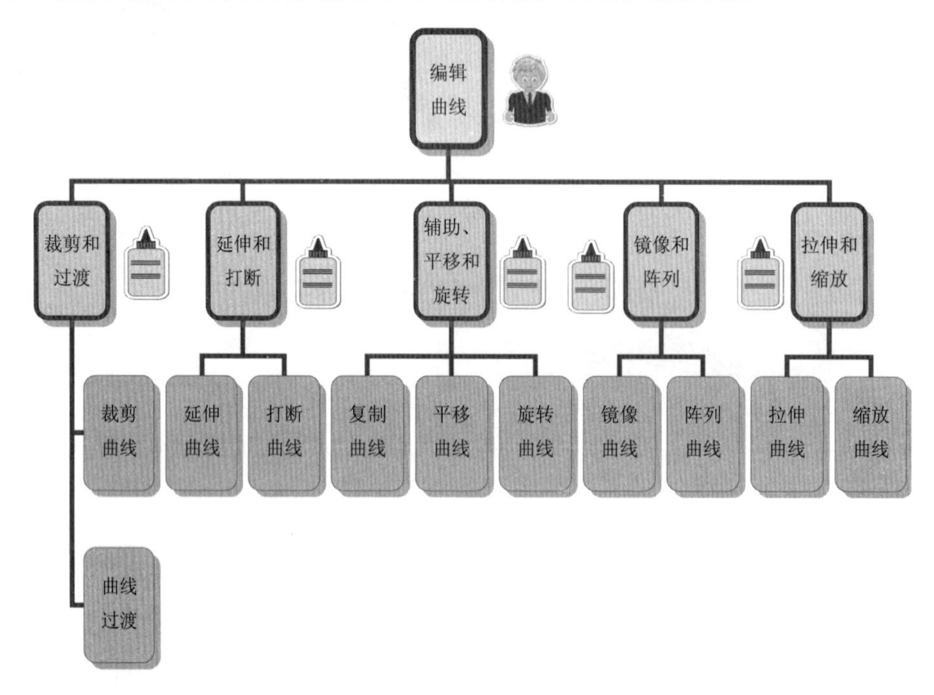

5.1 裁剪和过渡

CAXA 裁剪命令是完成草图线条绘制后的步骤，用于对多余线条的去除；过渡包括圆角和倒角等多个命令，倒角用于对线条连接部分的直线连接，圆角用于对线条连接部分的圆弧连接。圆角过渡用于对两曲线（直线、圆弧或圆）进行圆弧光滑过渡。

课堂讲解课时：2 课时

5.1.1 设计理论

曲线可以被裁剪或向角的方向延伸。CAXA 中的过渡命令包含了一般 CAD 软件实现的圆角、尖角、倒角过渡等功能。

利用【裁剪】命令可以对给定曲线（一般称为被裁剪线）进行修整，删除不需要的部分，得到新的曲线。执行裁剪和过渡命令后，在屏幕左下角的操作提示区出现裁剪和过渡的立即菜单，单击立即菜单 1 可选择裁剪和过渡的不同方式，如图 5-1 所示。

图 5-1 裁剪和过渡的立即菜单

5.1.2 课堂讲解

1. 裁剪

裁剪命令调用方法有以下几种，如图 5-2 所示。

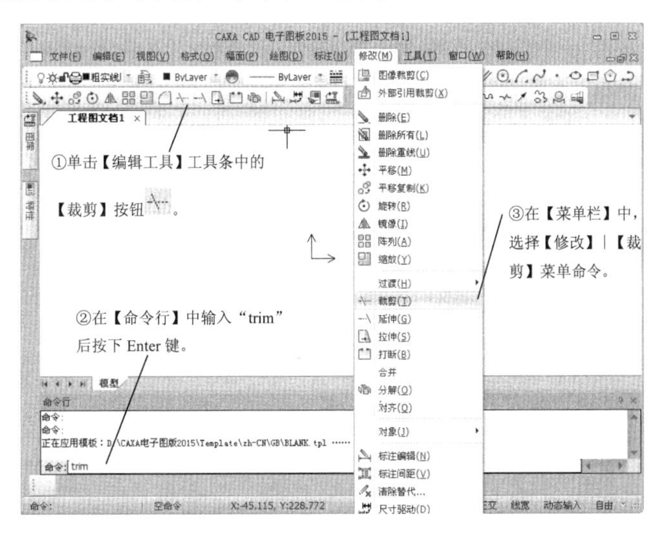

图 5-2 裁剪命令

(1) 快速裁剪

用鼠标直接拾取被裁剪的曲线，系统自动判断边界并做出裁剪响应，系统视裁剪边为与该曲线相交的曲线。快速裁剪一般用于比较简单的边界情况（如一条线段只与两条以下的线段相交），操作如图 5-3 所示。

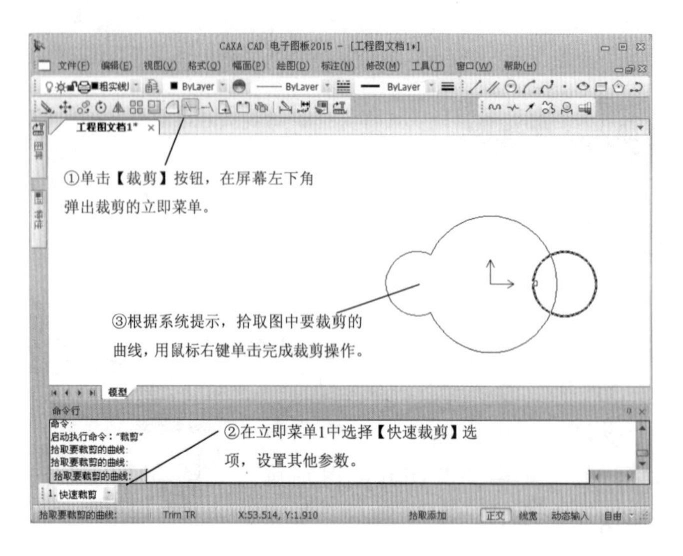

图 5-3　快速裁剪图形

对于与其他曲线不相交的一条单独的曲线不能使用【裁剪】命令，只能用【删除】命令将其删除。

名师点拨

（2）拾取边界裁剪

CAXA 允许以一条或多条曲线作为剪刀线．对一系列被裁剪的曲线进行裁剪，操作如图 5-4 所示。

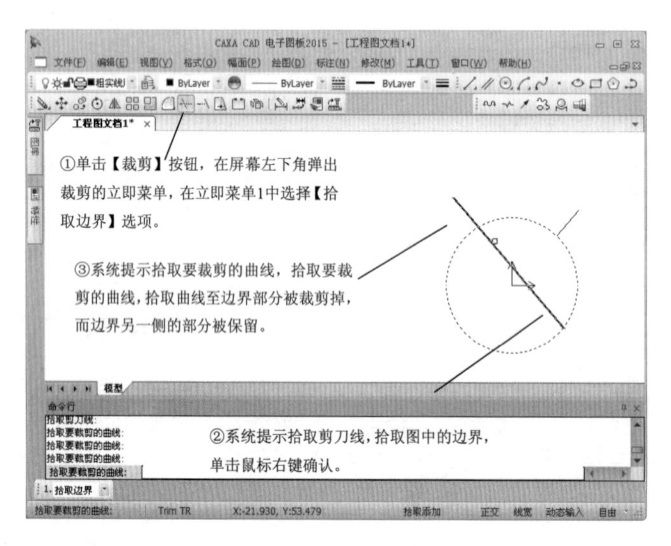

图 5-4　拾取边界裁剪

（3）批量裁剪

当要修剪的曲线较多时，可以对曲线或曲线组进行批量裁剪，如图 5-5 所示，结果如

图 5-6 所示。

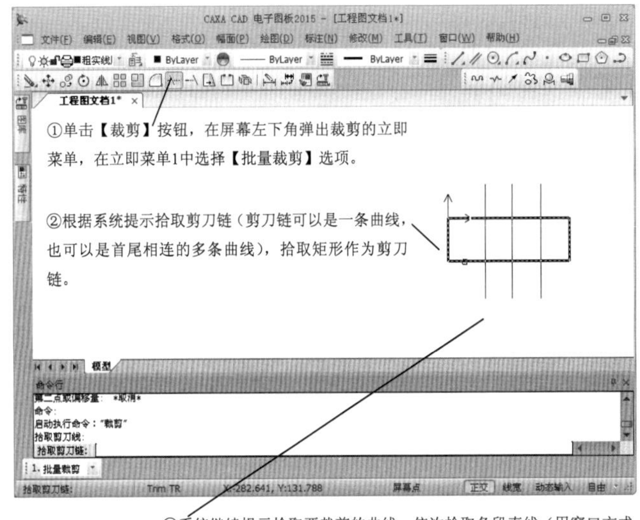

图 5-5　选择裁剪方向

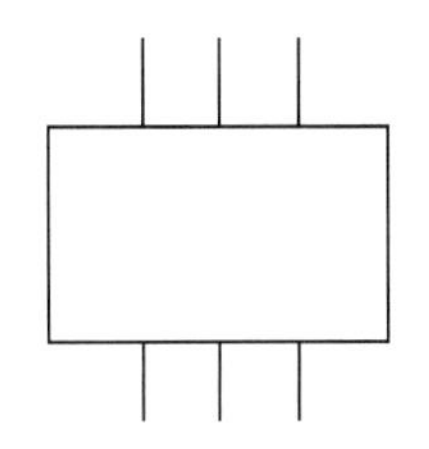

图 5-6　批量裁剪结果

2. 过渡

（1）裁剪过渡

裁剪过渡命令的方法有以下几种，如图 5-7 所示。

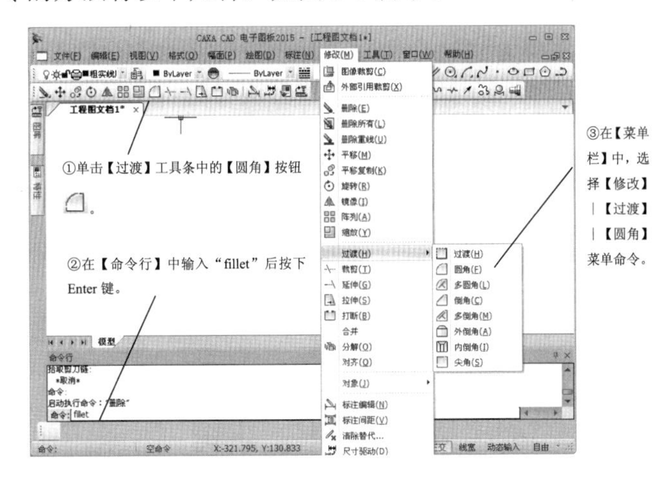

图 5-7　过渡命令

裁剪过渡命令的操作，如图 5-8 所示。

如果在立即菜单 1 中选择【裁剪始边】选项，拾取两条曲线后，如图 5-9 所示。如果在立即菜单 1 中选择【不裁剪】选项，拾取两条曲线后，如图 5-10 所示。

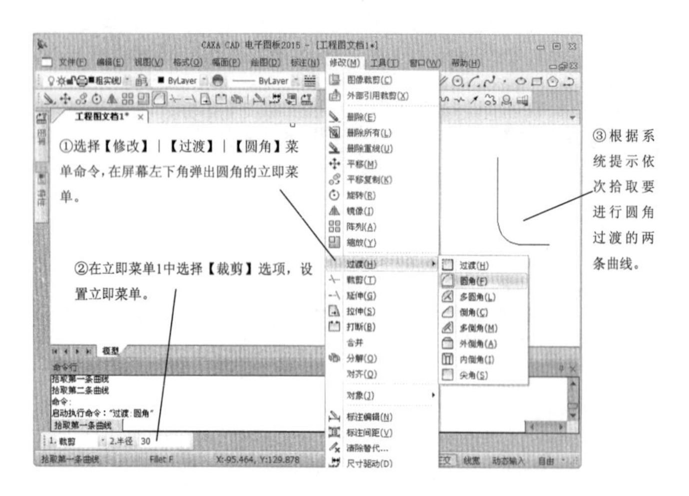

图 5-8　圆角操作

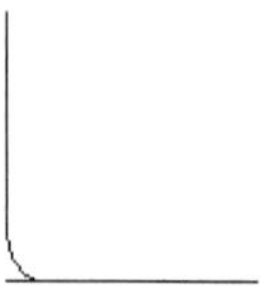

图 5-9　圆角结果 1

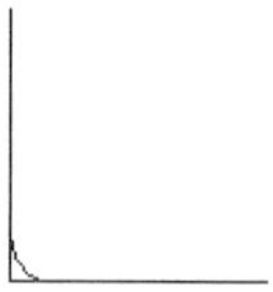

图 5-10　圆角结果 2

裁剪时，拾取曲线的位置不同，得到的结果也会不同。

名师点拨

（2）多圆角过渡

多圆角命令调用方法有以下几种，如图 5-11 所示。

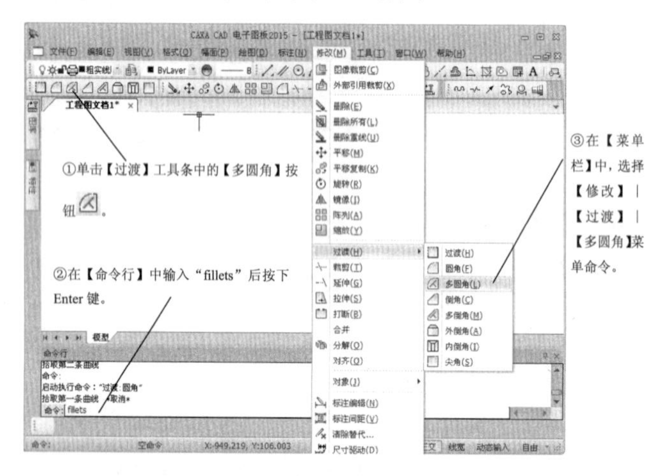

图 5-11　多圆角命令

多圆角过渡用于对多条首尾相连的直线进行圆弧光滑过渡，如图 5-12 所示。

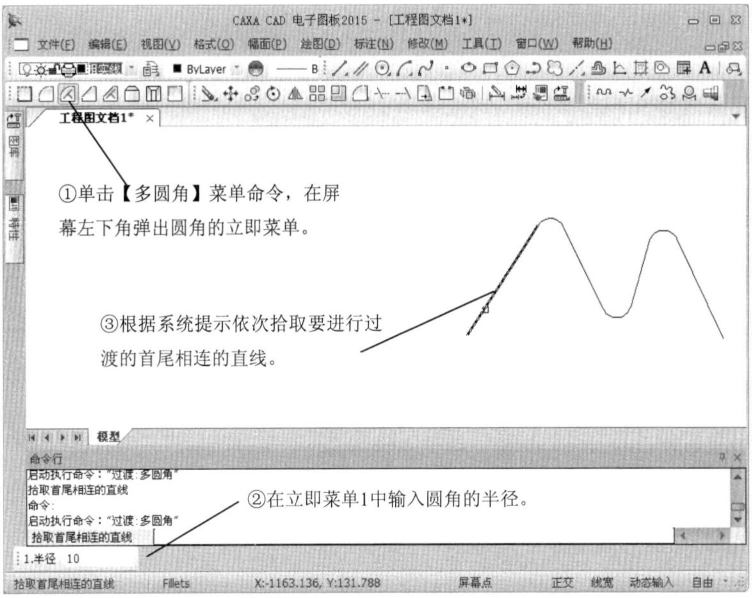

①单击【多圆角】菜单命令，在屏幕左下角弹出圆角的立即菜单。

②在立即菜单1中输入圆角的半径。

③根据系统提示依次拾取要进行过渡的首尾相连的直线。

图 5-12　多圆角过渡

（3）倒角过渡

倒角命令调用方法有以下几种，如图 5-13 所示。

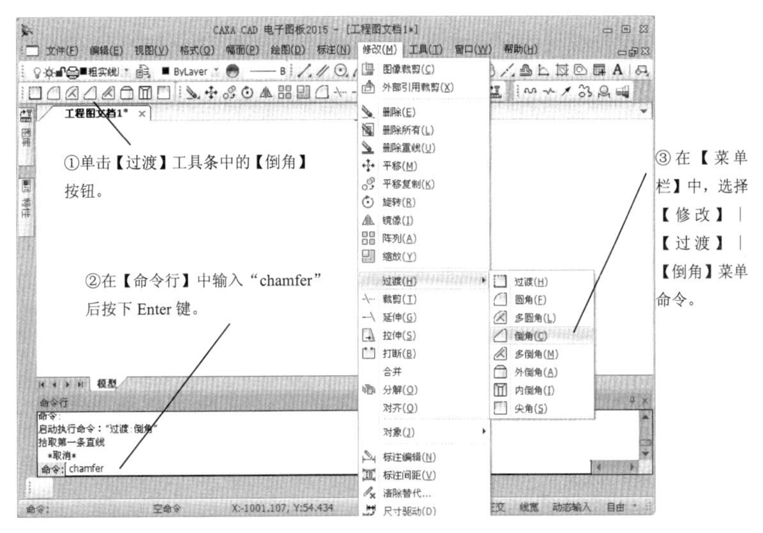

图 5-13　倒角命令

倒角过渡用于对两条直线进行直线倒角过渡，直线可以被裁剪或向角的方向延伸，如图 5-14 所示。

如果在立即菜单 2 中选择【裁剪始边】选项，拾取两条曲线后，如图 5-15 所示。如果在立即菜单 1 中选择【不裁剪】选项，拾取两条曲线后，如图 5-16 所示。

（4）外倒角过渡

外倒角命令调用方法有以下几种，如图 5-17 所示。

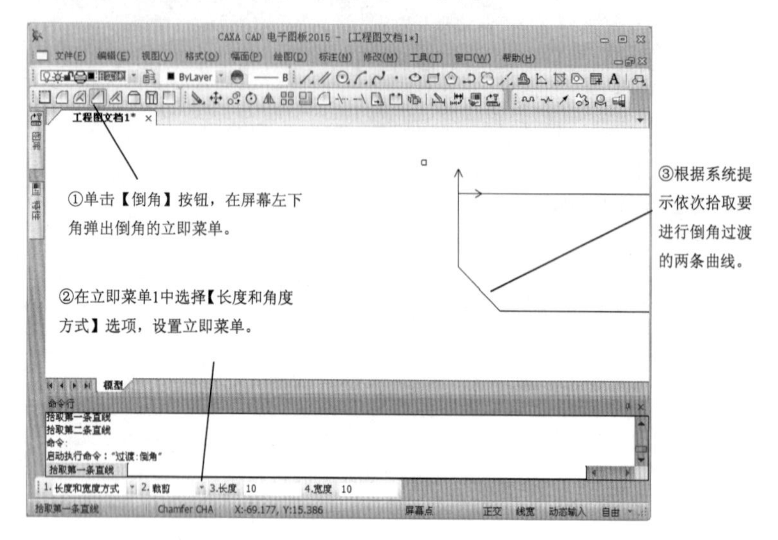

图 5-14 倒角操作

图 5-15 倒角结果 1

图 5-16 倒角结果 2

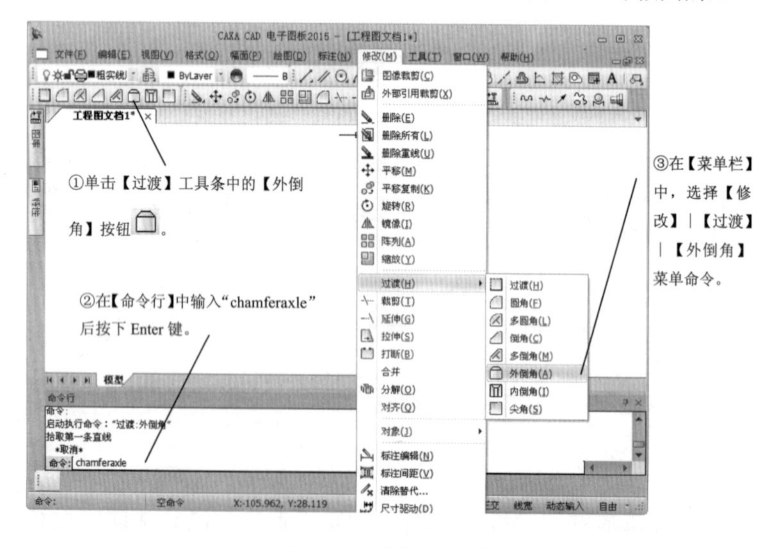

图 5-17 外倒角命令

外倒角过渡用于对轴端等有 3 条正交的直线进行倒角过渡，如图 5-18 所示。

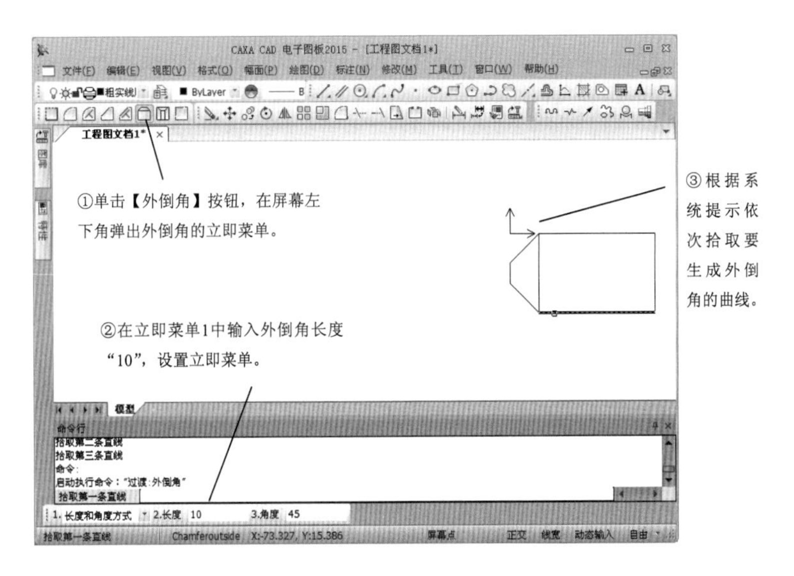

图 5-18　外倒角结果

（5）内倒角过渡

内倒角命令调用方法有以下几种，如图 5-19 所示。

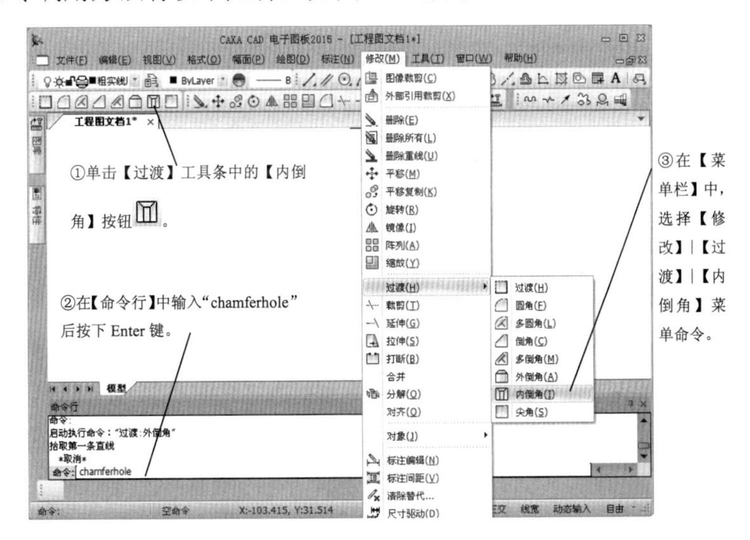

图 5-19　内倒角命令

内倒角过渡用于对孔端等有 3 条两两垂直的直线进行倒角过渡，如图 5-20 所示。

（6）多倒角过渡

多倒角命令调用方法有以下几种，如图 5-21 所示。

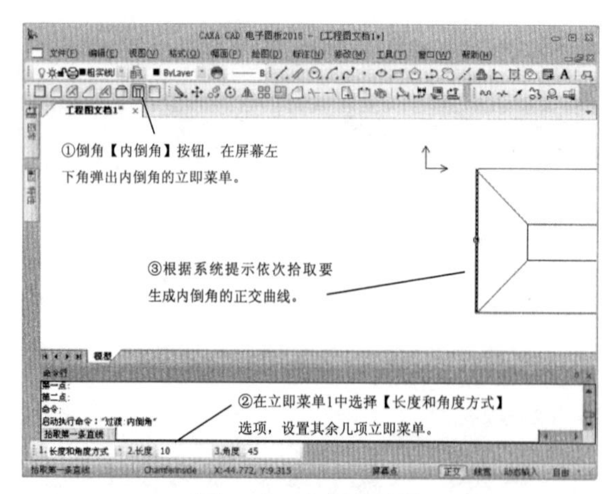

图 5-20　内倒角结果

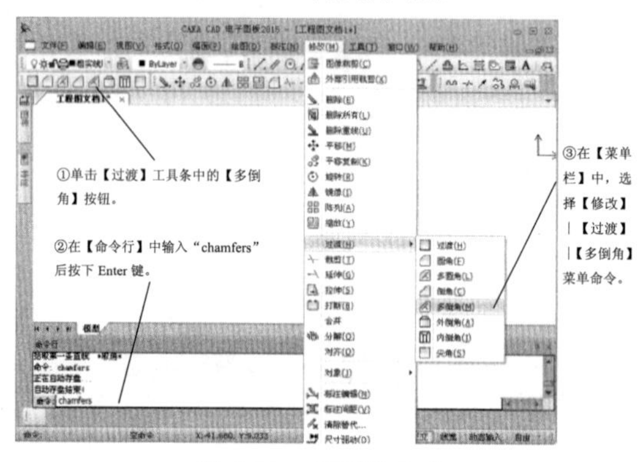

图 5-21　多倒角命令

多倒角过渡用于对多条首尾相连的直线进行倒角过渡，如图 5-22 所示。

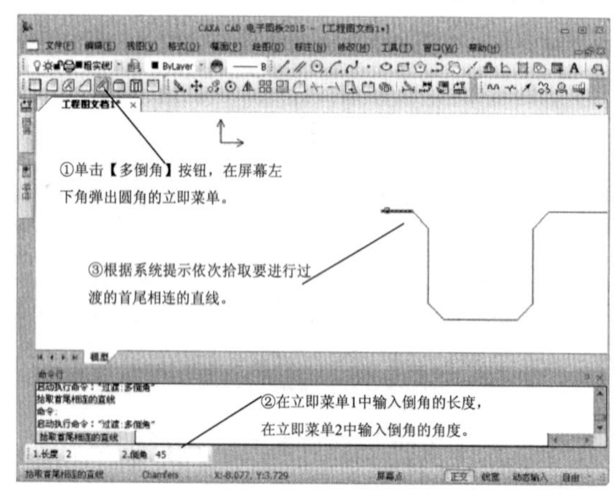

图 5-22　多倒角过渡

（7）尖角过渡

尖角命令调用方法有以下几种，如图 5-23 所示。

尖角过渡在第一条曲线与第二条曲线（直主、圆弧、圆）的交点处形成尖角，曲线在尖角处可被裁剪或向角的方向延伸，如图 5-24 所示。

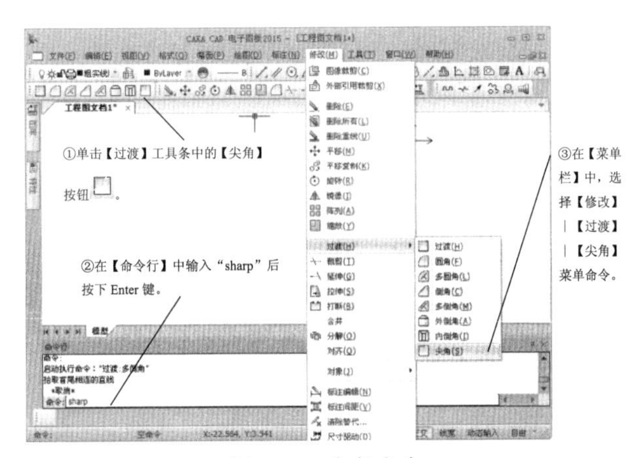

图 5-23　尖角命令

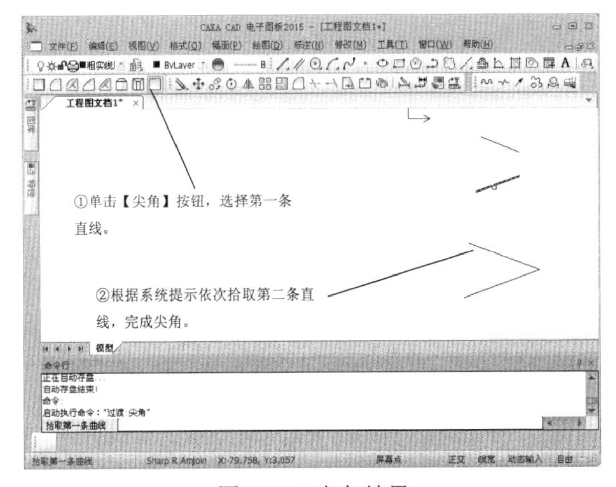

图 5-24　尖角结果

5.2　延伸和打断

基本概念

延伸命令可以延长草图图形，同时外形不发生变化；打断命令可以在任意位置截断曲线或图形。

课堂讲解课时：2 课时

5.2.1　设计理论

利用【延伸】命令可以以一条曲线为边界，对一系列曲线进行裁剪或延伸操作。利用打断命令可以将一条曲线在指定点处打断成两条曲线，以便于对两条曲线的分别操作。

5.2.2 课堂讲解

1. 延伸

延伸命令调用方法有以下几种，如图 5-25 所示。

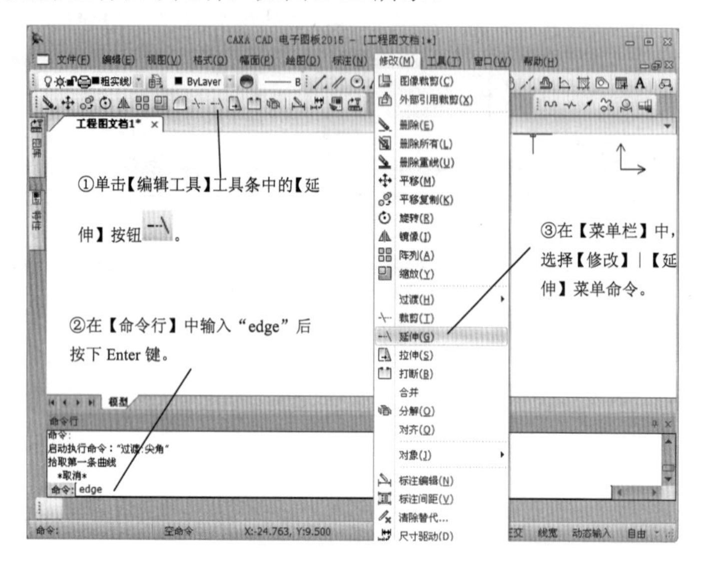

图 5-25　延伸命令

延伸命令的操作，如图 5-26 所示。

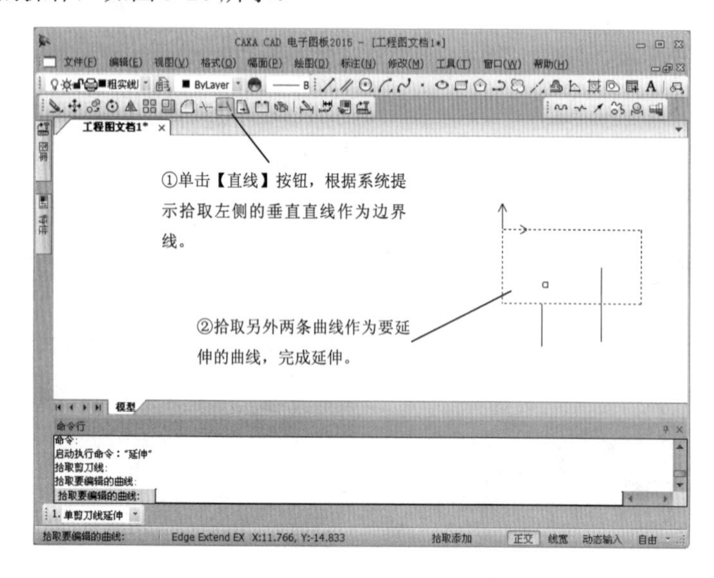

图 5-26　延伸操作

如果选取的曲线与边界曲线有交点，则系统按【裁剪】命令进行操作，即系统将裁剪所拾取的曲线至边界位置。如果被裁剪的曲线与边界曲线没有交点，那么系统将把曲线延伸至边界（圆或圆弧可能会有例外，因为它们无法向无穷远处延伸，它们的延伸范围是有限的）。

名师点拨

2. 打断

打断命令调用方法有以下几种，如图 5-27 所示。

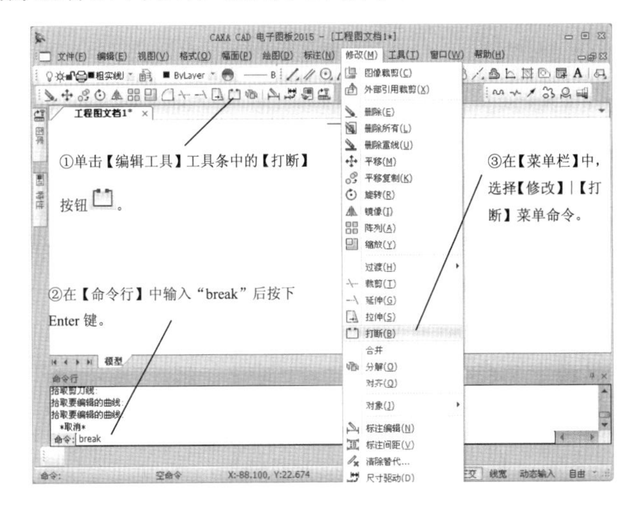

图 5-27　打断命令

打断命令的使用方法，如图 5-28 所示。

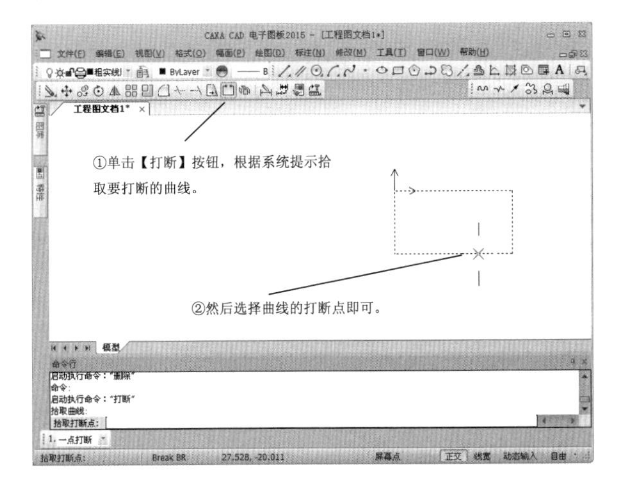

图 5-28　打断操作

打断点最好选在需打断的曲线上，为了使作图准确，可充分利用智能点、导航点、栅格点和工具点菜单。为了更灵活地使用此功能，电子图板也允许把点设在曲线外。使用规则如下：若打断对象为直线，则系统从选定点向直线作垂线，设定垂足点为打断点；若打断对象为圆弧或圆，则从圆心向选定点作直线，该直线与圆弧的交点被设定为打断点。另外，打断后的曲线与打断前外观上并没有什么区别，但实际上，原来的一条曲线已变成了两条互不相干的曲线，各自成了一个独立的实体。

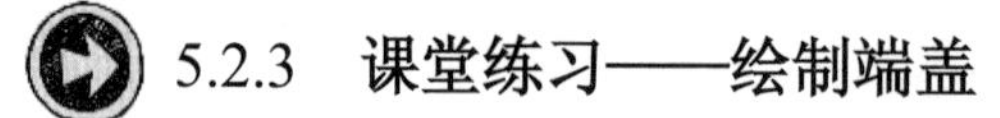

5.2.3 课堂练习——绘制端盖

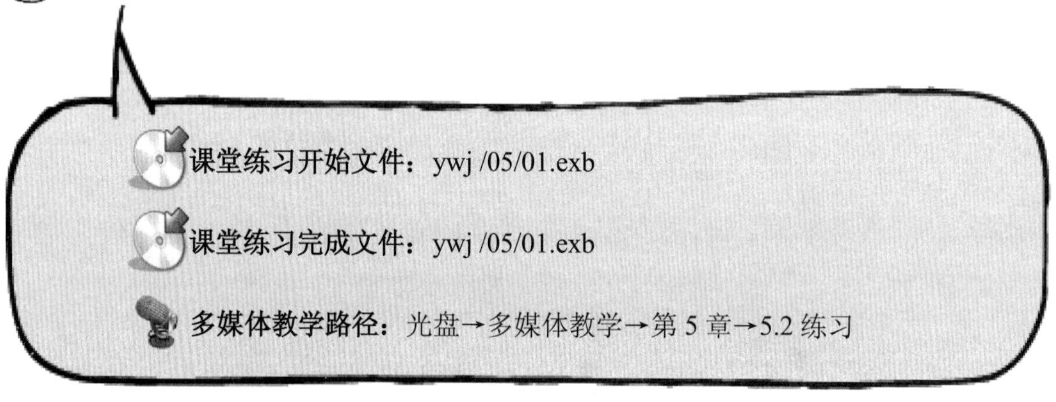

Step 1 绘制半径为 55 的圆，绘制长为 75.5 的直线，如图 5-29 所示。

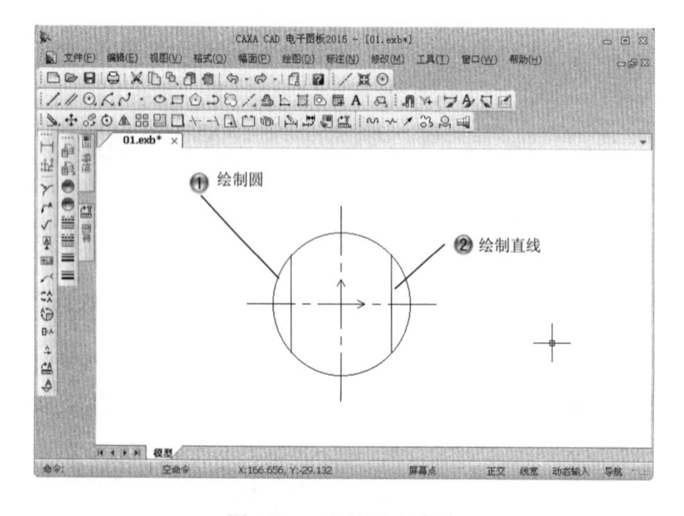

图 5-29　绘制圆和直线

Step2 裁剪图形，如图 5-30 所示。

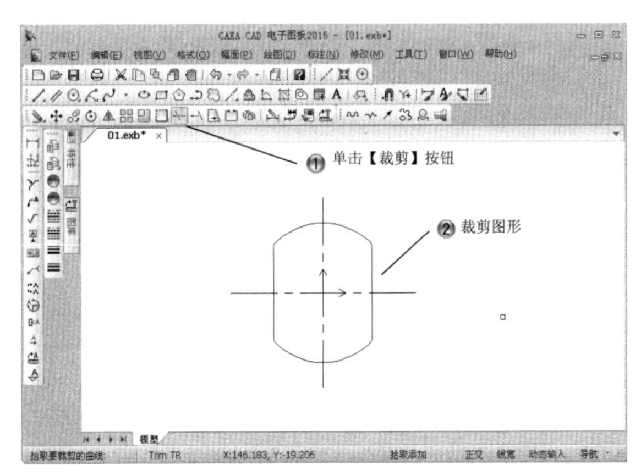

图 5-30　裁剪图形

Step3 绘制半径为 5 的两个圆，半径为 10 和 6 的各一个圆，如图 5-31 所示。

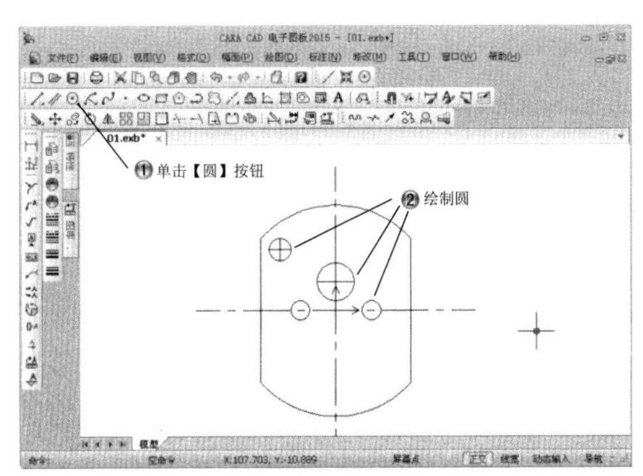

图 5-31　绘制圆

Step4 阵列半径为 6 的圆，如图 5-32 所示。

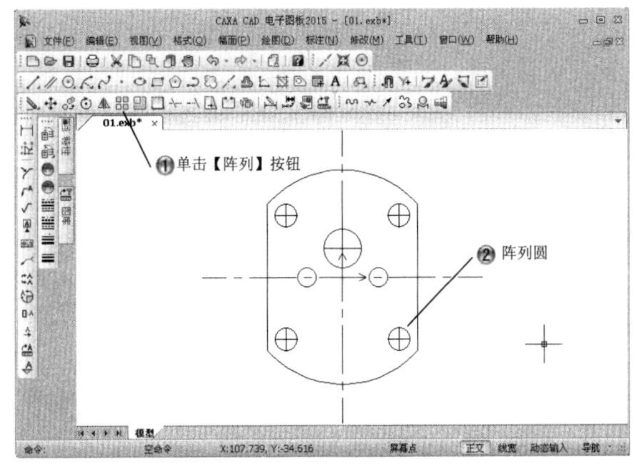

图 5-32　阵列圆

Step5 绘制半径为 2.5 的圆，如图 5-33 所示。

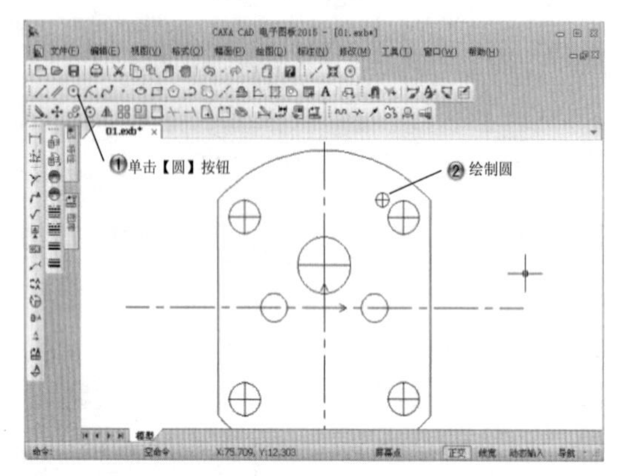

图 5-33 绘制半径为 2.5 的圆

Step6 阵列半径为 2.5 的圆，如图 5-34 所示。

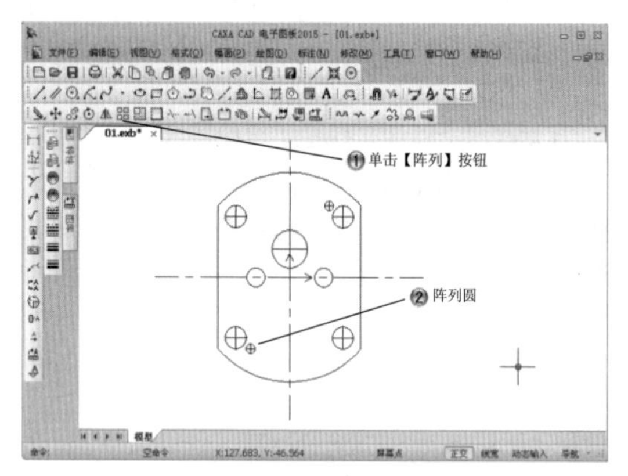

图 5-34 阵列半径为 2.5 的圆

Step7 绘制半径为 5 和 15 的同心圆，如图 5-35 所示。

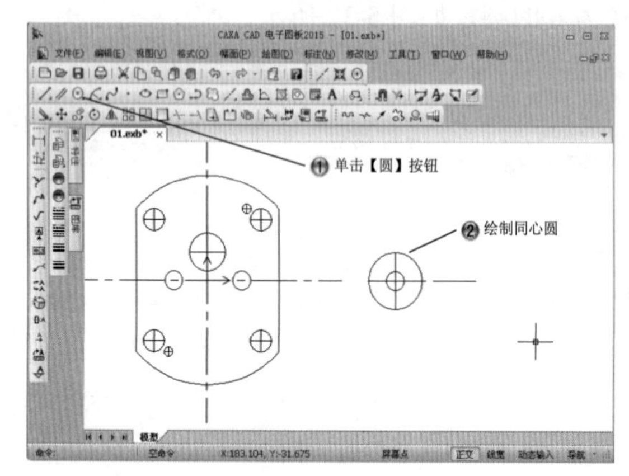

图 5-35 绘制半径为 5 和 15 的同心圆

Step8 绘制长分别为 40、25、15、10、110、40 和 10 的直线图形，如图 5-36 所示。

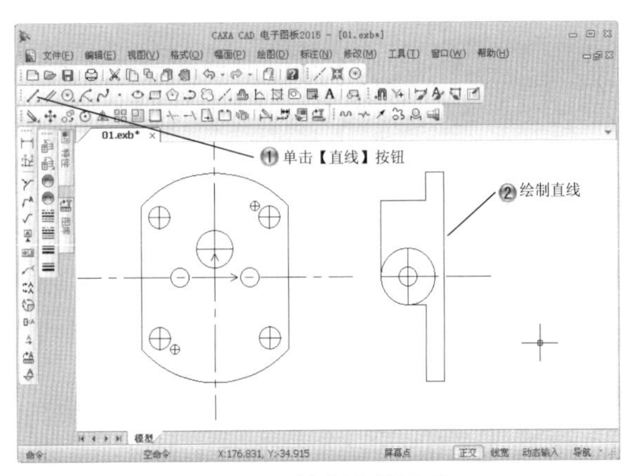

图 5-36 绘制直线图形

Step9 裁剪图形，如图 5-37 所示。

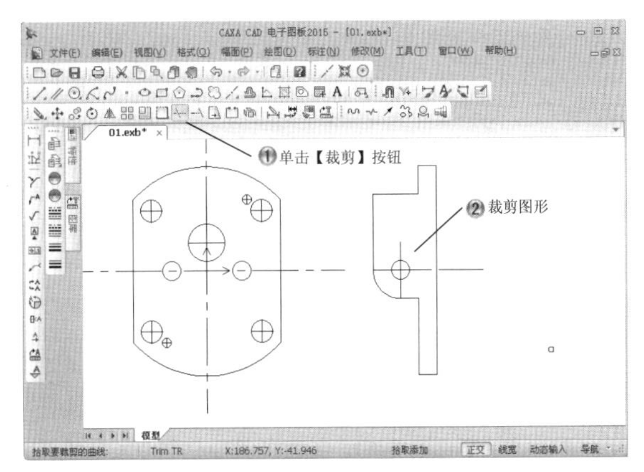

图 5-37 裁剪图形

Step10 绘制图形上半部分半径为 3 的圆角，如图 5-38 所示。

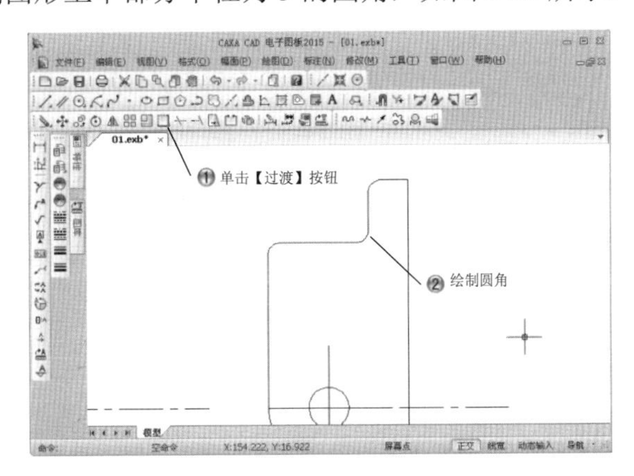

图 5-38 绘制图形上半部分圆角

Step11 绘制图形下半部分半径为 5 的圆角，如图 5-39 所示。

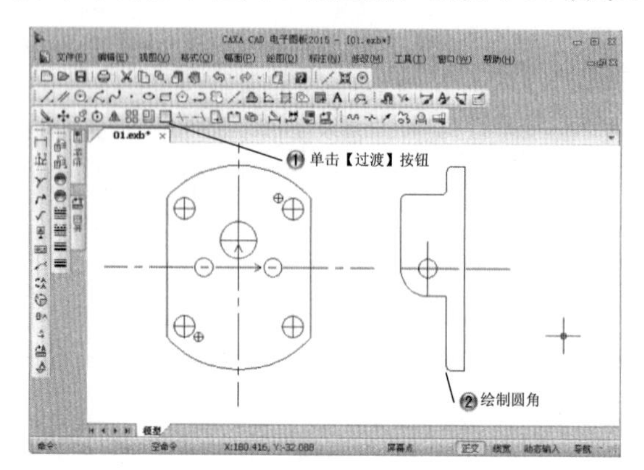

图 5-39　绘制图形下半部分圆角

Step12 绘制尺寸为 10×4 的矩形和尺寸为 22×20 的矩形，如图 5-40 所示。

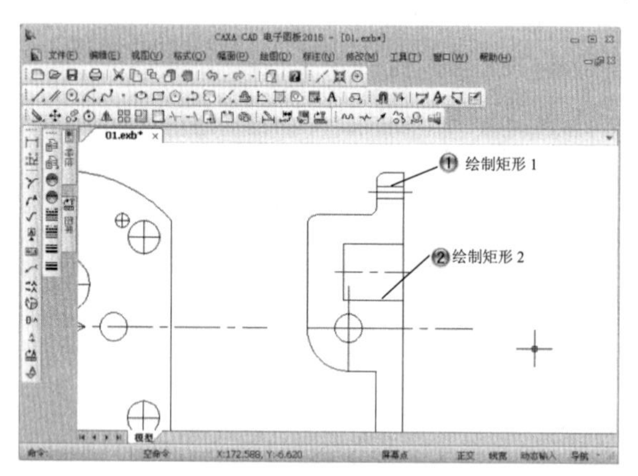

图 5-40　绘制矩形

Step13 绘制角度线，如图 5-41 所示。

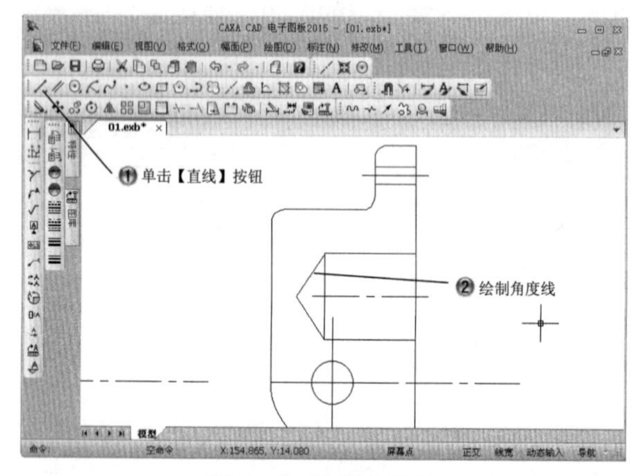

图 5-41　绘制角度线

Step14 绘制尺寸为 18×2 的矩形和尺寸为 8×9 的矩形，如图 5-42 所示。

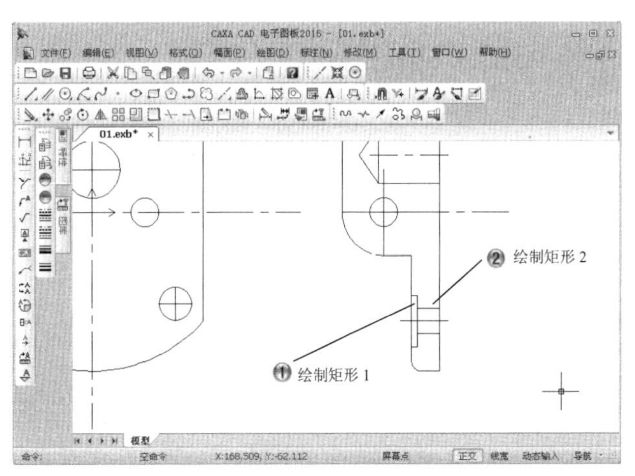

图 5-42　绘制矩形

Step15 填充图案，完成端盖绘制，如图 5-43 所示。

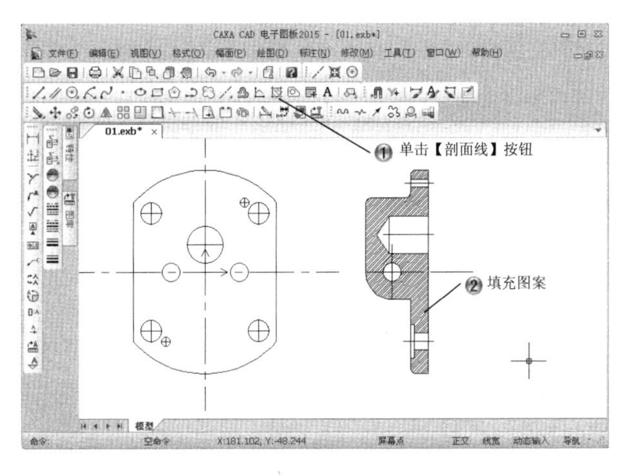

图 5-43　填充图案完成端盖绘制

5.3　复制、平移和旋转

基本概念

复制是对图形的衍生，在绘图当中经常用到；移动命令是草绘当中的编辑命令，是对已有图形的位置进行改变；旋转命令是对图形的绕轴移动操作，可以生成特定角度的图形。

课堂讲解课时：3 课时

5.3.1 设计理论

利用复制命令可以对拾取到的图形进行复制。利用平移命令可以对拾取的图形进行平移操作。旋转对象是指用户将图形对象转一个角度使之符合用户的要求，旋转后的对象与原对象的距离取决于旋转的基点与被旋转对象的距离。

5.3.2 课堂讲解

1. 复制图形

复制命令调用方法有以下几种，如图 5-44 所示。

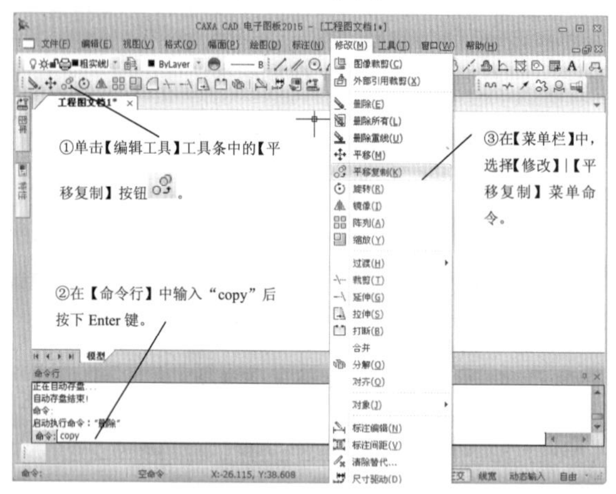

图 5-44　复制命令

（1）给定两点复制图形

CAXA 可以通过给定两点的定位方式完成图形元素的复制，如图 5-45 所示。

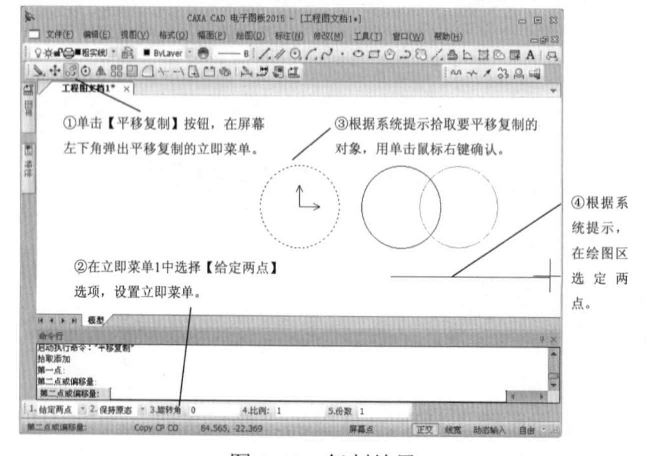

图 5-45　复制结果

(2) 给定偏移复制图形

CAXA 可以通过给定偏移量的方式完成图形元素的复制，如图 5-46 所示。

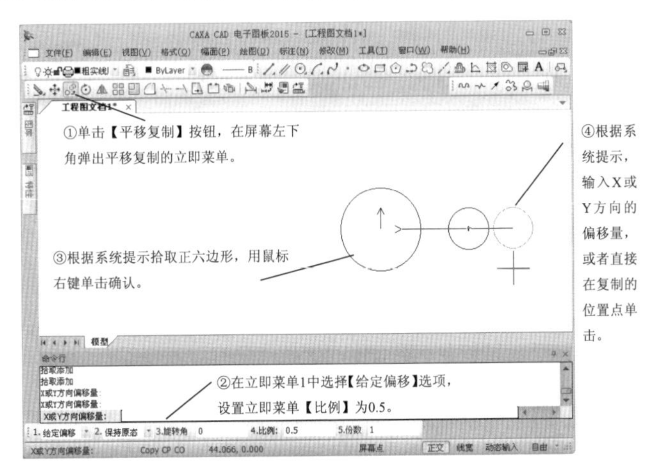

图 5-46　偏移复制结果

2. 平移图形

平移命令调用方法有以下几种，如图 5-47 所示。

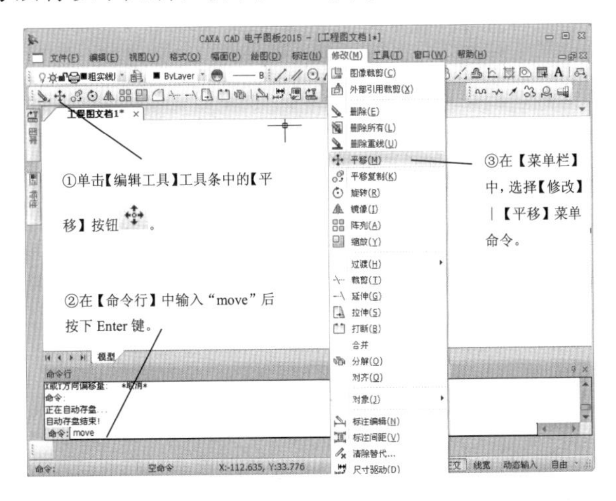

图 5-47　平移命令

(1) 以给定偏移的方式平移图形

移动图形对象是使某一图形沿着基点移动一段距离，使对象到达合适的位置。CAXA 可以用给定偏移量的方式进行平移图形，如图 5-48 所示。

(2) 以给定两点的方式平移图形

CAXA 可以以给定两点的方式进行复制或平移图形，以给定的两点作为复制或平移的位置依据。可以在任意位置输入两点，系统将两点间的距离作为偏移量，进行复制或平移操作，如图 5-49 所示。

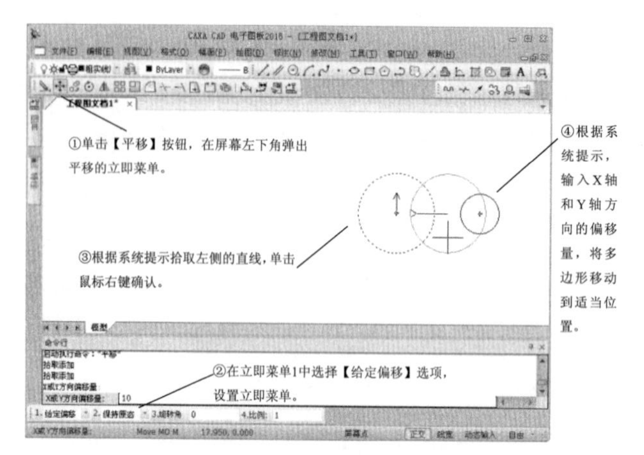

图 5-48　移动结果

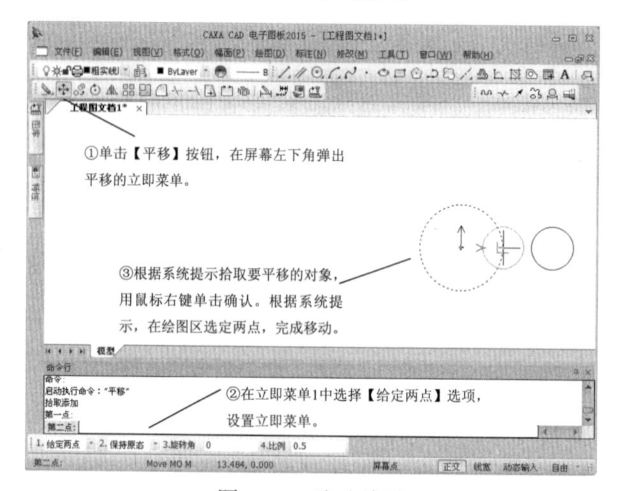

图 5-49　移动结果

3. 旋转图形

执行旋转命令的 3 种方法，如图 5-50 所示。

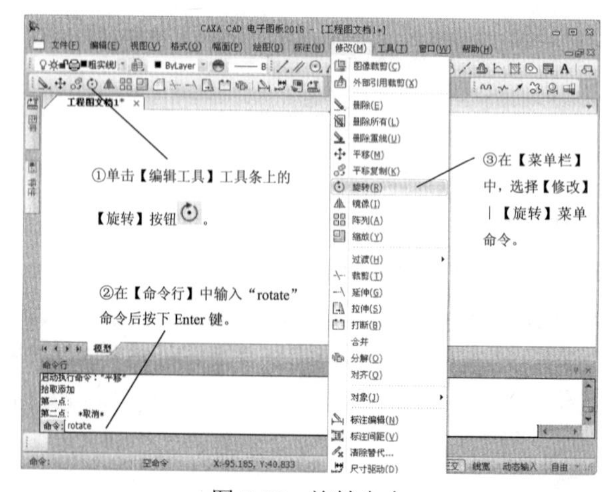

图 5-50　旋转命令

（1）给定旋转角度旋转图形

使用旋转角度旋转命令的方法，如图 5-51 所示。

（2）给定起始点和终止点旋转图形

CAXA 可以根据给定的两点和基准点之间的角度，对图形进行复制或旋转操作，如图 5-52 所示。

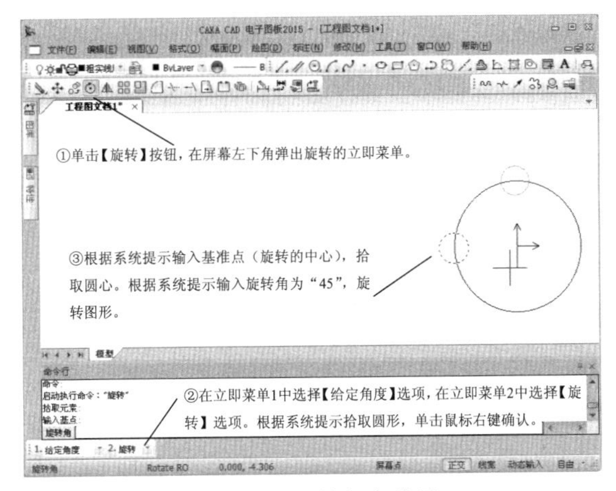

图 5-51　旋转角度结果

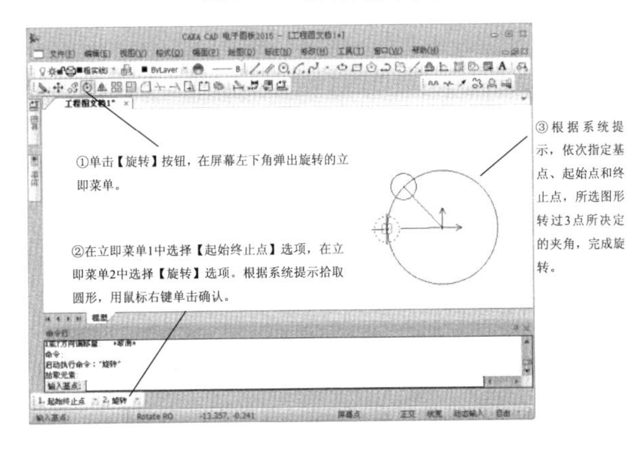

图 5-52　起始终止点旋转结果

5.3.3　课堂练习——绘制固定座

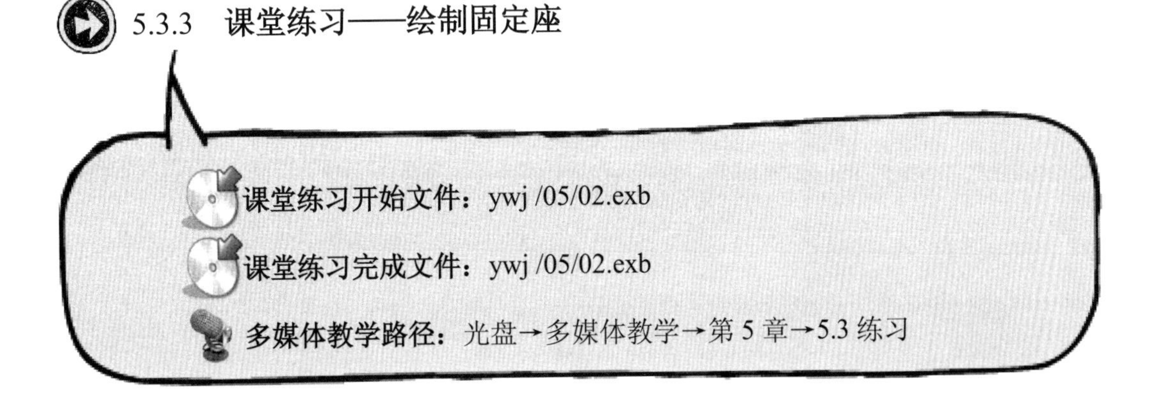

Step1 绘制尺寸为 70×70 的矩形，绘制半径为 11 和 27 的同心圆以及半径为 2 的圆，如图 5-53 所示。

图 5-53　绘制矩形和圆

Step2 阵列圆，如图 5-54 所示。

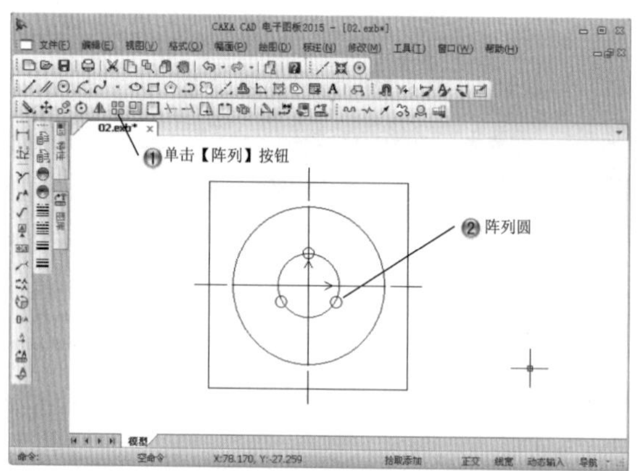

图 5-54　阵列圆

Step3 绘制半径为 2 的圆，再绘制直线，如图 5-55 所示。

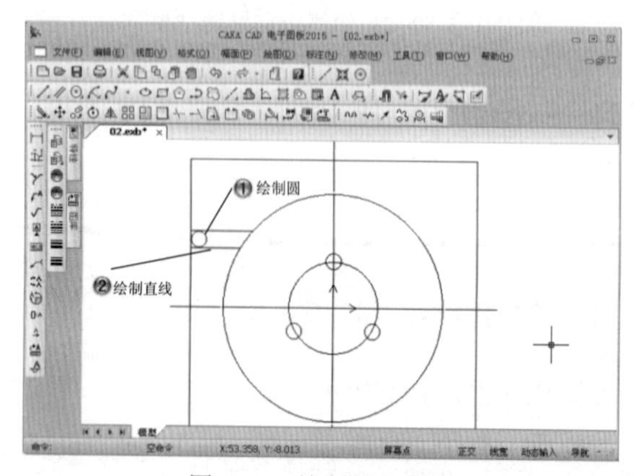

图 5-55　绘制圆和直线

Step4 裁剪图形，如图 5-56 所示。

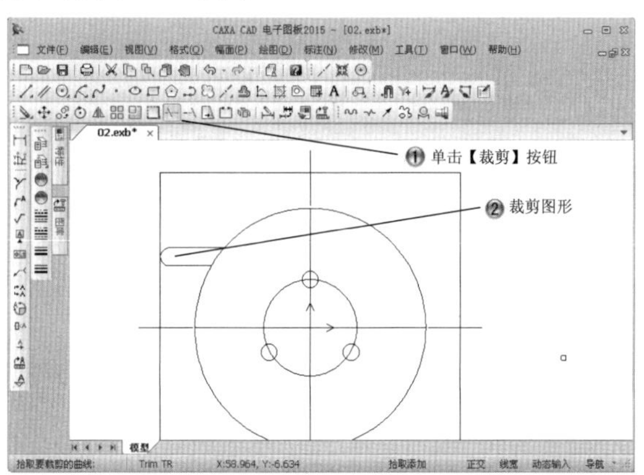

图 5-56　裁剪图形

Step5 按同样方法绘制和裁剪图形，如图 5-57 所示。

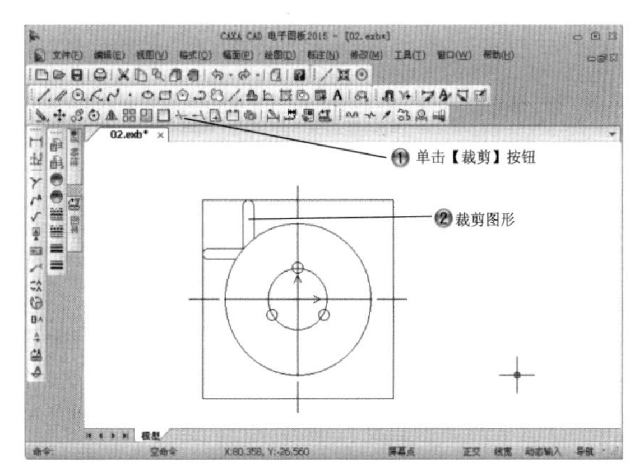

图 5-57　绘制并裁剪图形

Step6 绘制半径为 3 的圆角，如图 5-58 所示。

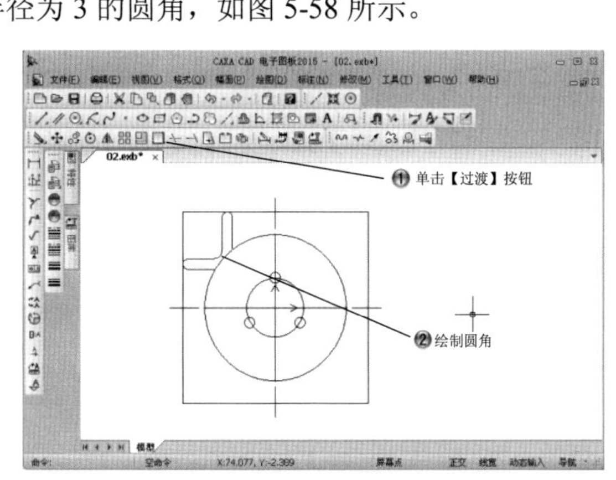

图 5-58　绘制半径为 3 的圆角

Step7 阵列图形，如图 5-59 所示。

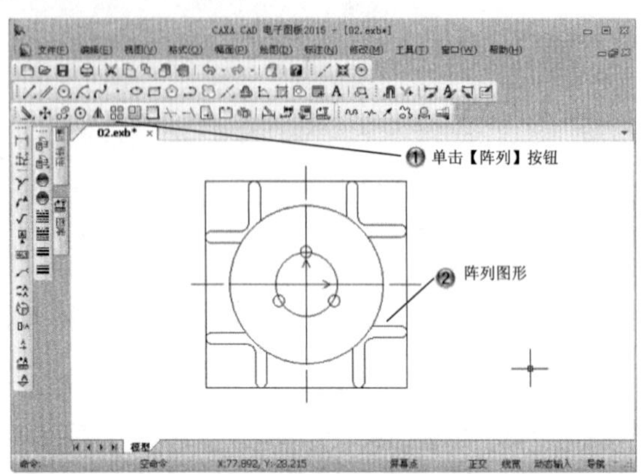

图 5-59　阵列图形

Step8 绘制半径为 2.75 的圆，如图 5-60 所示。

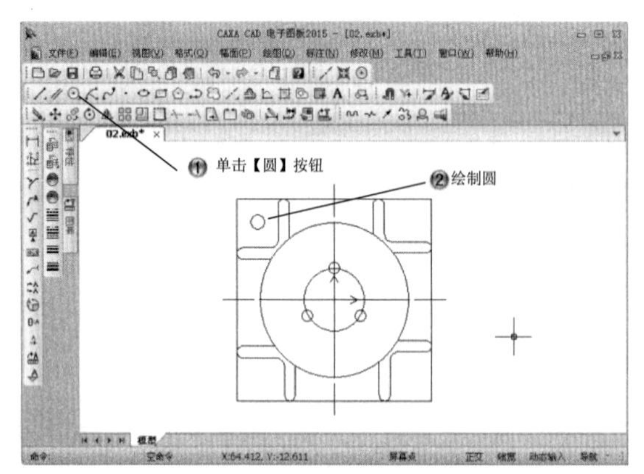

图 5-60　绘制半径为 2.75 的圆

Step9 阵列圆，如图 5-61 所示。

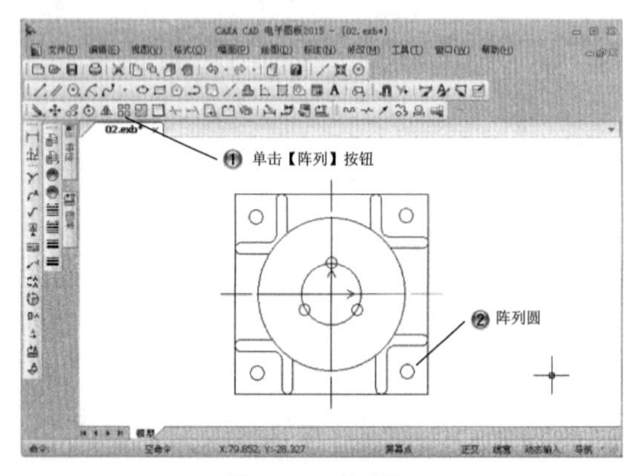

图 5-61　阵列圆

Step10 绘制长为 51.5 和 3 的直线，以及长为 22、6、13、10 和 4 的直线，如图 5-62 所示。

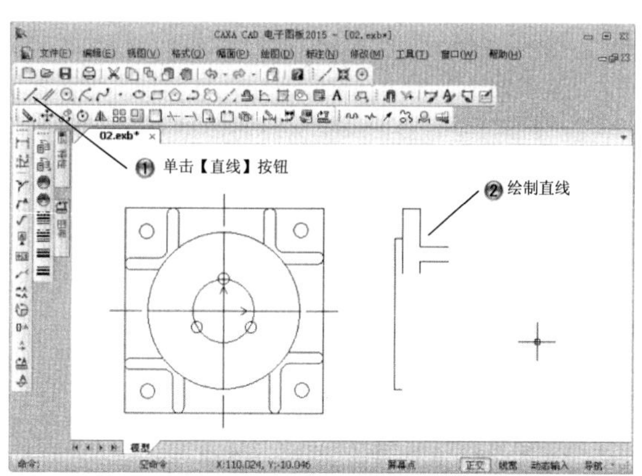

图 5-62　绘制直线

Step11 绘制半径为 2.5 的圆，再绘制角度线，如图 5-63 所示。

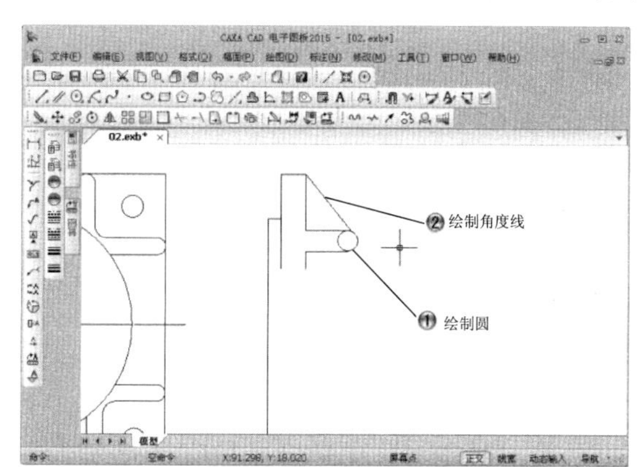

图 5-63　绘制角度线

Step12 裁剪图形，如图 5-64 所示。

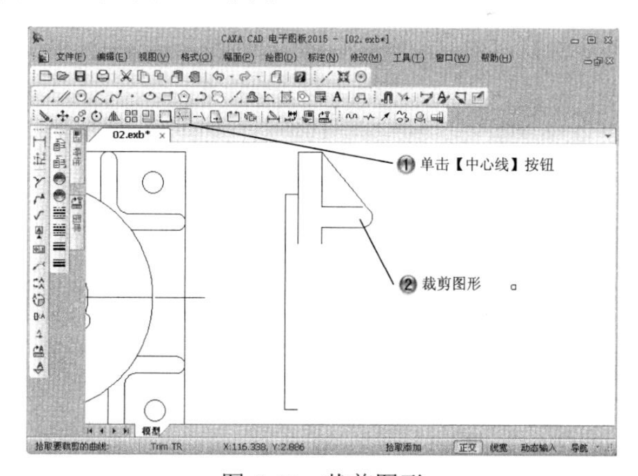

图 5-64　裁剪图形

Step13 绘制长为 6 和 5 的直线以及绘制长为 15、57.81、31.23、8.31 的直线，如图 5-65 所示。

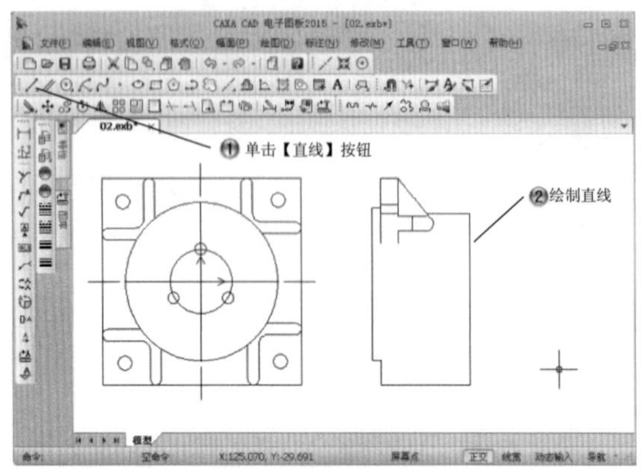

图 5-65　绘制直线

Step14 绘制长为 9 和 13.31 的直线以及长为 34.7 和 2 的直线，如图 5-66 所示。

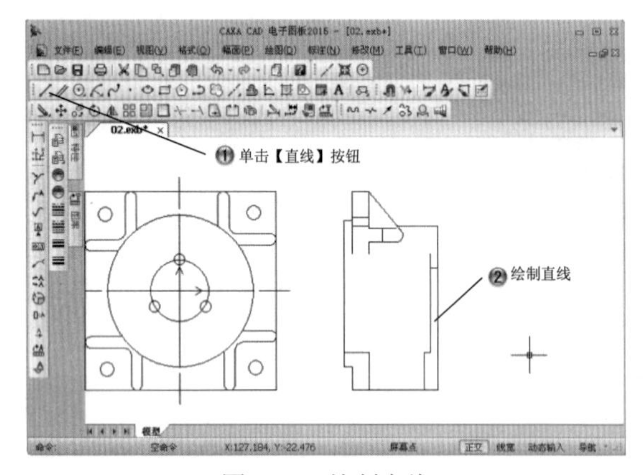

图 5-66　绘制直线

Step15 绘制圆弧，如图 5-67 所示。

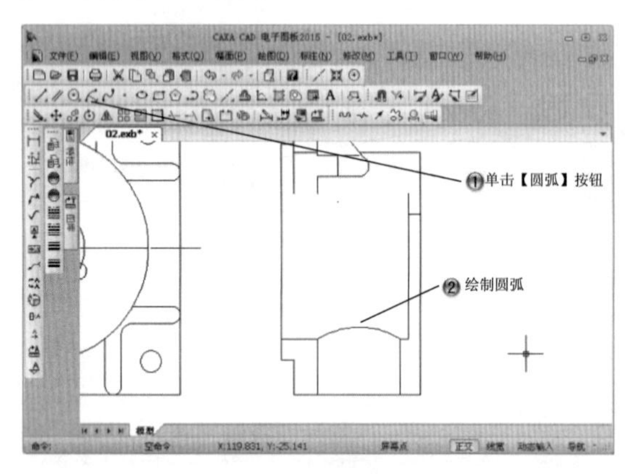

图 5-67　绘制圆弧

Step16 绘制长宽为 2 的倒角，如图 5-68 所示。

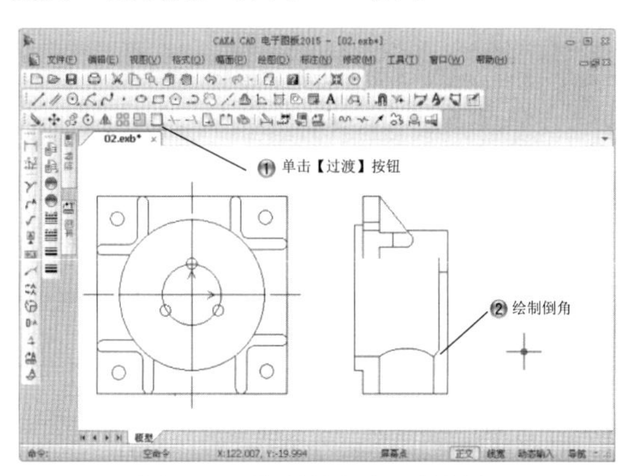

图 5-68 绘制长宽为 2 的倒角

Step17 绘制半径为 6 和 10 的同心圆，如图 5-69 所示。

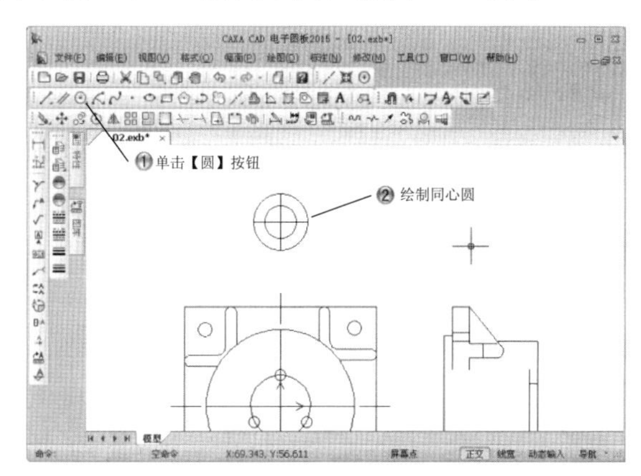

图 5-69 绘制半径为 6 和 10 的同心圆

Step18 绘制长为 15、25、5 和 35 的直线以及长为 2 和 27.56 的直线，如图 5-70 所示。

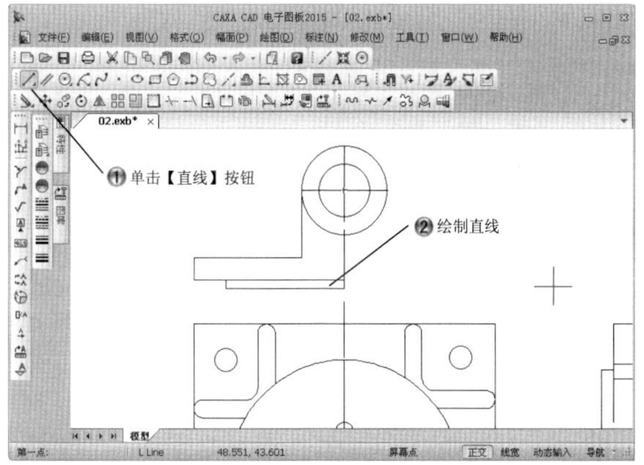

图 5-70 绘制直线

Step19 绘制半径为 2.5 的圆，再绘制角度线，如图 5-71 所示。

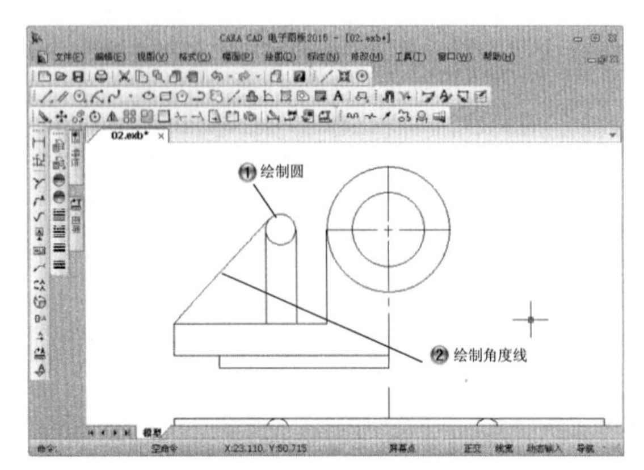

图 5-71　绘制圆和角度线

Step20 绘制长为 16.64 和 27.16 的直线，如图 5-72 所示。

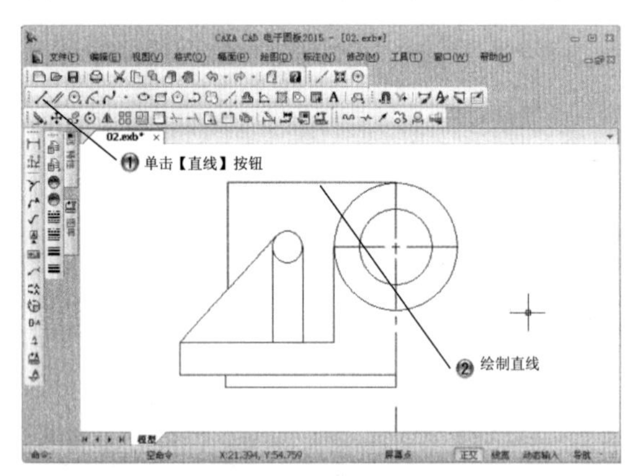

图 5-72　绘制 16.64 和 27.16 的直线

Step21 绘制半径为 5 的圆角，如图 5-73 所示。

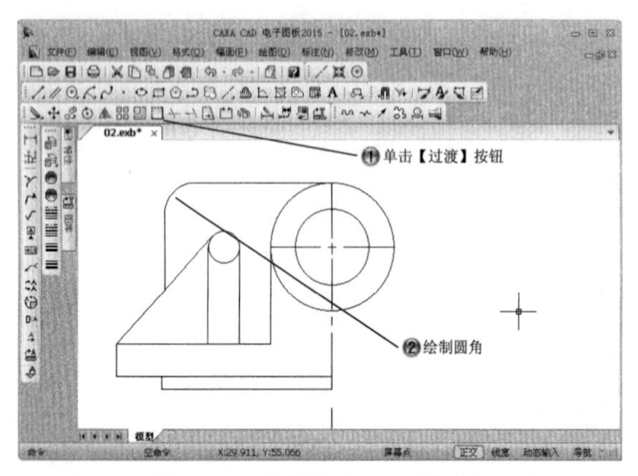

图 5-73　绘制半径为 5 的圆角

Step22 裁剪图形，如图 5-74 所示。

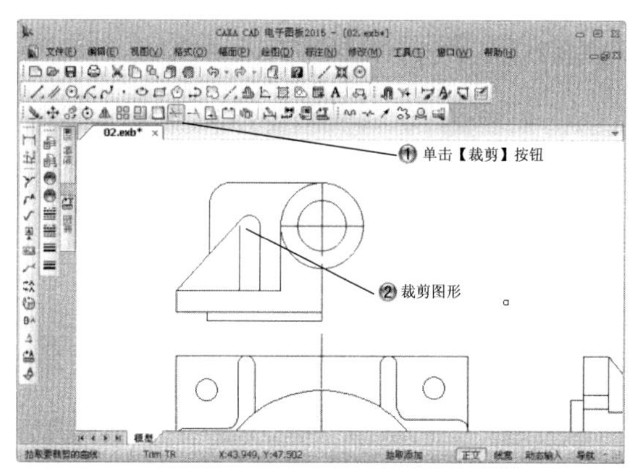

图 5-74　裁剪图形

Step23 镜像图形，如图 5-75 所示。

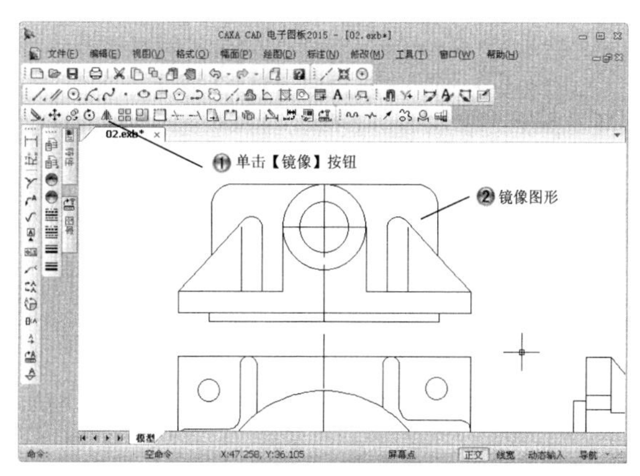

图 5-75　镜像图形

Step24 裁剪图形，如图 5-76 所示。

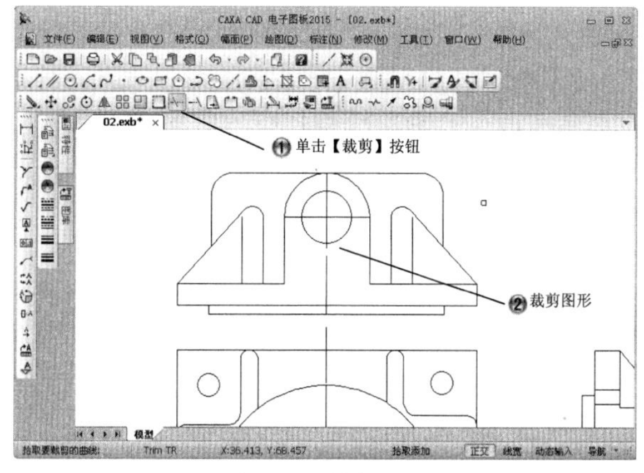

图 5-76　裁剪图形

Step25 完成固定座的绘制，如图 5-77 所示。

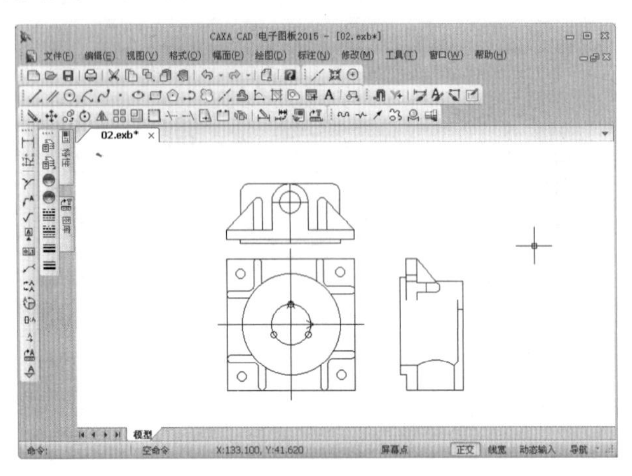

图 5-77 完成固定座

5.4 镜像和阵列

基本概念

镜像是机械绘图中使用频率相当高的命令，在机械中起到固定位置的作用，绘制时先绘制一半部分，使用镜像命令可以迅速得到整个图形。阵列图形是对有一定规律的图形的复制。

课堂讲解课时：2 课时

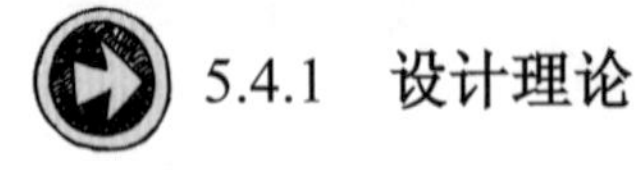

5.4.1 设计理论

镜像图形是对拾取到的图形元素进行镜像复制或镜像移动的操作，镜像轴可以为图中已有直线，也可以是由用户给出的两点构成的直线。在阵列图形时，设置不同的阵列参数可以得到不同的排列组合，设置排列形式不同可以决定是圆形或者矩形阵列。

5.4.2 课堂讲解

1. 镜像

执行镜像命令的 3 种方法，如图 5-78 所示。

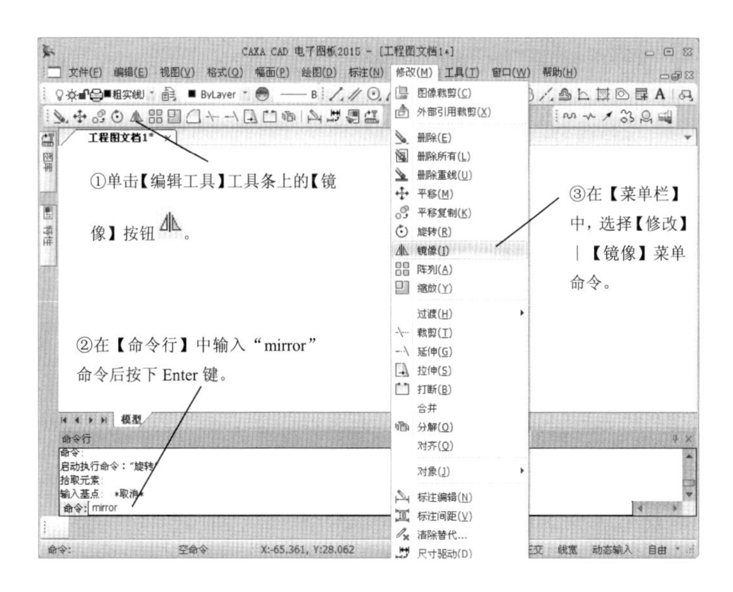

图 5-78　旋转命令

（1）选择轴线镜像

CAXA 可以以拾取的直线作为镜像轴生成镜像图形，如图 5-79 所示。

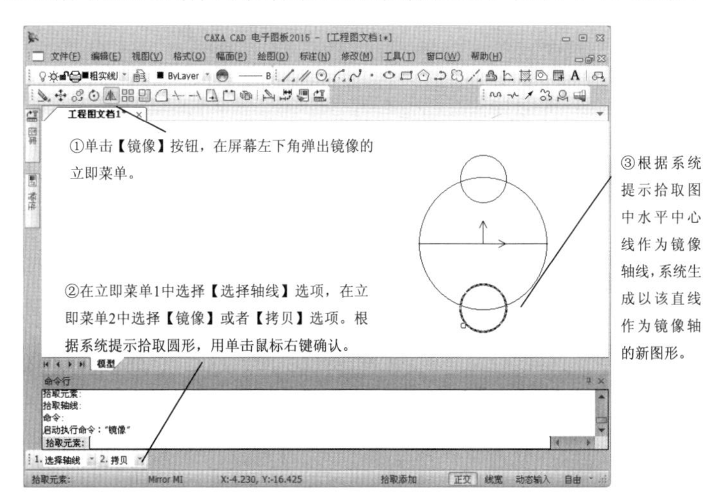

图 5-79　镜像结果

（2）选择两点镜像

CAXA 也可以以拾取的两点构成的直线作为镜像轴生成镜像图形，如图 5-80 所示。

2. 阵列

矩形阵列命令的使用方法，如图 5-81 所示。

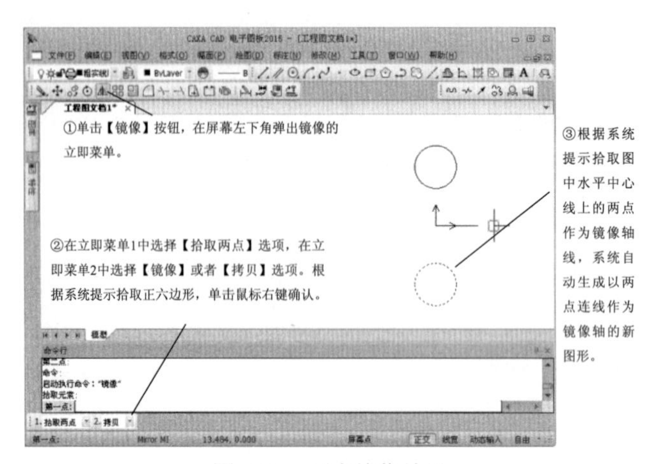

图 5-80 两点镜像结果

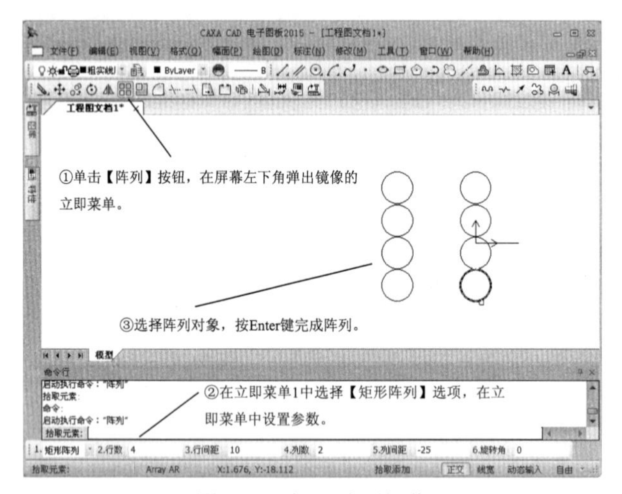

图 5-81 矩形阵列操作

圆形阵列命令的使用方法，如图 5-82 所示。

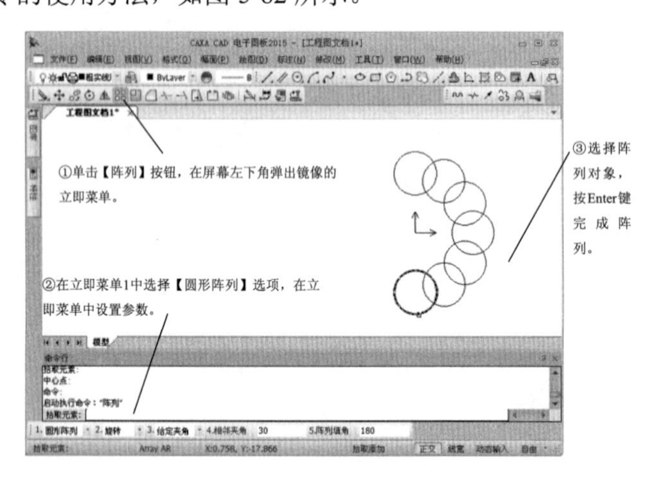

图 5-82 圆形阵列操作

5.4.3 课堂练习——绘制固定架

课堂练习开始文件：ywj /05/03.exb

课堂练习完成文件：ywj /05/03.exb

多媒体教学路径：光盘→多媒体教学→第 5 章→5.4 练习

Step1 绘制长为 22.5、2、13 和 55 的直线，如图 5-83 所示。

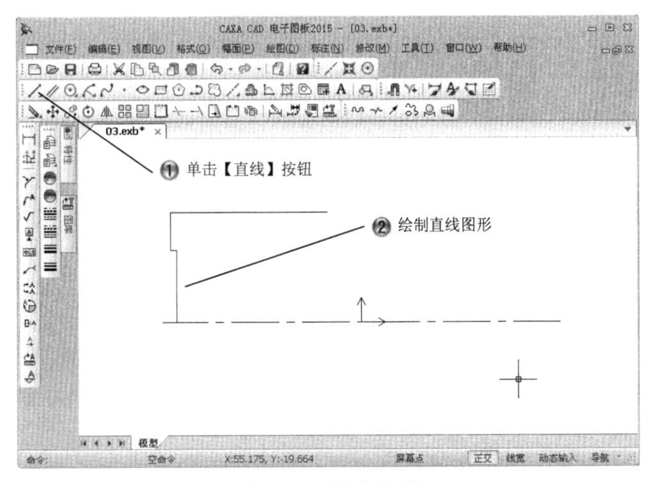

图 5-83 绘制直线

Step2 绘制长宽为 2 的倒角，如图 5-84 所示。

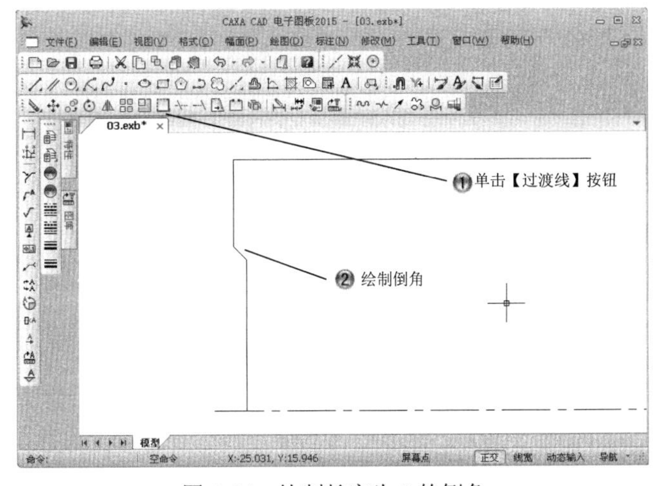

图 5-84 绘制长宽为 2 的倒角

Step3 绘制半径为 3 的圆角，如图 5-85 所示。

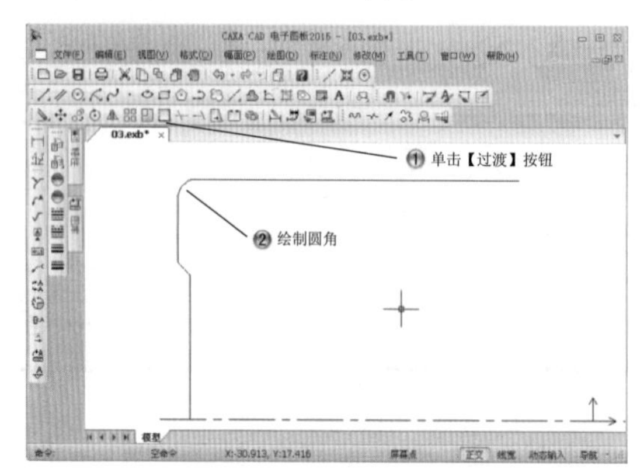

图 5-85　绘制半径为 3 的圆角

Step4 绘制长为 36 的直线，如图 5-86 所示。

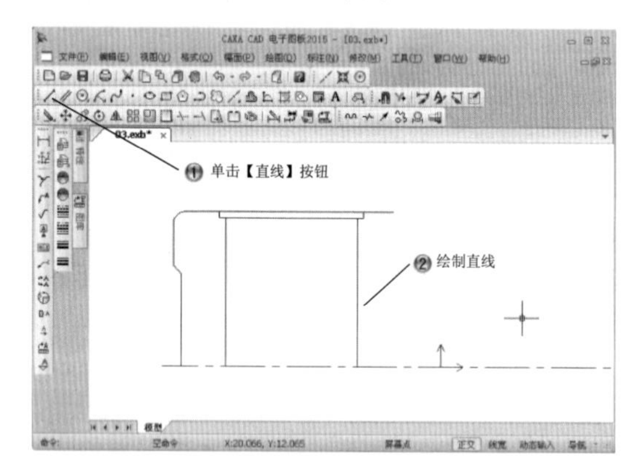

图 5-86　绘制长为 36 的直线

Step5 绘制长宽为 1.5 的倒角，如图 5-87 所示。

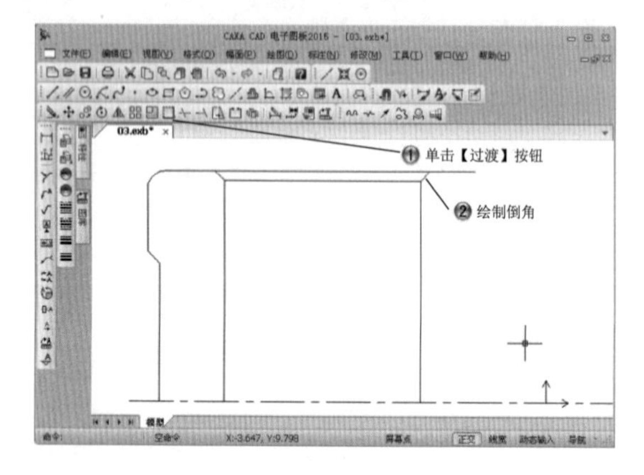

图 5-87　绘制长宽为 1.5 的倒角

Step6 绘制长为 10、20、20、5、20、20 和 8 的直线图形，如图 5-88 所示。

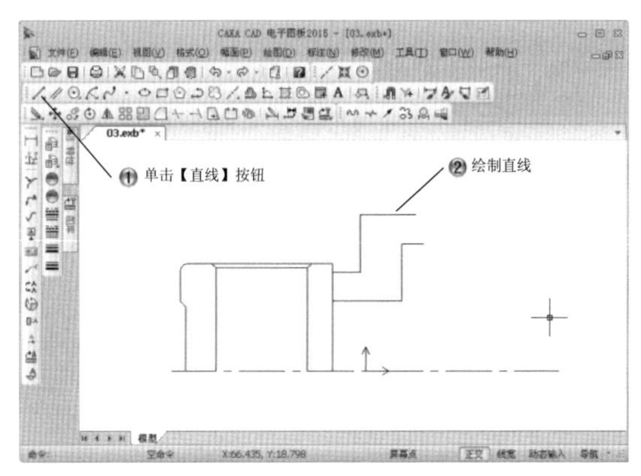

图 5-88　绘制直线图形

Step7 绘制多个圆角，如图 5-89 所示。

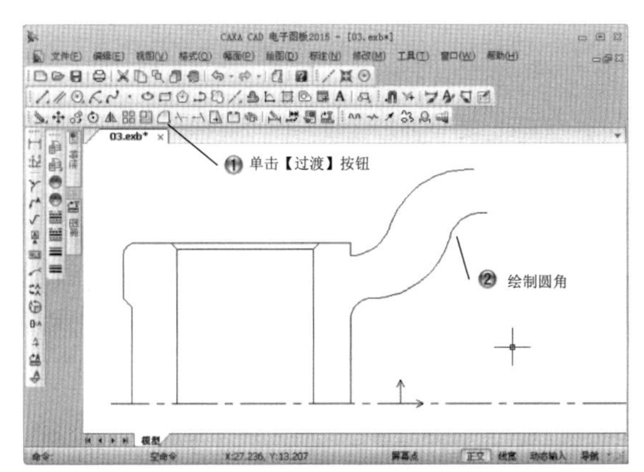

图 5-89　绘制多个圆角

Step8 绘制直线，如图 5-90 所示。

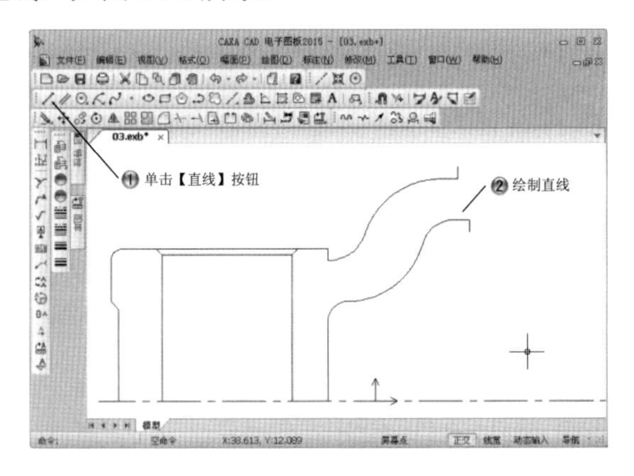

图 5-90　绘制直线

Step9 绘制 2 个圆角，如图 5-91 所示。

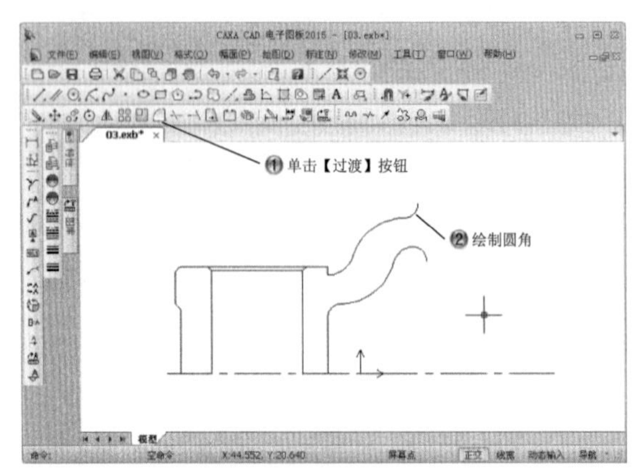

图 5-91　绘制 2 个圆角

Step10 绘制圆弧，如图 5-92 所示。

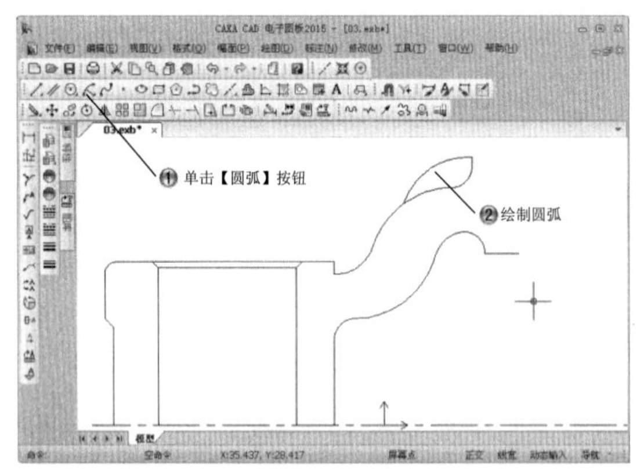

图 5-92　绘制圆弧

Step11 绘制长为 11 和 8 的直线，如图 5-93 所示。

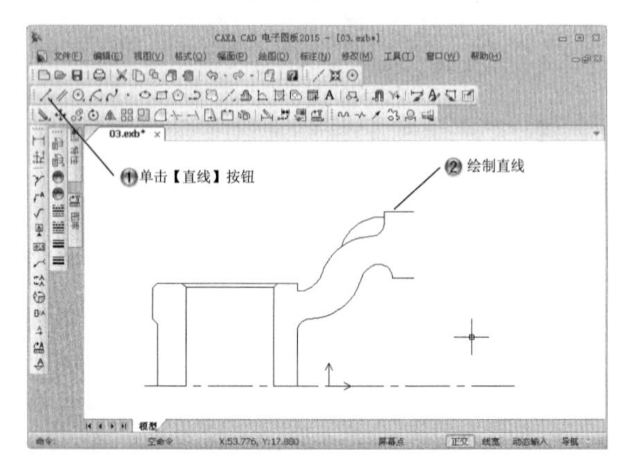

图 5-93　绘制 11 和 8 的直线

Step12 绘制尺寸为 50×24 和 30×22 的矩形，如图 5-94 示。

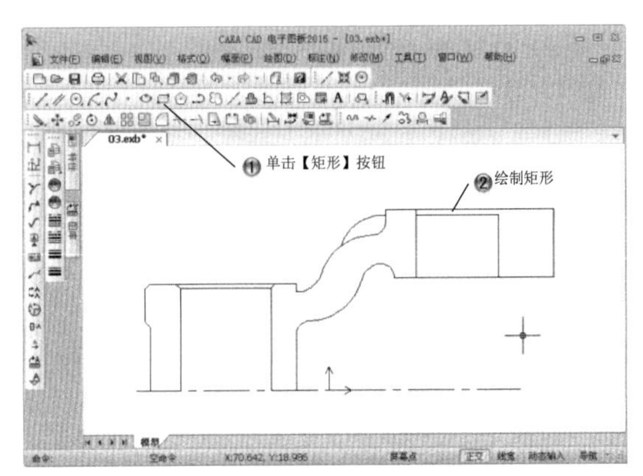

图 5-94　绘制矩形

Step13 绘制长宽为 2 的倒角，如图 5-95 所示。

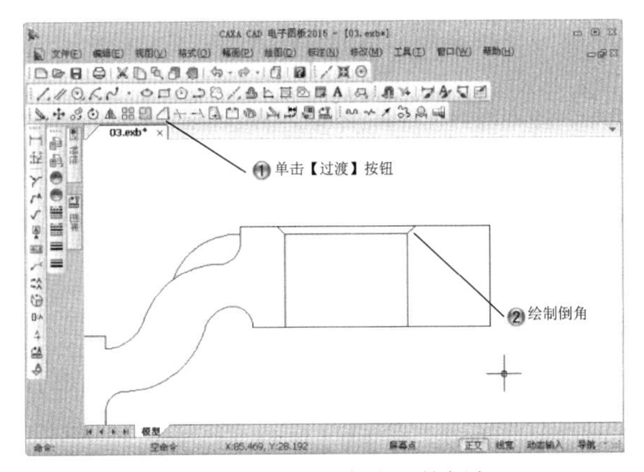

图 5-95　绘制长宽为 2 的倒角

Step14 绘制半径为 5.3 的圆并裁剪图形，如图 5-96 所示。

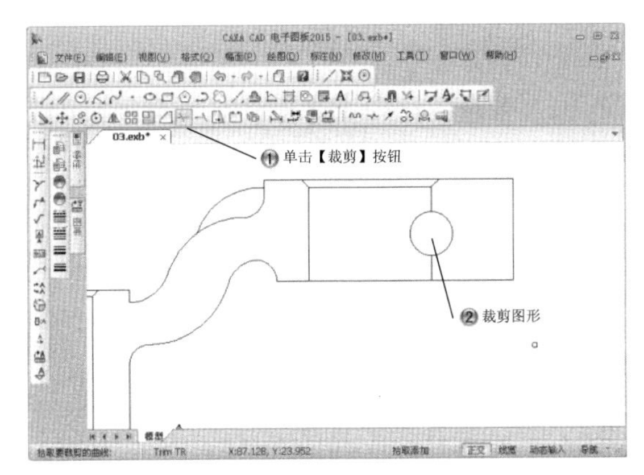

图 5-96　绘制圆并裁剪图形

Step15 镜像图形，如图 5-97 所示。

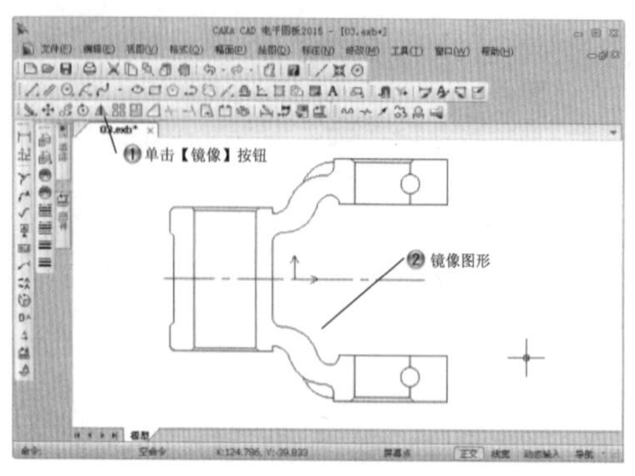

图 5-97　镜像图形

Step16 填充图案，完成固定架的绘制，如图 5-98 所示。

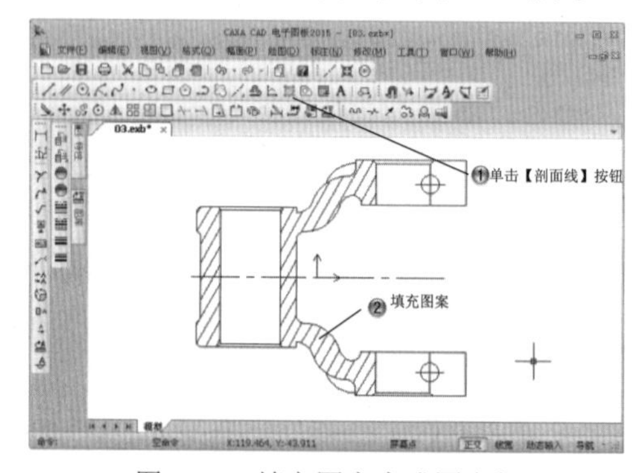

图 5-98　填充图案完成固定架

5.5　拉伸和缩放

在 CAXA 中，通过拉伸命令对曲线图形进行长度的改变；可以通过缩放命令来使实际的图形对象进行放大或缩小。

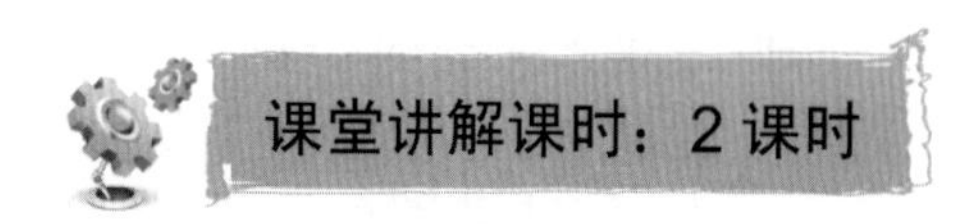

5.5.1　设计理论

在 CAXA 中，允许将对象端点拉伸到不同的位置。当将对象的端点放在交选框的内部时，可以单方向拉伸图形对象，而将新的对象与原对象的关系保持不变。

选择缩放命令后出现图标，CAXA 提示用户选择需要缩放的图形对象后移动鼠标到要缩放的图形对象位置。选择需要缩放的图形对象后单击鼠标右键，提示用户选择基点。选择基点后在命令行中输入缩放比例系数后，按下 Enter 键，缩放完毕。

5.5.2 课堂讲解

1. 拉伸

执行拉伸命令的 3 种方法，如图 5-99 所示。

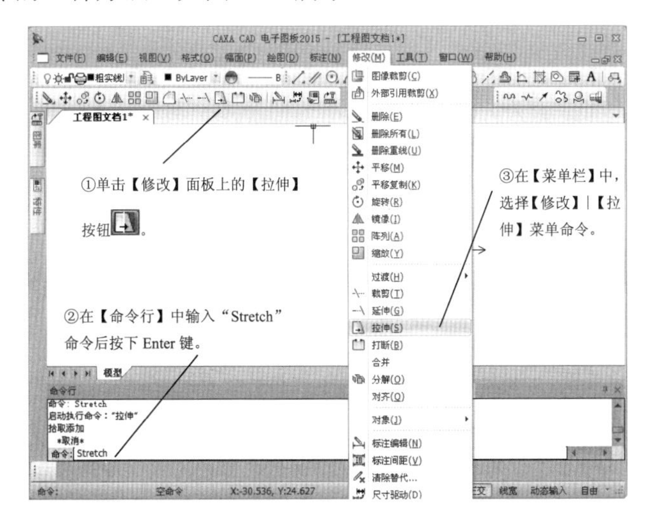

图 5-99 拉伸命令

拉伸命令的操作方法，如图 5-100 所示。

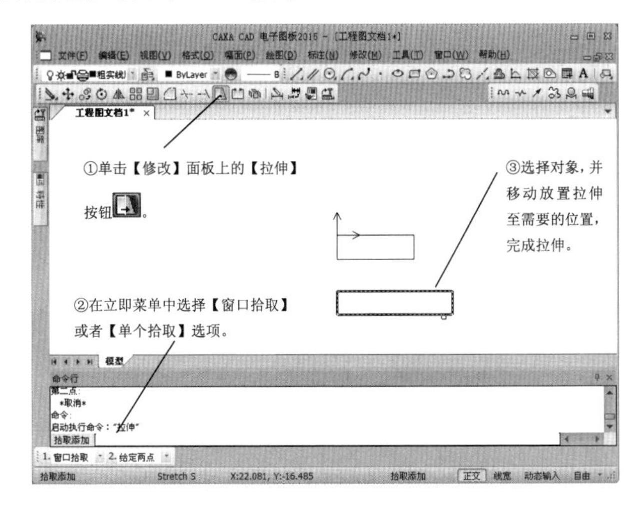

图 5-100 用拉伸命令绘制图形

2. 缩放

执行缩放命令的 3 种方法，如图 5-101 所示。

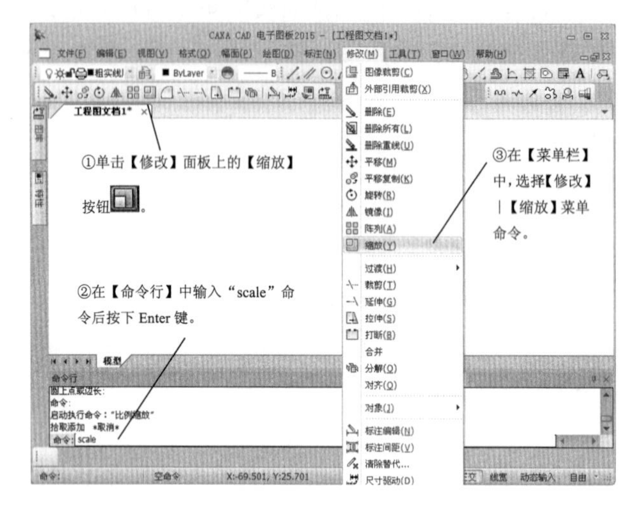

图 5-101　缩放命令

使用缩放命令的操作，如图 5-102 所示。

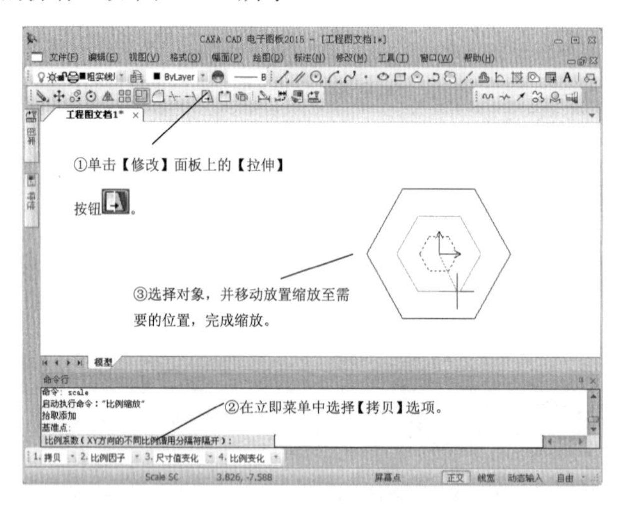

图 5-102　用缩放命令将图形对象缩小

5.6　专家总结

本章主要介绍了 CAXA 中如何更加快捷地选择图形以及图形编辑命令，并对 CAXA 的图形编辑技巧进行了详细的讲解，包括删除图形、恢复图形、复制图形、镜像图形以及修改图形等。通过本章的学习，CAXA 的图形编辑技巧需要熟练掌握，并了解 CAXA 电子图版的图形操作技巧。

5.7 课后习题

5.7.1 填空题

（1）曲线位置变换命令有________种。
（2）镜像和阵列的区别是________。
（3）可以修建图形的命令有________、________、________、________。

5.7.2 问答题

（1）如何设置过渡半径？
（2）打断的不同操作方法有哪几种？
（3）如何区分圆形和矩形阵列？

5.7.3 上机操作题

如图 5-103 所示，使用本章学过的各种命令来绘制螺钉草图。
一般创建步骤和方法：
（1）绘制中心线。
（2）绘制直线图形。
（3）填充图形区域。
（4）标注尺寸。

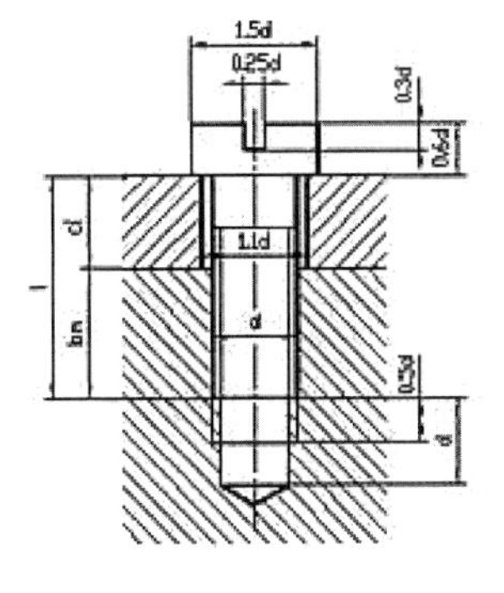

图 5-103　绘制螺钉草图

第 6 章　图形编辑和排版工具

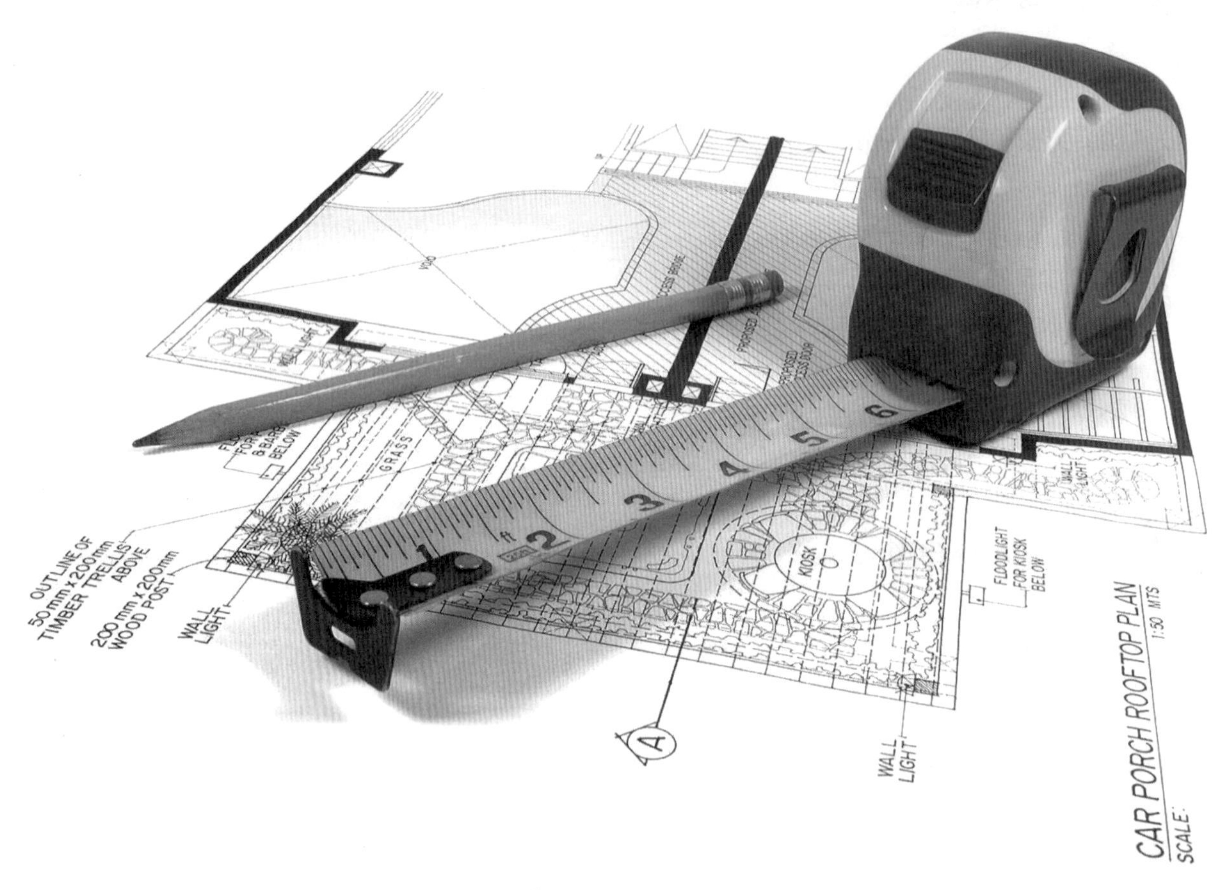

<table>
<tr><td rowspan="6">课
训
目
标</td><td>内　容</td><td>掌握程度</td><td>课　时</td></tr>
<tr><td>撤销与恢复</td><td>熟练运用</td><td>1</td></tr>
<tr><td>删除命令</td><td>熟练运用</td><td>1</td></tr>
<tr><td>剪贴板的应用</td><td>熟练运用</td><td>1</td></tr>
<tr><td>插入与链接</td><td>了解</td><td>1</td></tr>
<tr><td>特性匹配</td><td>了解</td><td>1</td></tr>
</table>

课程学习建议

在绘图的过程中，会发现某些图形不是一次就可以绘制出来的，并且不可避免地会出现一些错误操作，这时就要用到图形编辑和排版工具。图形操作功能是图形编辑命令的继续，在应用范围上比图形编辑更广；图形操作功能包括一般字图处理软件所必需的编辑功能。

本章对图形编辑技巧进行了详细的讲解，包括删除图形、恢复图形、修改图形等，以及图形操作各项功能，包括剪贴板功能、插入与链接、特性匹配功能等。通过练习应该熟练掌握 CAXA 中编辑、操作图形的方法。

本课程主要基于图形的编辑和排版命令进行讲解，其培训课程表如下。

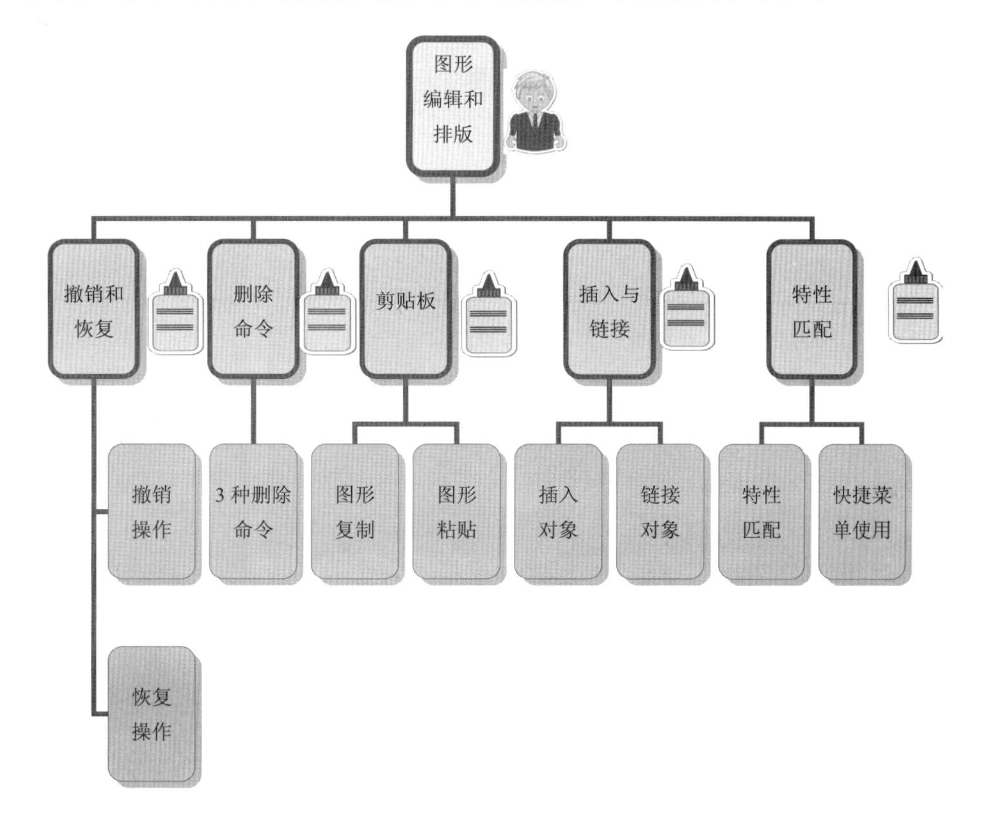

6.1 撤销与恢复

撤销操作是指取消最近一次发生的编辑动作，如绘制图形、编辑图形、删除实体、修改尺寸风格和文字风格等。该命令用于取消一次误操作，即利用该命令取消删除操作。恢复操作是取消操作的逆过程，用来取消最近一次的撤销操作。

课堂讲解课时：1 课时

6.1.1 设计理论

撤销操作命令具有多级回退功能，可以回退至任意一次操作的状态。恢复操作具有多级重复功能，能够退回（恢复）到任一次取消操作的状态。

在 CAXA 在绘制过程中，有时并不是当时就能发现错误，而要等绘制了多步后才发现，此时就不能用“恢复”命令，只能使用“撤销”命令，放弃前几步所绘制的图形，往往在进行机械设计时，一次性设计成功的几率往往很小，这时用户可以利用“撤销”或“恢复”命令来完成图形的绘制。

6.1.2 课堂讲解

1. 撤销

撤销命令调用方法有以下几种，如图 6-1 所示。

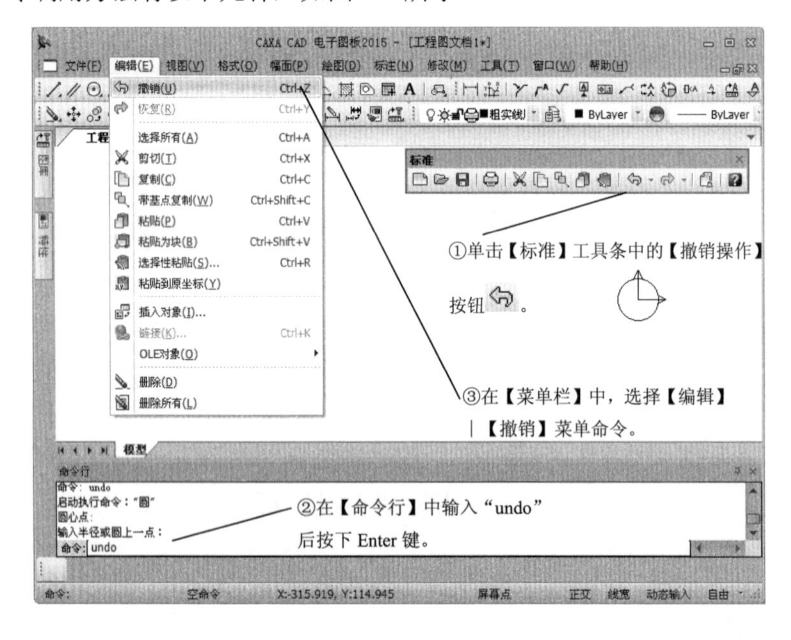

图 6-1 撤销命令

撤销命令的操作，如图 6-2 所示。

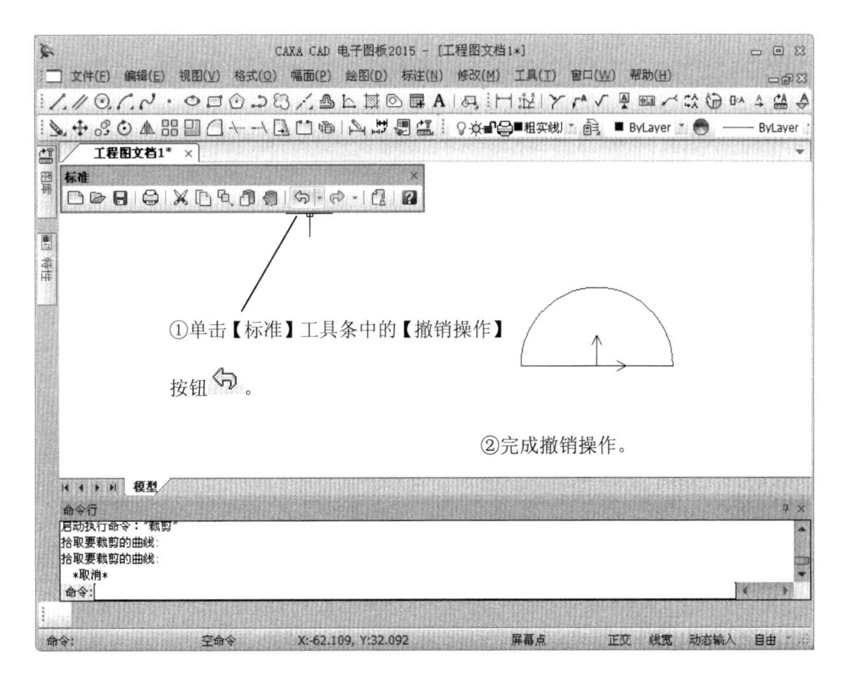

图 6-2　撤销操作

2. 恢复

恢复命令调用方法有以下几种，如图 6-3 所示。

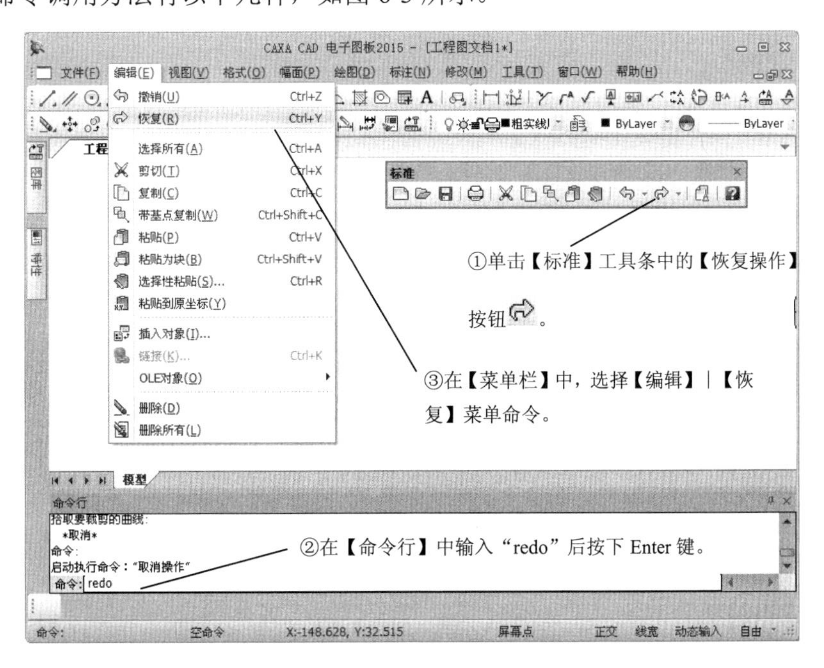

图 6-3　恢复命令

恢复命令的操作，如图 6-4 所示。

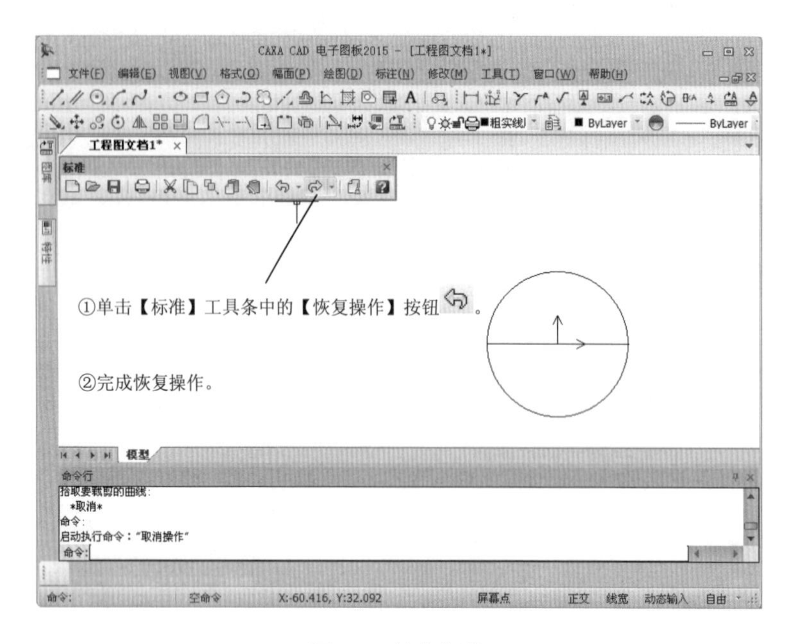

图 6-4　恢复操作

6.2　删除命令

删除对象是指删除一个或者多个拾取到的图形对象。

课堂讲解课时：1 课时

6.2.1　设计理论

在绘图的过程中，去掉一些多余的图形是常见的，这时就要用到删除命令。利用拾取删除命令可以删除拾取到的实体。利用删除所有命令可以删除所有系统拾取设置所选中的实体。

6.2.2　课堂讲解

1. 删除命令的执行方法

（1）删除对象

删除对象的执行方法如下，如图 6-5 所示。

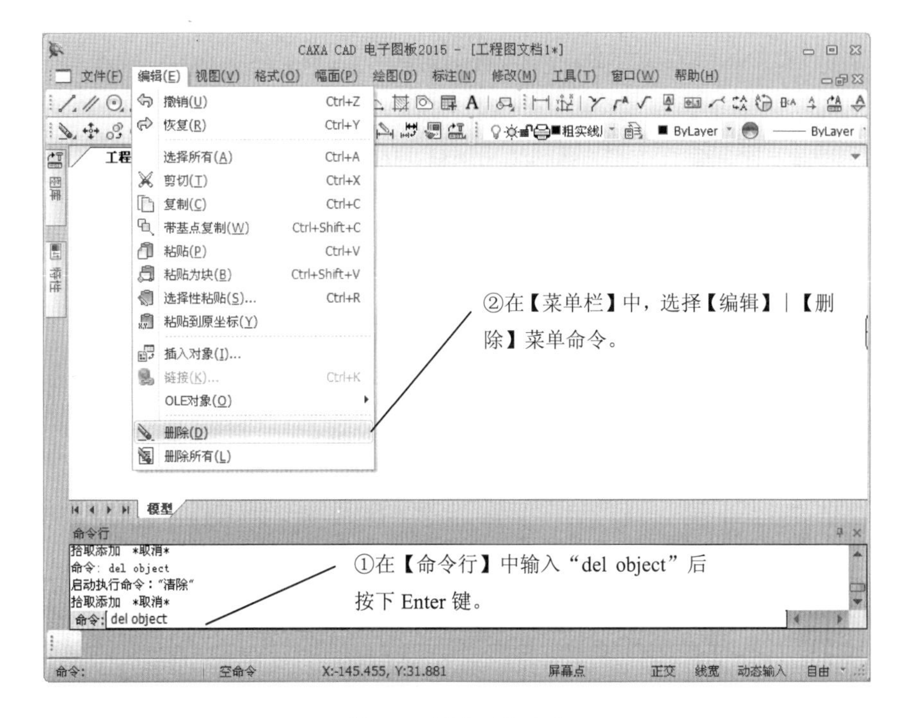

图 6-5　删除对象命令

（2）拾取删除

拾取删除命令的执行方法如下，如图 6-6 所示。

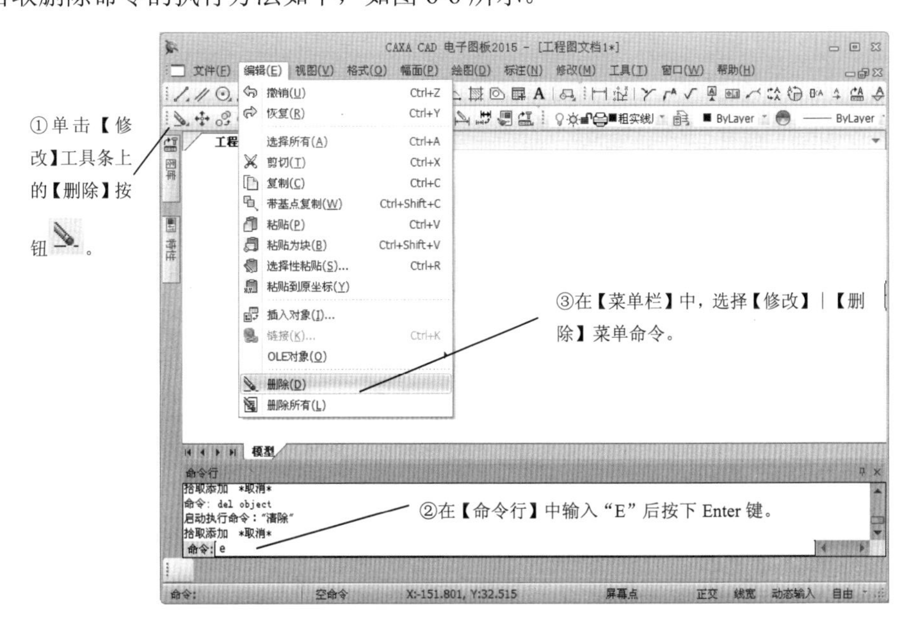

图 6-6　拾取删除命令

（3）删除所有

删除所有的命令执行方法如下，如图 6-7 所示。

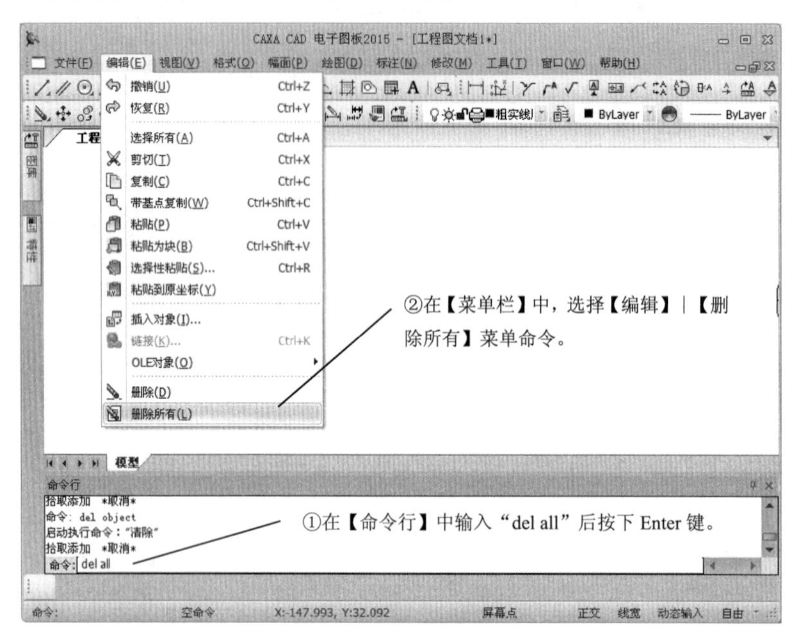

图 6-7　删除所有命令

2. 删除命令的操作方法

删除命令的操作，如图 6-8 所示。

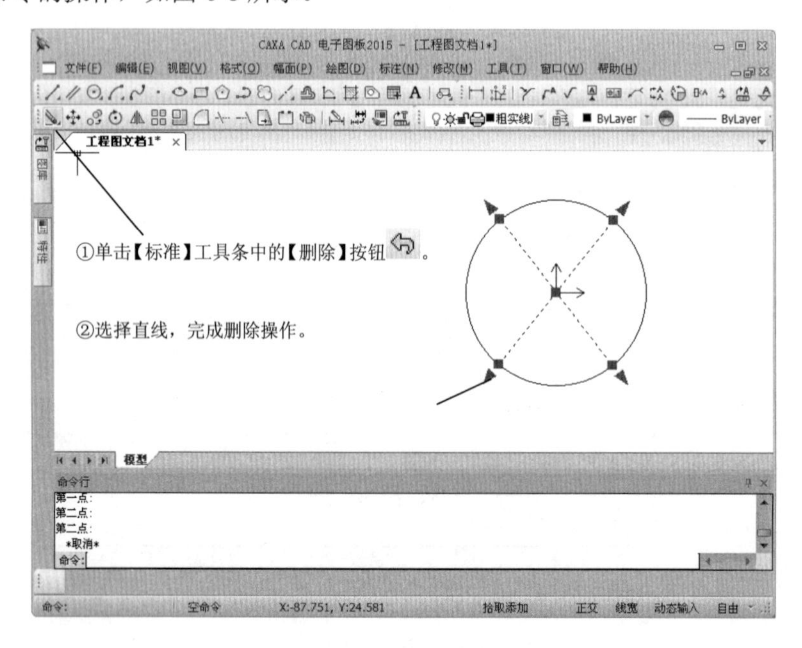

图 6-8　删除操作

6.3 剪贴板的应用

基本概念

CAXA 剪贴板包括图形剪切、图形复制、图形粘贴等选项，图形剪切是指将选中的图形或图形对象剪切到剪贴板中，以供图形粘贴时使用。

图形复制是指将拾取的图形或图形对象复制到剪贴板中，以供图形粘贴时使用。

图形粘贴是将剪贴板中的图形或 OLE 对象粘贴到文档中，如果剪贴板中的内容是由其他支持 OLE 软件的“复制”命令输入的，则粘贴到文件中的为对应的 OLE 对象。选择性粘贴是指将 Windows 剪贴板中的内容按照所需的类型和方式粘贴到文件中的操作。

课堂讲解课时：1 课时

6.3.1 设计理论

拾取需要剪切的实体是，被拾取的实体呈红色显示。拾取结束后，单击鼠标右键确定，根据系统提示确定图形的定位基点。用户拾取的图形在屏幕上消失，被拾取的图形已存入剪贴板中。图形剪切与图形复制不论在功能上还是在使用上都十分相似，只是图形复制不删除用户拾取的图形，而图形剪切是在图形复制的基础上再删除掉用户拾取的图形。

拾取需要复制的实体，被拾取的实体呈红色显示。拾取结束后，单击鼠标右键确定，根据系统提示确定图形的定位基点。这时，屏幕上看不到什么变化，确定后的实体重新恢复到原来的颜色，但是在剪贴板中已存在拾取的实体，并等待发出【粘贴】命令来使用它。

【复制】命令区别于曲线编辑中的【平移复制】命令，它相当于一个临时存储区，可将选中的图形存储，以供粘贴使用。【复制】命令与【粘贴】命令配合使用，除了可以在不同的电子图板文件中进行复制粘贴外，还可以将所选图形或 OLE 对象送入 Windows 剪贴板中，以粘贴到其他支持 OLE 的软件（如 Word）中。【平移复制】命令只能在同一个电子图板文件中进行复制粘贴。

6.3.2 课堂讲解

1. 图形剪切

图形剪切的命令有以下几种，如图 6-9 所示。

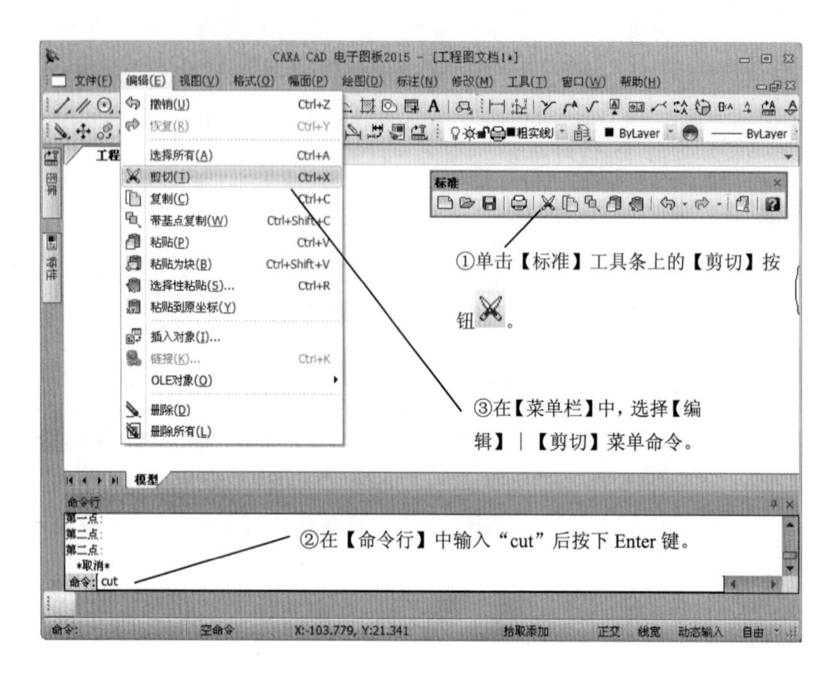

图 6-9　图形剪切命令

图形剪切操作，如图 6-10 所示。

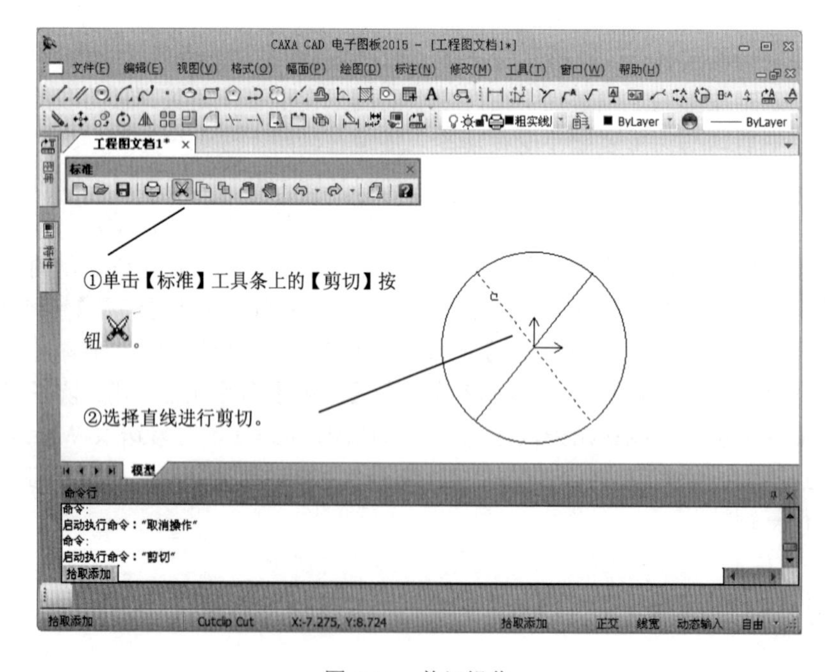

图 6-10　剪切操作

2. 图形复制

图形复制的命令执行方法有以下几种，如图 6-11 所示。

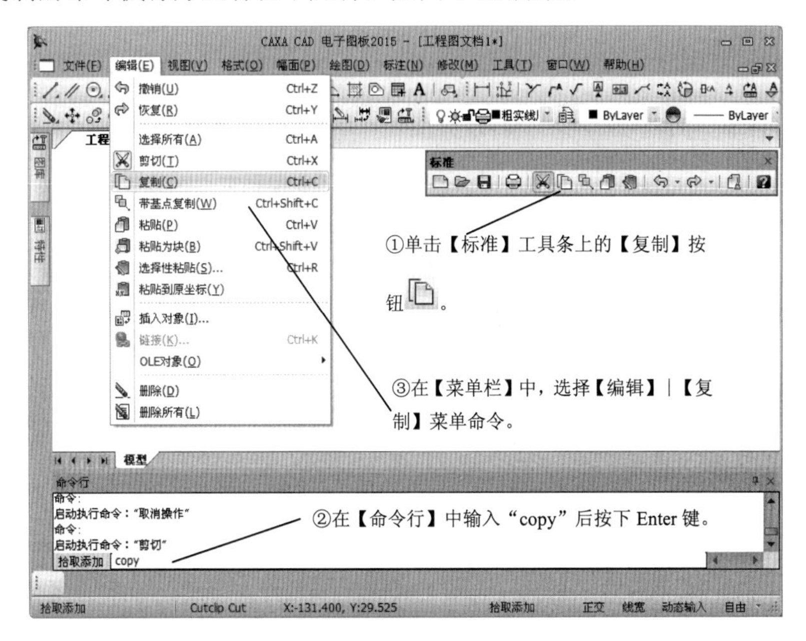

图 6-11　图形复制命令

复制命令的操作方法，如图 6-12 所示。

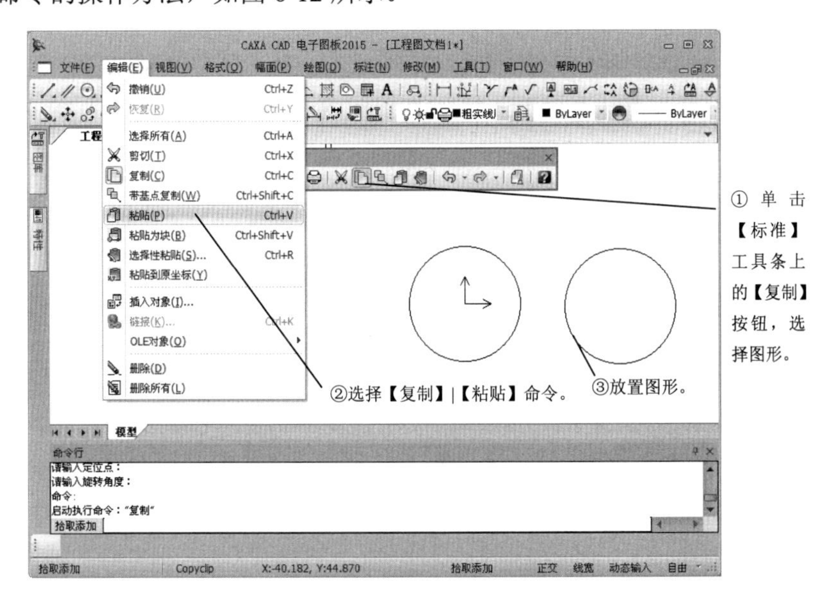

图 6-12　复制命令操作

3. 带基点复制

带基点复制的命令有以下几种，如图 6-13 所示。

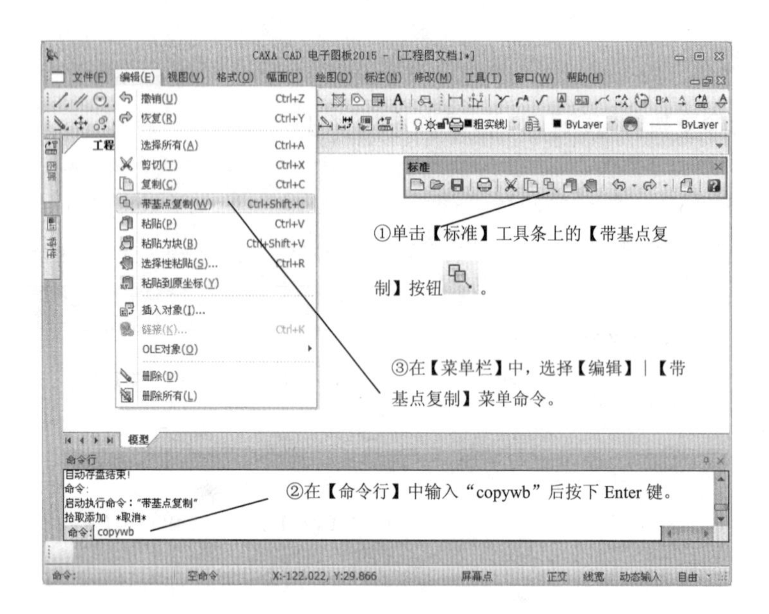

图 6-13　带基点复制命令

带基点复制与复制的区别是：在进行带基点复制操作时要指定图形的基点，粘贴时也要指定基点放置对象；而在进行复制操作执行时不需要指定基点，粘贴时默认的基点是拾取对象的左下角点。

名师点拨

4. 图形粘贴

图形粘贴命令的执行方法有以下几种，如图 6-14 所示。

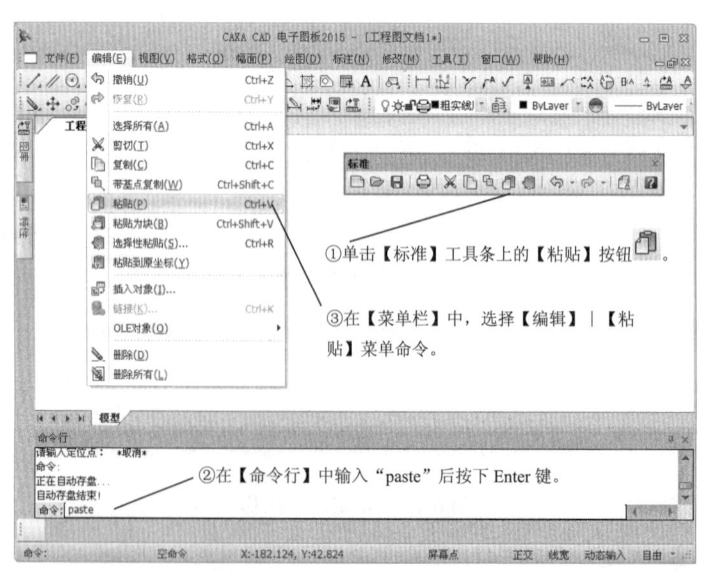

图 6-14　图形粘贴命令

图形粘贴命令的操作，如图6-15所示。

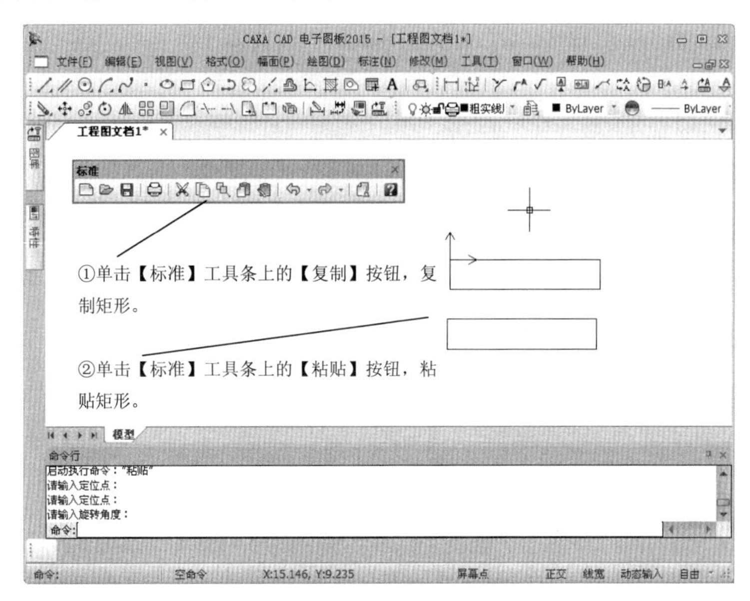

图6-15　图形粘贴命令操作

5. 选择性粘贴

选择性粘贴命令的执行方法有以下几种，如图6-16所示。

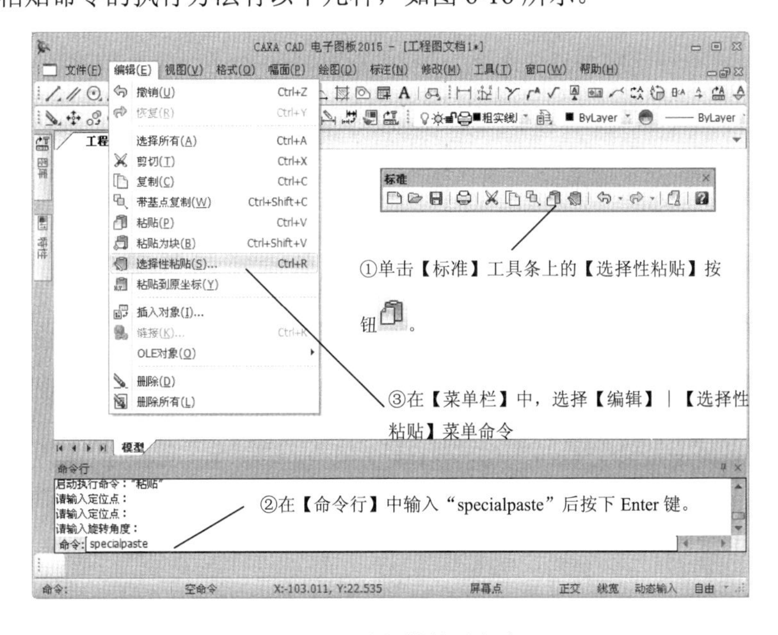

图6-16　选择性粘贴命令

在其他支持OLE的Windows软件中，可以选择一部分内容复制到剪贴板中。启动【选择性粘贴】命令，系统弹出【选择性粘贴】对话框，如图6-17所示。在对话框中列出了复制内容的来源，即来自哪一个文件夹。

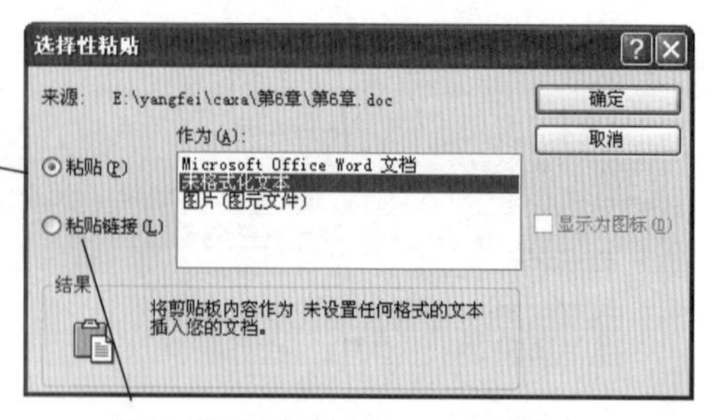

图 6-17　【选择性粘贴】对话框

6.3.3　课堂练习——绘制导向轮

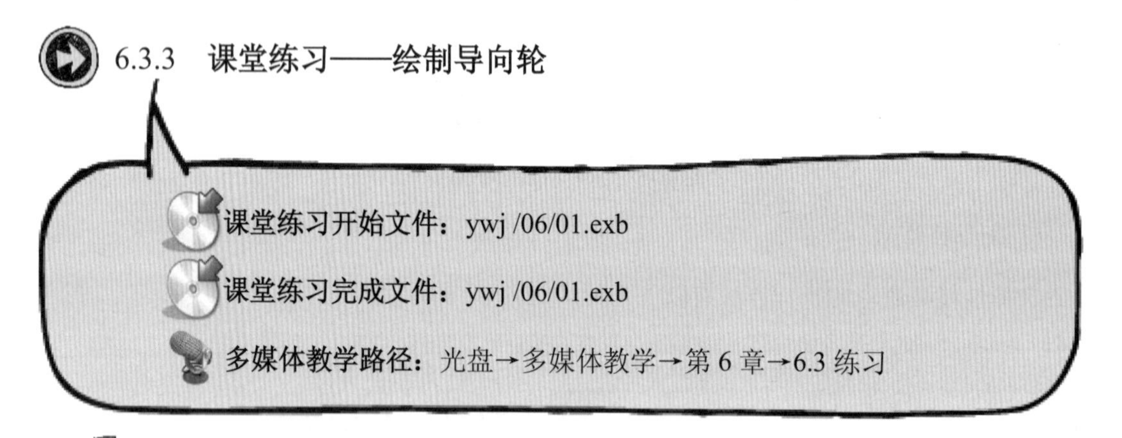

Step1 绘制长为 150 的中心线，如图 6-18 所示。

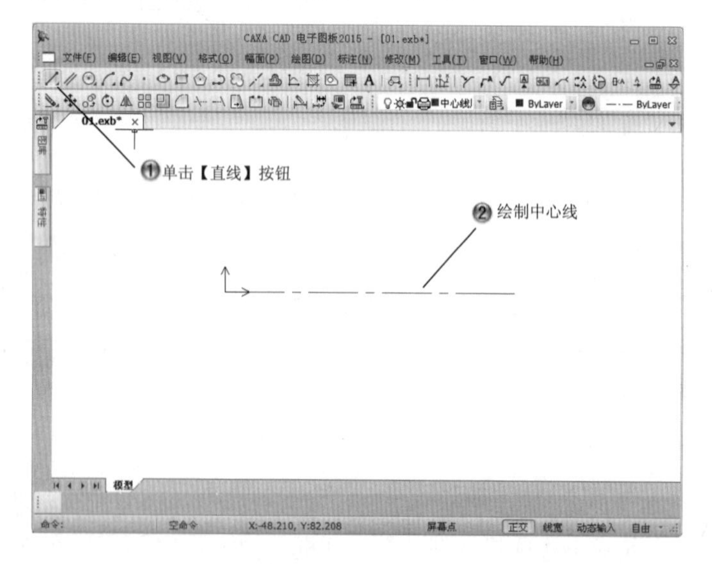

图 6-18　绘制中心线

Step2 绘制长为 25 的轴，如图 6-19 所示。

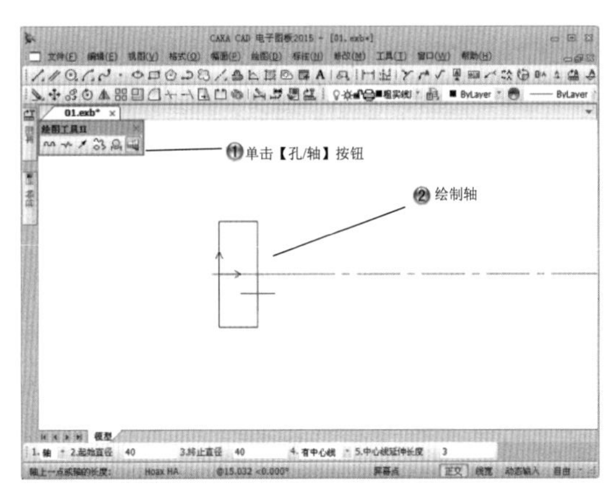

图 6-19　绘制长 25 的轴

Step3 按同样方法绘制其他轴，分别长为 15，50，7，2，6，4，14 和 2，如图 6-20 所示。

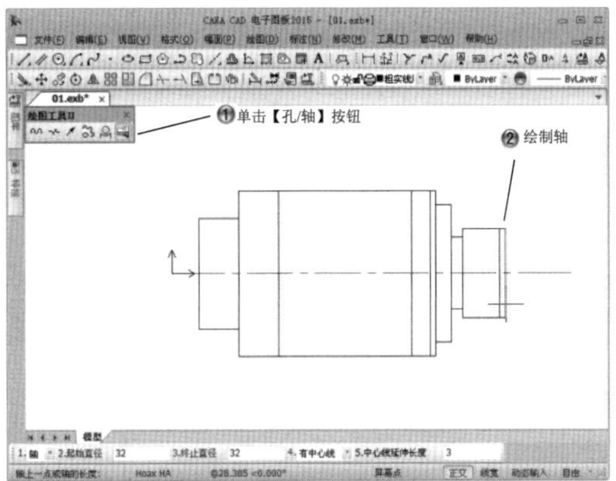

图 6-20　绘制其他轴

Step4 创建 2×2 的倒角，如图 6-21 所示。

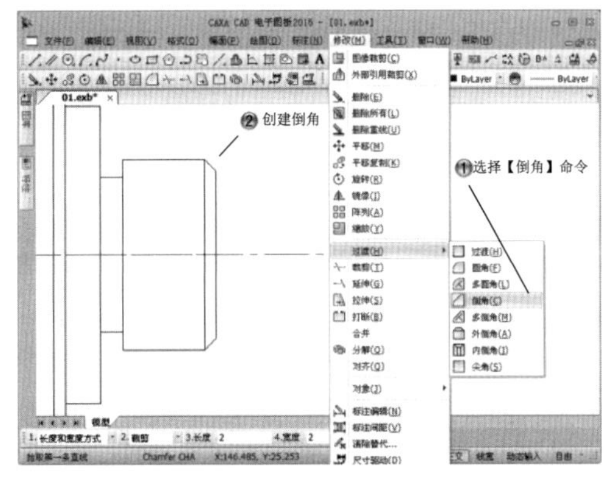

图 6-21　创建 2×2 的倒角

Step5 创建 4×8 的倒角，如图 6-22 所示。

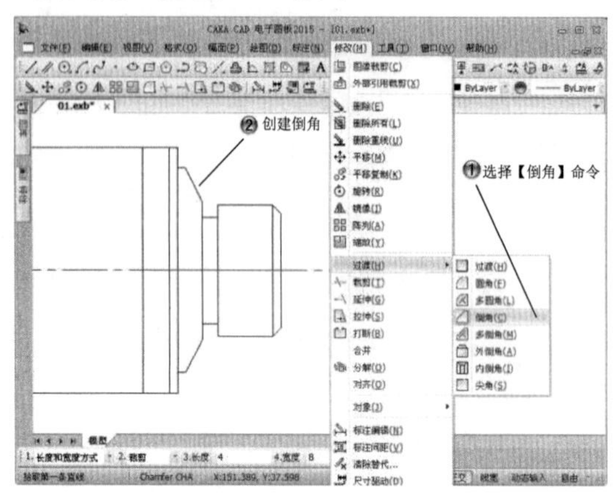

图 6-22　创建 4×8 的倒角

Step6 创建 2×2 的倒角，如图 6-23 所示。

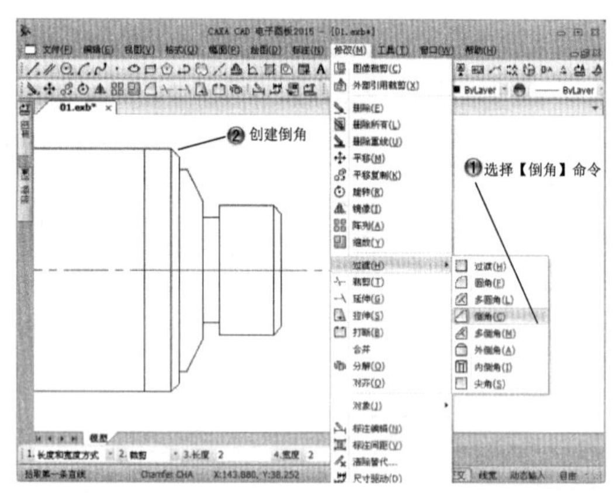

图 6-23　创建 2×2 的倒角

Step7 创建两点半径圆弧，如图 6-24 所示。

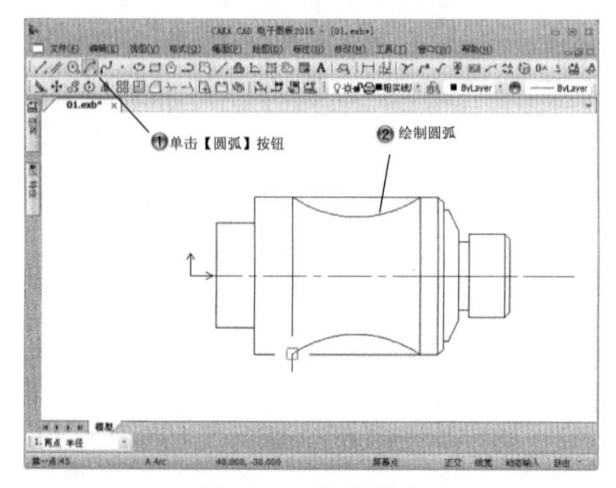

图 6-24　绘制圆弧

Step8 选择两条直线进行删除，如图 6-25 所示。

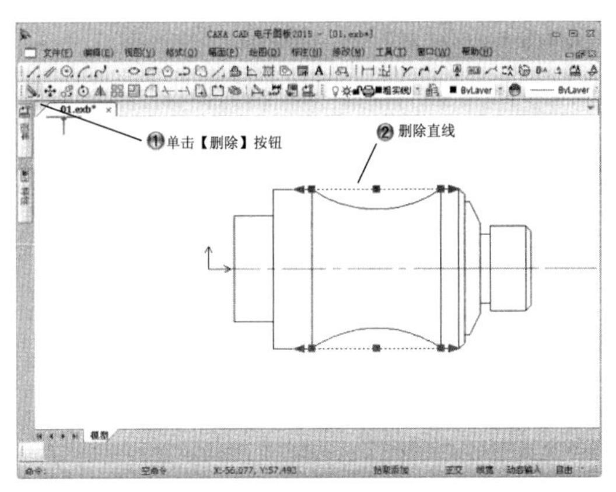

图 6-25 删除直线

Step9 创建半径为 2 的圆角，如图 6-26 所示。

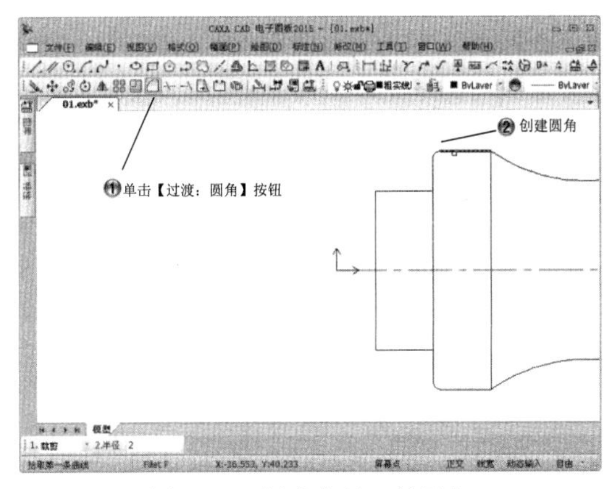

图 6-26 创建半径 2 的圆角

Step10 创建半径为 4 的圆角，如图 6-27 所示。

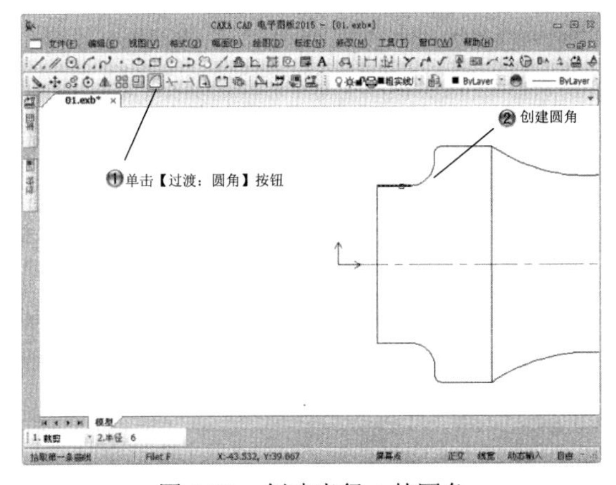

图 6-27 创建半径 4 的圆角

Step11 创建长为 2 的孔，如图 6-28 所示。

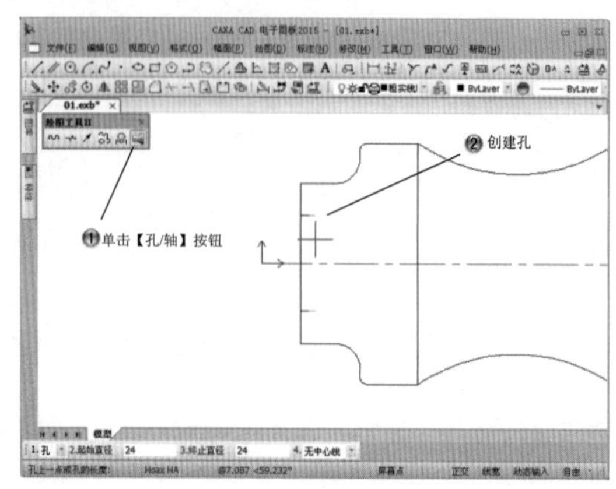

图 6-28　创建长 2 的孔

Step12 创建其余的孔，如图 6-29 所示。

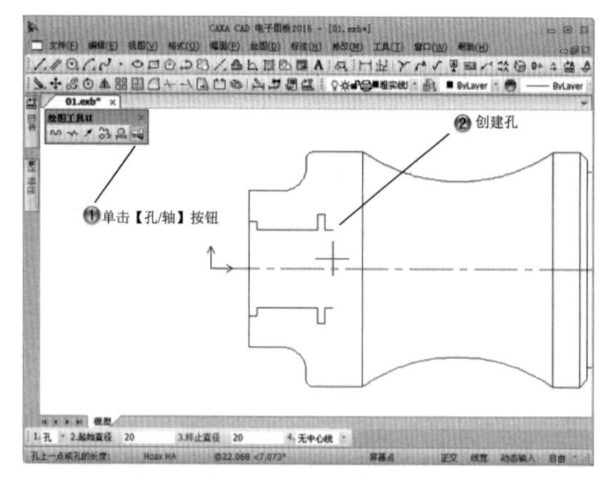

图 6-29　绘制其余孔

Step13 绘制多条直线，如图 6-30 所示。

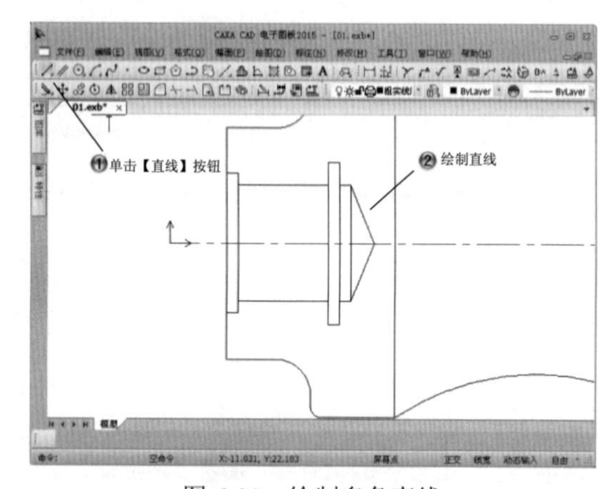

图 6-30　绘制多条直线

Step14 创建 2×2 的倒角，如图 6-31 所示。

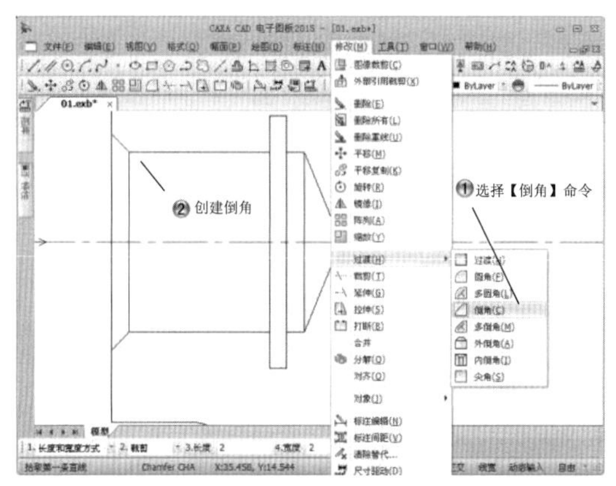

图 6-31　创建倒角

Step15 创建曲线，如图 6-32 所示。

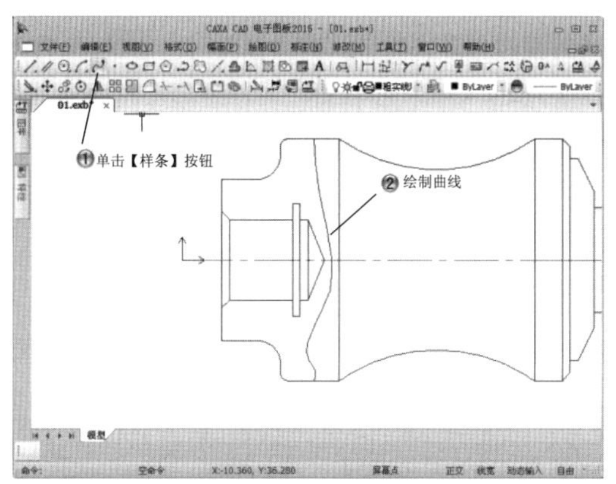

图 6-32　绘制曲线

Step16 创建剖面线，如图 6-33 所示。

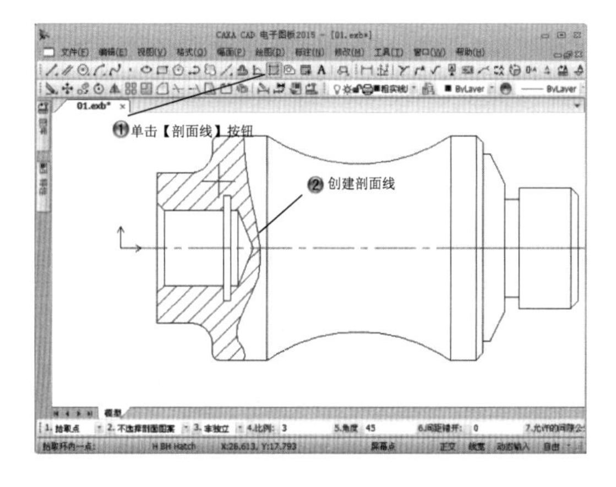

图 6-33　创建剖面线

Step17 使用尺寸标注命令进行标注，如图 6-34 所示。

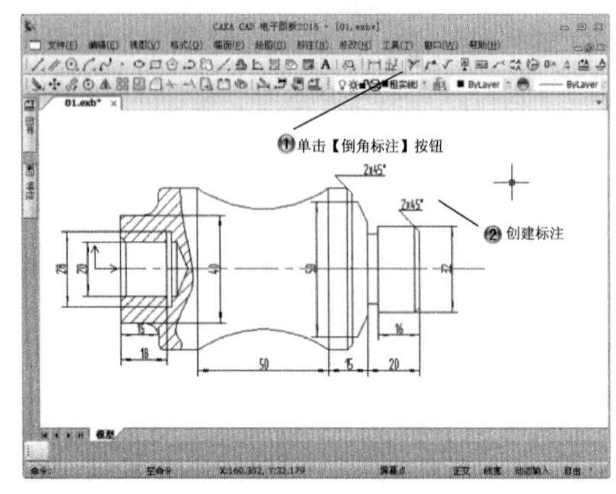

图 6-34　标注倒角

Step18 绘制半径为 30，20 和 10 的圆，如图 6-35 所示。

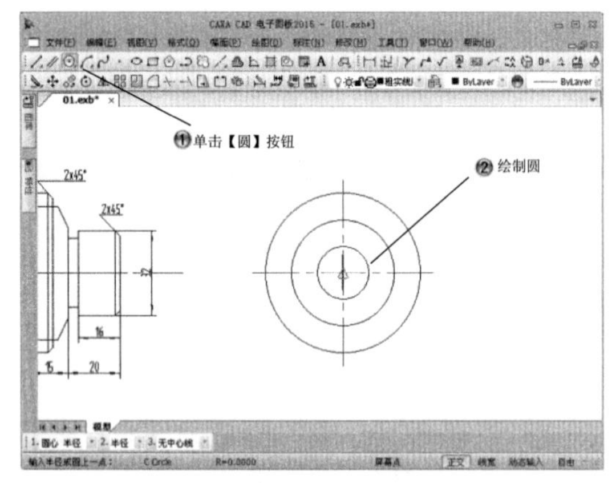

图 6-35　绘制 3 个圆形

Step19 完成导向轮图纸绘制，如图 6-36 所示。

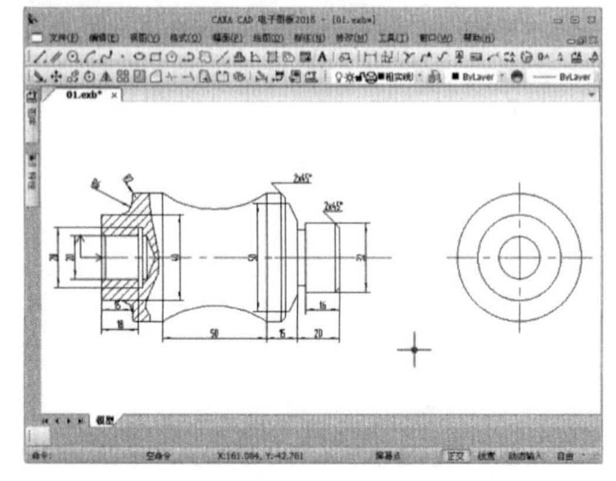

图 6-36　导向轮图纸

6.4 插入与链接

基本概念

CAXA 允许在文件中插入一个 OLE 对象。这个对象可以是新创建的对象，也可以从现有文件中创建；新创建的对象可以是嵌入的对象，也可以是链接的对象。实现以链接方式插入到文件中对象的有关链接操作，包括立即更新（更新文档）、打开源（编辑链接对象）、更改源（更换链接对象）和断开链接等操作。

课堂讲解课时：1 课时

6.4.1 设计理论

在【编辑】菜单中，菜单的内容随选中对象的不同而不同，如选中的对象是一个链接的 Word 文档，则菜单显示【链接】命令。不论该菜单项如何显示，选择【OLE 对象】选项后，都将弹出下一级子菜单，子菜单中包括【打开】、【转换】和【属】命令。如果是“midi”对象或“avi”对象，则还有一个【播放】命令。通过这些命令，可以对选中的对象进行测试、编辑和转换类型等操作。

6.4.2 课堂讲解

1. 插入

插入命令的执行方法有以下几种，如图 6-37 所示。

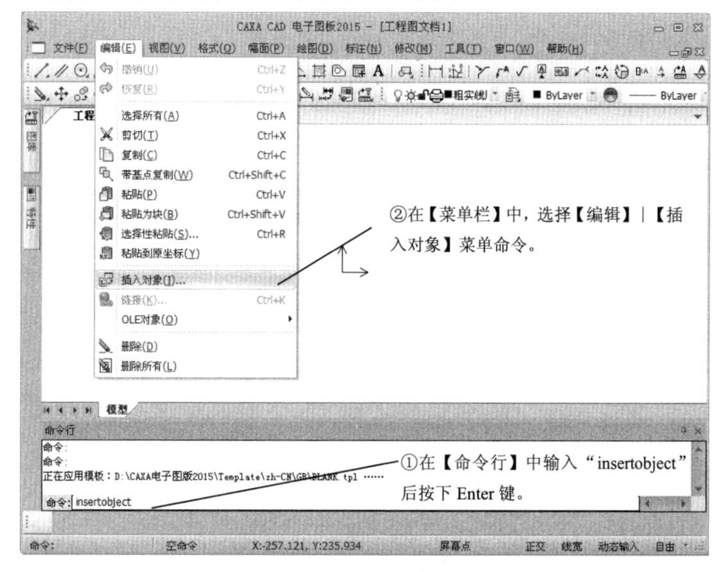

图 6-37　插入命令

插入命令的操作方法，如图 6-38 所示。

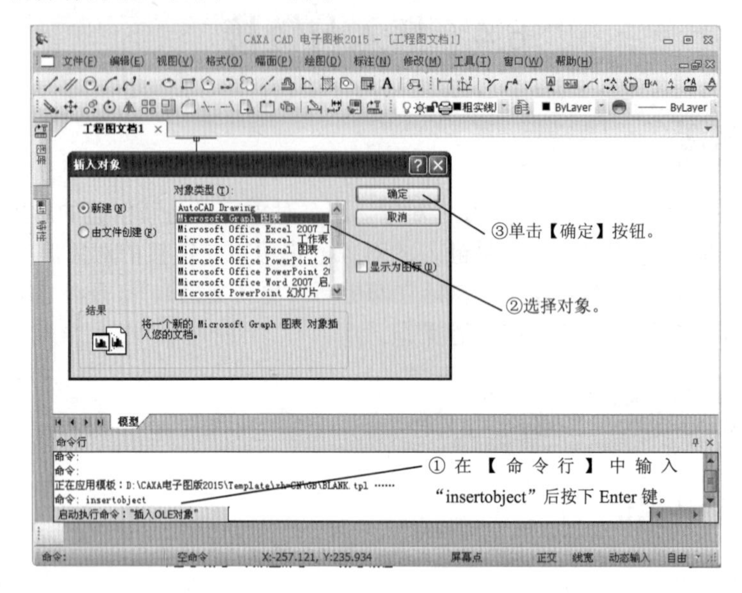

图 6-38　插入命令的操作

2. 链接

链接命令的执行方法有以下几种，如图 6-39 所示。

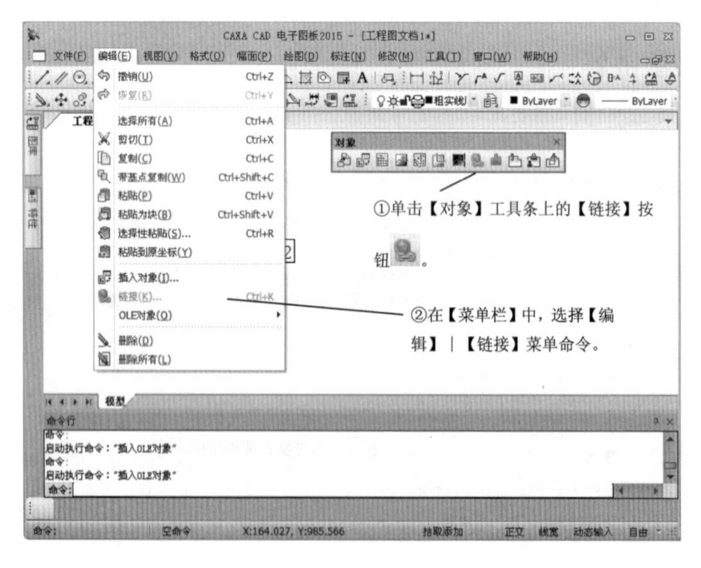

图 6-39　链接命令

3. OLE 对象

OLE 对象命令的执行方法有以下几种，如图 6-40 所示。

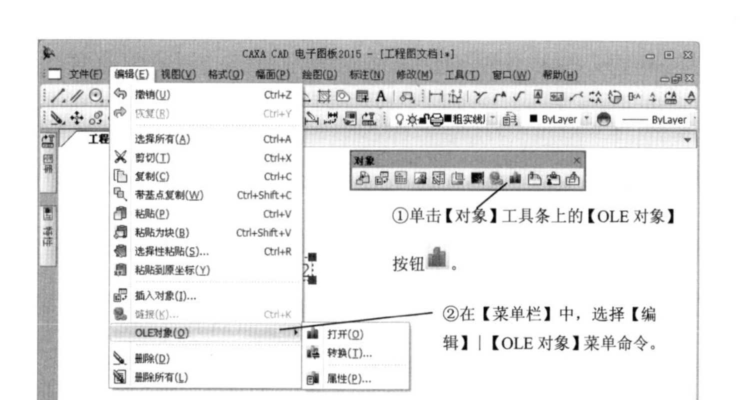

图 6-40　OLE 对象命令

OLE 对象操作的方法，如图 6-41 所示。

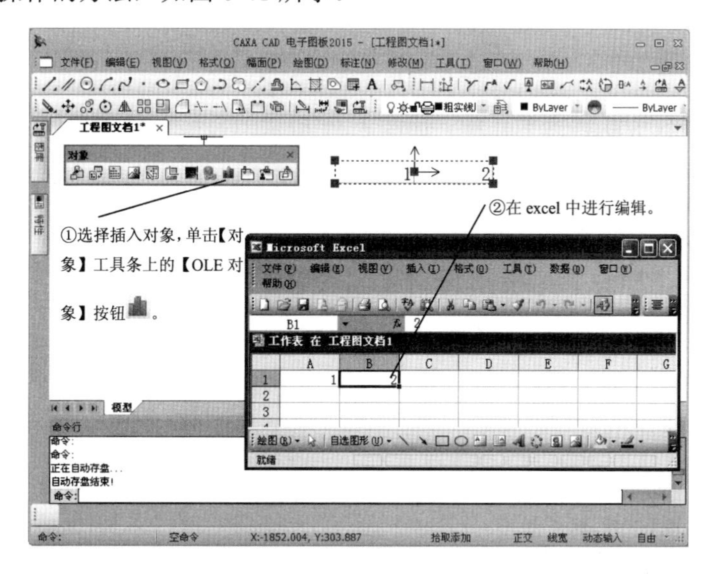

图 6-41　OLE 对象操作

6.5　特性匹配

基本概念

特性匹配使目标对象依照源对象的属性进行变化。CAXA 电子图板提供了面向对象，右键命令直接操作的功能，可以使用右键命令进行对象操作。

课堂讲解课时：1 课时

6.5.1 设计理论

通过特性匹配功能，用户可以大批量更改软件中的图形元素属性。通过右键快捷菜单即可直接对图形元素进行属性查询、属性修改、删除、平移、复制、粘贴、旋转、镜像等操作。

利用鼠标左键在绘图区拾取一个或多个图形元素，被拾取的图形元素呈高亮显示，单击鼠标右键，在弹出的快捷菜单中，系统提供了属性查询和属性修改的功能。

6.5.2 课堂讲解

1. 特性匹配

特性匹配的执行方法有以下几种，如图 6-42 所示。

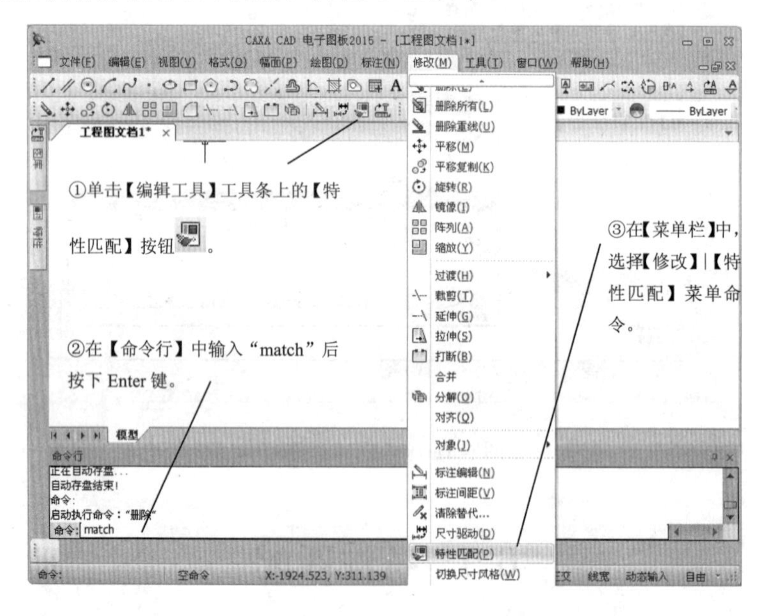

图 6-42 特性匹配

特性匹配的操作，如图 6-43 所示。

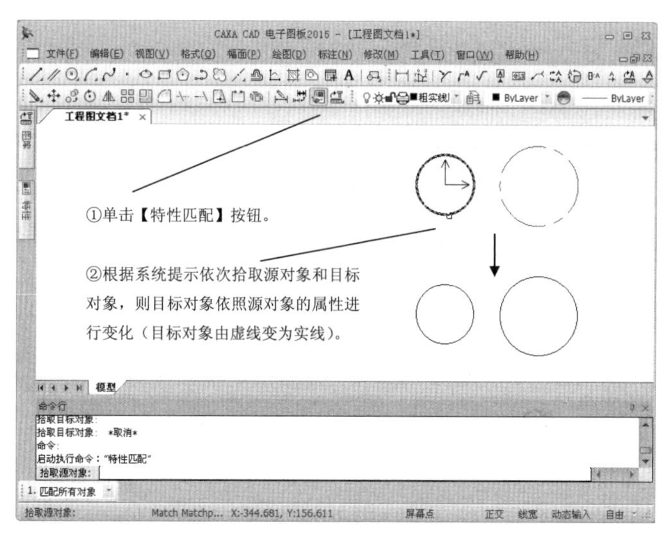

图 6-43　特性匹配操作结果

> 使用该功能对“图形”、“文字”、“标注”等对象均可进行属性修改。
>
> 名师点拨

2. 快捷菜单

（1）曲线编辑

利用鼠标左键在绘图区拾取一个或多个图形元素，被拾取的图形元素呈高亮显示，单击鼠标右键，弹出如图 6-44 所示的右键快捷菜单，在其中可选择相应的命令，对曲线进行编辑。对拾取的曲线进行删除、平移、复制、旋转、镜像、阵列、缩放等操作。

（2）属性操作

选择右键快捷菜单中的【特性】命令，系统弹出【特性】选项板，如图 6-45 所示，在该选项板中选择相应的选项可对图形元素的图层、线型和颜色等进行修改。

图 6-44　右键快捷菜单

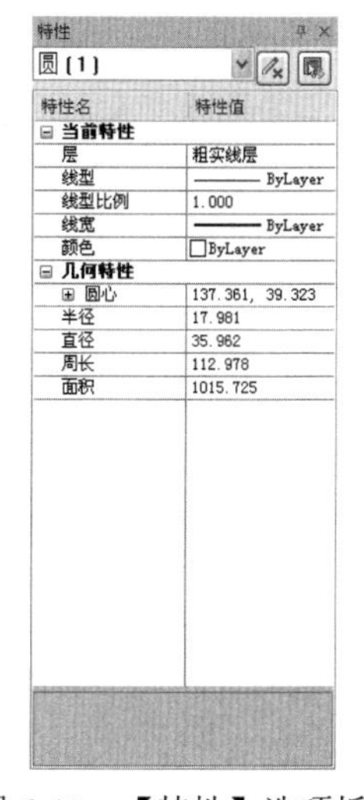

图 6-45　【特性】选项板

6.5.3 课堂练习——绘制泵体

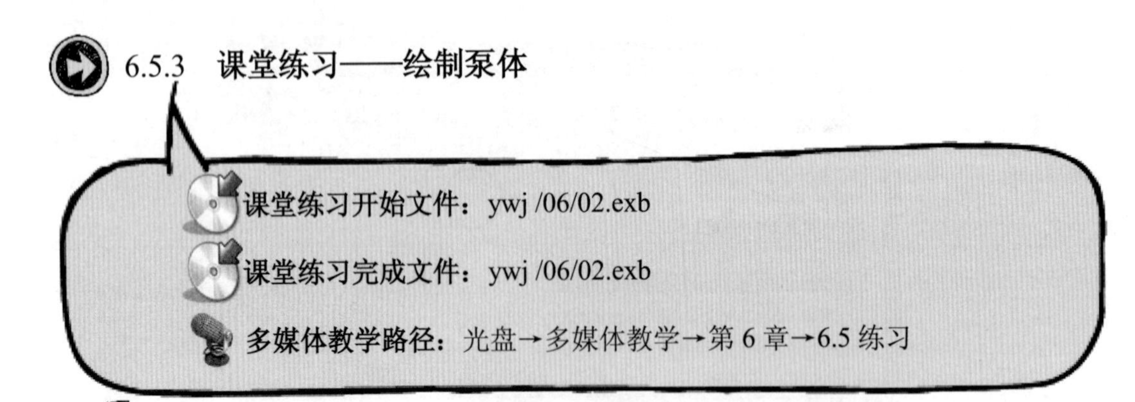

Step1 绘制半径为 7 和 49，60 和 65 的同心圆，如图 6-46 所示。

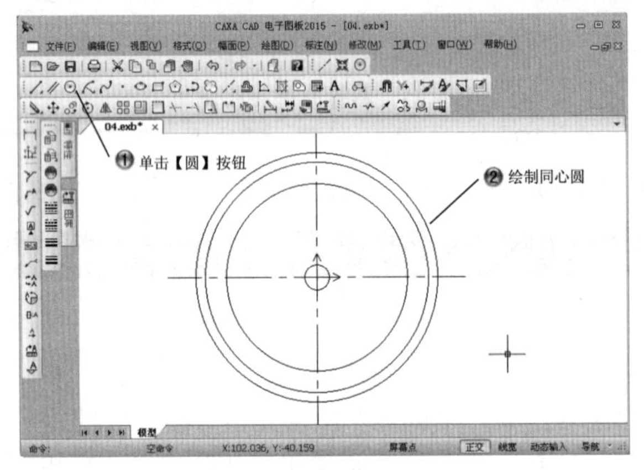

图 6-46　绘制同心圆

Step2 绘制半径为 3 的圆，如图 6-47 所示。

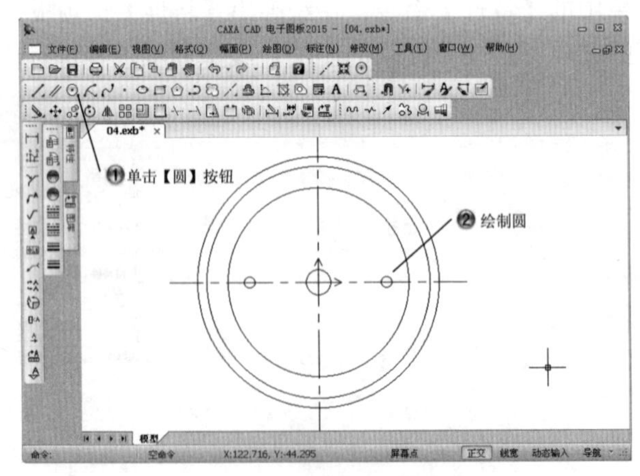

图 6-47　绘制半径为 3 的圆

Step3 绘制长为 6 和 32 的直线以及长为 11.17 和 32 的直线，如图 6-48 所示。

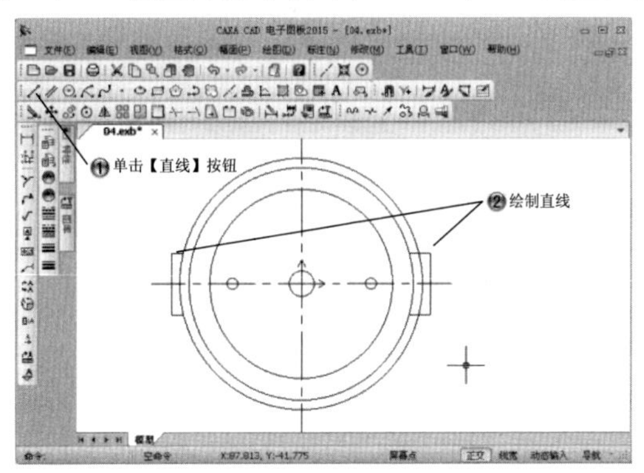

图 6-48　绘制直线

Step4 裁剪图形，如图 6-49 所示。

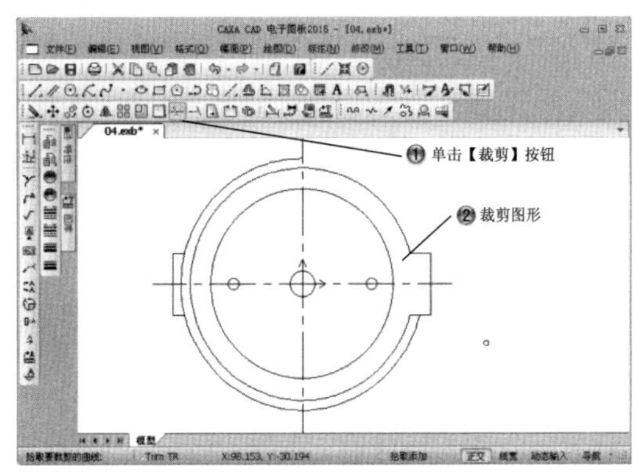

图 6-49　裁剪图形

Step5 绘制长为 18.5、14 的直线和半径为 10 的圆，再绘制长为 29.55、14、23.5、2 和 49 的直线，如图 6-50 所示。

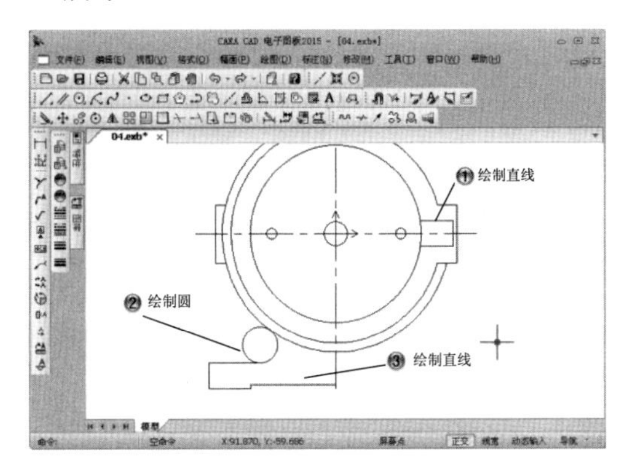

图 6-50　绘制圆和直线

Step6 裁剪图形，如图 6-51 所示。

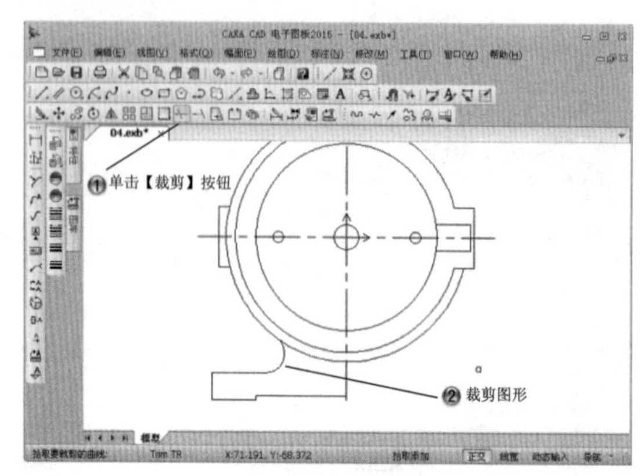

图 6-51　裁剪图形

Step7 绘制长宽为 2 的倒角以及半径为 2 的圆角，如图 6-52 所示。

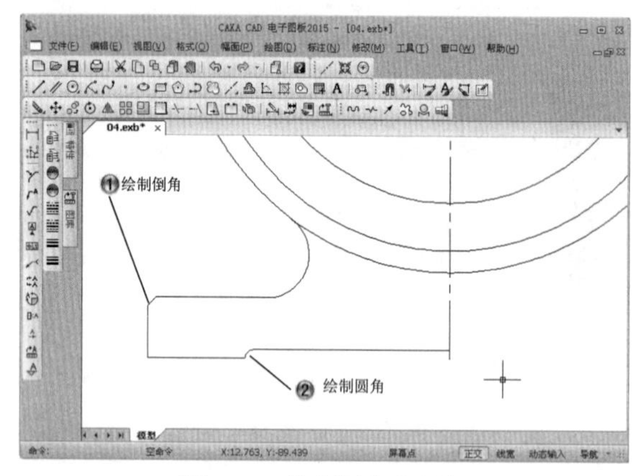

图 6-52　绘制倒角和圆角

Step8 绘制半径为 10 的圆以及长为 38.2、14、23.5、2 和 49 的直线，如图 6-53 所示。

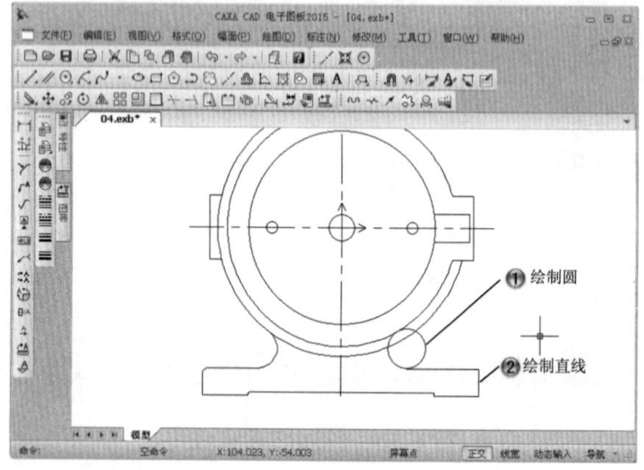

图 6-53　绘制圆和直线

Step9 裁剪图形，如图 6-54 所示。

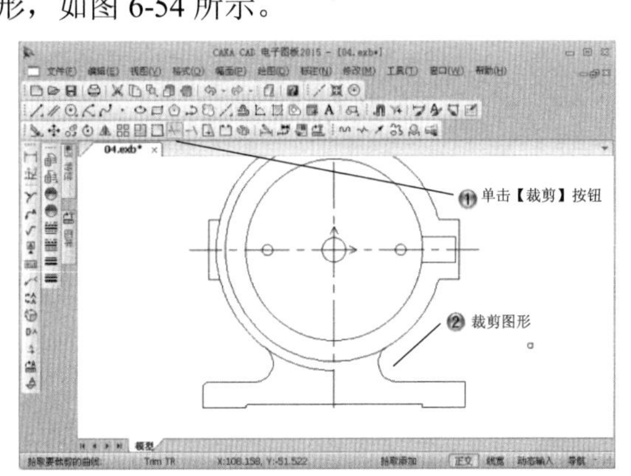

图 6-54　裁剪图形

Step10 绘制尺寸为 25×2 和 11×12 的矩形，如图 6-55 所示。

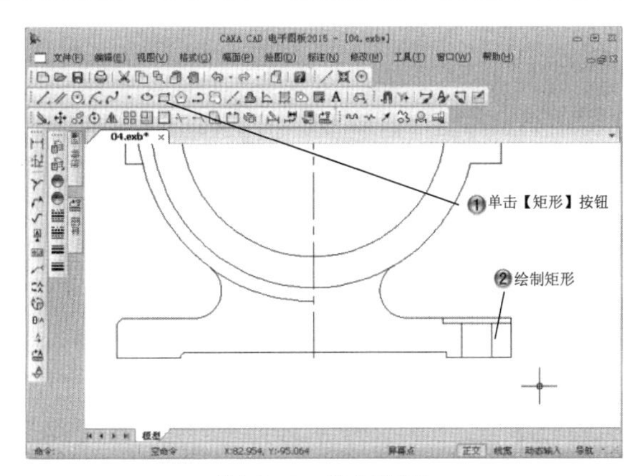

图 6-55　绘制矩形

Step11 绘制长宽为 2 的倒角，绘制和半径为 2 的圆角，如图 6-56 所示。

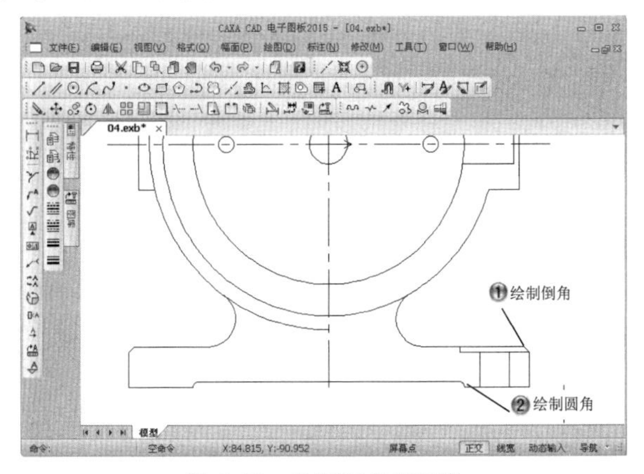

图 6-56　绘制倒角和圆角

Step12 裁剪图形，如图 6-57 所示。

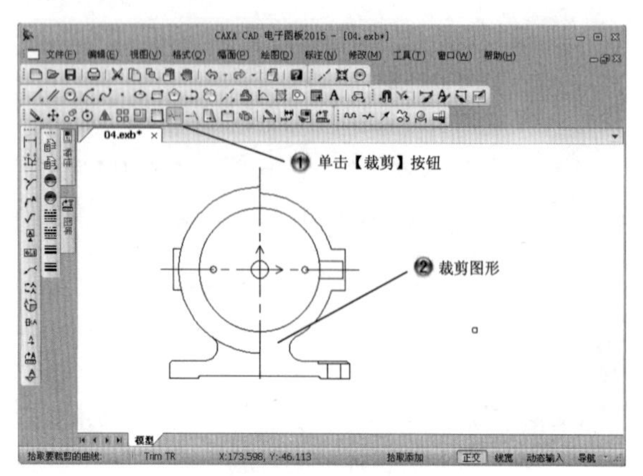

图 6-57　裁剪图形

Step13 填充图案，如图 6-58 所示。

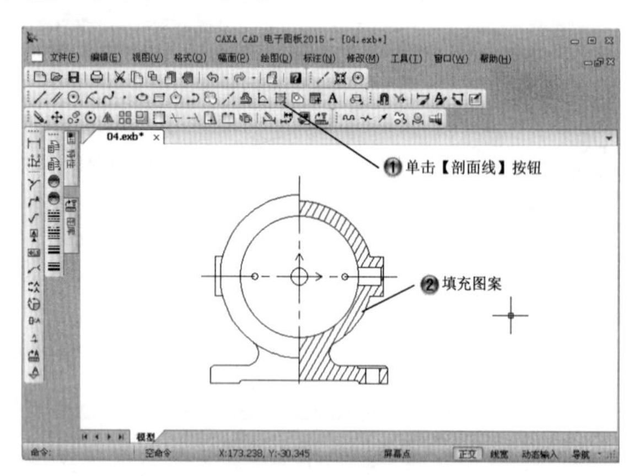

图 6-58　填充图案

Step14 绘制尺寸为 50×90 和 67×124 的矩形，如图 6-59 所示。

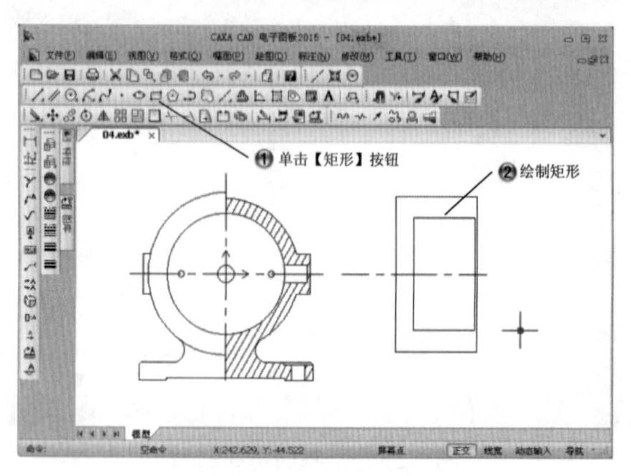

图 6-59　绘制矩形

Step15 绘制长为 2 和 21 的直线，如图 6-60 所示。

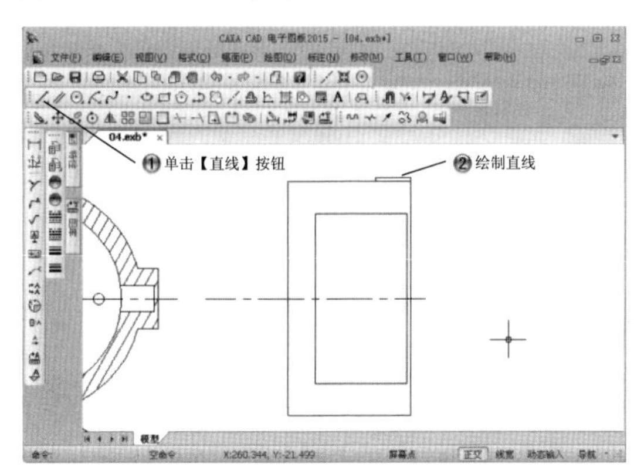

图 6-60　绘制长为 2 和 21 的直线

Step16 绘制长宽为 2 的倒角和半径为 3 的圆角，如图 6-61 所示。

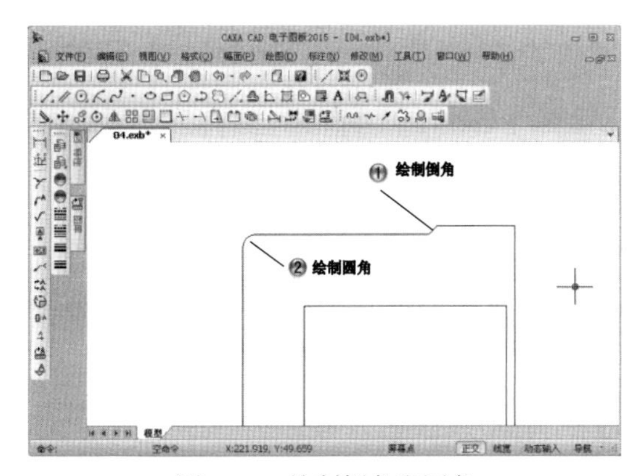

图 6-61　绘制倒角和圆角

Step17 绘制圆弧，如图 6-62 所示。

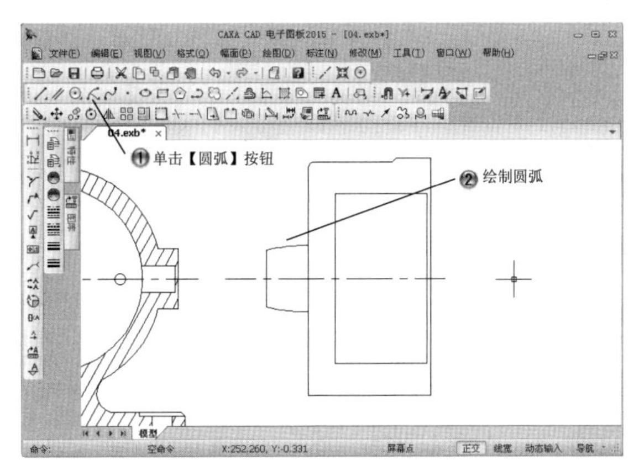

图 6-62　绘制圆弧

Step18 绘制半径为 3 的圆角，如图 6-63 所示。

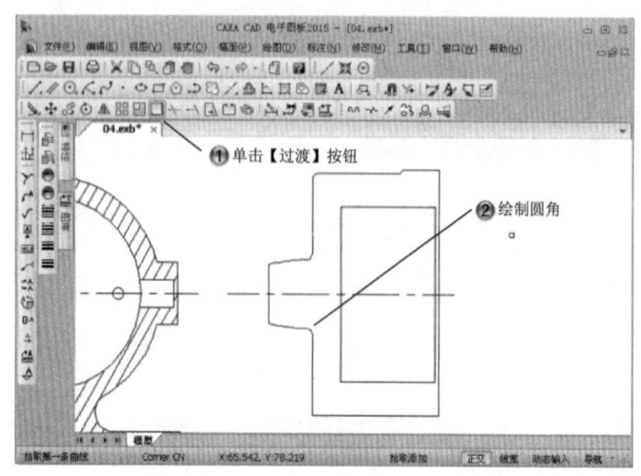

图 6-63　绘制半径为 3 的圆角

Step19 绘制尺寸为 10×3 和 4×2 的矩形，如图 6-64 所示。

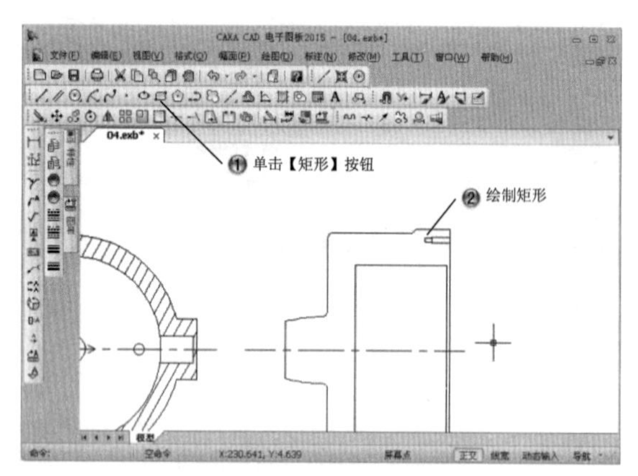

图 6-64　绘制矩形

Step20 绘制角度线，如图 6-65 所示。

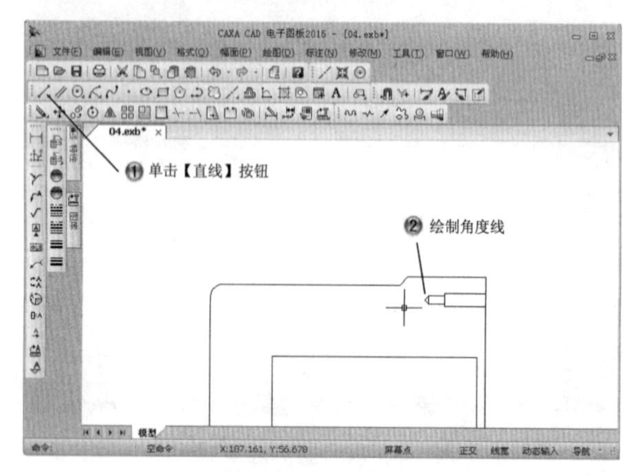

图 6-65　绘制角度线

Step21 绘制半径为 7 的圆和尺寸为 24×14 的矩形，如图 6-66 所示。

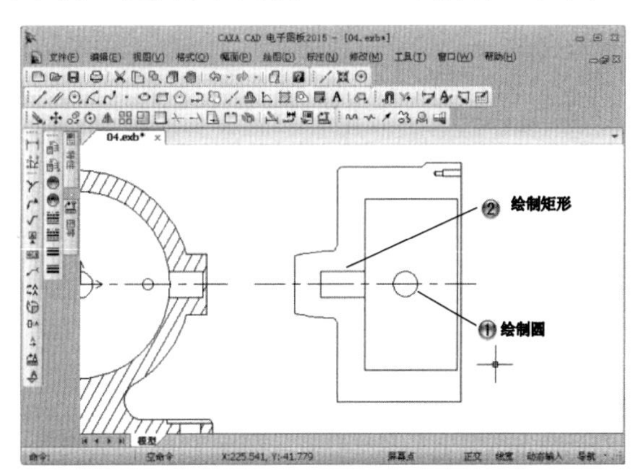

图 6-66　绘制圆和矩形

Step22 绘制角度线，如图 6-67 所示。

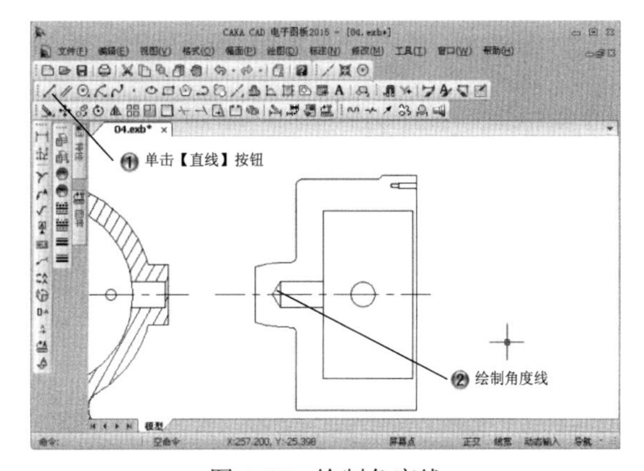

图 6-67　绘制角度线

Step23 绘制半径为 3 的圆角，如图 6-68 所示。

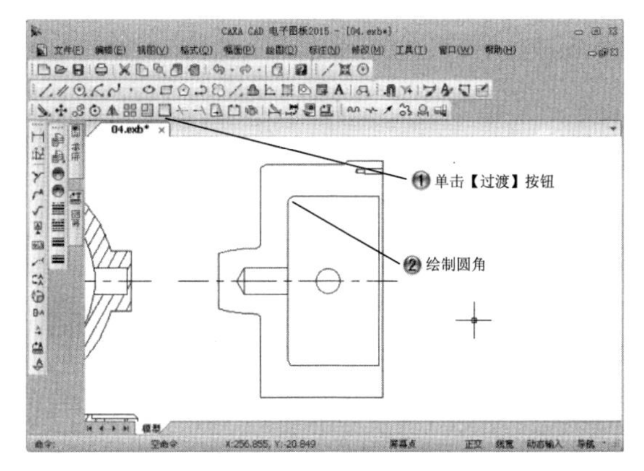

图 6-68　绘制半径为 3 的圆角

Step24 绘制长宽为 2 的倒角，如图 6-69 所示。

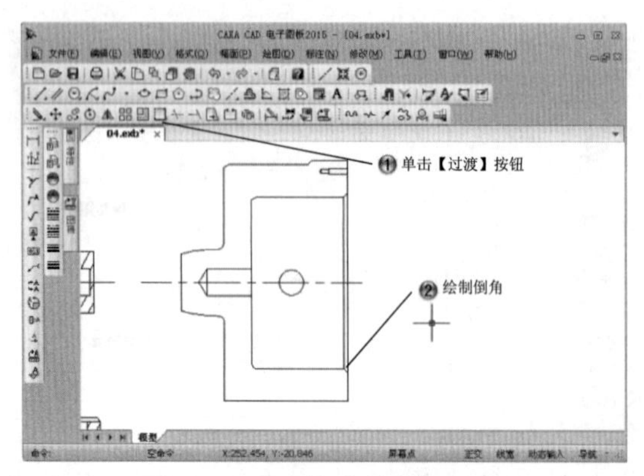

图 6-69　绘制长宽为 2 的倒角

Step25 绘制样条线，如图 6-70 所示。

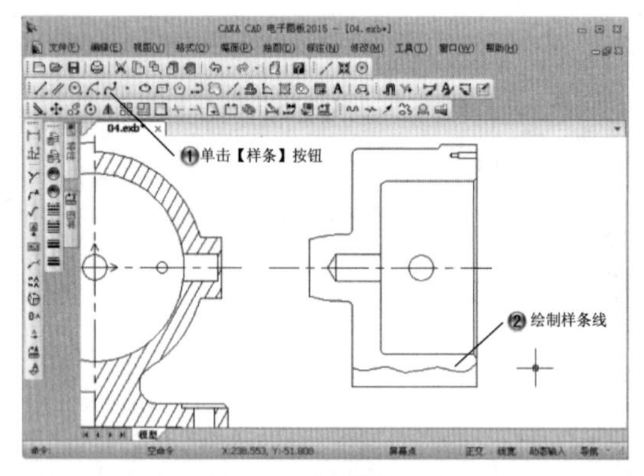

图 6-70　绘制样条线

Step26 绘制长为 33.5 和 47 的直线以及长为 47 和 18.65 的直线，如图 6-71 所示。

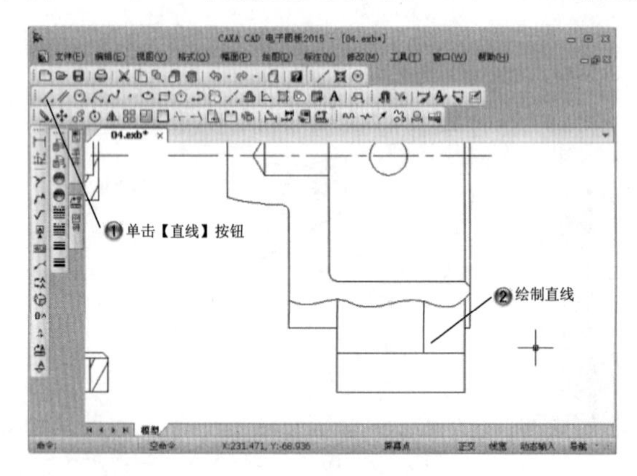

图 6-71　绘制直线

Step27 绘制半径为 3 的圆角，如图 6-72 所示。

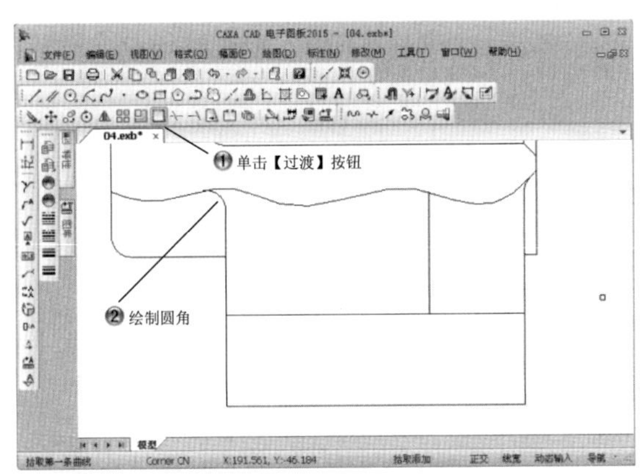

图 6-72　绘制半径为 3 的圆角

Step28 填充图案，如图 6-73 所示。

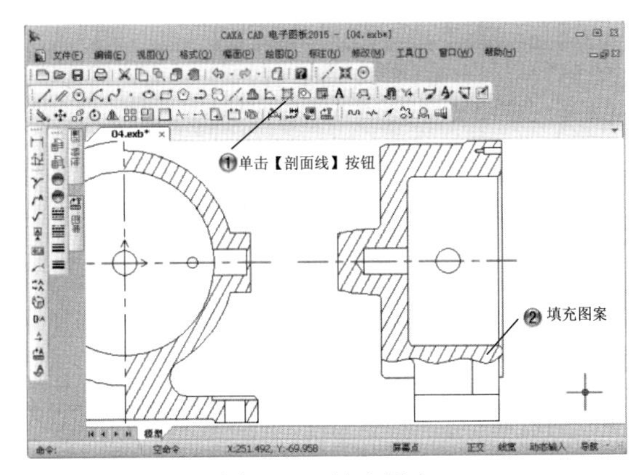

图 6-73　填充图案

Step29 绘制尺寸为 145×40 的矩形，如图 6-74 所示。

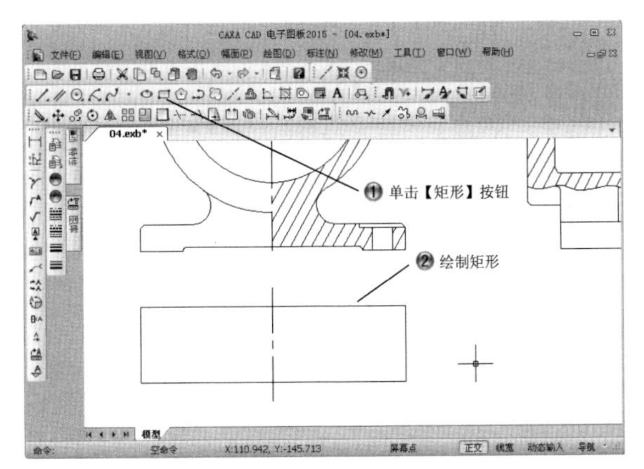

图 6-74　绘制尺寸为 145×40 的矩形

Step30 绘制半径为 6 和 12.5 的同心圆并绘制虚线，如图 6-75 所示。

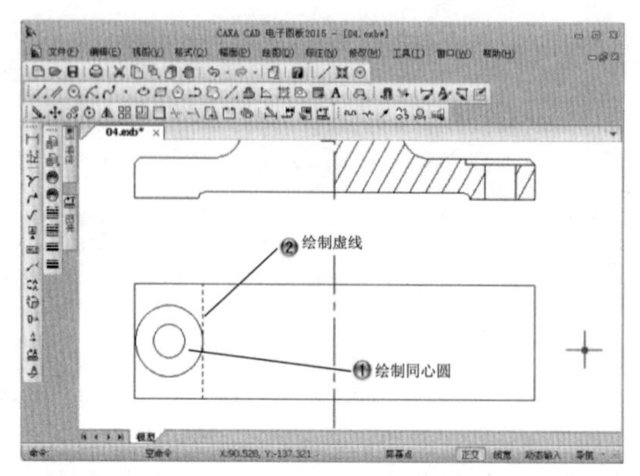

图 6-75　绘制圆和虚线

Step31 绘制长为 32、23.75 和 8 的直线，如图 6-76 所示。

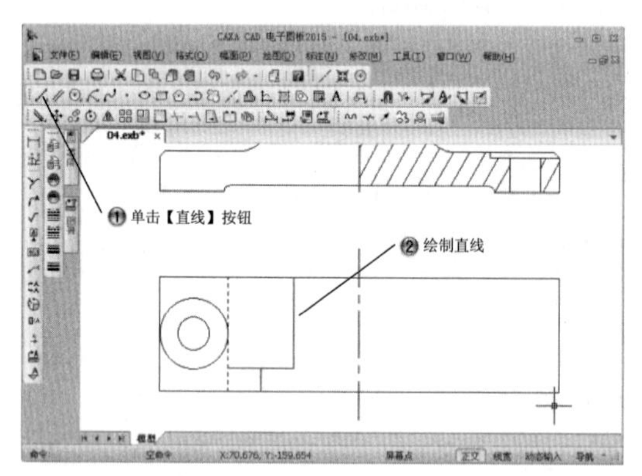

图 6-76　绘制长为 32、23.75 和 8 的直线

Step32 镜像图形，如图 6-77 所示。

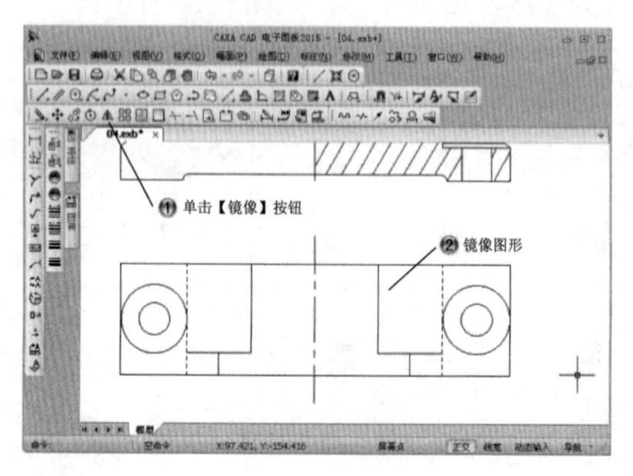

图 6-77　镜像图形

Step33 绘制半径为 3 的圆角和长宽为 3 的倒角，如图 6-78 所示。

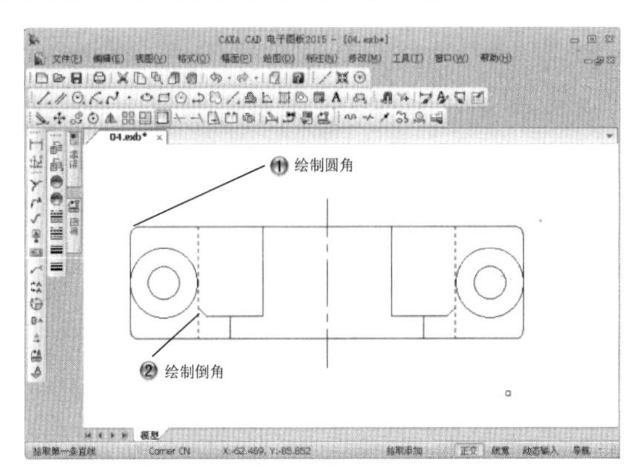

图 6-78 绘制圆角和倒角

Step34 填充图案，如图 6-79 所示。

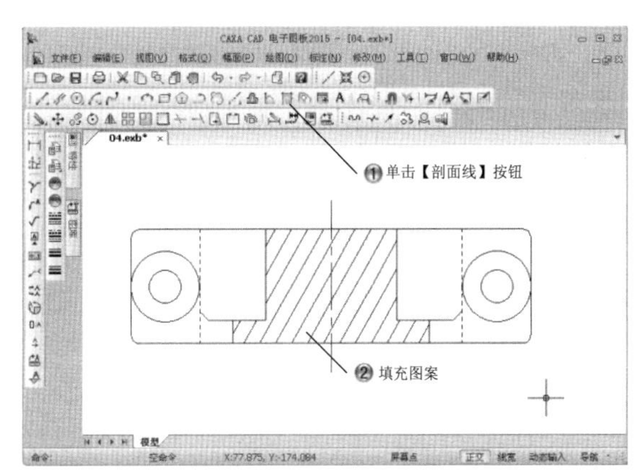

图 6-79 填充图案

Step35 绘制文字，完成泵体的绘制，如图 6-80 所示。

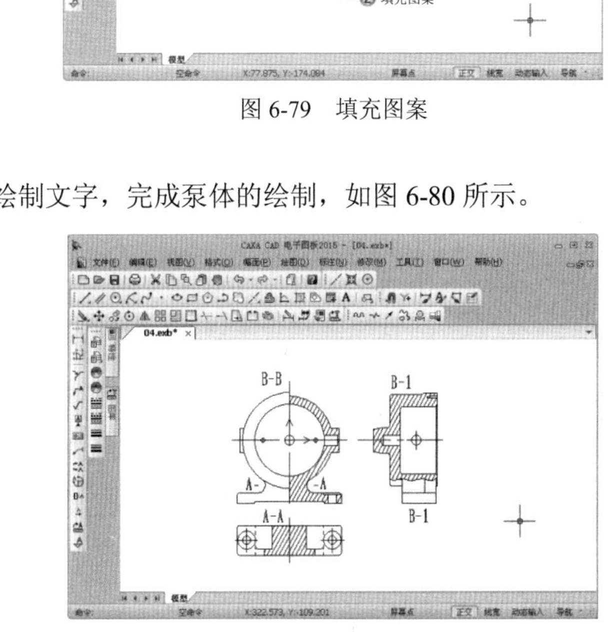

图 6-80 完成的泵体

6.6 专家总结

本章主要介绍了图形的编辑和排版命令，图形绘制完成后，还要进行相应的撤销、恢复、删除、复制、插入、链接等操作。通过课堂练习的操作，可以学习相应的图形编辑和排版命令。

6.7 课后习题

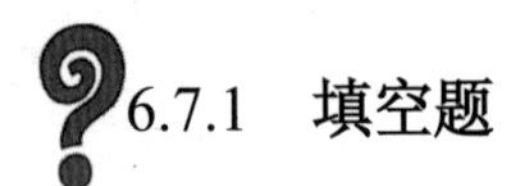

6.7.1 填空题

（1）剪贴板的命令有________种。

（2）还原上一步图形的命令是________。

（3）删除命令有________、________、________。

6.7.2 问答题

（1）如何恢复需要的图形？

（2）撤销和恢复命令的区别是什么？

（3）特性匹配的作用是什么？

6.7.3 上机操作题

如图 6-81 所示，是一个固定件的草图，绘制时基本使用图形编辑命令来完成轮廓。

一般创建步骤和方法：

（1）绘制中心线。

（2）绘制主视图及对应右视图。

（3）标注尺寸。

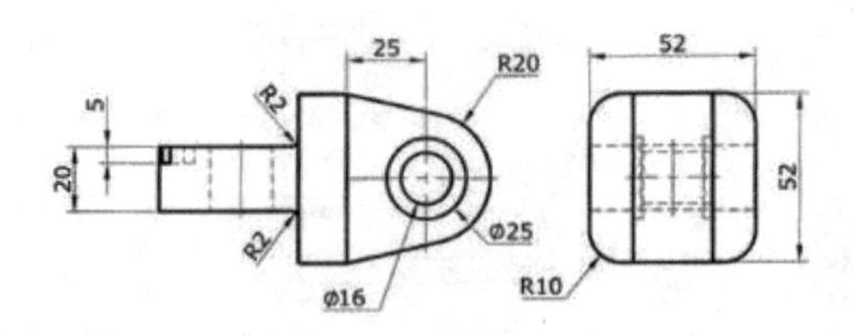

图 6-81 固定件

第 7 章　界面定制与界面操作

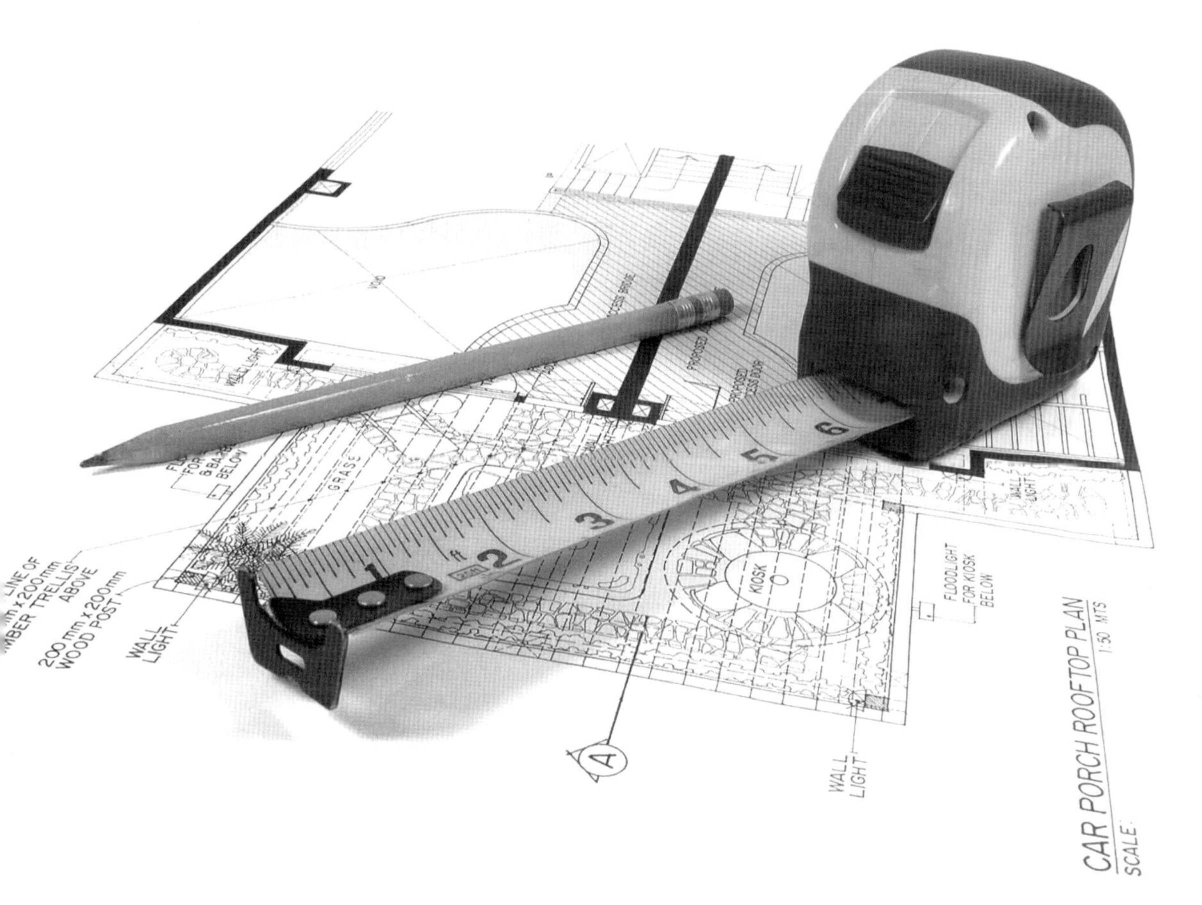

课训目标	内　容	掌握程度	课　时
	界面定制	熟练运用	2
	界面操作	熟练运用	2

课程学习建议

CAXA 电子图板的界面风格是完全开放的，用户可以随心所欲地进行界面定制和界面操作，使界面的风格更加符合个人的使用习惯。另外，CAXA 电子图板提供了一些控制图形显示的命令以便于观察图形，这对提高绘图效率和观察图形效果具有重要的作用。

界面定制主要是对界面的一些工具条、外部工具、快捷键等进行自定义的设置。电子图板提供了一组默认的菜单和工具条命令组织方案，一般情况下这是一组比较合理和易用的组织方案，但是用户也可以根据自己的需要通过使用界面定制工具重新组织菜单和工具条，即可以在菜单和工具条中添加和删除命令。

界面操作主要包括切换界面、保存和加载界面配置和界面重置等操作方法。

本课程针对软件界面的定制和操作命令进行讲解，其培训课程表如下。

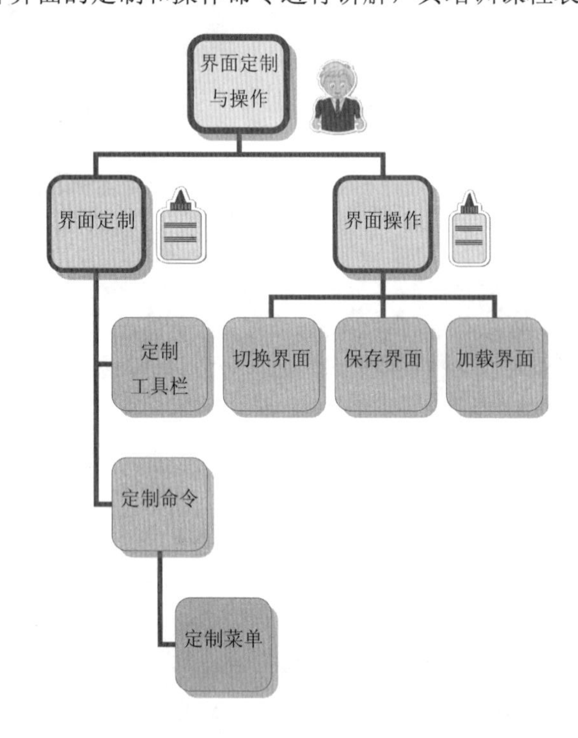

7.1 界面定制

CAXA 的界面定制指的是对软件操作界面上的所有工具进行定制，包括位置的移动、命令的增减等操作。

课堂讲解课时：2 课时

7.1.1 设计理论

CAXA 的界面定制包括对工具条显示和隐藏、在工具条和菜单栏增减命令、定制工具条和按钮命令等内容，在设置的时候一般使用右键快捷菜单命令和【自定义】对话框进行操作。

7.1.2 课堂讲解

1. 显示/隐藏工具条

在工具条上单击鼠标右键，弹出如图 7-1 所示的右键快捷菜单，其中列出了【主菜单】、【工具条】（本书统一称为工具条）、【立即菜单】和【状态条】等菜单项，其中带“√”的表示当前工具条正在显示，单击菜单中的菜单项可以使相应的工具条或菜单栏，在显示和隐藏的状态之间进行切换。

2. 在菜单栏和工具条中添加命令

在菜单栏和工具条中添加命令的操作，如图 7-2 所示。

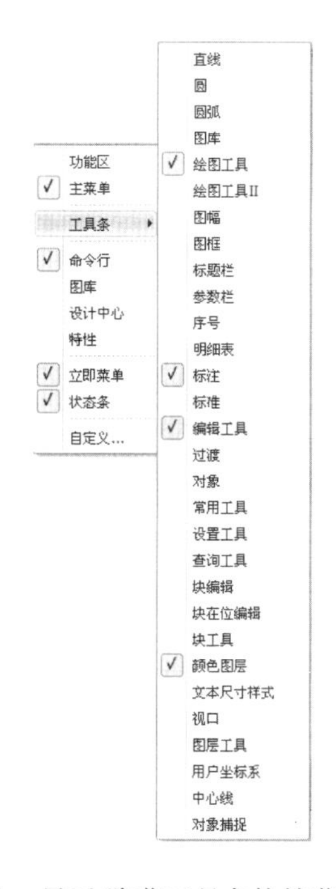

图 7-1 显示/隐藏工具条快捷菜单

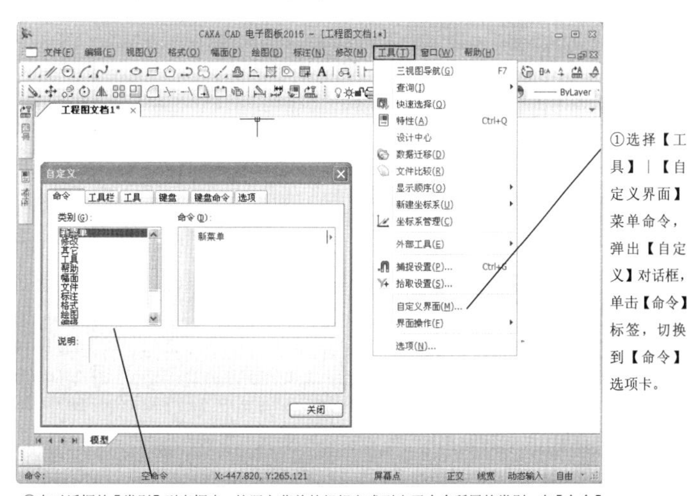

②在对话框的【类别】列表框中，按照主菜单的组织方式列出了命令所属的类别，在【命令】列表框中列出了在该类别中所有的命令，选择其中一个命令后，在【说明】栏中显示对该命令的说明。这时，可以利用鼠标左键拖动所选择的命令到需要的菜单中，当菜单显示命令列表时，拖动鼠标至放置命令的位置，然后松开鼠标。

③将命令插入到工具条中的方法也是一样的，只不过是在鼠标移动到工具条中所需的位置时再松开鼠标左键。

图 7-2 添加命令操作

3. 在菜单栏和工具条中删除命令

在菜单栏和工具条中删除命令的操作，如图 7-3 所示。

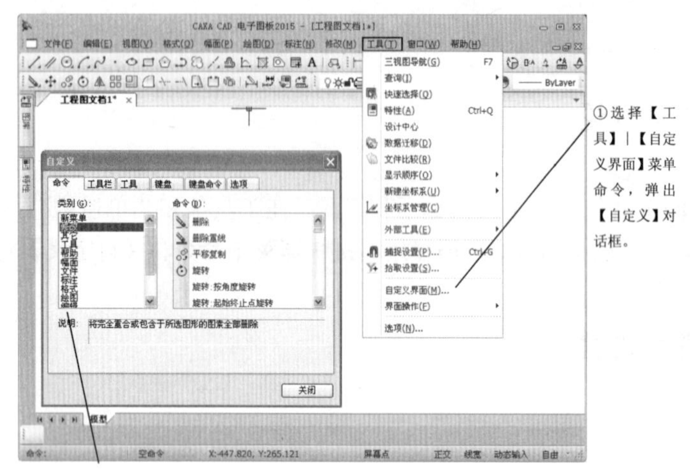

图 7-3 删除命令操作

4. 定制工具条

选择【工具】|【自定义界面】菜单命令，弹出【自定义】对话框，单击【工具栏】标签，切换到【工具栏】选项卡，如图 7-4 所示。

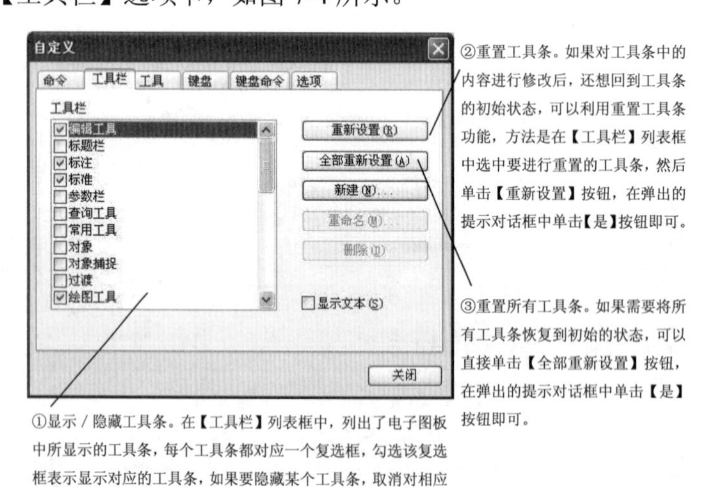

图 7-4 【自定义】对话框【工具栏】选项卡

当工具条被全部重置以后，所有的自定义界面信息将全部丢失，不可恢复，因此进行全部重置操作时应该慎重。

名师点拨

工具条的操作，如图 7-5 所示。

①新建工具条。单击对话框中的【新建】按钮，弹出【工具条名称】对话框，在其文本框中输入新建工具条的名称，单击【确定】按钮，就可以新创建一个工具条，然后用户可按照前面介绍的方法向工具条中添加按钮，通过这种方法可以将常用的功能按钮进行重新组合。

②重命名自定义工具条。在【工具条】列表框中选择要重命名的自定义工具条，然后单击【重命名】按钮，在弹出的对话框中输入新的工具条名称，单击【确定】按钮后就可以完成重命名操作。

③删除自定义工具条。在【工具条】列表框中选择要删除的自定义工具条，然后单击【删除】按钮，在弹出的提示对话框中单击【是】按钮，即可完成删除操作。

图 7-5　工具条操作

> 用户只能对自己创建的工具条进行重命名和删除操作，不能更改电子图板自带工具条的名称，也不能删除电子图板自带的工具条。
>
> 名师点拨

5. 按钮下方显示文本

按钮下显示文本的操作，如图7-6所示。

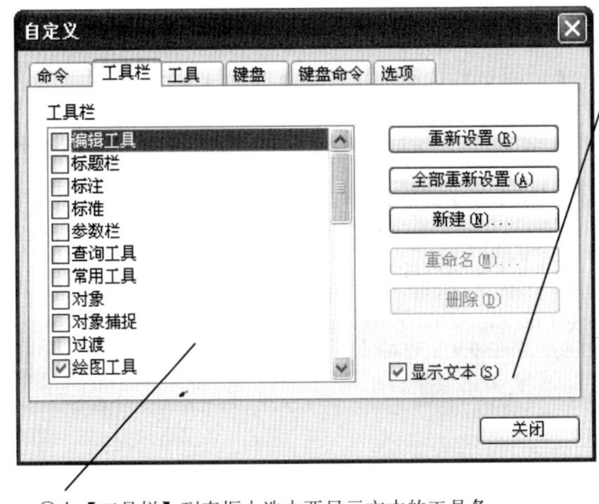

②然后启用【显示文本】复选框，这时主工具条图标按钮的下方就会显示出文字说明。取消启用【显示文本】复选框后，文字说明也就不再显示了。

①在【工具栏】列表框中选中要显示文本的工具条。

图 7-6　启用【显示文本】复选框

6. 定制外部工具

在电子图板中，通过外部工具定制功能，可以把一些常用的工具集成到电子图板中，使用起来会十分方便。

选择【工具】|【自定义界面】菜单命令，弹出【自定义】对话框，单击【工具】标签，切换到【工具】选项卡，如图 7-7 所示。

在【菜单目录】列表框中，列出了电子图板中已有的外部工具，每一项中的文字就是这个外部工具在【工具】菜单中显示的文字；列表框上方的 4 个按钮分别代表【新建】、【删除】、【上移一层】、【下移一层】；列表框下面的【命令】文本框中记录的是当前选中外部工具的执行文件名，【行变量】文本框中记录的是程序运行时所需的参数，【初始目录】文本框中记录的是执行文件所存的目录。通过此选项卡，用户可以进行以下操作。

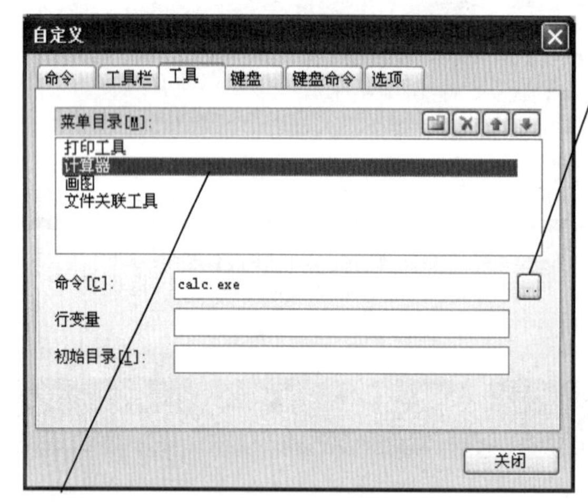

②修改已有外部工具的执行文件。在【菜单目录】列表框中选择要改变执行文件的外部工具，【命令】文本框中会显示该外部工具所对应的执行文件，用户可以在文本框中输入新的执行文件名，也可以单击文本框右侧的按钮，弹出【打开】对话框，在对话框中选择所需的执行文件即可。

①修改外部工具的菜单内容。存【菜单目录】列表框中双击要改变菜单内容的外部工具，在相应的位置会出现一个文本框，在该文本框中可以输入新的菜单内容，输入完成后按下 Enter 键确认即可完成外部工具的更名操作。

图 7-7 【自定义】对话框【工具】选项卡

如果在【初始目录】文本框中输入了应用程序所在的目录，那么在【命令】文本框中只输入执行文件的文件名即可；如果在【初始目录】文本框中没有输入目录，那么在【命令】文本框中就必须输入完整的路径及文件名。

外部工具操作，如图 7-8 所示。

①添加新的外部工具。单击【新建】按钮，在【菜单目录】列表框的末尾一行会自动添加一个文本框，在文本框中输入新的外部工具在菜单中显示的名称，按下 Enter 键确认。然后在【命令】、【行变量】和【初始目录】文本框中输入外部工具的执行文件名、行变量参数和执行文件所在的目录，如果在【命令】文本框中输入了包含路径的全文件名，则【初始目录】文本框也可以不填。

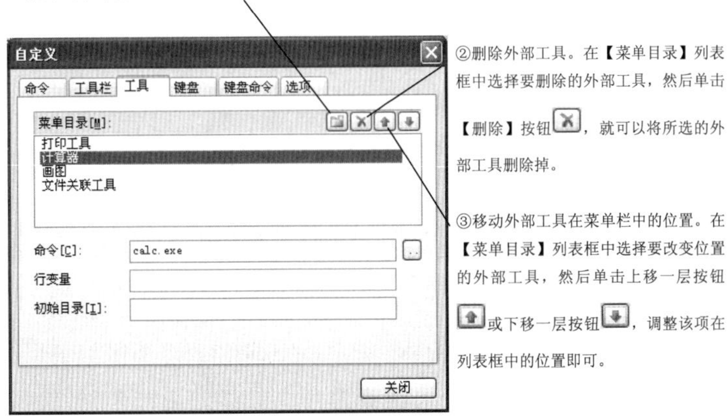

图 7-8 外部工具操作

7. 定制快捷键

在电子图板中，用户可以为每一个命令指定一个或多个快捷键，这样对于常用的功能，就可以通过快捷键来提高操作的速度和效率。

选择【工具】|【自定义界面】菜单命令，弹出【自定义】对话框，单击【键盘】标签，切换到【键盘】选项卡，如图 7-9 所示。

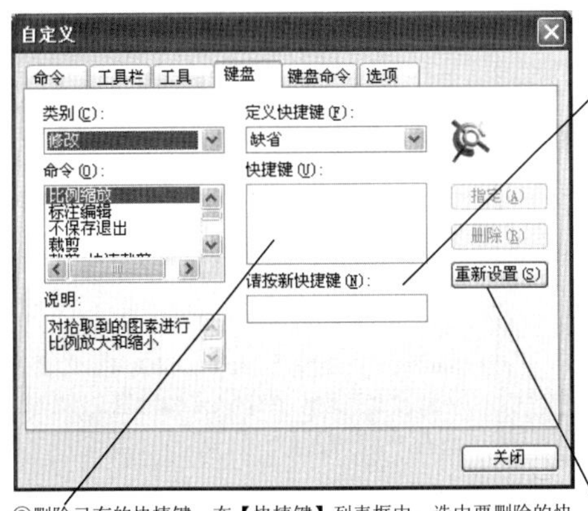

①指定新的快捷键。在【命令】列表框中选中要指定快捷键的命令后，单击【请按新快捷键】文本框，然后输入要指定的快捷键，如果输入的快捷键已被其他命令使用了，则会弹出对话框提示重新输入快捷键，单击【指定】按钮就可以将这个快捷键添加到【快捷键】列表框中。关闭【自定义】对话框后，使用刚刚定义的快捷键，就可以执行相应的命令。

②删除已有的快捷键。在【快捷键】列表框中，选中要删除的快捷键，然后单击【删除】按钮，就可以删除掉所选的快捷键。

③恢复快捷键的初始设置。如果需要将所有快捷键恢复到初始的设置，可以单击【重新设置】按钮，在弹出的提示对话框中单击【是】按钮重置即可。

图 7-9 【自定义】对话框【键盘】选项卡

在【类别】下拉列表中，可以选择命令的类别，命令的分类是根据菜单栏的组织而划分的。在【命令】列表框中列出了在该类别中的所有命令，当选择了一个命令以后，会在右侧的【快捷键】列表框中列出该命令的快捷键。通过该选项卡可以实现以下功能。

在定义快捷键时，最好不要使用单个的字母作为快捷键，而是要加上 Ctrl 和 Alt 键，因为快捷键的级别比较高，如定义打开文件的快捷键为“O”，则用户在命令行中输入平移命令“move”时，再输入“O”时就会激活打开文件。

重置快捷键以后，所有的自定义快捷键设置都将丢失，因此进行重置操作时应该慎重。

8. 定制键盘命令

在电子图板中，除了可以为每一个命令指定一个或多个快捷键以外，还可以指定一个键盘命令，键盘命令不同于快捷键命令，快捷键命令只能使用一个键（可以同时包含功能键 Ctrl 和 A1t），按下快捷键以后立即响应，执行命令；而键盘命令可以由多个字符组成，不区分大小写，输入键盘命令以后需要按 Space 键或 Enter 键后才能执行，由于所能定义的快捷键比较少，因此键盘命令是快捷键命令的补充，两者相辅相成，可以大大提高绘图的速度。

选择【工具】|【自定义界面】菜单命令，弹出【自定义】对话框，单击【键盘命令】标签，切换到【键盘命令】选项卡，如图 7-10 所示。

①指定新的键盘命令。在【命令】列表框中选中要指定键盘命令的命令后，在【输入新的键盘命令】文本框中单击，然后输入要指定的键盘命令，单击【指定】按钮，如果输入的键盘命令已被其他命令使用了，则会弹出对话框提示重新输入，单击【指定】按钮将定义的键盘命令添加到【键盘命令】列表框中。关闭【自定义】对话框以后，使用刚刚定义的键盘命令就可以执行相应的命令。

②删除已有的键盘命令。在【命令】列表框中，选中要删除的键盘命令，然后单击【删除】按钮，就可以删除掉所选的键盘命令。

③恢复键盘命令的初始设置。如果需要将所有键盘命令恢复到初始的设置，可以单击【重置所有】按钮，在弹出的提示对话框中单击【是】按钮即可重置。

图 7-10 【自定义】对话框【键盘命令】选项卡

在【目录】下拉列表中可以选择命令的类别，命令的分类是根据菜单栏的组织而划分的。在【命令】列表框中列出了在该菜单中的所有命令，当选择了一个命令后，会在右侧的【键盘命令】列表框中列出该命令的命令键。通过该选项卡可以实现以下功能。

名师点拨

重置键盘命令后，所有的自定义键盘命令设置都将丢失，因此进行重置操作时应该慎重。

9. 其他界面定制选择

选择【工具】|【自定义界面】菜单命令，弹出【自定义】对话框，单击【选项】标签，切换到【选项】选项卡，如图 7-11 所示。

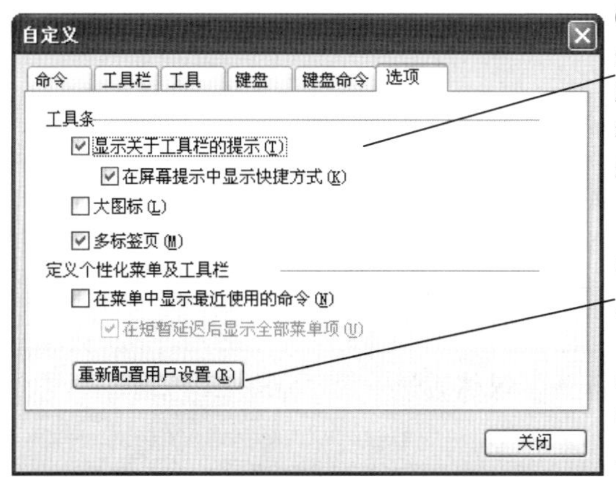

①工具条显示效果。在选项卡的上半部分是 3 个有关工具条显示效果的选项，用户可以选择是否显示关于工具条的提示、是否在屏幕提示中显示快捷方式、是否将按钮显示成大图标。

②重置个性化菜单。单击【重新配置用户设置】按钮后，会弹出一个对话框询问是否需要重置个性化菜单，单击【是】按钮，则个性化菜单会恢复到初始设置。在初始设置中，提供了一组默认的菜单显示频率，自动将一些使用频率高的菜单放到前台显示。

图 7-11 【自定义】对话框【选项】选项卡

在使用了个性化菜单风格以后，菜单中的内容会根据用户的使用频率而改变，常用的菜单会出现在菜单的前台，而总不使用的菜单将会隐藏到幕后，如图 7-12 所示；当光标在菜单上停留片刻或单击菜单下方的下拉箭头后，会列出整个菜单，如图 7-13 所示。

图 7-12 个性化菜单

图 7-13 整个个性化菜单

CAXA 电子图板在初始设置中没有使用个性化菜单，如果用户需要使用个性化菜单，可以在【选项】选项卡中启用【在菜单中显示最近使用的命令】复选框。

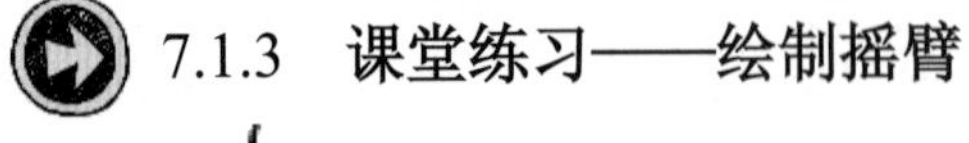

7.1.3 课堂练习——绘制摇臂

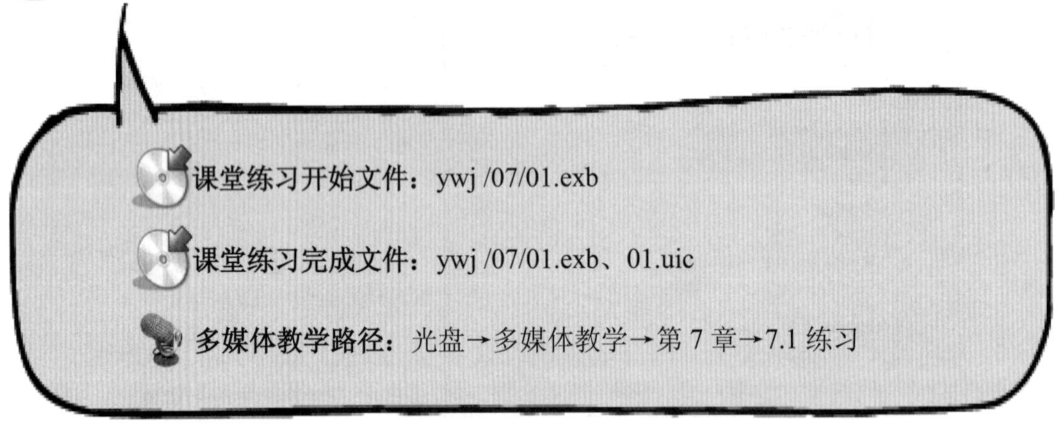

课堂练习开始文件： ywj /07/01.exb

课堂练习完成文件： ywj /07/01.exb、01.uic

多媒体教学路径： 光盘→多媒体教学→第 7 章→7.1 练习

Step1 选择【自定义界面】命令，自定义命令，如图 7-14 所示。

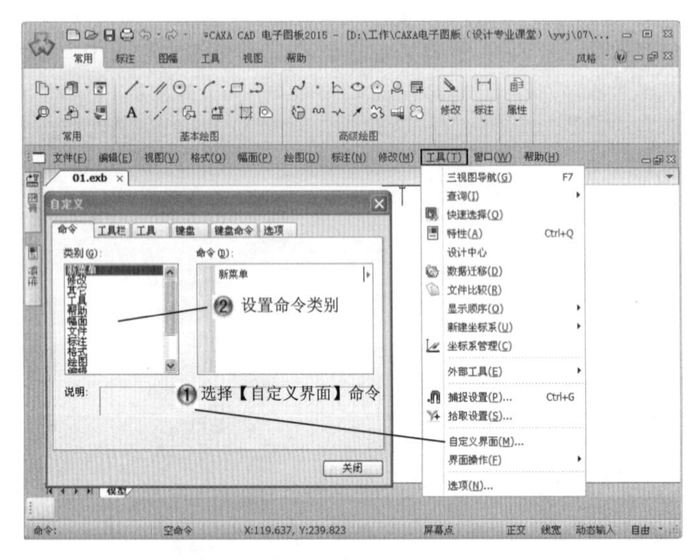

图 7-14　命令自定义

Step2 自定义工具栏，如图 7-15 所示。

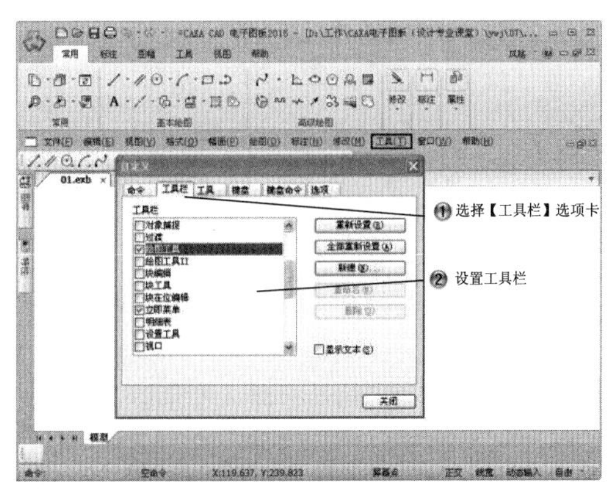

图 7-15　设置工具栏

Step3 自定义工具，如图 7-16 所示。

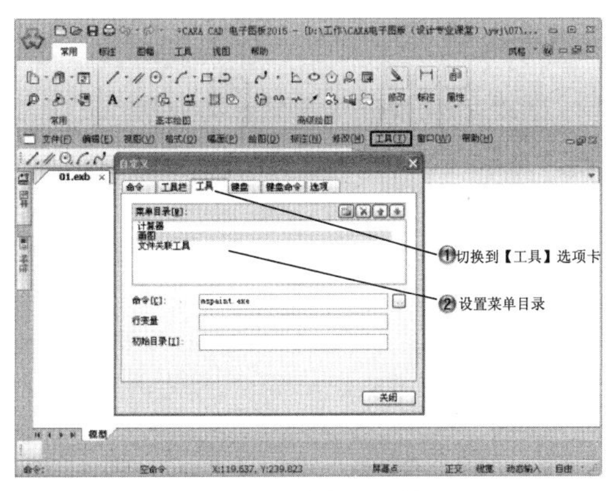

图 7-16　设置工具

Step4 自定义工具条选项，如图 7-17 所示。

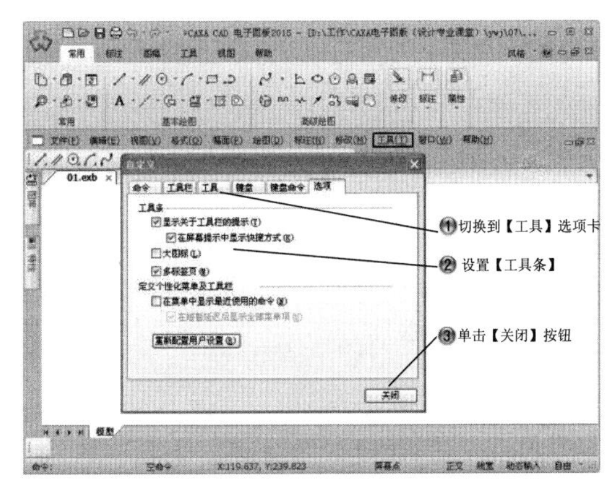

图 7-17　自定义选项

Step5 保存界面操作，如图 7-18 所示。

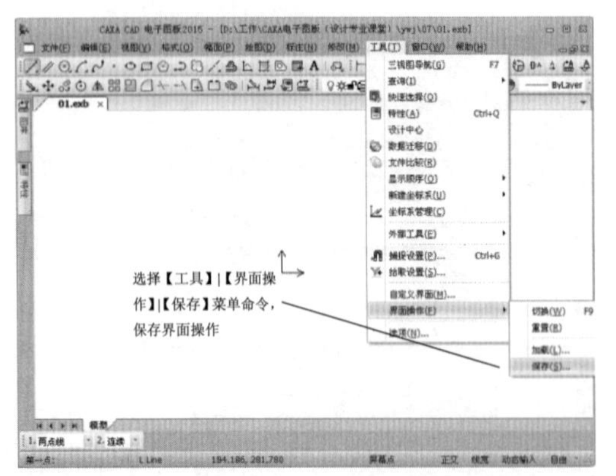

图 7-18　保存界面

Step6 设置界面设置文件名，如图 7-19 所示。

图 7-19　设置文件名

Step7 绘制中心线，然后绘制长为 15、20 的直线，如图 7-20 所示。

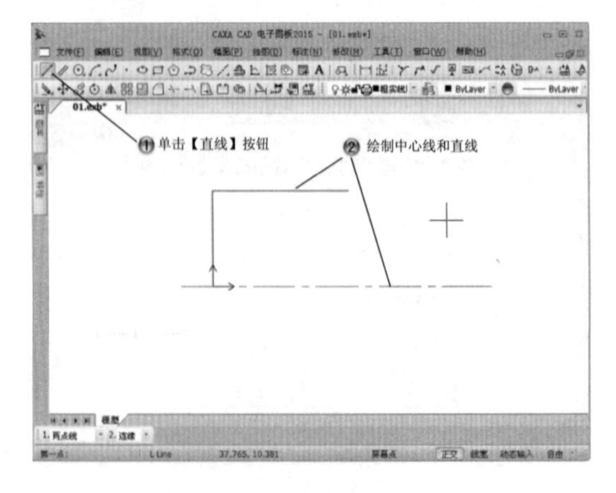

图 7-20　绘制中心线和直线

Step8 旋转直线，角度为 5，如图 7-21 所示。

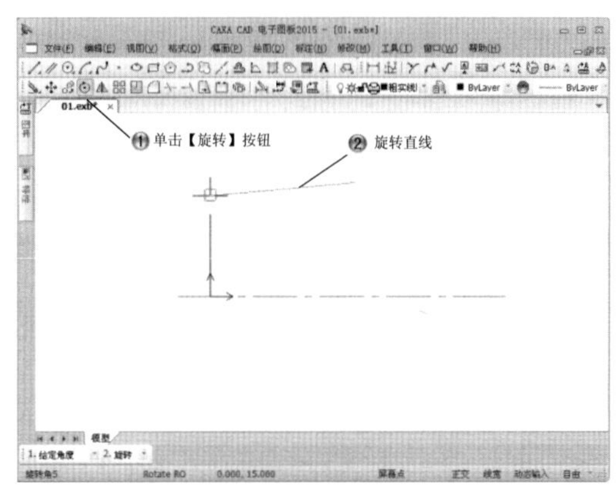

图 7-21　旋转直线

Step9 绘制长为 41.08 的垂线，然后绘制长 20 的直线并封闭直线，如图 7-22 所示。

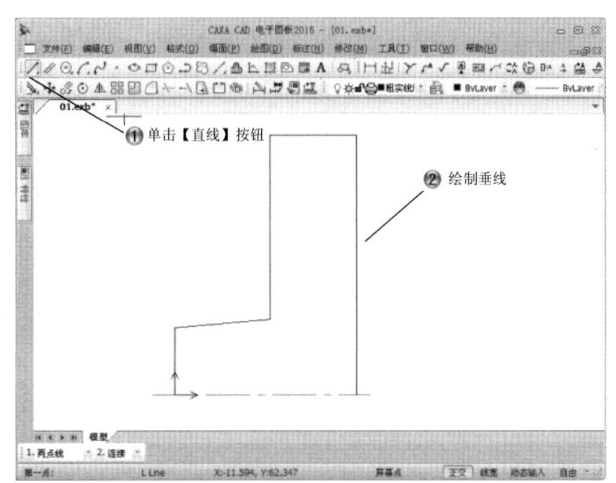

图 7-22　绘制直线

Step10 绘制两条水平线，如图 7-23 所示。

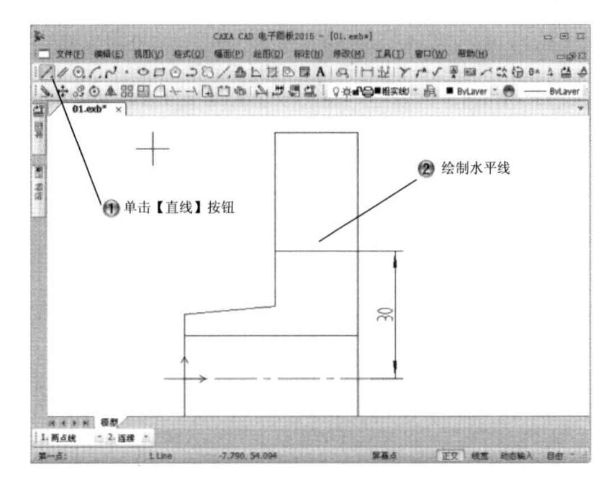

图 7-23　绘制两条水平线

Step11 镜像图形，如图 7-24 所示。

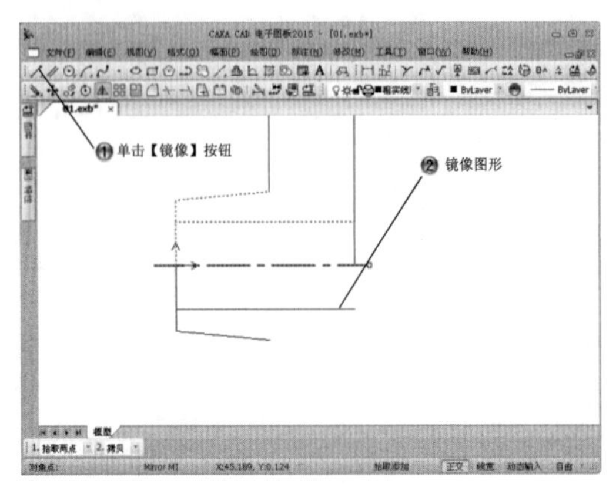

图 7-24　镜像图形

Step12 绘制长为 16.5、2 的直线，如图 7-25 所示。

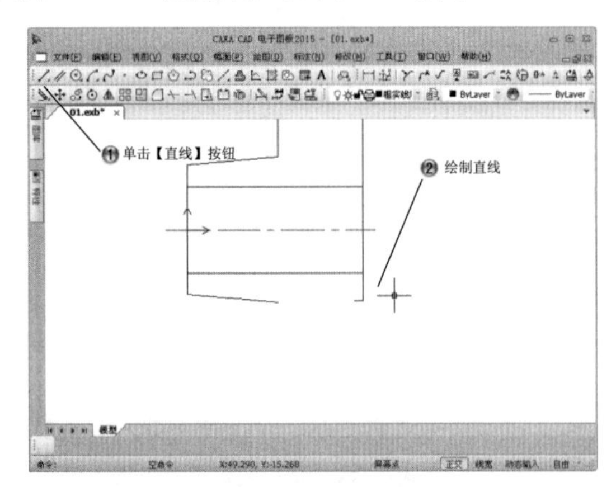

图 7-25　绘制两直线

Step13 绘制长为 87.1 的垂线，如图 7-26 所示。

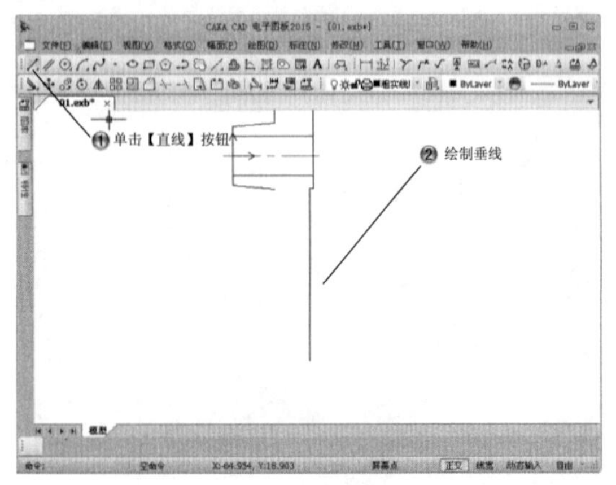

图 7-26　绘制垂线

Step14 绘制偏移 10 的直线，如图 7-27 所示。

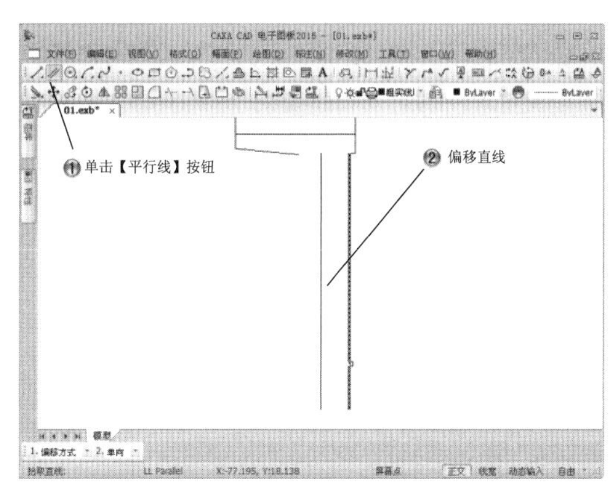

图 7-27 偏移直线

Step15 绘制半径为 2 的圆角，如图 7-28 所示。

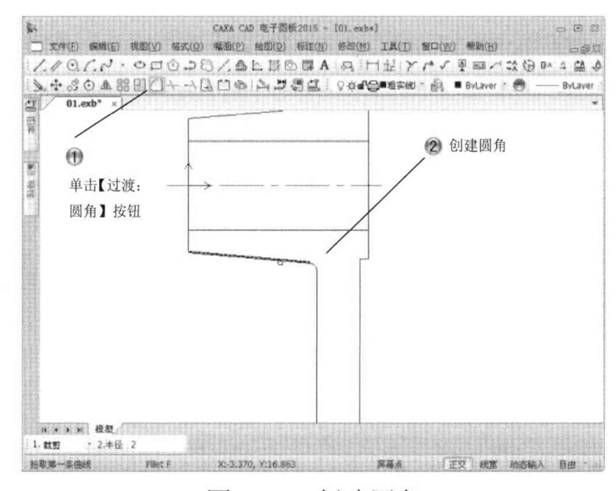

图 7-28 创建圆角

Step16 绘制长为 2 的水平线，然后绘制长 40 的直线并绘制封闭图形，如图 7-29 所示。

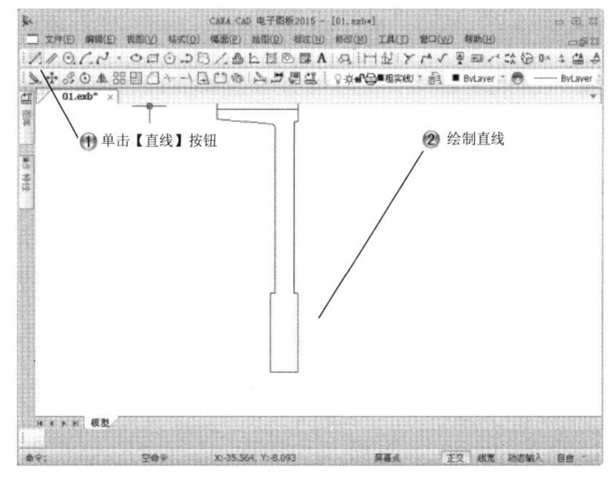

图 7-29 绘制水平线和直线并封闭图形

Step17 绘制水平线，然后绘制两处直线图形，如图 7-30 所示。

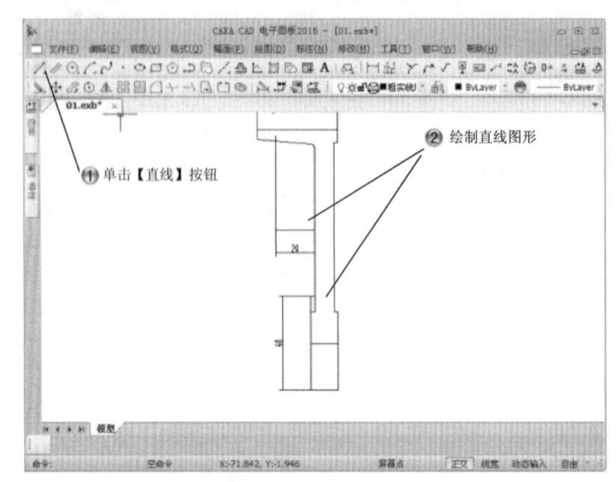

图 7-30　绘制水平线和直线图形

Step18 绘制斜线，如图 7-31 所示。

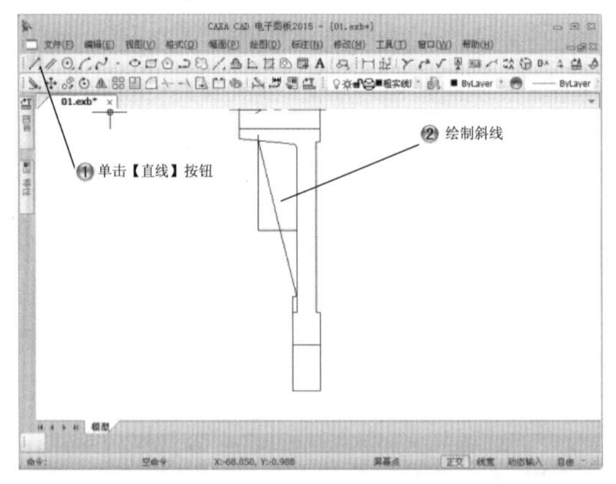

图 7-31　绘制斜线

Step19 添加剖面线，如图 7-32 所示。

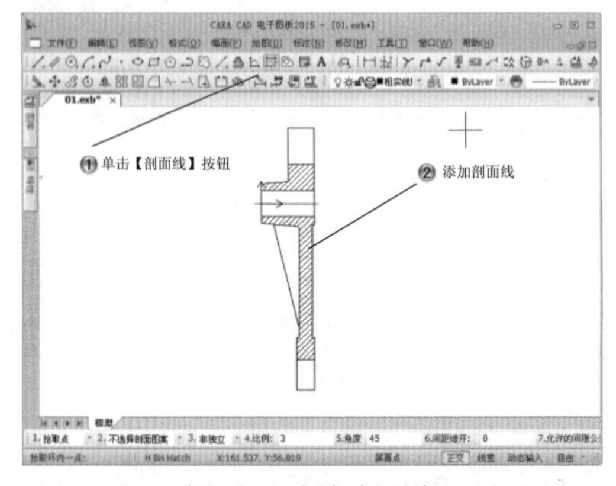

图 7-32　添加剖面线

Step20 复制凸台图形，如图 7-33 所示。

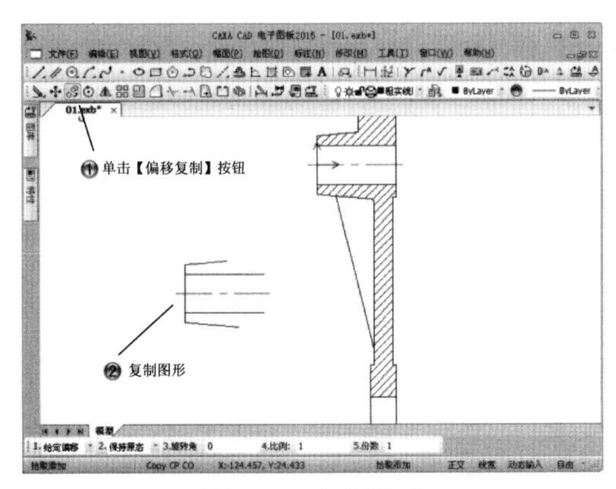

图 7-33　复制图形

Step21 绘制两垂线，如图 7-34 所示。

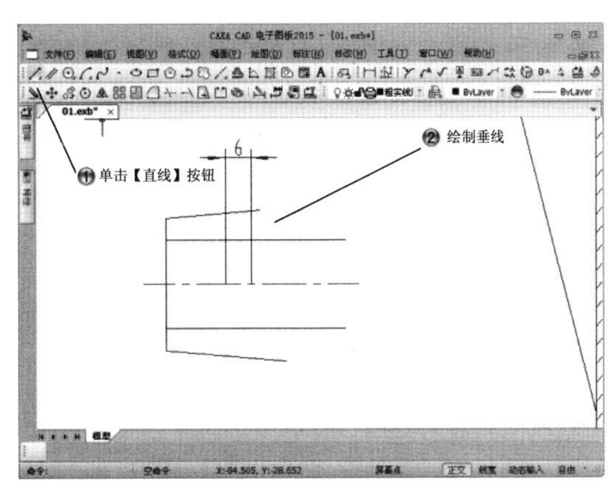

图 7-34　绘制垂线

Step22 镜像直线，如图 7-35 所示。

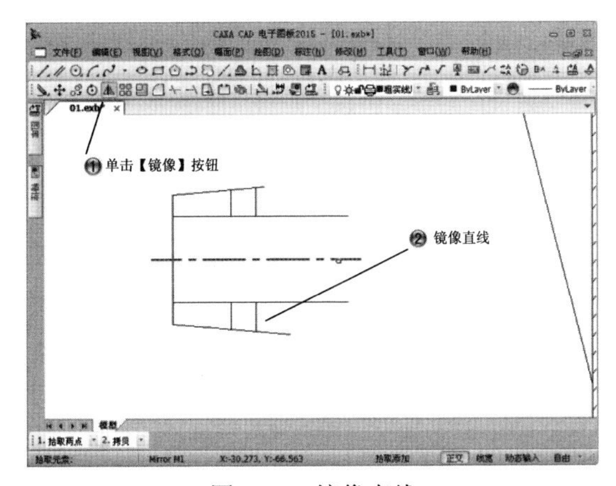

图 7-35　镜像直线

Step23 绘制曲线，如图 7-36 所示。

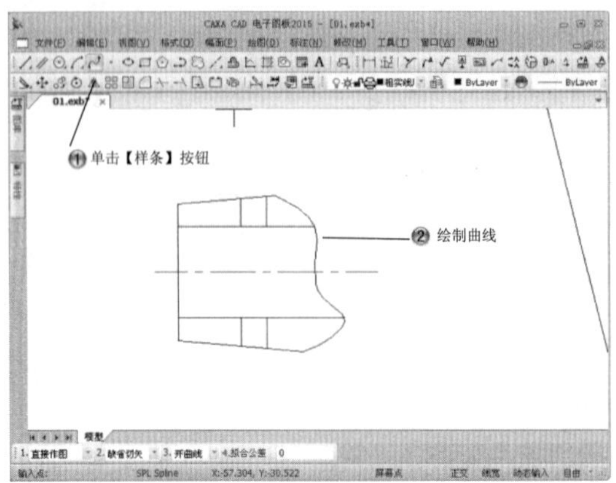

图 7-36　绘制曲线

Step24 创建对应的圆角，如图 7-37 所示。

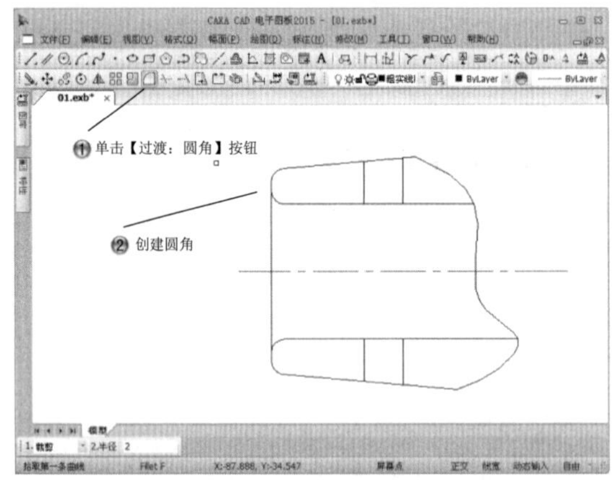

图 7-37　创建圆角

Step25 添加剖面线，如图 7-38 所示。

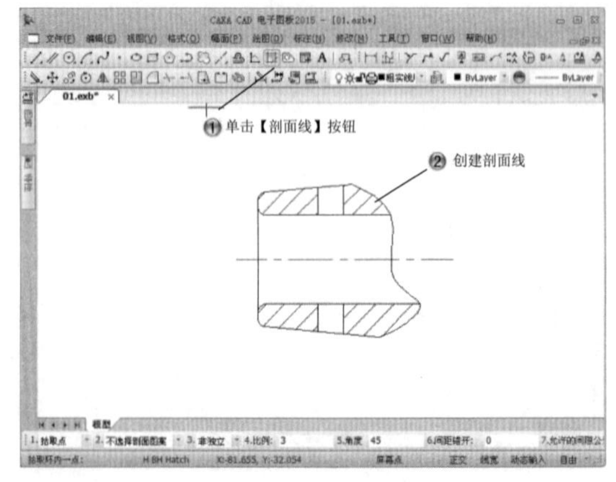

图 7-38　添加剖面线

Step26 绘制中心线，如图 7-39 所示。

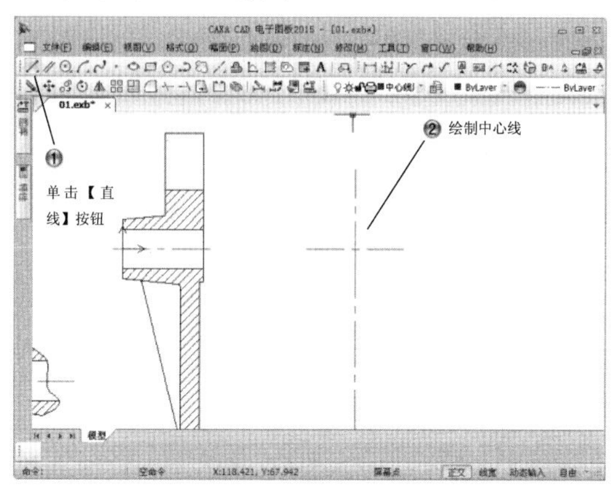

图 7-39　绘制中心线

Step27 绘制和孔对齐的同心圆，如图 7-40 所示。

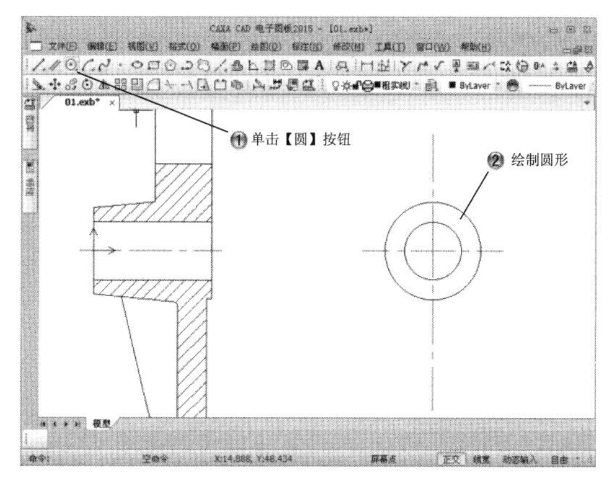

图 7-40　绘制同心圆

Step28 绘制长为 58 的垂线和 6.5 的直线，并绘制封闭直线，如图 7-41 所示。

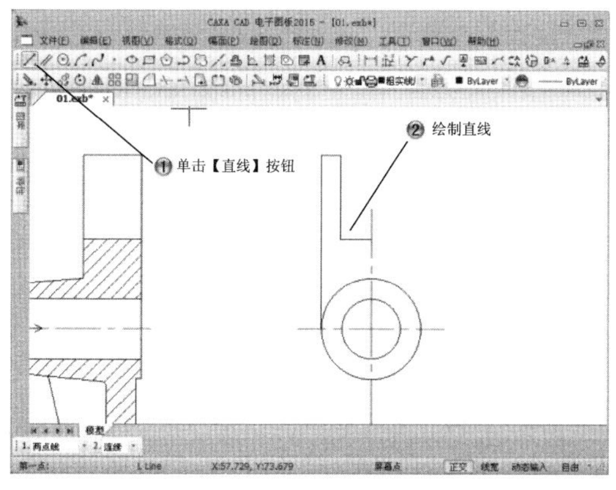

图 7-41　绘制直线

Step29 镜像图形，如图 7-42 所示。

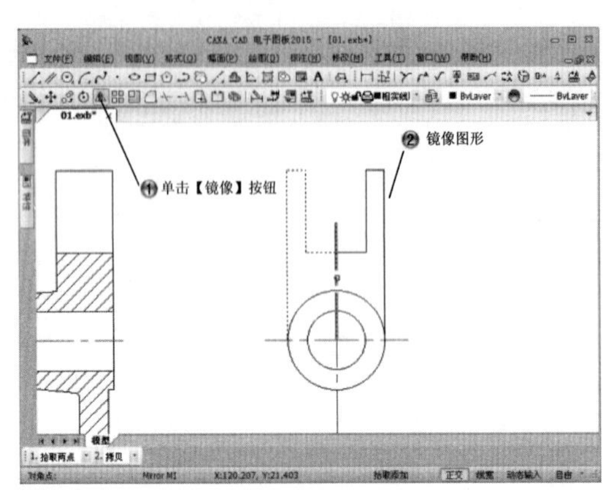

图 7-42　镜像图形

Step30 绘制半径为 22、34 的同心圆形，如图 7-43 所示。

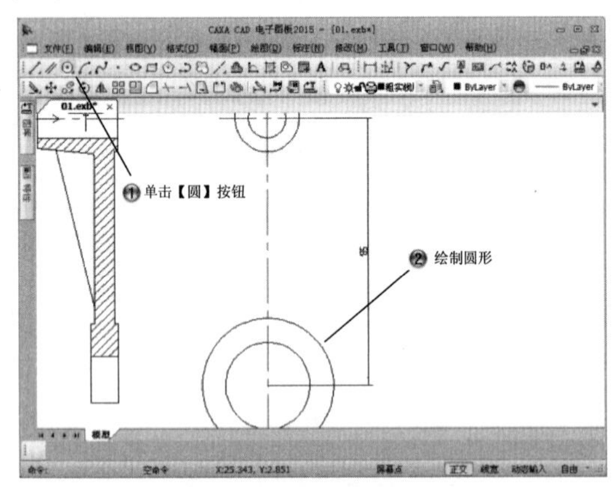

图 7-43　绘制两同心圆

Step31 绘制直线，如图 7-44 所示。

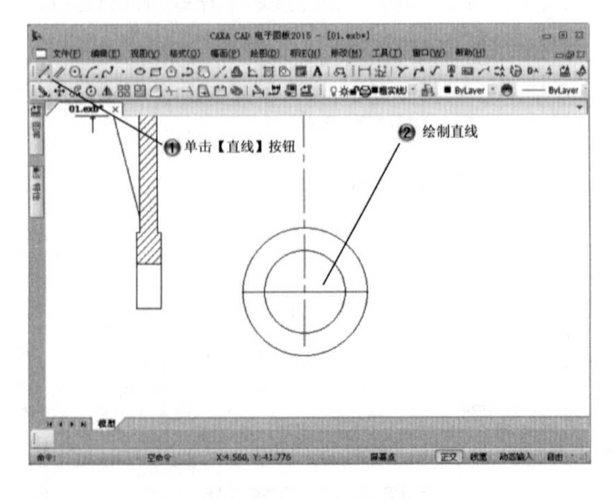

图 7-44　绘制直线

Step32 裁剪图形，如图 7-45 所示。

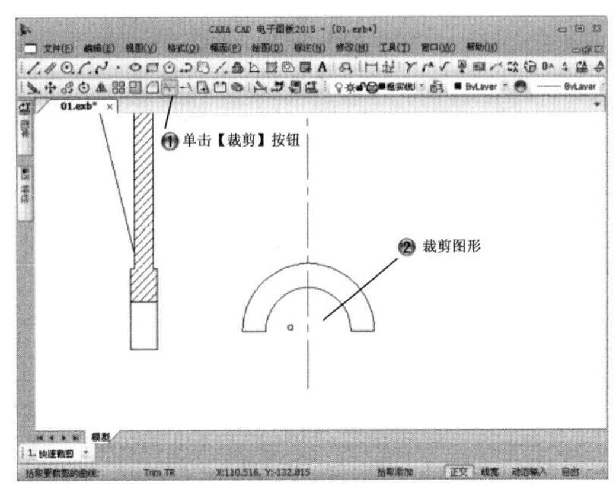

图 7-45　裁剪图形

Step33 绘制 130° 的中心线，如图 7-46 所示。

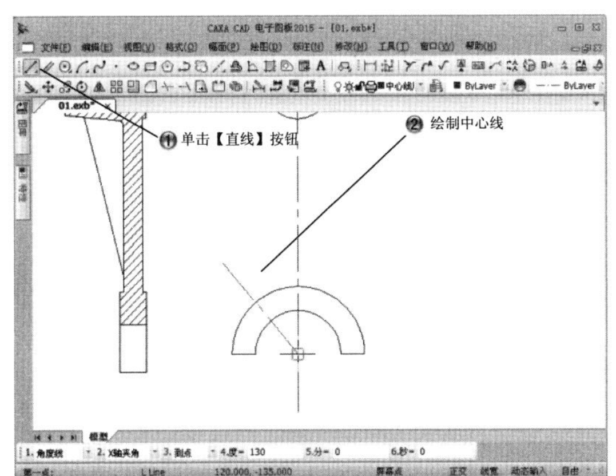

图 7-46　绘制 130° 的中心线

Step34 绘制切线圆，如图 7-47 所示。

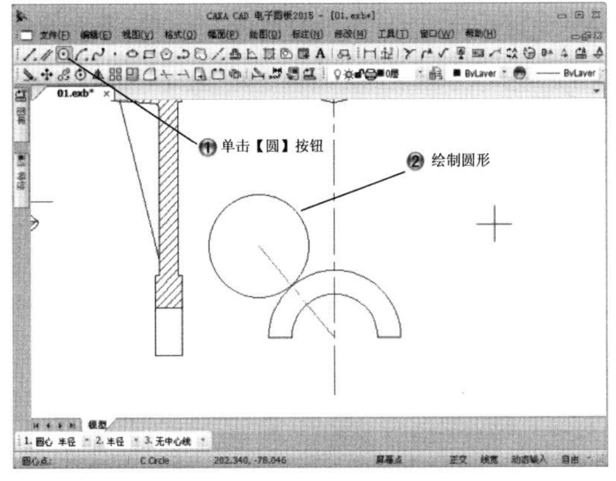

图 7-47　绘制切线圆

Step35 绘制切线，如图 7-48 所示。

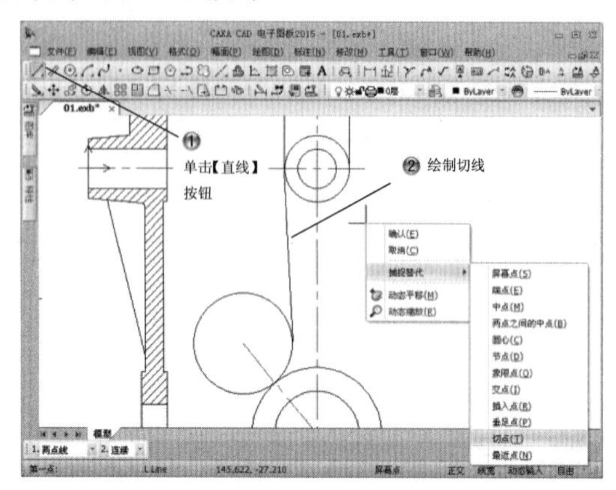

图 7-48　绘制切线

Step36 裁剪图形，如图 7-49 所示。

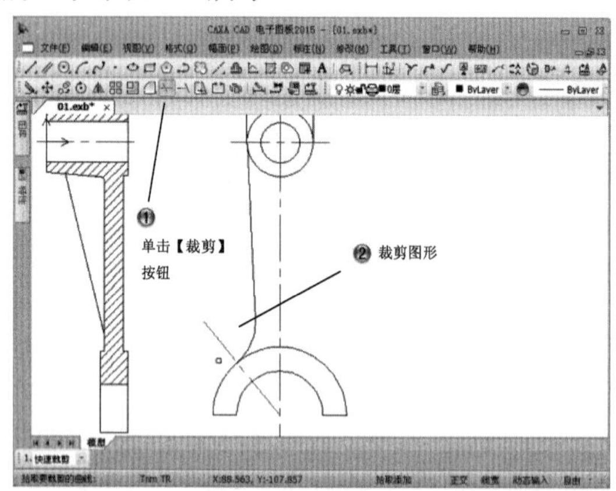

图 7-49　裁剪图形

Step37 绘制偏移距离为 6、8 的直线，如图 7-50 所示。

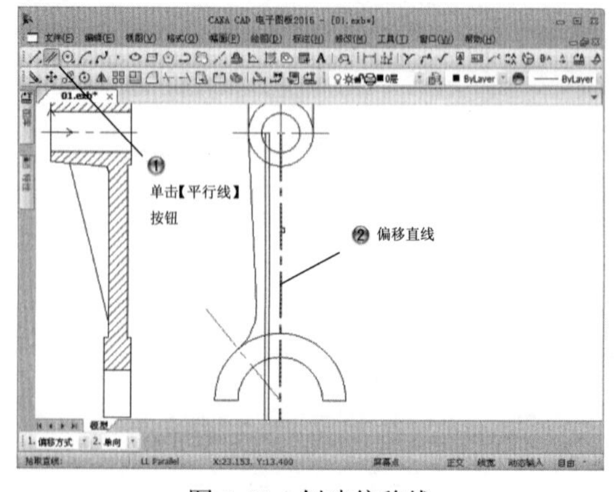

图 7-50　创建偏移线

Step38 绘制水平线，如图 7-51 所示。

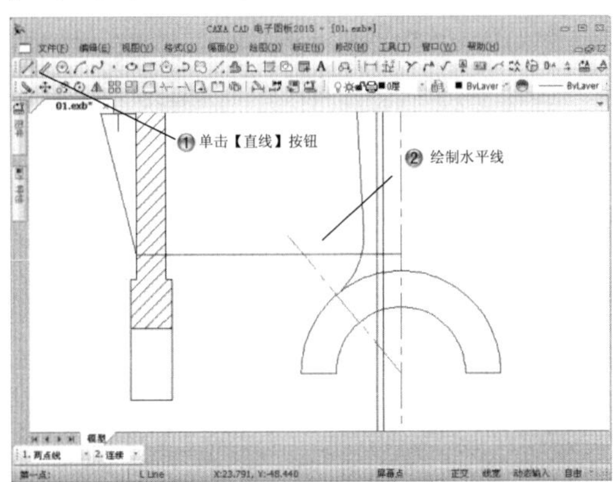

图 7-51　绘制水平线

Step39 绘制半径为 1 的圆角，如图 7-52 所示。

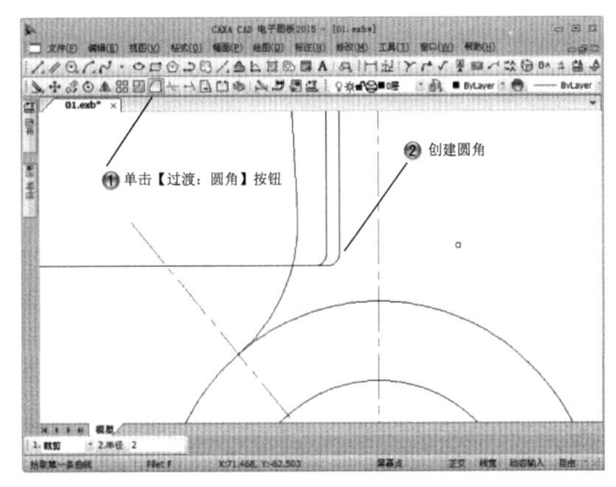

图 7-52　创建圆角

Step40 裁剪图形，如图 7-53 所示。

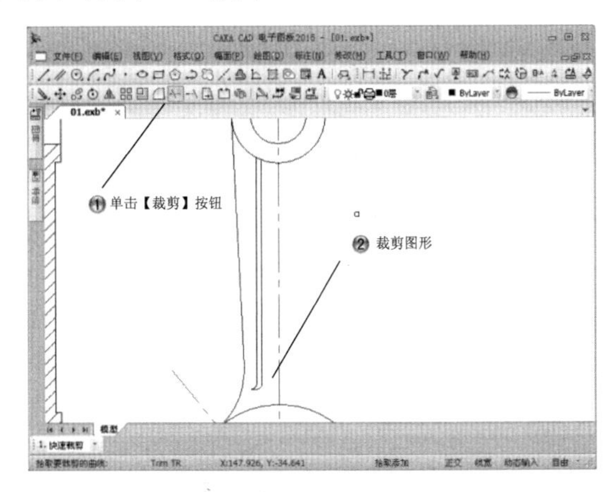

图 7-53　裁剪图形

Step41 镜像图形，如图 7-54 所示。

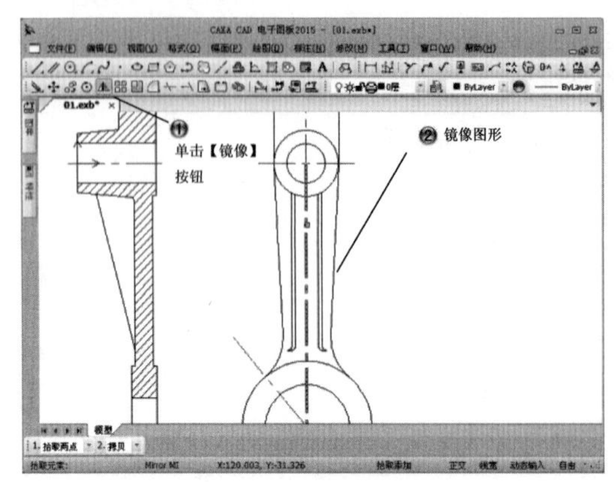

图 7-54　镜像图形

Step42 旋转图形，角度为 30°，如图 7-55 所示。

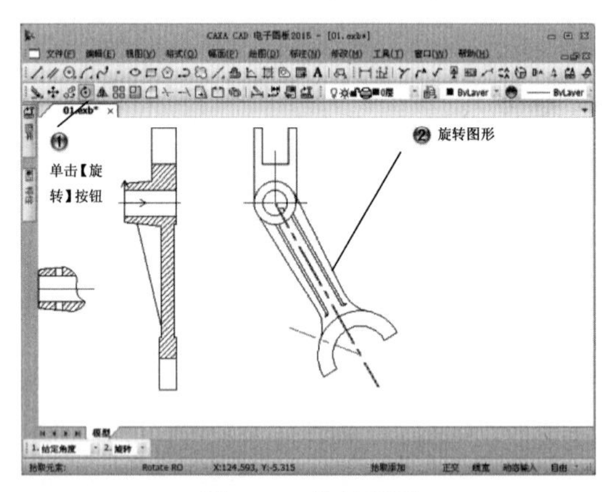

图 7-55　旋转图形

Step43 标注局部图，如图 7-56 所示。

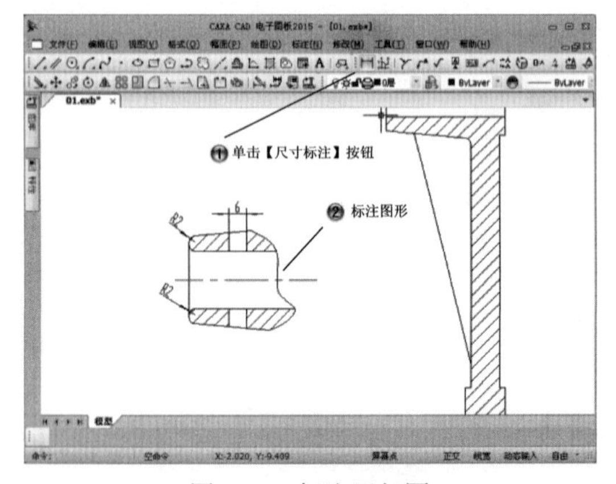

图 7-56　标注局部图

Step44 标注圆台，如图 7-57 所示。

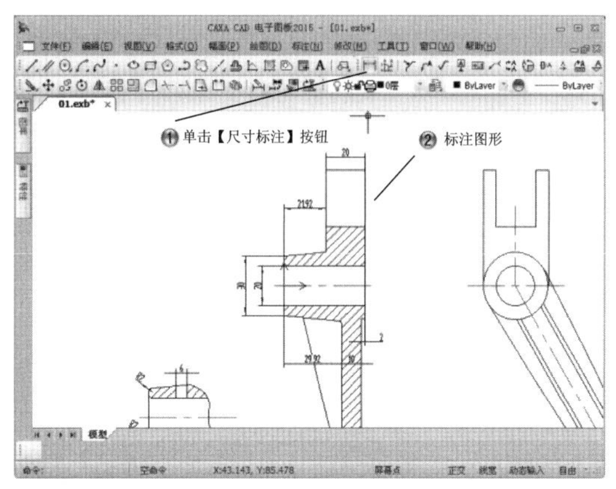

图 7-57　标注圆台

Step45 标注摆臂，如图 7-58 所示。

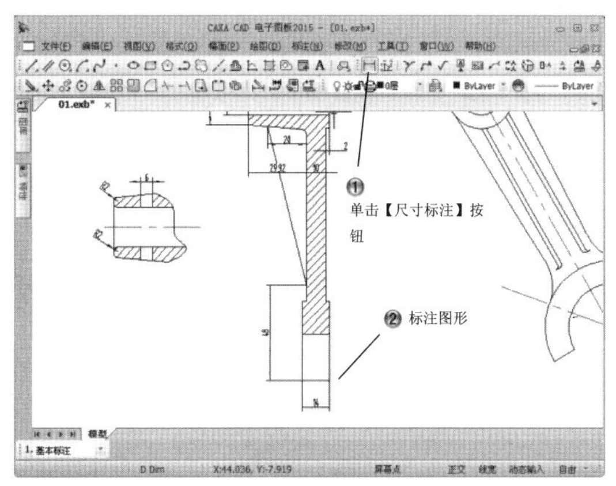

图 7-58　标注摆臂

Step46 标注公差，如图 7-59 所示。

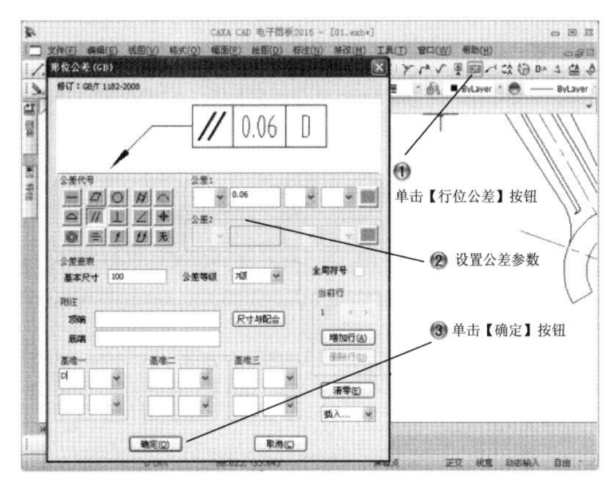

图 7-59　标注公差

Step47 放置公差，如图 7-60 所示。

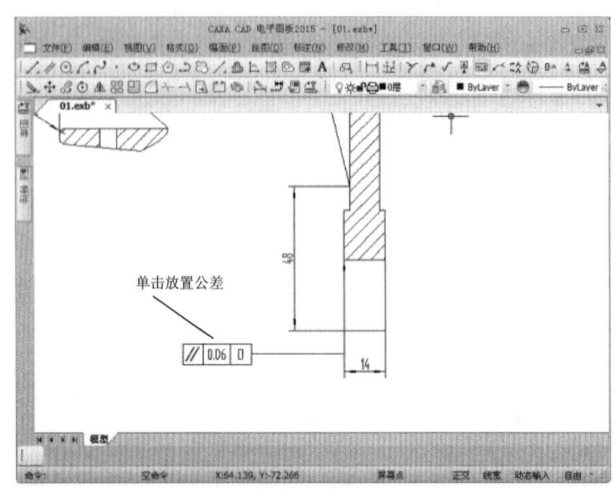

图 7-60　放置公差

Step48 标注拨叉部分，如图 7-61 所示。

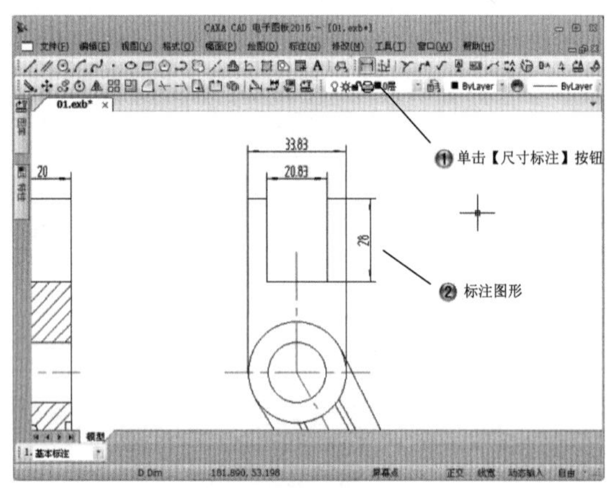

图 7-61　标注拨叉部分

Step49 标注角度，如图 7-62 所示。

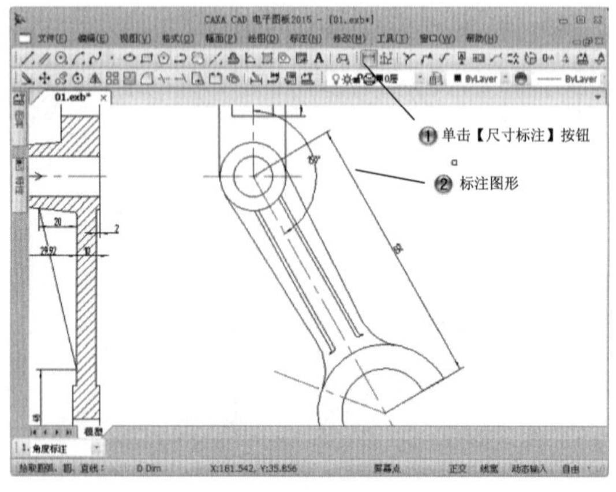

图 7-62　标注角度

Step50 标注半径，如图 7-63 所示。

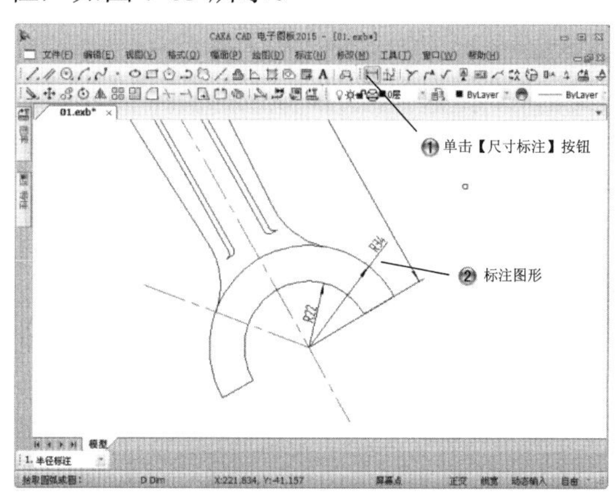

图 7-63　标注半径

Step51 完成的摇臂图纸，如图 7-64 所示。

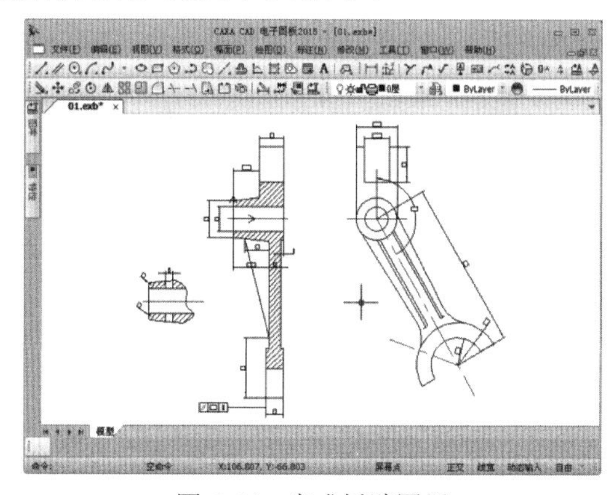

图 7-64　完成摇臂图纸

7.2　界面操作

基本概念

CAXA 的界面操作是对定制的软件界面风格进行切换、保持和加载，以方便使用。

课堂讲解课时：2 课时

7.2.1　设计理论

在 CAXA 的界面操作中，要使用【工具】|【界面操作】菜单中的命令，对应的操作

有相应的对话框，在对话框中设置属性即可。

 7.2.2 课堂讲解

1. 切换界面

切换界面调用方法有以下几种，如图 7-65 所示。

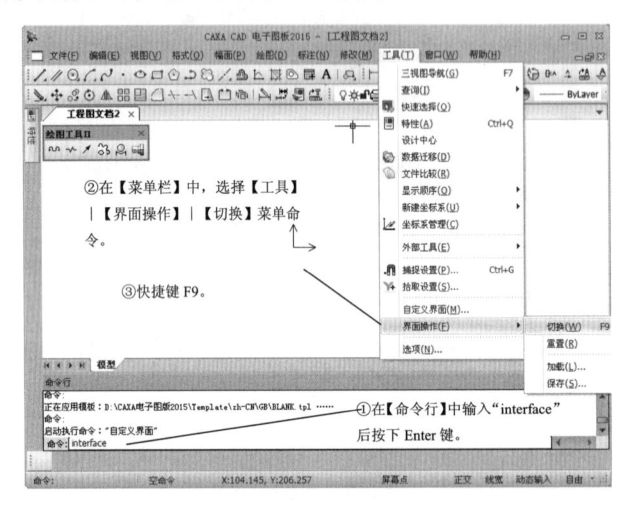

图 7-65 切换界面方法

利用上述执行方式，直接操作，即可实现新旧界面的切换。当用户切换到某种界面后正常退出，下次再启动 CAXA 电子图板时，系统将按照当前的界面方式显示。

2. 保存界面配置

保存界面配置的操作，如图 7-66 所示。

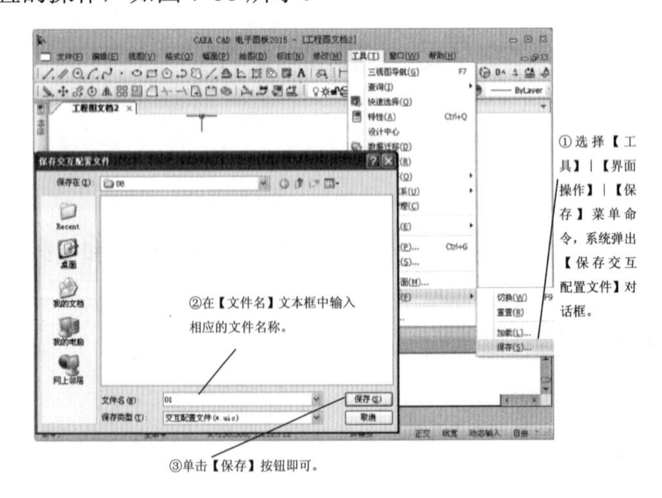

图 7-66 【保存交互配置文件】对话框

3. 加载界面配置

加载界面配置的操作，如图 7-67 所示。

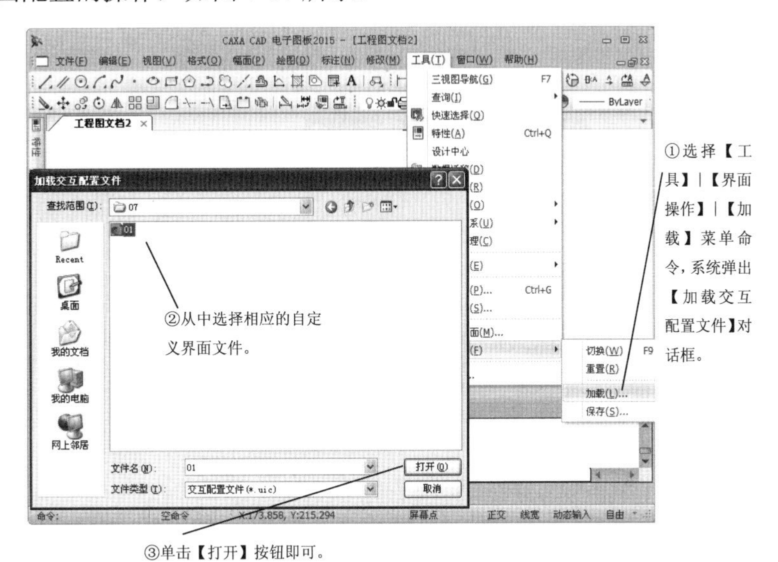

图 7-67　【加载交互配置文件】对话框

4. 界面重置

选择【工具】|【界面操作】|【重置】菜单命令，执行上述操作命令后，即可完成界面的重置。

7.2.3　课堂练习——绘制限位板

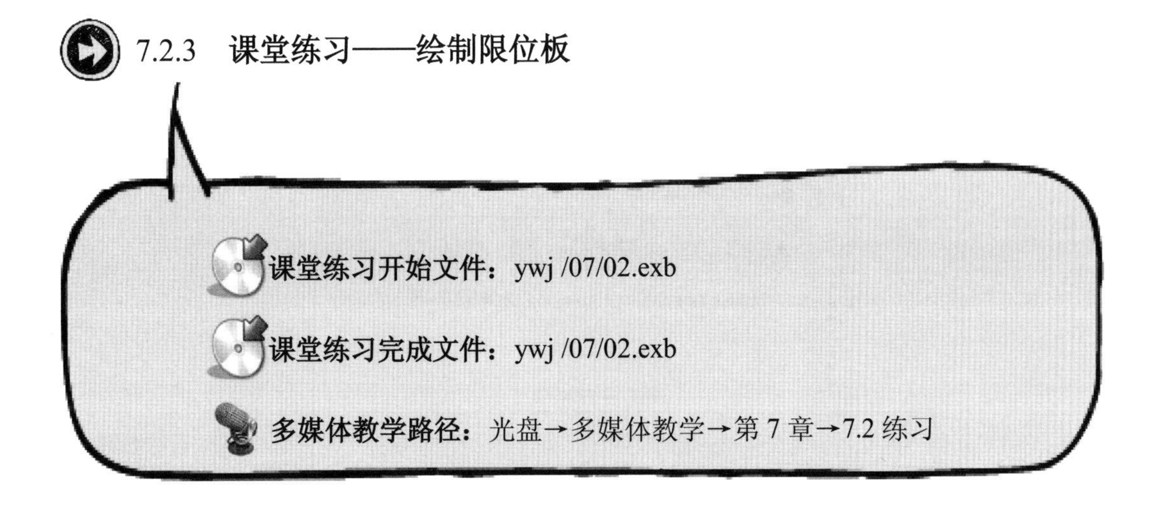

Step1 选择工具条，如图 7-68 所示。

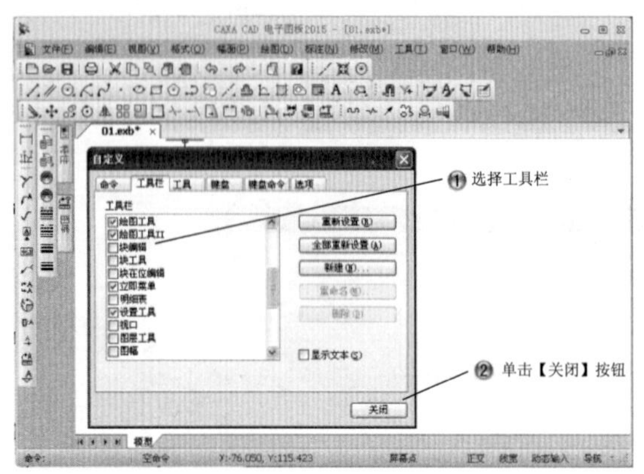

图 7-68　选择工具

Step2 绘制半径为 13.5 的圆，如图 7-69 所示。

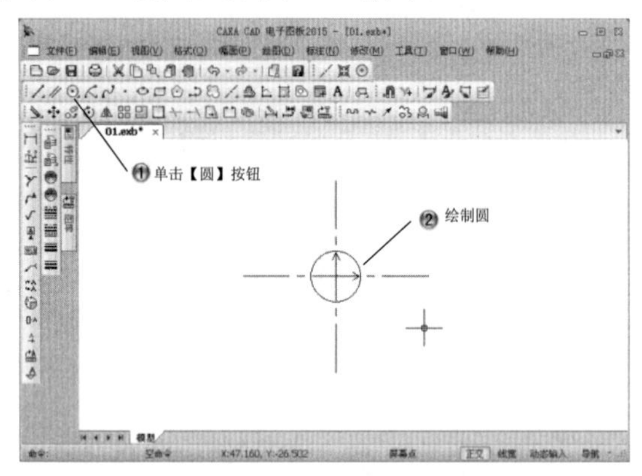

图 7-69　绘制半径为 13.5 的圆

Step3 绘制半径为 5.5 和 11 的同心圆，如图 7-70 所示。

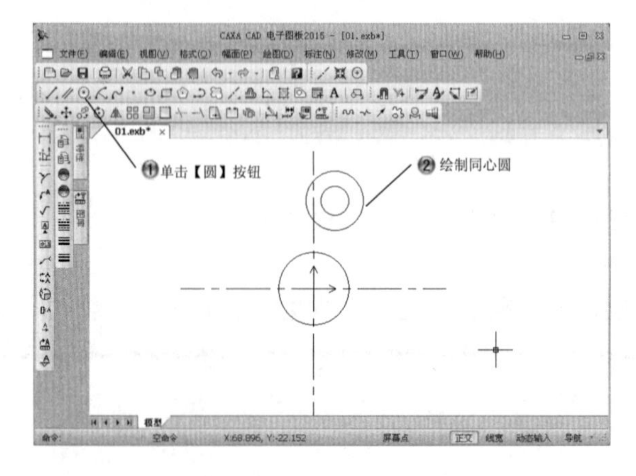

图 7-70　绘制半径为 5.5 和 11 的同心圆

Step4 绘制偏移距离为 3 的平行线，如图 7-71 所示。

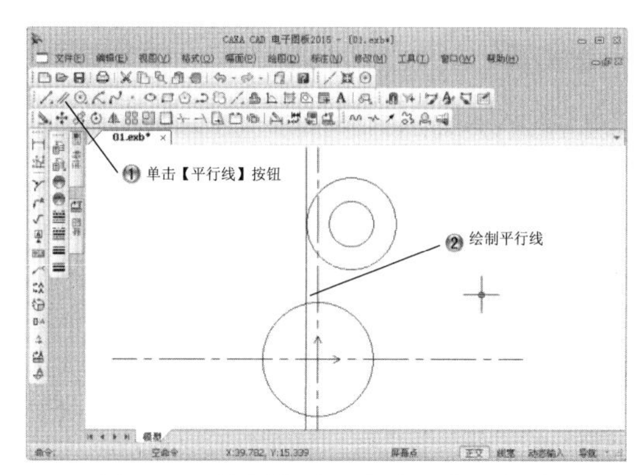

图 7-71　绘制偏移距离为 3 的平行线

Step5 绘制角度为 120° 和 30° 的角度线，如图 7-72 所示。

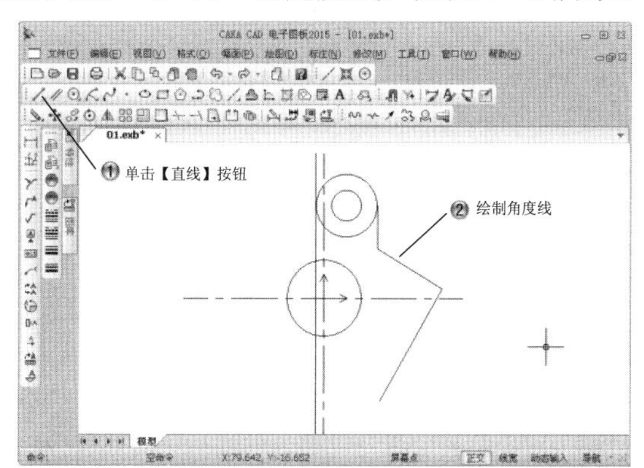

图 7-72　绘制角度为 120° 和 30 的° 角度线

Step6 绘制长为 25 和 57 的直线，如图 7-73 所示。

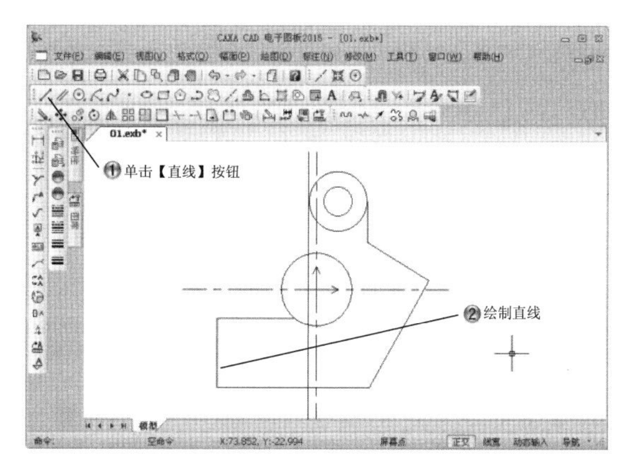

图 7-73　绘制长为 25 和 57 的直线

Step7 裁剪图形，如图 7-74 所示。

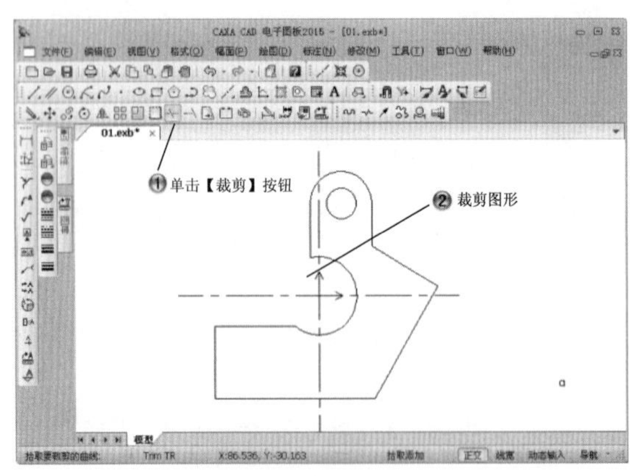

图 7-74　裁剪图形

Step8 绘制半径为 5 的圆，如图 7-75 所示。

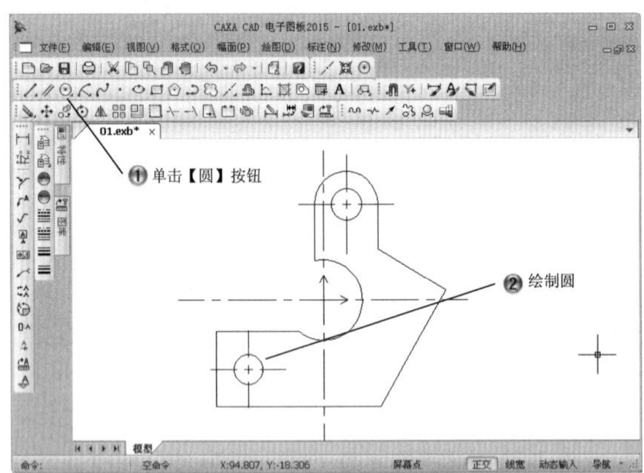

图 7-75　绘制半径为 5 的圆

Step9 绘制偏移距离为 7.5 的平行线，如图 7-76 所示。

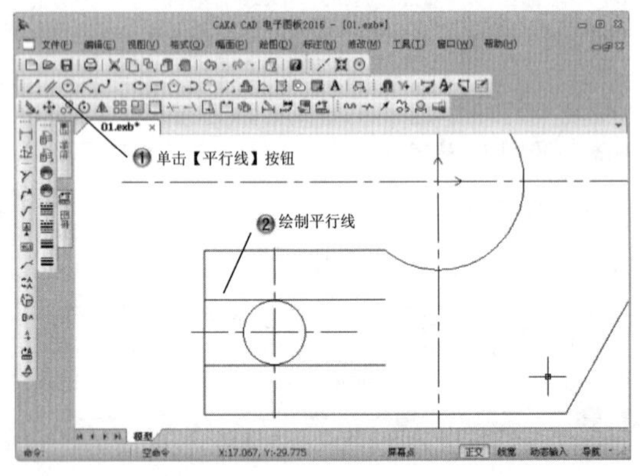

图 7-76　绘制偏移距离为 7.5 的平行线

Step10 裁剪图形，如图 7-77 所示。

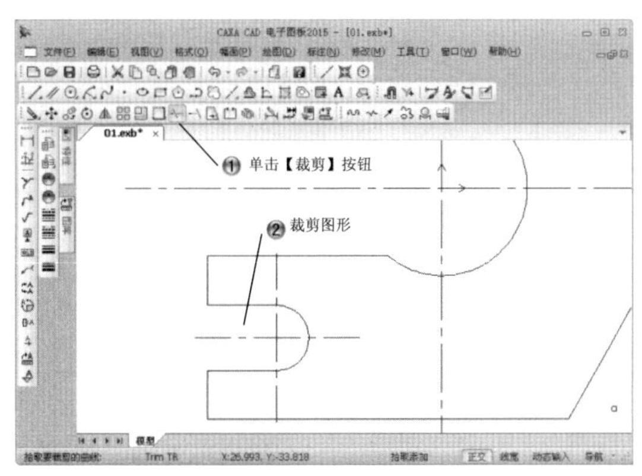

图 7-77　裁剪图形

Step11 绘制半径为 3 的圆，如图 7-78 所示。

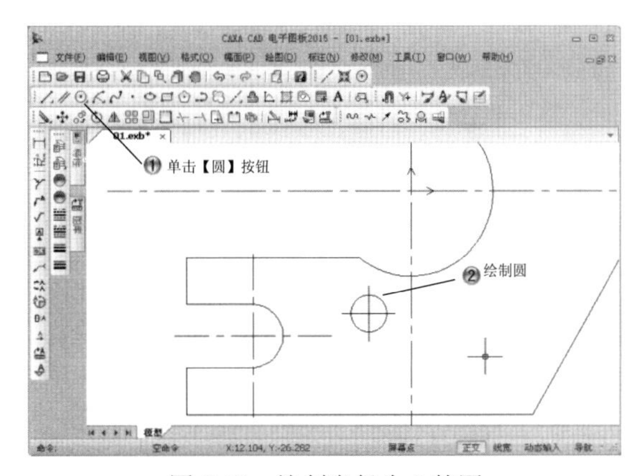

图 7-78　绘制半径为 3 的圆

Step12 复制圆，如图 7-79 所示。

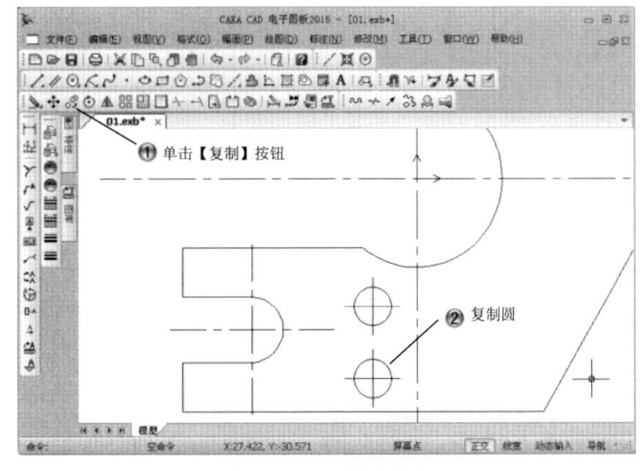

图 7-79　复制圆

Step13 绘制距离为 6 的等距线，如图 7-80 所示。

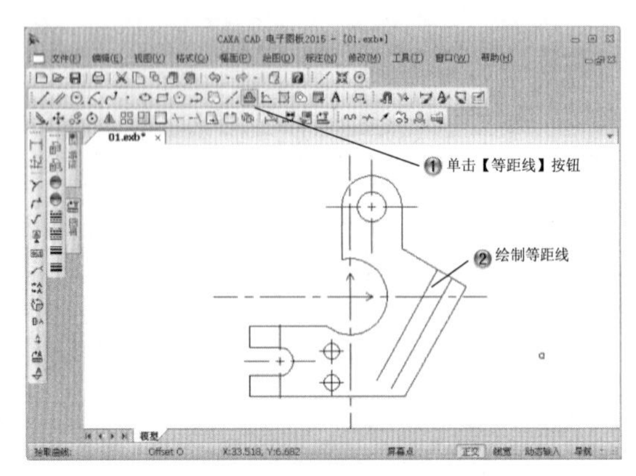

图 7-80 绘制距离为 6 的等距线

Step14 绘制半径为 3 的圆，如图 7-81 所示。

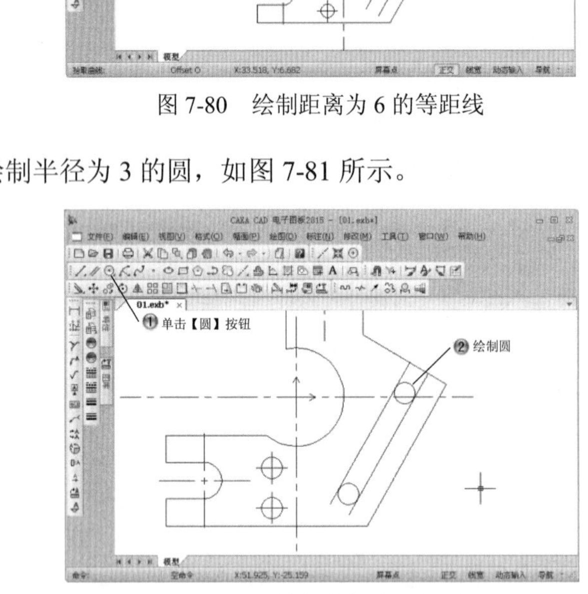

图 7-81 绘制半径为 3 的圆

Step15 裁剪图形，如图 7-82 所示。

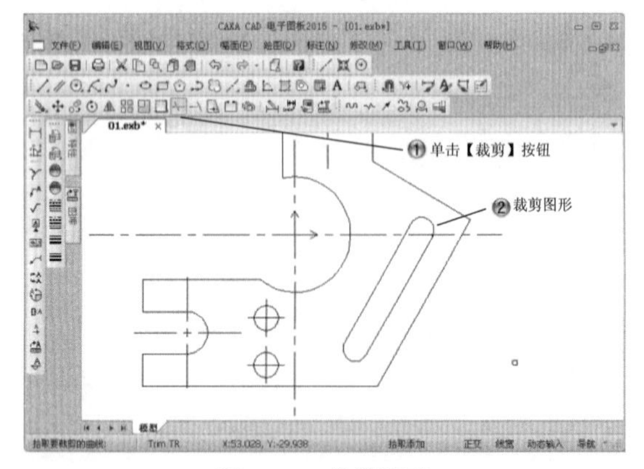

图 7-82 裁剪图形

Step16 添加尺寸标注，如图 7-83 所示。

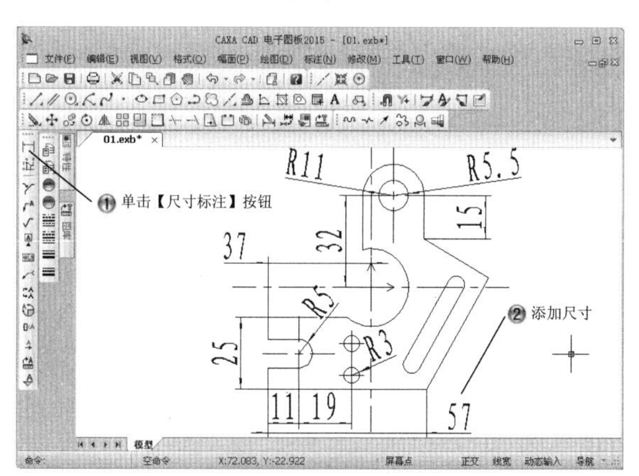

图 7-83　添加尺寸标注

Step17 完成限位板的绘制，如图 7-84 所示。

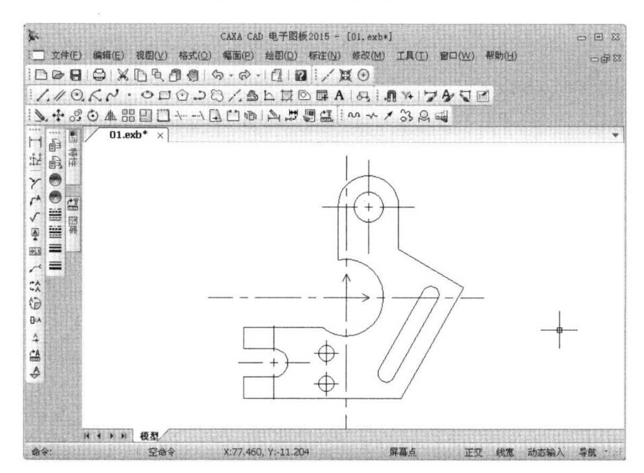

图 7-84　完成限位板

7.3　专家总结

本章主要介绍了界面的定制和操作，以及控制图形显示的操作方法，使用界面定制和操作可以定制和保存适合自己的作图风格，便于绘图和提高效率。

7.4　课后习题

7.4.1　填空题

（1）界面定制的方法有________种。

（2）修改工具条的命令有________。

（3）界面操作的方法有________、________、________。

7.4.2　问答题

（1）界面定制的作用是什么？

（2）定制界面的保存格式和位置是什么？

7.4.3　上机操作题

如图 7-85 所示，使用学过的各种命令来创建垫板图纸，并定制自己的软件界面。

一般创建步骤和方法：

（1）绘制中心线。

（2）绘制主视图上部。

（3）绘制下半部分。

（4）标注尺寸。

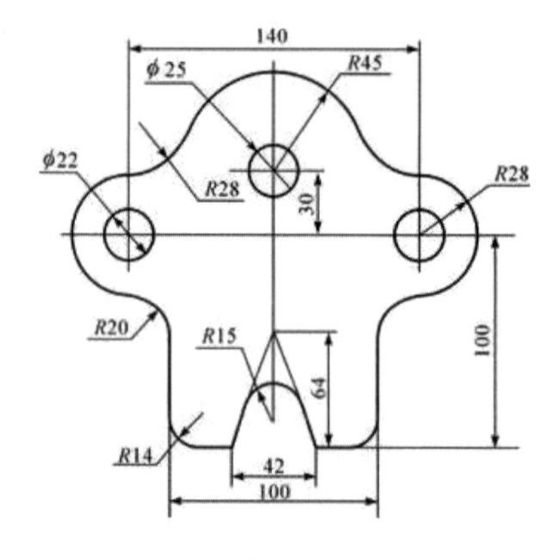

图 7-85　垫板零件

第8章　显示控制

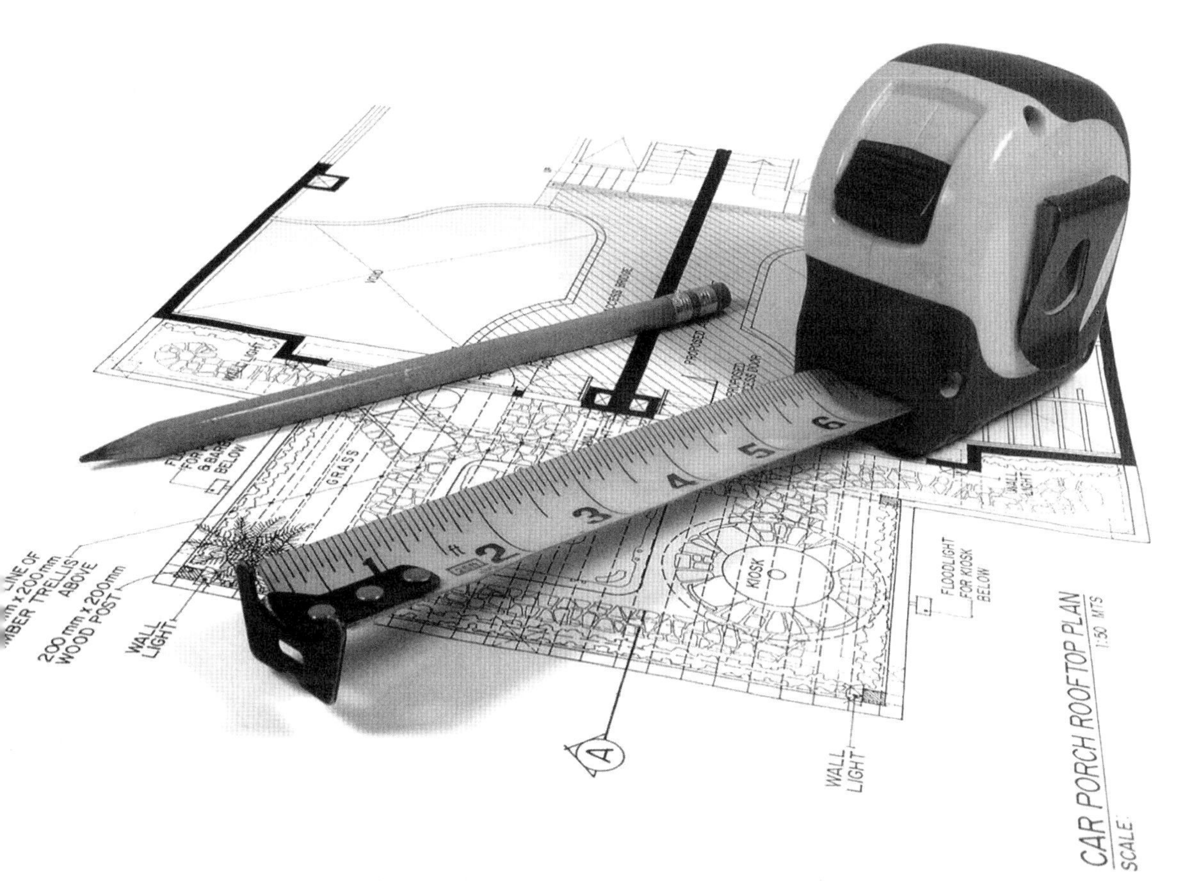

<table>
<tr><td rowspan="6">课训目标</td><th>内　容</th><th>掌握程度</th><th>课　时</th></tr>
<tr><td>重生成与全部生成</td><td>熟练运用</td><td>1</td></tr>
<tr><td>图形的缩放与平移</td><td>熟练运用</td><td>2</td></tr>
<tr><td>图形的动态平移与动态缩放</td><td>熟练运用</td><td>1</td></tr>
<tr><td>三视图导航</td><td>了解</td><td>1</td></tr>
<tr><td></td><td></td><td></td></tr>
</table>

课程学习建议

CAXA 电子图板提供了一些控制图形显示的命令，一般这些命令只能改变图形在屏幕上的显示方式，可以按照使用者所期望的位置、比例和范围进行显示，以便于观察，但不能使图形产生实质性的改变，既不改图形的实际尺寸，也不影响实体间的相对位置关系，其作用只是改变了主观的视觉效果。这些显示控制命令对提高绘图效率和观察图形效果具有重要的作用，在绘图过程中要适时运用它们。

本课程主要讲解 CAXA 的图形显示控制命令，其培训课程表如下。

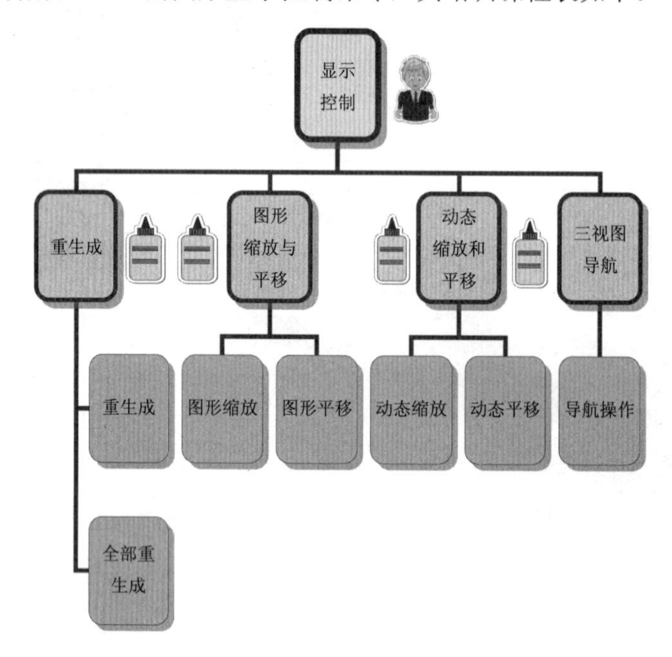

8.1　重生成与全部重生成

重生成和全部重生成都是对失真图形的修复，就是把图形的真实情况显示出来。

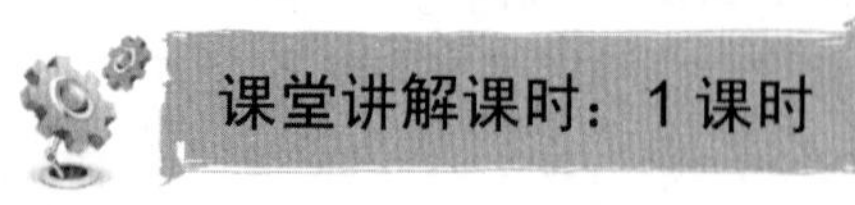

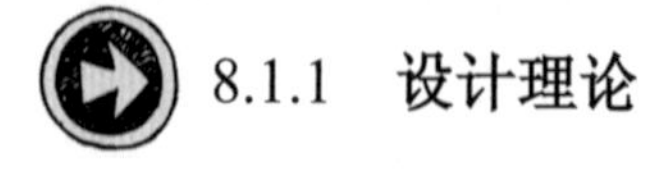

利用重生成命令可以将拾取到的显示失真图形，按当前窗口的显示状态进行重新生成。利

用全部重生成命令可以将绘图区中所有显示失真的图形，按当前窗口的显示状态进行重新生成。

8.1.2 课堂讲解

1. 重生成

重生成命令调用方法有以下几种，如图 8-1 所示。

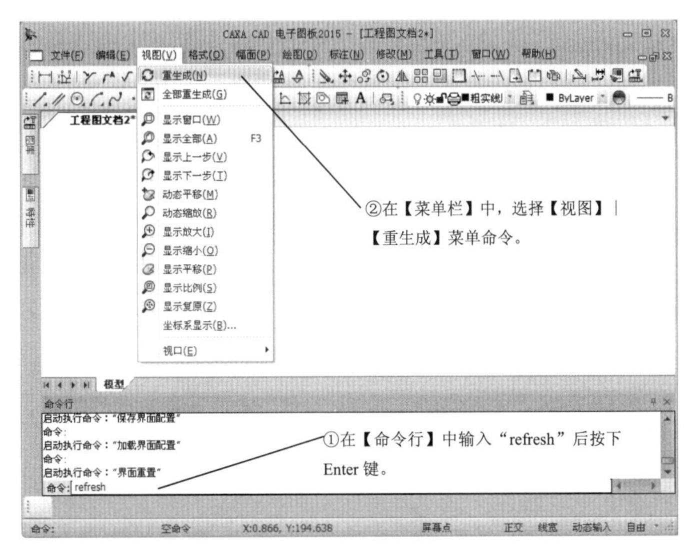

图 8-1　重生成命令

2. 全部重生成

全部重生成命令调用方法和操作，如图 8-2 所示。

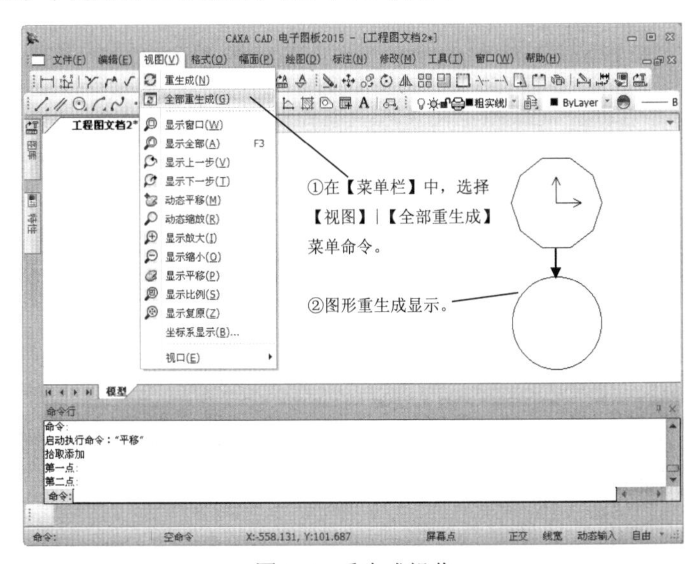

图 8-2　重生成操作

8.2 图形的缩放与平移

基本概念

图形的缩放是指对图形进行放大和缩小；图形平移是指对图形进行位置的改变。

课堂讲解课时：2 课时

8.2.1 设计理论

图形显示的缩放和平移主要是通过【视图】菜单中的命令来实现的，下面具体介绍其中的各项命令操作。

8.2.2 课堂讲解

1. 显示窗口

利用显示窗口命令提示用户确定一个窗口的上角点和下角点，系统将两角点所包含的图形充满绘图区显示。

显示窗口命令调用方法有以下几种，如图 8-3 所示。

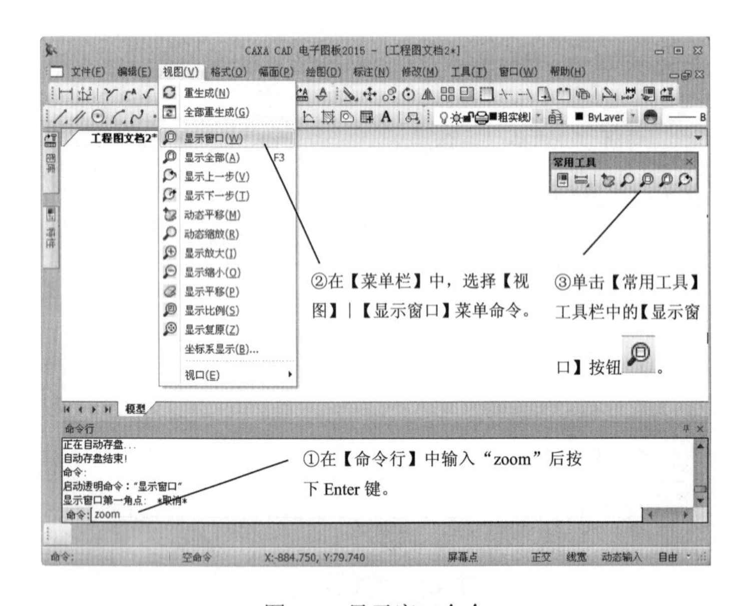

图 8-3 显示窗口命令

执行显示窗口命令后，按系统提示拾取显示窗口的第一角点和第二角点，界面显示变为拾取窗口内的图形，其操作前后如图 8-4 和图 8-5 所示。

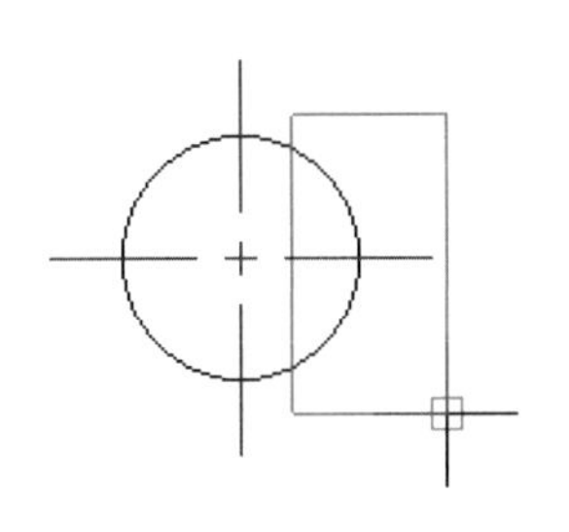

图 8-4 窗口拾取

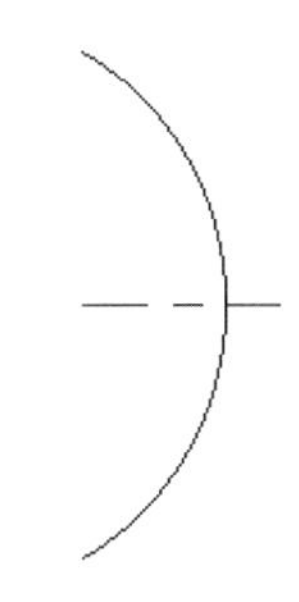

图 8-5 窗口显示

2. 显示平移

显示平移命令提示用户输入一个新的显示中心点，系统将以该点为屏幕显示的中心，平移待显示的图形。

显示平移命令调用方法有以下几种，如图 8-6 所示。

执行上述操作之一后，根据系统提示拾取屏幕的中心点，拾取点变为屏幕显示的中心。如图 8-7 和图 8-8 所示为显示平移的前后。

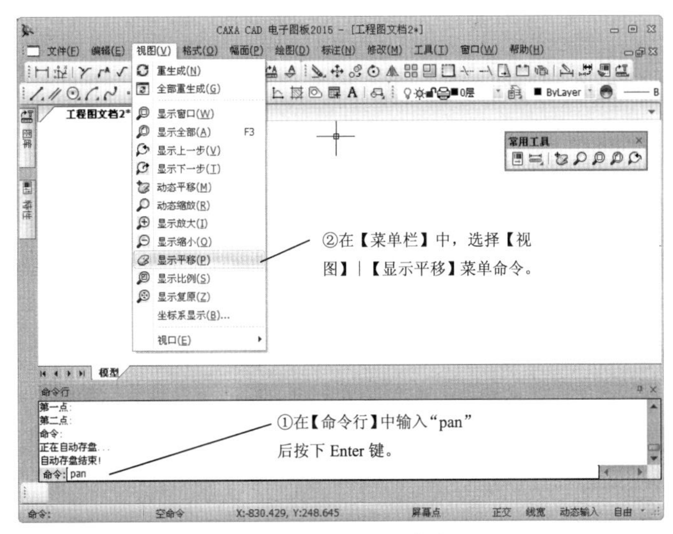

图 8-6 显示平移命令

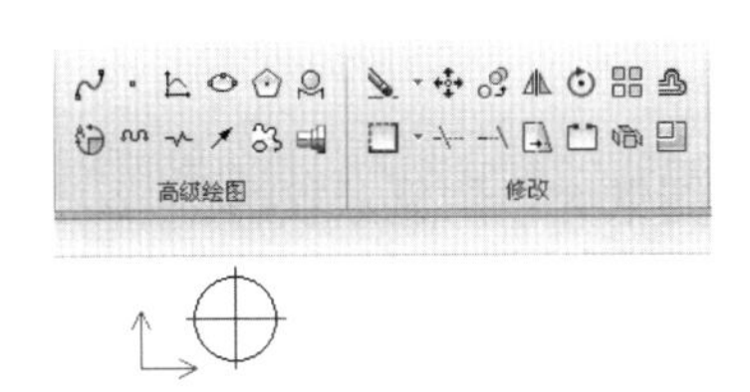

图 8-7 平移前

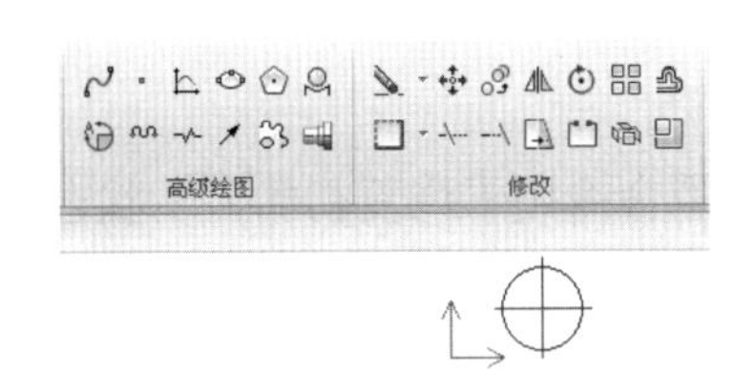

图 8-8 平移后

3. 显示全部

显示全部命令可将当前所绘制的图形全部显示在屏幕绘图区内。

显示全部命令调用方法有以下几种，如图 8-9 所示。

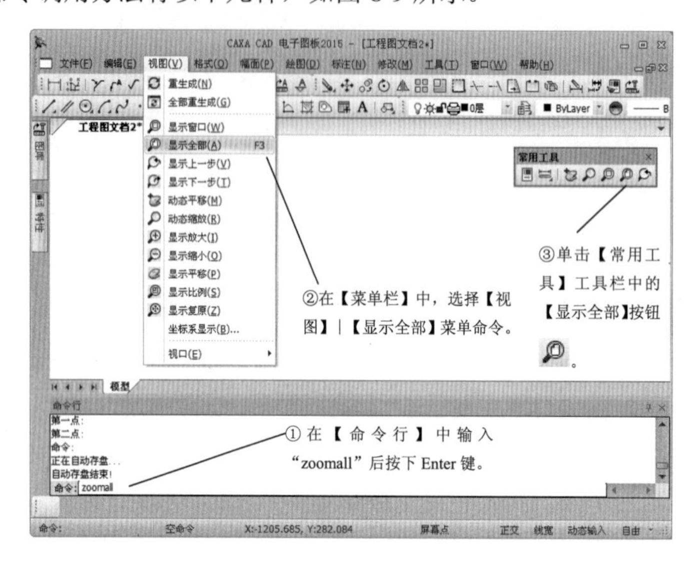

图 8-9　显示全部命令

执行上述操作之一后，系统将当前所绘制的图形全部显示在屏幕绘图区内，如图 8-10 和图 8-11 所示为显示全部的前后。

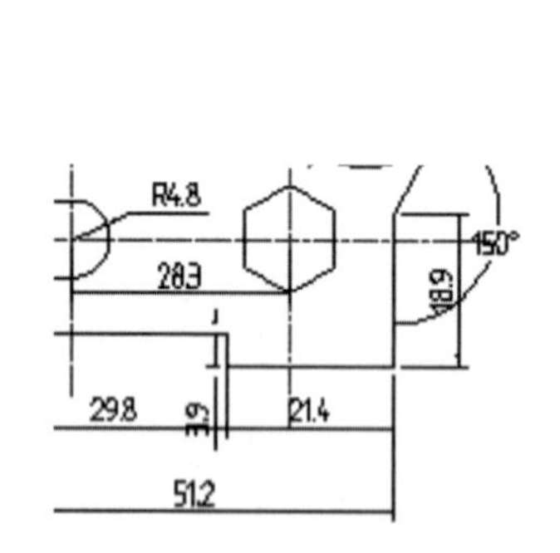

图 8-10　显示全部操作前

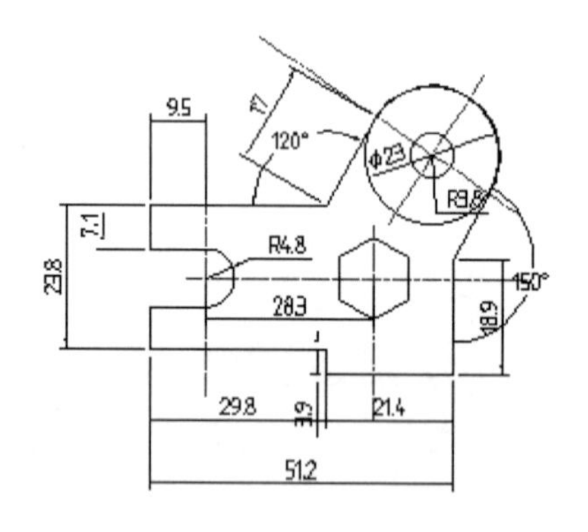

图 8-11　显示全部操作后

4. 显示复原

显示复原命令用于恢复初始显示状态，即当前图纸大小的显示状态。

显示复原命令调用方法有以下几种，如图 8-12 所示。

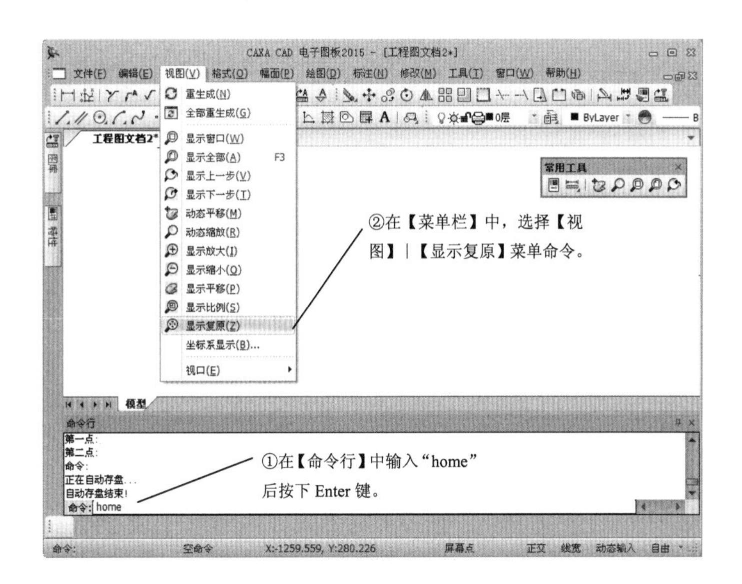

图 8-12　显示复原命令

5. 显示比例

显示比例命令用于按用户输入的比例系数，将图形缩放后重新显示。显示比例命令调用方法有以下几种，如图 8-13 所示。

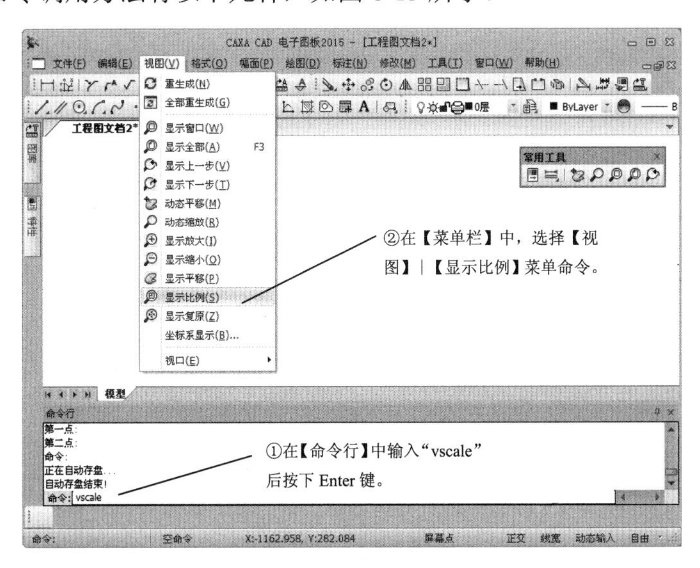

图 8-13　显示比例命令

6. 显示上一步

显示上一步命令用于取消当前显示，返回到上一次显示变换前的状态。显示上一步命令调用方法有以下几种，如图 8-14 所示。

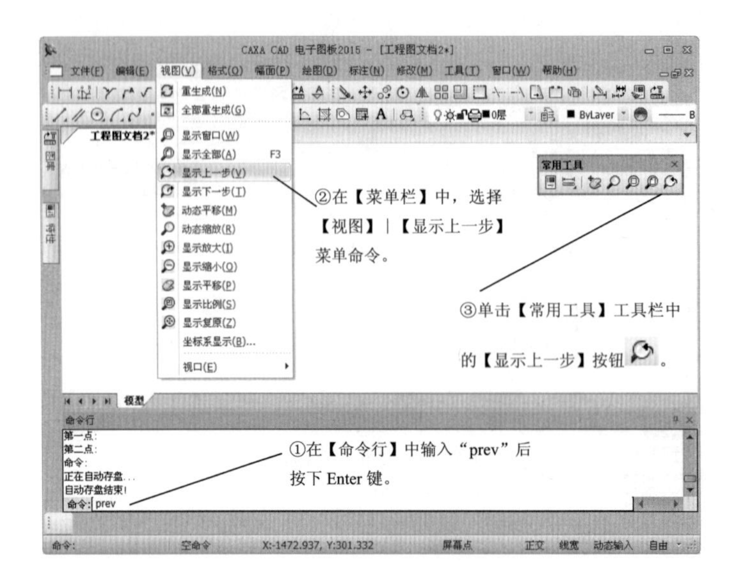

图 8-14　显示上一步命令

7. 显示下一步

显示下一步命令用于取消当前显示，返回到上一次显示变换前的状态。显示下一步命令调用方法有以下几种，如图 8-15 所示。

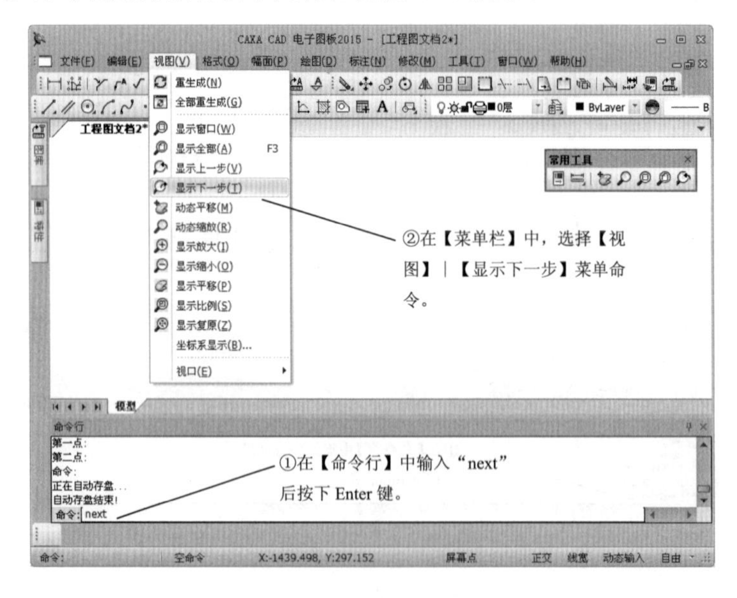

图 8-15　显示下一步命令

8. 显示放大

显示放大命令调用方法有以下几种，如图 8-16 所示。

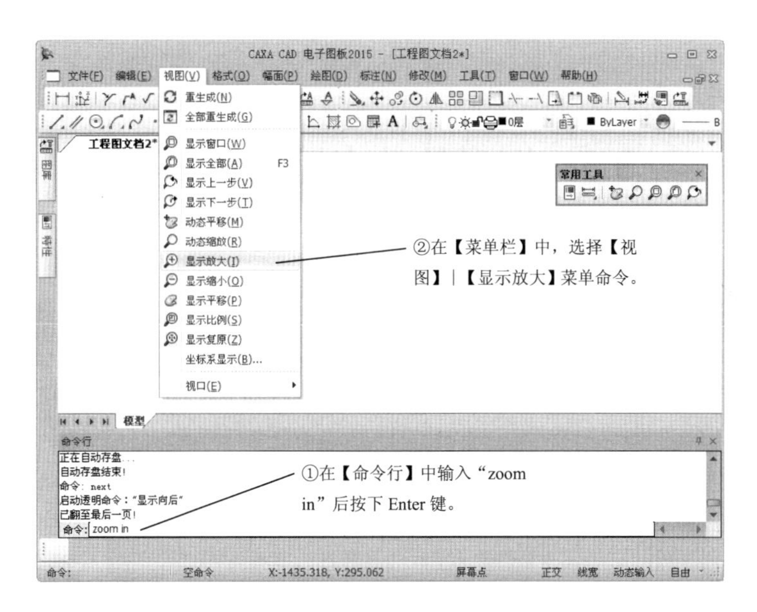

图 8-16　显示放大命令

执行上述操作之一后，光标会变成一个放大镜，每单击一次，就可以按固定比例（1.25 倍）放大显示当前图形，单击鼠标右键结束放大操作。

9. 显示缩小

显示缩小命令调用方法有以下几种，如图 8-17 所示。

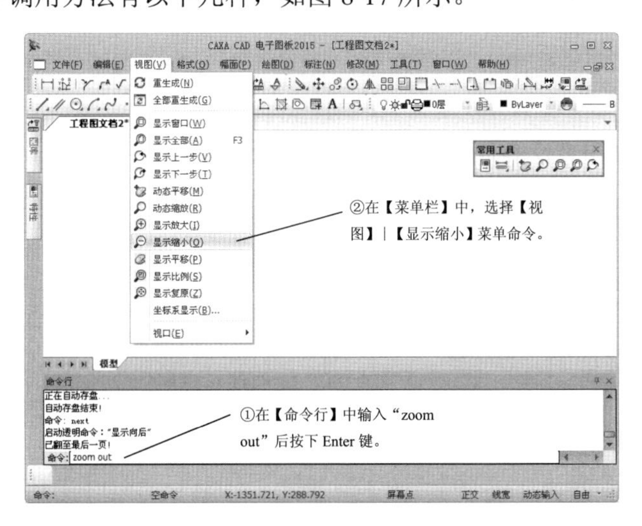

图 8-17　显示缩小命令

执行上述操作之一后，光标会变成一个缩小镜，每单击一次，就可以按固定比例（0.8 倍）缩小显示当前图形，右击结束缩小操作。

8.3 图形的动态缩放和平移

CAXA 图形的动态缩放是指对视图进行实时的放大和缩小；图形动态平移是指对图形进行实时的位置改变。

8.3.1 设计理论

图形的动态缩放和平移主要是通过【视图】菜单中的命令来实现的，下面来具体介绍其中的各项命令操作。

8.3.2 课堂讲解

1. 图形的动态缩放

动态缩放命令调用方法有以下几种，如图 8-18 所示。

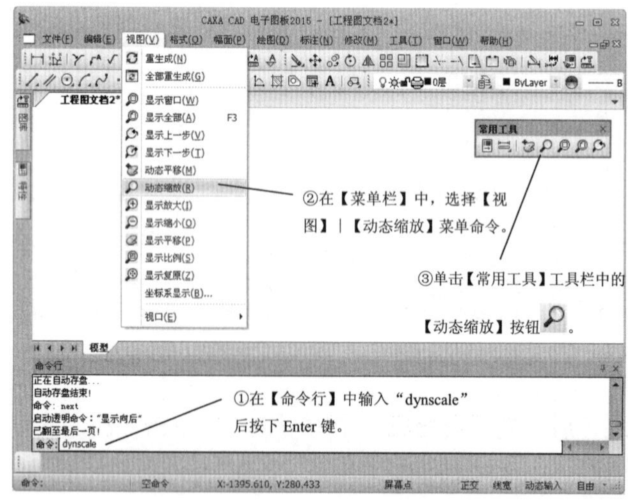

图 8-18 动态缩放命令

执行上述操作之一后，按住鼠标左键拖动可使整个图形跟随光标动态缩放，光标向上移动为放大，向下移动为缩小。

2. 图形的动态平移

动态平移命令调用方法有以下几种，如图 8-19 所示。

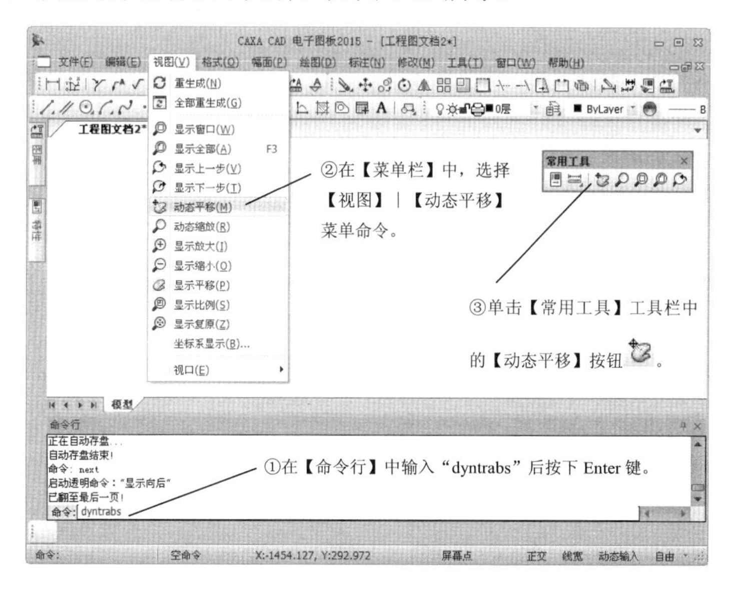

图 8-19　动态平移命令

执行上述操作之一后，按住鼠标左键拖动可使整个图形随光标动态平移。另外，按住鼠标中键拖动也可以实现动态平移，而且这种方法更快捷、更方便。

8.3.3　课堂练习——绘制泵体

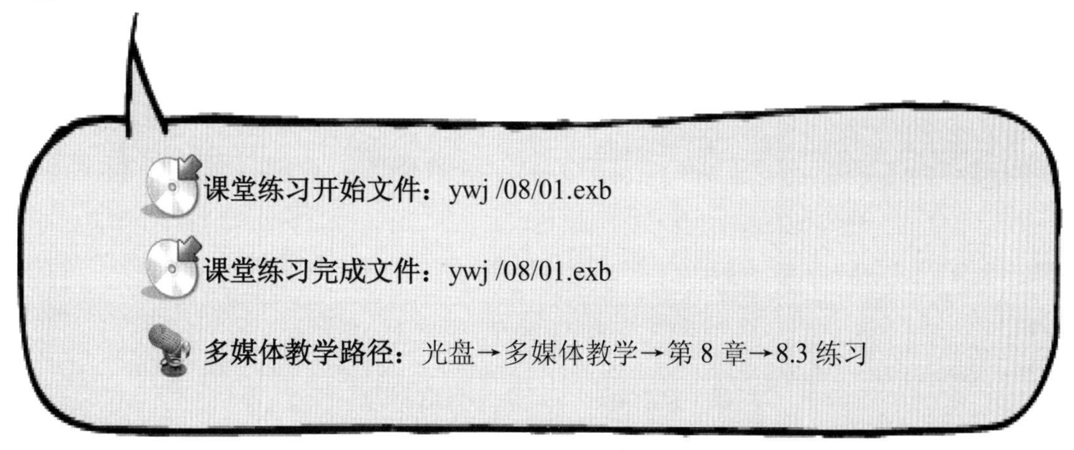

Step1 绘制中心线，如图 8-20 所示。

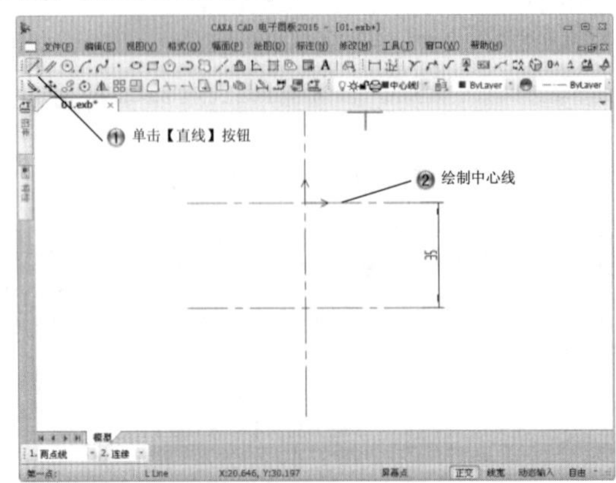

图 8-20　绘制中心线

Step2 绘制两组半径为 10 和 20 的同心圆，如图 8-21 所示。

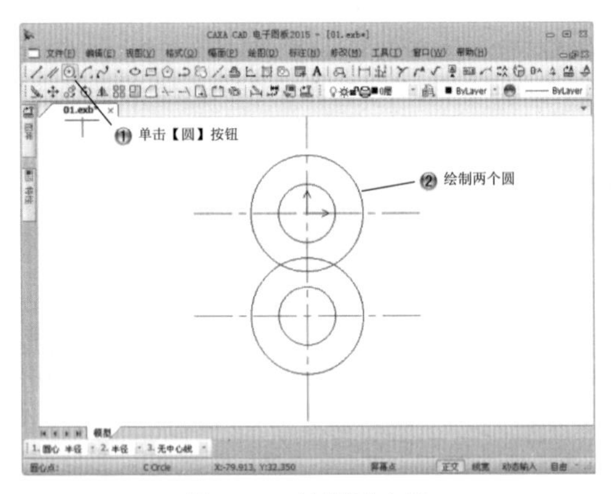

图 8-21　绘制同心圆

Step3 裁剪圆形，如图 8-22 所示。

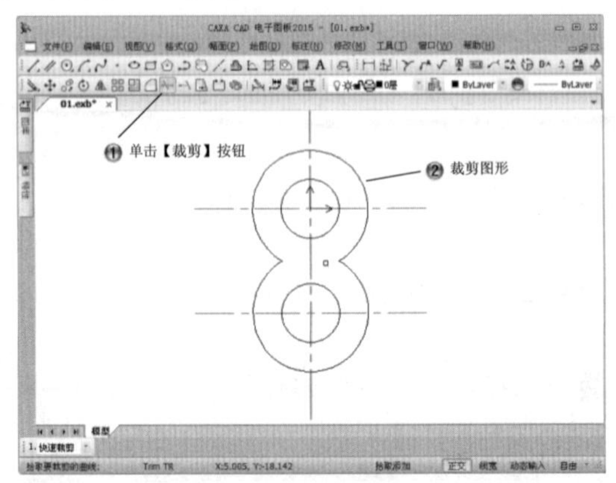

图 8-22　裁剪圆形

Step4 绘制两个半径为 34 的大圆，如图 8-23 所示。

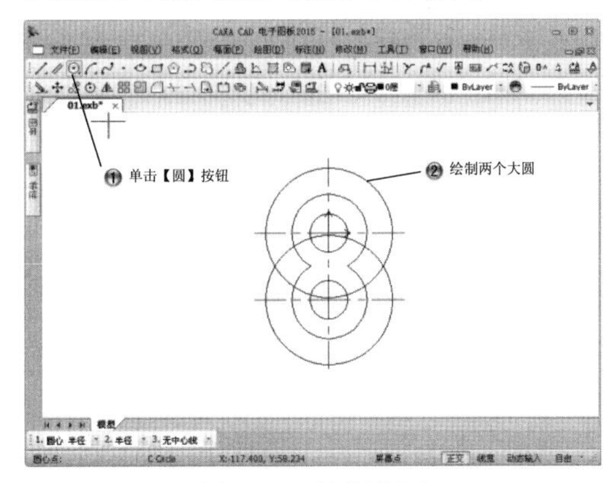

图 8-23　绘制大圆

Step5 绘制切线，如图 8-24 所示。

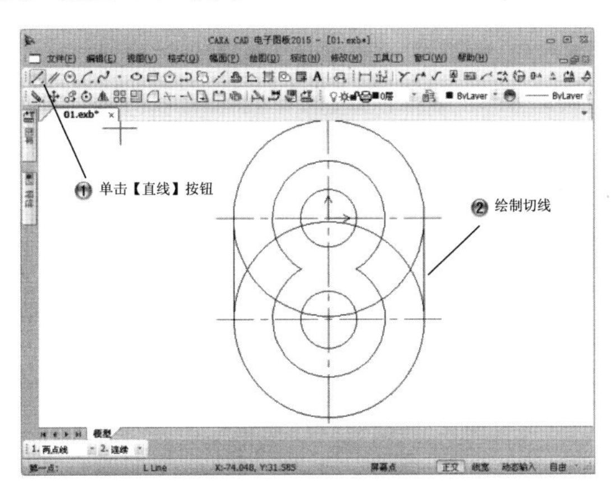

图 8-24　绘制切线

Step6 裁剪图形，如图 8-25 所示。

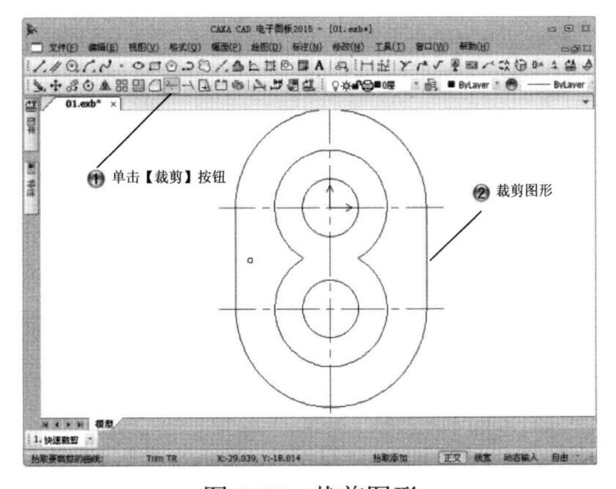

图 8-25　裁剪图形

Step7 绘制两个半径为 27 的中心线圆，如图 8-26 所示。

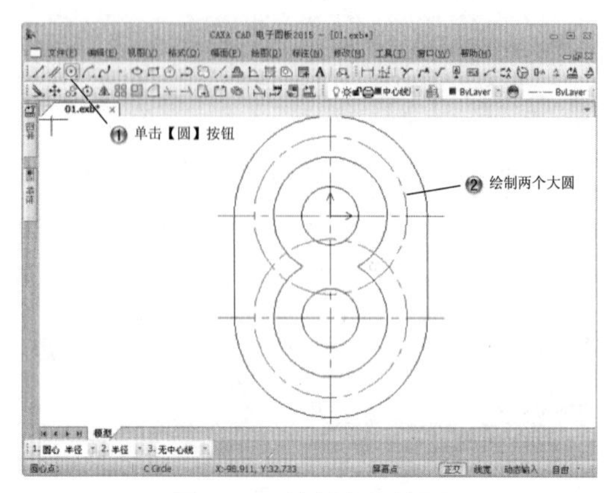

图 8-26 绘制中心线圆

Step8 裁剪图形，如图 8-27 所示。

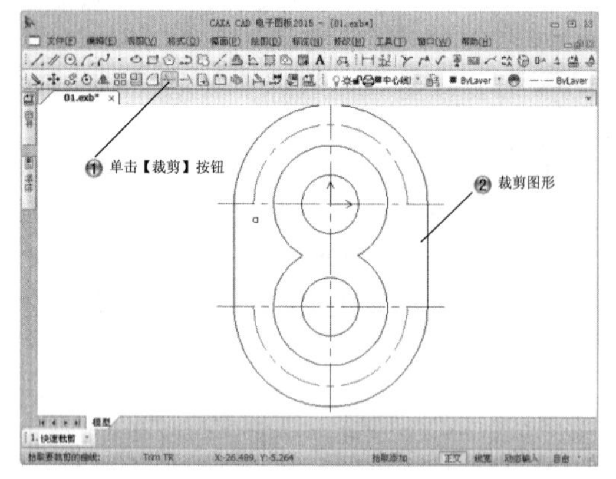

图 8-27 裁剪图形

Step9 绘制 30 度，60 度和 150 度的角度线，如图 8-28 所示。

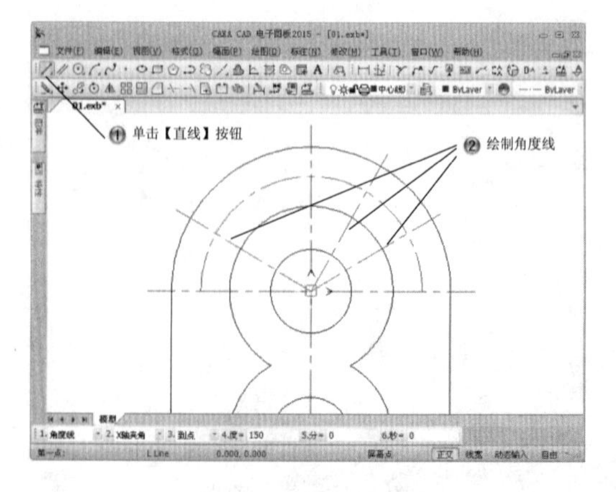

图 8-28 绘制角度线

Step10 将圆形缩小 0.2 倍，如图 8-29 所示。

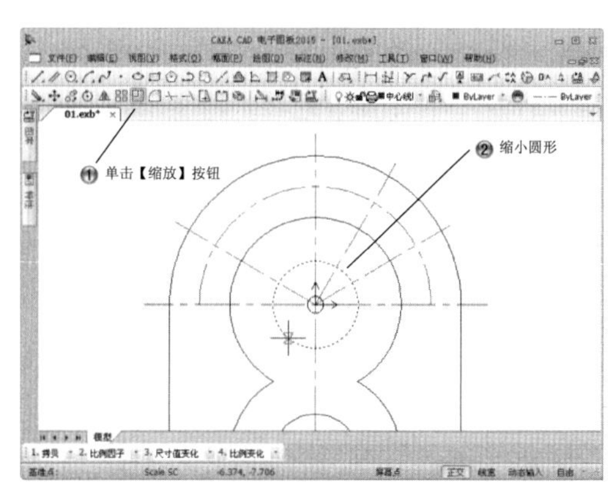

图 8-29　缩小圆形

Step11 移动并复制圆形，如图 8-30 所示。

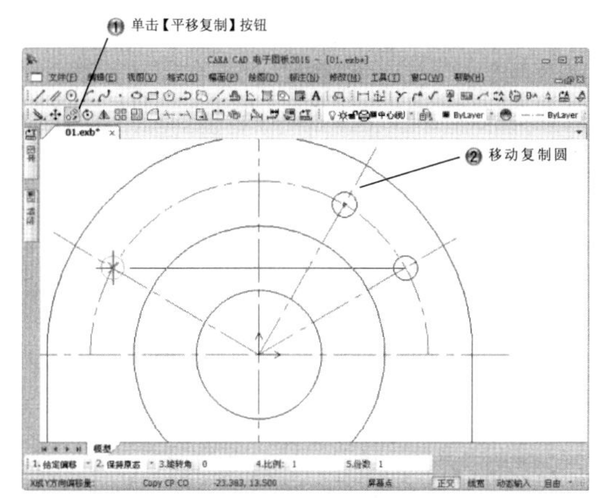

图 8-30　移动复制圆形

Step12 镜像图形，如图 8-31 所示。

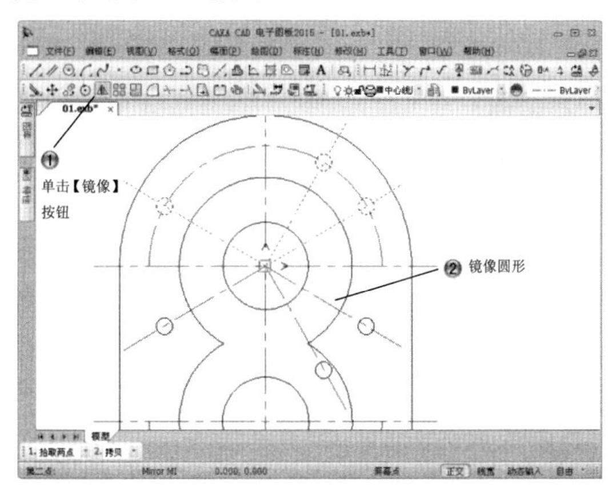

图 8-31　镜像图形

Step13 移动图形，如图 8-32 所示。

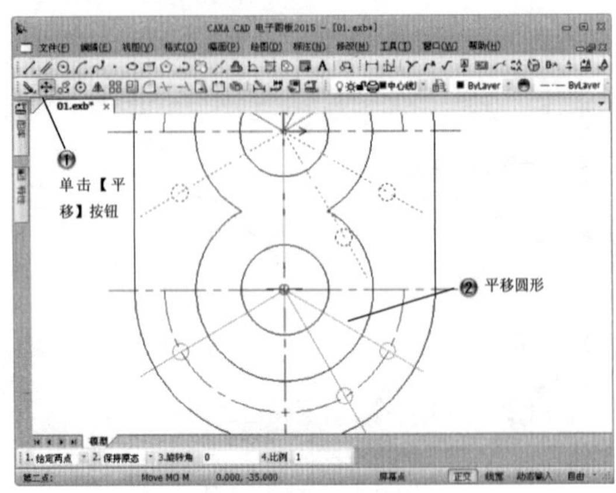

图 8-32 移动图形

Step14 将图形旋转-60°，如图 8-33 所示。

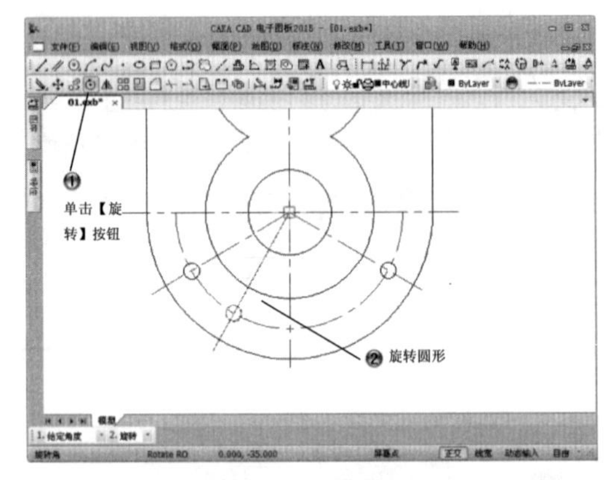

图 8-33 旋转图形

Step15 绘制长为 10 的轴，如图 8-34 所示。

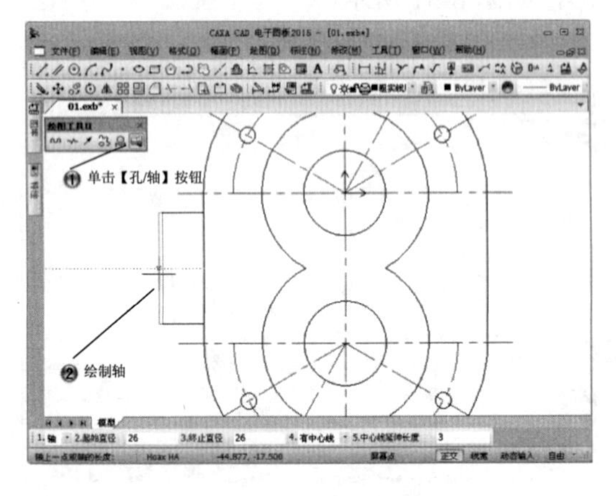

图 8-34 绘制轴

Step16 裁剪图形，如图 8-35 所示。

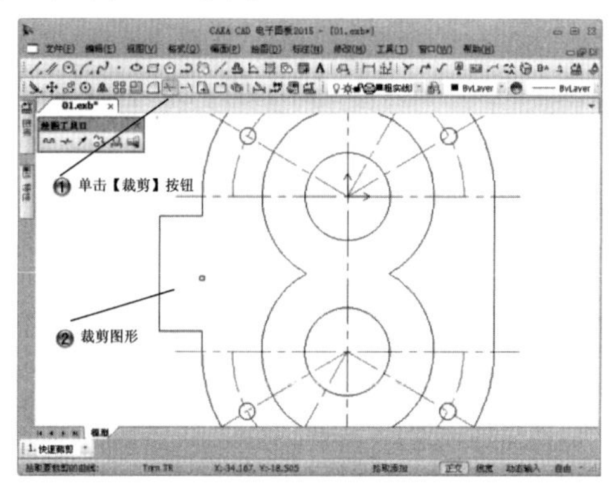

图 8-35　裁剪图形

Step17 绘制长为 2、10、2 和 6 的孔，如图 8-36 所示。

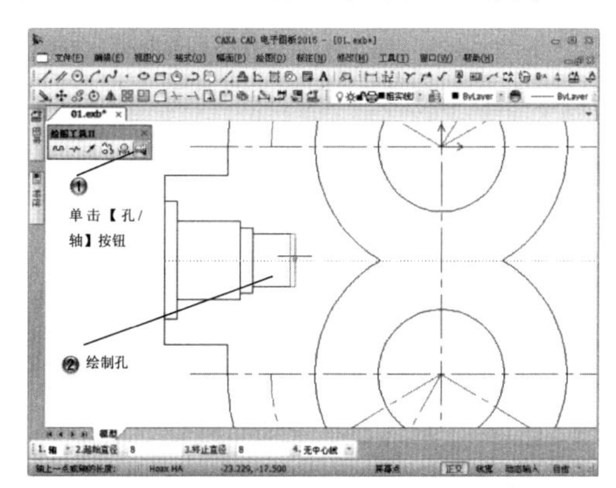

图 8-36　绘制孔

Step18 创建倒角 1，如图 8-37 所示。

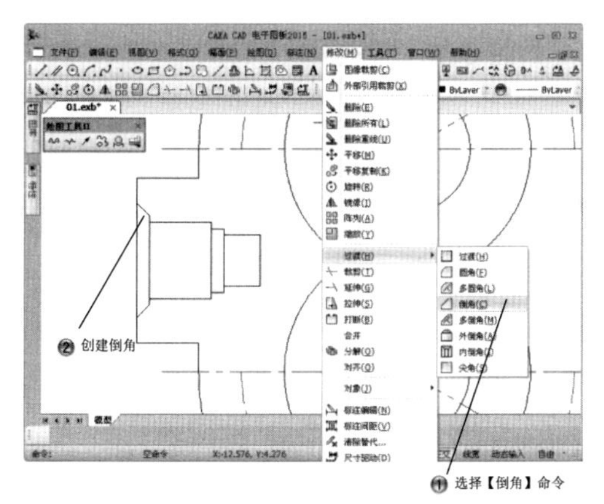

图 8-37　创建倒角 1

Step19 创建倒角 2，如图 8-38 所示。

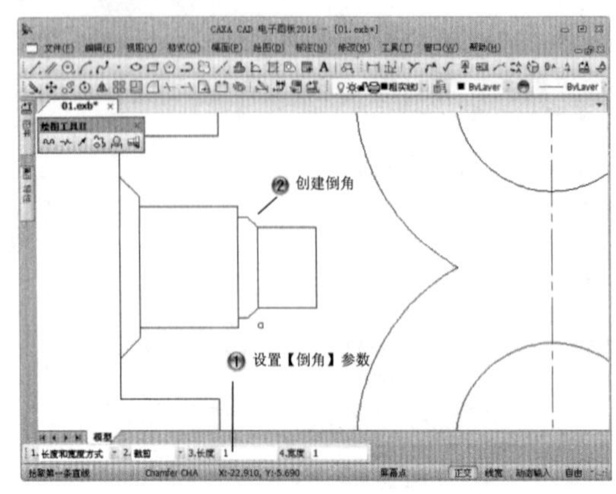

图 8-38　创建倒角 2

Step20 绘制长为 6 的轴，如图 8-39 所示。

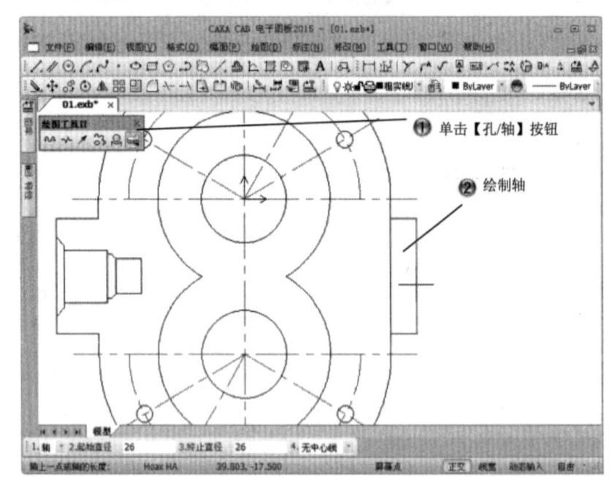

图 8-39　创建轴

Step21 裁剪图形，如图 8-40 所示。

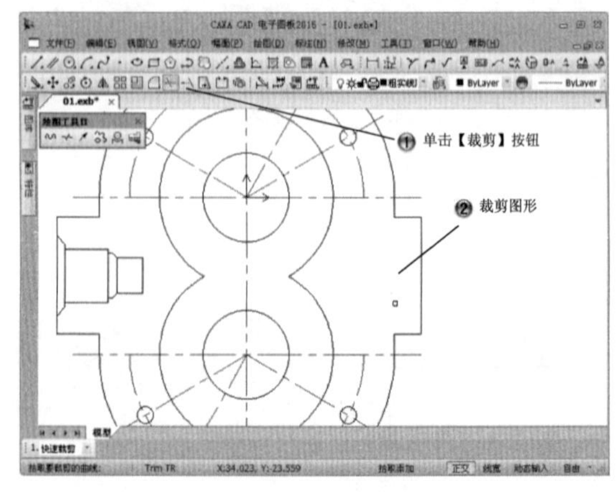

图 8-40　裁剪图形

Step22 绘制长为 6、8 和 5 的孔，如图 8-41 所示。

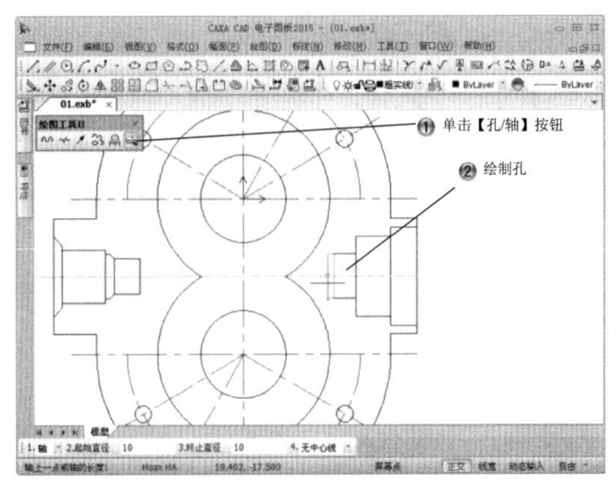

图 8-41　绘制孔

Step23 创建倒角，如图 8-42 所示。

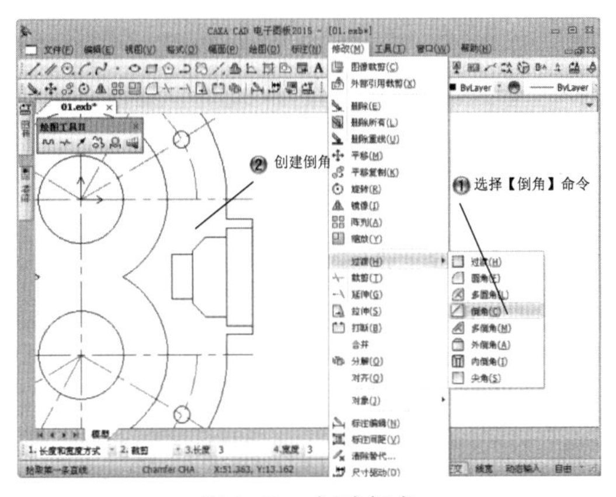

图 8-42　创建倒角

Step24 绘制中心线，如图 8-43 所示。

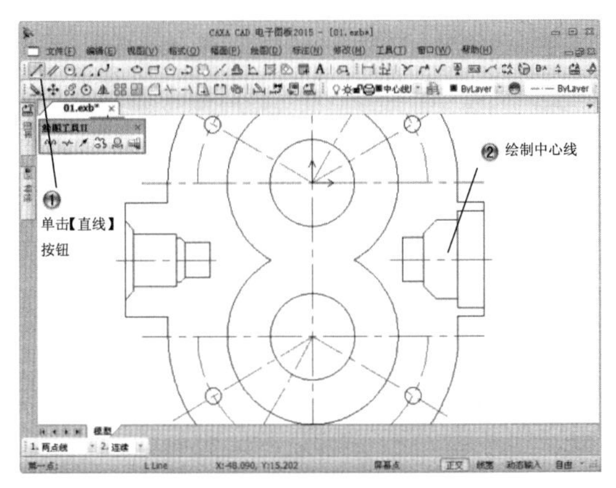

图 8-43　绘制中心线

Step25 绘制曲线，如图 8-44 所示。

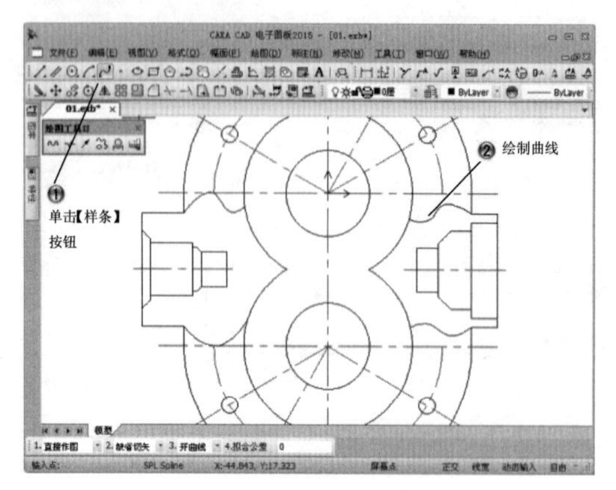

图 8-44 绘制曲线

Step26 绘制长为 40、30 的直线以及长为 10 的水平线，如图 8-45 所示。

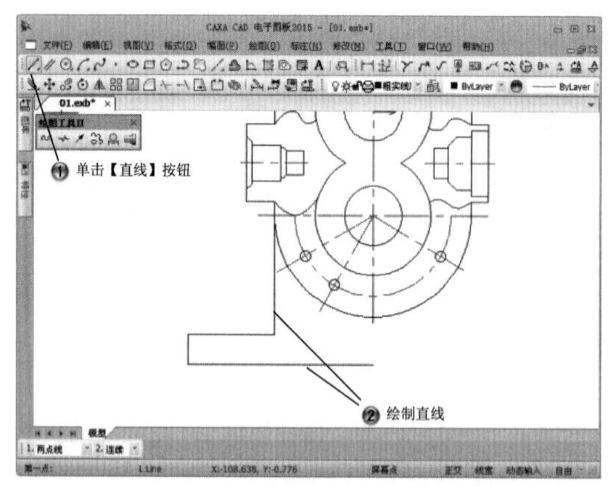

图 8-45 绘制直线和水平线

Step27 绘制长为 2、20、2 的 3 条直线，如图 8-46 所示。

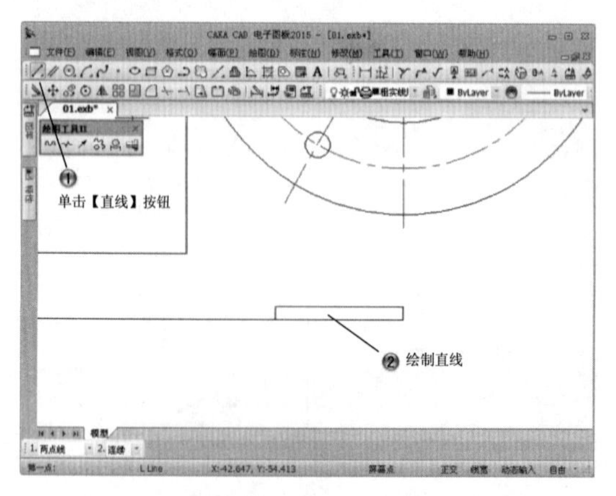

图 8-46 绘制 3 直线

Step28 裁剪图形，如图 8-47 所示。

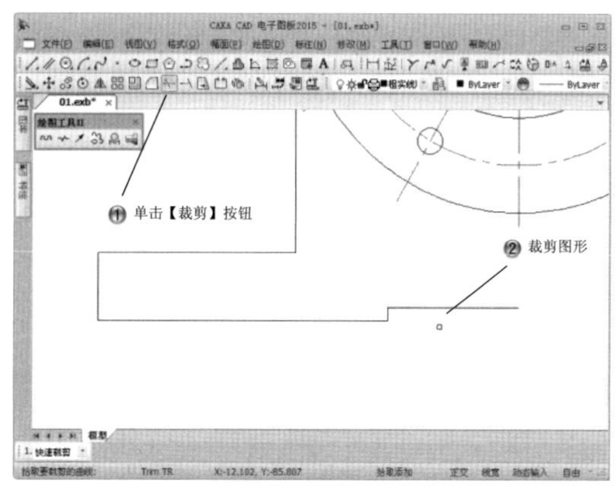

图 8-47　裁剪图形

Step29 创建半径为 4 的圆角，如图 8-48 所示。

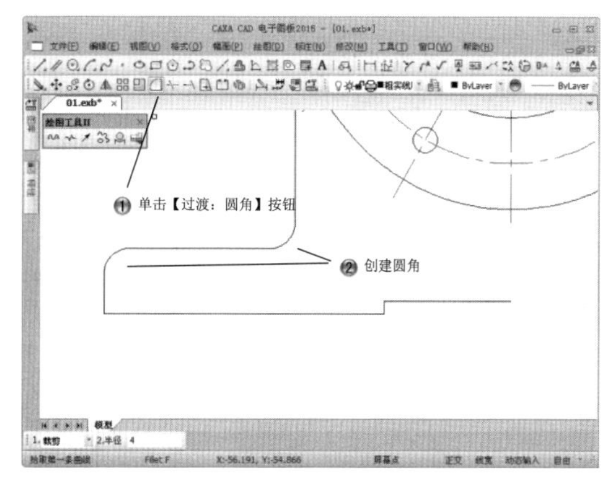

图 8-48　创建半径 4 的圆角

Step30 创建半径为 2 的圆角，如图 8-49 所示。

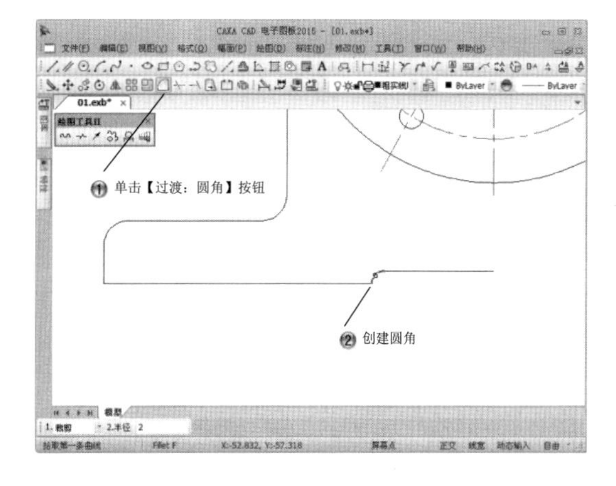

图 8-49　创建半径 2 的圆角

Step31 镜像图形，如图 8-50 所示。

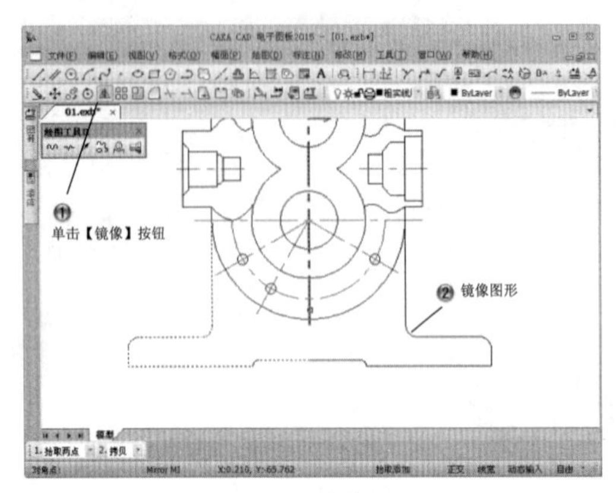

图 8-50 镜像图形

Step32 创建两段孔，尺寸为 10×4 何 6×6，如图 8-51 所示。

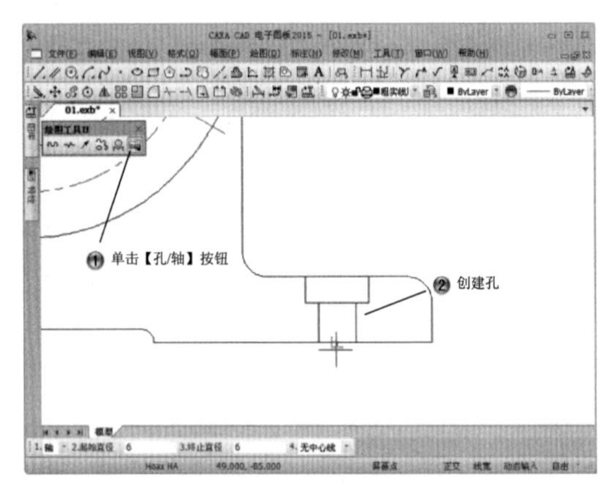

图 8-51 绘制两段孔

Step33 绘制曲线，如图 8-52 所示。

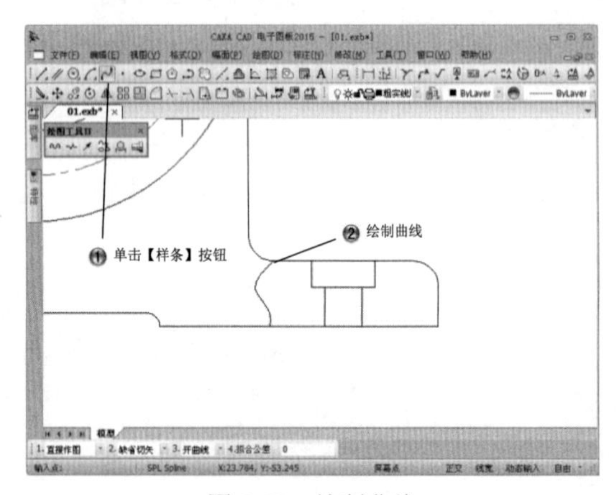

图 8-52 绘制曲线

Step34 添加剖面线，如图 8-53 所示。

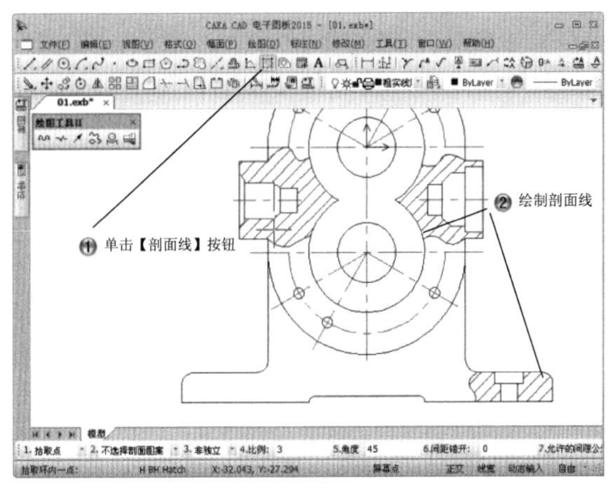

图 8-53　添加剖面线

Step35 添加各部分的尺寸，完成泵体图纸的绘制，如图 8-54 所示。

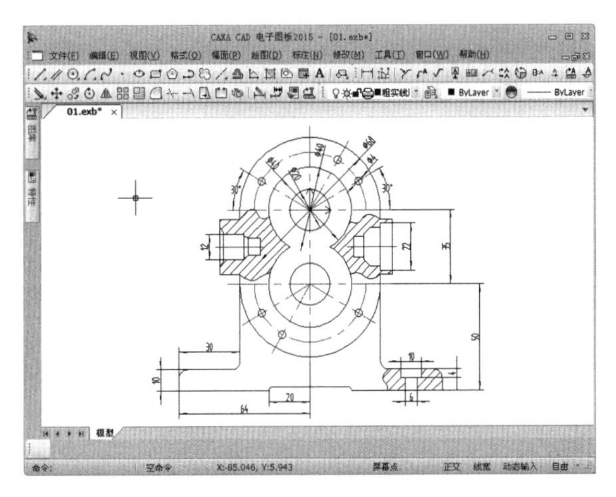

图 8-54　完成泵体图纸

8.4　三视图导航

CAXA 三视图导航命令可以生成图形或者模型的各个方向的视图，视图遵循机械制图规则。

课堂讲解课时：1 课时

8.4.1 设计理论

三视图导航是导航方式的扩充，主要是方便地确定投影关系，当绘制完两个视图后，可以利用三视图导航功能生成第三个图。

8.4.2 课堂讲解

三视图导航命令调用方法有以下几种，如图 8-55 所示。

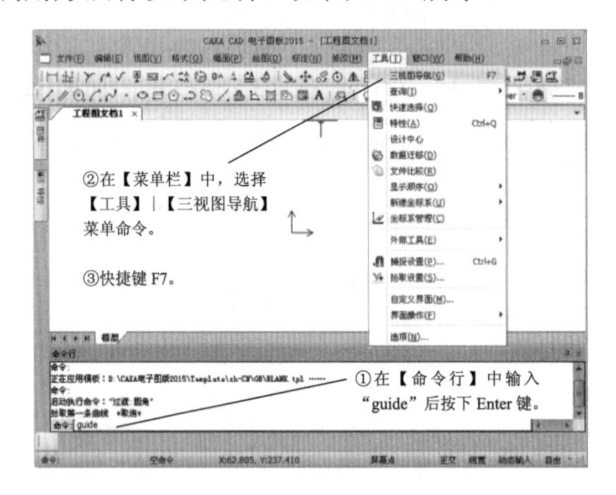

图 8-55 三视图导航命令

三视图导航命令的操作，如图 8-56 和图 8-57 所示。

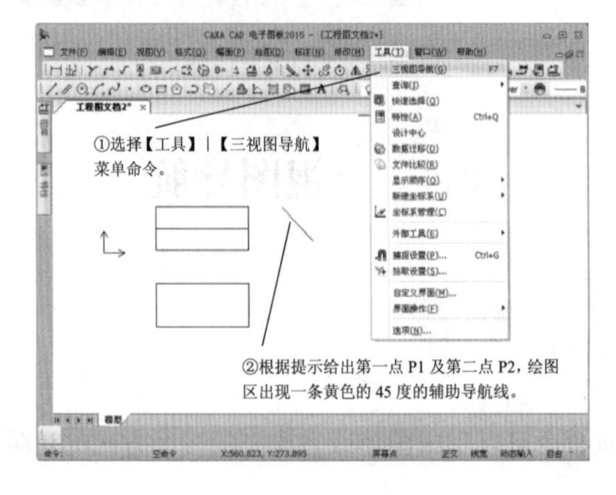

图 8-56 绘制辅助导航线

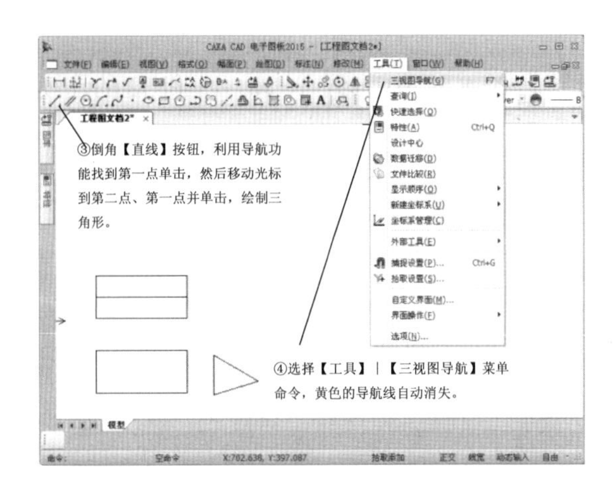

图 8-57　操作三视图导航命令

8.4.3 课堂练习——绘制上壳体

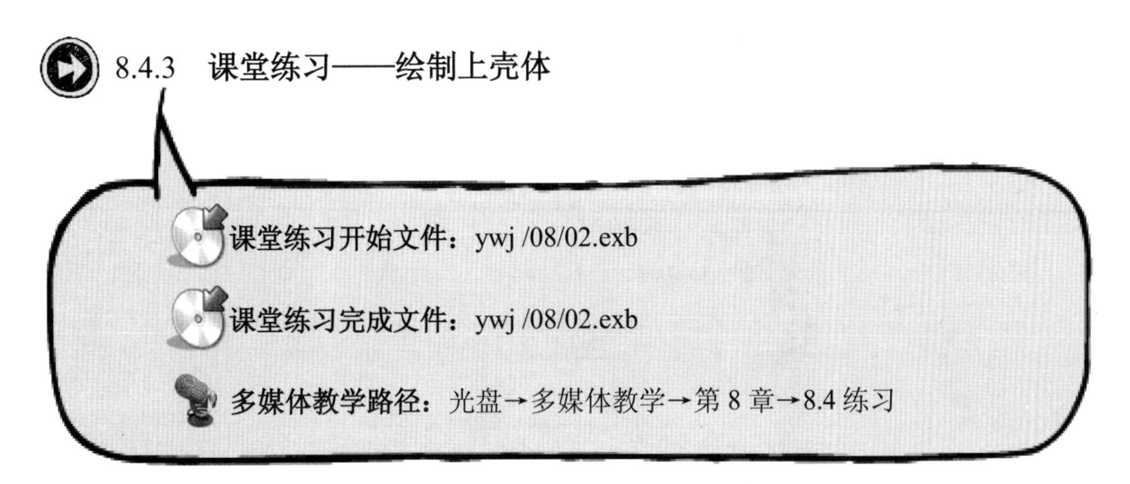

课堂练习开始文件： ywj /08/02.exb

课堂练习完成文件： ywj /08/02.exb

多媒体教学路径： 光盘→多媒体教学→第 8 章→8.4 练习

Step1 绘制尺寸为 16×17、27×17、12×13、20×40 和 24×2 的矩形，如图 8-58 所示。

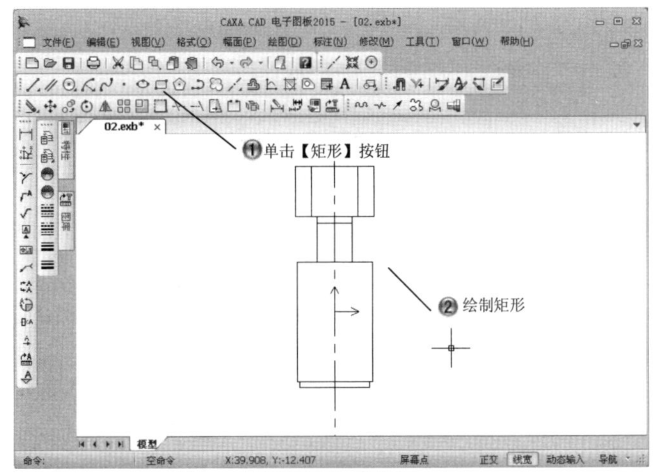

图 8-58　绘制多个矩形

Step2 绘制长分别为 2、8.5、10、15、3、10、19 和 32 的连续直线，如图 8-59 所示。

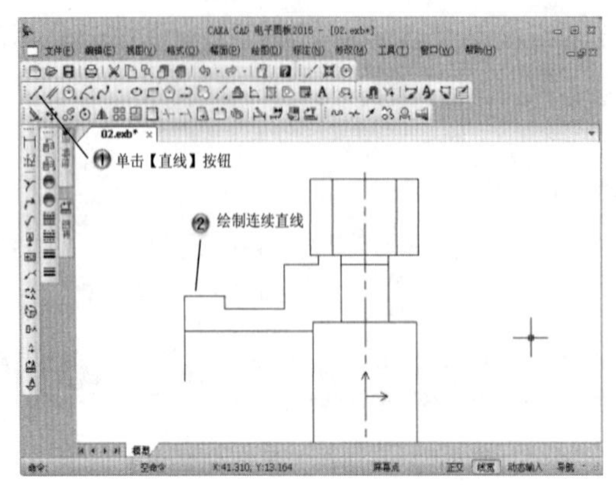

图 8-59　绘制连续直线

Step3 绘制长分别为 19、32、10、3、15、7、12、6 和 20 的直线草图，如图 8-60 所示。

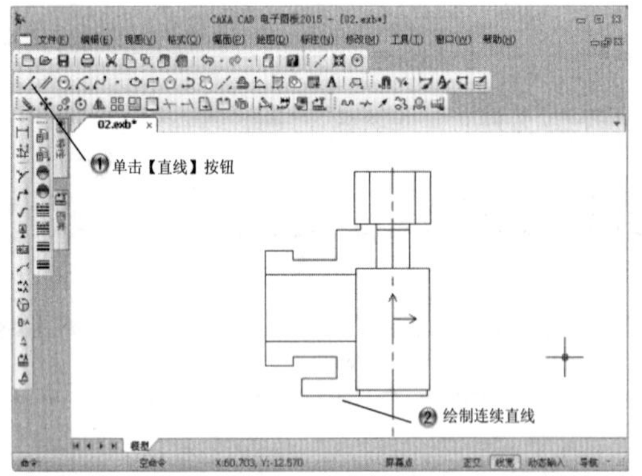

图 8-60　绘制直线草图

Step4 绘制长宽为 2 的倒角，如图 8-61 所示。

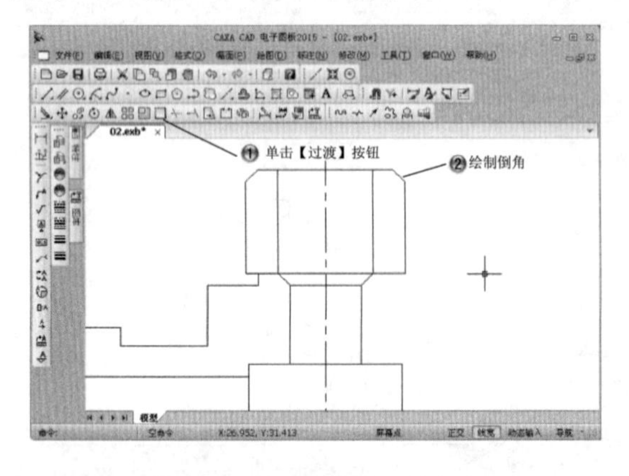

图 8-61　绘制长宽为 2 的倒角

Step5 绘制半径为 1 的圆，如图 8-62 所示。

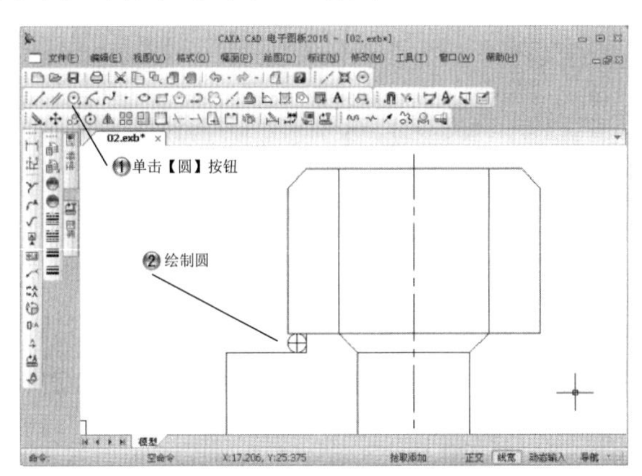

图 8-62　绘制半径为 1 的圆

Step6 裁剪图形，如图 8-63 所示。

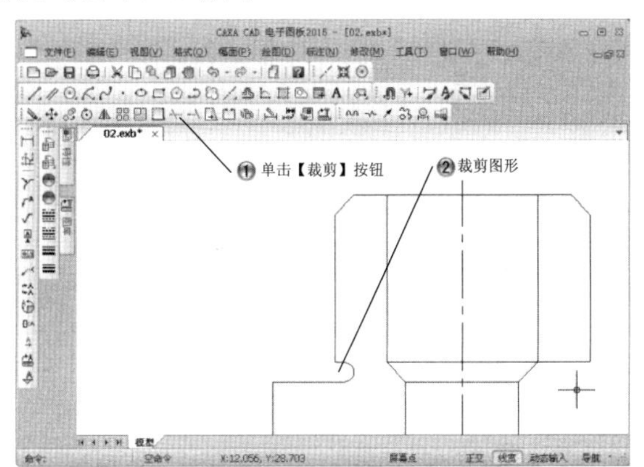

图 8-63　裁剪图形

Step7 绘制半径为 2 和 3 的圆角，如图 8-64 所示。

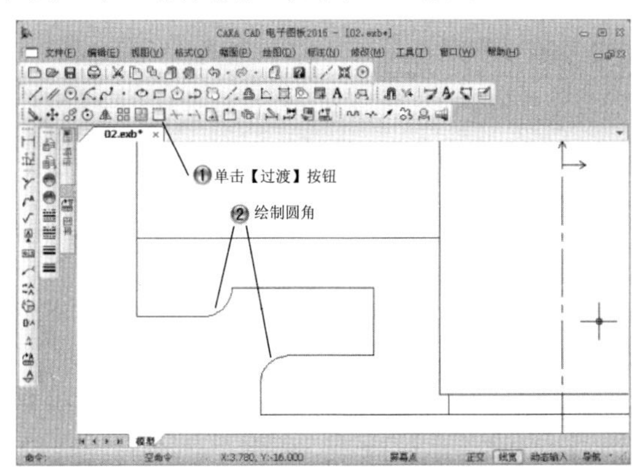

图 8-64　绘制圆角

Step8 绘制长宽为 2 的倒角，如图 8-65 所示。

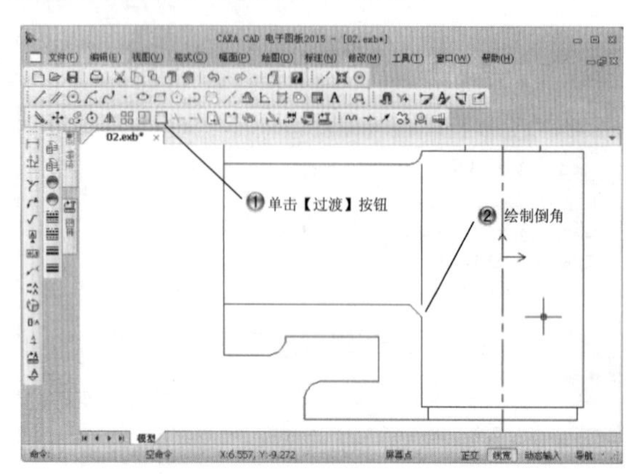

图 8-65　绘制长宽为 2 的倒角

Step9 绘制斜线，如图 8-66 所示。

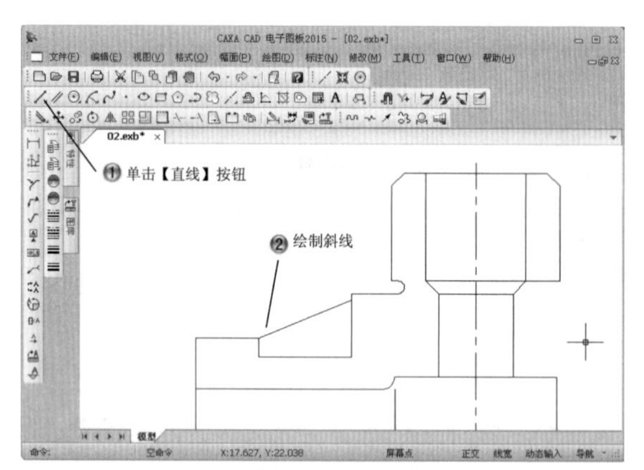

图 8-66　绘制斜线

Step10 绘制圆弧，如图 8-67 所示。

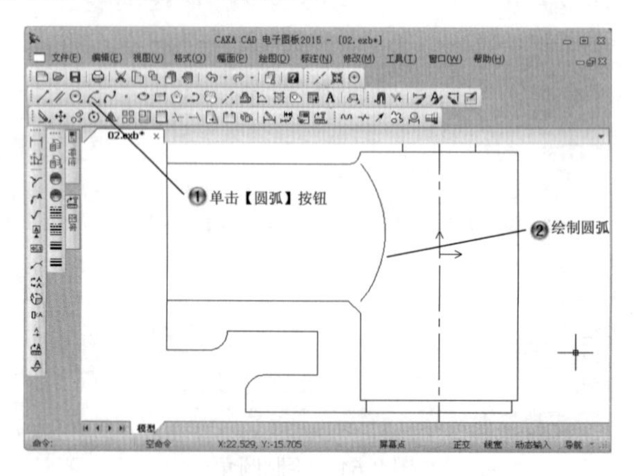

图 8-67　绘制圆弧

Step11 绘制半径为 1 的圆，如图 8-68 所示。

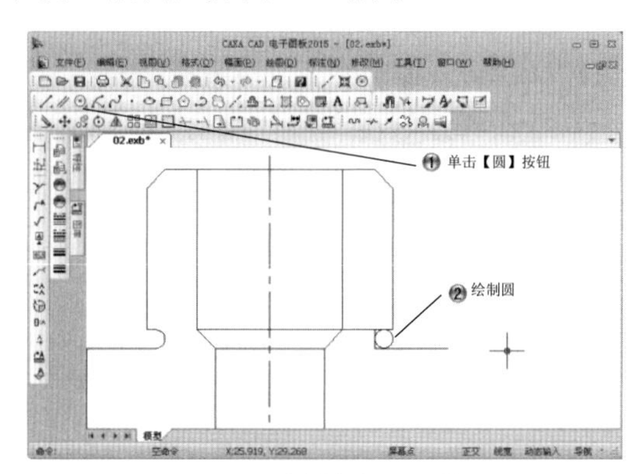

图 8-68　绘制半径为 1 的圆

Step12 裁剪图形，如图 8-69 所示。

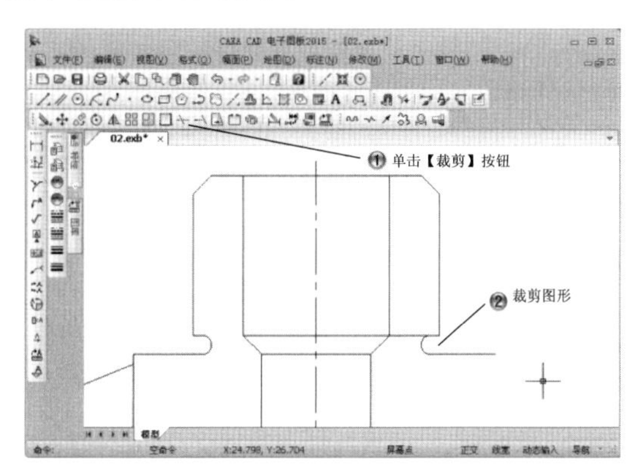

图 8-69　裁剪图形

Step13 绘制长分别为 49、20、6 和 27.5 的连续直线，如图 8-70 所示。

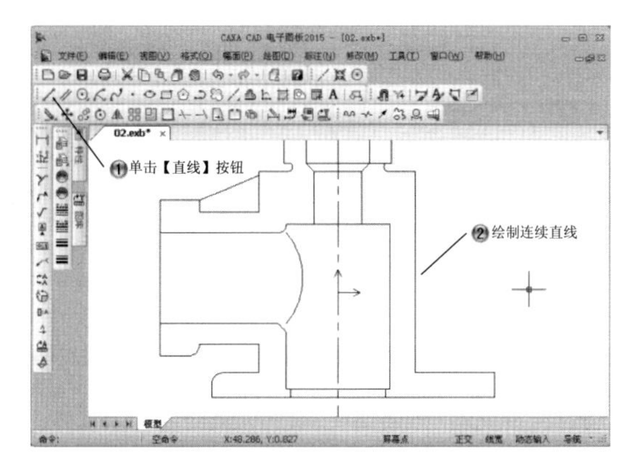

图 8-70　绘制长分别为 49、20、6 和 27.5 的连续直线

Step14 绘制长为 6 的直线，如图 8-71 所示。

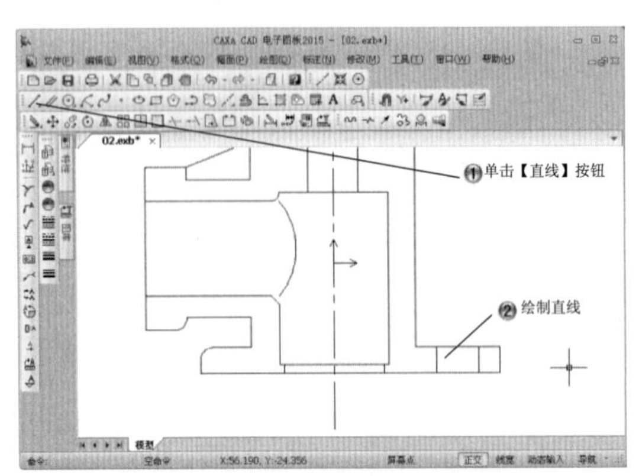

图 8-71　绘制长为 6 的直线

Step15 绘制长为 43 和 12 的虚线，如图 8-72 所示。

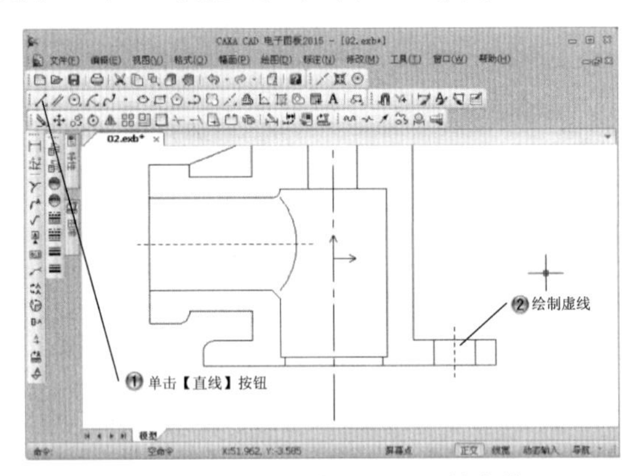

图 8-72　绘制长为 43 和 12 的虚线

Step16 填充图案，如图 8-73 所示。

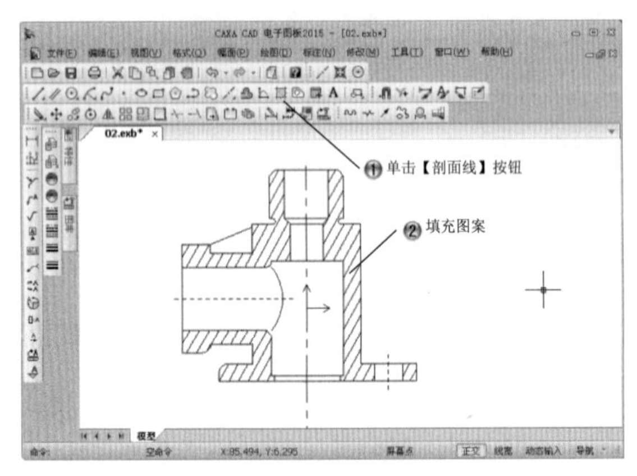

图 8-73　填充图案

Step17 绘制半径为 10 和 20 的同心圆，然后绘制半径为 4 和 10 的同心圆，如图 8-74 所示。

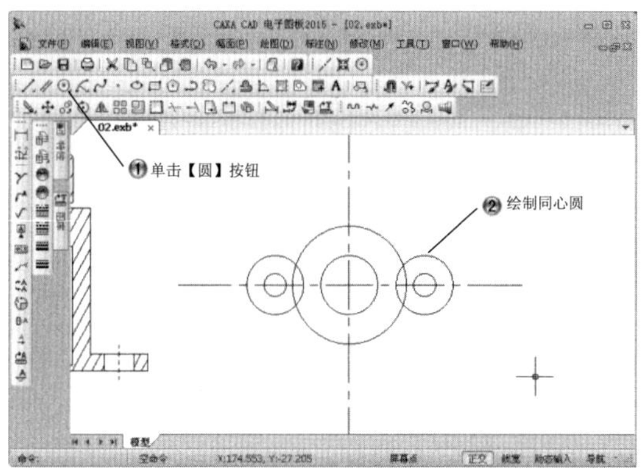

图 8-74 绘制同心圆

Step18 绘制切线，如图 8-75 所示。

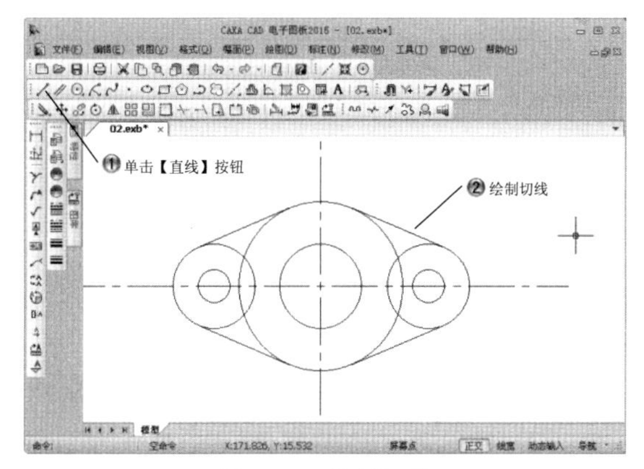

图 8-75 绘制切线

Step19 裁剪图形，如图 8-76 所示。

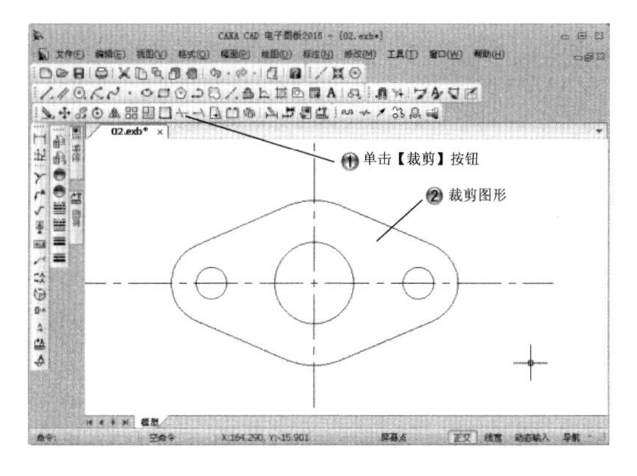

图 8-76 裁剪图形

Step20 绘制尺寸为 26×17 的矩形，如图 8-77 所示。

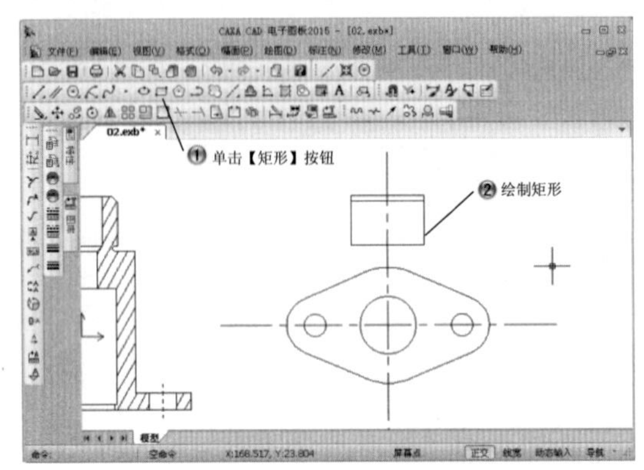

图 8-77　绘制尺寸为 26×17 的矩形

Step21 绘制长宽为 2 的倒角，如图 8-78 所示。

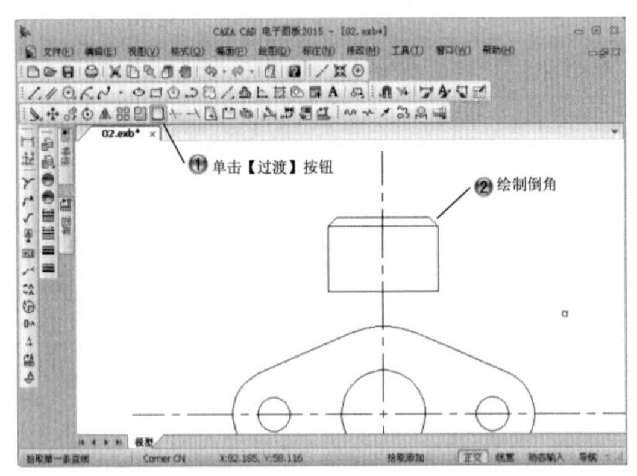

图 8-78　绘制长宽为 2 的倒角

Step22 绘制偏移距离为 18 的平行线，如图 8-79 所示。

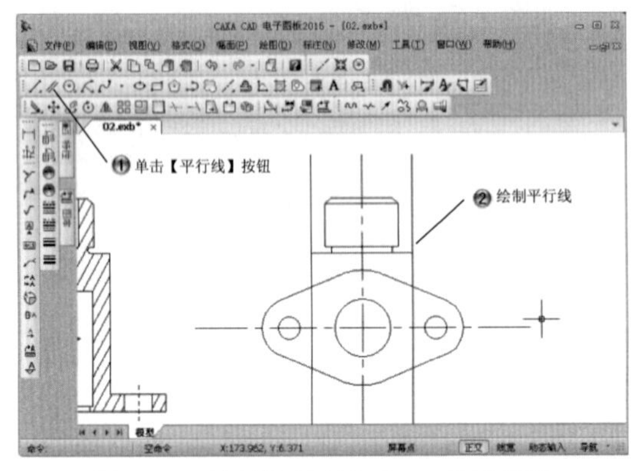

图 8-79　绘制偏移距离为 18 的平行线

Step23 绘制尺寸为 70×6 的矩形，如图 8-80 所示。

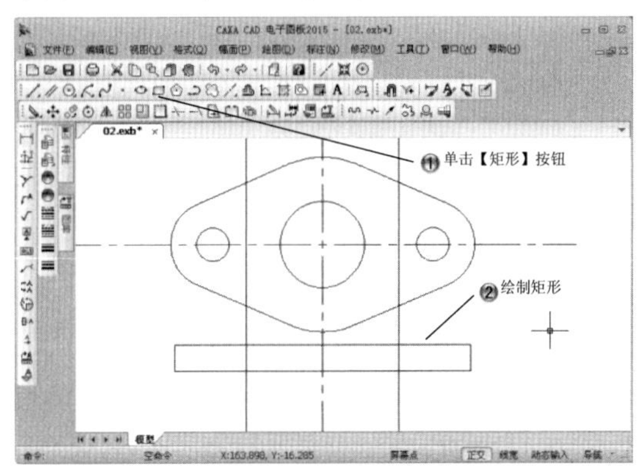

图 8-80　绘制尺寸为 70×6 的矩形

Step24 裁剪图形，如图 8-81 所示。

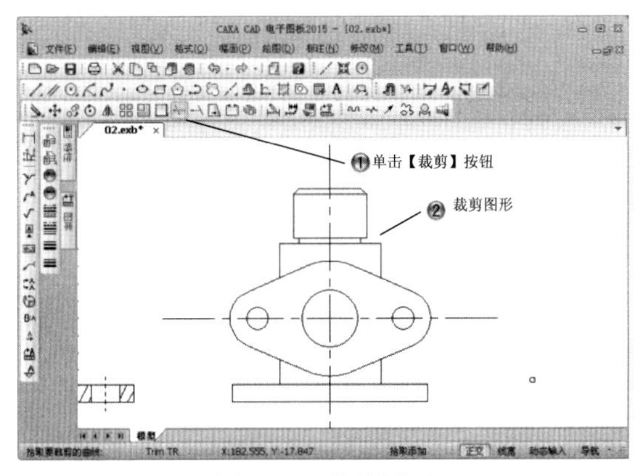

图 8-81　裁剪图形

Step25 绘制 2 条直线，如图 8-82 所示。

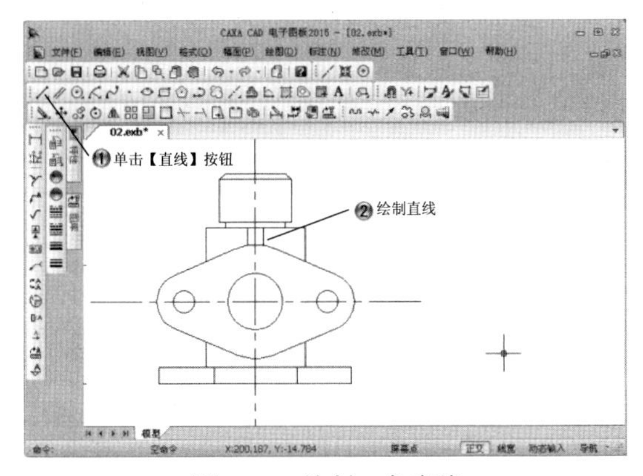

图 8-82　绘制 2 条直线

Step26 添加剖视图和正视图的尺寸标注，如图 8-83 所示。

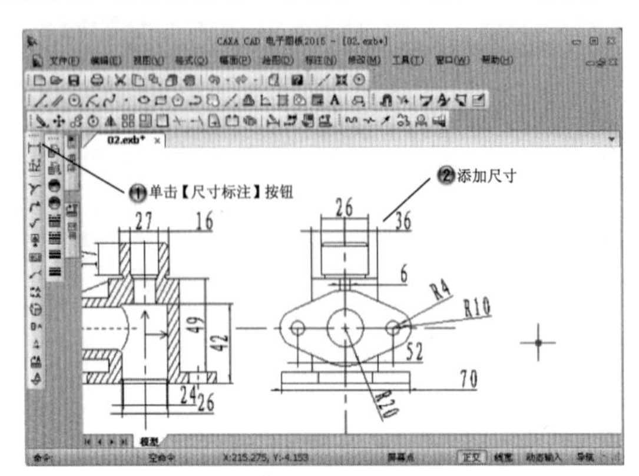

图 8-83　添加剖视图和正视图尺寸标注

Step27 绘制半径为 13 和 32.5 的同心圆以及虚线圆，如图 8-84 所示。

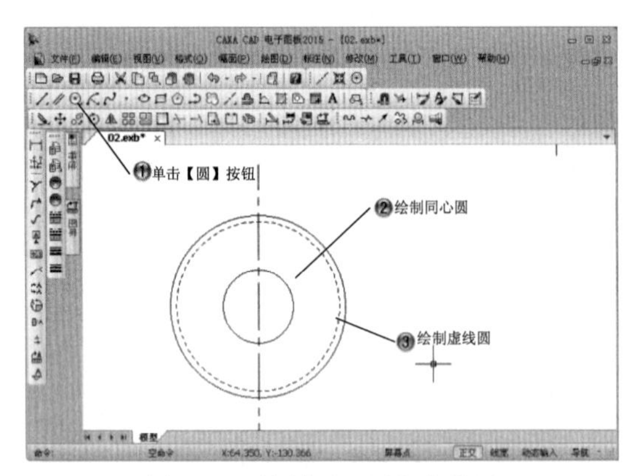

图 8-84　绘制同心圆和虚线圆

Step28 绘制半径为 4 和 10 的同心圆，如图 8-85 所示。

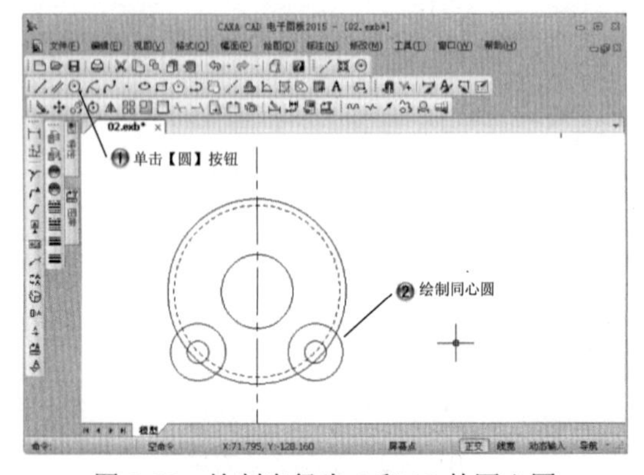

图 8-85　绘制半径为 4 和 10 的同心圆

Step29 裁剪图形，如图 8-86 所示。

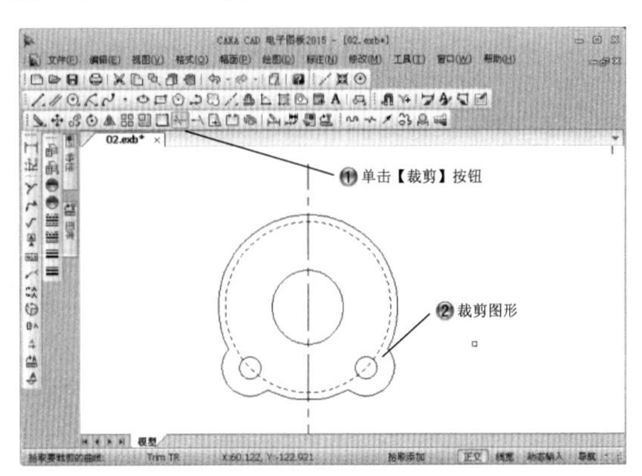

图 8-86　裁剪图形

Step30 绘制角度线，如图 8-87 所示。

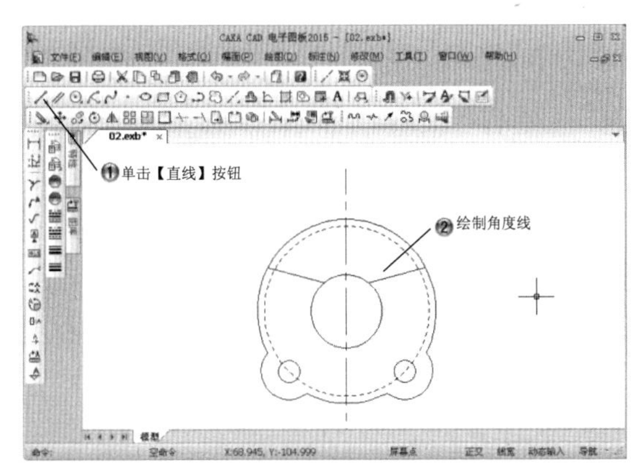

图 8-87　绘制角度线

Step31 裁剪图形，如图 8-88 所示。

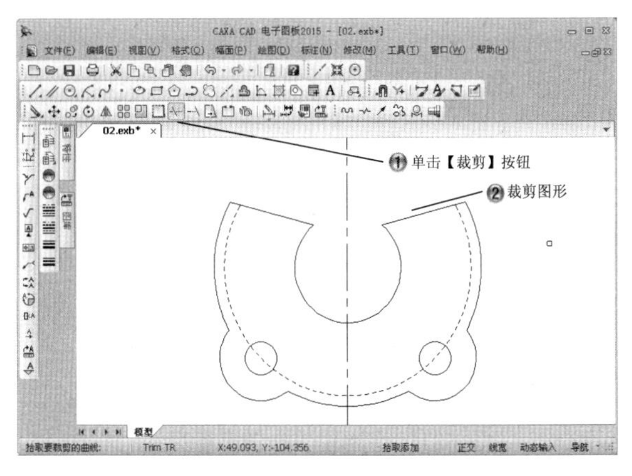

图 8-88　裁剪图形

Step32 添加断开视图尺寸标注，如图 8-89 所示。

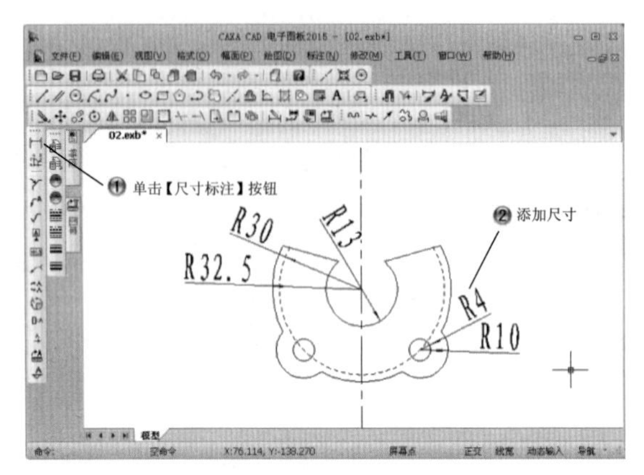

图 8-89　添加断开视图尺寸标注

Step33 绘制尺寸为 500×300 的矩形，如图 8-90 所示。

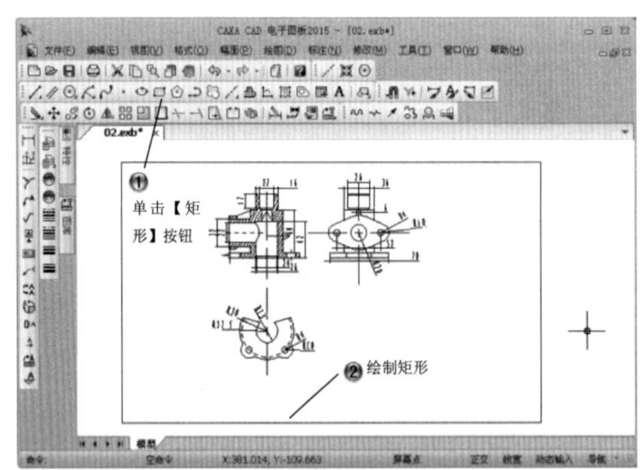

图 8-90　绘制尺寸为 500×300 的矩形

Step34 绘制长为 200 的多条直线，如图 8-91 所示。

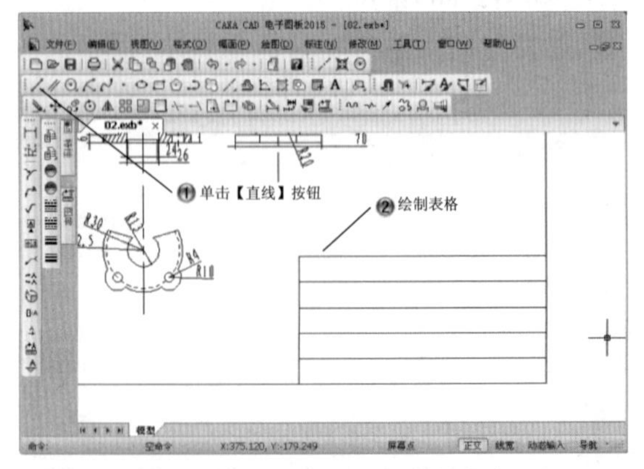

图 8-91　绘制长 200 的多条直线

Step35 绘制垂直平行线，如图 8-92 所示。

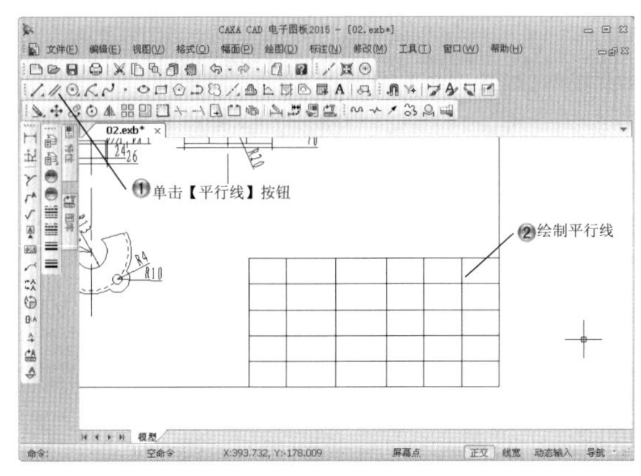

图 8-92　绘制垂直平行线

Step36 裁剪图形，如图 8-93 所示。

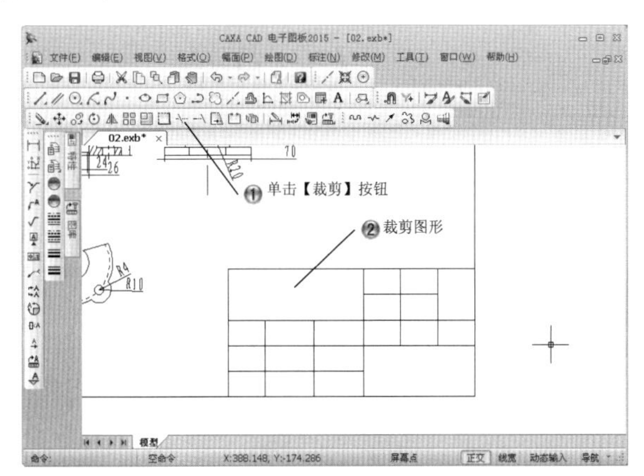

图 8-93　裁剪图形

Step37 添加表格中的文字，如图 8-94 所示。

图 8-94　添加表格中的文字

Step38 完成上壳体的绘制，如图 8-95 所示。

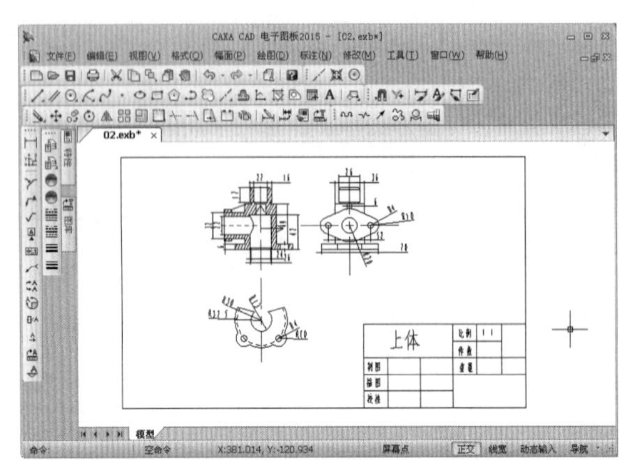

图 8-95　完成上壳体图纸

8.5　专家总结

本章主要介绍了 CAXA 图形的视图显示控制，使用显示控制可以得到不同的图形方向视图，在绘制不同方向的视图时十分有用，读者要结合课堂练习深入学习。

8.6　课后习题

8.6.1　填空题

（1）重生成命令有________种。

（2）视图显示命令有________________。

（3）视图动态显示命令有________________。

8.6.2　问答题

（1）平移和动态平移的区别是什么？

（2）三视图导航的作用是什么？

8.6.3 上机操作题

如图 8-96 所示，使用学过的命令练习创建一个固定件的草图，并对其进行显示控制操作。

一般创建步骤和方法：

（1）绘制中心线。

（2）绘制圆形部分。

（3）绘制直线部分。

（4）视图显示控制。

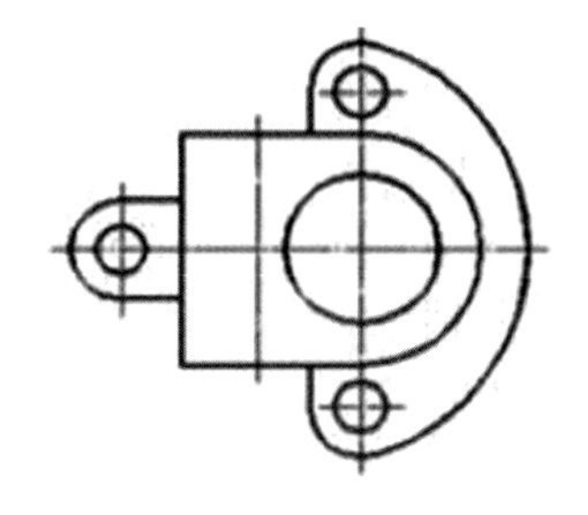

图 8-96 固定件

第 9 章　图纸幅面设置

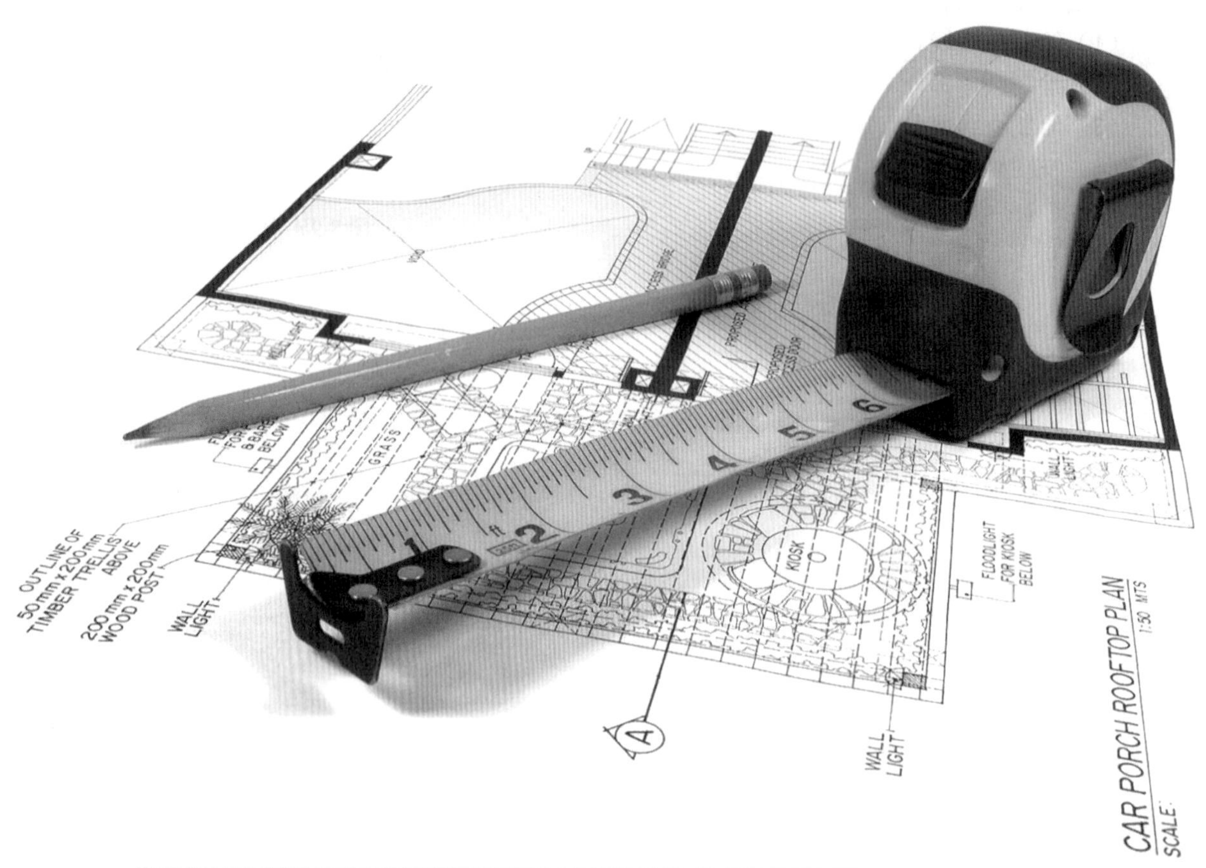

课训目标	内　容	掌握程度	课　时
	图幅设置	熟练运用	1
	图框设置	熟练运用	1
	标题栏设置	熟练运用	1
	零件序号	熟练运用	1
	明细表	熟练运用	2

课程学习建议

CAXA 电子图板提供开放的图纸幅面设置系统，可以快速设置图纸尺寸、调入图框、标题栏、参数栏、填写图纸属性信息。还可以快速生成符合标准的各种样式的零件序号、明细表、并且零件序号与明细表可以保持相互关联，极大提高编辑修改的效率，并使设计工程标准化。电子图板支持主流的 Windows 驱动打印机和绘图仪，并提供了指定打印比例、拼图、排版等多种输出方式，保证工程师的出图效率，节约时间和资源。

CAXA 电子图板按照国标的规定，在系统内部设置了 A0、A1、A2、A3、A4 五种标准图幅以及相应的图框、标题栏和明细表。系统还允许用户自定义图幅和图框，并可将自定义的图幅、图框制成模板文件，以备其他文件调用。

本课程主要讲解图纸幅面的设置命令，其培训课程表如下。

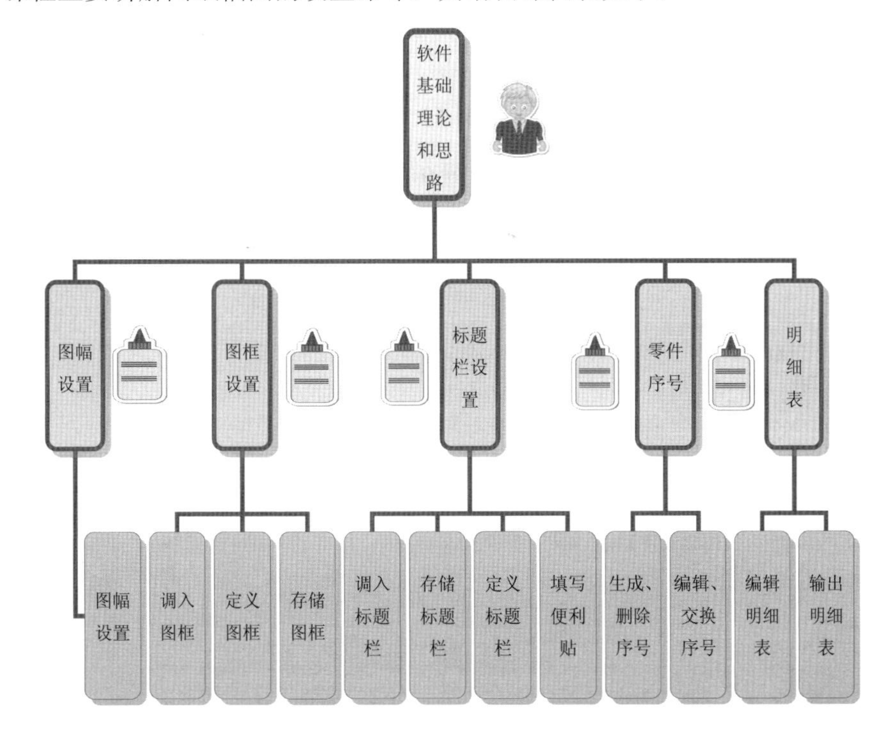

9.1 图幅设置

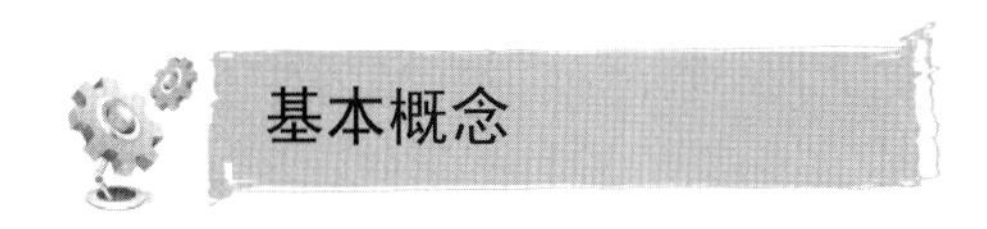

图纸幅面是指绘图区的大小，在 CAXA 电子图板中提供了 A0、A1、A2、A3、A4 五种标准的图纸幅面。系统还允许用户根据自己的需要自行定义幅面大小。

课堂讲解课时：1 课时

9.1.1 设计理论

各种图号图纸的长边与短边的比例一致，均为 1.414，也就是 2 的开平方，换句话说图纸差一号，面积就差一倍。小图纸的长度等于大一号图纸的宽度，小图纸宽度等于大一号图纸长度的一半（近似，考虑到舍入）。必要时，也可以加长图纸的幅面。图纸的边框尺寸也必须符合国家标准的规定。

9.1.2 课堂讲解

图幅设置命令调用方法有以下几种，如图 9-1 所示。

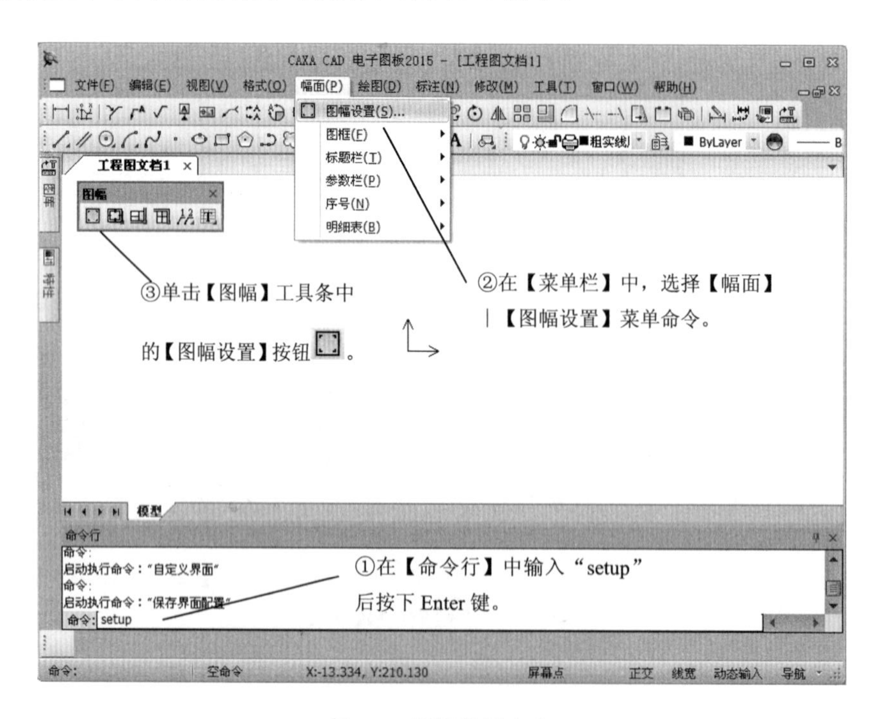

图 9-1 图幅设置命令

执行上述操作之一后，弹出【图幅设置】对话框，其中的主要参数设置，如图 9-2 所示。

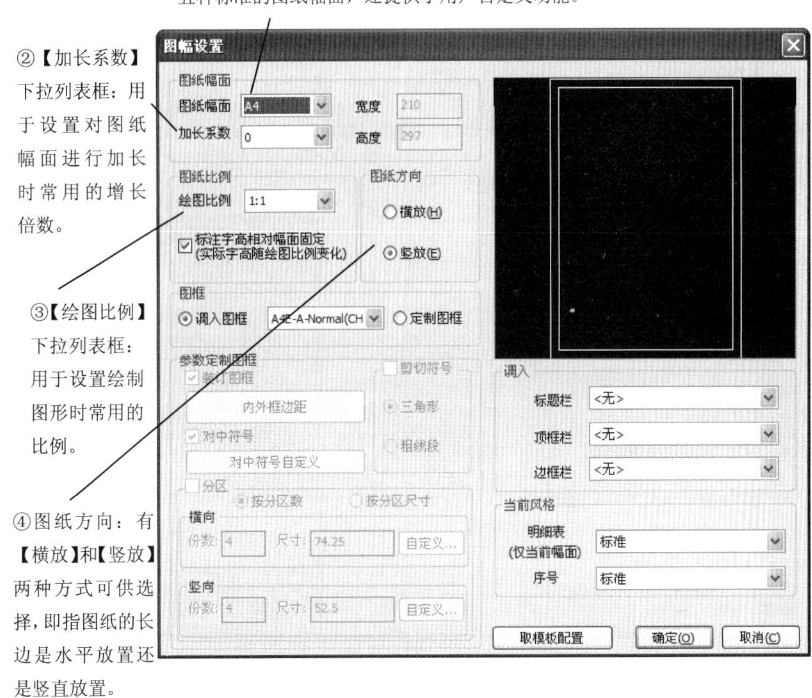

图 9-2 【图幅设置】对话框

9.2 图框设置

基本概念

图框表示一个图纸的有效绘图区域边界，它随图幅设置的变化而变化。

课堂讲解课时：1 课时

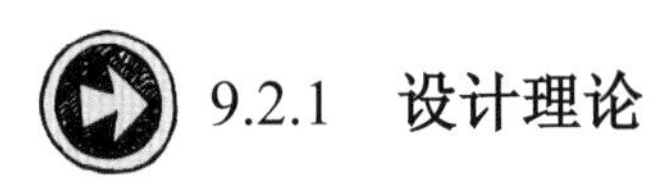

9.2.1 设计理论

当 CAXA 系统提供的图框不能满足实际作图需要时，用户可以自定义一些图形作为新的图框。用户可以将自定义的图框存储到文件中以备后用。

9.2.2 课堂讲解

1. 调入图框

调入图框命令调用方法有以下几种，如图 9-3 所示。

调入图框的操作，如图 9-4 所示。

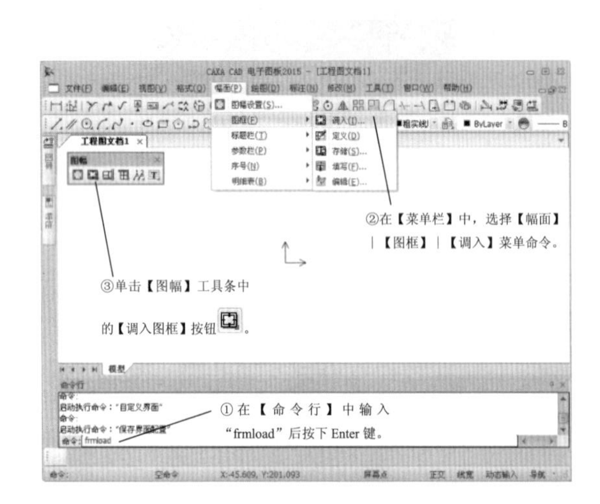

图 9-3 图幅设置命令

图 9-4 图幅设置的操作

2. 定义图框

定义图框命令调用方法有以下几种，如图 9-5 所示。

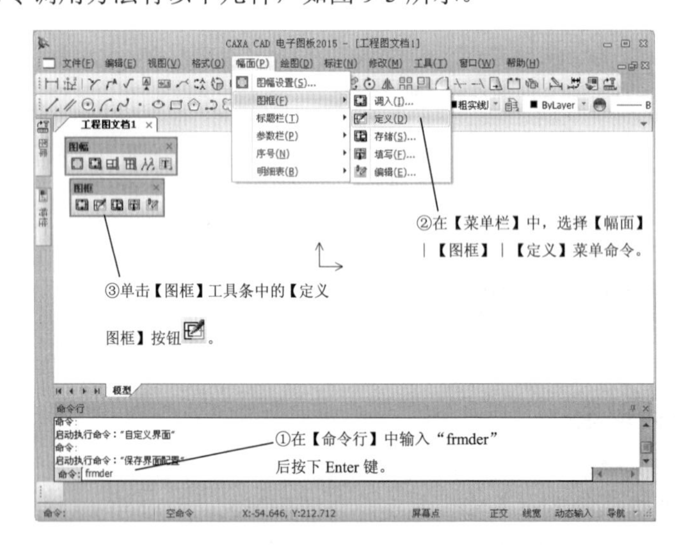

图 9-5 定义图框命令

使用图框的操作，如图 9-6 和图 9-7 所示。定义图框功能与【图幅设置】对话框【图纸幅面】下拉列表框中的【自定义】选项可以实现同样的功能。

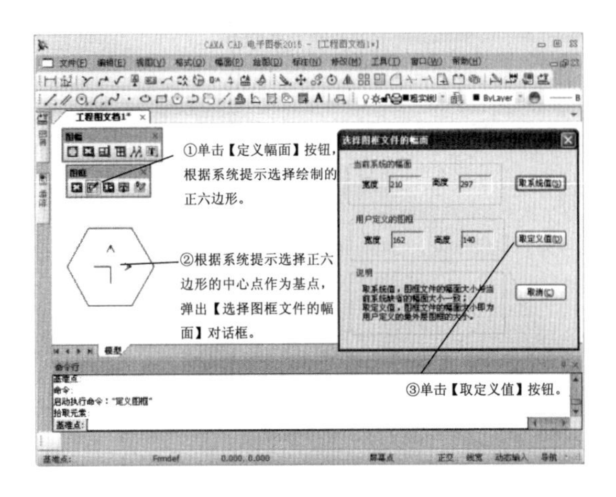

图 9-6 【选择图框文件的幅面】对话框

另存为
保存在(I): Template
正六边形
④单击【取定义值】按钮，弹出【另存为】对话框，输入图框文件名为“正六边形”。
文件名(N): 正六边形
保存类型(T): 图框文件 (*.cfm)
保存(S)
取消
⑤单击【保存】按钮，存储用户自定义的图框样式。

图 9-7 【另存为】对话框

3. 存储图框

存储图框命令调用方法有以下几种，如图 9-8 所示。

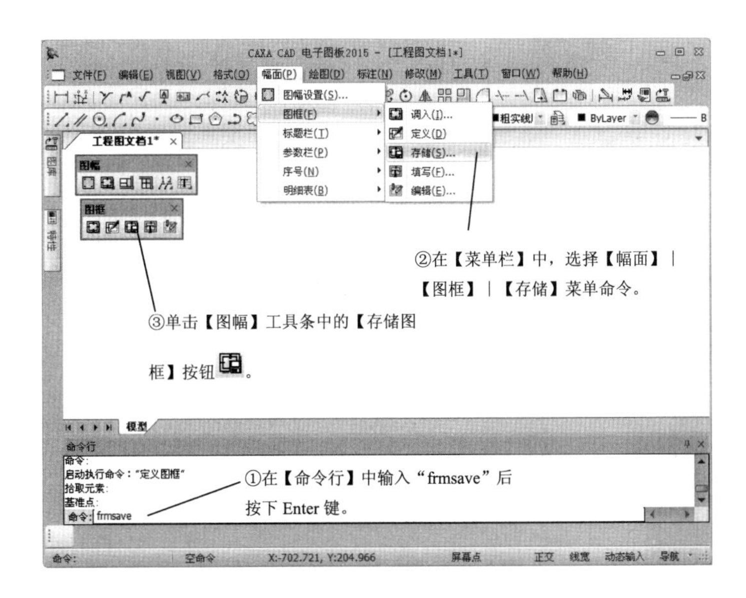

图 9-8 存储图框命令

存储图框的操作，如图 9-9 所示。

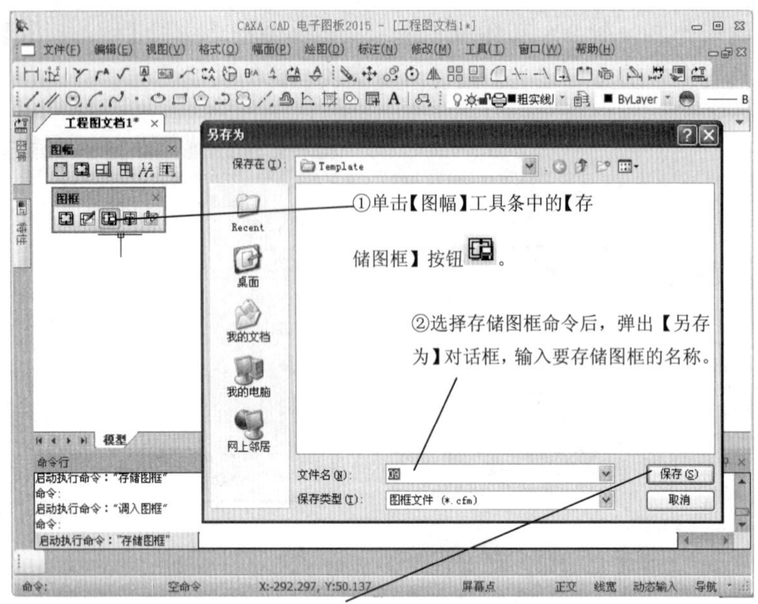

图 9-9　存储图框操作

9.3　标题栏设置

CAXA 工程制图中，为方便读图及查询相关信息，图纸中一般会配置标题栏，其位置一般位于图纸的右下角，看图方向一般应与标题栏的方向一致。标题栏一般由更改区、签字区、其他区、名称及代号区组成，也可按实际需要增加或减少。

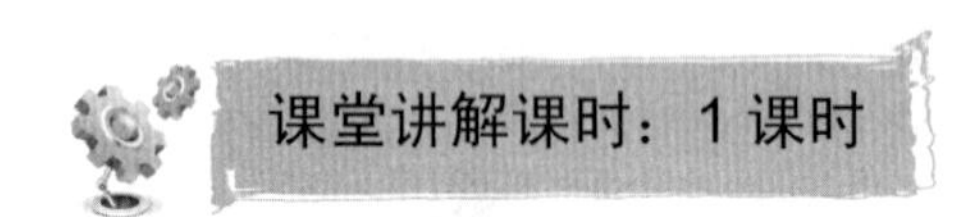

9.3.1　设计理论

CAXA 电子图板为用户设计了多种标题栏供用户调用，使用这些标准的标题栏会大大提高绘图效率，同时，CAXA 电子图板也允许用户自定义标题栏，并将自定义的标题栏以文件的形式保存起来，以备后用。

9.3.2 课堂讲解

1. 调入标题栏

调入标题栏命令调用方法有以下几种，如图 9-10 所示。

调入标题栏命令的操作，如图 9-11 所示。

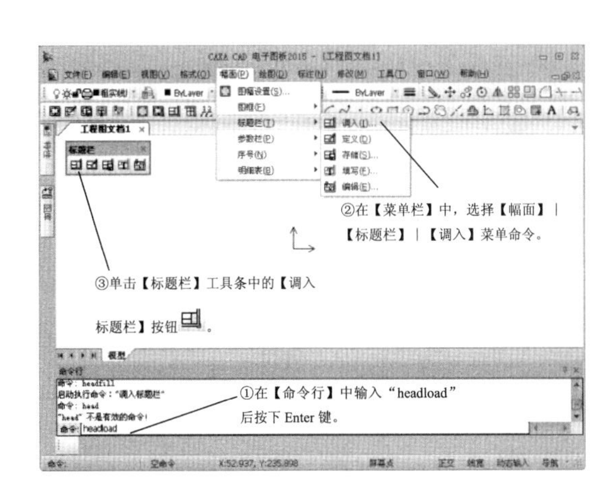

图 9-10 调入标题栏命令

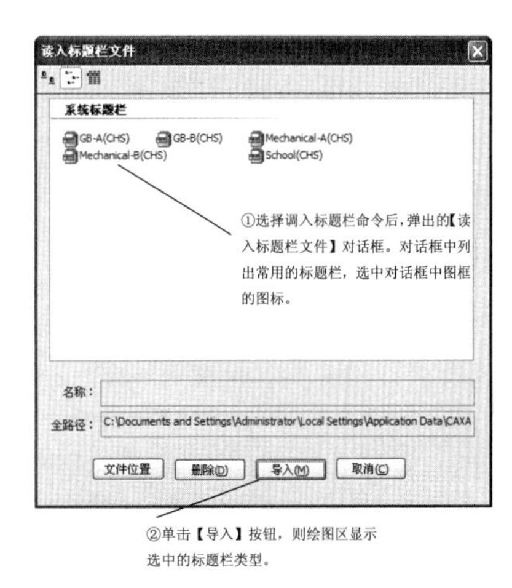

图 9-11 调入标题栏命令的操作

2. 定义标题栏

当系统提供的标题栏不能满足实际作图需要时，用户可以自定义新的标题栏。

定义标题栏命令调用方法有以下几种，如图 9-12 所示。

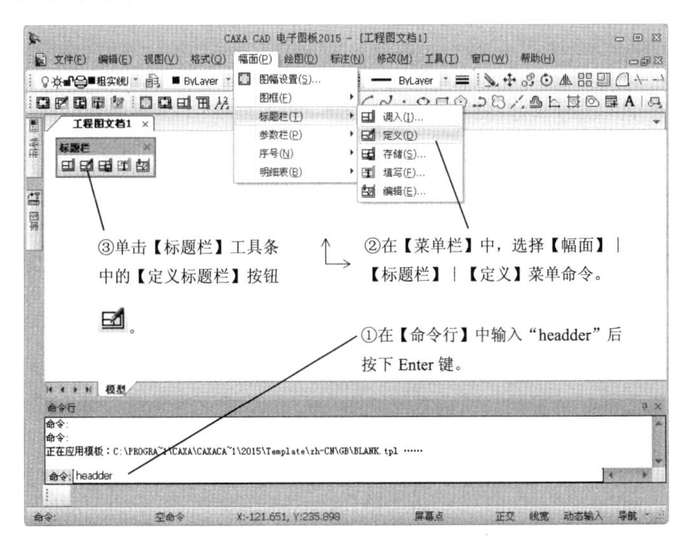

图 9-12 定义标题栏命令

3. 存储标题栏

用户可以将自定义的标题栏存储到文件中以备后用。

存储标题栏命令调用方法有以下几种，如图 9-13 所示。执行上述操作之一后，弹出【另存为】对话框，输入要存储标题栏的名称，完成标题栏的存储，以备以后直接调用。

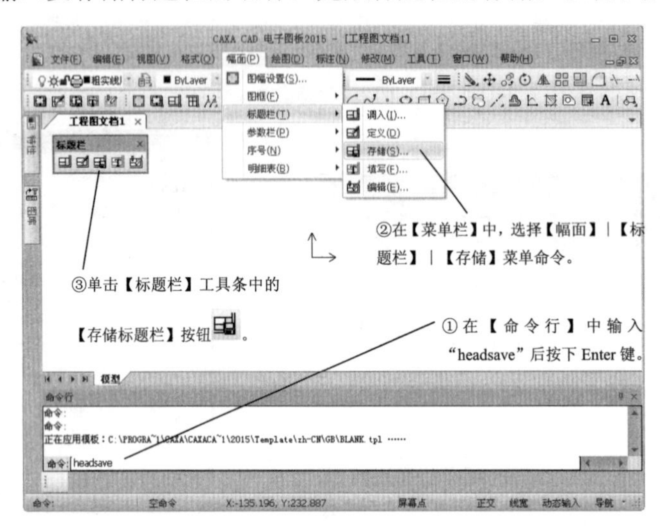

图 9-13　存储标题栏命令

4. 填写标题栏

填写标题栏命令调用方法有以下几种，如图 9-14 所示。

填写标题栏的操作，如图 9-15 所示。

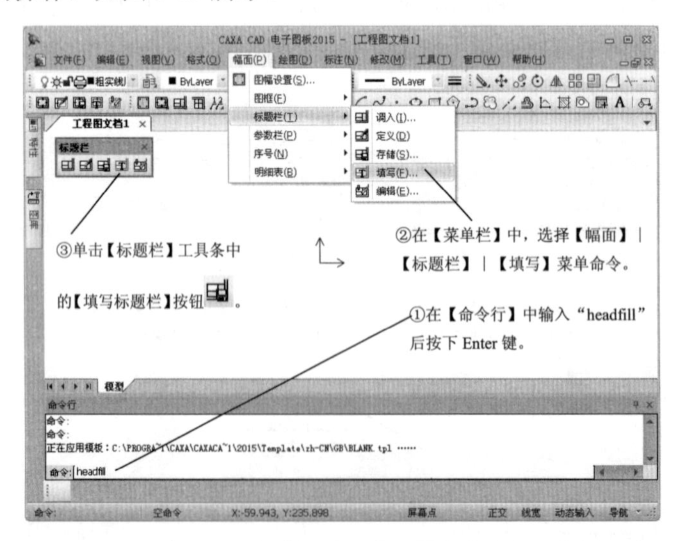

图 9-14　填写标题栏命令

图 9-15 【填写标题栏】对话框

9.3.3 课堂练习——绘制机组泵体

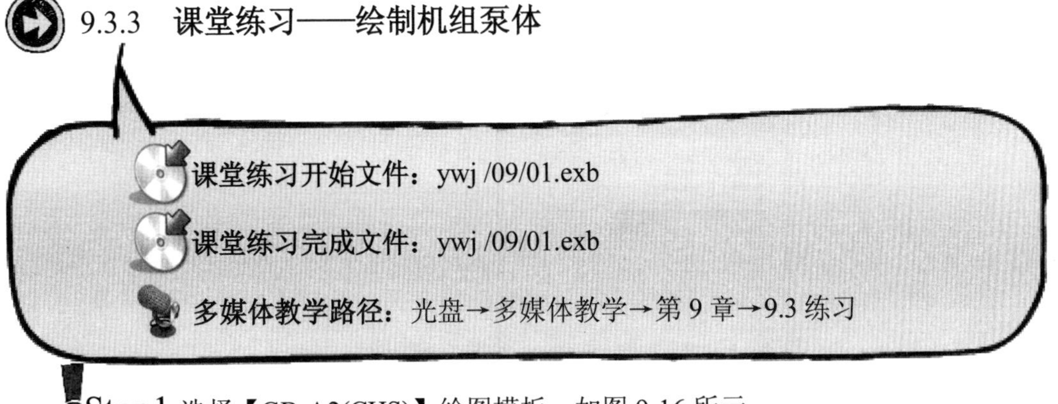

Step1 选择【GB-A2(CHS)】绘图模板，如图 9-16 所示。

图 9-16 选择【GB-A2(CHS)】绘图模板

Step2 打开的模板，如图 9-17 所示。

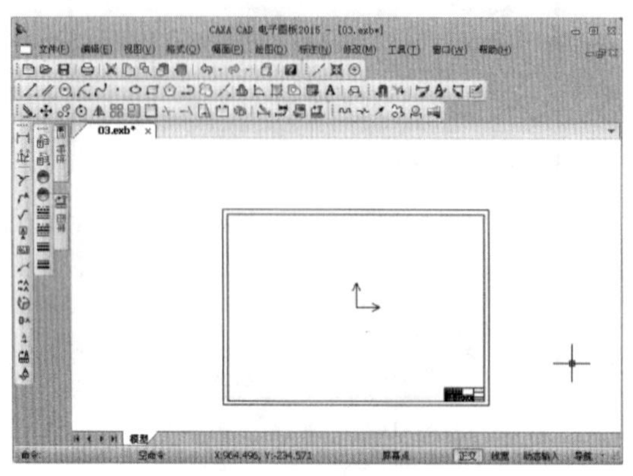

图 9-17　打开模板

Step3 双击标题栏，修改【材料名称】，如图 9-18 所示。

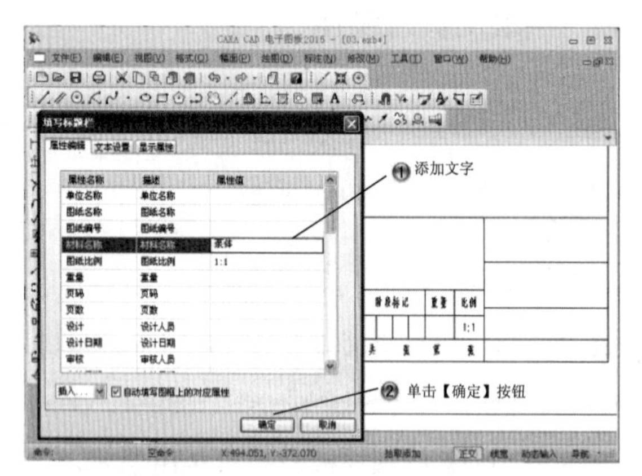

图 9-18　修改【材料名称】

Step4 完成标题栏修改，如图 9-19 所示。

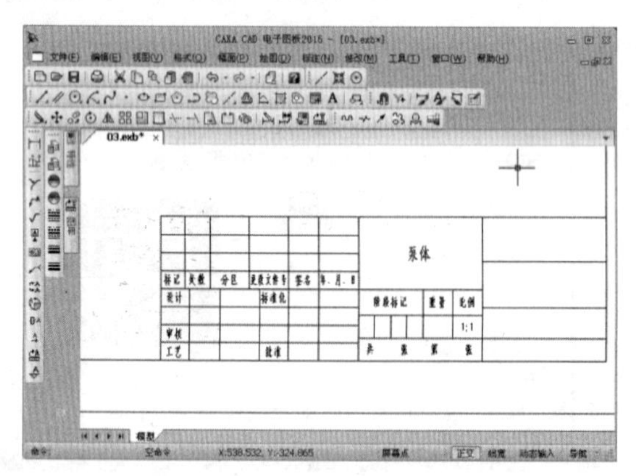

图 9-19　完成修改标题栏

Step5 绘制半径为 25.5 和 41 的同心圆，再绘制半径为 33 的虚线圆，绘制和半径为 3 的圆，如图 9-20 所示。

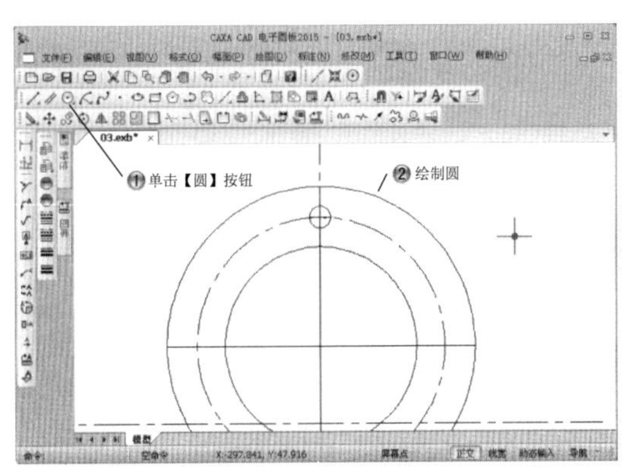

图 9-20　绘制圆

Step6 复制半径为 3 的圆，如图 9-21 所示。

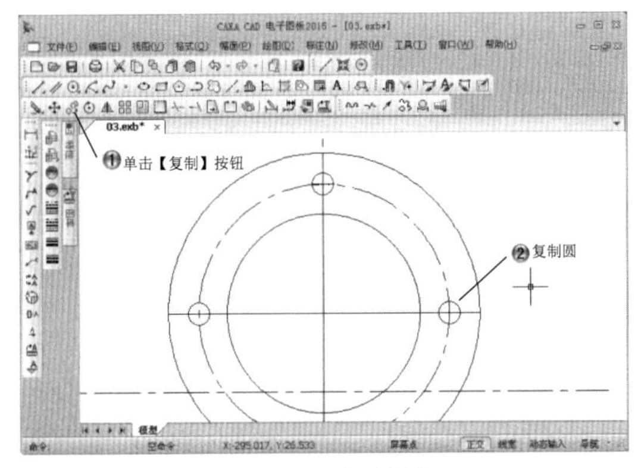

图 9-21　复制圆

Step7 绘制半径为 2.5 的圆，如图 9-22 所示。

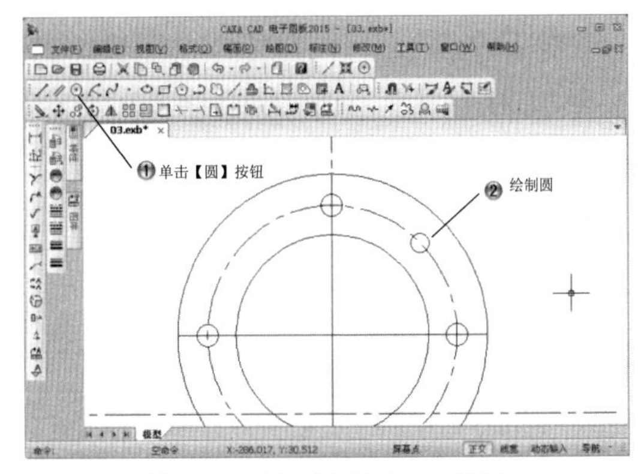

图 9-22　绘制半径为 2.5 的圆

Step8 绘制距离为 20 和 45 的等距线，如图 9-23 所示。

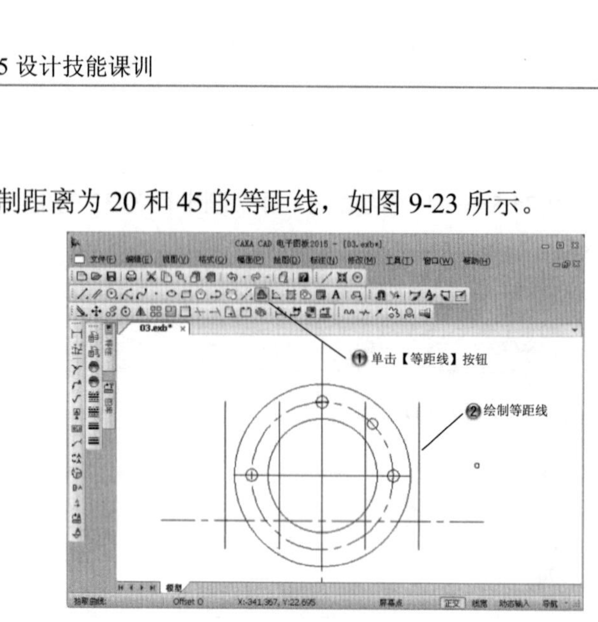

图 9-23　绘制等距线

Step9 绘制直线，如图 9-24 所示。

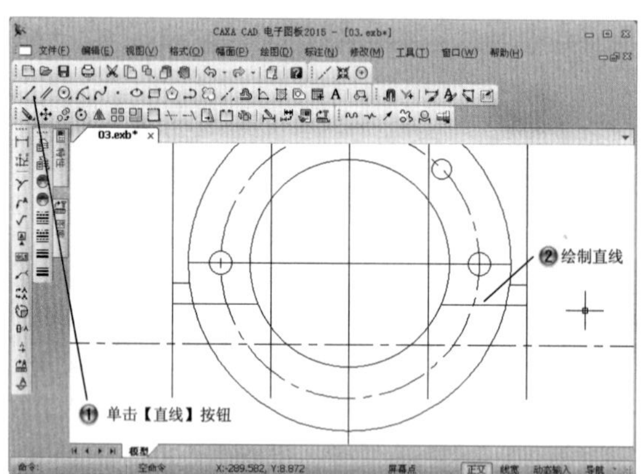

图 9-24　绘制直线

Step10 裁剪图形，如图 9-25 所示。

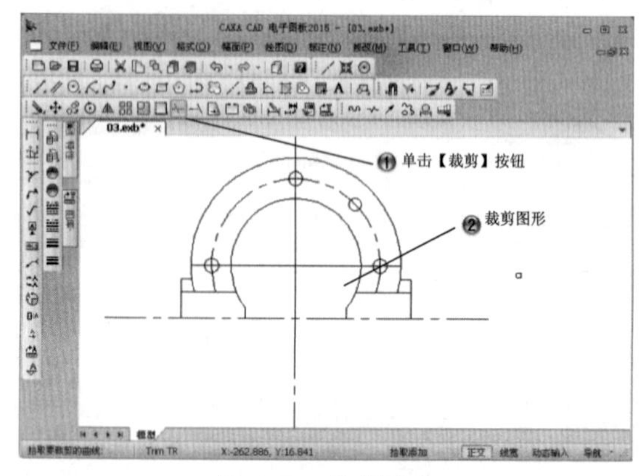

图 9-25　裁剪图形

Step11 绘制样条线，如图 9-26 所示。

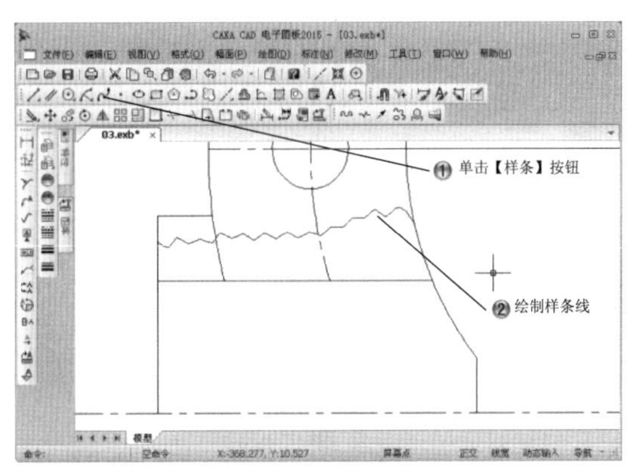

图 9-26　绘制样条线

Step12 绘制半径为 4 的圆角，如图 9-27 所示。

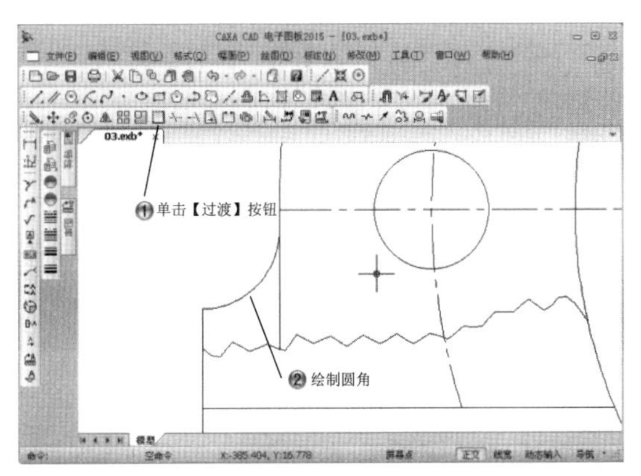

图 9-27　绘制半径为 4 的圆角

Step13 两次镜像图形，如图 9-28 所示。

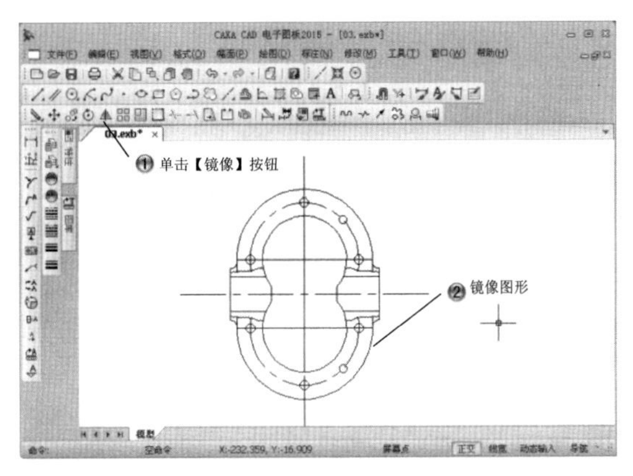

图 9-28　镜像图形

Step14 填充图案，如图 9-29 所示。

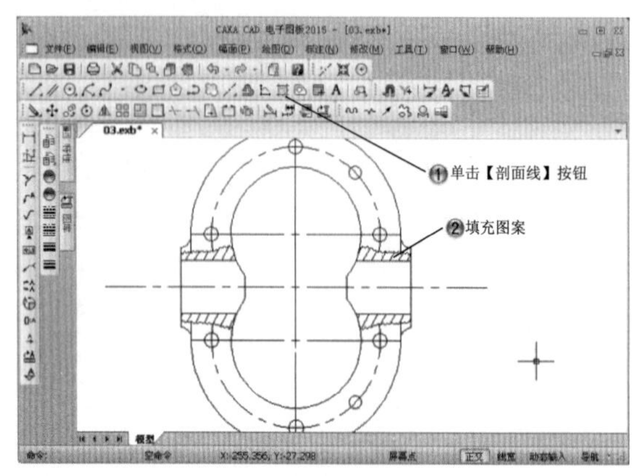

图 9-29　填充图案

Step15 移动圆的位置，如图 9-30 所示。

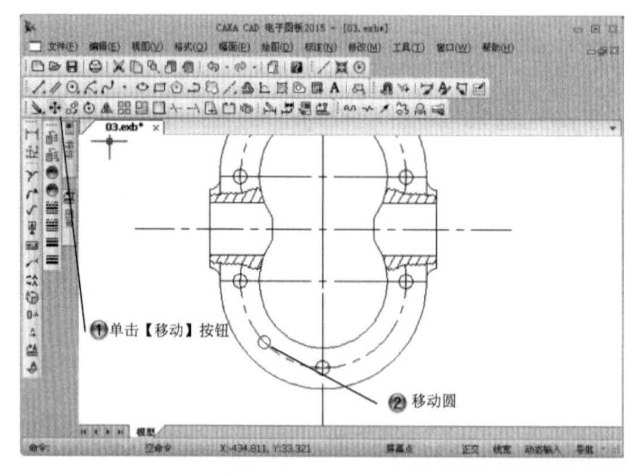

图 9-30　移动圆

Step16 绘制半径为 6 的圆，如图 9-31 所示。

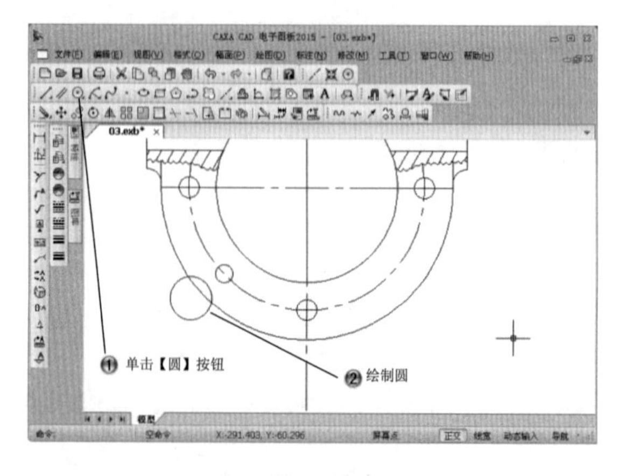

图 9-31　绘制半径为 6 的圆

Step17 绘制长分别为 44.88、17、32、3、32 和 5 的连续直线，如图 9-32 所示。

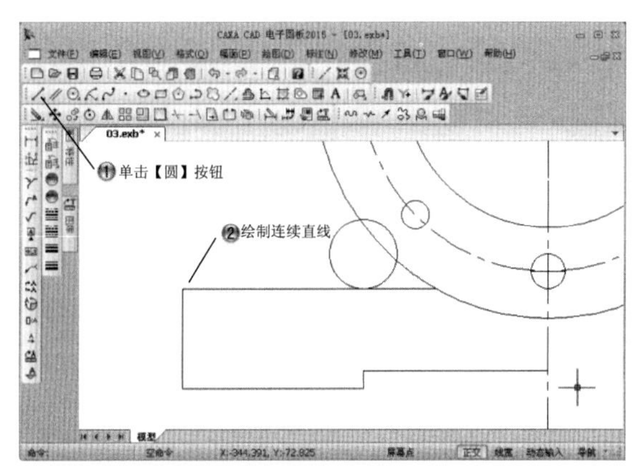

图 9-32　绘制连续直线

Step18 绘制半径为 3 的圆角，如图 9-33 所示。

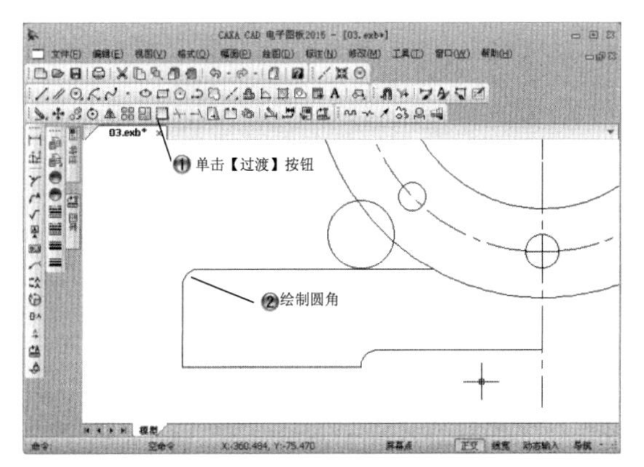

图 9-33　绘制半径为 3 的圆角

Step19 裁剪图形，如图 9-34 所示。

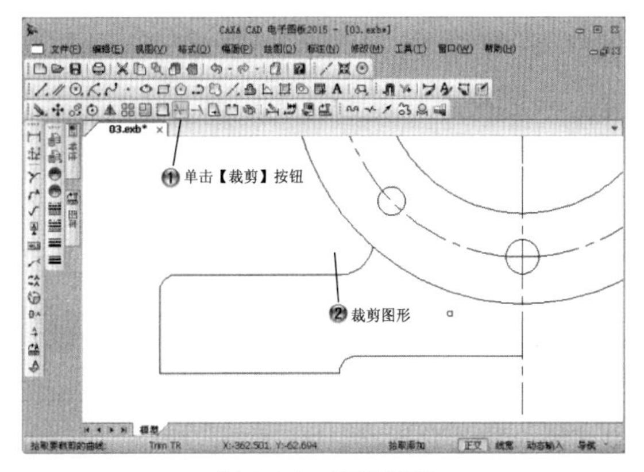

图 9-34　裁剪图形

Step20 绘制长 23 的虚线，如图 9-35 所示。

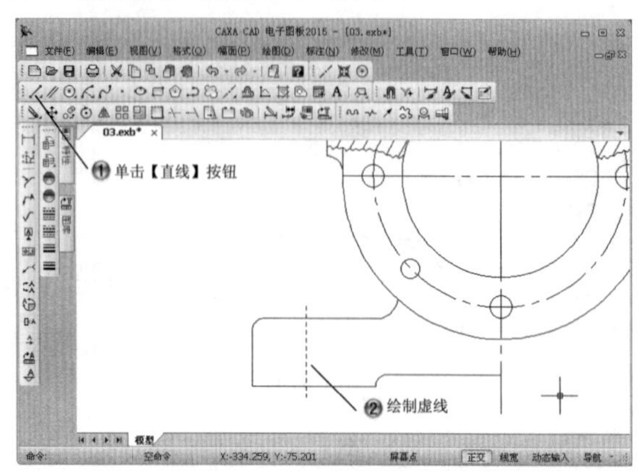

图 9-35　绘制长 23 的虚线

Step21 镜像图形，如图 9-36 所示。

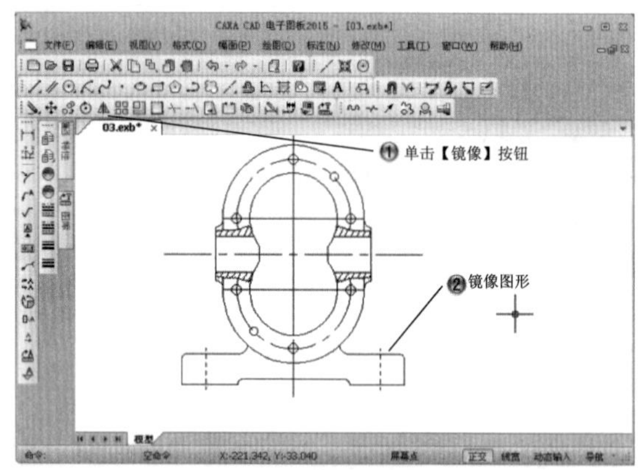

图 9-36　镜像图形

Step22 绘制尺寸为 22×3 和 11×14 的矩形，如图 9-37 所示。

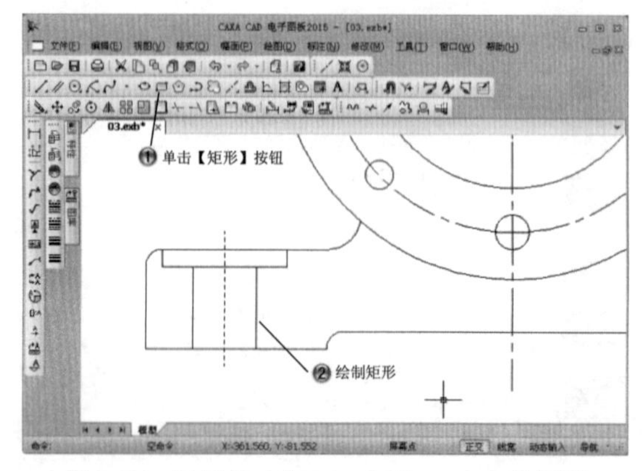

图 9-37　绘制尺寸为 22×3 和 11×14 的矩形

Step23 绘制样条线，如图 9-38 所示。

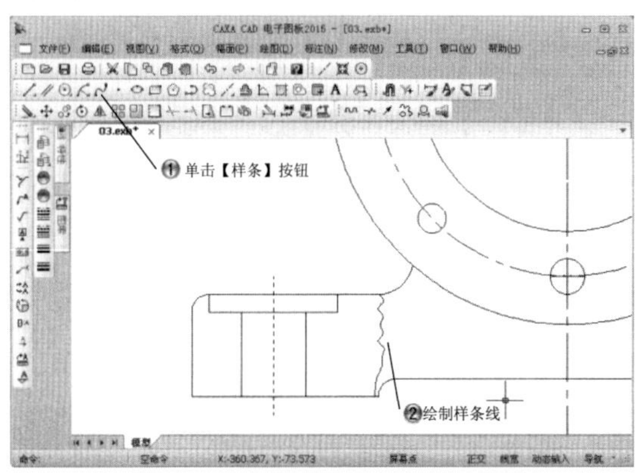

图 9-38　绘制样条线

Step24 填充图案，如图 9-39 所示。

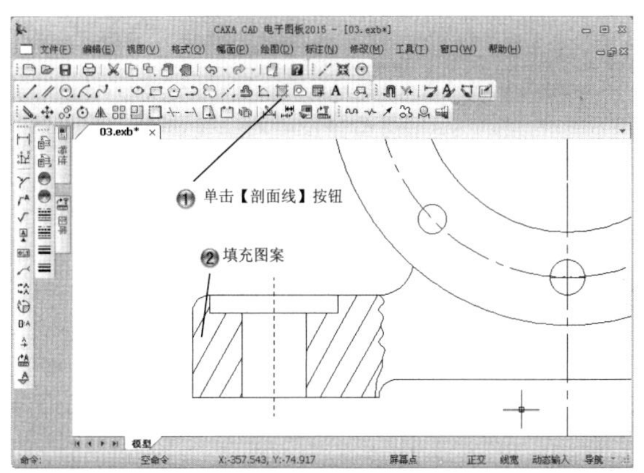

图 9-39　填充图案

Step25 添加图形上部分尺寸，如图 9-40 所示。

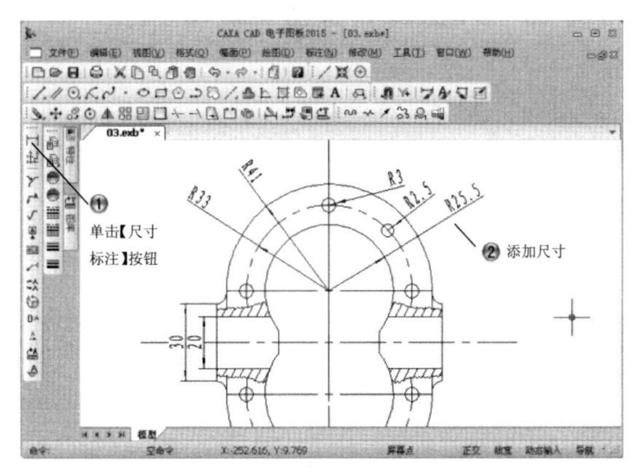

图 9-40　添加图形上部分尺寸

Step26 添加图形下部分尺寸，如图 9-41 所示。

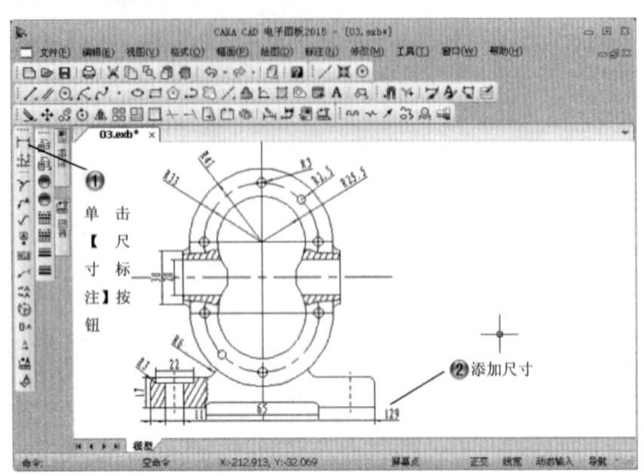

图 9-41　添加图形下部分尺寸

Step27 绘制尺寸为 141.6×35 的矩形和半径为 11 的圆，再绘制长为 1.5 和 14 的直线，如图 9-42 所示。

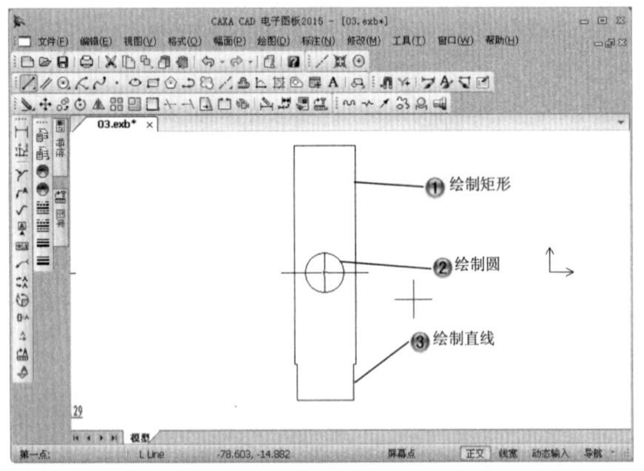

图 9-42　绘制矩形、圆和直线

Step28 绘制尺寸为 35×6 的矩形，如图 9-43 所示。

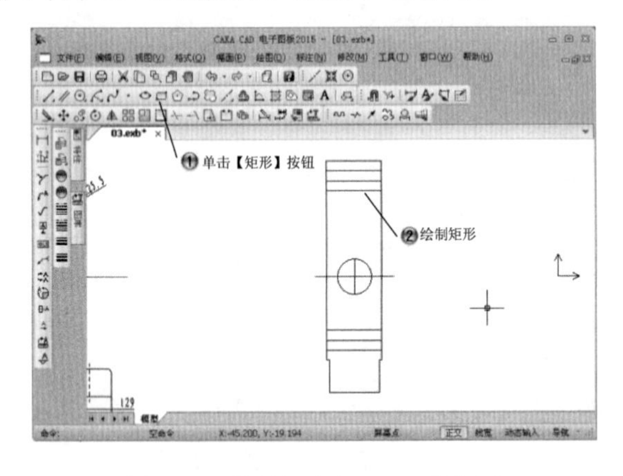

图 9-43　绘制尺寸为 35×6 的矩形

Step29 绘制长为 32 的直线，如图 9-44 所示。

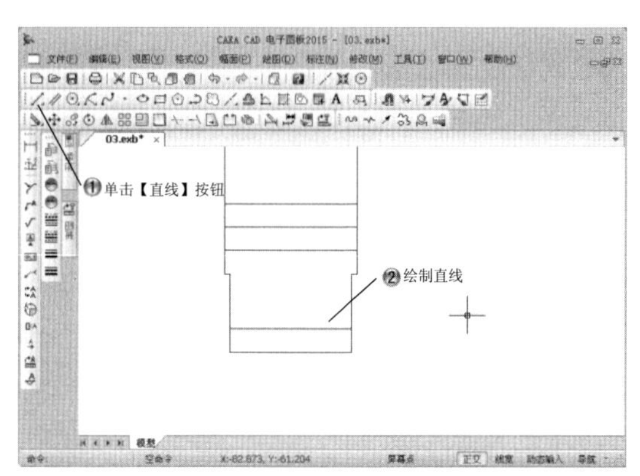

图 9-44　绘制长 32 的直线

Step30 填充图案，如图 9-45 所示。

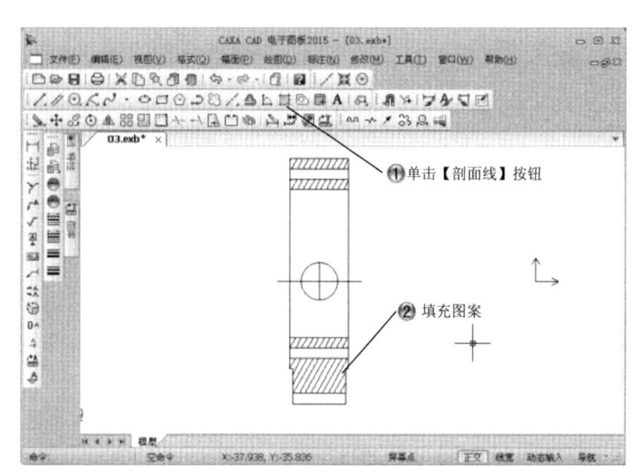

图 9-45　填充图案

Step31 绘制距离为 9 的平行线，如图 9-46 所示。

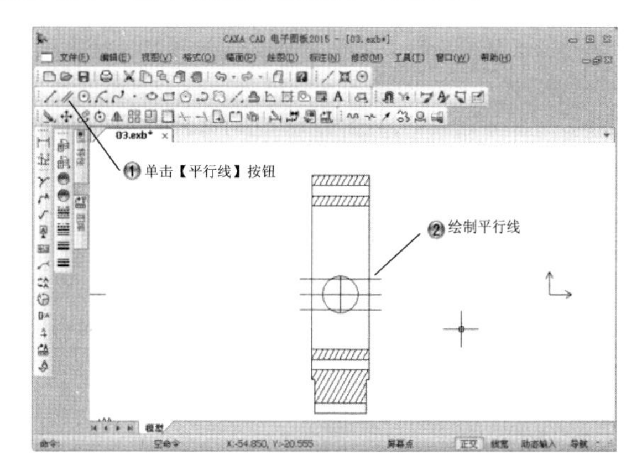

图 9-46　绘制距离为 9 的平行线

Step32 裁剪图形，如图 9-47 所示。

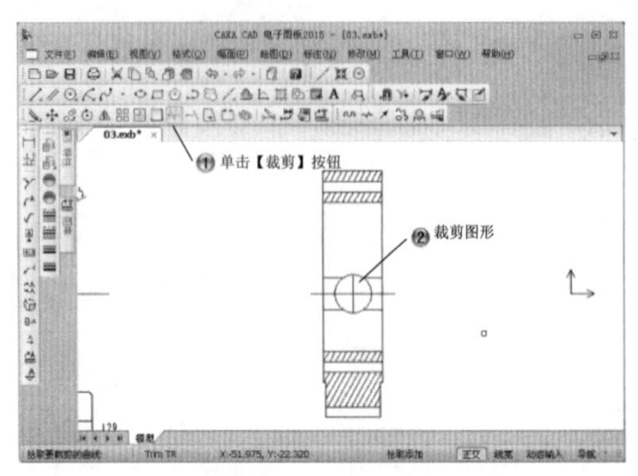

图 9-47　裁剪图形

Step33 添加剖视图尺寸标注，如图 9-48 所示。

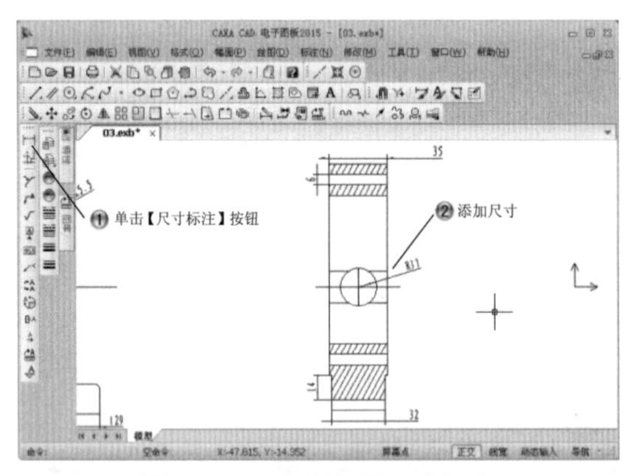

图 9-48　添加剖视图尺寸标注

Step34 绘制尺寸为 129×30 的矩形和半径为 8 的圆，如图 9-49 所示。

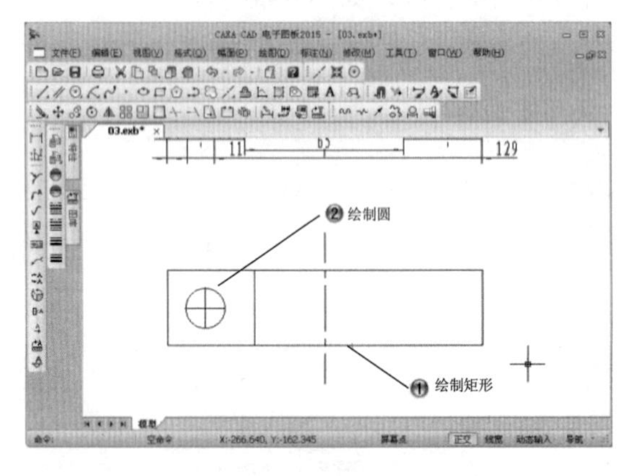

图 9-49　绘制矩形和圆

Step35 镜像图形，如图 9-50 所示。

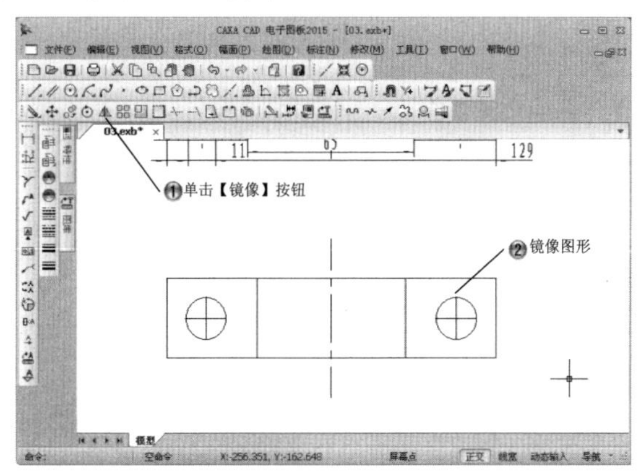

图 9-50　镜像图形

Step36 绘制半径为 5 的圆角，如图 9-51 所示。

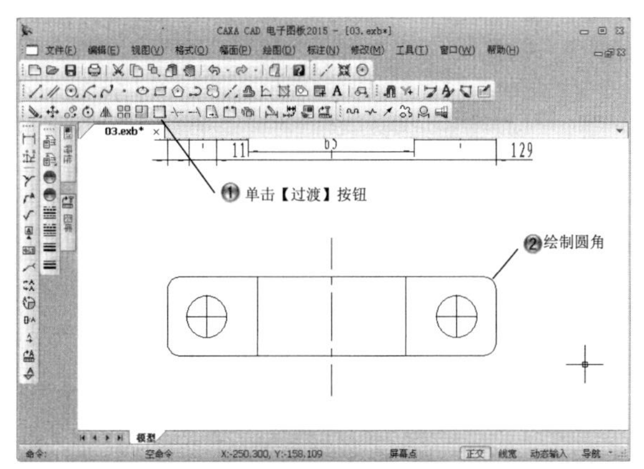

图 9-51　绘制半径为 5 的圆角

Step37 添加俯视图尺寸标注，如图 9-52 所示。

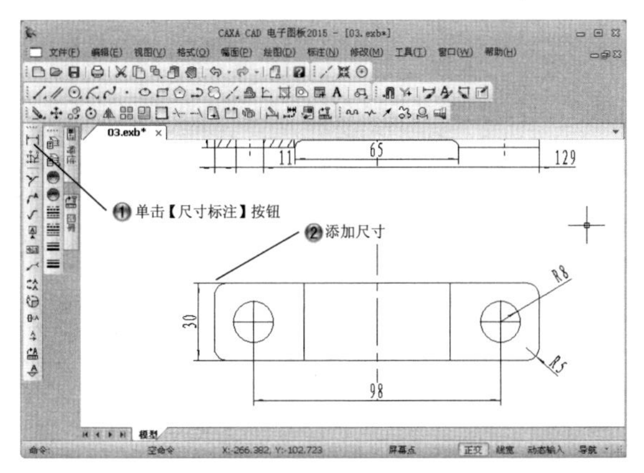

图 9-52　添加俯视图尺寸标注

Step38 绘制长为 15 的斜箭头，如图 9-53 所示。

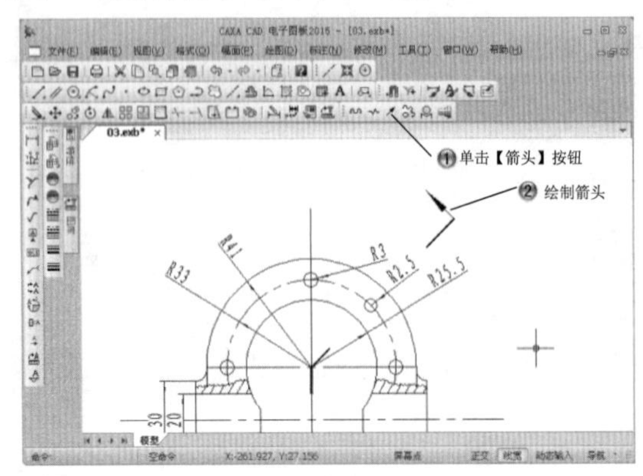

图 9-53　绘制长为 15 的斜箭头

Step39 添加文字，完成泵体的绘制，如图 9-54 所示。

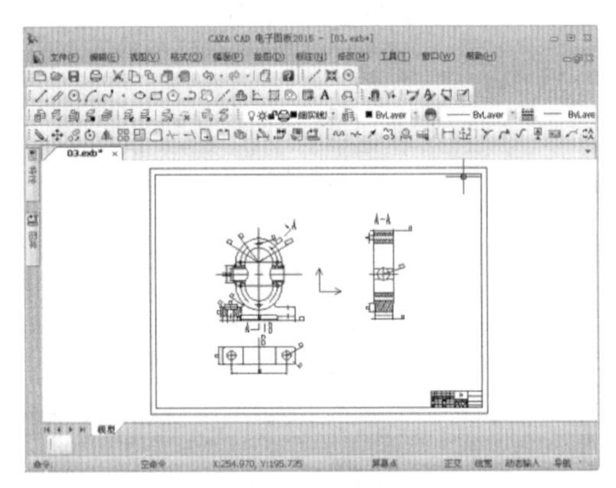

图 9-54　泵体图纸

9.4　零件序号

基本概念

零件序号是标注每个零件的数字序号，零件序号和明细表是绘制装配图不可缺少的内容。

课堂讲解课时：1 课时

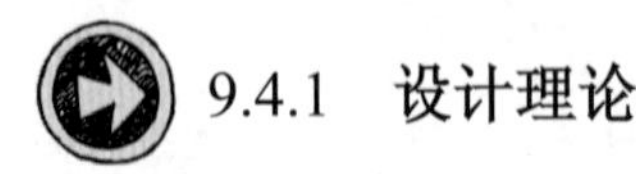

9.4.1　设计理论

电子图板设置了零件序号生成和插入功能，并能与明细表联动，在生成和插入零件序号的同时，允许用户填写或不填写明细表中的各表项。对从图库中提取的标准件或含属性的块，在生成零件序号时，能自动将其属性填入明细表中。

9.4.2 课堂讲解

1. 生成序号

生成序号命令能生成或插入零件的序号。

生成序号命令调用方法有以下几种，如图 9-55 所示。

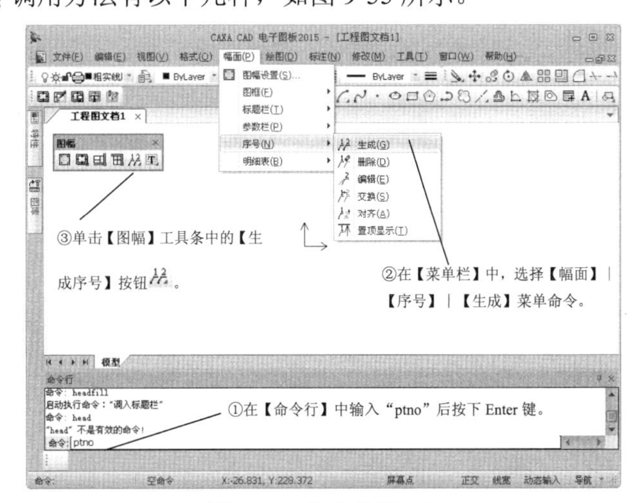

图 9-55　生成序号命令

生成序号的操作，如图 9-56 所示。

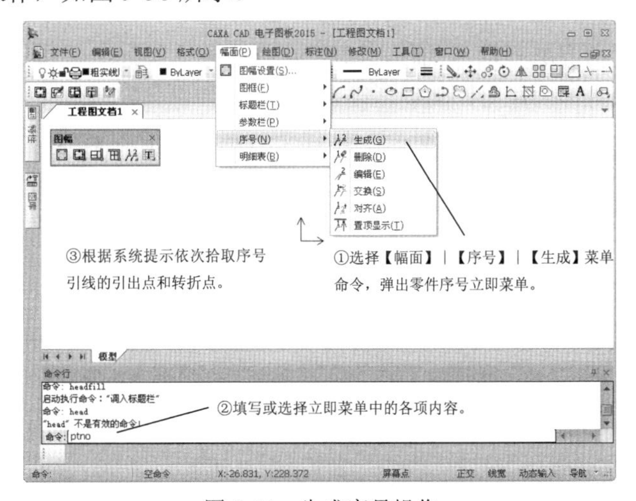

图 9-56　生成序号操作

当一个零件的序号被确定下来后，系统根据当前的序号自动生成下次标注时的新序号。如果当前序号为纯数值，则系统自动将序号栏中的数值加 1；如果为纯前缀，则系统在当前标注的序号后加数值 1，并在下次标注的序号后加数值 2；如果为前缀加数值，则前缀不变，数值为当前数值加 1。

零件序号的操作解释，如图 9-57 所示。

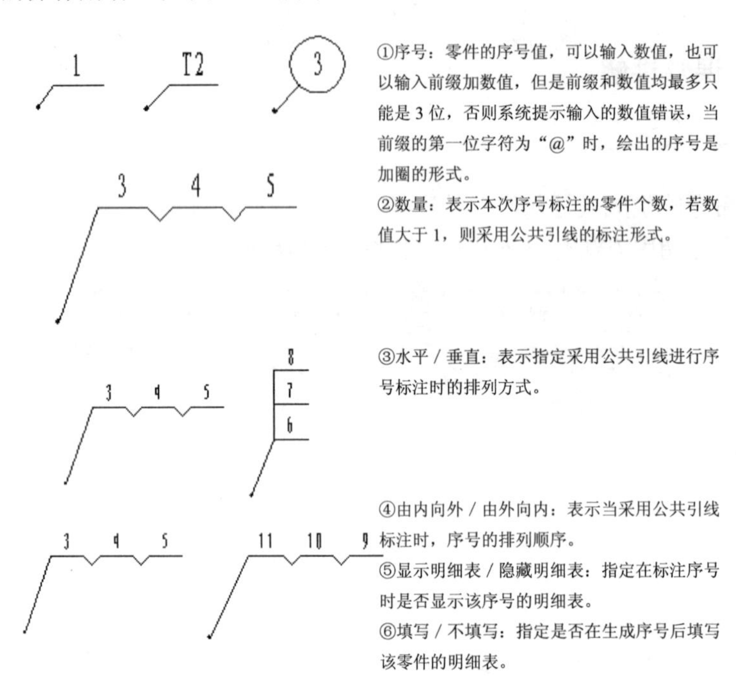

图 9-57　零件序号的操作解释

2. 删除序号

删除序号命令用于删除不需要的零件序号。

删除序号命令调用方法有以下几种，如图 9-58 所示。执行这些操作之一后，根据系统提示依次拾取要删除的零件序号即可。

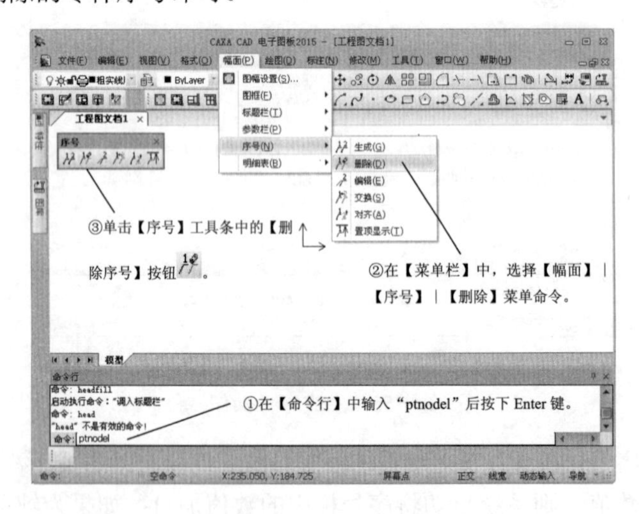

图 9-58　删除序号命令

如果所要删除的是没有重名的序号，则同时删除明细表中相应的表项，否则只删除所拾取的序号。如果删除的序号为中间项，则系统会自动将该项以后的序号值顺序减 1，以保持序号的连续性。

名师点拨

3. 编辑序号

编辑序号命令用于编辑零件序号的位置和排列方式。

编辑序号命令调用方法有以下几种，如图 9-59 所示。

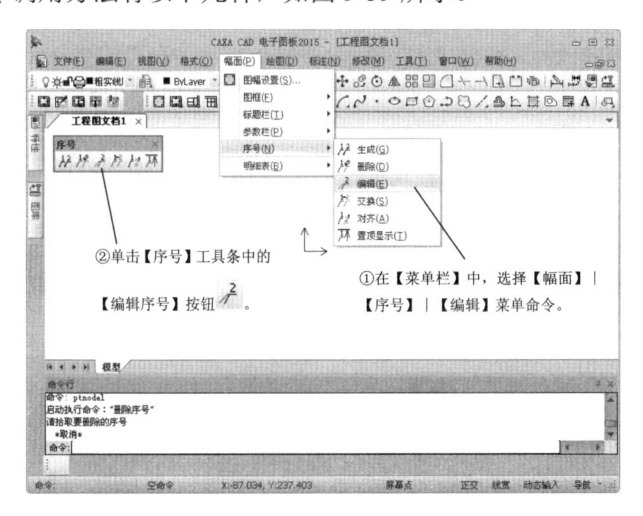

图 9-59　编辑序号命令

编辑序号的操作如下，如图 9-60 所示。

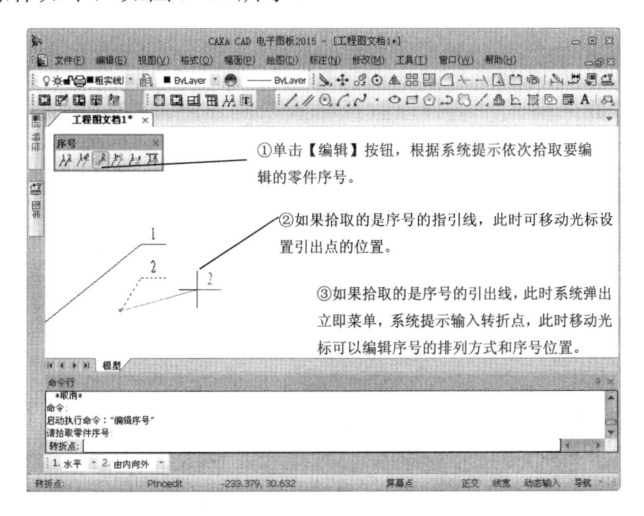

图 9-60　编辑序号

4. 交换序号

交换序号命令可以交换序号的位置，并根据需要交换明细表内容。

交换序号命令调用方法有以下几种，如图 9-61 所示。执行上述操作之一后，系统弹出立即菜单，选择要交换的序号后，两个序号马上交换位置。

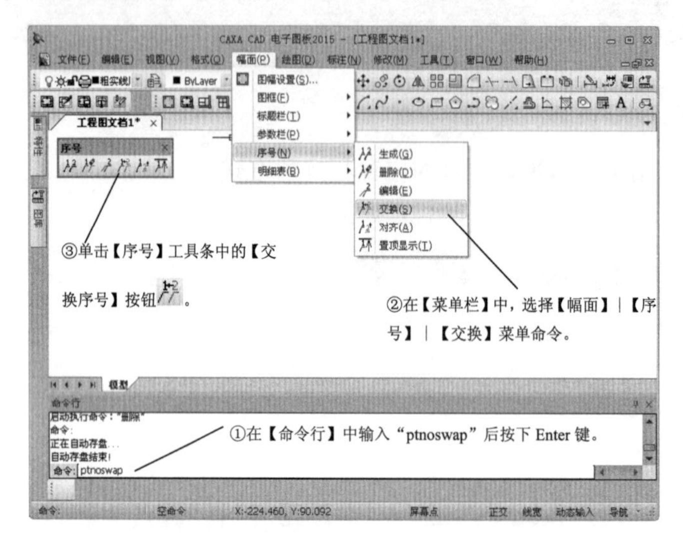

图 9-61　交换序号命令

9.5　明细表

明细表是制造的产品和所有要涉及的物料时，为了便于计算机识别，用图示表达的产品结构转化成的某种数据格式，这种以数据格式来描述产品结构的文件就是明细表。

9.5.1　设计理论

CAXA 电子图板的明细表与零件序号是联动的，可以随零件序号的插入和删除产生相应的变化。除此之外，明细表本身还有定制明细表、删除表项、表格折行、填写明细表、插入空行、输出数据和读入数据等操作。删除表项命令用于删除明细表的表项及序号。表格折行命令可以使明细表从某一行处进行左折或右折。

9.5.2 课堂讲解

1. 删除表项

删除表项命令调用方法有以下几种，如图9-62所示。

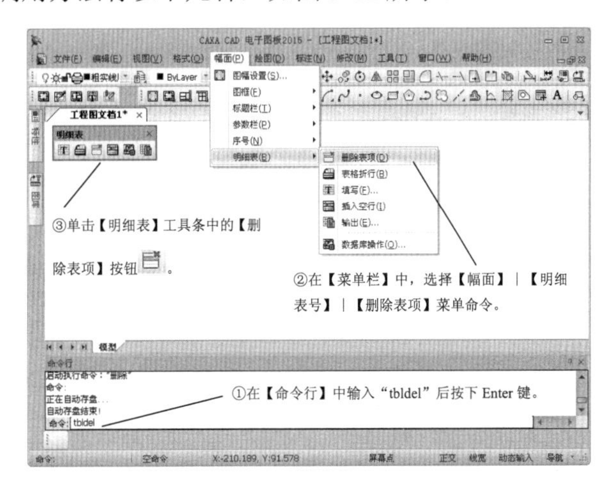

图9-62 删除表项命令

选择删除表项命令后，根据系统提示拾取所要删除的明细表表项，如果拾取无误则删除该表项及所对应的序号，同时该序号以后的序号将自动重新排列。当需要删除所有明细表表项时，可以直接拾取明细表表头，此时弹出询问对话框，得到用户的最终确认后，删除所有的明细表表项及序号。

2. 表格折行

表格折行命令调用方法有以下几种，如图9-63所示。执行表格折行命令后，根据系统提示拾取某一待折行的表项，系统将按照立即菜单的设置进行左折或右折。

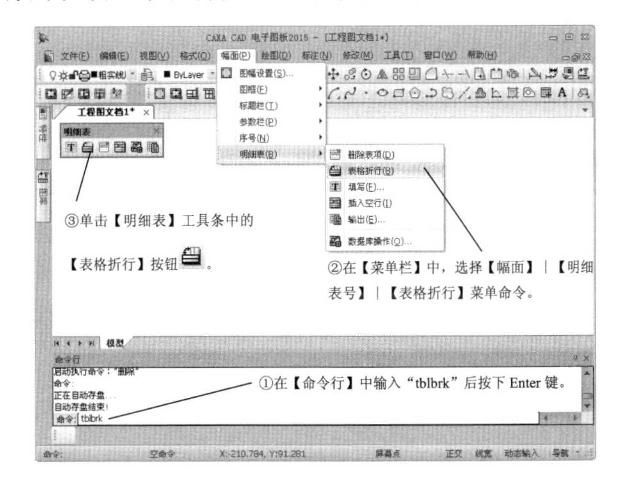

图9-63 表格折行命令

3. 填写明细表

填写明细表命令用于填写或修改明细表各项中的内容。

填写明细表命令调用方法有以下几种，如图 9-64 所示。

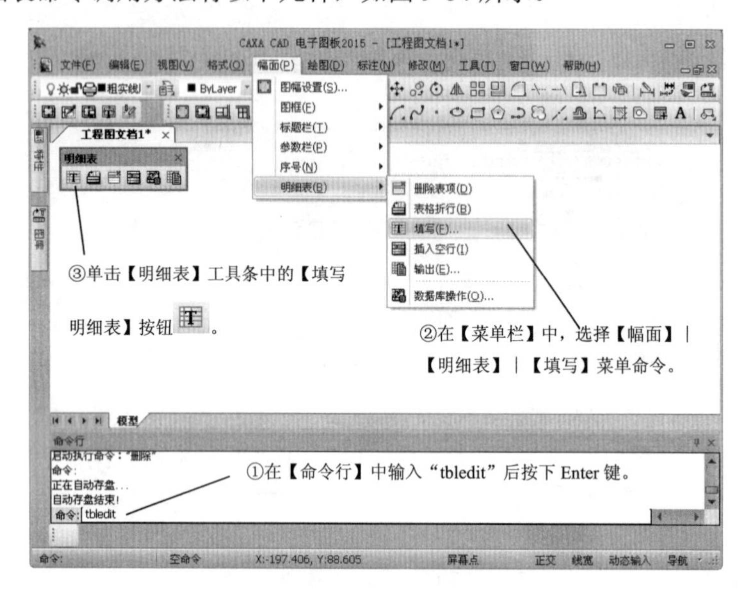

图 9-64　填写明细表命令

执行上述操作之一后，根据系统提示拾取需要填写或修改的明细表表项，单击鼠标右键，弹出【填写明细表】对话框，如图 9-65 所示。

图 9-65　【填写明细表】对话框

4. 插入空行

插入空行命令用于插入空行明细表。

插入空行命令调用方法有以下几种，如图 9-66 所示。

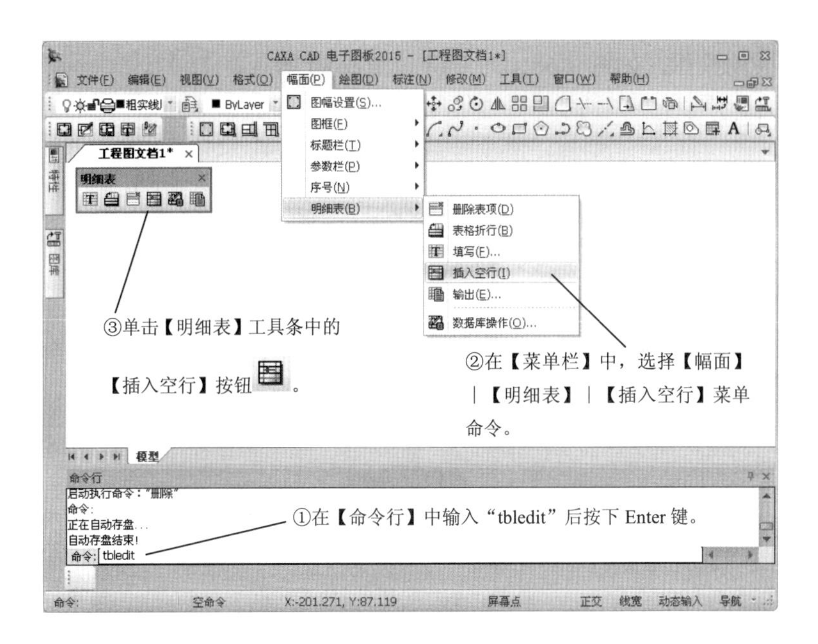

图 9-66　插入空行命令

5. 输出明细表

输出明细表命令可将当前绘图区的明细表单独在一张图纸中输出。

输出明细表命令调用方法有以下几种，如图 9-67 所示。

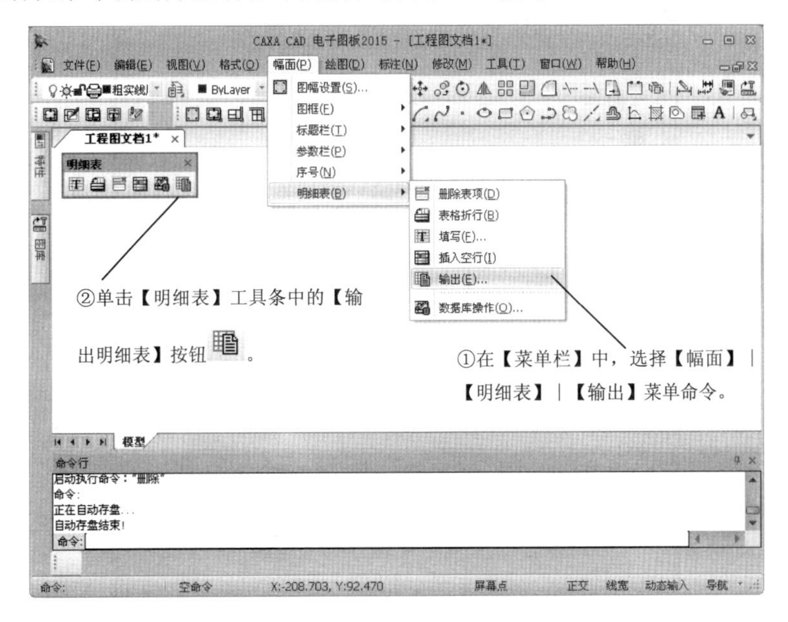

图 9-67　输出明细表命令

输出明细表的操作，如图 9-68、图 9-69、图 9-70 所示。

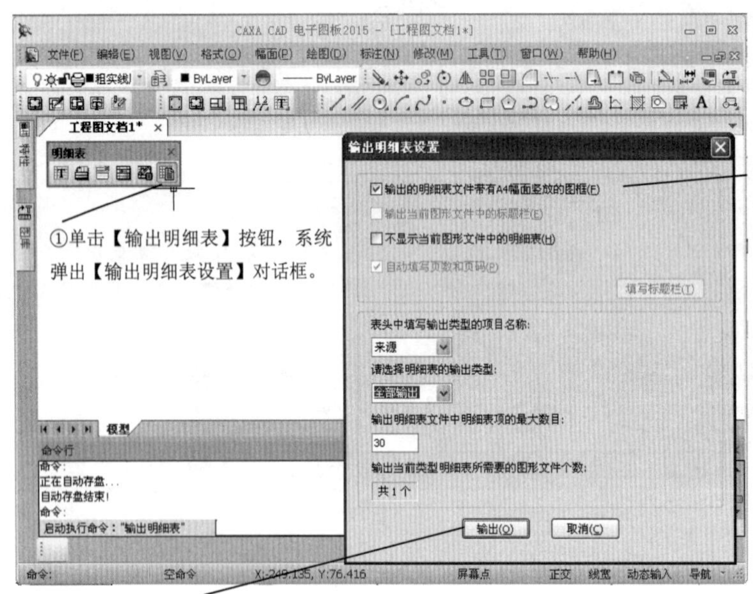

图 9-68 【输出明细表设置】对话框

图 9-69 【读入图框文件】对话框

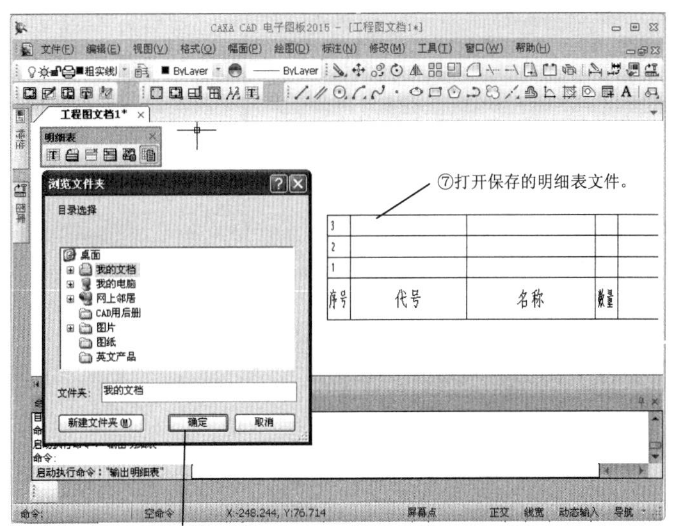

图 9-70　输出的明细表

若当前系统没有明细表，则不能执行输出明细表的操作，系统会弹出如图 9-71 所示的警告对话框。

图 9-71　警告对话框

6. 数据库操作

数据库操作命令用于对当前明细表的关联数据库进行设置，也可将内容单独保存在数据库文件中。

数据库操作命令调用方法有以下几种，如图 9-72 所示。

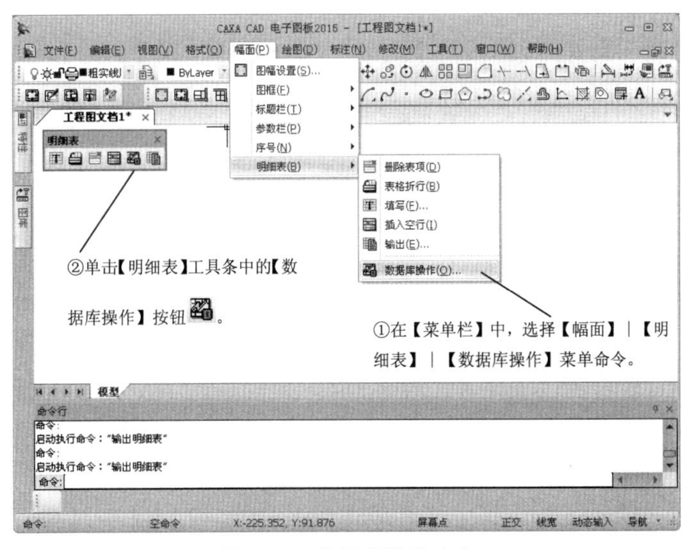

图 9-72　数据库操作命令

数据库操作运用，如图 9-73 所示。

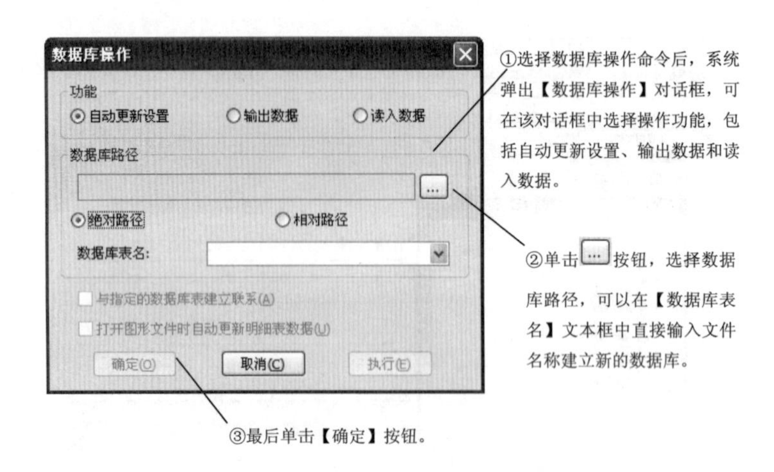

图 9-73 【数据库操作】对话框

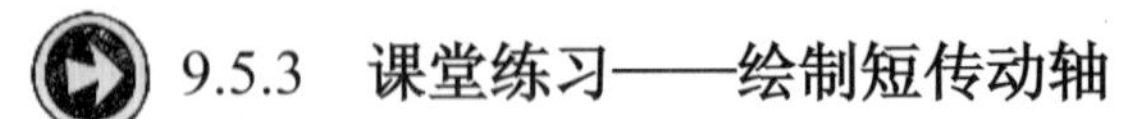

9.5.3 课堂练习——绘制短传动轴

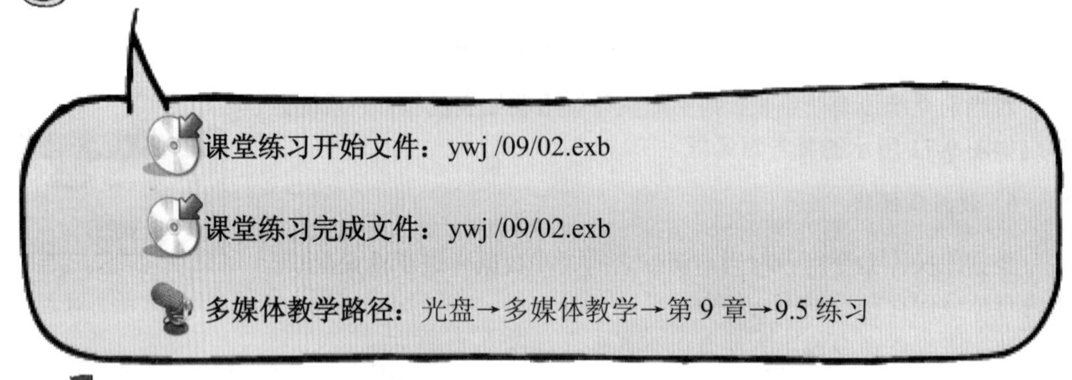

Step1 绘制一系列的轴矩形，尺寸为 20×3，18×2，20×90，15.5×2，17×17，13×4 和 15×20，如图 9-74 所示。

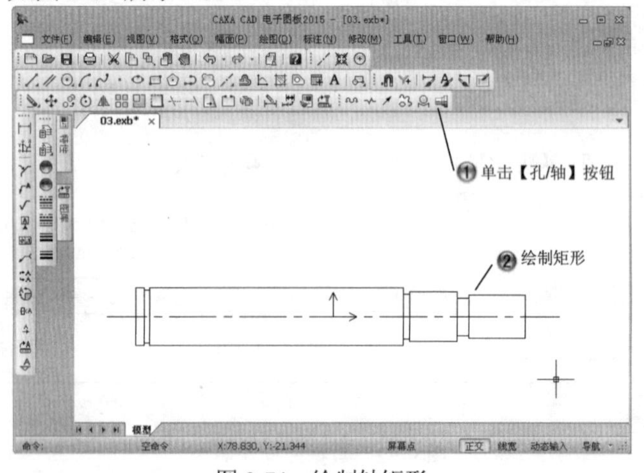

图 9-74 绘制轴矩形

Step2 绘制图形左部分长宽为 1 的倒角，如图 9-75 所示。

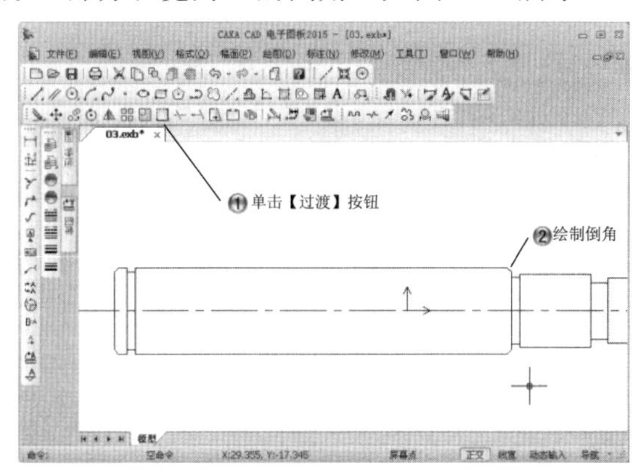

图 9-75　绘制图形左部分长宽为 1 的倒角

Step3 绘制图形右部分长宽为 1 的倒角，如图 9-76 所示。

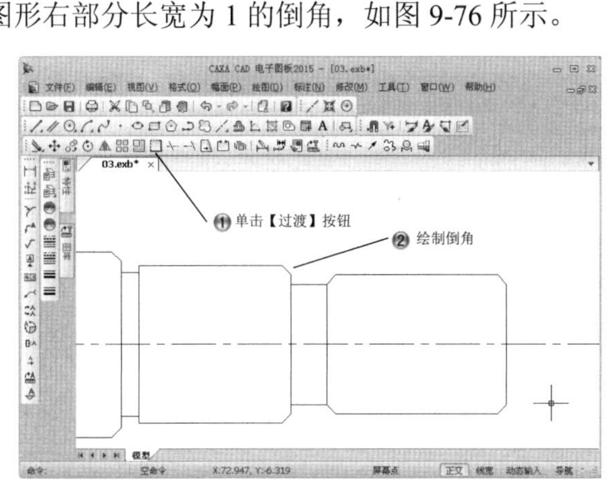

图 9-76　绘制图形右部分长宽为 1 的倒角

Step4 绘制直线，如图 9-77 所示。

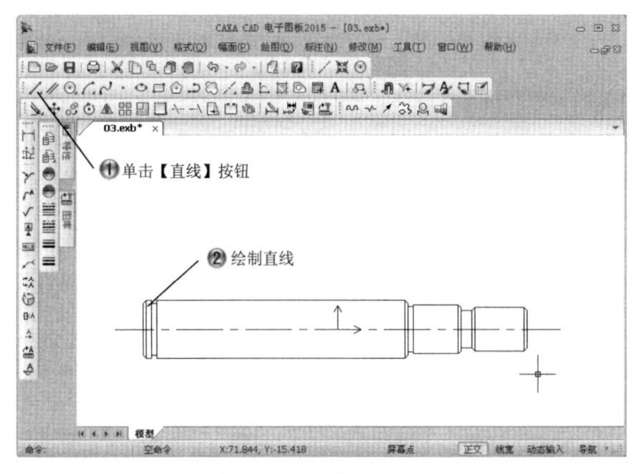

图 9-77　绘制直线

Step5 绘制尺寸为 5×15 的矩形，然后绘制半径为 2.5 的圆，如图 9-78 所示。

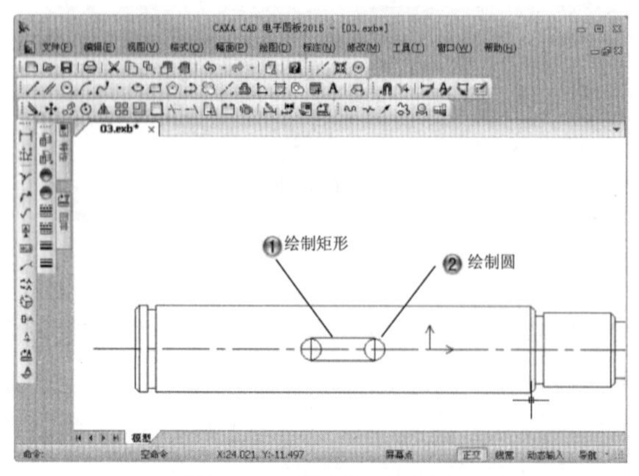

图 9-78　绘制矩形和圆

Step6 裁剪图形，如图 9-79 所示。

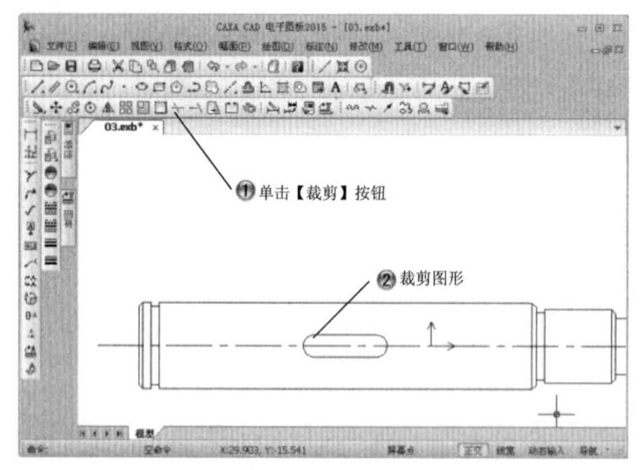

图 9-79　裁剪图形

Step7 绘制尺寸为 5×8 的矩形，然后绘制半径为 2.5 的圆，如图 9-80 所示。

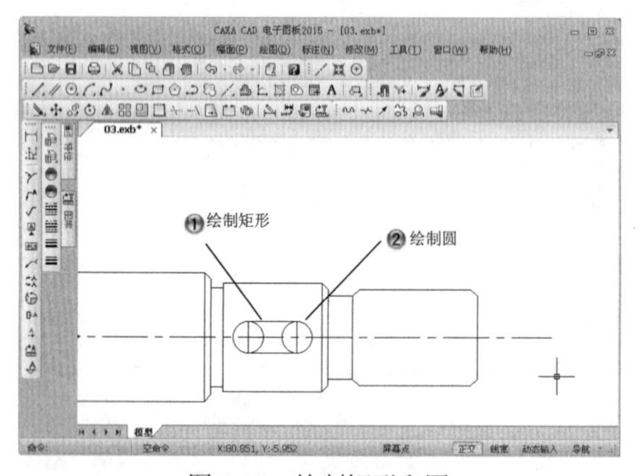

图 9-80　绘制矩形和圆

Step8 裁剪图形，如图 9-81 所示。

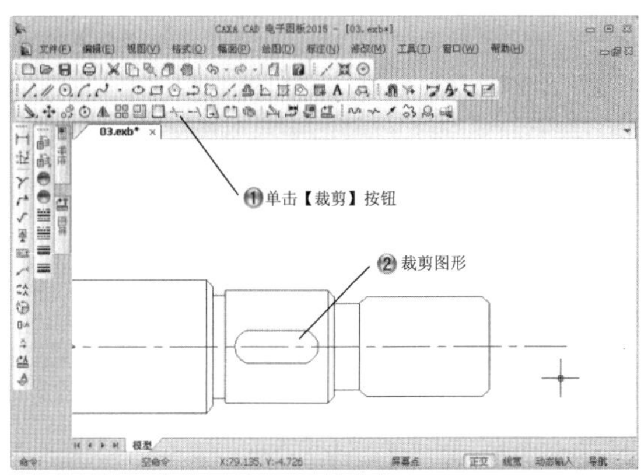

图 9-81　裁剪图形

Step9 绘制尺寸为 4×20 的矩形，如图 9-82 所示。

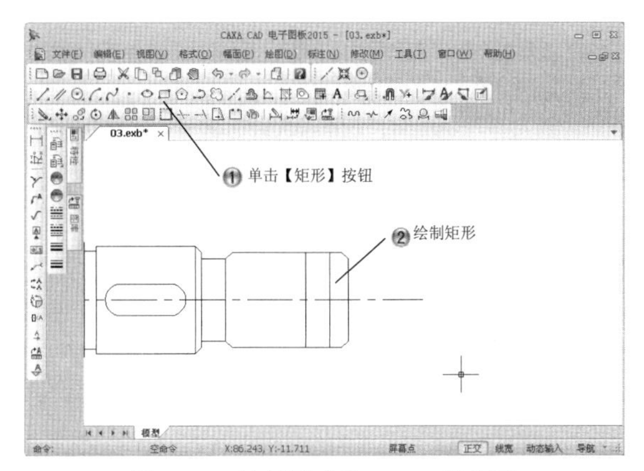

图 9-82　绘制尺寸为 4×20 的矩形

Step10 绘制样条线，如图 9-83 所示。

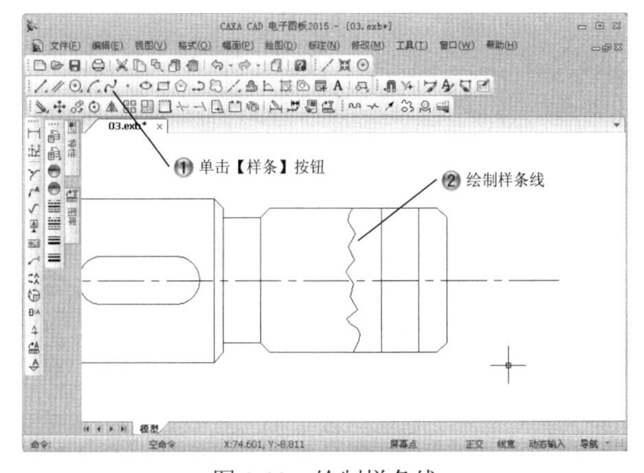

图 9-83　绘制样条线

Step11 填充颜色，如图 9-84 所示。

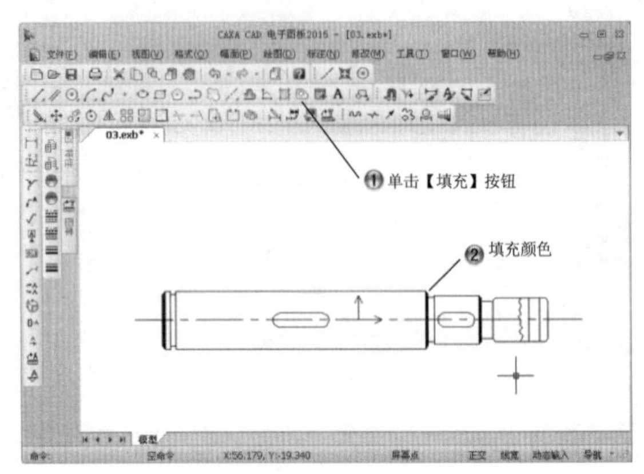

图 9-84　填充颜色

Step12 填充图案，如图 9-85 所示。

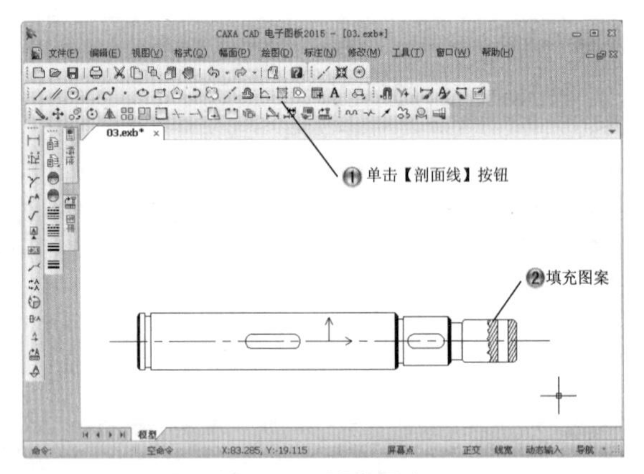

图 9-85　填充图案

Step13 绘制半径为 10.5 的圆，如图 9-86 所示。

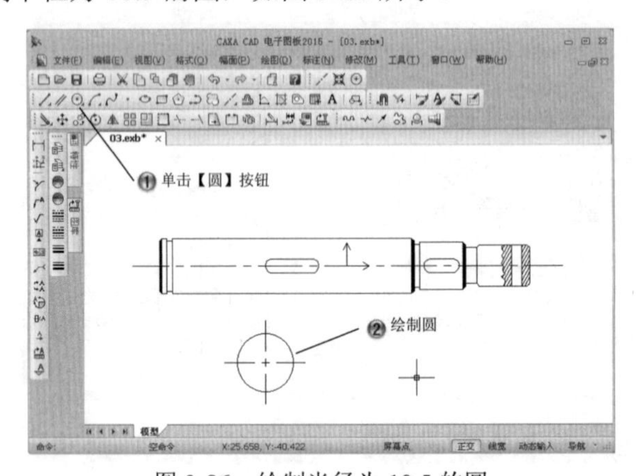

图 9-86　绘制半径为 10.5 的圆

Step14 绘制长为 3 和 5 的直线，如图 9-87 所示。

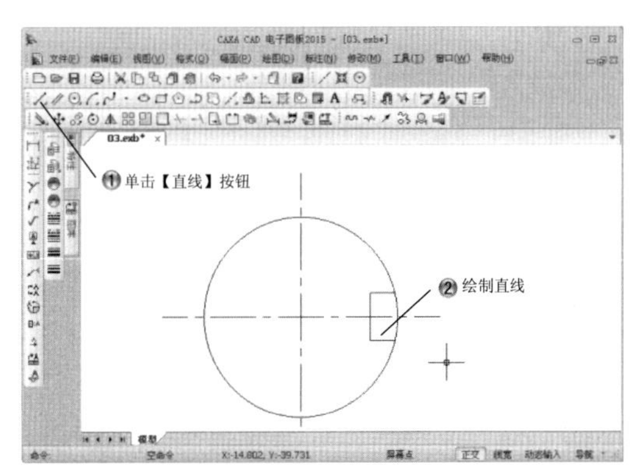

图 9-87　绘制长为 3 和 5 的直线

Step15 裁剪图形，如图 9-88 所示。

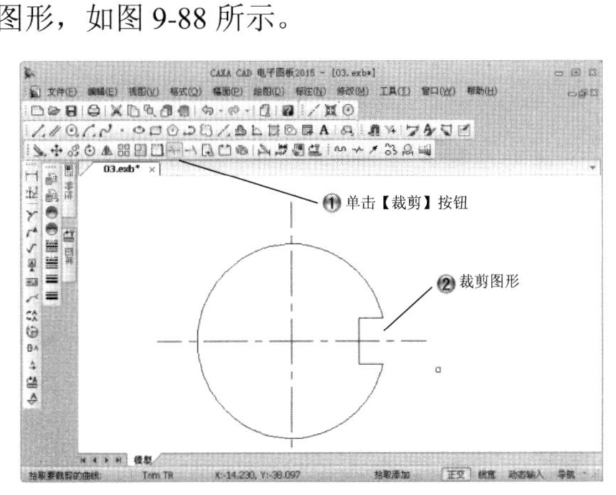

图 9-88　裁剪图形

Step16 填充图案，如图 9-89 所示。

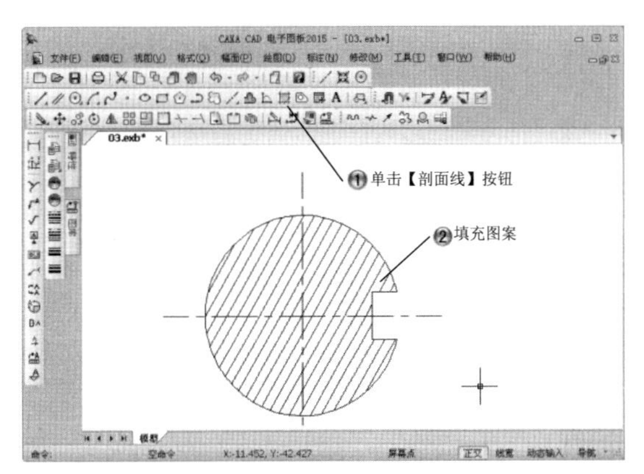

图 9-89　填充图案

Step17 按上面同样方法，绘制半径为 8 的圆，再绘制长为 2.25 和 4 的直线，裁剪图形后填充图案，如图 9-90 所示。

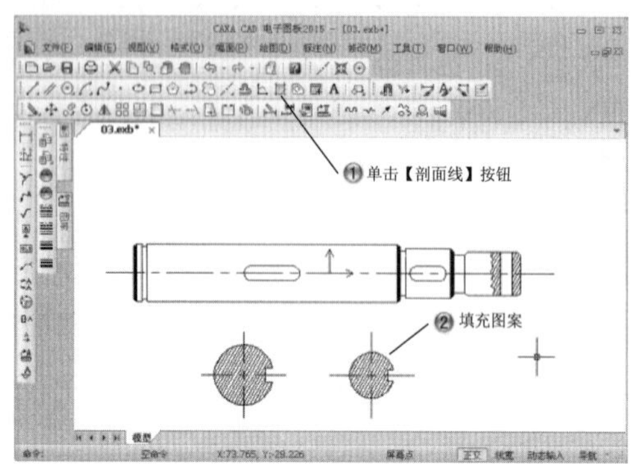

图 9-90　填充图案

Step18 添加主视图尺寸，如图 9-91 所示。

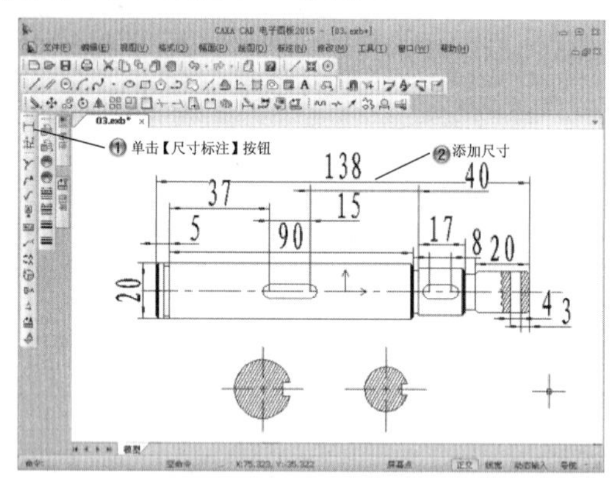

图 9-91　添加主视图尺寸

Step19 添加粗糙度和图形形位公差尺寸等，完成传动轴的绘制，如图 9-92 所示。

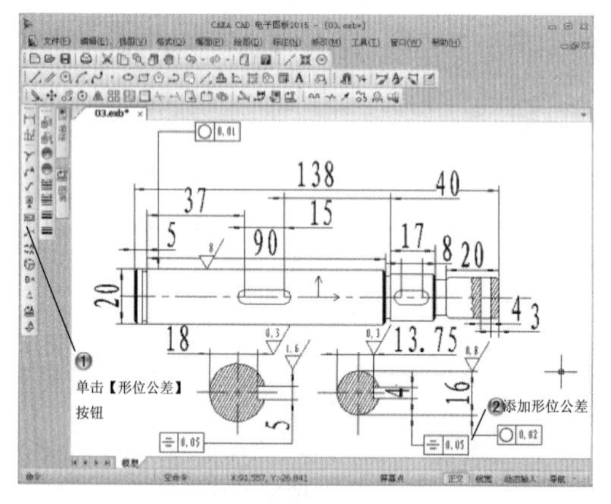

图 9-92　添加图形形位公差尺寸完成传动轴

9.6 专家总结

图纸是用标明尺寸的图形和文字来说明工程建筑、机械、设备等的结构、形状、尺寸及其他要求的一种技术文件。另一种解释是指记录图形字的媒介。除纸质图纸外，现在还有电子图纸。绘图之前应熟练掌握图幅图框的设置，零件序号的编辑及明细表的创建与插入。

9.7 课后习题

9.7.1 填空题

（1）图幅设置命令有________种。
（2）创建新图框的方法________。
（3）标题栏的组成有________________________。

9.7.2 问答题

（1）明细表的作用是什么？
（2）明细表和零件序号的联系是什么？

9.7.3 上机操作题

如图 9-93 所示，使用学过的各种命令来绘制套筒草图，并添加图框。
一般创建步骤和方法：
（1）绘制中心线。
（2）绘制圆形和圆弧。
（3）标注尺寸并创建图框。

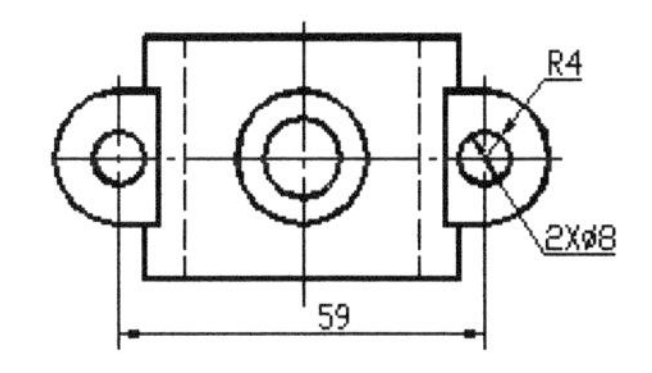

图 9-93　绘制套筒草图

第 10 章　工程标注与编辑

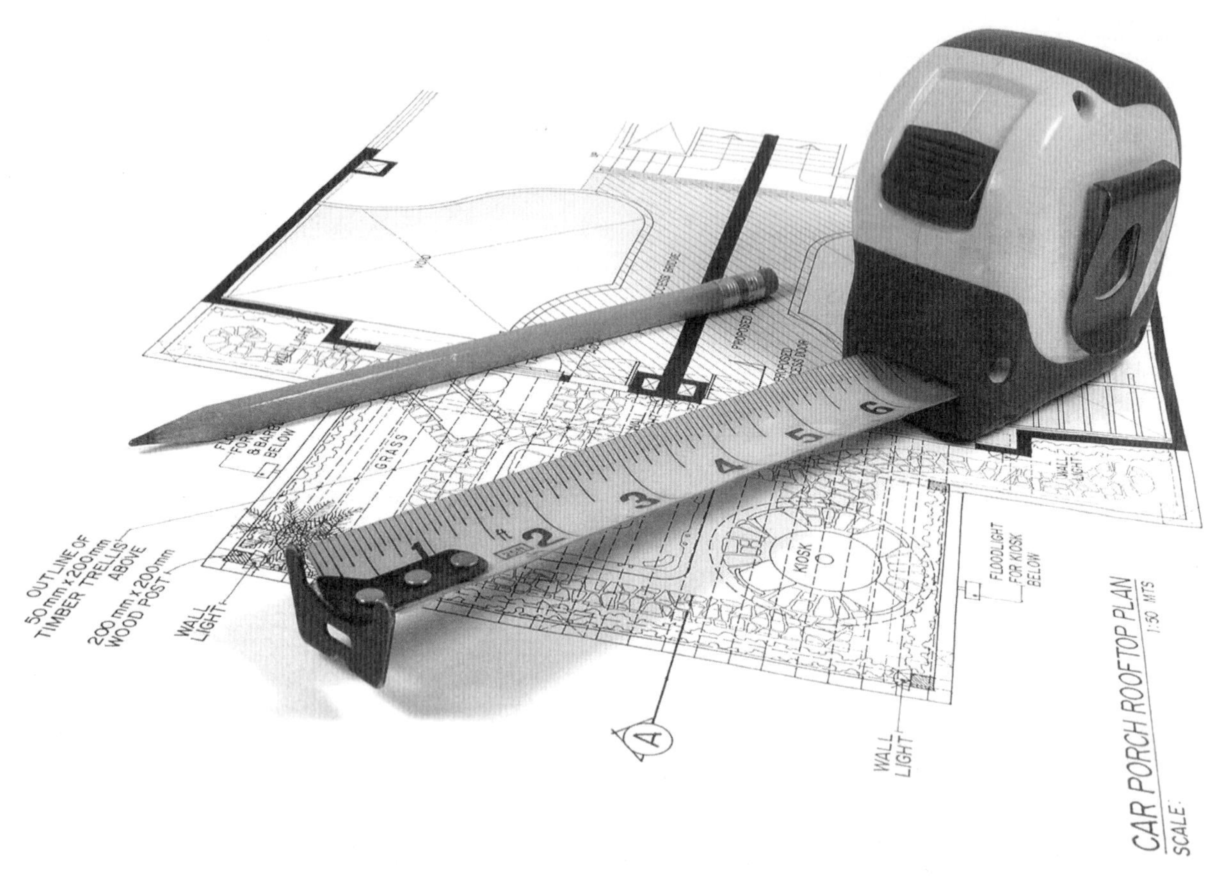

课训目标	内　容	掌握程度	课　时
	标注属性设置	熟练运用	1
	尺寸标注	熟练运用	2
	坐标标注	熟练运用	2
	特殊符号标注	熟练运用	2
	标注编辑	熟练运用	2

课程学习建议

投影图虽然已经清楚地表达形体的形状和各部分的相互关系，但还必须注上足够的尺寸，才能明确形体的实际大小和各部分的相对位置。在标注形体的尺寸时，要考虑两个问题：投影图上应标注哪些尺寸和尺寸应标注在投影图的什么位置。

尺寸标注是图形绘制的一个重要组成部分，它是图形的测量注释，可以测量和显示对象的长度、角度等测量值。CAXA 提供了多种标注样式和多种设置标注的方法，可以满足建筑、机械、电子等大多数应用领域的要求。在绘图时使用尺寸标注，能够对图形的各个部分添加提示和解释等辅助信息，既方便用户绘制，又方便使用者阅读。

本课程主要介绍 CAXA 电子图板的尺寸标注、坐标标注、倒角标注、特殊符号标注等的方法和标注属性设置、编辑的途径，其培训课程表如下。

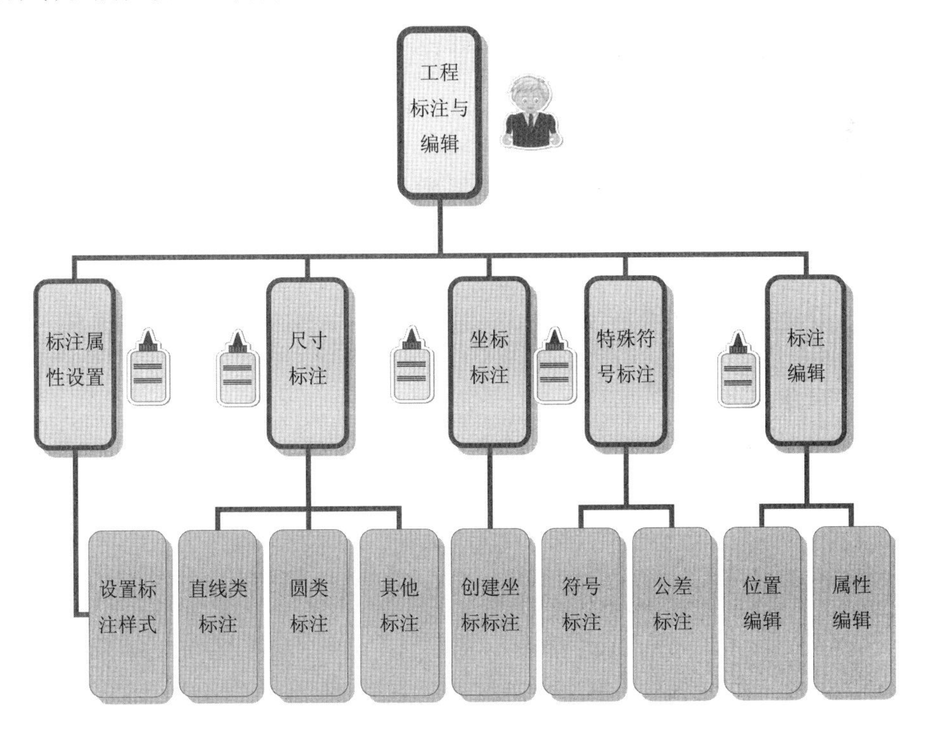

10.1 标注属性设置

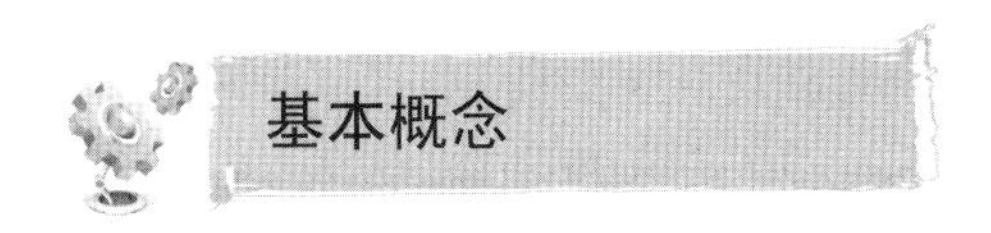

标注属性设置可以对当前的标注风格进行编辑修改，也可以新建标注风格并设置为当前的标注风格。

10.1.1 设计理论

要使标注的尺寸符合要求，就必须先设置尺寸样式，即确定 4 个基本元素的大小及相互之间的基本关系。本节将对尺寸标注样式管理、创建及其具体设置进行讲解。

10.1.2 课堂讲解

尺寸样式命令调用方法有以下几种，如图 10-1 所示。

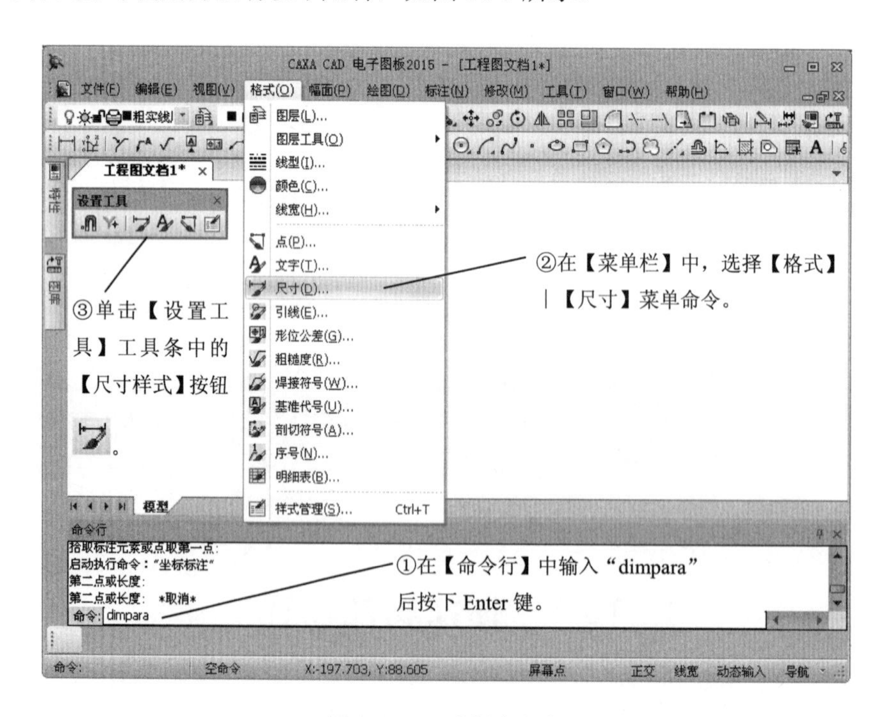

图 10-1 尺寸样式命令

执行上述命令之一后，系统弹出【标注风格设置】对话框，如图 10-2 所示。其中各选项含义介绍如下。

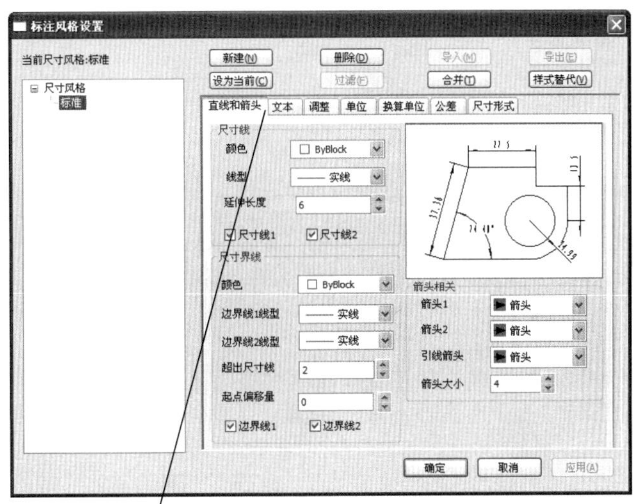

①【直线和箭头】选项卡：用于设置尺寸线、尺寸界线及箭头的颜色和风格。
②【文本】选项卡：用于设置文本风格及与尺寸线的参数关系。
③【调整】选项卡：用于设置尺寸线及文字的位置，并确定标注的显示比例。
④【单位】选项卡：用于设置标注的精度。
⑤【换算单位】选项卡：用于标注测量值中换算单位的显示及其格式和精度。
⑥【公差】选项卡：用于设置标注文字中公差的格式及显示。
⑦【尺寸形式】选项卡：用于控制弧长标注和引出点等参数。

图 10-2 【标注风格设置】对话框

1. 新建标注风格

新建标注风格操作，如图 10-3 和图 10-4 所示。

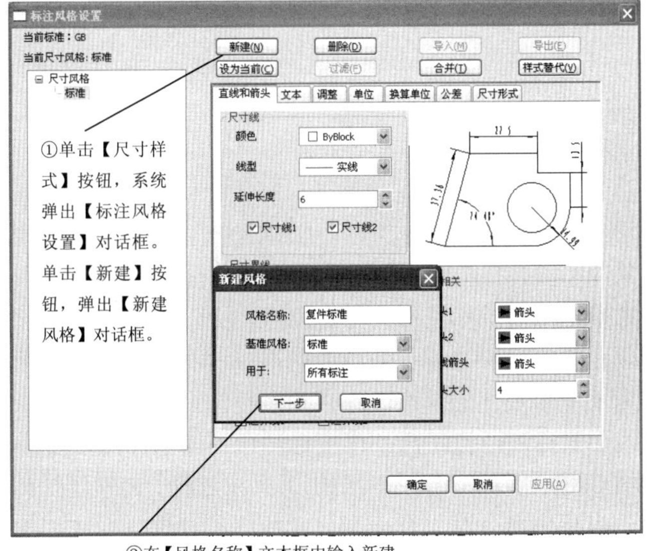

图 10-3 新建风格

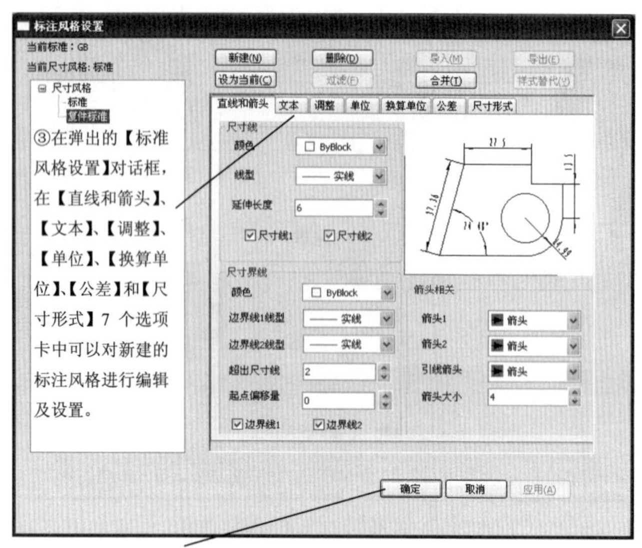

图 10-4　设置标注风格

2. 设置当前风格

在【标注风格设置】对话框中的【尺寸风格】列表框中选择一种标注风格，单击【标注风格设置】对话框中的【设为当前】按钮，即可将选中的标注风格设置为当前标注风格。

10.2　尺寸标注

基本标注是对尺寸进行标注的基本方法。CAXA 电子图板具有智能尺寸标注功能，系统能够根据拾取对象的不同，智能判断出所需要的尺寸标注类型，实时在屏幕上标注出来，此时可以根据需要来确定最后的标注形式与定位点。

基线标注是指以已知尺寸界线或已知点为基准标注其他尺寸。连续标注是指将前一个生成的尺寸界线作为下一个尺寸的基准。三点角度标注命令可标注三点形成的角度。射线标注命令可以以射线形式标注两点距离。锥度标注命令用于标注锥度，CAXA 电子图板的锥度标注功能与其他 CAD 软件相比，大大简化了标注过程。曲率半径标注命令用于标注样条曲线的曲率半径。半标注命令对只有一半尺寸线的尺寸进行标注，如半剖视图尺寸标注等国标规定的尺寸标注。大圆弧标注命令用于标注大圆弧，这也是一种比较特殊的尺寸标注方法，在国标中对其尺寸标注也做出了相关规定，CAXA 电子图板就是按照国家标准的规定进行标注的。

课堂讲解课时：2 课时

10.2.1　设计理论

尺寸标注是标注尺寸的主体命令，尺寸类型与形式很多，系统在命令菜单中提供了智能判别，功能如下。

（1）根据拾取的元素不同，自动标注相应的线性尺寸、直径尺寸、半径尺寸或角度值。

（2）根据立即菜单的条件，选择基本尺寸、基准尺寸、连续尺寸、尺寸线方向。

（3）尺寸文字可以采用拖动鼠标的方式定位。

（4）尺寸数值可直接采用测量值，也可以输入。

选择【标注】|【尺寸标注】|【尺寸标注】菜单命令，在屏幕左下角弹出尺寸标注立即菜单，如图 10-5 所示，单击立即菜单 1 可以选择不同的尺寸标注方式。

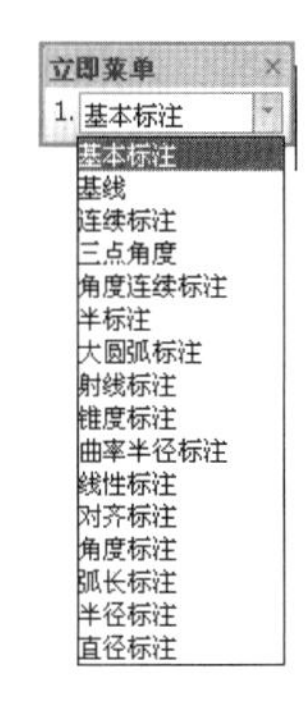

图 10-5　尺寸标注立即菜单

10.2.2　课堂讲解

尺寸标注命令调用方法有以下几种，如图 10-6 所示。

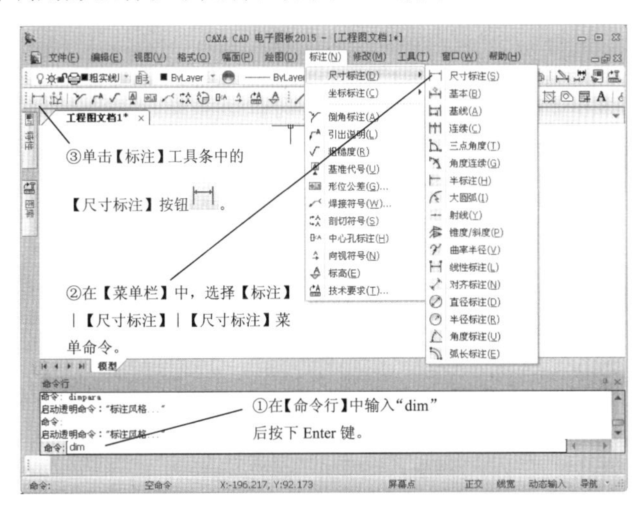

图 10-6　尺寸标注命令

1. 标注直线

标注直线操作，如图 10-7、图 10-8 和图 10-9 所示。

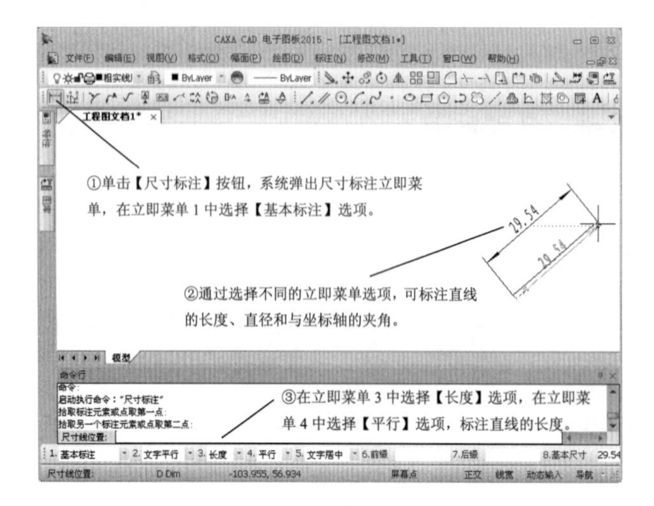

图 10-7　直线长度标注

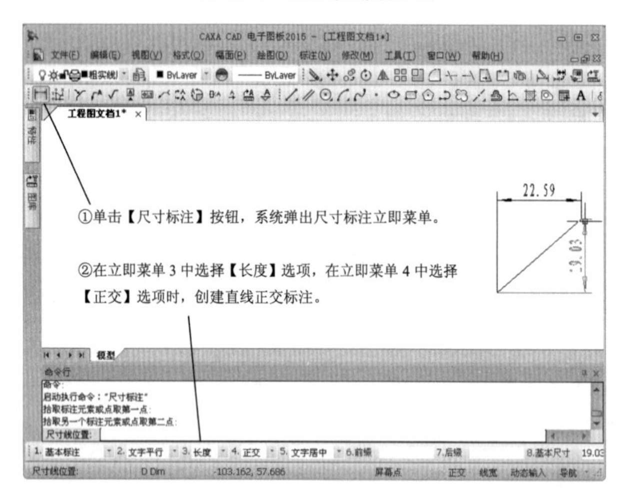

图 10-8　直线正交标注

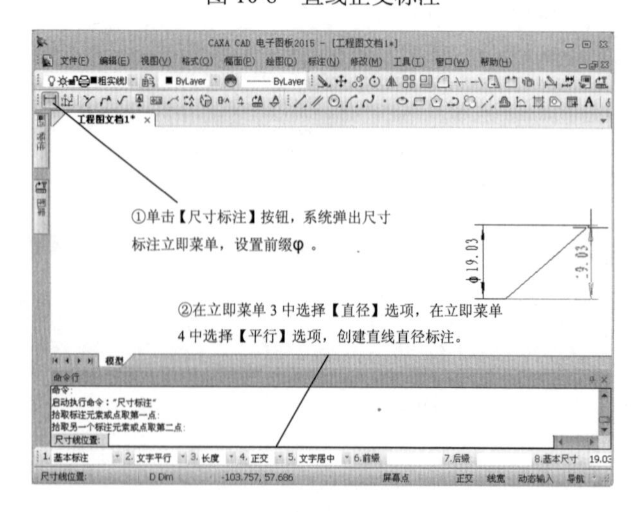

图 10-9　直线直径标注

2. 标注圆

标注圆操作，如图 10-10 所示。

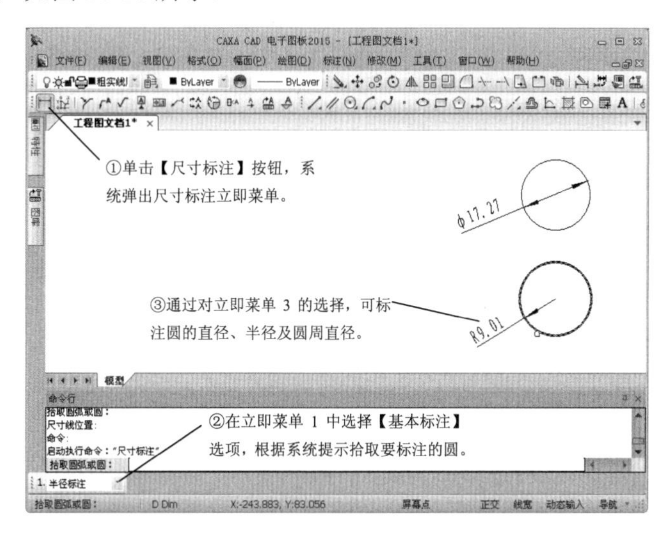

图 10-10　标注圆

在标注“直径”或“圆周直径”时，尺寸数值前自动加前缀“φ”；在标注“半径”时，尺寸数值前自动加前缀“R”。

名师点拨

3. 标注圆弧

标注圆弧操作，如图 10-11 所示。

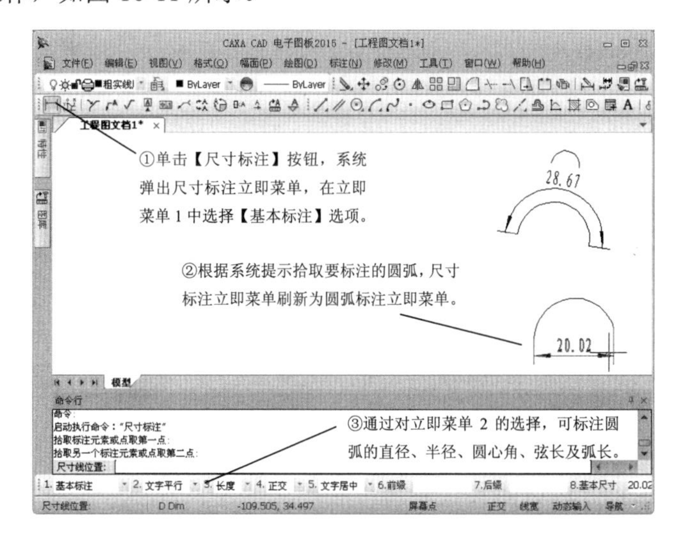

图 10-11　标注圆弧

4. 两点距离标注

两点距离标注操作。如图 10-12 所示。

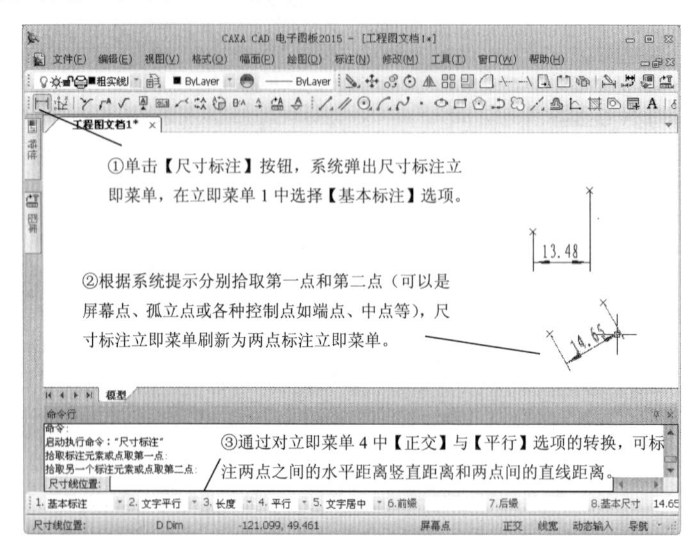

图 10-12　两点距离标注

5. 点与直线间距离标注

点与直线距离标注，如图 10-13 所示。

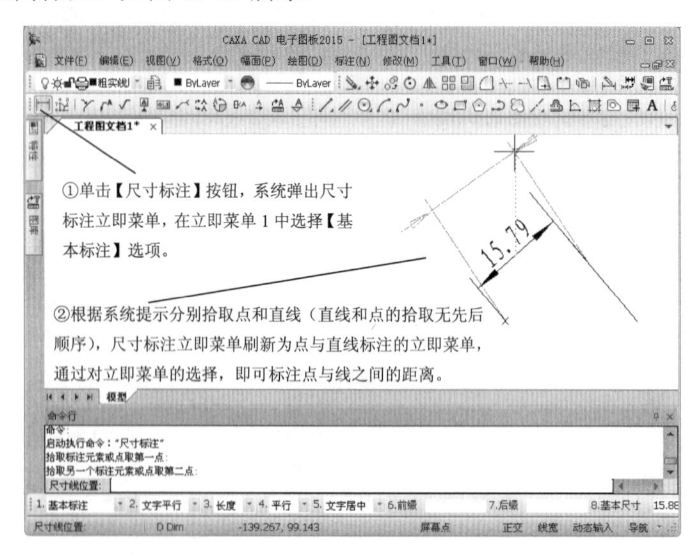

图 10-13　点与直线距离标注

6. 点与圆心间距离标注

点与圆心间距离标注的操作，如图 10-14 所示。

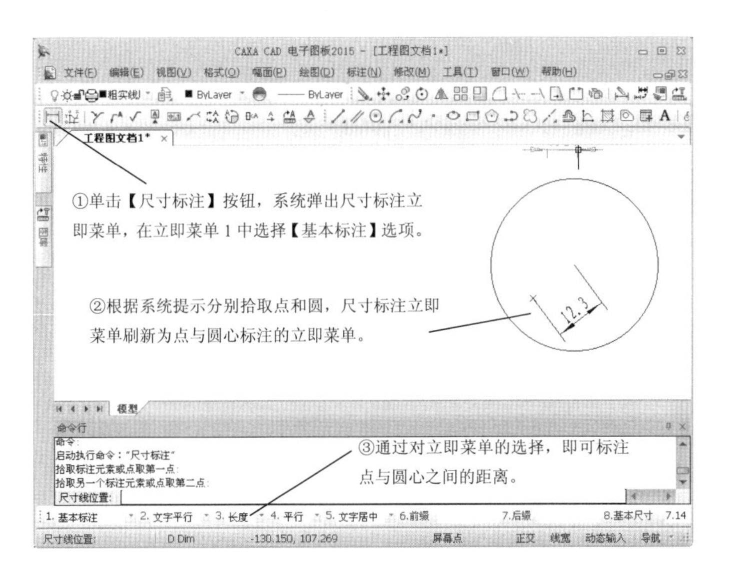

图 10-14　点与圆心间距离标注

名师点拨

如果先拾取点，则点可以是任意点（屏幕点、孤立点或各种控制点，如端点、中点等）；如果先拾取圆（或圆弧），则点不能是屏幕点。

7. 圆和圆弧间距离标注

圆和圆弧间距离标注的操作，如图 10-15 所示。

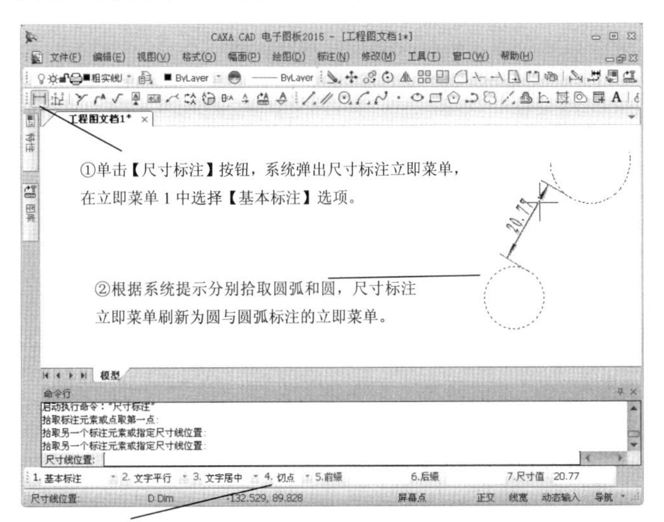

图 10-15　圆与圆弧间距离标注

8. 直线与圆距离标注

直线与圆距离标注的操作，如图 10-16 所示。

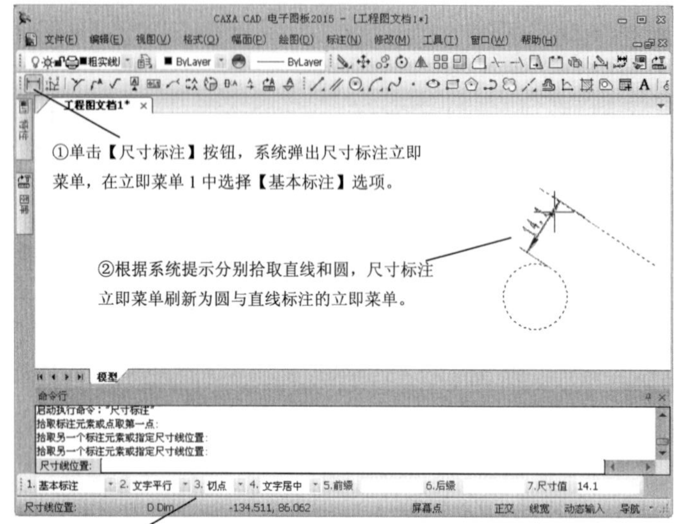

图 10-16　圆与直线间距离标注

9. 直线与直线距离标注

直线与直线距离标注的操作，如图 10-17 所示。

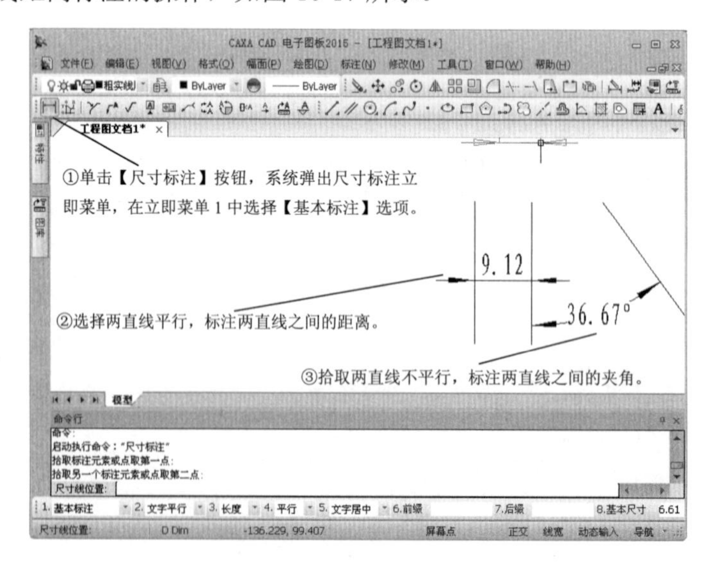

图 10-17　直线与直线距离标注

10. 拾取已标注的线性尺寸

拾取已标注的线性尺寸的操作，如图 10-18 所示。

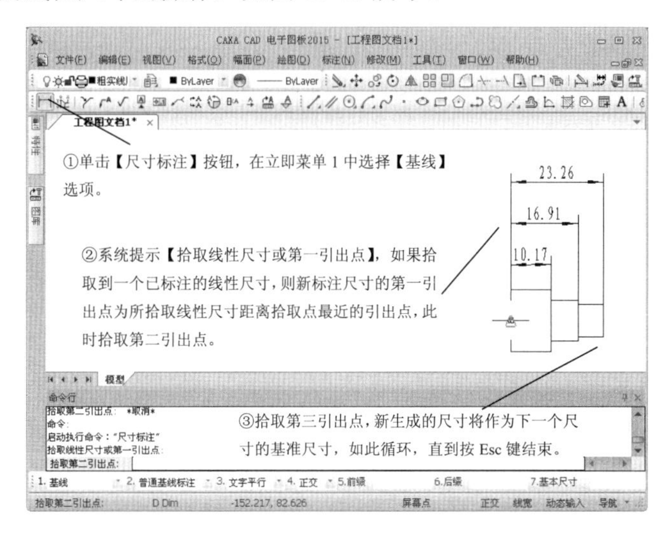

图 10-18　基线标注

> 尺寸值默认为计算值，用户也可在立即菜单 6 中输入所需要的尺寸值。
>
> 名师点拨

11. 拾取一个已标注的线性尺寸

拾取一个已标注的线性尺寸的操作，如图 10-19 所示。

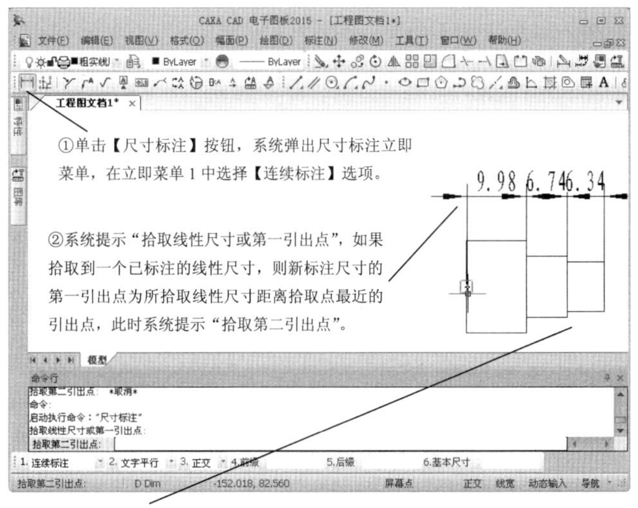

图 10-19　基线标注

12. 三点角度标注

三点角度标注的操作，如图 10-20 所示。

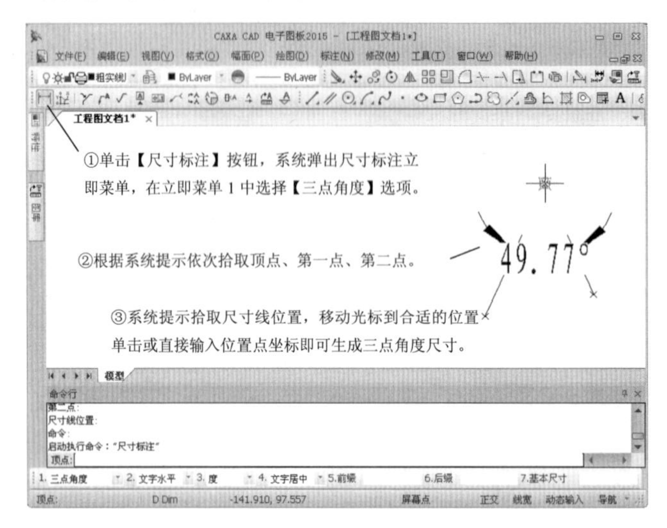

图 10-20　三点角度标注

13. 角度连续标注

角度连续标注的操作，如图 10-21 所示。

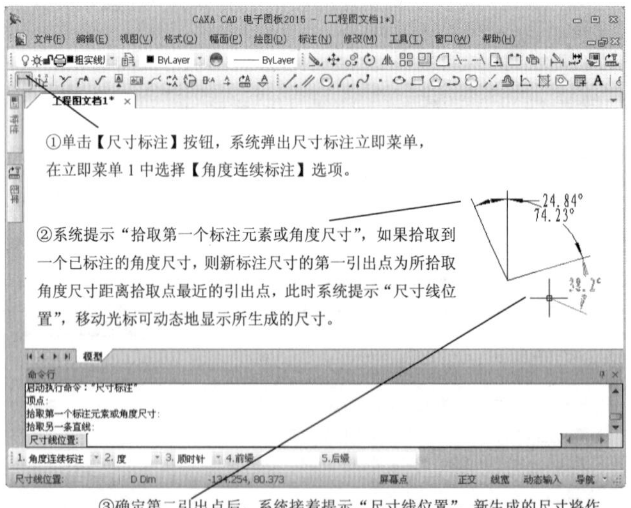

图 10-21　角度连线标注

14. 半标注

半标注的操作，如图 10-22 所示。

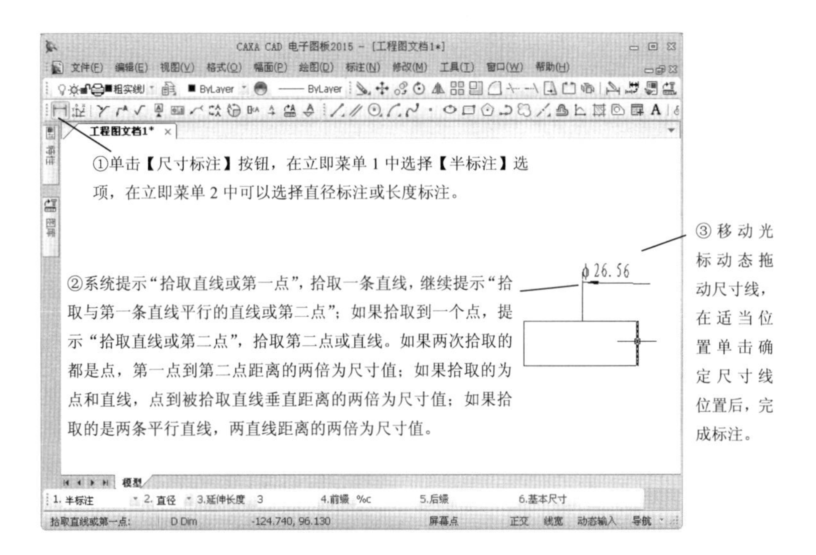

图 10-22　半标注

半标注的尺寸界线引出点总是从第二次拾取的元素上引出，尺寸线箭头指向尺寸界线。

名师点拨

15. 大圆弧标注

大圆弧标注的操作，如图 10-23 所示。

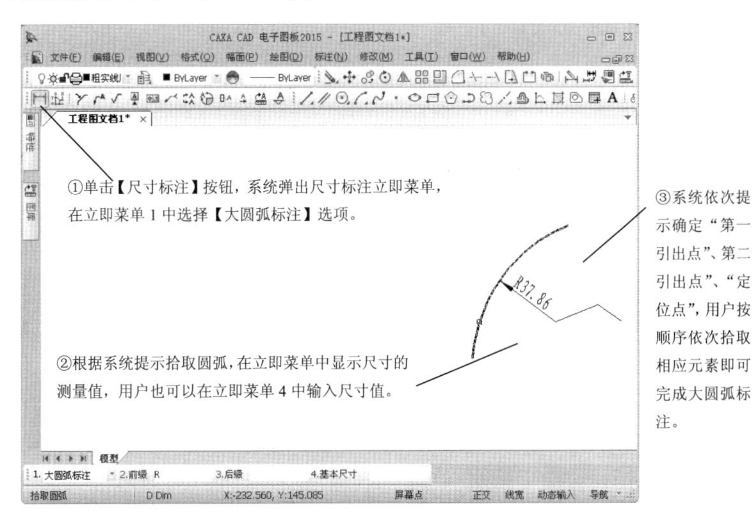

图 10-23　大圆弧标注

16. 射线标注

射线标注的操作，如图 10-24 所示。

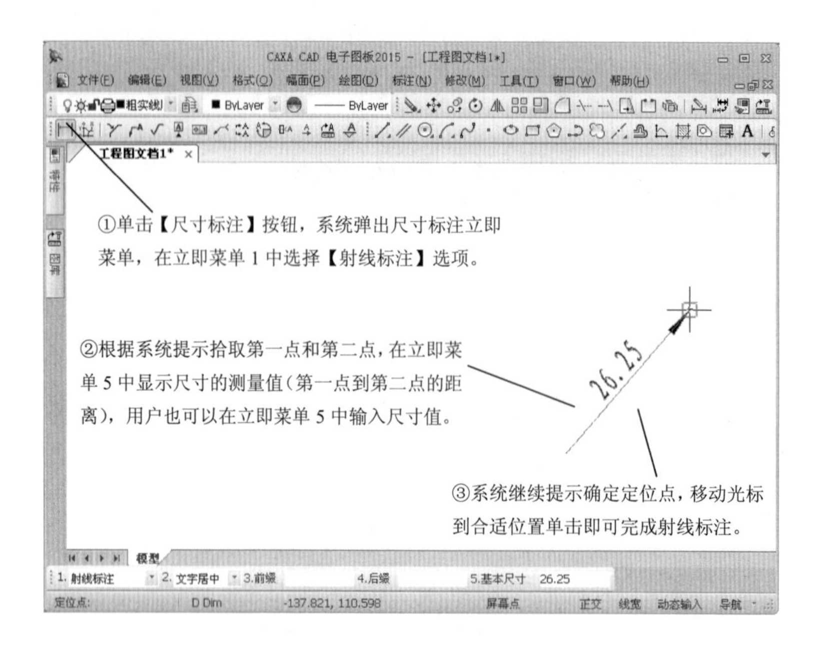

图 10-24　射线标注

17. 锥度标注

锥度标注的操作，如图 10-25 所示。

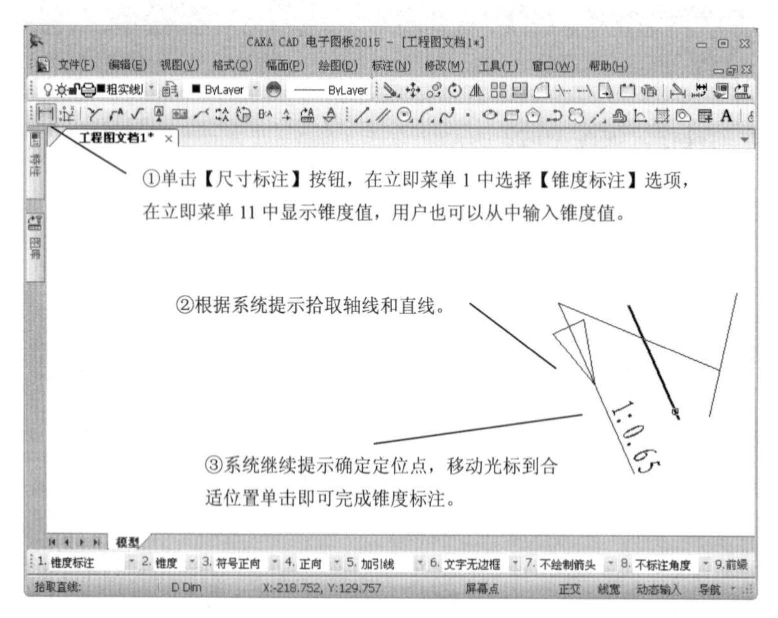

图 10-25　锥度标注

18. 曲率半径标注

曲率半径标注的操作，如图 10-26 所示。

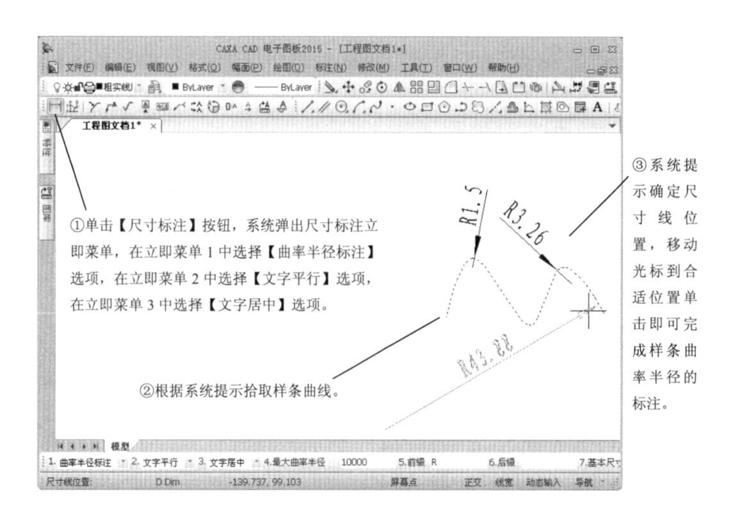

图 10-26　标注样条曲率半径

10.3　坐标标注

CAXA 坐标标注命令主要用来标注原点、选定点或圆心（孔位）的坐标值。

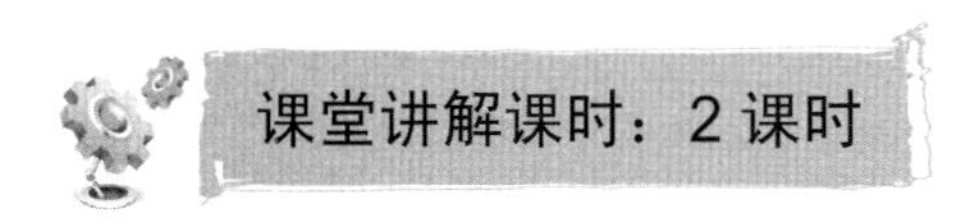

10.3.1　设计理论

CAXA 坐标原点标注命令用于标注当前工作坐标系原点的 x 坐标值和 y 坐标值。快速标注命令用于标注当前坐标系中任一标注点的 x 和 y 轴方向的坐标值，标注格式由立即菜单确定。自由标注命令用于标注当前坐标系中任一标注点的 x 轴和 y 轴方向的坐标值，标注格式由用户给定。对齐标注为一组以第一个坐标标注为基准、尺寸线平行、尺寸文字对齐的标注。孔位标注命令用于标注圆心或一个点的 x、y 坐标值。引出标注用于坐标标注中尺寸线或文字过于密集时，将数值标注引出来的标注。自动列表标注以表格方式列出标注点、圆心或样条插值点的坐标值。

执行坐标标注命令后，在屏幕左下角弹出坐标标注立即菜单，在立即菜单 1 中可以选择不同的标注方式，如图 10-27 所示。

图 10-27 坐标标注立即菜单

10.3.2 课堂讲解

坐标标注命令调用方法有以下几种，如图 10-28 所示。

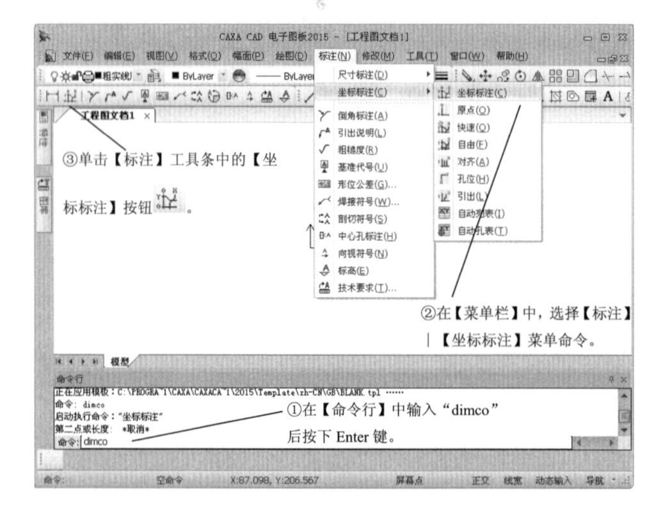

图 10-28 坐标标注命令

1. 原点标注

原点标注的操作，如图 10-29 所示。

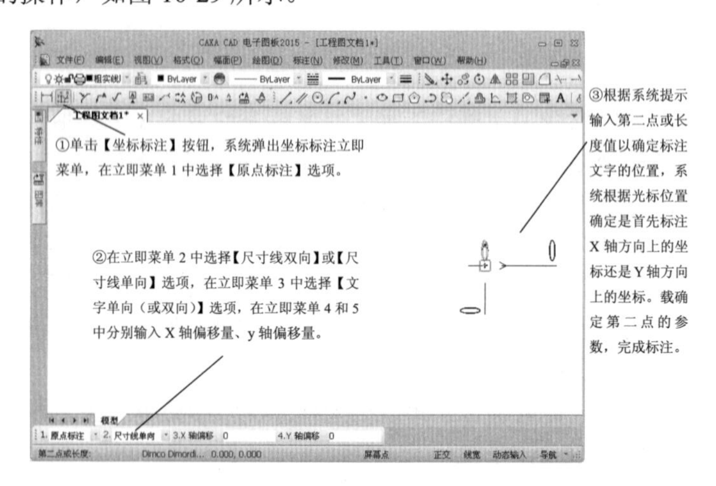

图 10-29 原点标注

原点标注的格式用立即菜单中的选项来确定，立即菜单中各选项的含义介绍如下：

（1）尺寸线双向 / 尺寸线单向：尺寸线双向指尺寸线从原点出发，分别向坐标轴的两端延伸；尺寸线单向是指尺寸线从原点出发，向坐标轴靠近拖动点一端延伸。

（2）文字双向 / 文字单向：当尺寸线为双向时，文字双向指在尺寸线两端均标注尺寸值，文字单向指只在靠近拖动点一端标注尺寸值。

（3）x 轴偏移：原点的 x 坐标值。

（4）y 轴偏移：原点的 y 坐标值。

2. 快速标注

快速标注的操作，如图 10-30 所示。

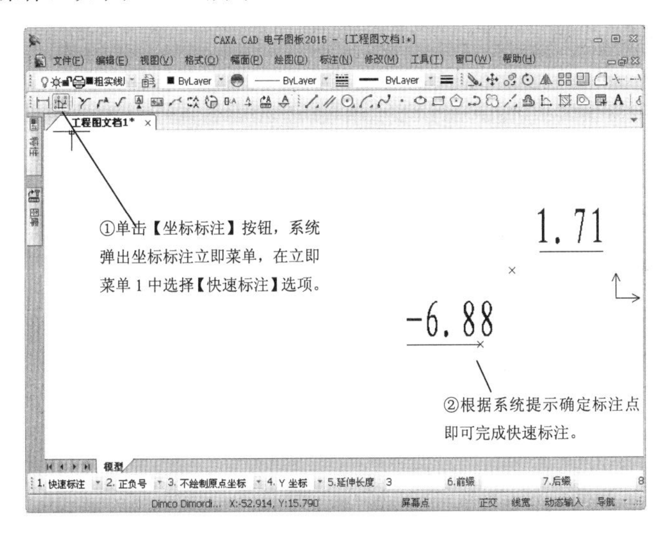

图 10-30　快速标注

如果用户在立即菜单 6 中输入尺寸值，则立即菜单 2 中的正负号控制不起作用。

名师点拨

3. 自由标注

自由标注的操作，如图 10-31 所示。

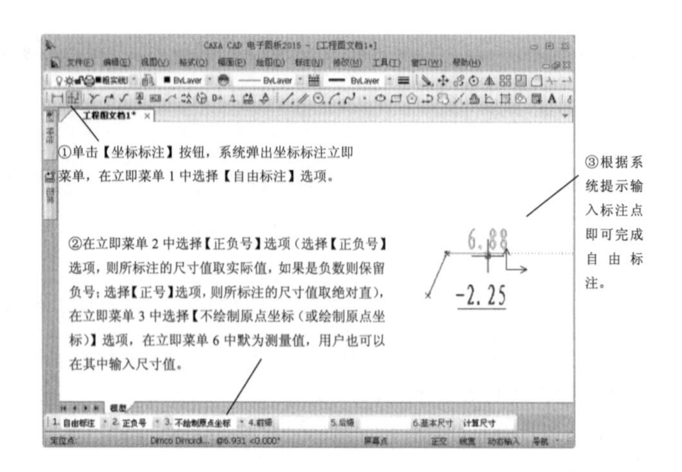

图 10-31　自由标注

如果用户在立即菜单 6 中输入尺寸值，则立即菜单 2 中的正负号控制不起作用。另外，是标注 x 坐标还是 y 坐标以及尺寸线的位置由定位点控制。

名师点拨

通过立即菜单，用户可选择不同的对齐标注格式。在立即菜单 2 中可以选择尺寸值的正负号，若选择【正负号】选项，则所标注的尺寸值取实际值，如果是负数则保留负号；若选择【正号】选项，则所标注的尺寸值取绝对值。立即菜单 3 用于控制是否绘制引线箭头；立即菜单 4 控制对齐标注下是否绘出尺寸线。立即菜单 5 只有在尺寸线处于打开状态时才显示。

4. 对齐标注

对齐标注的操作，如图 10-32 所示。

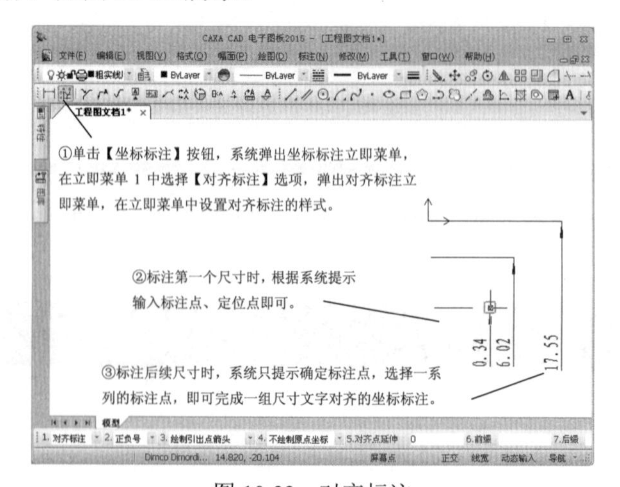

图 10-32　对齐标注

5. 孔位标注

孔位标注的操作，如图 10-33 所示。

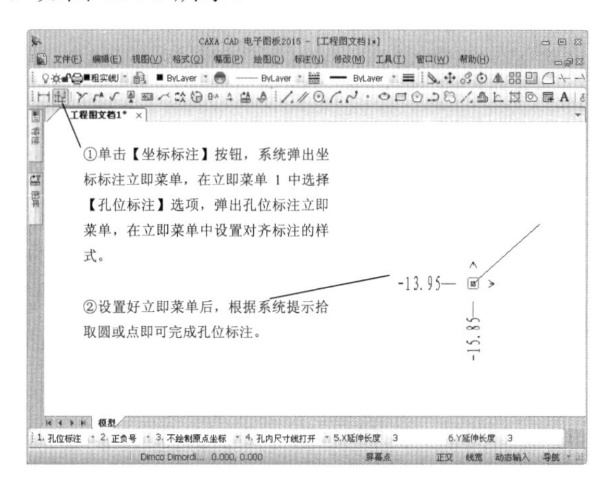

图 10-33　孔位标注

通过立即菜单，用户可选择不同的孔位标注格式。在立即菜单 2 中可以选择尺寸值的正负号，若选择【正负号】选项，则所标注的尺寸值取实际值，如果是负数则保留负号；若选择【正号】选项，则所标注的尺寸值取绝对值。立即菜单 4 用于控制标注圆心坐标时，位于圆内的尺寸线是否画出。立即菜单 5 和 6 分别控制 x、y 轴方向，尺寸界线延伸出圆外的长度或尺寸界线自标注点延伸的长度，默认值为 3，可以修改。

6. 引出标注

引出标注的操作，如图 10-34 和图 10-35 所示。

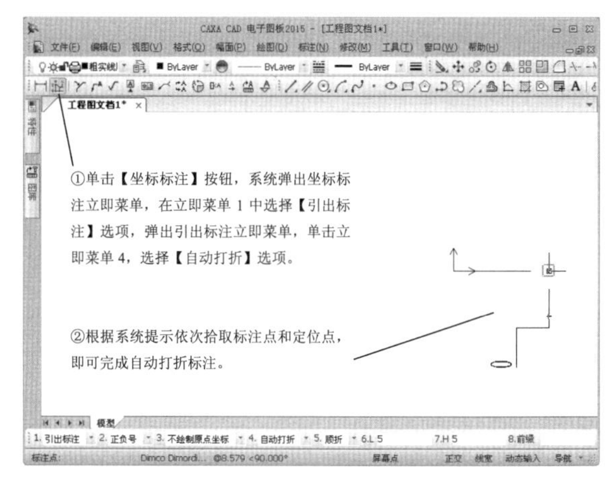

图 10-34　引出标注 1

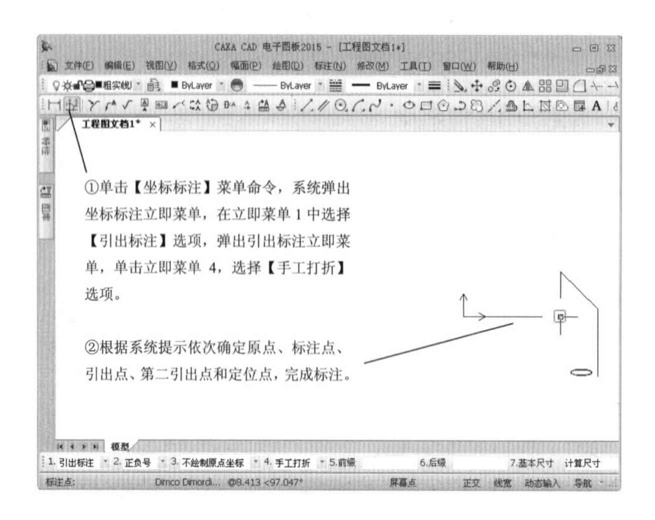

图 10-35 引出标注 2

通过立即菜单，用户可选择不同的引出标注格式。在立即菜单 2 中可以选择尺寸值的正负号，若选择【正负号】选项，则所标注的尺寸值取实际值，如果是负数则保留负号；选择【正号】选项，则所标注的尺寸值取绝对值。立即菜单 4 和立即菜单 5 分别控制第一条和第二条转折线的方向。立即菜单 6 和立即菜单 7 分别控制第一条和第二条转折线的长度。立即菜单 10 中默认为测量值，用户也可以直接输入尺寸值，此时正负号控制不起作用。

7. 自动列表标注

自动列表标注的操作，如图 10-36 所示。

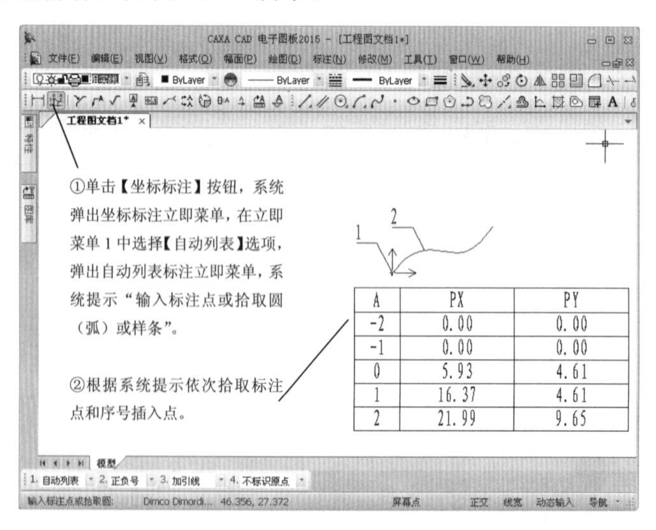

图 10-36 自动列表标注

10.3.3 课堂练习——绘制小支架

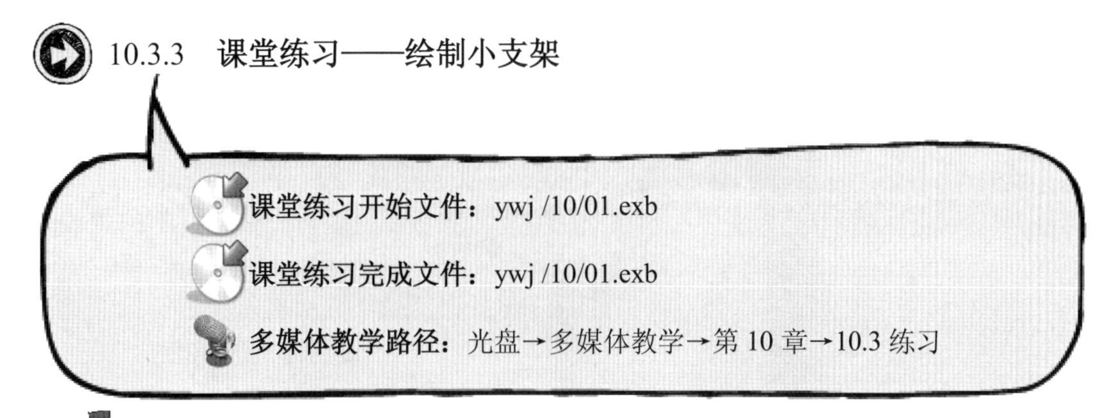

课堂练习开始文件：ywj /10/01.exb

课堂练习完成文件：ywj /10/01.exb

多媒体教学路径：光盘→多媒体教学→第 10 章→10.3 练习

Step1 绘制直线草图，如图 10-37 所示。

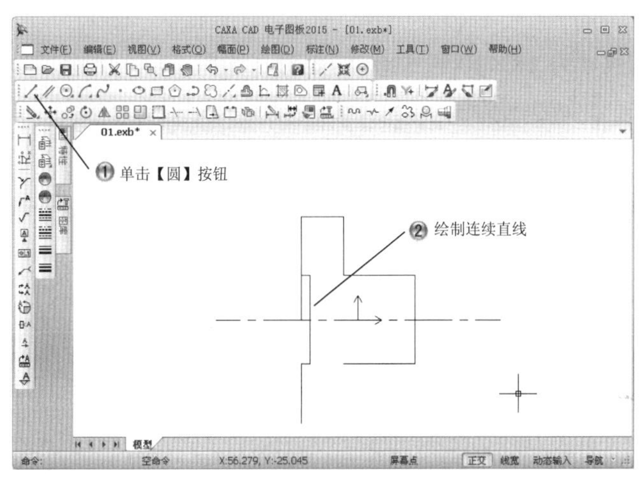

图 10-37　绘制连续直线

Step2 绘制尺寸为 5×24 和 26×18 的矩形，如图 10-38 所示。

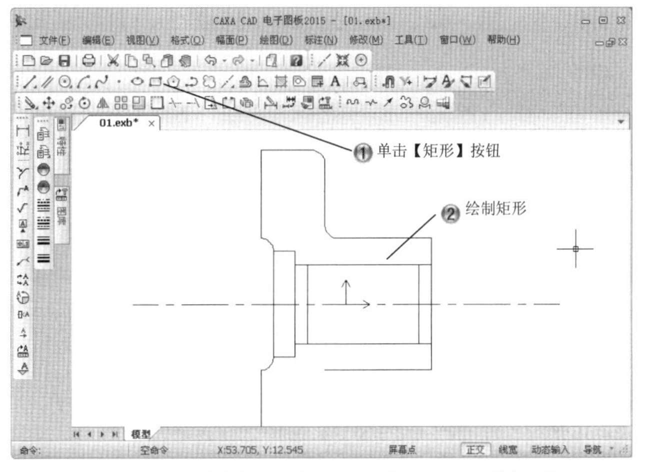

图 10-38　绘制尺寸为 5×24 和 26×18 的矩形

Step3 绘制长宽为 3 的倒角，如图 10-39 所示。

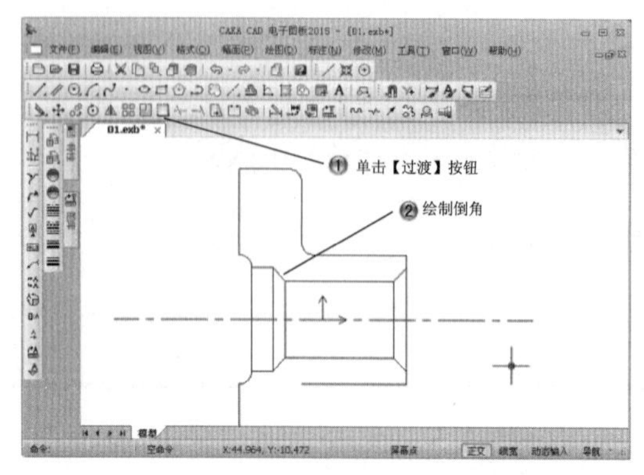

图 10-39　绘制长宽为 3 的倒角

Step4 绘制尺寸为 15×10 和 5×6 的矩形，如图 10-40 所示。

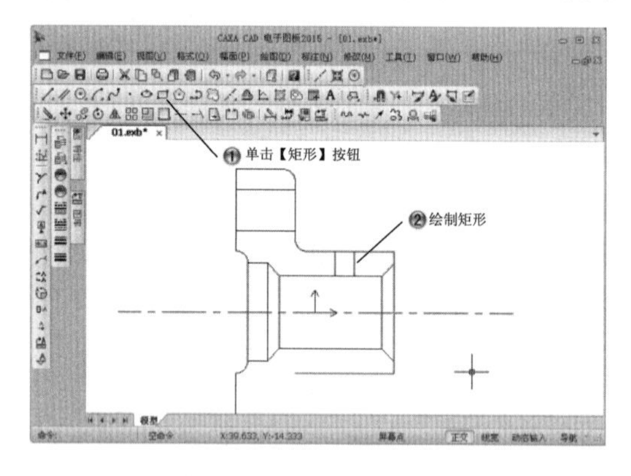

图 10-40　绘制尺寸为 15×10 和 5×6 的矩形

Step5 绘制长为 5、60、20、70 和 10 的连续直线，然后绘制半径为 10 和 20 的圆角，再绘制长为 20、10、5、20、40、20、5、25、50 和 5 的直线草图，如图 10-41 所示。

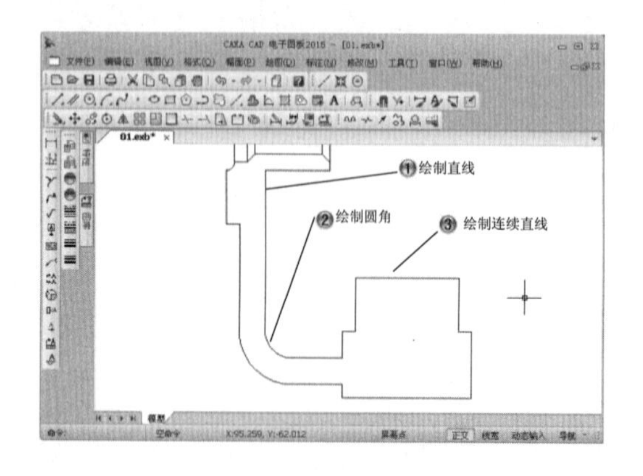

图 10-41　绘制直线草图

Step6 绘制半径为 2 的圆角后，绘制尺寸为 20×22、40×3 和 30×17 的矩形，如图 10-42 所示。

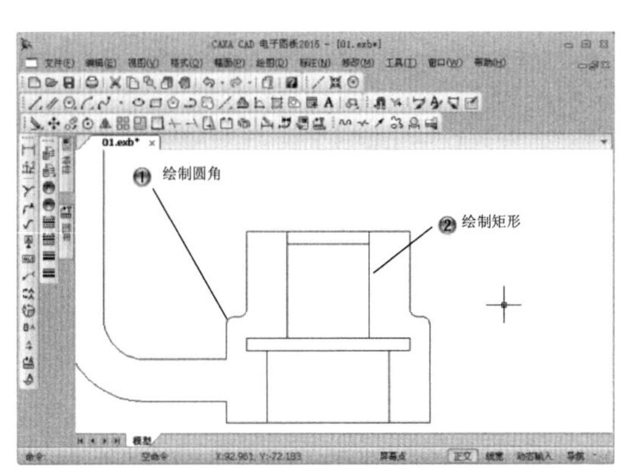

图 10-42 绘制圆角和矩形

Step7 绘制长宽为 3 的倒角以及长为 45 和 15 的直线，再绘制半径为 15 的圆角，如图 10-43 所示。

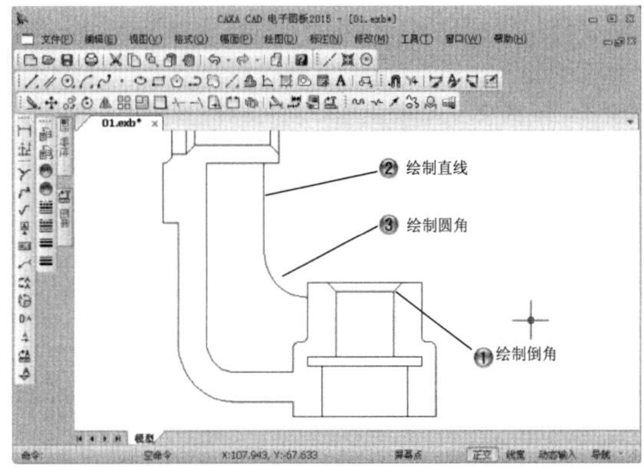

图 10-43 绘制倒角、直线和圆角

Step8 填充颜色和图案，如图 10-44 所示。

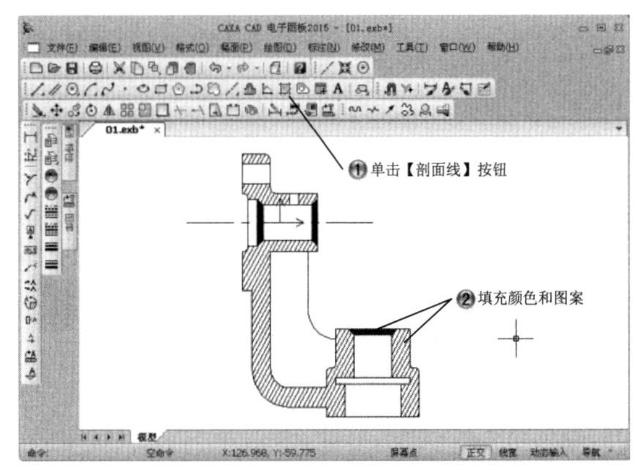

图 10-44 填充颜色和图案

Step9 添加图形上部分尺寸，如图 10-45 所示。

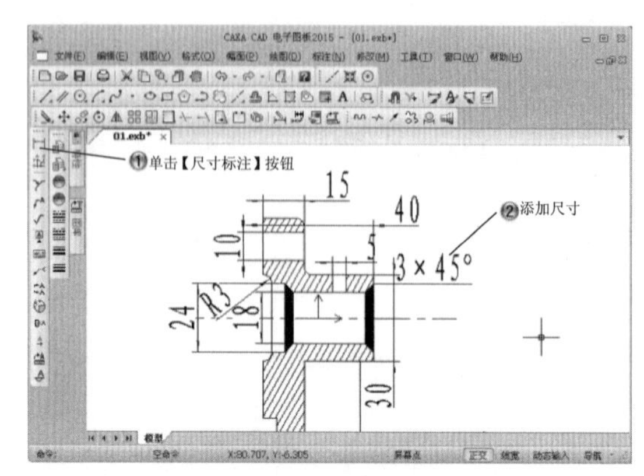

图 10-45　添加图形上部分尺寸

Step10 添加图形下部分尺寸，如图 10-46 所示。

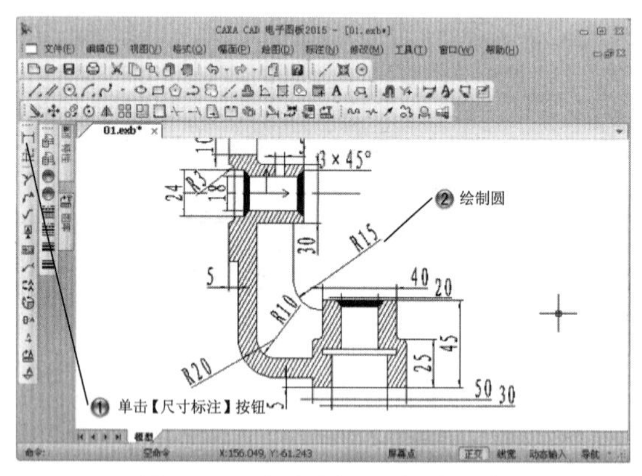

图 10-46　添加图形下部分尺寸

Step11 绘制尺寸为 60×60 的矩形，绘制半径为 10、11 和 12 的同心圆，绘制距离为 15 的平行线，绘制半径为 5 的圆，如图 10-47 所示。

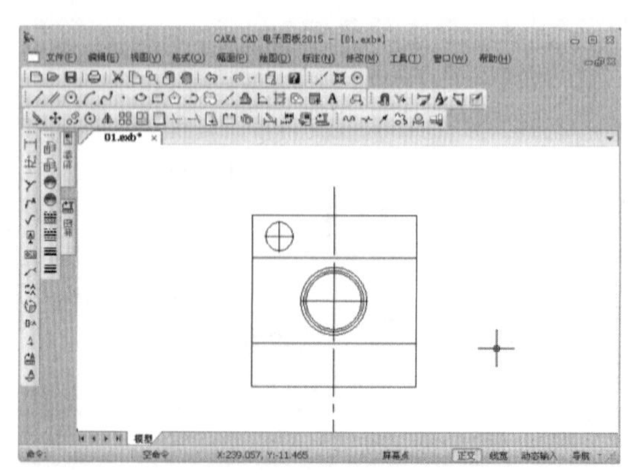

图 10-47　绘制一系列图形

Step12 阵列圆，如图 10-48 所示。

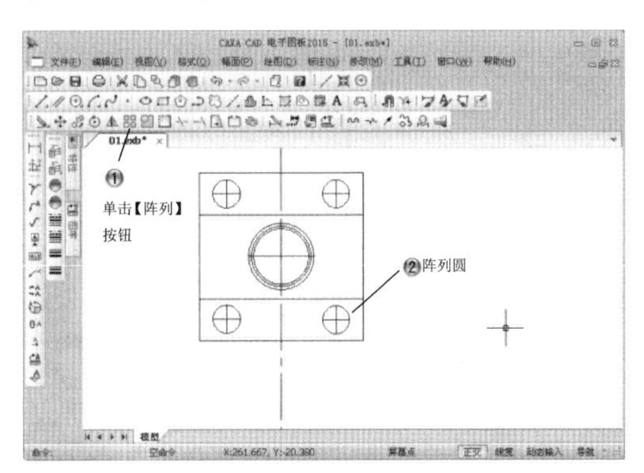

图 10-48　阵列圆

Step13 绘制长为 64 和 34 的直线以及尺寸为 40×20、50×25 的矩形，如图 10-49 所示。

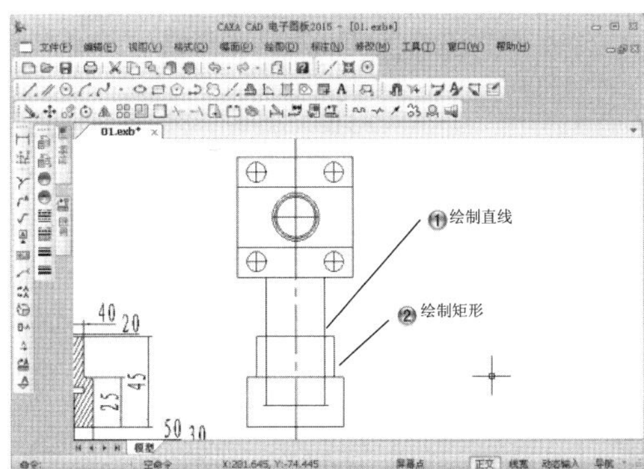

图 10-49　绘制直线和矩形

Step14 绘制长宽为 2 的倒角和半径为 2 的圆角，如图 10-50 所示。

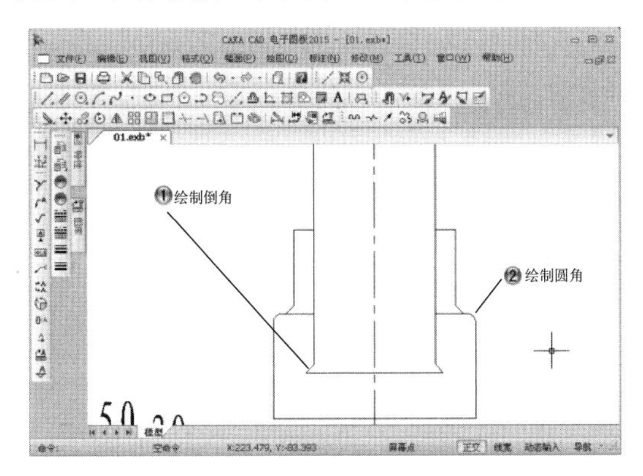

图 10-50　绘制倒角和圆角

Step15 添加侧视图尺寸，如图 10-51 所示。

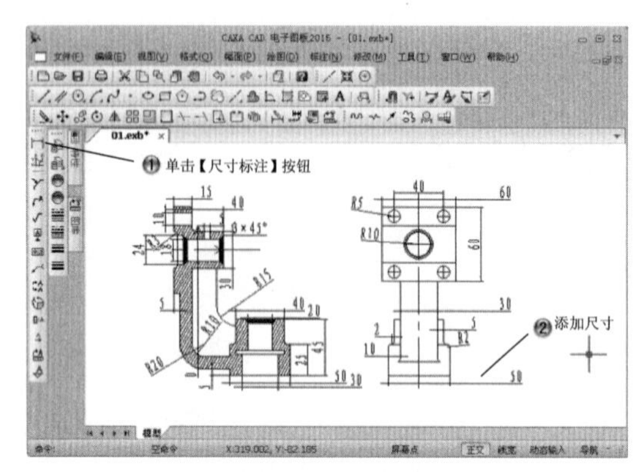

图 10-51　添加侧视图尺寸

Step16 绘制尺寸为 10×32 和 20×6 的矩形以及半径为 3 的圆，如图 10-52 所示。

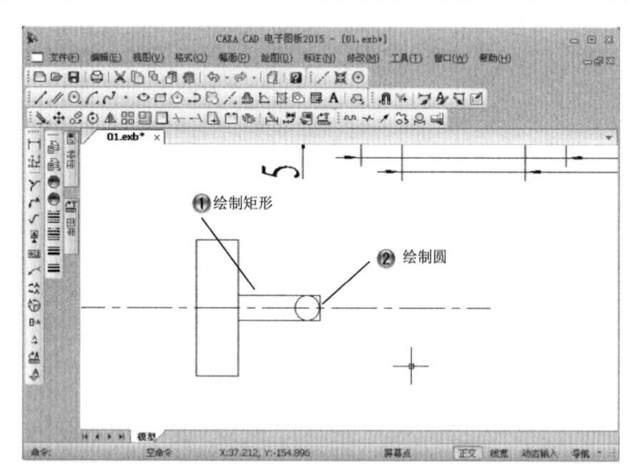

图 10-52　绘制矩形和圆

Step17 裁剪图形，如图 10-53 所示。

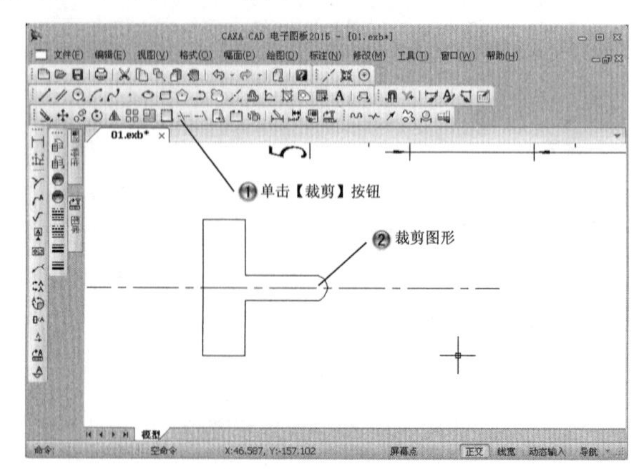

图 10-53　裁剪图形

Step18 填充图案，如图 10-54 所示。

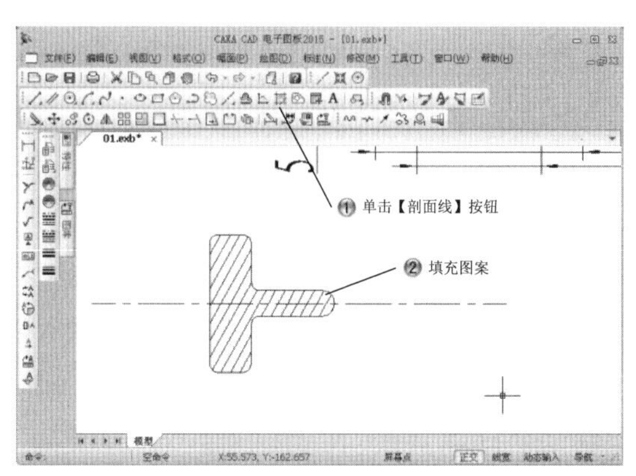

图 10-54 填充图案

Step19 添加剖面尺寸，如图 10-55 所示。

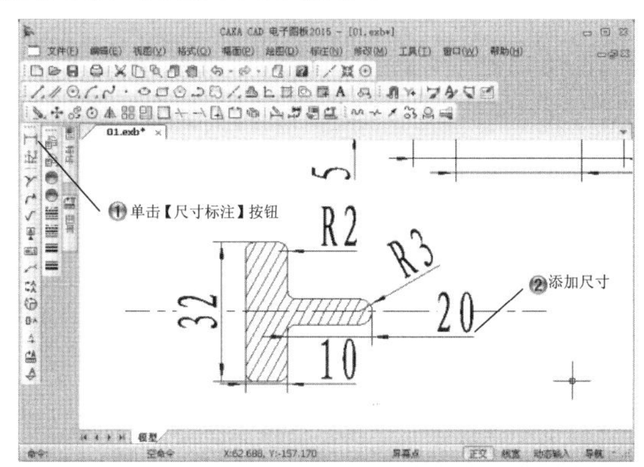

图 10-55 添加剖面尺寸

Step20 设置图幅参数，如图 10-56 所示。

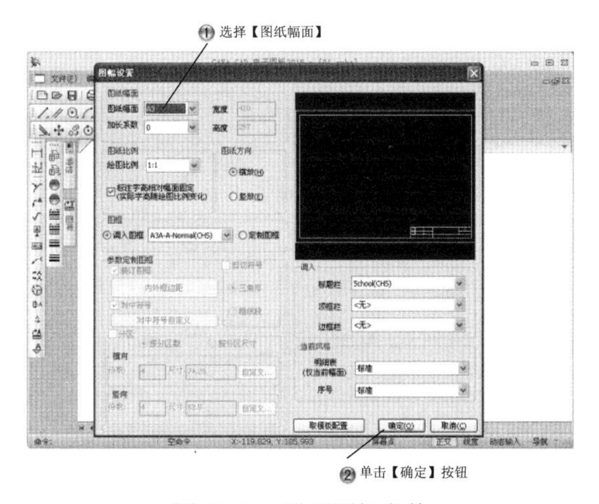

图 10-56 设置图幅参数

Step21 完成图幅，如图 10-57 所示。

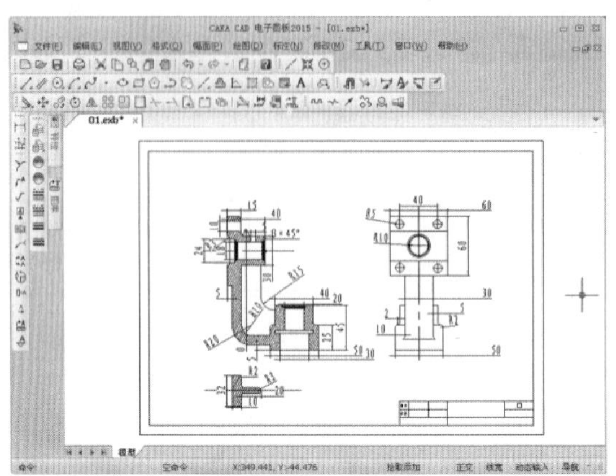

图 10-57　完成图幅

Step22 添加标题栏文字，如图 10-58 所示。

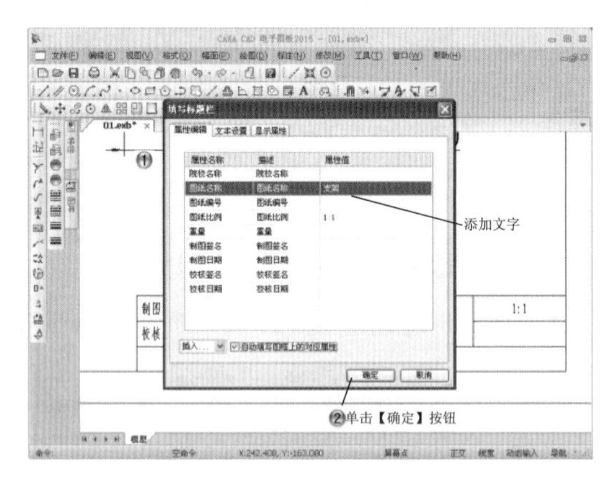

图 10-58　添加标题栏文字

Step23 完成支架的绘制，如图 10-59 所示。

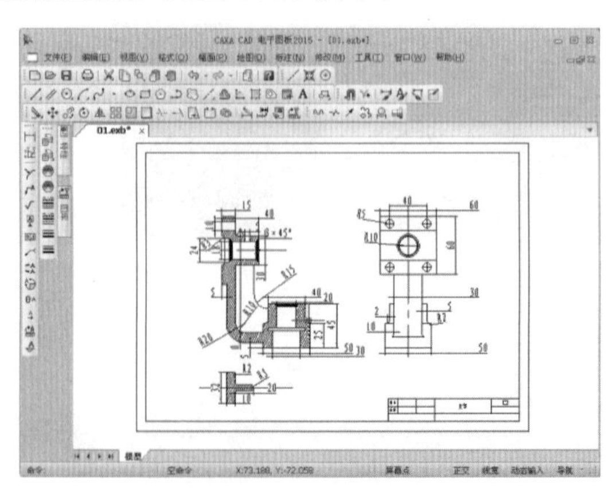

图 10-59　完成支架

10.4 特殊符号标注

基本概念

CAXA 特殊符号包括公差等符号，公差是实际参数值的允许变动量。参数既包括机械加工中的几何参数，也包括物理、化学、电学等学科的参数。所以说公差是一个使用范围很广的概念。对于机械制造来说，制定公差的目的就是为了确定产品的几何参数，使其变动量在一定的范围之内，以便达到互换或配合的要求。

课堂讲解课时：2 课时

10.4.1 设计理论

形位公差标注用于标注形状和位置公差。可以拾取一个点、直线、圆或圆弧进行形位公差标注，要拾取的直线、圆或圆弧可以是尺寸或块里的组成元素。粗糙度标注用于标注表面粗糙度代号。基准代号标注用于标注基准代号或基准目标。焊接符号标注用于标注焊接符号焊接位置尺寸及焊接说明。剖切符号标注用于标示剖面的剖切位置。

10.4.2 课堂讲解

1. 形位公差标注

形位公差标注命令调用方法有以下几种，如图 10-60 所示。

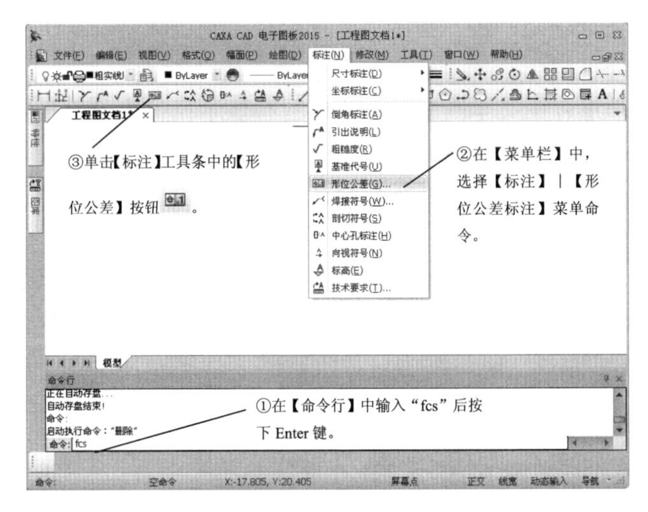

图 10-60 形位公差标注命令

形位公差的设置，如图 10-61 所示。

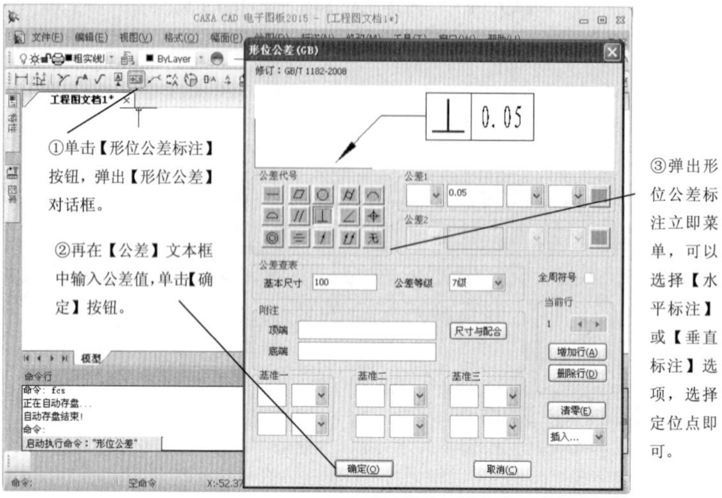

①单击【形位公差标注】按钮，弹出【形位公差】对话框。

②再在【公差】文本框中输入公差值，单击【确定】按钮。

③弹出形位公差标注立即菜单，可以选择【水平标注】或【垂直标注】选项，选择定位点即可。

图 10-61　【形位公差】对话框

用户可以在【形位公差】对话框中对需要标注的形位公差选项进行详细的设置，现对其中的选项介绍如下。

（1）预显区：在对话框的最上方，用于显示公差填写与布置结果。

（2）【公差 1】/【公差 2】选项组：第一个下拉列表用于选择输入前缀 S 和 R，其后的文本框用来输入形位公差的数值；在第二个下拉列表中选择相关原则，共有 6 个选项，分别为【空】、【P】（延伸公差带）、【M】（最大实体要求）、【E】（包容要求）、【L】（最小实体要求）、【F】（非刚性零件的自由状态条件）；在第三个下拉列表中选择形状限定，共有 5 个选项，分别为【空】、【～】（只允许中间材料向内凹下）、【+】（只允许中间材料向外凸起）、【<】（只允许从左至右减小）和【>】（只允许从右至左减少）。

（3）【公差查表】选项组：输入基本尺寸、选择公差等级后，系统自动给出形位公差的数值。

（4）【附注】选项组：在文本框中输入的内容将显示在形位公差框格的顶端或底端，其内容可以是尺寸或文字说明，也可以通过【尺寸与配合】按钮来输入具体的和公差配合。

（5）【增加行】按钮：单击该按钮，已标注的一行形位公差的基础上，来标注新行。新行的标注与第一行相同。

（6）【删除行】按钮：单击该按钮，删除当前行，系统自动调整整个形位公差标注。

（7）【清零】按钮：单击该按钮，将当前行进行清除操作。

2. 粗糙度标注

粗糙度标注命令调用方法有以下几种，如图 10-62 所示。

粗糙度标注的操作，如图 10-63 所示。

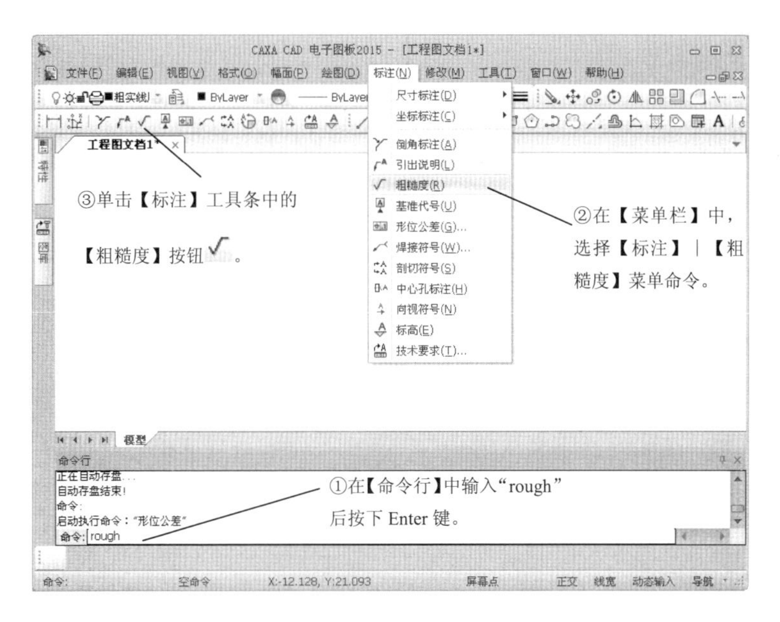

图 10-62 粗糙度标注命令

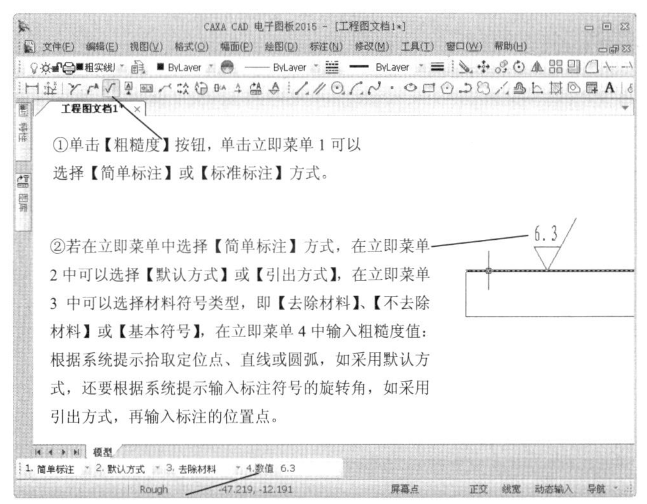

③在立即菜单中输入应标注的粗糙度后，完成粗糙度。

图 10-63 粗糙度标注

简单标注方式只能选择粗糙度的符号类型和改变粗糙度的值。而标准标注方式是按 GB/T131—1993 编制的，它是通过【表面粗糙度】对话框实现的，可以通过图标按钮选择不同的符号类型和纹理方向符号，通过【上限值】和【下限值】文本框输入上、下限值以及上、下说明。

3. 基准代号标注

基准代号标注命令调用方法有以下几种，如图 10-64 所示。执行上述操作之一后，系统弹出基准代号标注立即菜单，单击立即菜单 1 可以选择【基本标注】或【基准目标】标注方式。

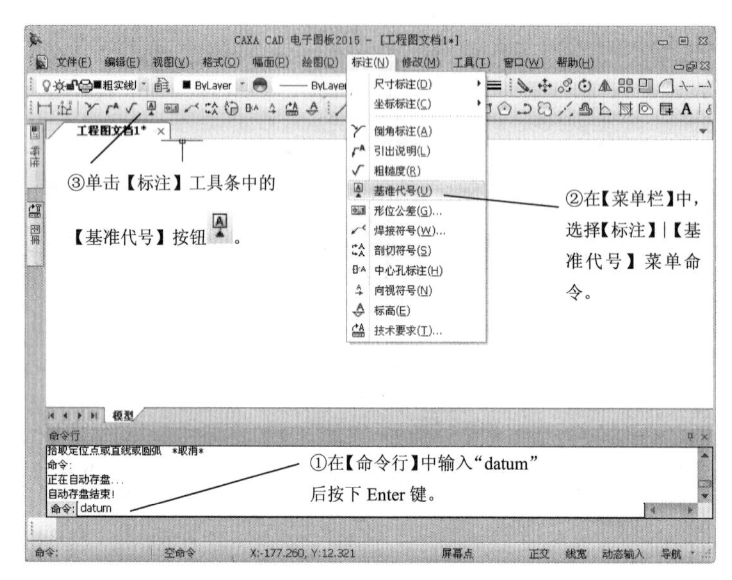

图 10-64　基准代号标注命令

基准代号标注命令的操作，如图 10-65 和图 10-66 所示。

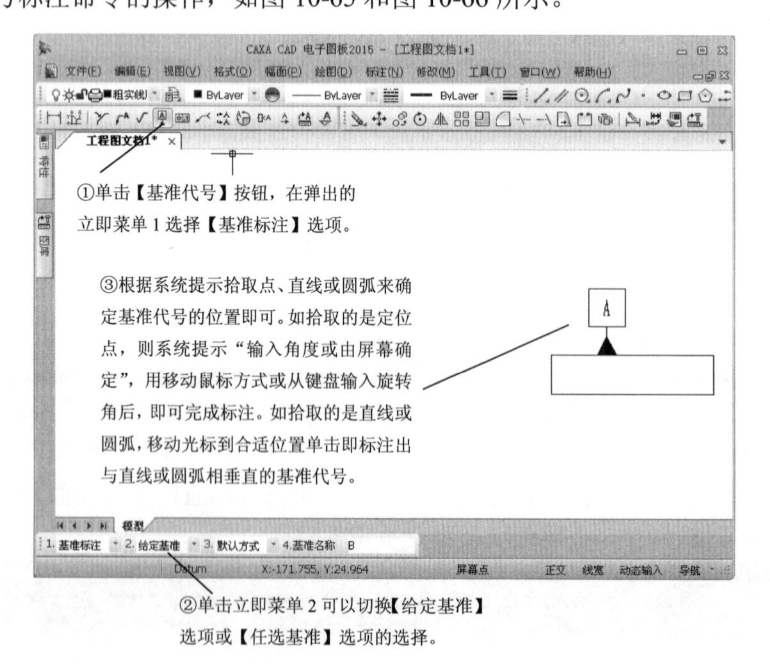

图 10-65　基准代号标注

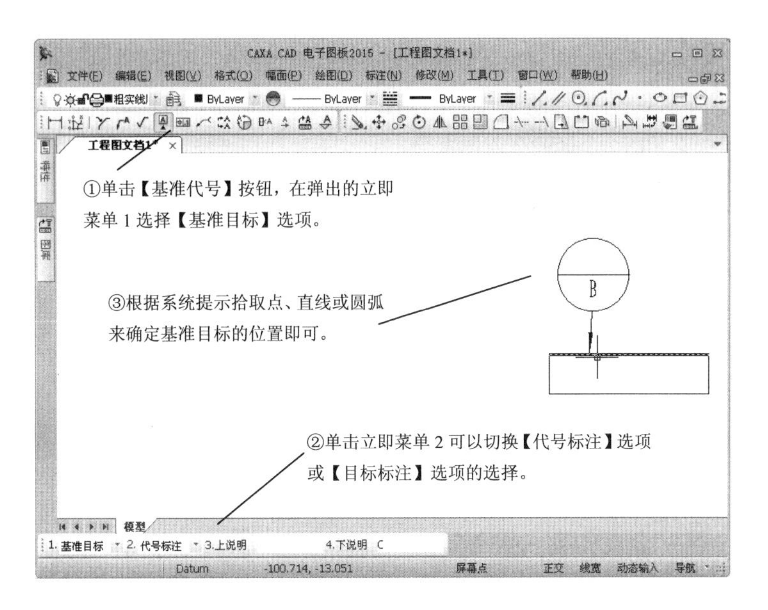

图 10-66　基准目标及代号标注

在立即菜单 3 可以切换【默认方式】 (无引出线)或【引出方式】的选择，立即菜单 4 可以改变基准代号名称，基准代号名称可以由两个字符或一个汉字组成。

名师点拨

4. 焊接符号标注

焊接符号标注命令调用方法有以下几种，如图 10-67 所示。

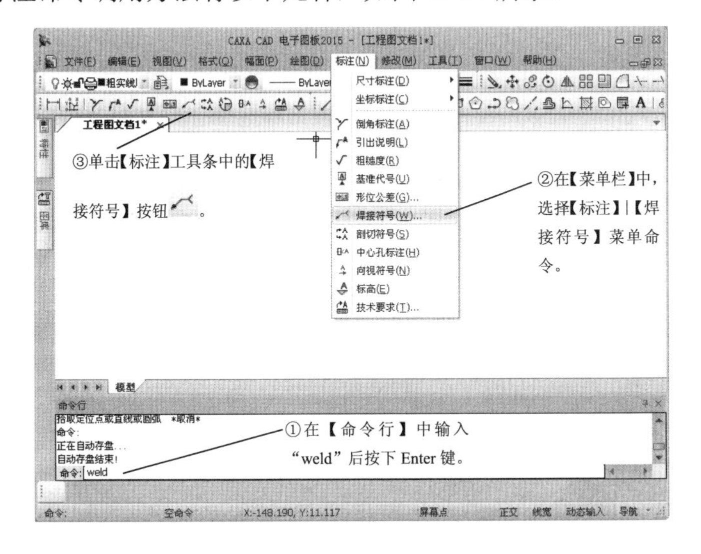

图 10-67　焊接符号标注命令

焊接符号标注命令的操作，如图 10-68 所示。

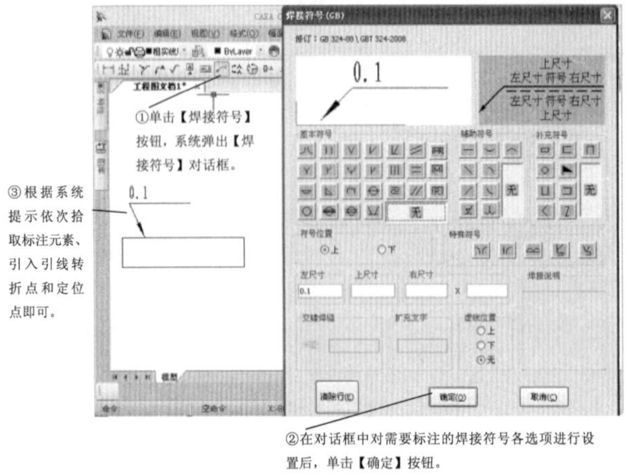

①单击【焊接符号】按钮，系统弹出【焊接符号】对话框。
③根据系统提示依次拾取标注元素、引入引线转折点和定位点即可。
②在对话框中对需要标注的焊接符号各选项进行设置后，单击【确定】按钮。

图 10-68　焊接符号标注

对话框左上部为预显框，右上部为单行参数示意图，第二行是一系列符号选择按钮和【符号位置】选项组，【符号位置】选项组用于控制当前单行参数是对应基准线以上的部分还是以下部分，系统通过这种方法来控制单行参数。各个位置的尺寸值和焊接说明位于第三行。对话框的底部用来选择虚线位置和输入交错焊缝的间距，其中虚线位置是用来表示基准虚线与实线的相对位置。清除行操作可将当前行的单行参数清零。

名师点拨

5. 剖切符号注标

剖切符号标注命令调用方法有以下几种，如图 10-69 所示。

③单击【标注】工具条中的【剖切符号】按钮。
②在【菜单栏】中，选择【标注】|【剖切符号】菜单命令。
①在【命令行】中输入“hatchpos”后按下 Enter 键。

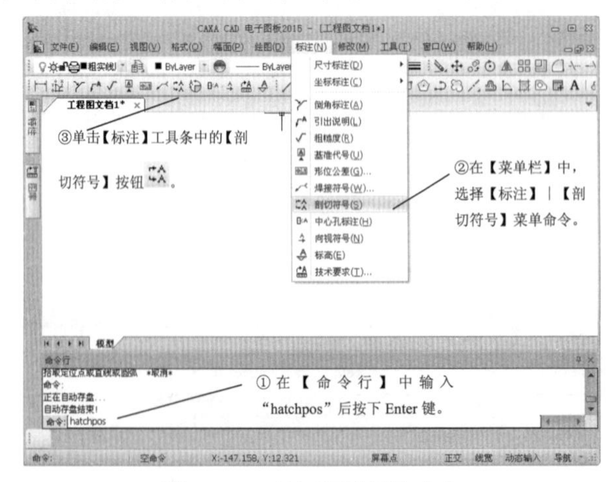

图 10-69　剖切符号标注命令

剖切符号标注命令的操作，如图 10-70 所示。

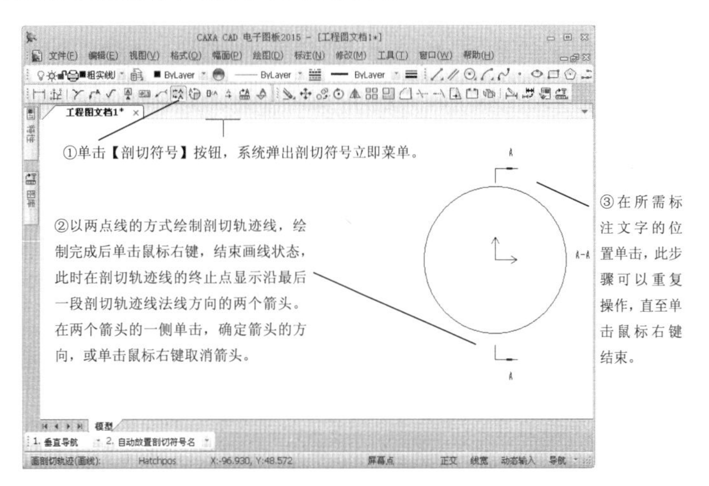

图 10-70　标注剖切符号

10.5　标注编辑

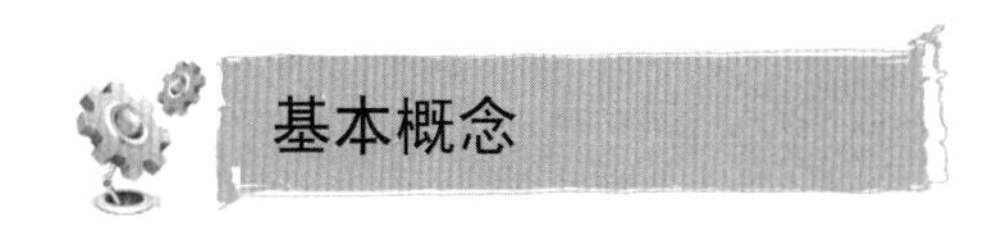

基本概念

标注编辑即对工程标注（尺寸、符号和文字）进行编辑，对这些标注的编辑仅通过一个菜单命令，系统将自动识别标注实体的类型正做相应的编辑操作。

课堂讲解课时：2 课时

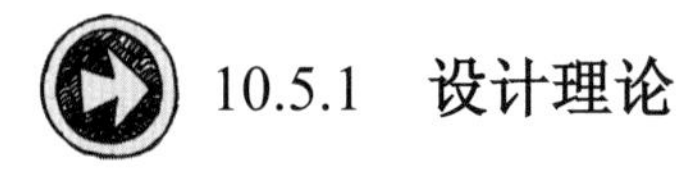

10.5.1　设计理论

标注编辑命令用于对已标注尺寸的尺寸线位置、文字位置或文字内容进行编辑修改。当进行编辑时拾取的对象为尺寸，则根据尺寸类型的不同进行不同的操作。所有的编辑实际都是对有的标注做相应的位置编辑和内容编辑，这二者是通过立即菜单来切换的。位置编辑是指对尺寸或工程符号等位置的移动或角度的变换：而内容编辑是指对尺寸值、文字内容或符号内容的修改。

10.5.2 课堂讲解

尺寸编辑命令调用方法有以下几种，如图 10-71 所示。

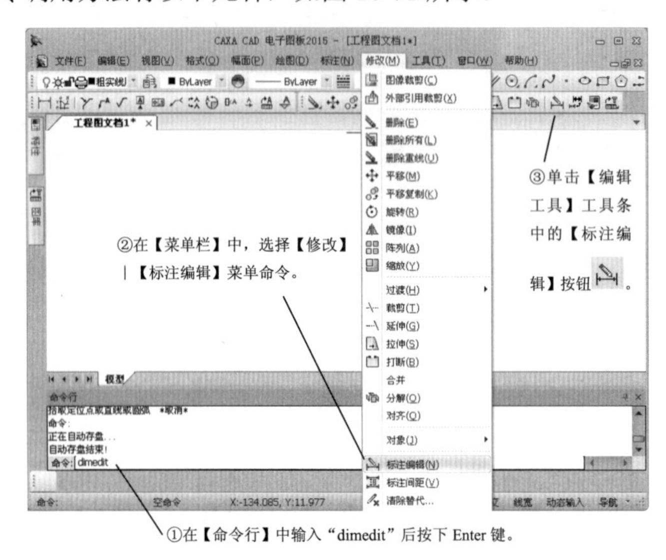

图 10-71 尺寸编辑命令

根据工程标注分类，可将标注编辑分为尺寸编辑、文字编辑、工程符号编辑 3 类，下面分别予以说明。

1. 对直线尺寸的尺寸线的位置进行编辑

对尺寸线的位置进行编辑的操作，如图 10-72 所示。

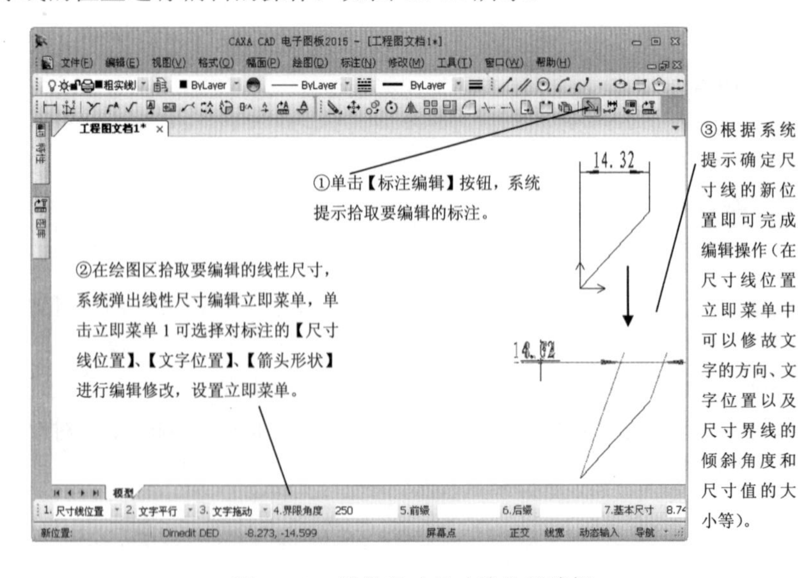

图 10-72 线性尺寸尺寸线位置编辑

2. 对直线尺寸的文字位置进行编辑

对直线尺寸的文字位置进行编辑的操作，如图 10-73 所示。

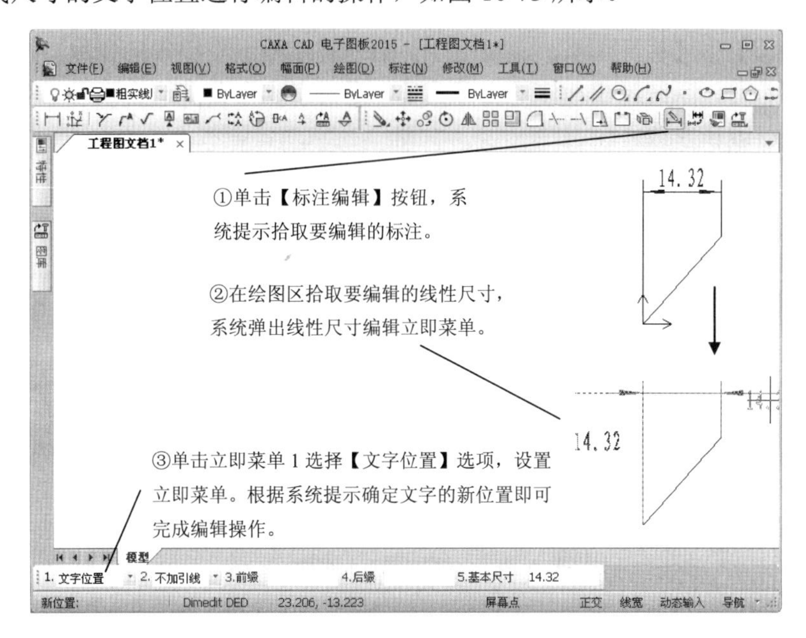

图 10-73　线性尺寸文字位置编辑

3. 对直线尺寸的箭头进行编辑

对直线尺寸的箭头进行编辑，如图 10-74 所示。

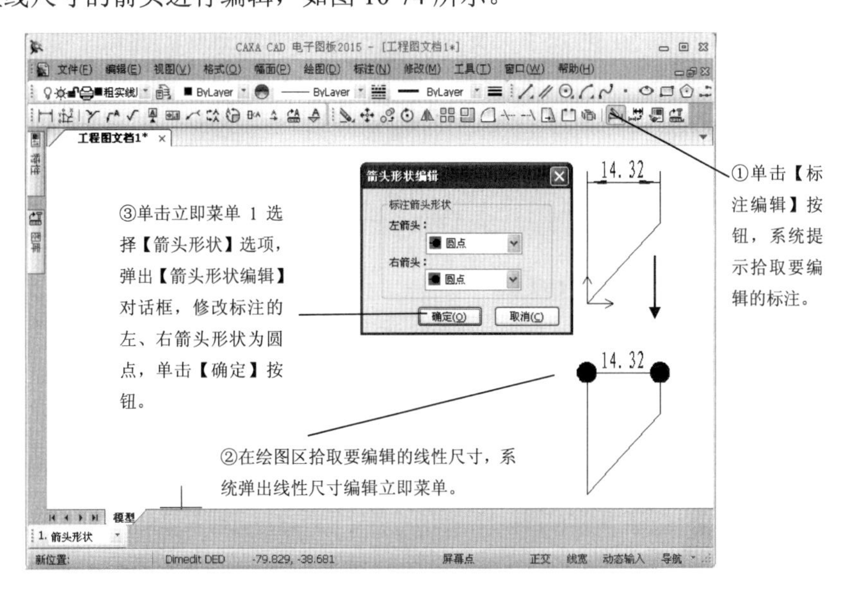

图 10-74　线性尺寸箭头编辑

4. 工程符号编辑

工程符号编辑命令用于对已标注的工程符号内容和风格进行编辑修改。

选择【修改】|【标注编辑】菜单命令，系统提示拾取要编辑的标注。在绘图区拾取要编辑的工程符号，系统弹出相应的立即菜单，通过对立即菜单的切换可以对标注对象的位置和内容进行编辑修改。

10.5.3 课堂练习——绘制手柄

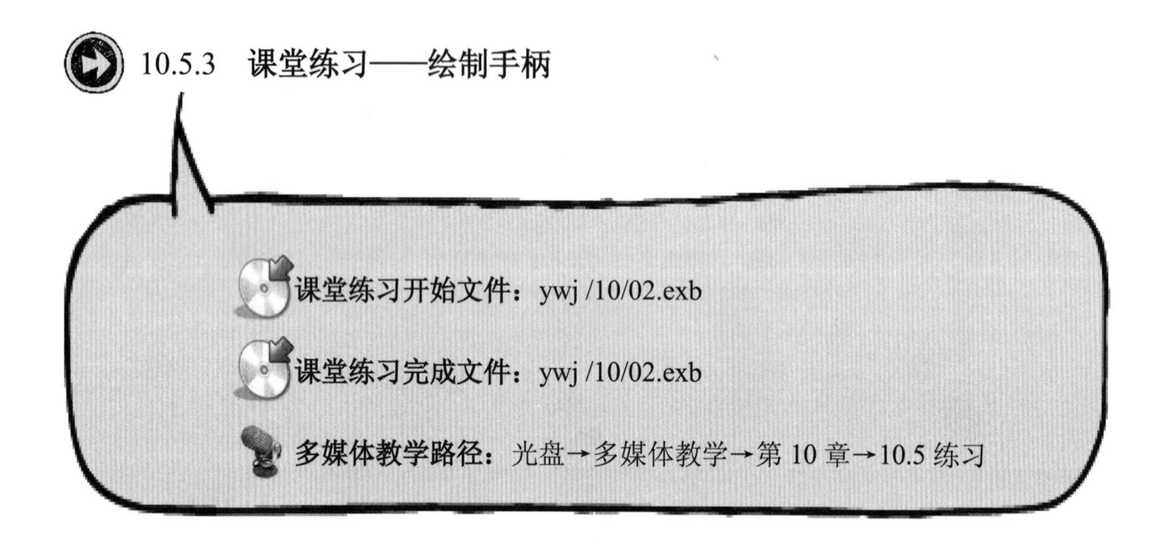

Step1 绘制半径为 20 和 34 的同心圆，然后绘制半径为 9 的圆和半径为 18 的圆，如图 10-75 所示。

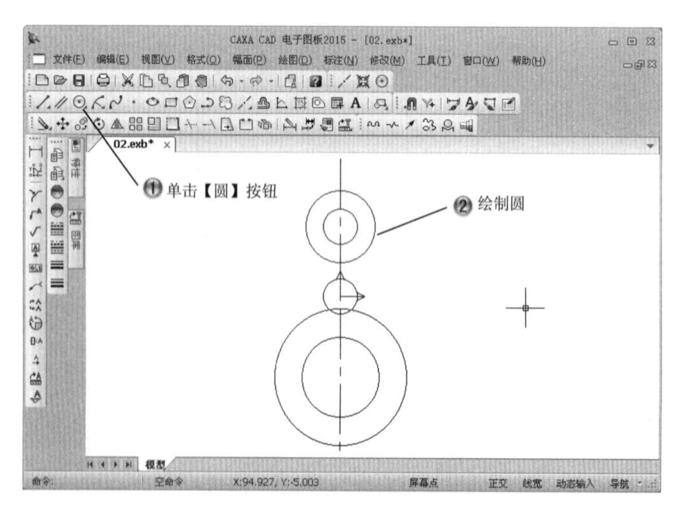

图 10-75　绘制圆

Step2 绘制距离为 9 的平行线，如图 10-76 所示。

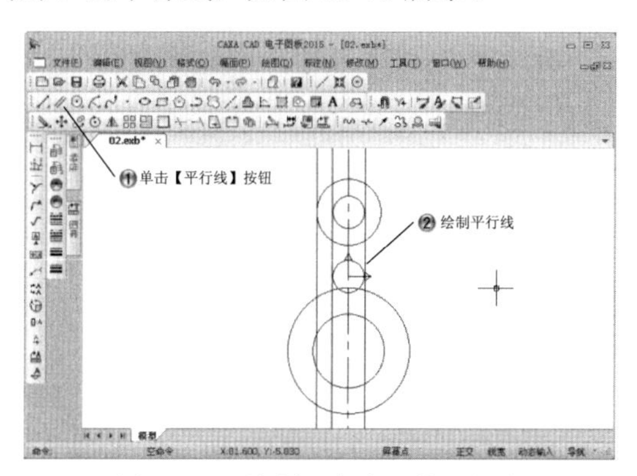

图 10-76 绘制距离为 9 的平行线

Step3 裁剪图形，如图 10-77 所示。

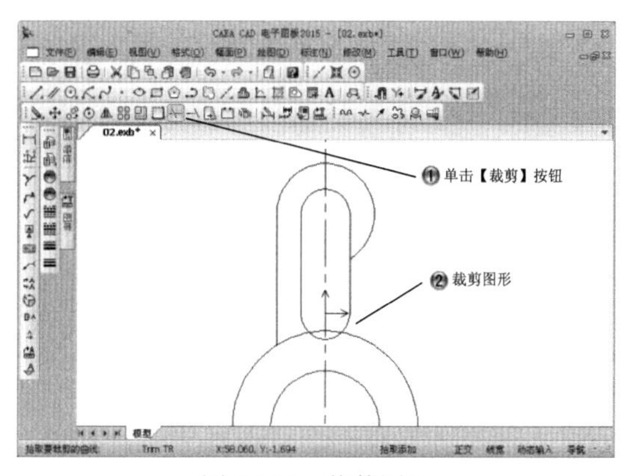

图 10-77 裁剪图形

Step4 绘制半径为 50 的虚线圆，然后绘制半径为 43 和 57 的圆，再绘制半径为 7 的圆，如图 10-78 所示。

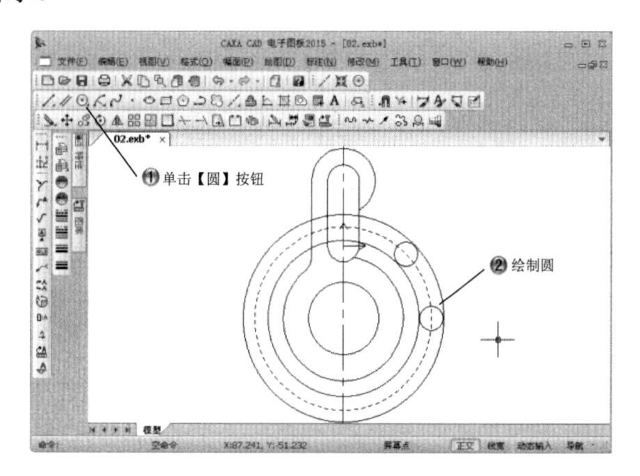

图 10-78 绘制圆

Step5 裁剪图形，如图 10-79 所示。

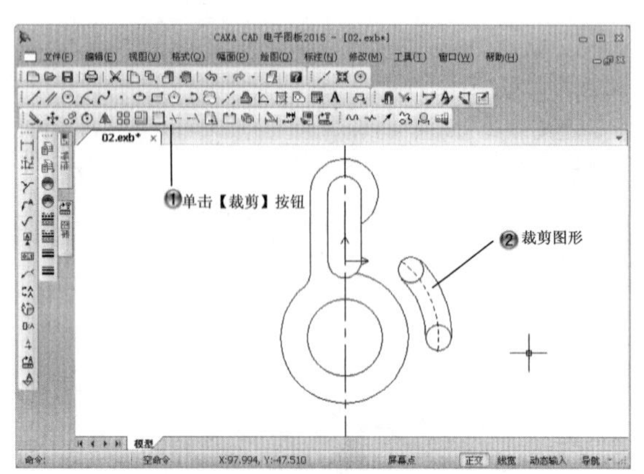

图 10-79 裁剪图形

Step6 绘制半径为 14 的圆，然后绘制半径为 8 的圆和半径为 64 的圆，如图 10-80 所示。

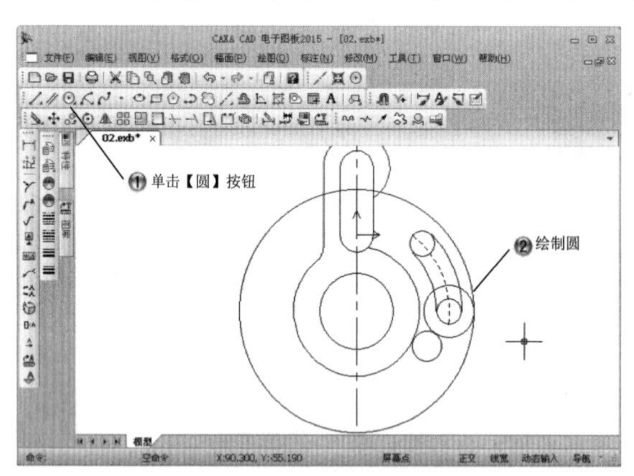

图 10-80 绘制的圆

Step7 绘制半径为 10 的圆，如图 10-81 所示。

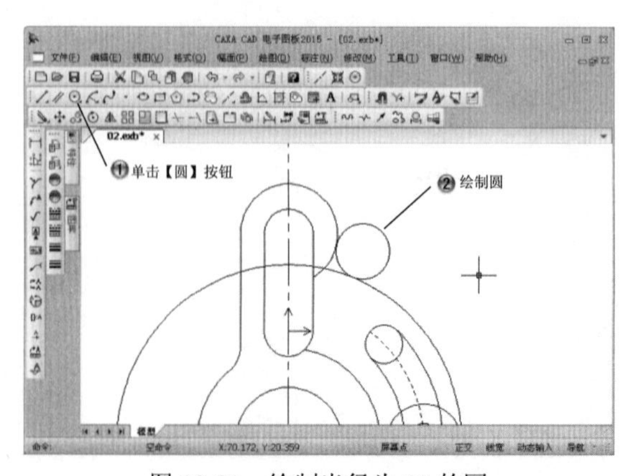

图 10-81 绘制半径为 10 的圆

Step8 裁剪图形，如图 10-82 所示。

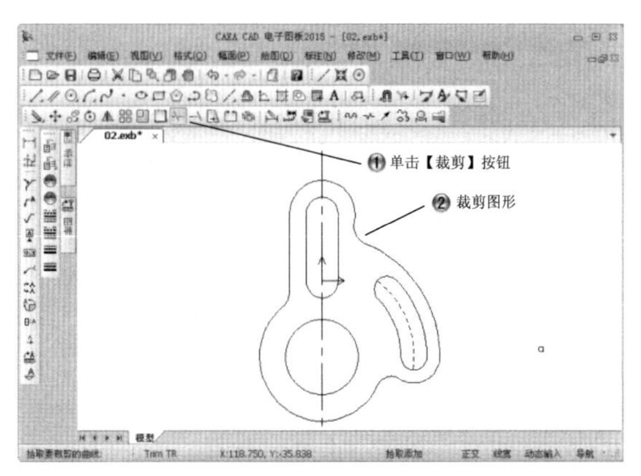

图 10-82　裁剪图形

Step9 绘制半径为 30 的圆，如图 10-83 所示。

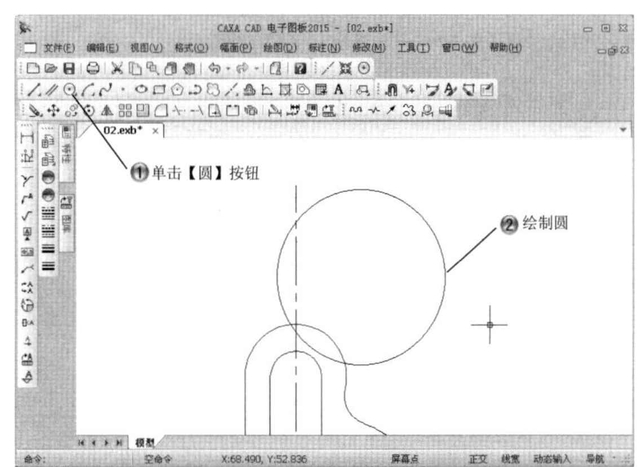

图 10-83　绘制半径为 30 的圆

Step10 绘制半径为 4 的圆角，如图 10-84 所示。

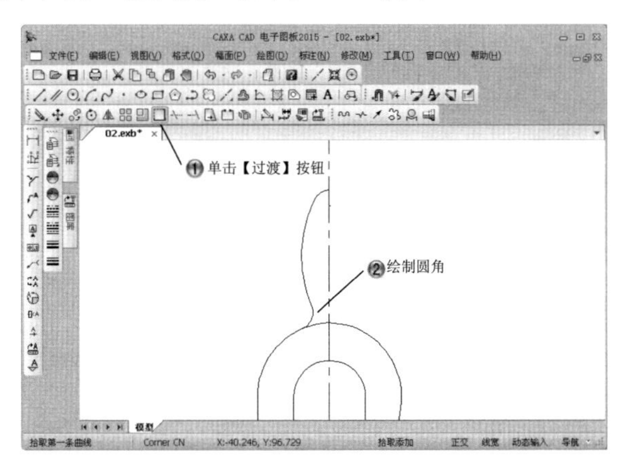

图 10-84　绘制半径为 4 的圆角

Step 11 镜像图形，如图 10-85 所示。

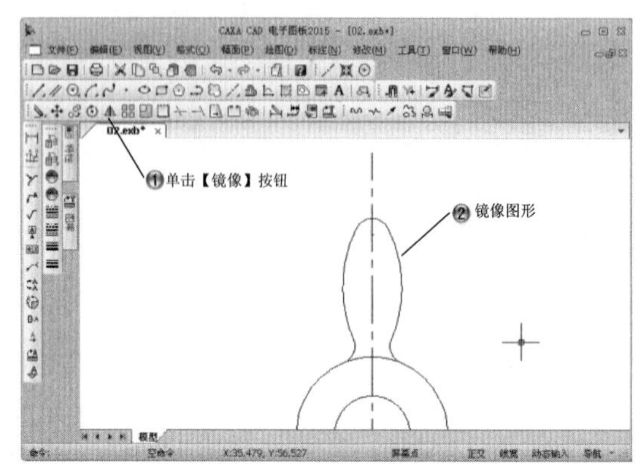

图 10-85 镜像图形

Step 12 添加图形左边尺寸，如图 10-86 所示。

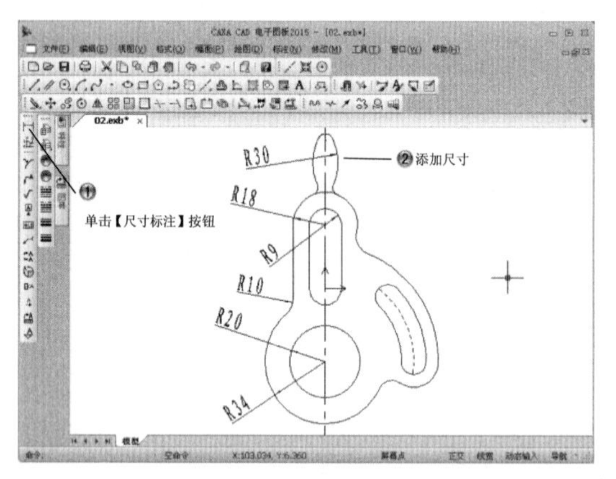

图 10-86 添加图形左边尺寸

Step 13 添加图形右边尺寸，如图 10-87 所示。

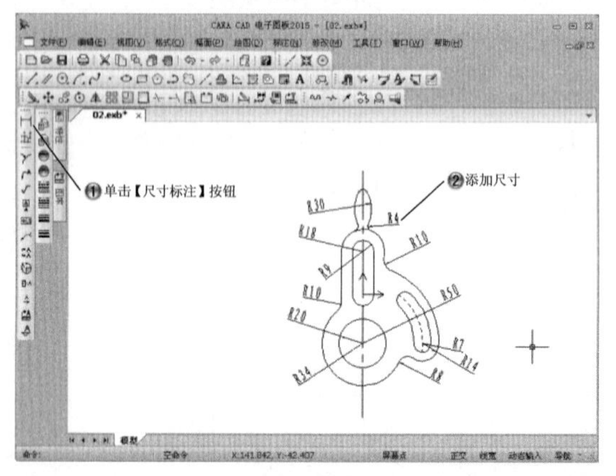

图 10-87 添加图形右边尺寸

Step14 添加长度尺寸，完成手柄的绘制，如图 10-88 所示。

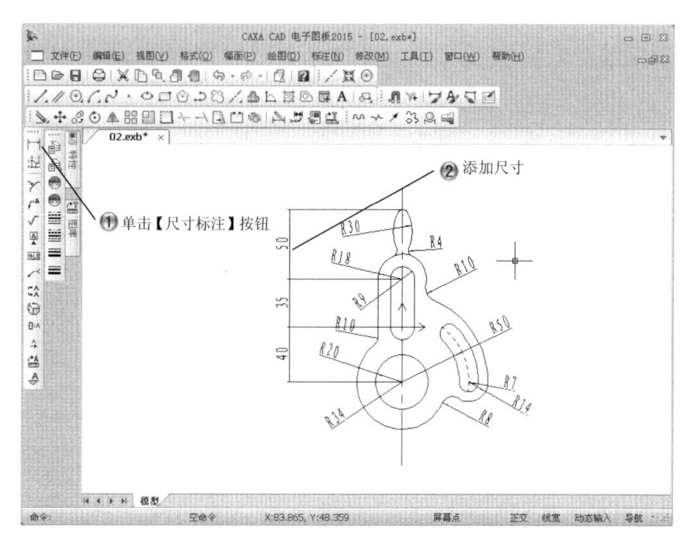

图 10-88　添加长度尺寸完成手柄绘制

10.6　专家总结

CAXA 电子图板的尺寸标注的命令，使绘制的图形更加完整和准确。本章讲解了标注样式的设置、各种标注方法以及编辑标注的方法，以及公差的概念。其中公差数值选择的基本原则是：应使机器零件制造成本和使用价值的综合经济效果最好，一般配合尺寸用 IT5～IT13。

10.7　课后习题

10.7.1　填空题

（1）尺寸标注有________种。

（2）坐标标注命令有________________。

（3）特殊符号标注有________________。

10.7.2　问答题

（1）标注编辑的内容是什么？
（2）标注属性设置的内容是什么？

10.7.3　上机操作题

如图 10-89 所示，使用之前学过的各种命令来绘制阀门草图，并添加尺寸。
一般创建步骤和方法：
（1）绘制中心线。
（2）绘制圆柱部分。
（3）绘制剖面部分。
（4）标注尺寸。

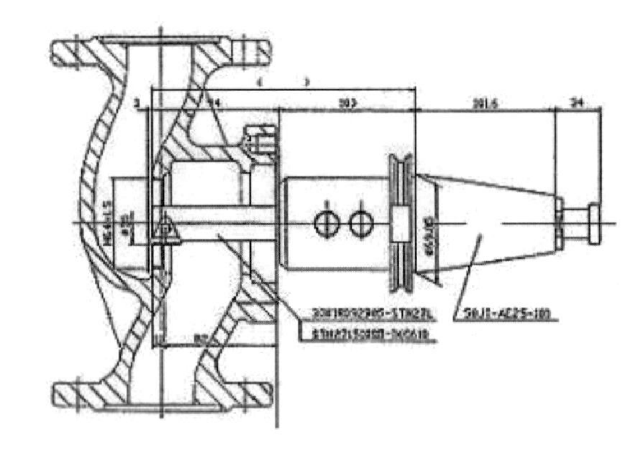

图 10-89　绘制阀门草图

第 11 章　其他操作和转换

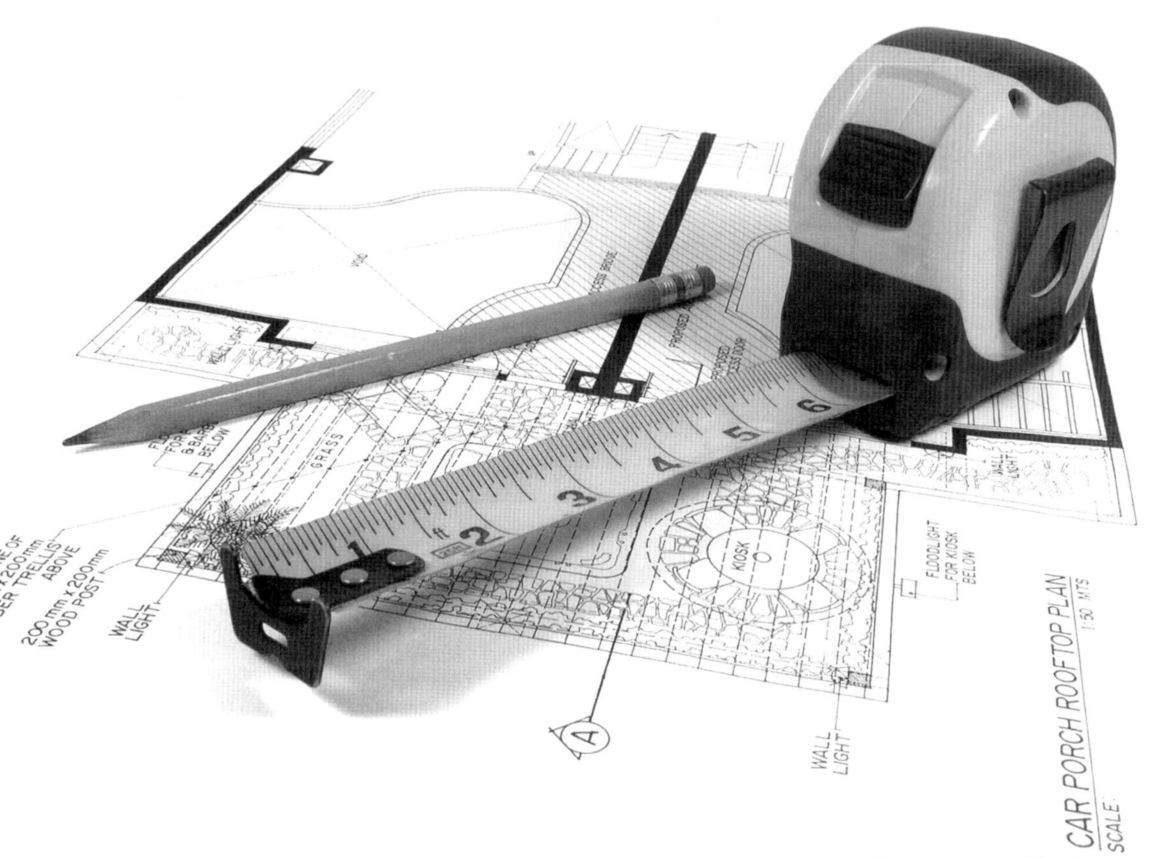

课训目标	内　容	掌握程度	课　时
	块操作	熟练运用	2
	块的编辑	熟练运用	2
	库操作	熟练运用	2
	编辑图库	熟练运用	2

课程学习建议

CAXA 电子图板为用户提供了将不同类型图形元素组合成块的功能，块是由多种不同类型的图形元素组合而成的整体，组成块的元素属性可以同时被编辑修改；另外，CAXA 电子图板提供了强大的标准零件库，用户在设计绘图时可以直接提取这些图符插入到图中，还可以自行定义常用到的其他标准件或图形符号，即对图库进行扩充。CAXA 的图库内容有操作和编辑两大种类，本章主要学习软件自带的图形库的使用方法。

本章主要介绍 CAXA 电子图板的块操作、库操作、库半径和块的在位编辑功能，其培训课程表如下。

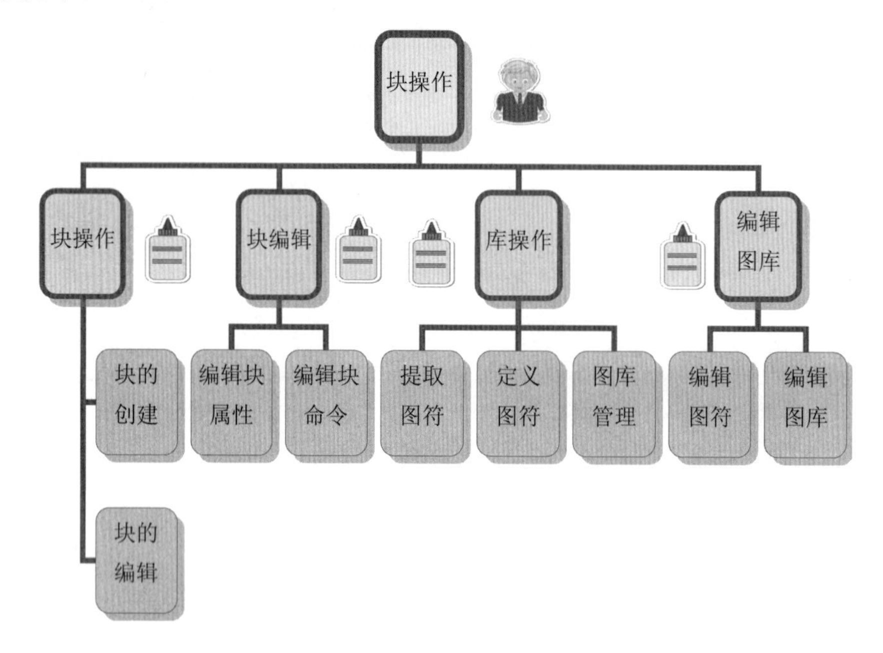

11.1 块操作

图块是将多个实体组合成一个整体，并给这个整体命名保存，在以后的图形编辑中图块就被视为一个实体。一个图块包括可见的实体如线、圆、圆弧以及可见或不可见的属性数据。图块的运用可以帮助用户更好的组织工作，快速创建与修改图形，减少图形文件的大小。

课堂讲解课时：2 课时

11.1.1 设计理论

CAXA 电子图板为用户提供了将不同类型图形元素组合成块的功能。块是复合形式的图形元素，其应用十分广泛。

CAXA 电子图板定义的块是复合型图形实体，可由用户定义，经过定义的块可以像其他图形元素一样进行整体的平移、旋转、复制等操作；块可以被打散，即将块分解为结合前的各个单一图形元素；利用块可以实现图形的消隐；利用块还可以存储与该块相关的非图形信息即块属性，如块的名称、材料等。

11.1.2 课堂讲解

块操作包括块创建、块分解、块消隐、块属性和块编辑 5 个部分，下面分别予以介绍。

1. 块创建

块创建是指将一组实体组成一个整体的操作，可以嵌套使用，其逆过程为块分解。生成的块位于当前图层。

块创建命令调用方法有以下几种，如图 11-1 所示。

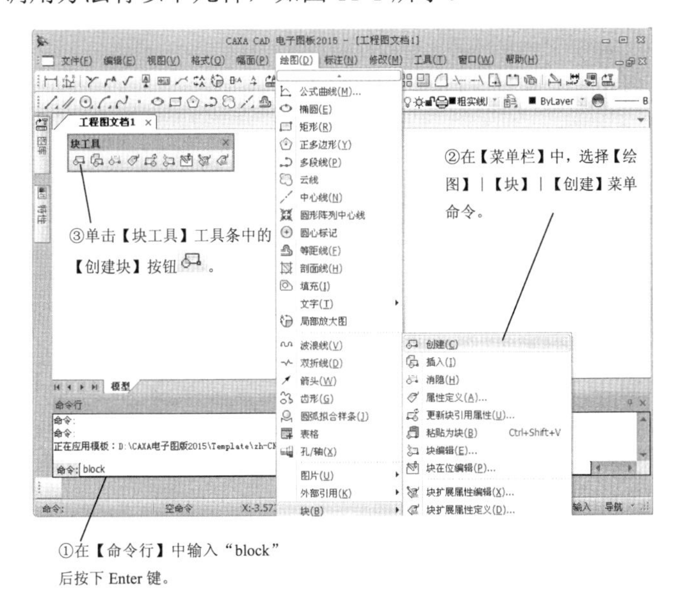

图 11-1　块创建命令

创建块的操作，如图 11-2 所示。

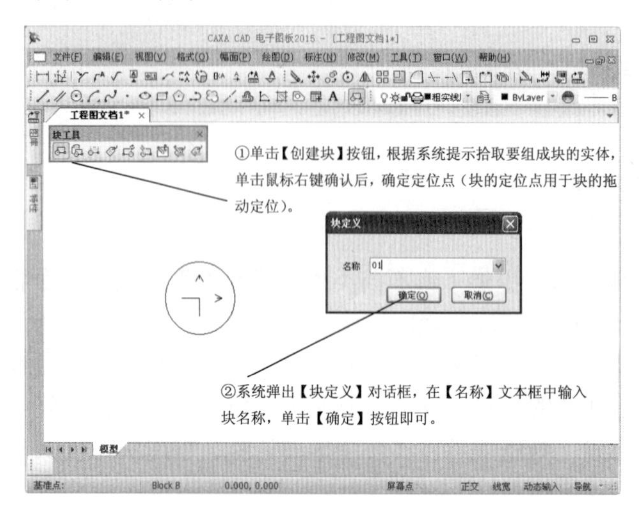

图 11-2　创建块的操作

先拾取实体，然后单击鼠标右键，在系统弹出的右键快捷菜单中选择【块创建】命令，然后再根据系统提示输入块的基准点，这样也可以生成块。

名师点拨

2. 块插入

在 CAXA 电子图板中可以选择一个创建好的块并插入到当前图形中。

块插入命令调用方法有以下几种，如图 11-3 所示。

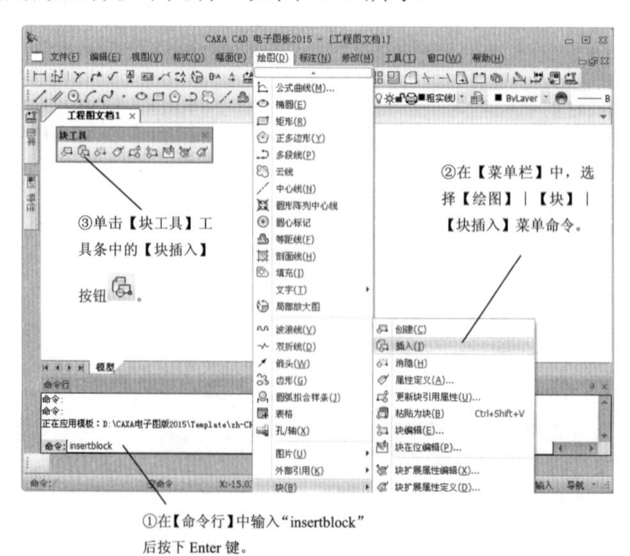

图 11-3　块插入命令

块插入命令的操作，如图 11-4 所示。

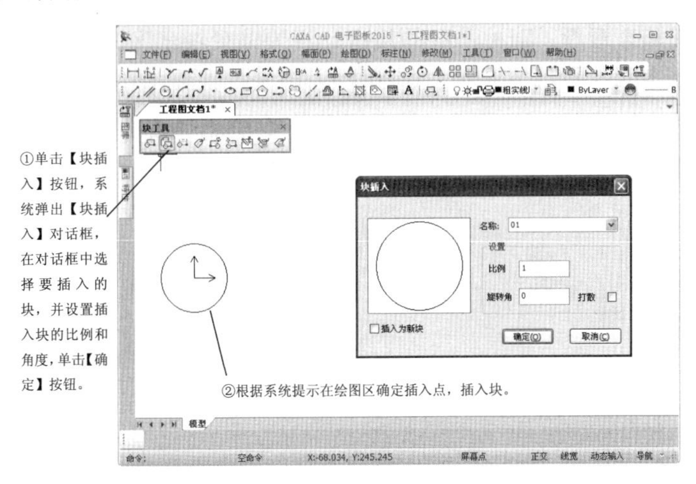

图 11-4　块插入操作

3. 块分解

块分解命令可以将块分解成为单个实体，其逆过程为块创建。

块分解命令调用方法有以下几种，如图 11-5 所示。选择【修改】|【分解】菜单命令，根据系统提示拾取一个或多个要分解的块，被选中的块呈红色显示，单击鼠标右键确认即可。

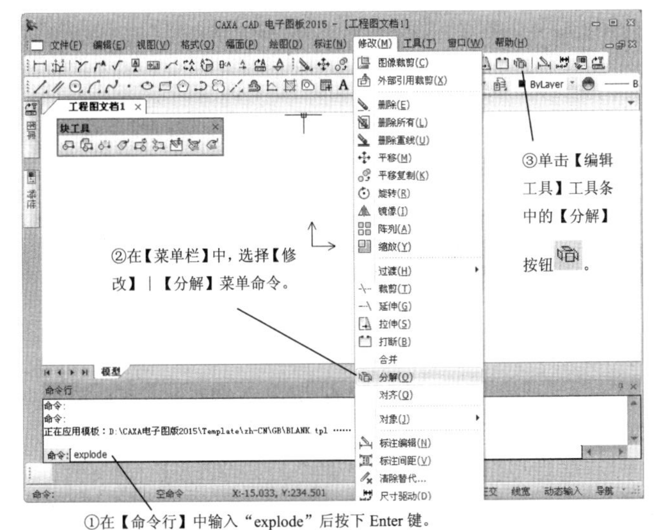

图 11-5　块分解命令

对于嵌套多级的块，每次分解一级。非分解的图符、标题栏、图框、明细表、剖面线等其属性都是块。

4. 块消隐

若几个块之间相互重叠，则被拾取的块自动设为前景图形区，与之重叠的图形被消隐。

块消隐命令调用方法有以下几种，如图 11-6 所示。选择【绘图】|【块】|【消隐】菜单命令，系统弹出块消隐立即菜单，在立即菜单 1 中选择【消隐】选项。根据系统提示拾取要消隐的块即可连续操作。

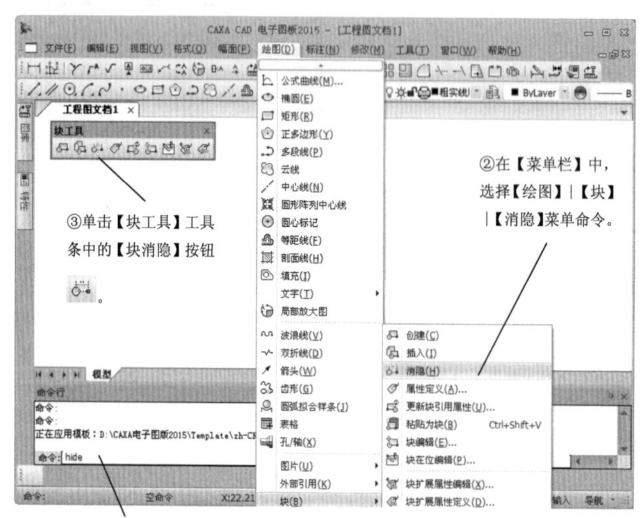

图 11-6　块消隐命令

在块消隐的命令状态下，拾取已经消隐的块即可取消消隐，只是这时要注意在块消隐立即菜单 1 中选择【取消消隐】选项。

11.2　块的编辑

CAXA 块属性编辑命令用于赋予、查询或修改块的非图形属性，如材料、比重、重量、强度、刚度等。

课堂讲解课时：2 课时

11.2.1 设计理论

块的属性可以在标注零件序号时，自动添加到明细表中。块编辑是指在只显示所编辑块的形式下对块的图形和属性进行编辑。块在位编辑命令用于在不分解块的情况下编辑块内实体的属性，如修改颜色、图层等，也可以向块内增加实体或从块中删除实体等。

11.2.2 课堂讲解

1. 块属性

块属性命令调用方法有以下几种，如图 11-7 所示。

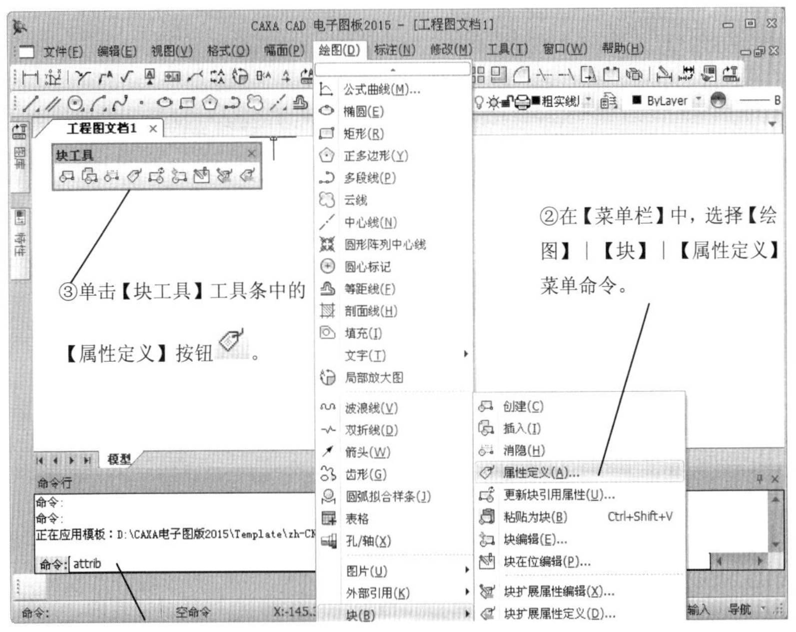

图 11-7 块属性命令

选择【绘图】|【块】|【属性定义】菜单命令，根据系统提示拾取块，系统弹出【属性定义】对话框，如图 11-8 所示。

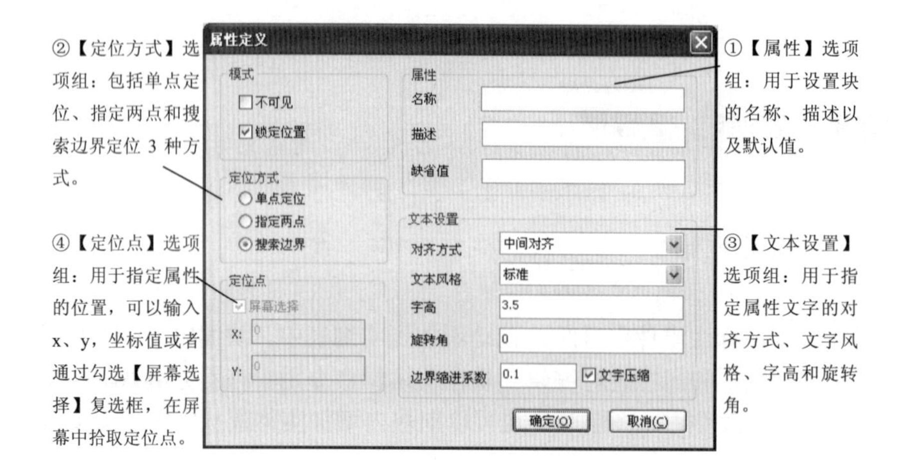

图 11-8 【属性定义】对话框

在【属性定义】对话框中所填写的内容将与块一同存储，同时利用该对话框也可以对已经存在的块属性进行修改。

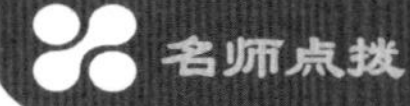

2. 块编辑

块编辑命令调用方法有以下几种，如图 11-9 所示。

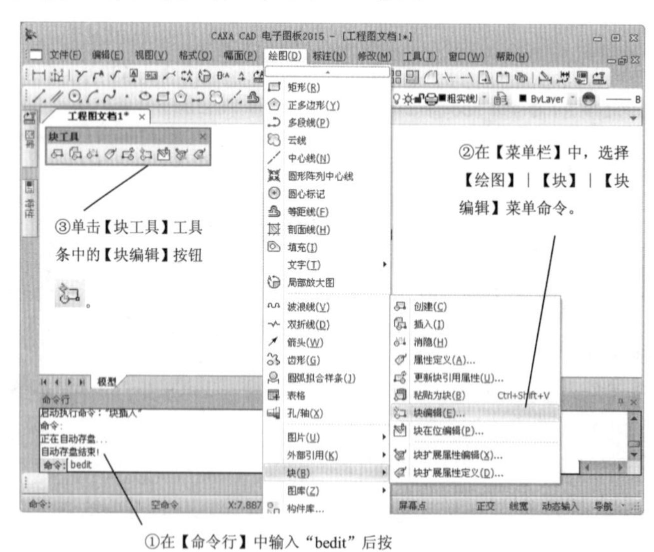

图 11-9 块编辑命令

块编辑命令的操作，如图 11-10 所示。

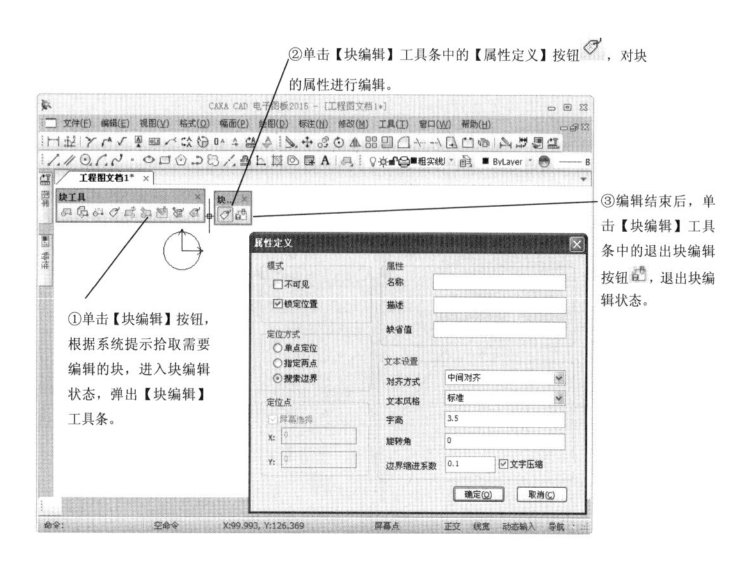

图 11-10　块编辑命令的操作

3. 块在位编辑

块在位编辑命令调用方法有以下几种，如图 11-11 所示。

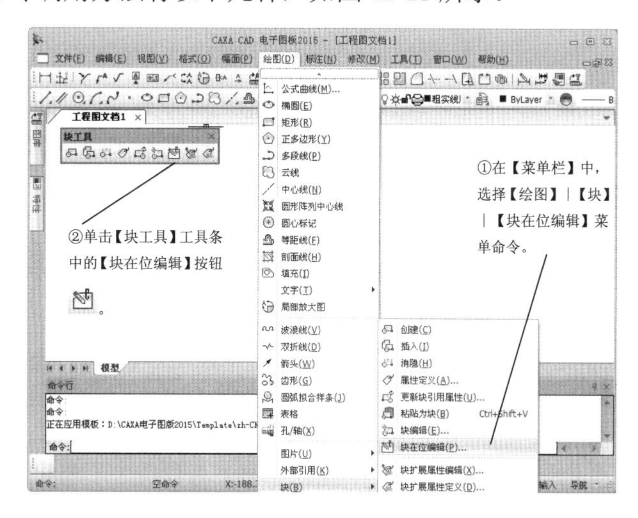

图 11-11　块在位编辑命令

块在位编辑命令的操作，如图 11-12 所示。

4. 右键快捷菜单中的块操作命令

拾取块以后，单击鼠标右键可弹出快捷菜单，可以对拾取的块进行属性修改、删除、平移、复制、平移复制、粘贴、旋转、镜像、消隐和分解等操作，如图 11-13 所示。当拾取一组非块实体后，单击鼠标右键，在弹出的右键快捷菜单中还存在一个【块创建】命令，如图 11-14 所示。

选择块在位编辑命令后，根据系统提示拾取块在位编辑的实体。

①添加到块内：单击【块在位编辑】工具条中的【添加到块内】按钮，根据系统提示拾取要添加到块内的实体，单击鼠标右键确认即可。

②从块内移出：单击【块在位编辑】工具条中的【从块内移出】按钮，根据系统提示拾取要移出块的实体，单击鼠标右键确认即可。

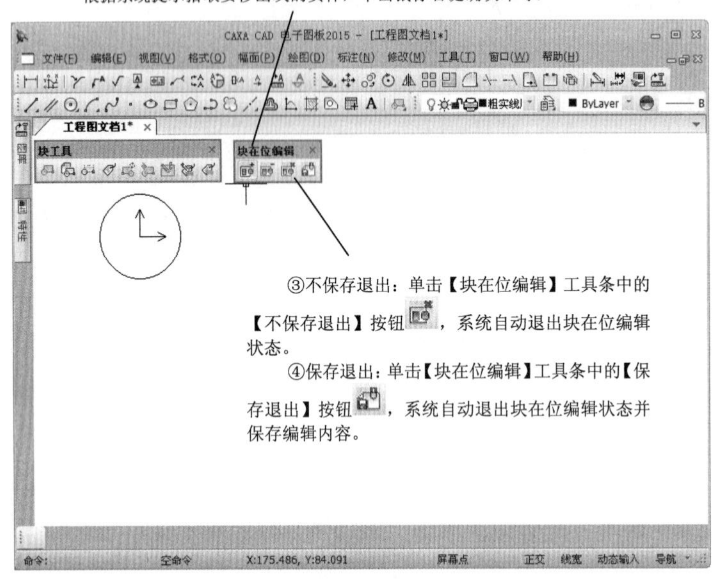

图 11-12　块在位编辑命令操作

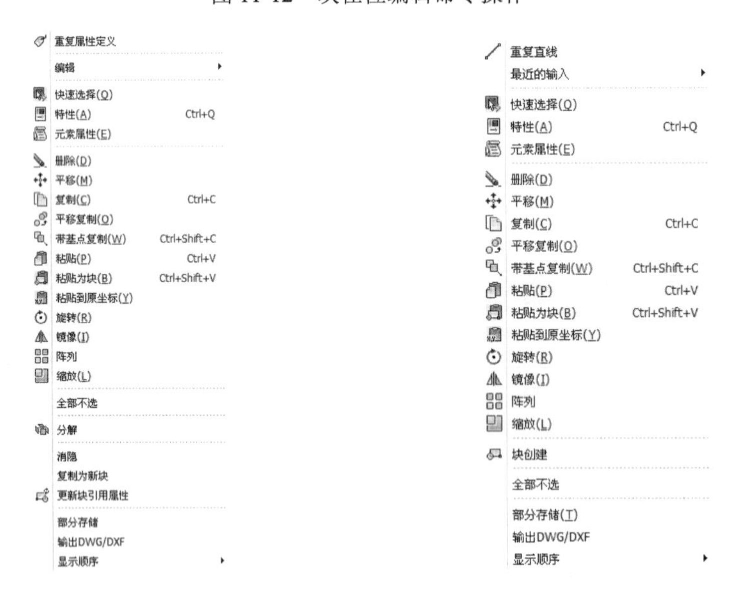

图 11-13　拾取块后的快捷菜单　　　　图 11-14　拾取非块后的快捷菜单

块的平移、删除、旋转、镜像等操作与一般实体相同，但是块是一种特殊的实体，它除了拥有一般实体的特性以外，还拥有一些其他实体所没有的特性，如线型、颜色、图层等。

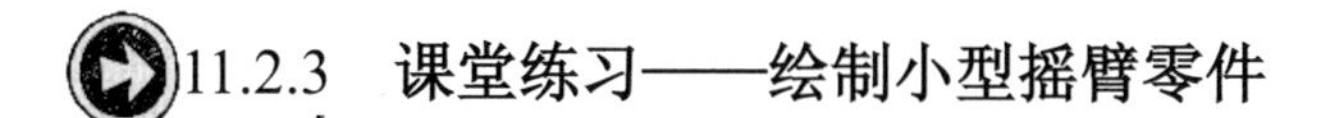

11.2.3 课堂练习——绘制小型摇臂零件

课堂练习开始文件：ywj /11/01.exb

课堂练习完成文件：ywj /11/01.exb

多媒体教学路径：光盘→多媒体教学→第 11 章→11.2 练习

Step1 绘制半径为 9.5 和 14 的同心圆，如图 11-15 所示。

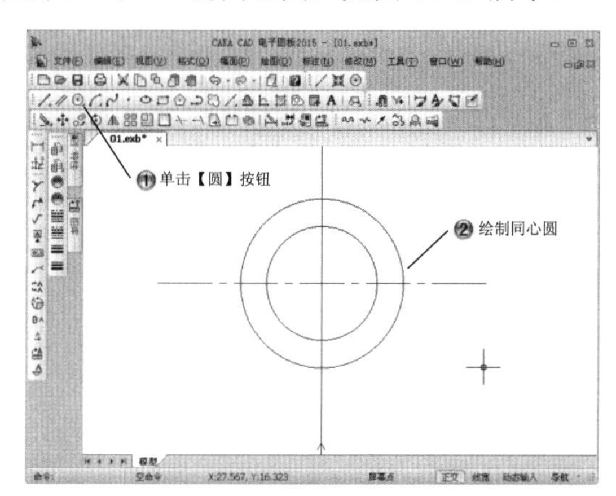

图 11-15　绘制半径为 9.5 和 14 的同心圆

Step2 绘制距离为 5 和 9.5 的平行线，以及距离为 36 和 43 的平行线，如图 11-16 所示。

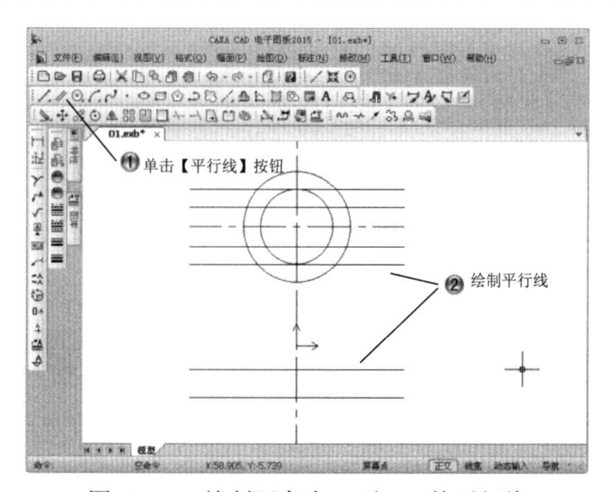

图 11-16　绘制距离为 36 和 43 的平行线

Step3 裁剪图形，如图 11-17 所示。

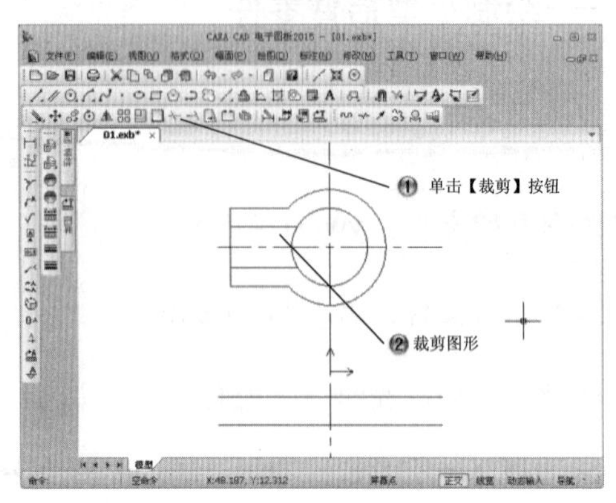

图 11-17　裁剪图形

Step4 绘制距离为 3 的平行线，如图 11-18 所示。

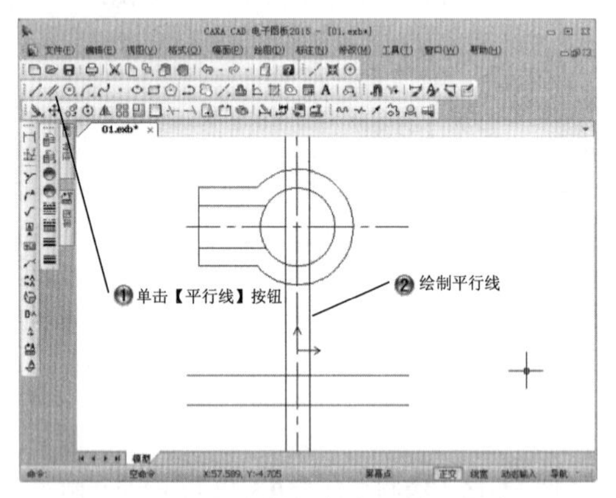

图 11-18　绘制距离为 3 的平行线

Step5 绘制半径为 3 和 6 的圆角，如图 11-19 所示。

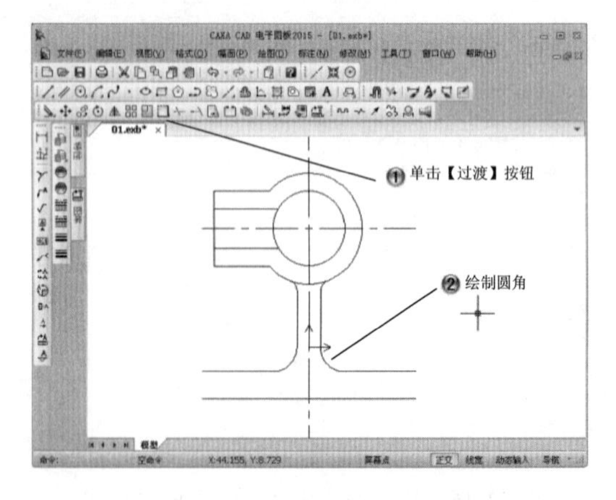

图 11-19　绘制半径为 3 和 6 的圆角

Step6 绘制半径为 24 和 30 的同心圆以及角度线，如图 11-20 所示。

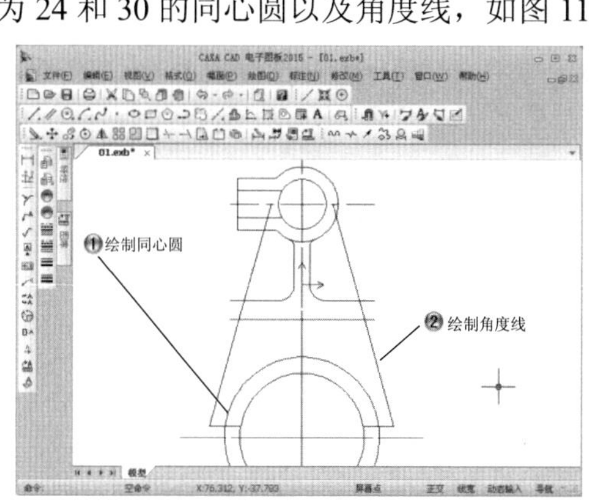

图 11-20　绘制同心圆和角度线

Step7 裁剪图形，如图 11-21 所示。

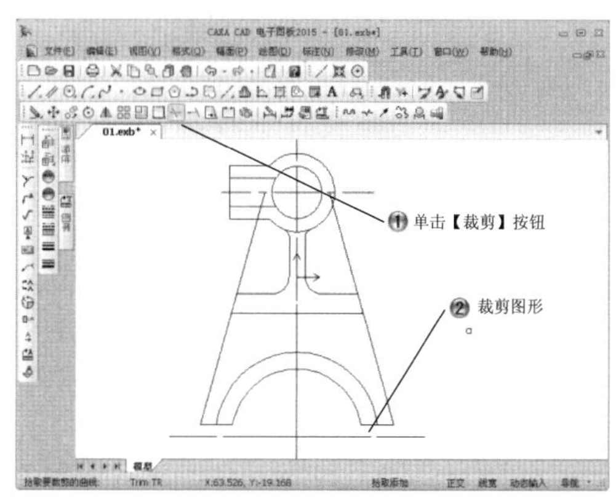

图 11-21　裁剪图形

Step8 绘制样条线，填充图案，如图 11-22 所示。

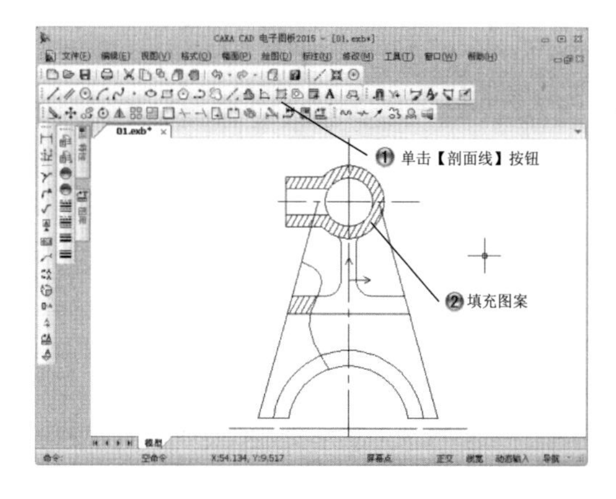

图 11-22　填充图案

Step9 添加主视图尺寸标注，如图 11-23 所示。

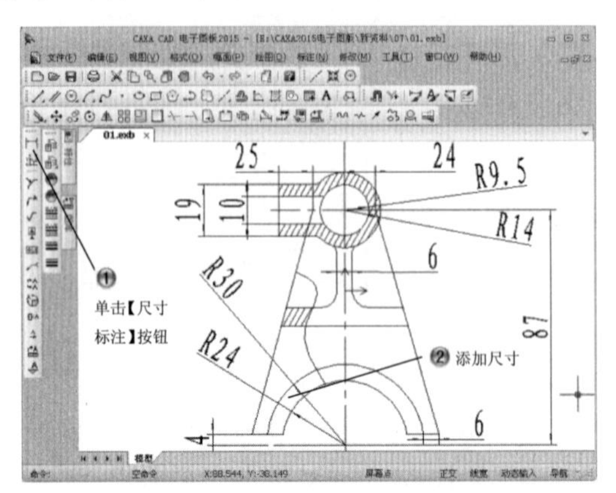

图 11-23　添加主视图尺寸标注

Step10 添加图形粗糙度，如图 11-24 所示。

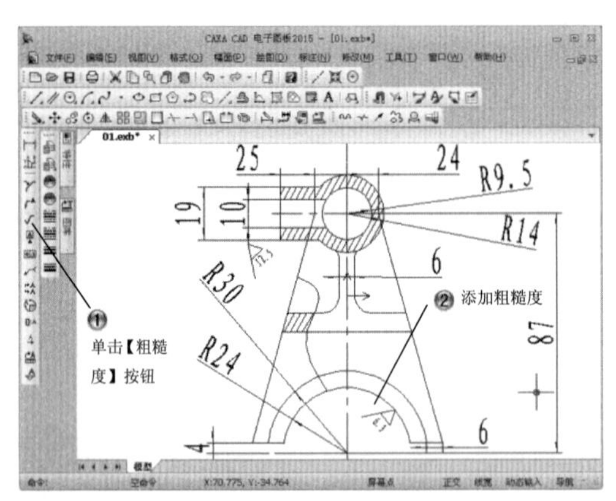

图 11-24　添加图形粗糙度

Step11 绘制尺寸为 55×28 的矩形，如图 11-25 所示。

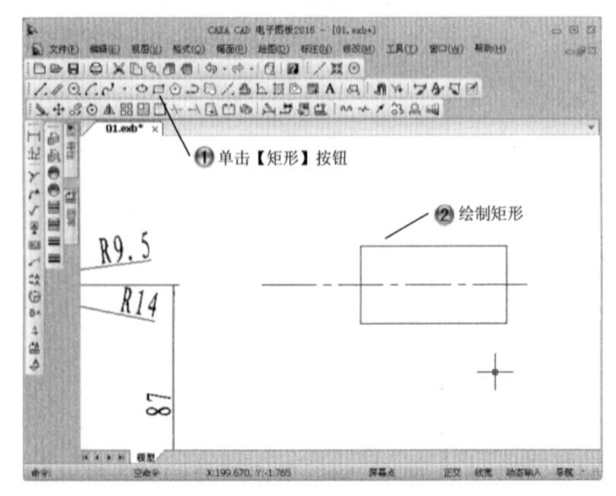

图 11-25　绘制尺寸为 55×28 的矩形

Step12 绘制半径为 6 和 10 的同心圆，如图 11-26 所示。

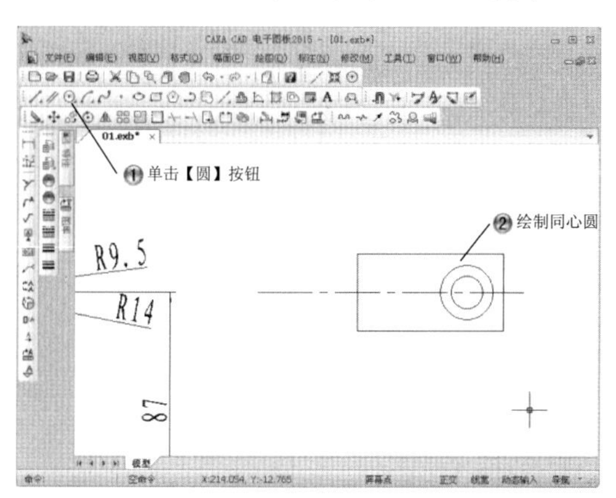

图 11-26 绘制半径为 6 和 10 的同心圆

Step13 绘制距离为 9.5 的平行线，如图 11-27 所示。

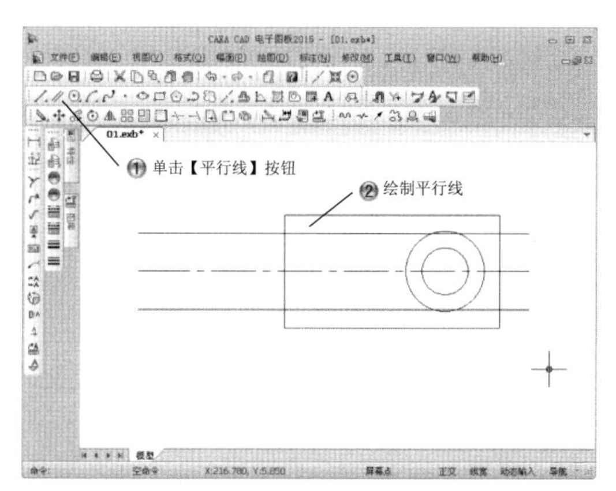

图 11-27 绘制距离为 9.5 的平行线

Step14 绘制样条线，裁剪图形，如图 11-28 所示。

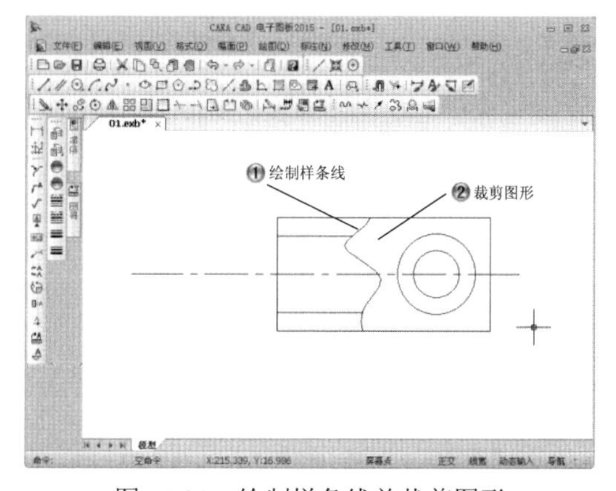

图 11-28 绘制样条线并裁剪图形

Step15 绘制长为 22、19、47、8、39 和 15 的连续直线，绘制尺寸为 4×15 和 4×20 的矩形，如图 11-29 所示。

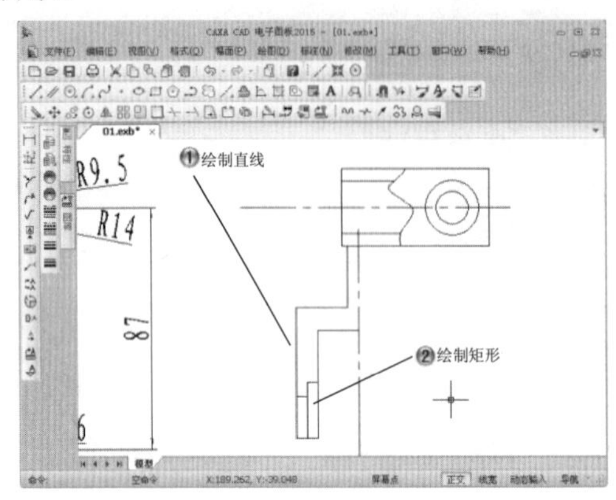

图 11-29 绘制直线和矩形

Step16 绘制半径为 2 和 4 的圆角，如图 11-30 所示。

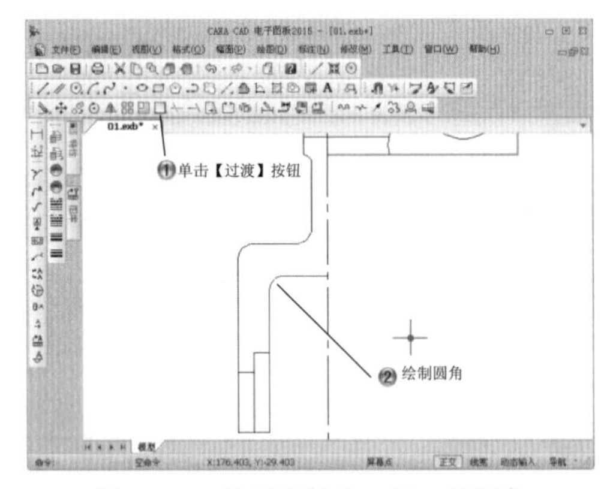

图 11-30 绘制半径为 2 和 4 的圆角

Step17 镜像图形，如图 11-31 所示。

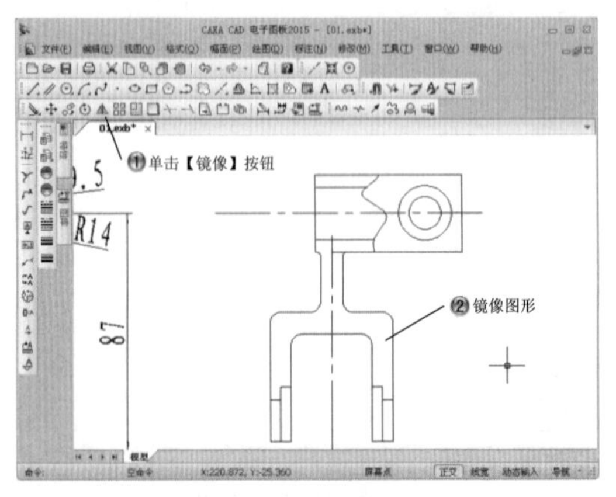

图 11-31 镜像图形

Step18 填充图案，如图 11-32 所示。

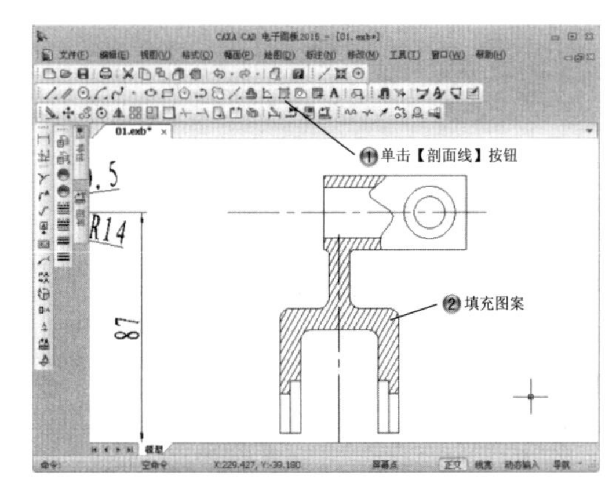

图 11-32　填充图案

Step19 绘制长为 15 的箭头，如图 11-33 所示。

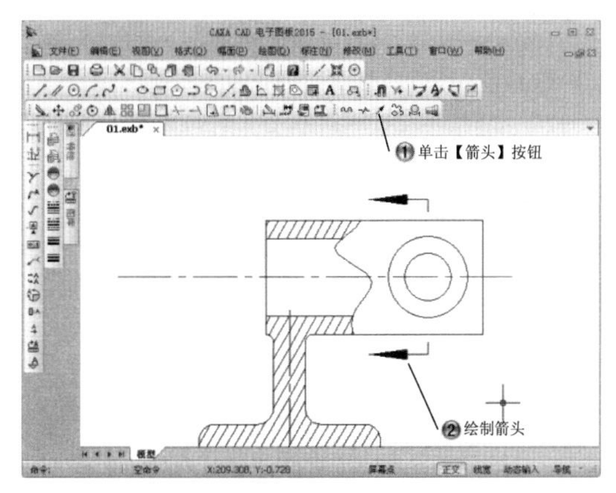

图 11-33　绘制长为 15 的箭头

Step20 添加文字，如图 11-34 所示。

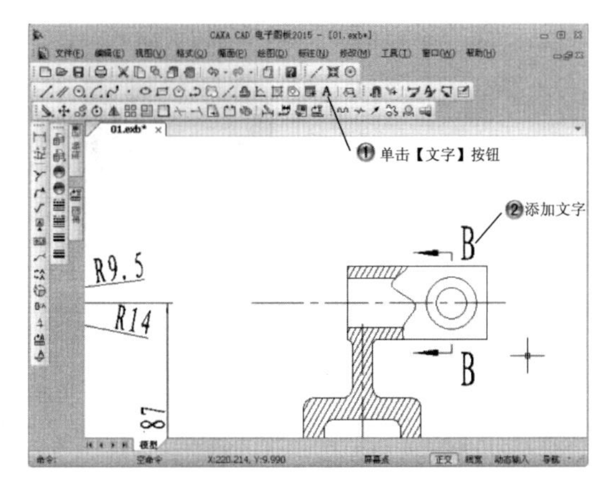

图 11-34　添加文字

Step21 添加左视图尺寸标注，如图 11-35 所示。

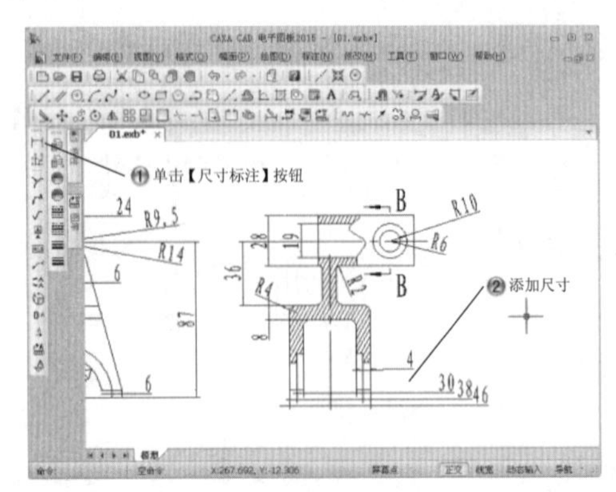

图 11-35　添加左视图尺寸标注

Step22 添加图形形位公差，如图 11-36 所示。

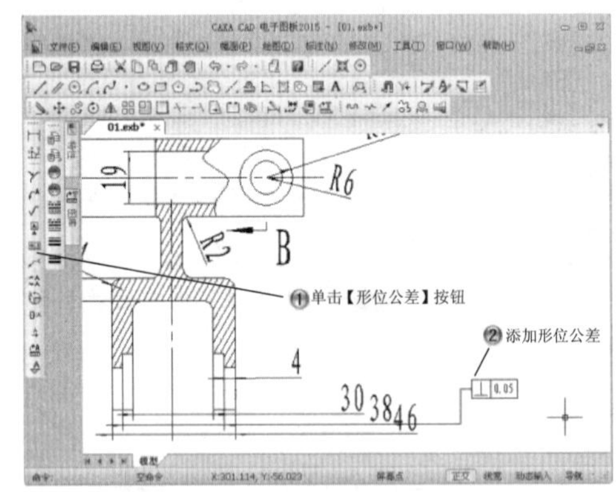

图 11-36　添加图形形位公差

Step23 选择图纸图幅，如图 11-37 所示。

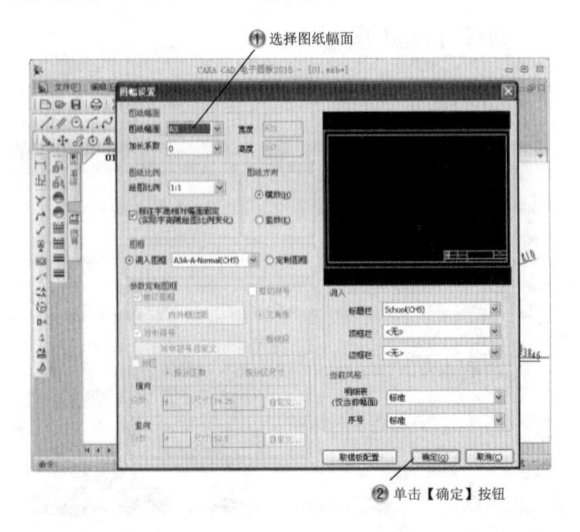

图 11-37　选择图纸图幅

Step24 放置图纸图幅，如图 11-38 所示。

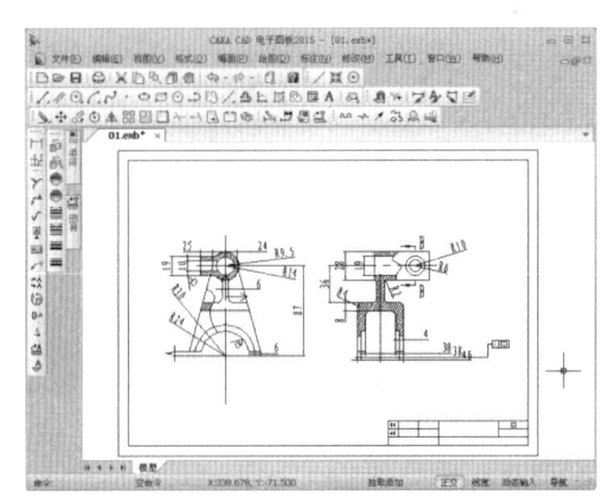

图 11-38　放置图纸图幅

Step25 添加标题栏文字，如图 11-39 所示。

图 11-39　添加标题栏文字

Step26 完成摇臂零件的绘制，如图 11-40 所示。

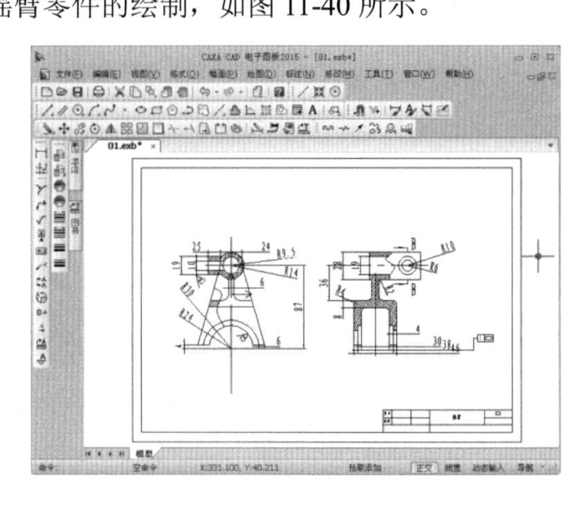

图 11-40　完成摇臂零件的绘制

11.3 库操作

CAXA 电子图板定义了在设计时经常用到的各种标准件和常用的图形符号，如螺栓、螺母、轴承、垫圈、电气符号等。用户在设计绘图时可以直接提取这些图形符号插入图中，避免不必要的重复劳动，提高绘图效率。用户还可以自行定义要用到的其他标准件或图形符号，即对图库进行扩充操作。

课堂讲解课时：2 课时

11.3.1 设计理论

经常使用 CAD 软件进行设计的人员应该都知道图形库的重要性。在我们使用 CAD 软件绘制图形过程中，无论是机械图形还是电路图形经常会反复使用一些图形或图形符号，利用手工绘图每遇到这些相同结构就必须重复绘制，如果把这些常用图形在 CAD 软件中放在图形库中，当需要绘制同样图形的时候直接调用图形库即可，不需要重新人工绘制。这样就节省了大量的时间，提高了设计效率。

CAXA 电子图板对图库中的标准件和图形符号统称为图符。图符分为参量图符和固定图符。电子图板为用户提供了对图库的编辑和管理功能。此外，对于已经插入图中参量图符，还可以通过尺寸驱动的方式修改其尺寸规格。用户对图库可以进行提取图符、定义图符、驱动图符、图库管理、图库转换等操作。

11.3.2 课堂讲解

1. 提取图符

提取图符就是从图库中选择合适的图符（如果是参量图符还要选择其尺寸规格），并将其插入到图中合适的位置。

提取图符命令调用方法有以下几种，如图 11-41 所示。

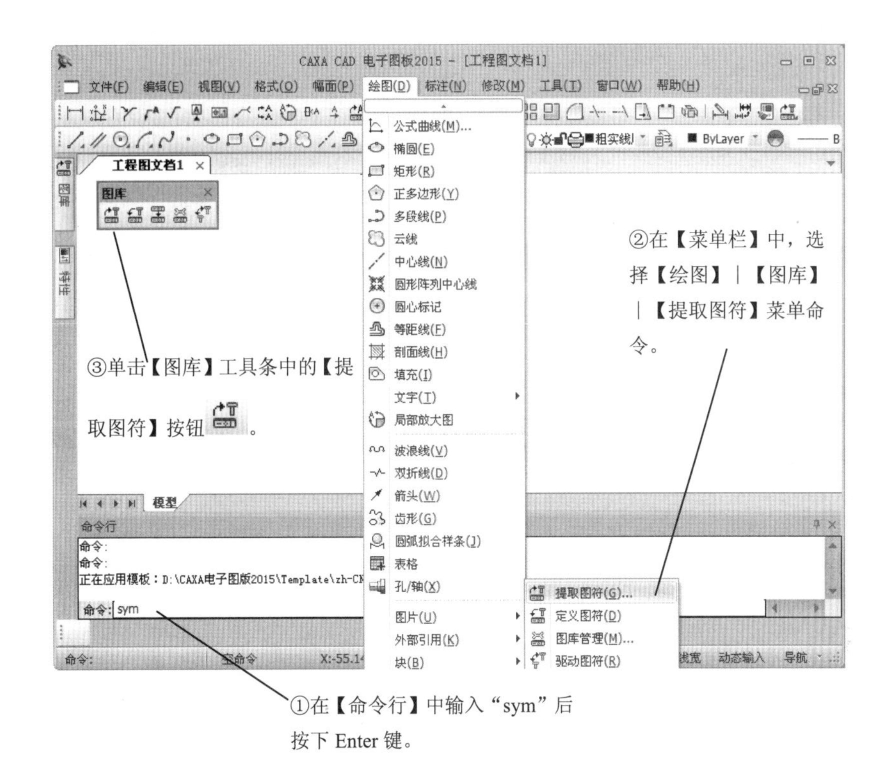

图 11-41　提取图符命令

提取图符命令的操作，如图 11-42、图 11-43 和图 11-44 所示。

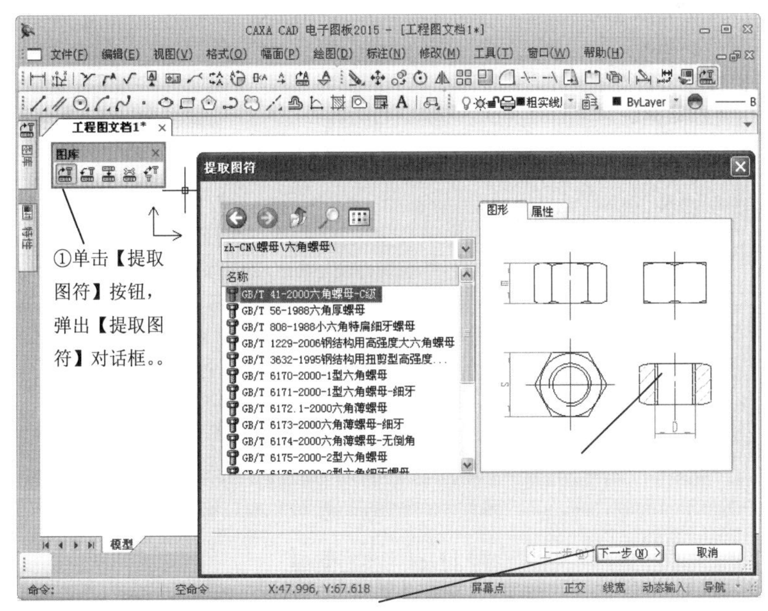

图 11-42　【提取图符】对话框

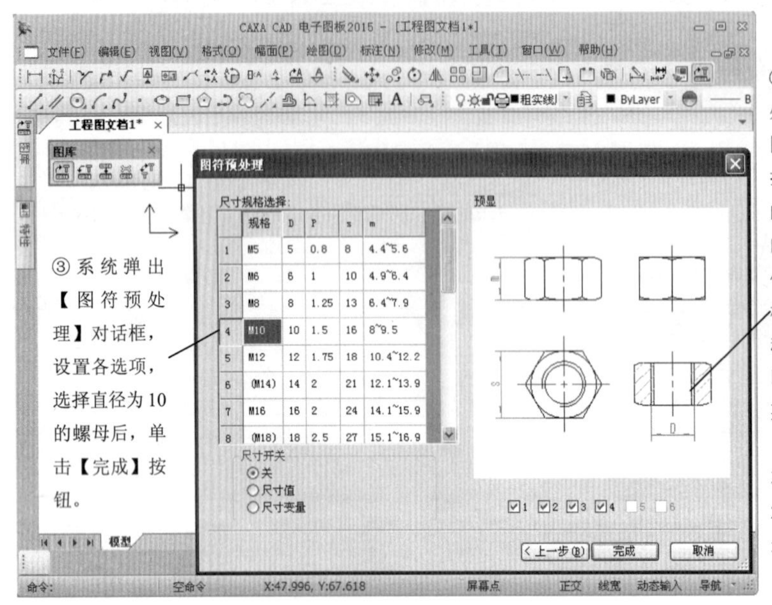

④在十字光标处将出现提取图符的第一个打开视图，图符的基点为光标的中心，图符的位置随十字光标的移动而移动，弹出图符立即菜单。在立即菜单 1 中选择【不打散】选项，在立即菜单 2 中选择【消隐】选项。

图 11-43 【图符预处理】对话框

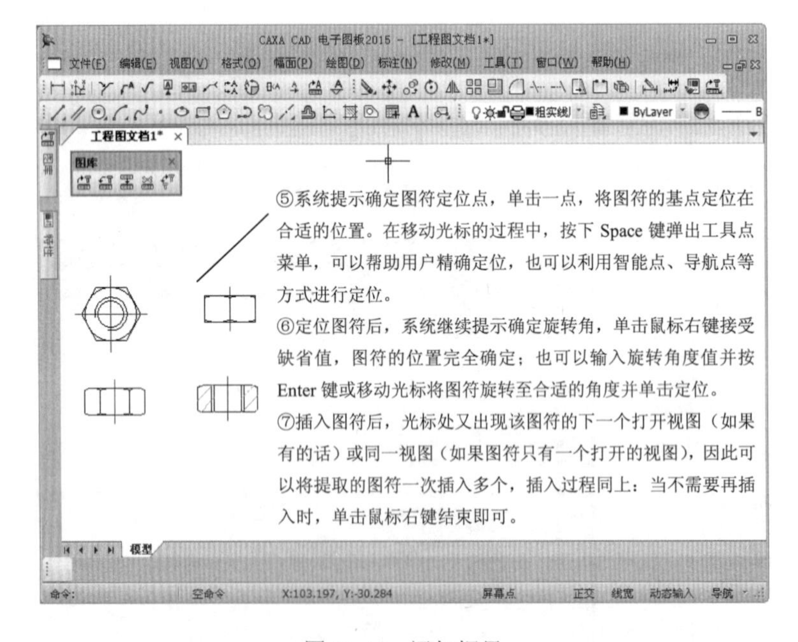

图 11-44 添加螺母

在【图符预处理】对话框中可以对已选定的参量图符进行尺寸规格的选择，说明如下：

▪【尺寸规格选择】列表框：可以从中选择合适的规格尺寸。可以利用鼠标或键盘将插入符移动到任一单元格，并输入数值替换原有的数值。按<F2>键，则当前单元格进入编辑状态，且插入符被定位在单元格内文本的最后：

列头的尺寸变量名后如果有星号“*”，说明该尺寸是系列尺寸，单击相应行中系列尺寸对应的单元格，单元格右端将出现一个按钮，单击该按钮弹出一个列表框，可以从中选择合适的系列尺寸值；尺寸变量名后如果有问号“?”，说明该尺寸是动态尺寸，如果单击鼠标右键相应行中态尺寸对应的单元格，单元格内尺寸值后将出现一个问号，这样在插入图符时可以通过移动光标的方式来动态决定该尺寸的数值；再次单击鼠标右键该单元格，则问号消失，插入时不作为动态尺寸。确定系列尺寸和动态尺寸后，单击相应行左端的选择区，选择一组合适的规格尺寸即可。

▪【尺寸开关】选项组：用于控制图符提取后的尺寸标注情况，【关】表示提取的图符不标注任何尺寸；【尺寸值】表示提取的图符标注实际尺寸值；【尺寸变量】表示提取图符中的尺寸文本是尺寸变量名，而不是实际尺寸值。

▪ 图符预显区：位于对话框的右侧，下面有 6 个视图控制开关，勾选或取消勾选复选框可打开或关闭任意一个视图，被关闭的视图将不被提取出来。如果预显区内的图形显示太小，单击鼠标右键预显区内任一点，则图形将以该点为中心放大显示，可以反复放大；在预显区内同时按下鼠标的左右键，则图形恢复最初的显示大小。

2. 定义图符

定义图符是指用户将常用而图库中没有的参数化图形或固定图形加以定义，存储到图库中，方便以后调用。

定义图符命令调用方法有以下几种，如图 11-45 所示。

定义图符命令的操作，如图 11-46 所示。

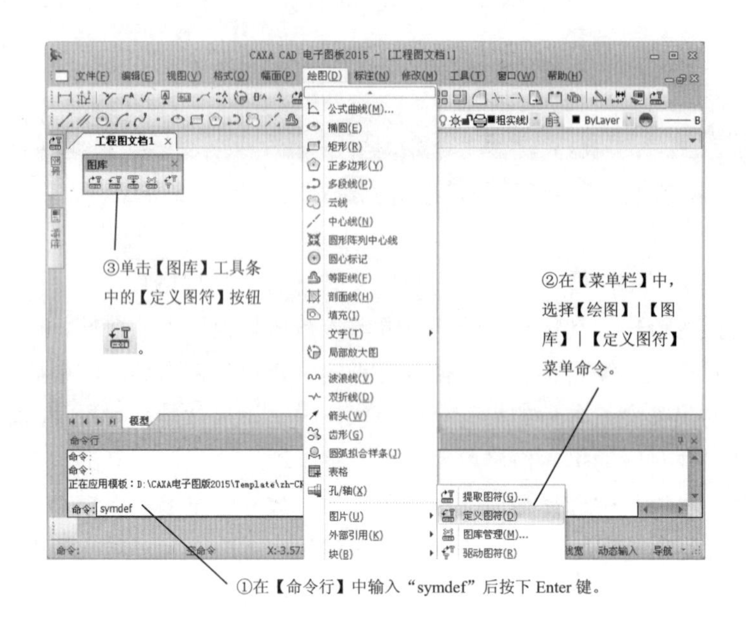

图 11-45　定义图符命令

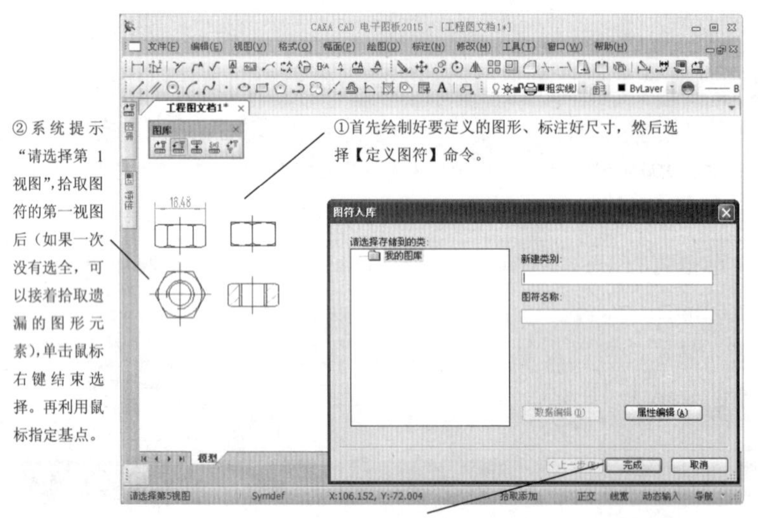

图 11-46　选择图符操作

在【图符入库】对话框，单击【属性编辑】按钮，系统弹出【属性编辑】对话框，在其中可以输入图符的属性，如图 11-47 所示。

图 11-47 【属性编辑】对话框

3. 图库管理

图库管理为用户提供了对图库文件及图库中各个图符进行编辑修改的功能。

定义图符命令调用方法有以下几种，如图 11-48 所示。

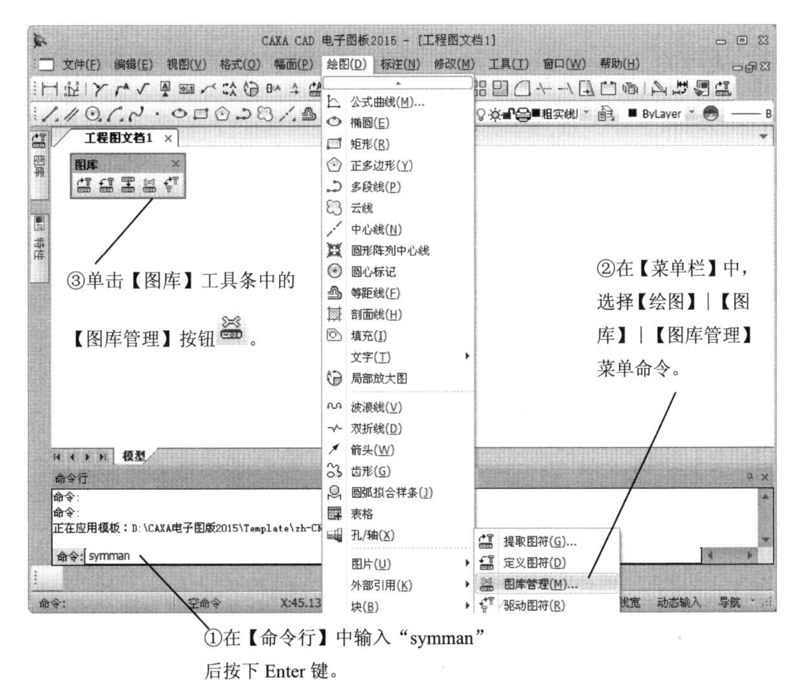

图 11-48 定义图符命令

执行上述操作之一后，弹出【图库管理】对话框，如图 11-49 所示。在该对话框中进行图符浏览、预显放大、检索及设置当前图符的方法与【提取图符】对话框完全相同。

（1）【图符编辑】按钮：单击该按钮，可以对已经定义的图符进行全面的编辑修改，也可以利用该按钮从一个定义好的图符出发去定义另一个相类似的图符，以减少重复劳动，操作方法如下。

在【图库管理】对话框中选中要编辑的图符后，单击【图符编辑】按钮，将弹出如图 11-50 所示的下拉按钮。

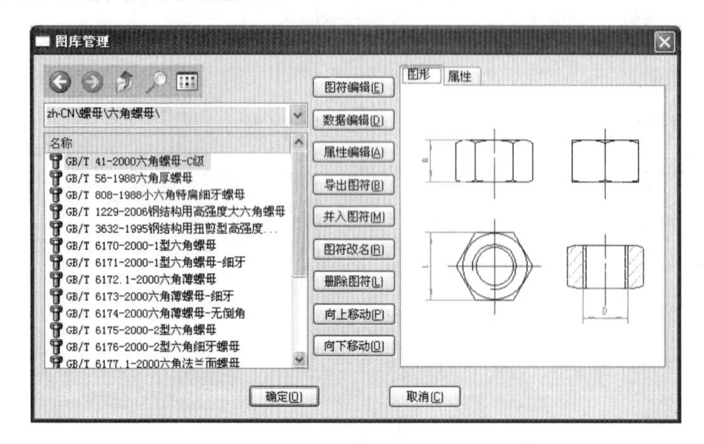

图 11-49 【图库管理】对话框

图 11-50 图符编辑下拉按钮

如果只是要修改参量图符中图形元素的定义或尺寸变量的属性，可以单击第一个按钮，则弹出【元素定义】对话框，以对图符的定义进行编辑修改。

如果需要对图符的图形、基点、尺寸或尺寸名进行编辑，可以单击【进入编辑图形】按钮，【图库管理】对话框被关闭。由于电子图板要把该图符插入绘图区以供编辑，因此如果当前打开的文件尚未存盘，将提示用户保存文件。如果文件已保存则关闭文件并清除屏幕显示。图符的各个视图显示在绘图区，此时可以对图形进行编辑修改，修改完成后单击图库工具条中的【定义图符】按钮，后续操作与定义图符完全相同。该图符仍含有除被编辑过为图形元素的定义表达式外的全部定义信息，因此编辑时只需对要变动的地方进行修改，其余保持原样即可。在图符入库时如果输入了一个与原来不同的名字，就定义了一个新的图符。如果单击【取消】按钮，则结束操作，放弃编辑。

（2）【数据编辑】按钮：单击该按钮，可以对参量图符的标准数据进行编辑修改，操作方法如下。

在【图库管理】对话框中选中要编辑的图形后，单击【数据编辑】按钮，弹出【标准数据录入与编辑】对话框，对话框的表格中显示了该图符已有的尺寸数据以供编辑修改。编辑完成后单击【确定】按钮，保存编辑后的数据；单击【取消】按钮，放弃所做的修改并退出。

（3）【属性编辑】按钮：单击该按钮，可以对图符的属性进行编辑修改，操作方法如下。

在【图库管理】对话框中选中要编辑的图符后，单击【属性编辑】按钮，弹出【属性编辑】对话框，对话框的表格中显示了该图符已定义的属性信息以供编辑修改。

（4）【导出图符】按钮：单击该按钮，可将需要导出的图符以“图库索引文件（*. Idx）”的方式在系统中进行保存备份或者用于图库交流，操作方法如图 11-51 所示。

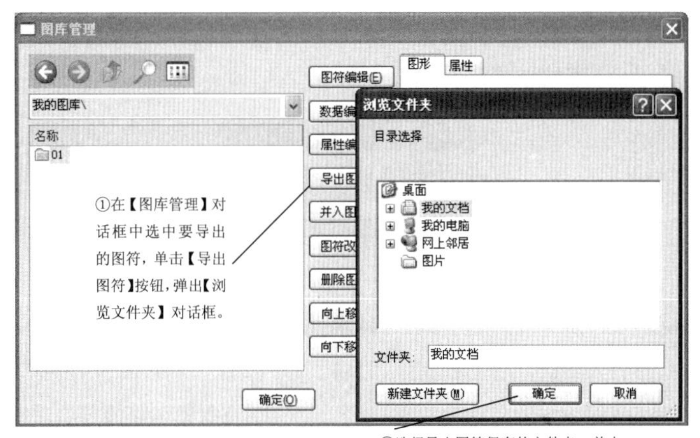

图 11-51 【浏览文件夹】对话框

（5）【并入图符】按钮：单击该按钮，可以将用户在另一台计算机上定义的或其他目录下的图符加入到本计算机系统目录下的库中，操作方法如图 11-52 所示。

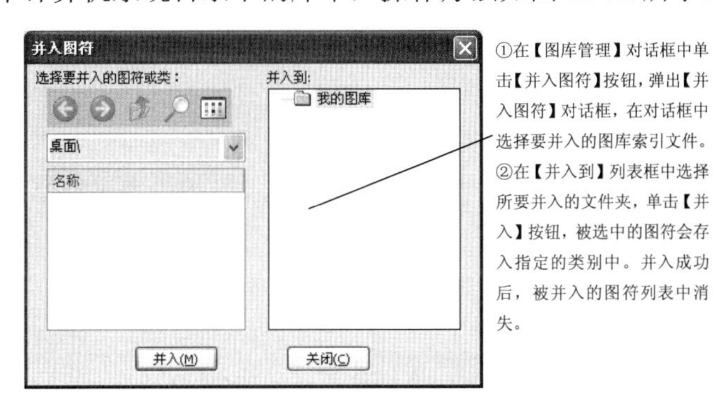

图 11-52 【并入图符】对话框

（6）【图符改名】按钮：单击该按钮，可以为图符命名新名称，操作方法如图 11-53 所示。

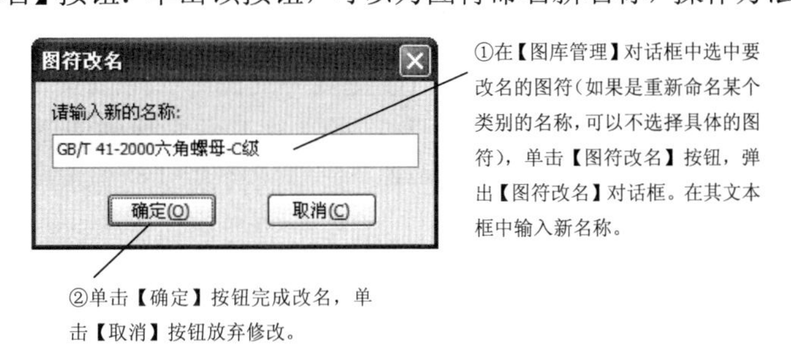

图 11-53 【图符改名】对话框

（7）【删除图符】按钮：单击该按钮可以从图库中删除图符，操作方法如下。

在【图库管理】对话框中选中要删除的图符（如果是删除整个类别的图符，可以不选择具体的图符），单击【删除图符】按钮，系统弹出【确认删除文件】对话框，如图 11-54 所示，单击【确定】即可完成删除操作。

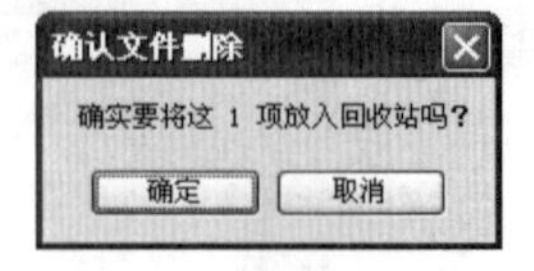

图 11-54 【确认删除文件】对话框

删除的图符文件不可恢复，删除之前请注意备份。

名师点拨

11.4 编辑图库

编辑图库是对图符、图库格式、构件库、技术要求库等内容进行修改和操作。

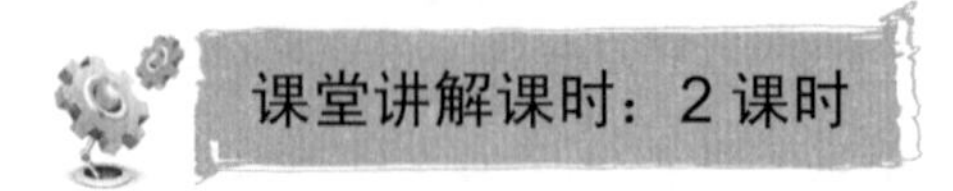

11.4.1 设计理论

驱动图符是指将已经插入到图中的参量图符某个视图的尺寸规格进行修改。在 CAXA 图库转换命令用于将用户在低版本 CAXA 电子图板中的图库（可以是自定义图库）转换为当前版本电子图板的图库格式。构件库是一种新的二次开发模块的应用形式。

技术要求库用数据库文件分类的方式记录了常用的技术要求文本项，可以辅助生成技术要求文本插入到工程图中，也可以对技术要求库中的类别和文本进行添加、删除和修改操作，即进行技术要求库管理。

11.4.2 课堂讲解

1. 驱动图符

驱动图符命令调用方法有以下几种，如图 11-55 所示。

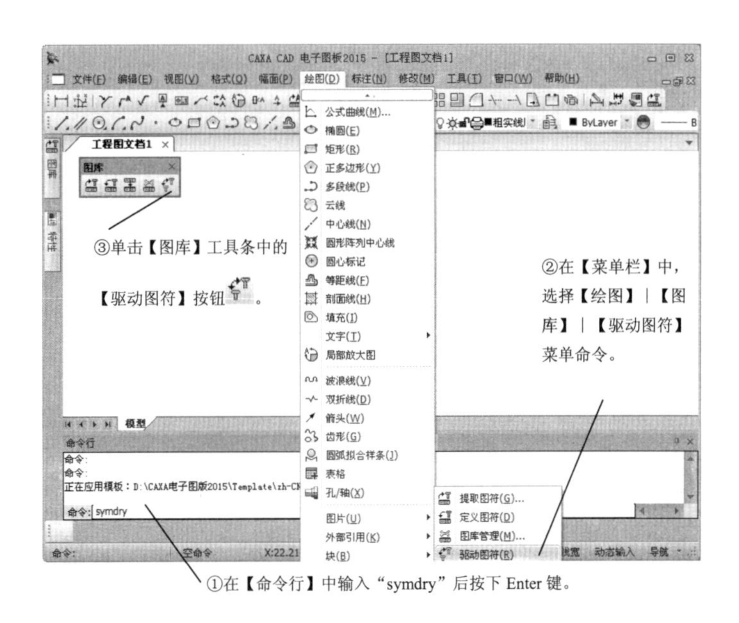

图 11-55　驱动图符命令

驱动图符命令的操作，如图 11-56 所示。

①单击【驱动图符】按钮，系统提示选择相应变更的图符。

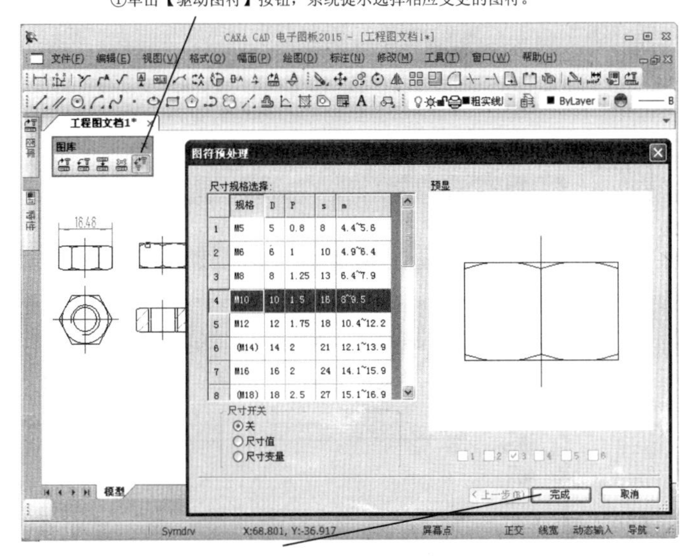

②选取要驱动的图符后，系统弹出【图符预处理】对话框。在该对话框中修改该图符的尺寸及各选项的设置，设置完成后单击【完成】按钮，被驱动的图符将在原来的位置以原旋转角被按新尺寸生成的图符所取代。

图 11-56　驱动图符命令操作

2. 图库转换

图库转换命令调用方法有以下几种，如图 11-57 所示。

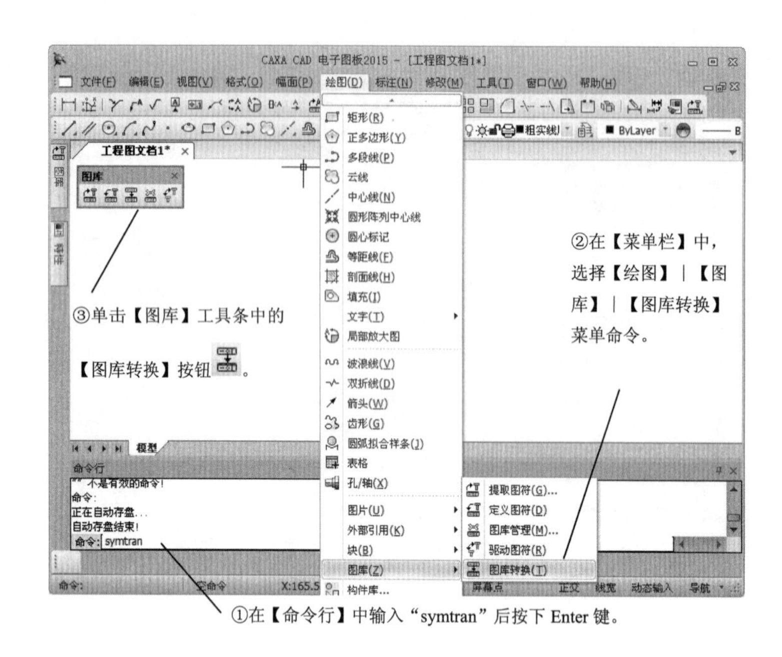

图 11-57　图库转换命令

图库转换命令的操作，如图 11-58 所示。

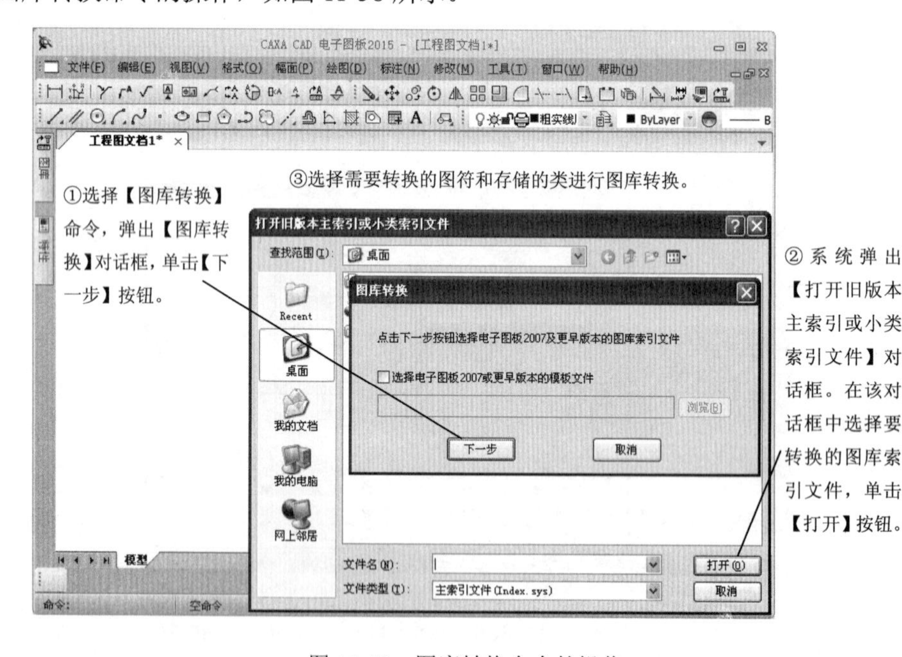

图 11-58　图库转换命令的操作

3. 构件库

构件库命令调用方法有以下几种，如图 11-59 所示。

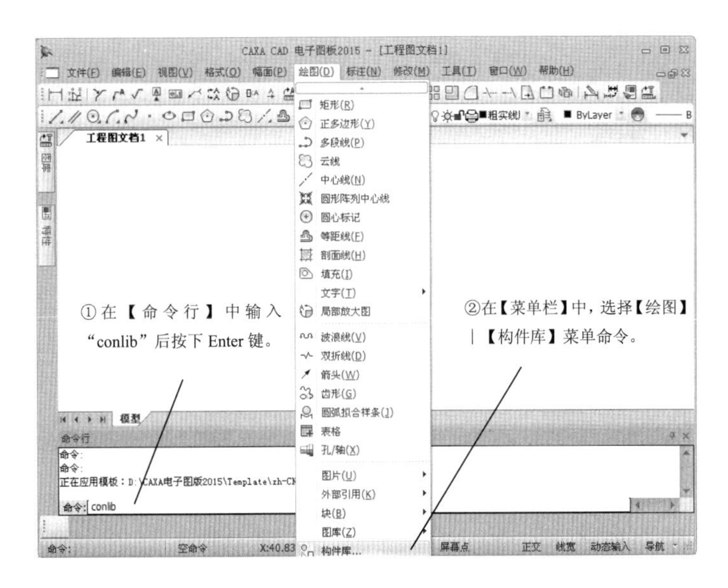

图 11-59　构件库命令

构件库命令的操作，如图 11-60 所示。

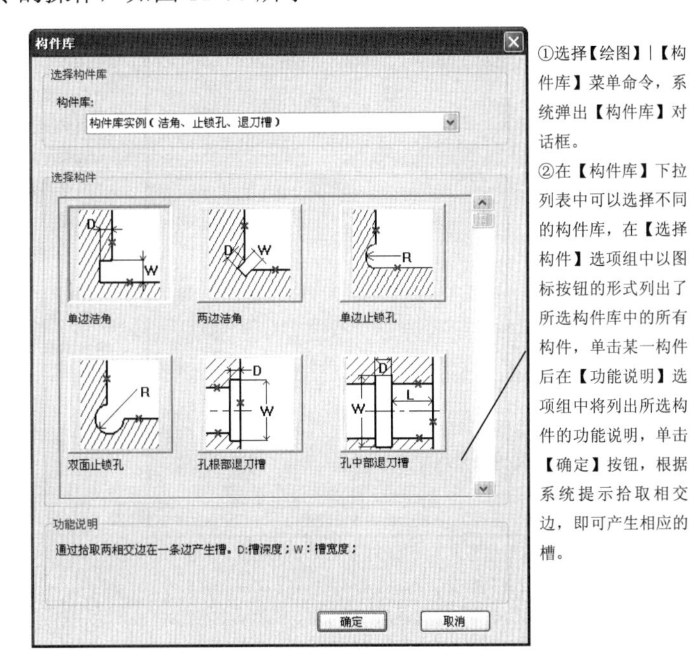

图 11-60　【构件库】对话框

4. 技术要求库

技术要求命令调用方法有以下几种，如图 11-61 所示。

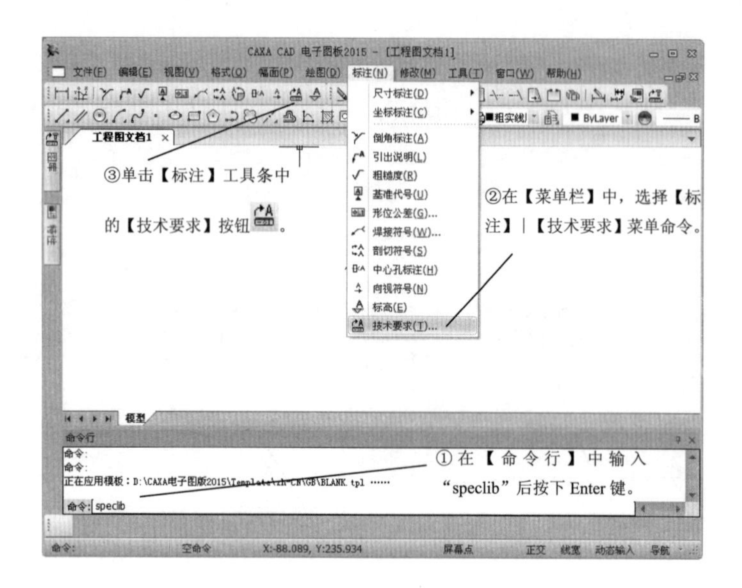

图 11-61　技术要求命令

技术要求命令的操作，如图 11-62 所示。

图 11-62　技术要求操作

单击【技术要求库】对话框中的【标题设置】或【正文设置】按钮，弹出【文字参数设置】对话框，修改技术要求文本要采用的文字参数，如图 11-63 所示。完成编辑后，单击【确定】按钮，再单击【生成】按钮，根据系统提示在绘图区指定技术要求所在的区域，系统生成技术要求文本并插入到工程图中。

另外，技术要求库的管理工作也是在【技术要求库】对话框中进行的，其操作方法如下：要增加新的文本项，可以在表格最后一行输入；要删除文本项，先选中该行，再按下 Delete 键删除（此时输入焦点应在表格中）；要修改某个文本项的内容，直接在表格中修改即可；要增加一个表类别，单击鼠标右键，选择弹出菜单中的【新建表】命令，输入表类别的名称，然后在表格中为新建的表类别增加文本项：要删除一个表类别，选中该类别，单击鼠标右键，在弹出的快捷菜单中选择【删除表】命令，则该表类别及其中所有文本项都从数据库中删除；要修改类别名，双击，再进行修改即可。

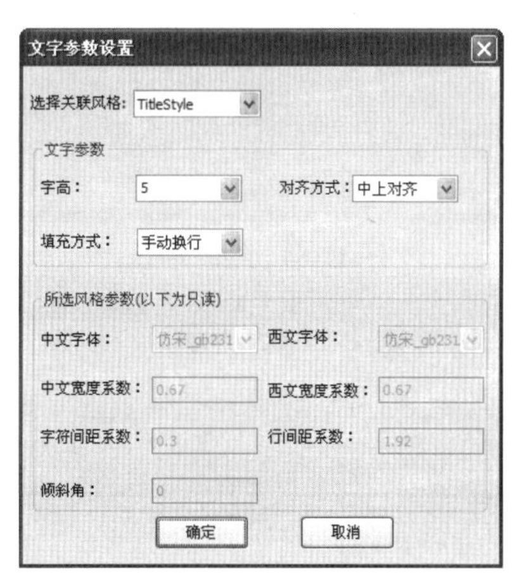

图 11-63 【文字参数设置】对话框

设置的文字参数是技术要求正文的参数，而【技术要求库】对话框的【标题内容】文本框中的【技术要求】字样由系统自动生成，并相对于指定区域中上对齐，因此在【标题内容】文本框中不需要输入文字。

名师点拨

11.4.3 课堂练习——绘制扳手零件

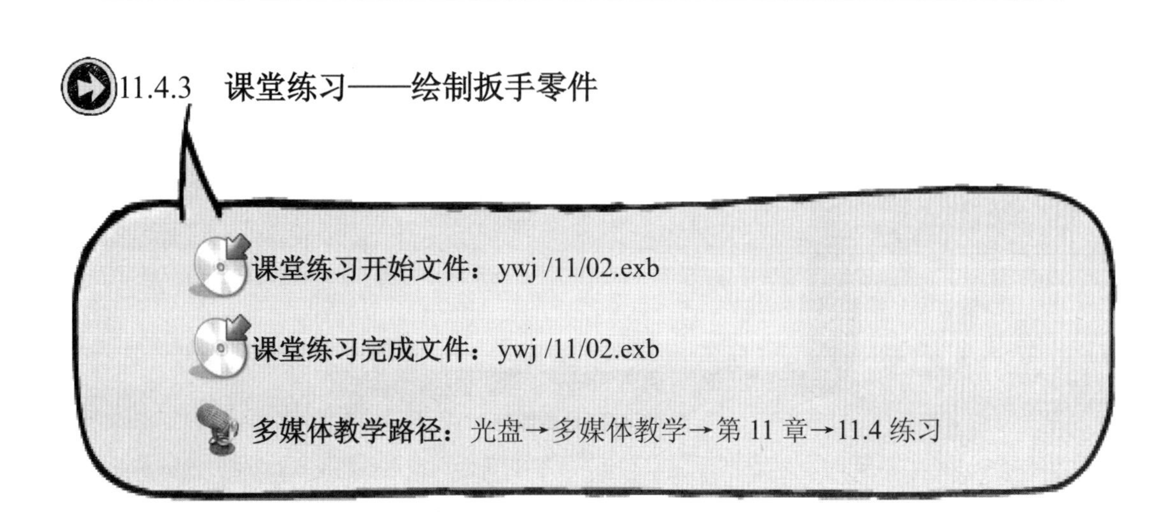

课堂练习开始文件：ywj /11/02.exb

课堂练习完成文件：ywj /11/02.exb

多媒体教学路径：光盘→多媒体教学→第 11 章→11.4 练习

Step1 绘制尺寸为 30×24 的矩形，然后绘制尺寸为 9.5×10 的矩形，如图 11-64 所示。

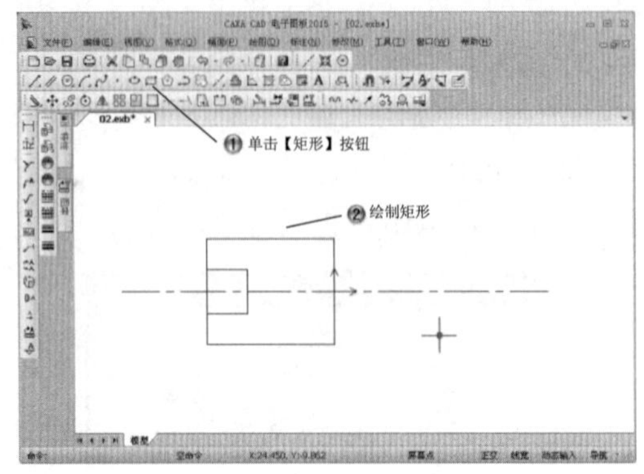

图 11-64　绘制矩形

Step2 绘制半径为 5 的圆，如图 11-65 所示。

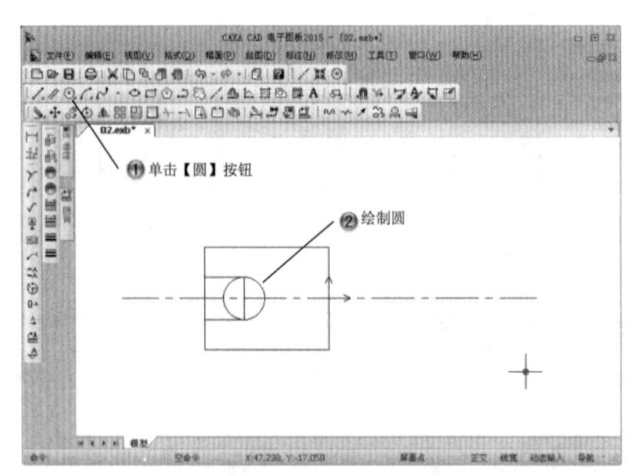

图 11-65　绘制半径为 5 的圆

Step3 裁剪图形，如图 11-66 所示。

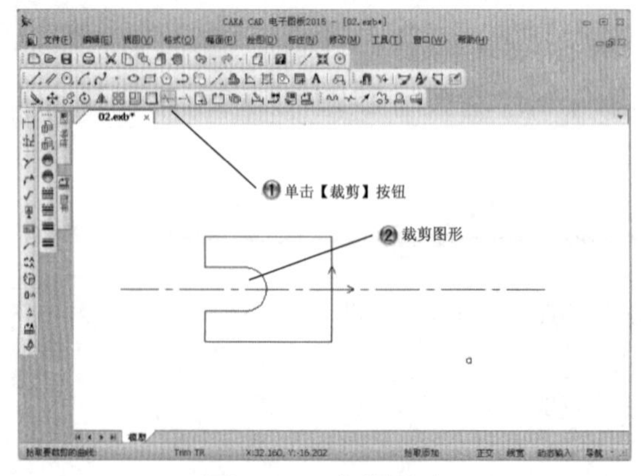

图 11-66　裁剪图形

Step4 绘制长为 4、21.5 和 19 的直线，然后绘制半径为 4 和 11.5 的同心圆，再绘制角度线，如图 11-67 所示。

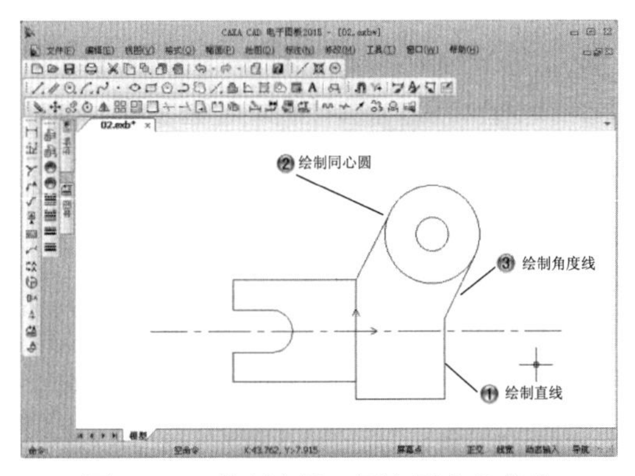

图 11-67　绘制直线、同心圆和角度线

Step5 裁剪图形，如图 11-68 所示。

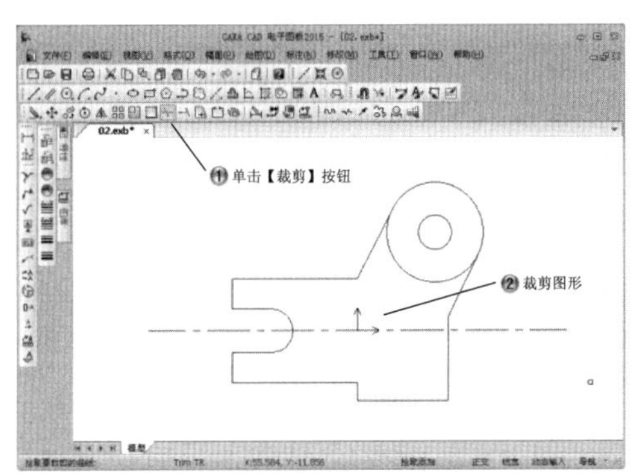

图 11-68　裁剪图形

Step6 选择六角螺母，如图 11-69 所示。

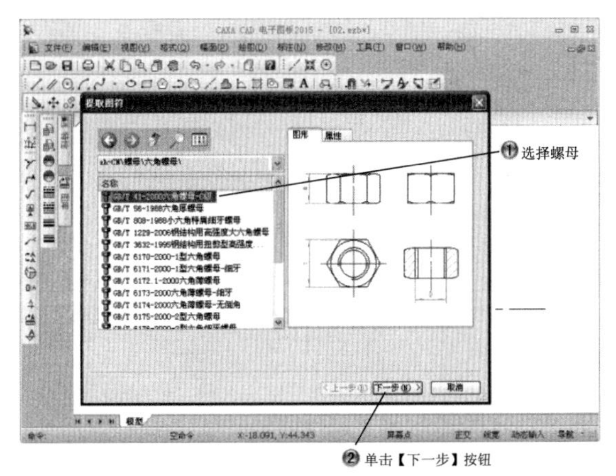

图 11-69　选择六角螺母

Step7 选择螺母视图，如图 11-70 所示。

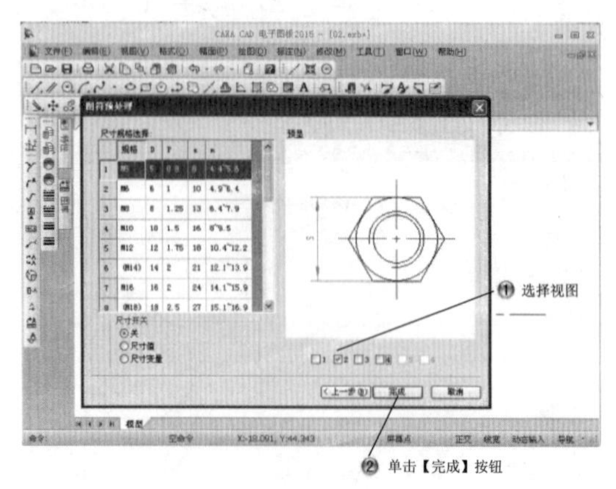

图 11-70　选择图形

Step8 放置图形，如图 11-71 所示。

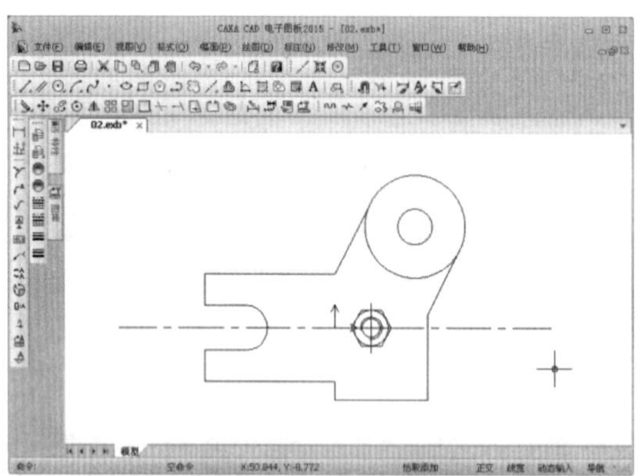

图 11-71　放置图形

Step9 添加尺寸标注，如图 11-72 所示。

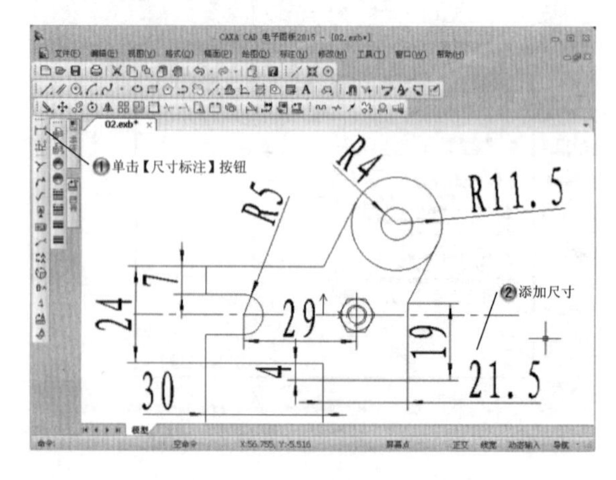

图 11-72　添加尺寸标注

Step10 选择图纸图幅，如图 11-73 所示。

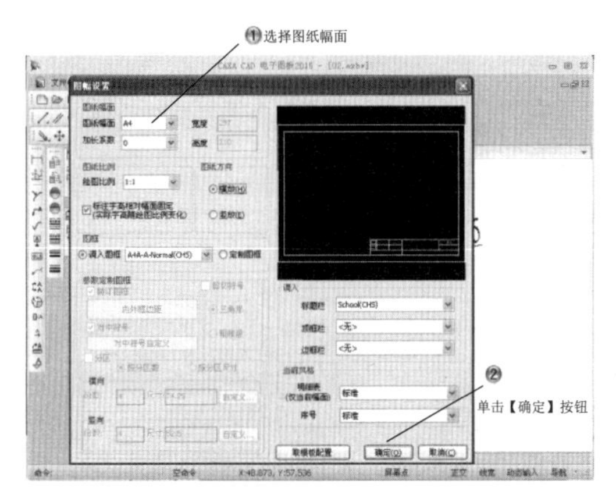

图 11-73　选择图纸图幅

Step11 放置图纸图幅，如图 11-74 所示。

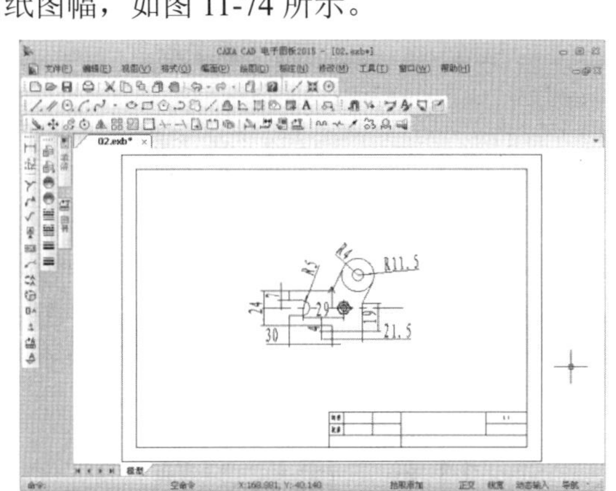

图 11-74　放置图纸图幅

Step12 添加标题栏文字，如图 11-75 所示。

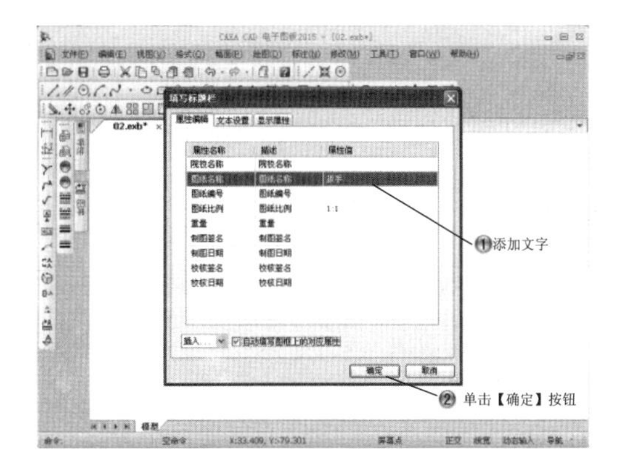

图 11-75　添加标题栏文字

Step 13 完成扳手零件的绘制，如图 11-76 所示。

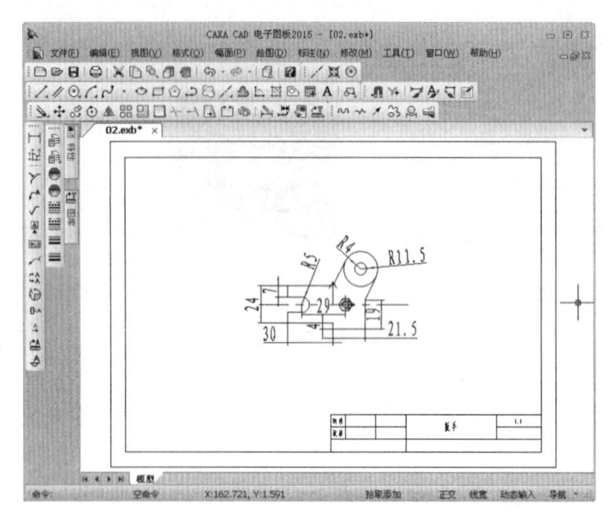

图 11-76　完成扳手零件的绘制

11.5　专家总结

CAXA 绘图时应能够熟练掌握 CAXA 电子图板中创建和编辑块、创建和管理属性块、以及图库的调用方法，另外创建、编辑和插入块的方法，以及提取、定义和驱动图符的方法在绘图时也很常用，读者可结合练习学习运用。

11.6　课后习题

11.6.1　填空题

（1）创建块的命令是________。

（2）隐藏块的操作是________。

（3）块的编辑命令有________、________、________。

（4）编辑图库命令有________________。

11.6.2　问答题

（1）修改块的方法是什么？

（2）如何添加新的图符？

11.6.3 上机操作题

如图 11-77 所示，使用之前学过的各种命令来绘制分料机草图。

一般创建步骤和方法：

（1）绘制中心线。

（2）创建滚筒部分。

（3）绘制螺旋及阵列。

（4）绘制细节部分。

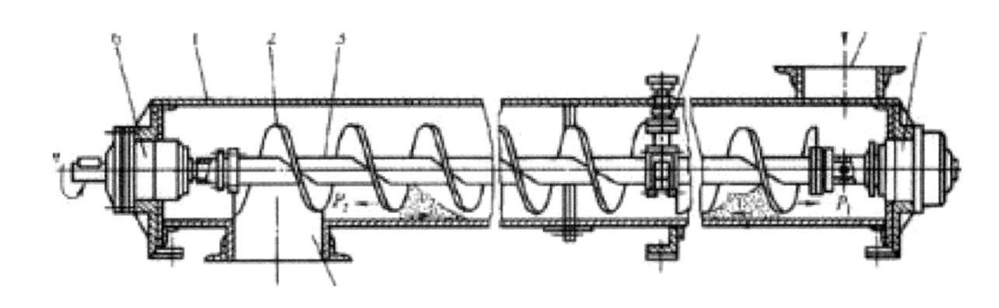

图 11-77　绘制分料机草图